高 等 学 校 教 材

分析化学

（第二版）

陈兴国　何　疆
陈宏丽　陈永雷　编

高等教育出版社·北京

内容提要

本书以定量分析为主要内容，共分十章。具体包括分析化学特别是定量分析的一般概念；分析化学中的误差和数据处理方法及化学信息学简介；各种滴定分析方法和重量分析法的原理及应用；吸光光度法的基本原理及应用；分析化学中常用的分离方法及分析试样的采集、制备、富集和分解方法。本书强化了分析化学的基础理论，充实了分析化学的应用，并对当前分析化学的新技术和新成果进行了适当介绍。

本书可作为综合性大学和高等师范院校化学化工类专业本科分析化学课程的教材，也可作为参加化学及相关专业硕士研究生入学考试的参考书，还可供各科研和生产单位从事分析化学研究或相关工作的人员参考使用。

图书在版编目(CIP)数据

分析化学/陈兴国等编. --2版. --北京:高等教育出版社,2021.1

ISBN 978-7-04-055217-1

Ⅰ.①分… Ⅱ.①陈… Ⅲ.①分析化学-高等学校-教材 Ⅳ.①O65

中国版本图书馆CIP数据核字(2020)第209321号

FENXI HUAXUE

策划编辑 李 颖　责任编辑 李 颖　封面设计 张 楠　版式设计 王艳红
插图绘制 黄云燕　责任校对 刘娟娟　责任印制 刘思涵

出版发行 高等教育出版社
社　　址 北京市西城区德外大街4号
邮政编码 100120
印　　刷 佳兴达印刷（天津）有限公司
开　　本 787mm×1092mm 1/16
印　　张 26.75
字　　数 590千字
购书热线 010-58581118
咨询电话 400-810-0598
网　　址 http://www.hep.edu.cn
　　　　 http://www.hep.com.cn
网上订购 http://www.hepmall.com.cn
　　　　 http://www.hepmall.com
　　　　 http://www.hepmall.cn
版　　次 2012年11月第1版
　　　　 2021年1月第2版
印　　次 2021年1月第1次印刷
定　　价 49.80元

物 料 号 55217-00

第二版前言

本书第一版出版发行以来，在分析化学教学和培养学生的创新能力方面起到了一定的作用。但随着分析化学学科的发展和分析化学教学要求的进一步提高，本书第一版已不能很好地适应新的教学形势。为此，我们于 2017 年开始着手第二版的编写工作。

关于本书第二版的内容说明如下：

一、根据分析化学学科的最新发展，在相关章节中对纳米材料在分析化学中的应用进行了简要介绍。

二、为使读者对分析化学领域的最新应用和发展前沿有更深入的了解，我们在各章中都新增了拓展学习资料。这部分内容以数字化资源形式呈现，读者可扫描书侧栏二维码阅览。

三、《分析化学内容精选与习题解答》一书可与本书配套使用。

全书共分十章，第 1、2、4、5、7、10 章由陈兴国编写，第 3 章由陈永雷编写，第 6、8 章由何疆编写，第 9 章由陈宏丽编写，陈兴国负责统稿。

由于编者水平有限，书中还会存在缺点和错误，恳请有关专家、学者、同行、同学和读者批评指正。

编者

2020 年于兰州大学

第一版前言

随着分析化学学科的迅猛发展，不仅涌现出了大量的新技术、新方法和新成果，而且对分析化学教学也提出了许多新的要求。为此，编者根据教育部化学与化工学科教学指导委员会制订的关于化学、应用化学、材料化学以及药学、环境科学等专业化学教学基本内容编写了此教材，是编者在完成教育部“国家理科基地创建分析化学名牌课程”和“甘肃省名牌课程建设”项目过程中对分析化学课程体系、教学内容及教学方法改革和实践的总结。

本书采用国家标准规定的法定计量单位，并与之相应采用了处理复杂化学平衡和计算分析结果的新方法。本书强化了分析化学的基础理论，充实了分析化学的应用，根据分析化学学科的发展趋势对当前分析化学的新技术和新成果进行了适当介绍。

全书共分十章，第 1、2、4、5、7、10 章由陈兴国编写，第 3 章由陈永雷编写，第 6、8 章由何疆编写，第 9 章由陈宏丽编写，最后由陈兴国统稿。在本书编写过程中得到许多同事的支持和帮助，在此一并致谢。同时感谢兰州大学教材建设基金对本书出版的资助。

由于编者水平所限，书中肯定会存在缺点和错误，恳请有关专家、同行、同学和读者指正。

编者

2012 年于兰州大学

目　录

第 1 章

绪 论

1.1 分析化学的任务和作用

1-1 分析化学基本内涵

同无机化学、有机化学、物理化学、高分子化学等一样，分析化学是化学学科的一个重要分支。分析化学(analytical chemistry)是发展和应用各种方法、仪器及策略，以获得有关物质在空间和时间方面的组成及性质的一门科学，是表征和测量的科学。分析化学的任务是鉴定物质的化学组成、测量各组成的含量、确定物质的化学结构。

分析化学的应用非常广泛，它不仅对化学各学科的发展起着十分重要的作用，而且在国民经济各领域、国防建设、公共安全、国家安全和科学研究中都有着非常广泛的应用。例如，化学学科的其他分支——无机化学、有机化学、物理化学、高分子化学、核化学等，其发展与分析化学有着密切的关系。其他学科，如生物学、物理学、医药学、考古学、海洋学、天文学等，也都广泛地应用了分析化学。在农业生产方面，土壤普查、作物营养诊断、化肥及农产品的质量检测；在工业生产中，资源的勘探开发、原材料的选择、工艺流程的控制、产品的检验、新型产品的研制、“三废”的处理与环境监测评价；临床检验和疾病诊断、兴奋剂的检测、毒品的检测、农药残留的检测等，都依赖于分析化学。科学研究涉及的各领域如蛋白质组学、代谢组学、人类基因图谱等都高度依赖于分析技术的发展和分析化学的最新研究成果。

由上可知，分析化学在化学学科的发展、国民经济的发展、环境保护、资源的科学开发和利用、国防和国家公共安全及科学技术的发展中具有非常重要的作用。

1.2 分析方法的分类

分析化学的应用领域非常广泛，采用的分析方法也多种多样。根据分析任务、分析对象、方法原理、操作方式和具体要求的不同，分析方法可分为许多种类。

1.2.1 定性分析、定量分析和结构分析

根据分析任务可将分析化学分为以下三类。

定性分析(qualitative analysis):鉴定物质是由哪些元素、原子团、官能团或化合物所组成的。

定量分析(quantitative analysis):测定物质中有关组分的含量或纯度。

结构分析(structure analysis):研究物质的分子结构和晶体结构。

1.2.2 无机分析和有机分析

根据分析对象的化学属性可将分析化学分为以下两类。

无机分析(inorganic analysis):分析对象为无机物。在无机分析中,主要进行定性和定量分析,有些情况下需要作结构分析。

有机分析(organic analysis):分析对象为有机物。在有机分析中,主要进行官能团的鉴定、元素或化合物的定性和定量分析及分子结构的确定。

1.2.3 常量分析、微量分析和痕量分析

根据分析时试样用量的不同,分析方法的分类如表1-1所示。

表1-1 按试样用量分类的分析方法

方法名称	所需试样质量/mg	所需试液体积/mL
常量分析(macro analysis)	100～1 000	10～100
半微量分析(semimicro analysis)	10～100	1～10
微量分析(micro analysis)	0.1～10	0.01～1
超微量分析(ultramicro analysis)	<0.1	<0.01

依据所分析的组分在试样中的相对含量,分析方法的分类如表1-2所示。

表1-2 按被测组分含量分类的分析方法

方法名称	相对含量/%
常量组分分析(macro component analysis)	>1
微量组分分析(micro component analysis)	0.01～1
痕量组分分析(trace component analysis)	<0.01

1.2.4 化学分析法和仪器分析法

根据分析时所依据的物质的性质可将分析方法分为化学分析法和仪器分析法两大类。

1. 化学分析法

以物质的化学反应为基础的分析方法称为化学分析法。化学分析法历史悠久,是分析化学的基础,又称经典分析法,主要有滴定分析(容量分析)法和重量分析法等。

（1）滴定分析法

将已知准确浓度的试剂溶液由滴定管滴加到被测物质的溶液中，直到化学反应完全为止。根据被测物质与试剂之间的化学计量关系，通过测量所消耗的试剂溶液的体积，从而求得被测组分的含量。例如，铁矿石中铁的测定，通过溶样将矿石中的铁转变为 Fe^{2+}，在酸性溶液中用已知准确浓度的 $K_2Cr_2O_7$ 溶液滴定至终点。根据 $K_2Cr_2O_7$ 溶液的浓度、消耗的体积、铁矿石的质量、$K_2Cr_2O_7$ 和 Fe^{2+} 反应的化学计量关系，便可求得铁矿石中铁的含量。

（2）重量分析法

根据反应产物（通常是沉淀）的质量确定被测组分在试样中的含量。例如，测定试样中钡的含量，称取一定量的试样用蒸馏水溶解后，加入过量的沉淀剂稀硫酸，使钡以 $BaSO_4$ 沉淀析出，将沉淀过滤、洗涤、陈化、灼烧后称量，根据沉淀质量和试样质量可求得钡的质量分数。

2. 仪器分析法

以物质的物理性质和物理化学性质为基础的分析方法，称为物理化学分析法。由于这类方法都需要使用较特殊的仪器，所以一般称为仪器分析法。最主要的仪器分析法有以下几类。

（1）光学分析法

根据物质的光学性质所建立的分析方法称为光学分析法，主要包括 a. 分子光谱法，如可见和紫外吸光光度法、红外光谱法、分子荧光及磷光分析法；b. 原子光谱法，如原子发射光谱法、原子吸收光谱法；c. 其他如激光拉曼光谱法、光声光谱法、化学发光分析法等。

（2）电化学分析法

根据物质在溶液中的电化学性质所建立的分析方法称为电化学分析法，主要包括电位分析法、电重量法、库仑法、伏安法和电导分析法等。

（3）热分析法

根据测量体系的温度与某些性质（如质量、反应热或体积）间的动力学关系所建立的分析方法称为热分析法，主要包括热重量法、差示热分析法和测温滴定法等。

（4）色谱法

色谱法是用于分离和测定结构和性质十分相似的物质的一种现代分离分析技术，主要包括气相色谱法、液相色谱法和超临界流体色谱法等。

近年来发展起来的基于质谱、核磁共振波谱、X 射线衍射、电子显微镜分析、毛细管电泳等使用大型仪器设备的分离分析方法使得分析手段更为强大。

1.2.5 例行分析和仲裁分析

根据分析工作的性质，可将其分为例行分析和仲裁分析。

在生产实践中，化验室日常进行的分析称为例行分析，又叫常规分析。当不同单位对某一产品的分析结果有争议时，由权威单位用指定的方法（如国标）对试样进行分析，以裁决原分析结果准确与否，这种分析工作称为仲裁分析。

此外，根据分析时化学反应进行的方式，分析方法又可分为湿法分析和干法分析。

本课程的主要内容是化学分析法和仪器分析法中的紫外和可见吸光光度法及常用的分离富集技术。分析化学是一门实践性极强的学科，在学习过程中要做到理论联系实际，加强实验技能训练。学习本课程要求掌握分析化学的基本理论和原理及测定方法，树立严格的量的概念；正确掌握分析化学实验的基本操作，培养严谨的科学作风，提高分析问题和解决问题的能力。

1.3 分析化学发展简史与趋势

分析化学的起源可以追溯到古代的炼金术，早期的化学主要是分析化学。在科学发展史上，无机定性分析对元素的发现起过重要作用，定量分析对相对原子质量的测定、定比定理、倍比定理等许多化学基本定律及理论的确立，矿产资源的勘察利用等，作出过巨大的贡献。

20 世纪以来，由于现代科学技术的发展，相关学科之间相互渗透、相互促进，分析化学的发展经历了三次巨大的变革。第一次是在 20 世纪初，由于物理化学溶液理论的发展，为分析化学提供了理论基础，建立了酸碱、络合(配位)、沉淀、氧化还原等溶液中的四大平衡理论，使分析化学从一门专业技术发展成为一门独立的学科。第二次变革发生在 20 世纪 40 年代以后的几十年间，由于物理学和电子学的迅速发展，新的检测方法和技术的不断出现，促进了分析化学中仪器分析方法的发展，使分析化学从以化学分析为主的经典分析化学发展为以仪器分析为主的近代分析化学。

从 20 世纪 70 年代末起，以计算机应用为主要标志的信息时代为分析化学的第三次变革提供了良好的机遇。工农业生产和现代科学技术特别是生命科学、材料科学、环境科学的迅猛发展，对分析化学提出了更高的要求，分析化学除了提供“有什么”和“有多少”的信息外，还必须提供在复杂体系中相关物质更全面的信息：从常量到微量、痕量及微粒分析，从元素组成到形态分析，从总体到微区表面分布及逐层分析，从宏观组分到微观结构分析，从静态到动态分析，从破坏试样到无损分析，从离线到在线分析，从以手工操作为主到自动化分析等。为了满足上述要求，分析化学广泛吸收了当代科学技术的最新成就，应用信息科学和其他科学的新技术，在深入开展化学分析、仪器分析新方法和分离富集技术的理论研究和技术研究的基础上，建立了许多高选择性、高灵敏度、高准确度的新方法和新技术。

由于基础理论及测试技术的不断完善，分析化学已成为最富活力的学科之一，它必将为现代科学的发展，特别是生命科学的发展和技术的进步作出更大的贡献。

1-2 分析化学发展目标

分析化学今后将继续沿着高灵敏度(分子级、原子级水平)、高选择性、准确、快速、简便、经济、绿色，以及分析仪器自动化、数字化、智能化、信息化的方向发展，成为一门多学科综合性的信息科学，在生物、医学、药学、环境、能源、材料、安全等前沿领域发挥重要作用。

思考题

1. 分析化学对化学其他分支学科的发展有何重要作用？其他分支学科的发展对分析化学的发展有何促进作用？

2. 分析化学目前最活跃的研究领域有哪些？

3. 分析化学对保证我国食品安全和公共安全有何重要作用？

4. 举例说明分析化学在临床检验中的应用。

第 2 章

定量分析概论

2.1 概　　述

2.1.1 定量分析过程

定量分析的任务是测定物质中有关组分的含量。为了保证测定结果的准确性，要完成一项定量分析工作，通常包括以下几个步骤。

1. 取样

对某一物质进行定量分析时，每次用于定量测定的物质(试样)的量是很少的。为了使试样的组分含量能代表多至数千吨物料的含量，取样的代表性是十分重要的，即必须保证所取试样能真实代表被分析物料的平均组分。若所取试样没有代表性，进行分析工作不仅毫无意义，甚至可能导致错误的结论而造成巨大的损失。

具体的取样方法，应根据分析对象的性质、形态(气体、液体、固体)、均匀程度和分析测定的具体要求选用不同的方法，有关内容将在本书第 10 章中详细介绍。

2. 试样分解和分析试液的制备

定量分析一般采用湿法分析，通常要求将用合适方法干燥好的适量试样分解，使在试样中以各种形态存在的被测组分定量转入溶液，然后进行分离和测定。不同性质的试样应采取不同的分解方法。

3. 分离及测定

应根据试样的组成、被测组分的性质、含量和对分析结果准确度的要求及实验室的条件，结合各种分析方法的准确度、灵敏度、选择性、适用范围等特点选择合适的分析方法完成具体的定量分析任务。

试样中常含有多种组分，若某些共存组分对被测组分的定量测定有影响，在测定前必须设法消除其干扰。在解决这一问题时，应尽量采取高选择性的方法，或设法提高所采用方法的选择性，达到无须掩蔽或分离即可消除干扰的目的。无法达到此目的时，只能通过掩蔽或分离的方法消除共存组分的影响。常用的掩蔽方法有络合(配位)掩蔽法、氧化还原掩蔽法、沉淀掩蔽法和动力学掩蔽法等，常用的分离方法有沉淀分离、液-

液萃取、离子交换和色谱法等。

4. 计算分析结果

根据试样的质量、测量所得数据及分析过程中有关反应的化学计量关系，计算出被测组分的含量。

5. 分析结果的评价

根据多次（一般为 3～5 次）的测定数据，用统计处理方法对分析数据和测定结果进行评价。

2.1.2 定量分析结果的表示方法

1. 被测组分化学形式的表示方法

表示被测组分化学形式的方法通常有以下几种。

（1）以被测组分的实际存在形式表示

当被测组分在试样中的实际存在形式明确时，应以其实际存在形式表示。例如，在食盐水电解液的分析中，常以被测组分的实际存在形式 K^+、Na^+、Ca^{2+}、Mg^{2+}、Cl^-、SO_4^{2-} 等的含量表示分析结果。

（2）以元素或氧化物的形式表示

当被测组分在试样中的实际存在形式不清楚时，分析结果应以元素或氧化物的形式表示。例如，在合金和有机分析中，常以元素形式如 Fe、Cu、Pb、Mo、W 和 C、H、O、N、S、P 等的含量表示分析结果。在矿石和土壤分析中，常以各种元素的氧化物的形式如 K_2O、Na_2O、CaO、MgO、Fe_2O_3、Al_2O_3、SO_2、P_2O_5、SiO_2等的含量表示分析结果。

（3）以化合物的形式表示

在对化工产品的规格进行分析和对某些简单的无机盐和化学试剂进行测定时，常以其化合物的形式如 KNO_3、$NaNO_3$、$(NH_4)_2SO_4$、KCl、乙醇、尿素、苯等的含量表示分析结果。

以上所列举的仅是常用的化学表示形式，实际工作中根据需要和习惯常有例外。例如，对铁矿石分析的目的在于寻找炼铁的原料，常以元素 Fe 的形式表示分析结果。又如，对化肥、土壤中氮、磷、钾的测定，过去是以 N、P_2O_5、K_2O 等的含量表示分析结果，近年来又以元素形式表示分析结果。

2. 被测组分含量的表示方法

由于被分析试样的物理状态（气态、液态、固态）和被测组分的含量（常量、微量、痕量）不同，其计量方式和单位也各有差异，所以被测组分含量的表示方法有所差别。

（1）固体试样

固体试样中被测组分的含量通常用质量分数（mass fraction）表示。设试样中被测组分 B 的质量、试样的质量分别以 m_B、m_s 表示，它们的比称为组分 B 的质量分数，符号为 w_B，即

$$w_B=\frac{m_B}{m_s} \tag{2-1}$$

在使用中应注意 m_B、m_s 的单位要一致。

分析工作中通常使用的百分数符号“%”是质量分数的一种习惯表示方法，可理解为“10^{-2}”。例如，某铜合金中铜的质量分数 $w_{Cu}=0.643\,8$，习惯上表示为 $w_{Cu}=64.38\%$。

(2) 液体试样

和固体试样不同，液体试样可以用质量和体积两种方式计量，所以其被测组分的含量有以下几种表示方式。

a. 质量分数：表示被测组分 B 的质量与试液质量的比。用这种方式表示液体试样中被测组分含量的优点是数值不受温度的影响。若被测组分含量非常低，用此种方式表示时数值很小不便于使用，可用科学计数法表示。

b. 体积分数：表示被测组分 B 的体积与试液体积的比，计算公式为

$$\varphi_B=\frac{V_B}{V_s}\times 100\% \tag{2-2}$$

式中 V_B 为被测组分的体积，V_s 为试液的体积。

例如，体积分数为 50%的乙醇溶液，表示 100 mL 此乙醇溶液中含乙醇50 mL。

c. 质量浓度：表示单位体积试液中所含被测组分 B 的质量。计算公式为

$$\rho_B=\frac{m_B}{V_s} \tag{2-3}$$

式中 m_B 为被测组分的质量，V_s 为试液的体积，ρ_B 为被测组分的质量浓度。

(3) 气体试样

气体试样中被测组分的含量通常用体积分数表示。对于微量或痕量组分，表示方式与液体试样的体积分数相同。

2.2 滴定分析法概述

根据滴定时化学反应的类型，滴定分析法可分为酸碱滴定法、络合滴定法、氧化还原滴定法和沉淀滴定法等，它们的基本原理和应用将分别在相关章节中讨论。这里主要讨论滴定分析法的一般问题。

2.2.1 滴定分析法的特点和分类

1. 滴定分析法的特点

进行滴定分析时，通常将被测溶液置于锥形瓶中，然后将已知准确浓度的试剂溶液(标准溶液)逐滴滴加到被测溶液中(或者将被测溶液滴加到标准溶液中)，直到所加的试剂与被测物质按化学计量关系定量反应完全为止，然后根据试剂溶液的浓度、用量和试样的质量，计算被测物质的含量。

通常将已知准确浓度的试剂溶液(标准溶液)称为“滴定剂”，把滴定剂从滴定管滴加到被测物质溶液中的过程称为“滴定”。当加入的标准溶液与被测物质定量反应完全

时(即恰好符合滴定反应式所表示的化学计量关系),反应到达了“化学计量点”(stoichiometric point,简称计量点,用 sp 表示)。化学计量点是一个理论点,通常需借助指示剂颜色的改变来确定,以便停止滴定。在滴定过程中,指示剂正好发生颜色变化的那一点(变色点)称为“滴定终点”(简称终点,end point,用 ep 表示)。滴定终点和化学计量点不一定恰好吻合,由此造成的分析误差称为“终点误差”或“滴定误差”(titration error,用 E_t 表示)。

滴定分析法常用于常量组分的测定,有时也可用于微量组分的测定。滴定分析法操作简便、快速,可测定很多元素且有足够的准确度,在生产实践和科学研究中具有广泛的应用。

2. 滴定分析法的分类

根据滴定时所依据的化学反应的类型,可将滴定分析法分为以下四种。

(1) 酸碱滴定法

以质子传递反应为基础的滴定分析法称为酸碱滴定法,又称中和法。其基本反应为

$$H^+ + OH^- \rightleftharpoons H_2O$$

溶剂常用水,也可用非水溶剂。本法主要用于测定酸、碱、弱酸盐或弱碱盐。

(2) 络合滴定法

以形成络合物(配合物)为基础的滴定分析法称为络合滴定法。如用EDTA标准溶液滴定 Mg^{2+},其反应为

$$Mg^{2+} + H_2Y^{2-} \rightleftharpoons MgY^{2-} + 2H^+$$

络合滴定法用于测定多种金属和非金属元素,有着广泛的用途。

(3) 氧化还原滴定法

以氧化还原反应为基础的滴定分析法称为氧化还原滴定法。例如,用 $K_2Cr_2O_7$ 标准溶液滴定 Fe^{2+},其反应为

$$Cr_2O_7^{2-} + 6Fe^{2+} + 14H^+ \rightleftharpoons 2Cr^{3+} + 6Fe^{3+} + 7H_2O$$

(4) 沉淀滴定法

以沉淀反应为基础的滴定分析法称为沉淀滴定法。例如,用 $AgNO_3$ 标准溶液滴定 Cl^-,其反应为

$$Ag^+ + Cl^- \rightleftharpoons AgCl\downarrow$$

2.2.2 滴定分析法对化学反应的要求和滴定方式

1. 滴定分析法对化学反应的要求

适合滴定分析法的化学反应,应该具备以下几个条件:

a. 反应必须具有确定的化学计量关系,即反应必须按一定的反应方程式进行,无副反应。这是定量计算的基础。

b. 反应必须定量进行。在化学计量点时反应的完全程度应达到99.9%以上。

c. 反应能够迅速完成。对于速率较慢的反应，有时可通过加热或使用催化剂加快反应速率。

d. 有适当的确定反应终点的方法。

2. 滴定分析的方式

(1) 直接滴定法

对于某些被测组分，如能找到满足上述四项要求的滴定反应，即可用适当的标准溶液(滴定剂)直接进行滴定，这种方式称为直接滴定法(direct titration)。直接滴定法是滴定分析中最常采用的滴定方式。当测定某些组分时，无法找到满足上述要求的反应时，可以采用下面几种方式进行滴定。

(2) 返滴定法

当被测物质与滴定剂反应很慢，或者用滴定剂直接滴定固体试样时反应不能立即完成，这时可先准确加入一定量过量的滴定剂，使其与试液中被测组分或固体试样进行反应，待反应完成后，再用另一种标准溶液滴定剩余的滴定剂，根据所消耗的两种标准溶液的物质的量和试样的质量，可计算出被测组分的含量，这种滴定方式称为返滴定法(back titration)或回滴法。例如，Al^{3+} 与 EDTA 的反应速率太慢，不能用 EDTA 直接滴定 Al^{3+}。为此，可先在试液中加入一定量过量的 EDTA 标准溶液并加热使反应加速至反应完全，再用 Zn^{2+} 或 Cu^{2+} 标准溶液滴定剩余的 EDTA。又如，固体 $CaCO_3$ 的滴定，因 $CaCO_3$ 溶解较慢，故可先加入一定量过量的 HCl 标准溶液，待反应完全后，用 NaOH 标准溶液滴定剩余的 HCl。

有时采用返滴定法是由于某些反应缺乏合适的指示剂。例如，在酸性溶液中用 $AgNO_3$ 作指示剂滴定 Cl^-，缺乏合适的指示剂。此时可先在试液中加入一定量过量的 $AgNO_3$ 标准溶液，再以铁铵矾[$NH_4Fe(SO_4)_2$]作指示剂，用 NH_4SCN 标准溶液滴定过量的 Ag^+，出现[$Fe(SCN)$]$^{2+}$的淡红色即为终点。

(3) 置换滴定法

当被测组分所参与的反应不按反应式进行或伴有副反应导致不能用直接滴定法滴定时，可先用适当试剂与被测组分反应，置换出一定量能被滴定的物质，再用标准溶液进行滴定，这种方式称为置换滴定法(replacement titration)。例如，由于在酸性溶液中强氧化剂可将 $S_2O_3^{2-}$ 氧化为 $S_4O_6^{2-}$ 及 SO_4^{2-} 等，反应没有确定的计量关系，所以不能用 $Na_2S_2O_3$ 标准溶液直接滴定 $K_2Cr_2O_7$ 及其他强氧化剂。但是，$Na_2S_2O_3$ 是一种很好的滴定 I_2 的滴定剂，如果在 $K_2Cr_2O_7$ 的酸性溶液中加入过量 KI，使 $K_2Cr_2O_7$ 还原并置换出一定量的 I_2，就可以用 $Na_2S_2O_3$ 标准溶液直接滴定析出的 I_2，从而求出 $K_2Cr_2O_7$ 的含量。这种滴定方法常用于以 $K_2Cr_2O_7$ 标定 $Na_2S_2O_3$ 标准溶液的浓度。

(4) 间接滴定法

不能与滴定剂直接反应的物质，有时可通过另外的化学反应间接地进行测定，这种滴定方法称为间接滴定法(indirect titration)。例如，Ca^{2+} 在溶液中不能直接用氧化还原法滴定。但若将 Ca^{2+} 先沉淀为 CaC_2O_4，过滤洗净后用 H_2SO_4 溶液溶解，然后用 $KMnO_4$ 标准溶液滴定与 Ca^{2+} 结合的 $C_2O_4^{2-}$，从而可间接测定 Ca^{2+}。

需要指出的是，返滴定法、置换滴定法和间接滴定法的应用大大拓宽了滴定分析的应用范围。

2.2.3 基准物质和标准溶液

1. 基准物质

标准溶液是滴定分析中所必需的，用于直接配制标准溶液或标定标准溶液的物质称为基准物质(primary standard)。基准物质必须符合以下要求：

a. 试剂的组成应与化学式完全一致。若含结晶水，如 $Na_2B_4O_7 \cdot 10H_2O$、$H_2C_2O_4 \cdot 2H_2O$等，其结晶水的含量均应符合化学式。

b. 试剂的纯度应足够高(质量分数>99.9%)。

c. 试剂在通常情况下稳定，不易和空气中的 O_2 及 CO_2 反应，也不吸收空气中的水分。

d. 试剂参加滴定反应时，应按反应式定量进行，无副反应。

e. 试剂最好有较大的摩尔质量，以减少称量时的相对误差。

常用的基准物质有纯金属和纯化合物，如 Ag、Cu、Zn、Cd、Si、Ge、Al、Co、Ni、Fe、NaCl、$K_2Cr_2O_7$、Na_2CO_3、$Na_2B_4O_7 \cdot 10H_2O$、$KHC_8H_4O_4$(邻苯二甲酸氢钾)、As_2O_3和$CaCO_3$等，它们的纯度一般大于 99.9%，有时可达 99.99%以上。值得注意的是，有些超纯试剂和光谱纯试剂的纯度很高，但这仅仅表明其中的金属杂质的含量很低，并不表明其主要成分的质量分数大于 99.9%，有时因为含有组成不定的水分和气体杂质或由于试剂本身的组成不固定等原因，使主要成分的质量分数达不到 99.9%，此时就不能作为基准物质使用了。试剂的纯度标注在试剂标签上，使用时应仔细确认。一些常用基准物质的干燥条件和标定对象见表 2-1。

表 2-1 一些常用基准物质的干燥条件和标定对象

基准物质		干燥后的组成	干燥条件和温度/℃	标定对象
名称	化学式			
十水合碳酸钠	$Na_2CO_3 \cdot 10H_2O$	Na_2CO_3	270～300	酸
碳酸氢钠	$NaHCO_3$	Na_2CO_3	270～300	酸
硼砂	$Na_2B_4O_7 \cdot 10H_2O$	$Na_2B_4O_7 \cdot 10H_2O$	放在装有 NaCl 和蔗糖饱和溶液的密闭器皿中	酸
碳酸氢钾	$KHCO_3$	K_2CO_3	270～300	酸
邻苯二甲酸氢钾	$KHC_8H_4O_4$	$KHC_8H_4O_4$	110～120	碱
二水合草酸	$H_2C_2O_4 \cdot 2H_2O$	$H_2C_2O_4 \cdot 2H_2O$	室温，空气干燥	碱或 $KMnO_4$
碳酸钙	$CaCO_3$	$CaCO_3$	110	EDTA
锌	Zn	Zn	室温，干燥器中保存	EDTA
氧化锌	ZnO	ZnO	900～1 000	EDTA
重铬酸钾	$K_2Cr_2O_7$	$K_2Cr_2O_7$	100～110	还原剂
溴酸钾	$KBrO_3$	$KBrO_3$	130	还原剂

续表

基准物质		干燥后的组成	干燥条件和温度/℃	标定对象
名称	化学式			
碘酸钾	KIO_3	KIO_3	120～140	还原剂
铜	Cu	Cu	室温，干燥器中保存	还原剂
三氧化二砷	As_2O_3	As_2O_3	室温，干燥器中保存	氧化剂
草酸钠	$Na_2C_2O_4$	$Na_2C_2O_4$	105～110	氧化剂
氯化钠	NaCl	NaCl	500～650	$AgNO_3$
氯化钾	KCl	KCl	500～600	$AgNO_3$
硝酸银	$AgNO_3$	$AgNO_3$	220～250	氯化物

2. 标准溶液

已知准确浓度的溶液称为标准溶液(standard solution)。在滴定分析中，无论采取何种滴定方式，都需要使用标准溶液，否则无法确定被测组分的含量。通常要求标准溶液的浓度应准确到四位有效数字①。

(1) 标准溶液浓度的表示方法

标准溶液的浓度通常用物质的量浓度表示。

“物质 B 的物质的量浓度(amount concentration of substance B)”也称为“物质 B 的浓度(concentration of substance B)”，指溶液中溶质 B 的物质的量除以溶液的体积，用符号 c_B 表示，表达式为

$$c_B=\frac{n_B}{V} \tag{2-4}$$

式中 n_B 表示溶液中溶质 B 的物质的量，单位为 mol 或 mmol；V 表示溶液的体积，单位为 m^3 或 dm^3 等。在分析化学中，最常用的体积单位为 L 或 mL，物质的量浓度 c_B 的常用单位为 $mol\cdot L^{-1}$ 或 $mmol\cdot L^{-1}$。

如每升溶液中含 0.1 mol HCl，其浓度应表示为 $c_{HCl}=0.1\ mol\cdot L^{-1}$，或记为 $c(HCl)=0.1\ mol\cdot L^{-1}$。

由于物质的量浓度 c_B 是物质的量 n_B 的导出量，在使用时必须指明基本单元。这里所说的基本单元，除原子、分子、离子、电子外，还包括这些粒子的特定组合。因此，同一物质，在同一体系中，用不同的基本单元形式表示时其物质的量是不同的，因而其浓度也是不同的，这一点必须引起充分的注意。当某一物质 X 分别以基本单元 X 和 $\frac{1}{z}X$ 表示时，两种基本单元的浓度之间的关系如下式所示：

---

① 见第 3 章 3.2 节。

$$c\left(\frac{1}{z}\text{X}\right)=z\cdot c(\text{X}) \tag{2-5}$$

式中 z 为正整数，$\frac{1}{z}$为粒子分数，z 由粒子的电荷数或特定化学反应式的化学计量关系决定。

例如，$c\left(\frac{1}{2}H_2SO_4\right)=2c(H_2SO_4)$，$c\left(\frac{1}{6}K_2Cr_2O_7\right)=6c(K_2Cr_2O_7)$，即对同一 H_2SO_4 溶液，当 $c(H_2SO_4)=0.1\ mol\cdot L^{-1}$ 时，则 $c\left(\frac{1}{2}H_2SO_4\right)=0.2\ mol\cdot L^{-1}$；当 $c\left(K_2Cr_2O_7\right)=0.1\ mol\cdot L^{-1}$ 时，则 $c\left(\frac{1}{6}K_2Cr_2O_7\right)=0.6\ mol\cdot L^{-1}$。

需要注意的是，基本单元的选择一般应以化学反应的化学计量关系为准，如反应：

$$5C_2O_4^{2-}+2MnO_4^-+16H^+ = 10CO_2\uparrow+2Mn^{2+}+8H_2O$$

由于 $5C_2O_4^{2-}$ 相当于 $2MnO_4^-$，因此 $KMnO_4$ 基本单元选择为 $\frac{1}{5}KMnO_4$，$H_2C_2O_4$ 选择为 $\frac{1}{2}H_2C_2O_4$。

当分析对象固定，如生产单位对某些试样的某些组分进行例行分析时，为了简化计算常用滴定度（titer）表示标准溶液的浓度。滴定度是指每毫升标准溶液（滴定剂）相当于被测组分的质量，即

$$T_{A/B}=m_B/V_A \tag{2-6}$$

式中 $T_{A/B}$ 为标准溶液 A 对被测组分 B 的滴定度，单位为 $g\cdot mL^{-1}$；m_B 为被测组分 B 的质量，单位为 g 或 mg；V_A 为标准溶液 A 的体积，单位为 mL。

例如，用某 $K_2Cr_2O_7$ 标准溶液滴定 Fe^{2+}，滴定度 $T_{K_2Cr_2O_7/Fe}=0.004\,900\ g\cdot mL^{-1}$，表示每毫升此 $K_2Cr_2O_7$ 标准溶液相当于 0.004 900 g Fe。如在某次滴定中消耗此 $K_2Cr_2O_7$ 标准溶液 22.84 mL，则被滴定溶液中所含 Fe 的质量为 $0.004\,900\ g\cdot mL^{-1}\times 22.84\ mL=0.111\,9\ g$。在书写滴定度 T 的下标时，应将滴定剂的化学式写在斜线的前面，被测组分写在斜线后面。应注意，二者之间的斜线仅表示“相当于”，并不代表分数关系。

如果在滴定时固定试样的质量，则滴定度也可表示为每毫升标准溶液相当于被测组分在试样中的质量分数（%）。例如，某 $K_2Cr_2O_7$ 标准溶液滴定 Fe^{2+} 的滴定度 $T_{K_2Cr_2O_7/Fe}=3.00(\%)\cdot mL^{-1}$，表示试样用量固定为某一质量时，每毫升此 $K_2Cr_2O_7$ 标准溶液相当于试样中 Fe 的质量分数为 3.00%。若在滴定时消耗此 $K_2Cr_2O_7$ 标准溶液 22.48 mL，则试样中 Fe 的质量分数为 $3.00\%\times 22.48=67.44\%$。由此可知，这对大量试样或例行分析十分方便。

在常量滴定分析中，选择标准溶液浓度大小的主要依据为

a. 滴定终点的敏锐程度；

b. 测量标准溶液体积的相对误差；

c. 被分析试样的组成和性质；

d. 对分析结果准确度的要求。

(2) 标准溶液的配制方法

标准溶液的配制方法有直接法和标定法两种。

① 直接法

准确称取一定量的基准物质，溶解后配成一定体积的溶液，根据基准物质的质量和溶液的体积计算出该标准溶液的准确浓度。例如，称取 1.225 8 g 基准 $K_2Cr_2O_7$，用水溶解后，定量转移至 250 mL 容量瓶中并用蒸馏水稀释至刻度、摇匀，就配制成 0.016 67 $mol \cdot L^{-1}$ $K_2Cr_2O_7$标准溶液。

② 标定法

由于缺少相应的基准物质，许多标准溶液无法用直接法配制，此时可先以这类试剂配制近似于所需浓度的溶液，然后用基准物质或其他标准溶液确定其准确浓度，这一过程称为标定。如此配制标准溶液的方法称为标定法或间接法。例如，欲配制 0.1 $mol \cdot L^{-1}$ NaOH 标准溶液，可先用天平称取 4 g 左右 NaOH 固体，溶于 1 L 蒸馏水中，然后称取一定量的基准邻苯二甲酸氢钾或草酸标定所配制的 NaOH 溶液，确定其准确浓度。也可以用 HCl 标准溶液标定其浓度。

2.2.4 滴定分析的计算

滴定分析法中涉及一系列的计算问题，如标准溶液的配制、标定和被测组分含量的计算等。下面着重介绍如何依据物质的量(n_B)、摩尔质量(M_B)、物质的量浓度(c_B)、质量(m)和溶液体积(V)等物理量及其法定的计量单位，解决滴定分析中的有关计算及应注意的问题。

1. 滴定剂与被滴定物质之间化学计量关系的确定

设滴定剂 T 与被滴定物质 B 按下述反应式反应：

$$t\mathrm{T}+b\mathrm{B} = c\mathrm{C}+d\mathrm{D}$$

则被滴定物质的物质的量 n_B 与滴定剂的物质的量 n_T 之间的关系可以通过"滴定反应中滴定剂 T 与被滴定物 B 的化学计量数比"和"等物质的量规则"两种方法确定。由于在应用等物质的量规则时，同一物质参与不同的化学反应时可以有不同的基本单元，导致物质的化学式与基本单元的表达形式不同，给应用带来一些不便，因此本书不介绍这种方法，读者可根据需要参考其他教材。下面具体介绍根据滴定反应中滴定剂 T 与被滴定物 B 的化学计量数比确定 n_B、n_T 间关系的方法。

由上述滴定反应可知，n_B、n_T 间关系为

$$n_B=\frac{b}{t}n_T \quad 或 \quad n_T=\frac{t}{b}n_B \tag{2-7}$$

式中$\frac{b}{t}$或$\frac{t}{b}$称为化学计量数比。

例如，在酸性溶液中，用 $H_2C_2O_4 \cdot 2H_2O$ 作基准物质标定 $KMnO_4$ 溶液的浓度时，由滴定反应：

$$2MnO_4^- + 5C_2O_4^{2-} + 16H^+ = 2Mn^{2+} + 10CO_2 \uparrow + 8H_2O$$

可得出

$$n_{KMnO_4} = \frac{2}{5} n_{H_2C_2O_4}$$

应注意的是，滴定分析中涉及两个及两个以上的化学反应时，应根据所发生的所有化学反应确定实际参加反应的物质的化学计量数比。

例如，用 $KMnO_4$ 法测定 Ca^{2+} 时，所涉及的化学反应为

$$Ca^{2+} + C_2O_4^{2-} = CaC_2O_4 \downarrow$$

$$CaC_2O_4 + 2H^+ = Ca^{2+} + H_2C_2O_4$$

$$5H_2C_2O_4 + 2MnO_4^- + 6H^+ = 2Mn^{2+} + 10CO_2 \uparrow + 8H_2O$$

由上述反应方程式中各物质的化学计量数可知，Ca^{2+} 与 $C_2O_4^{2-}$ 的化学计量数比为1∶1，$C_2O_4^{2-}$ 与MnO_4^- 的化学计量数比为 5∶2，即

$$n_{Ca^{2+}} : n_{C_2O_4^{2-}} = 1:1$$

$$n_{C_2O_4^{2-}} : n_{MnO_4^-} = 5:2$$

所以

$$n_{Ca^{2+}} = \frac{5}{2} n_{MnO_4^-}$$

2. 标准溶液浓度的计算及物质的量浓度与滴定度的相互换算

(1) 直接配制法浓度的计算

设基准物质 B 的摩尔质量为 $M_B(g \cdot mol^{-1})$，质量为 $m_B(g)$，则其物质的量为

$$n_B = m_B / M_B \tag{2-8}$$

若将其定量溶解后配制成体积为 $V_B(L)$的标准溶液，其浓度为

$$c_B = \frac{n_B}{V_B} = \frac{m_B}{V_B M_B} \tag{2-9}$$

(2) 标定法浓度的计算

设用浓度为 $c_T(mol \cdot L^{-1})$的标准溶液滴定体积为 $V_B(mL)$的物质 B 的溶液。若在终点时消耗该标准溶液 $V_T(mL)$，则滴定剂和物质 B 的物质的量分别为

$$n_T = c_T V_T \tag{2-10}$$

$$n_B = c_B V_B \tag{2-11}$$

设滴定反应的化学计量数比为$\frac{b}{t}$，由式(2-7)知

$$n_B=\frac{b}{t}n_T$$

将式(2-10)和式(2-11)代入式(2-7)并整理可得

$$c_B=\frac{b}{t}c_T\frac{V_T}{V_B} \tag{2-12}$$

当用基准物质标定体积为V_B(mL)的溶液浓度时，设称取基准物质的质量为m_T(g)，其摩尔质量为M_T(g·mol^{-1})，其浓度c_B的计算公式为

$$c_B=\frac{b}{t}\frac{m_T\times 1\,000}{M_T V_B} \tag{2-13}$$

(3) 标准溶液物质的量浓度与滴定度的关系

若已知物质B的摩尔质量为M_B，由式(2-7)、式(2-8)、式(2-12)可求得物质B的质量m_B(g)为

$$m_B=n_B M_B=\frac{b}{t}\frac{c_T V_T M_B}{1\,000} \tag{2-14}$$

滴定度是指每毫升滴定剂溶液相当于被测组分的质量(g)，即$V_T=1.00$ mL时对应的被测组分的质量m_B等于$T_{T/B}$。由此，根据式(2-14)可得出滴定度$T_{T/B}$与滴定剂物质的量浓度c_T、化学计量数比$\frac{b}{t}$及被测组分摩尔质量M_B之间的关系为

$$T_{T/B}=\frac{\frac{b}{t}c_T M_B}{1\,000}\quad (\mathrm{g\cdot mL^{-1}}) \tag{2-15}$$

3. 被测组分含量的计算

将式(2-14)代入式(2-1)，可得

$$w_B=\frac{\frac{b}{t}\cdot c_T V_T\cdot M_B}{m_s\times 1\,000}\times 100\% \tag{2-16}$$

式中c_T的单位为mol·L^{-1}，V_T的单位为mL，M_B的单位为g·mol^{-1}。

4. 计算示例

例 2.1 准确称取1.226 g $K_2Cr_2O_7$，用蒸馏水溶解后定量转移至250.0 mL容量瓶中。求此$K_2Cr_2O_7$溶液的浓度。

解

$$M_{K_2Cr_2O_7}=294.18\ \mathrm{g\cdot mol^{-1}}$$

$$c_{K_2Cr_2O_7}=\frac{1.226\ \mathrm{g}/(294.18\ \mathrm{g\cdot mol^{-1}})}{0.2500\ \mathrm{L}}=0.016\,67\ \mathrm{mol\cdot L^{-1}}$$

例 2.2 欲配制 250.0 mL 0.1000 mol·L^{-1} Na_2CO_3 标准溶液，应称取基准 Na_2CO_3 多少克？

解

$$M_{Na_2CO_3}=105.99\ g\cdot mol^{-1}$$

$$\begin{aligned}m_{Na_2CO_3}&=c_{Na_2CO_3}\cdot V_{Na_2CO_3}\cdot M_{Na_2CO_3}\\&=0.1000\ mol\cdot L^{-1}\times0.2500\ L\times105.99\ g\cdot mol^{-1}\\&=2.650\ g\end{aligned}$$

例 2.3 称取 0.5125 g 基准邻苯二甲酸氢钾（KHP）并溶于水，用浓度约为 0.1 mol·L^{-1}的 NaOH 溶液滴定至终点时，消耗 24.80 mL。计算 NaOH 标准溶液的准确浓度。

解 滴定反应为

$$OH^-+HP^-=\!=\!=P^{2-}+H_2O$$

$$n_{NaOH}=n_{KHP}$$

$$\begin{aligned}c_{NaOH}&=\frac{m_{KHP}\times1000}{M_{KHP}\cdot V_{NaOH}}\\&=\frac{0.5125\ g\times1000}{204.22\ g\cdot mol^{-1}\times24.80\ mL}=0.1012\ mol\cdot L^{-1}\end{aligned}$$

例 2.4 移取 25.00 mL 0.1000 mol·L^{-1} $K_2Cr_2O_7$ 溶液至 250.0 mL 容量瓶中，用水稀释至刻度。求稀释后的 $K_2Cr_2O_7$ 标准溶液对 Fe 的滴定度。

解 在酸性溶液中，$K_2Cr_2O_7$ 溶液滴定 Fe^{2+} 的反应为

$$Cr_2O_7^{2-}+6Fe^{2+}+14H^+=\!=\!=2Cr^{3+}+6Fe^{3+}+7H_2O$$

所以

$$\frac{b}{t}=\frac{6}{1}$$

$$M_{Fe}=55.845\ g\cdot mol^{-1}$$

根据式（2-15）可得

$$T_{K_2Cr_2O_7/Fe}=\frac{\frac{6}{1}\times\frac{0.1000\ mol\cdot L^{-1}}{10}\times55.845\ g\cdot mol^{-1}}{1000}=0.003351\ g\cdot mL^{-1}$$

例 2.5 称取 0.3500 g 铁矿石试样，用酸溶解后，用 $SnCl_2$ 将 Fe^{3+} 还原为 Fe^{2+} 并用 $HgCl_2$ 除去过量的 $SnCl_2$，立即用 0.01667 mol·L^{-1} $K_2Cr_2O_7$ 标准溶液滴定至终点，消耗 $K_2Cr_2O_7$ 标准溶液 23.78 mL。试计算铁矿石中 Fe_2O_3 的质量分数。

解 测定过程中有关的反应为

$$Fe_2O_3+6H^+=\!=\!=2Fe^{3+}+3H_2O$$

$$2Fe^{3+}+Sn^{2+}=\!=\!=2Fe^{2+}+Sn^{4+}$$

$$Cr_2O_7^{2-}+6Fe^{2+}+14H^+=\!=\!=2Cr^{3+}+6Fe^{3+}+7H_2O$$

由上述反应式可知

$$n_{Fe_2O_3}=3n_{K_2Cr_2O_7}$$

则

$$w_{Fe_2O_3}=\frac{3c_{K_2Cr_2O_7}\cdot V_{K_2Cr_2O_7}\cdot M_{Fe_2O_3}}{m_s\times 1000}\times 100\%$$

$$=\frac{3\times 0.01667\ \mathrm{mol\cdot L^{-1}}\times 23.78\ \mathrm{mL}\times 159.69\ \mathrm{g\cdot mol^{-1}}}{0.3500\ \mathrm{g}\times 1000}\times 100\%$$

$$=54.26\%$$

例 2.6 称取 0.2500 g 含铝试样，溶解后加入 50.00 mL 0.02002 $\mathrm{mol\cdot L^{-1}}$ EDTA（H_2Y^{2-}）标准溶液，调节 pH 3.5 并加热使 Al^{3+} 与 EDTA 络合完全，过量的 EDTA 用 0.02038 $\mathrm{mol\cdot L^{-1}}$ Zn^{2+} 标准溶液返滴定，终点时消耗 Zn^{2+} 标准溶液 21.45 mL。求试样中 Al_2O_3 的质量分数。

解 返滴定过程中有关的反应为

$$H_2Y^{2-}+Al^{3+} = AlY^- +2H^+$$

$$H_2Y^{2-}+Zn^{2+} = ZnY^{2-}+2H^+$$

由上述反应可知，EDTA 与 Al^{3+} 和 Zn^{2+} 的反应的化学计量数比均为 1∶1，但1 mol Al_2O_3 相当于 2 mol Al^{3+}，所以 1 mol Al_2O_3 相当于 2 mol EDTA，即

$$n_{Al_2O_3}=\frac{1}{2}n_{EDTA}$$

返滴定中与试样中铝反应的 EDTA 物质的量为（$c_{EDTA}V_{EDTA}-c_{Zn^{2+}}V_{Zn^{2+}}$），故

$$n_{Al_2O_3}=\frac{1}{2}(c_{EDTA}V_{EDTA}-c_{Zn^{2+}}V_{Zn^{2+}})$$

$$M_{Al_2O_3}=101.96\ \mathrm{g\cdot mol^{-1}}$$

则

$$w_{Al_2O_3}=\frac{\frac{1}{2}\times(0.02002\ \mathrm{mol\cdot L^{-1}}\times 50.00\ \mathrm{mL}-0.02038\ \mathrm{mol\cdot L^{-1}}\times 21.45\ \mathrm{mL})\times 101.96\ \mathrm{g\cdot mol^{-1}}}{0.2500\ \mathrm{g}\times 1000}\times 100\%=11.50\%$$

例 2.7 测定血液中的 Ca 时，常常将 Ca^{2+} 沉淀为 CaC_2O_4，然后将沉淀溶于硫酸后用 $KMnO_4$ 标准溶液滴定。设将 5.00 mL 血液稀释到 50.00 mL，取 10.00 mL 此溶液，并用 $(NH_4)_2C_2O_4$ 处理，使 Ca^{2+} 沉淀为 CaC_2O_4，沉淀过滤、洗涤后溶于硫酸中，再用 0.002000 $\mathrm{mol\cdot L^{-1}}$ $KMnO_4$ 标准溶液滴定至终点时消耗了 1.15 mL。求血液中 Ca 的质量浓度（$\mathrm{g\cdot L^{-1}}$）。

解 测定过程中有关的反应为

$$Ca^{2+} + C_2O_4^{2-} \longrightarrow CaC_2O_4 \downarrow$$

$$CaC_2O_4 + 2H^+ \longrightarrow Ca^{2+} + H_2C_2O_4$$

$$2MnO_4^- + 5H_2C_2O_4 + 6H^+ \longrightarrow 2Mn^{2+} + 10CO_2 \uparrow + 8H_2O$$

由上述反应式可知

$$n_{Ca^{2+}} = \frac{5}{2} n_{MnO_4^-}$$

$$\rho_{Ca^{2+}} = \frac{m_{Ca^{2+}}}{V_s} \times 1\,000 = \frac{\frac{5}{2} c_{MnO_4^-} \cdot V_{MnO_4^-} \cdot M_{Ca^{2+}}}{V_s \times \frac{10.00}{50.00}}$$

$$= \frac{\frac{5}{2} \times 0.002\,000\ \text{mol} \cdot \text{L}^{-1} \times 1.15\ \text{mL} \times 40.078\ \text{g} \cdot \text{mol}^{-1}}{5.00\ \text{mL} \times \frac{10.00}{50.00}}$$

$$= 0.230\,4\ \text{g} \cdot \text{L}^{-1}$$

例 2.8 称取 0.350 0 g 铜试样，用置换滴定法测定其中铜含量。加入 1.5 g KI，析出的碘用 0.132 4 $mol \cdot L^{-1}$ $Na_2S_2O_3$ 标准溶液滴定，消耗 23.50 mL。计算试样中铜的质量分数。

解 测定过程中有关的反应为

$$2Cu^{2+} + 4I^- \longrightarrow 2CuI \downarrow + I_2$$

$$I_2 + 2S_2O_3^{2-} \longrightarrow 2I^- + S_4O_6^{2-}$$

由上述反应式可知

$$n_{Cu^{2+}} = 2n_{I_2} = n_{Na_2S_2O_3}$$

$$w_{Cu} = \frac{c_{Na_2S_2O_3} \cdot V_{Na_2S_2O_3} \cdot M_{Cu}}{m_s \times 1\,000} \times 100\%$$

$$= \frac{0.132\,4\ \text{mol} \cdot \text{L}^{-1} \times 23.50\ \text{mL} \times 63.546\ \text{g} \cdot \text{mol}^{-1}}{0.350\,0\ \text{g} \times 1\,000} \times 100\%$$

$$= 56.49\%$$

例 2.9 计算 0.016 67 $mol \cdot L^{-1}$ $K_2Cr_2O_7$ 标准溶液对 Fe、Fe_2O_3、Fe_3O_4 的滴定度。

解 由相关反应可知，Fe^{2+} 与 $K_2Cr_2O_7$ 反应的化学计量数比 $\frac{b}{t} = 6$，因此，由式(2-15)可得

$$T_{K_2Cr_2O_7/Fe} = \frac{\frac{b}{t} \cdot c_{K_2Cr_2O_7} \cdot M_{Fe}}{1\,000}$$

$$=\frac{6\times 0.016\,67\ \mathrm{mol\cdot L^{-1}}\times 55.845\ \mathrm{g\cdot mol^{-1}}}{1\,000}$$

$$=0.005\,586\ \mathrm{g\cdot mL^{-1}}$$

同理

$$T_{K_2Cr_2O_7/Fe_2O_3}=\frac{\frac{b}{t}\cdot c_{K_2Cr_2O_7}\cdot M_{Fe_2O_3}}{1\,000}$$

$$=\frac{3\times 0.016\,67\ \mathrm{mol\cdot L^{-1}}\times 159.69\ \mathrm{g\cdot mol^{-1}}}{1\,000}$$

$$=0.007\,986\ \mathrm{g\cdot mL^{-1}}$$

$$T_{K_2Cr_2O_7/Fe_3O_4}=\frac{\frac{b}{t}\cdot c_{K_2Cr_2O_7}\cdot M_{Fe_3O_4}}{1\,000}$$

$$=\frac{2\times 0.016\,67\ \mathrm{mol\cdot L^{-1}}\times 231.54\ \mathrm{g\cdot mol^{-1}}}{1\,000}$$

$$=0.007\,720\ \mathrm{g\cdot mL^{-1}}$$

思　考　题

2-1 化学试剂分类与规格

1. 化学试剂一般分为优级纯、分析纯、化学纯、实验试剂等几种，对于大多数定量分析，应选用哪种等级的试剂？为什么？其标签纸的颜色是什么？其纯度用什么符号表示？

2. 在标定 HCl 溶液的浓度时，十水合碳酸钠（$Na_2CO_3\cdot 10H_2O$，$M=286.14\ \mathrm{g\cdot mol^{-1}}$）、碳酸氢钠（$NaHCO_3$，$M=84.007\ \mathrm{g\cdot mol^{-1}}$）和硼砂（$Na_2B_4O_7\cdot 10H_2O$，$M=381.37\ \mathrm{g\cdot mol^{-1}}$）都可以作为基准物质，你认为选择哪一种更好？为什么？

3. 置换滴定和间接滴定两种方式有什么区别？

4. 用基准 Na_2CO_3 标定 HCl 溶液时，下列情况对 HCl 溶液的浓度会产生什么影响（偏高、偏低或无影响）？

a. 滴定时速度太快，附在滴定管壁的 HCl 标准溶液未完全流下来就读取消耗 HCl 溶液的体积；

b. 将 HCl 标准溶液倒入滴定管之前，没有用 HCl 溶液润洗滴定管；

c. 溶解锥形瓶中的 Na_2CO_3 时，多加了 50 mL 蒸馏水；

d. 配制 HCl 溶液时没有摇匀。

5. 长期保存于放有干燥剂的干燥器中的优级纯 $H_2C_2O_4\cdot 2H_2O$ 可否用作标定 NaOH 溶液浓度的基准物质？为什么？

6. 用存放于无水 $CaCl_2$ 干燥器中的 $Na_2B_4O_7\cdot 10H_2O$ 作基准物质标定 HCl 溶液，对所标定 HCl 溶液的浓度有何影响？

习　　题

1. 定量分析过程一般包括哪些步骤？试样为什么要有代表性？在取样时如何保证试样的代表性？

2. 解释下列术语。

a. 滴定分析法； b. 滴定剂； c. 化学计量点； d.（滴定）终点； e. 终点误差；
f. 直接滴定； g. 返滴定； h. 置换滴定； i. 间接滴定； j. 滴定度；
k. 基准物质； l. 标准溶液； m. 标定。

3. 用邻苯二甲酸氢钾（$KHC_8H_4O_4$）作基准物质标定浓度为 0.1 $mol\cdot L^{-1}$的 NaOH 溶液，若要求滴定时消耗 NaOH 溶液 20～25 mL，应称取邻苯二甲酸氢钾多少克？若用 $H_2C_2O_4\cdot 2H_2O$ 作基准物质，应称取多少克？依据计算结果说明标定 NaOH 溶液时选用哪种基准物质最好？为什么？

（0.41～0.51 g，0.13～0.16 g；用邻苯二甲酸氢钾最好，因称量误差小）

4. 用 $KMnO_4$ 测定铁矿石试样中 Fe_2O_3 的含量。若 $KMnO_4$ 标准溶液的浓度为0.020 00 $mol\cdot L^{-1}$，矿样中 Fe_2O_3 的含量约为 65%。若欲使每次滴定消耗的 $KMnO_4$ 标准溶液的体积为 20～25 mL，计算铁矿石试样的称量范围。

（0.25～0.31 g）

5. 欲配制用于在酸性介质中标定 0.01 $mol\cdot L^{-1}$ $KMnO_4$ 溶液的 $Na_2C_2O_4$ 溶液，若要使标定时两种溶液消耗的体积相等，配制的 $Na_2C_2O_4$ 溶液的浓度为多大？配制 100 mL 这种溶液应称取 $Na_2C_2O_4$ 多少克？

（0.025 $mol\cdot L^{-1}$，0.34 g）

6. 某钢铁公司化验室经常需对铁矿石中铁的含量进行测定。当使用 0.016 67 $mol\cdot L^{-1}$ $K_2Cr_2O_7$ 标准溶液时，欲从滴定管上直接读得 Fe 的质量分数（%），分析时应称取铁矿石试样多少克？

（0.558 6 g）

7. 某 $K_2Cr_2O_7$ 标准溶液的质量浓度为 5.500 $g\cdot L^{-1}$，试求其对于 Fe_3O_4 的滴定度（$mg\cdot mL^{-1}$）。

（8.658 $mg\cdot mL^{-1}$）

8. 将 0.402 8 g 含硫有机试样在氧气中燃烧使其中的 S 氧化为 SO_2，用预中和过的 H_2O_2 吸收 SO_2 使其全部转化为 H_2SO_4，当用 0.108 0 $mol\cdot L^{-1}$ KOH 标准溶液滴定至终点时，消耗 24.12 mL。求试样中硫的质量分数。

（10.37%）

9. 称取 0.300 0 g 含硫试样，经预处理使其中的硫完全成为 SO_4^{2-}。制成溶液后，除去金属离子，然后加入 20.00 mL 0.050 00 $mol\cdot L^{-1}$ $BaCl_2$ 溶液，使生成 $BaSO_4$ 沉淀，剩余的 Ba^{2+} 用 0.025 00 $mol\cdot L^{-1}$ EDTA 溶液滴定至终点时，消耗 21.00 mL。求试样中硫的质量分数。

（5.08%）

10. 测得 $MgSO_4\cdot 7H_2O$ 的纯度为 100.96%。已知该试剂不含其他杂质，可能有部分 $MgSO_4\cdot 7H_2O$ 失水后变为 $MgSO_4\cdot 6H_2O$ 而导致分析结果偏高。求该试剂中 $MgSO_4\cdot 6H_2O$ 的质量分数。

（12.18%）

11. 已知在酸性溶液中 Fe^{2+} 与 $KMnO_4$ 反应时，1.00 mL $KMnO_4$ 溶液相当于 0.111 7 g Fe，而 1.00 mL $KHC_2O_4\cdot H_2C_2O_4$ 溶液在酸性介质中恰好与 0.20 mL 上述 $KMnO_4$ 溶液完全反应。问需要多少毫升 0.100 0 $mol\cdot L^{-1}$ NaOH 溶液才能与上述 1.00 mL $KHC_2O_4\cdot H_2C_2O_4$ 完全中和？

（3.00 mL）

12. 将4.000 g 含 $NaNO_2$ 和 $NaNO_3$ 的试样溶解于 500.00 mL 水中，移取该溶液 25.00 mL 与 50.00 mL 0.100 2 $mol\cdot L^{-1}$ Ce^{4+} 的强酸溶液相混合，反应 5 min 后，用 24.80 mL 0.050 0 $mol\cdot L^{-1}$ 亚铁溶液滴定过量的 Ce^{4+}。计算该试样中 $NaNO_2$ 的质量分数。

（65.03%）

13. 水中溶解氧可按下述方法测定：用溶解氧瓶装满水样后，依次加入 1.0 mL 硫酸盐溶液及 2.0 mL 碱性碘化钾溶液，混匀，再加入 1.5 mL 浓硫酸，盖好瓶盖，待沉淀完全溶解并混匀后移取 100 mL 溶液于锥形瓶中，迅速用 0.010 50 $mol \cdot L^{-1}$ $Na_2S_2O_3$标准溶液滴定至溶液呈微黄色，再加入 1 mL 淀粉指示剂，继续滴定至蓝色刚好褪去，共消耗 $Na_2S_2O_3$ 标准溶液7.50 mL。求水样中溶解氧的含量（以 $mg \cdot L^{-1}$计，忽略处理试样时加入试剂对体积的影响）。

（6.31 $mg \cdot L^{-1}$）

14. 国家标准规定，$FeSO_4 \cdot 7H_2O$（M = 278.01 $g \cdot mol^{-1}$）的含量：99.50%～100.5%为一级（GR）；99.00%～100.5%为二级（AR）；98.00%～101.0%为三级（CP）。现称取 0.690 0 g 试样，在酸性介质中用 0.020 04 $mol \cdot L^{-1}$ $KMnO_4$溶液滴定至终点时消耗 24.70 mL。计算此产品中 $FeSO_4 \cdot 7H_2O$ 的质量分数并判断此产品符合哪级产品标准。

（99.72%，属于一级产品）

15. 已知一定量过量的 Ni^{2+} 与 CN^- 反应生成$[Ni(CN)_4]^{2-}$，且过量的 Ni^{2+} 以 EDTA 标准溶液滴定时$[Ni(CN)_4]^{2-}$ 不发生反应，据此可用 EDTA 间接滴定法测定 CN^-。取 11.70 mL 含 CN^- 的试液，加入 25.00 mL Ni^{2+} 标准溶液以形成$[Ni(CN)_4]^{2-}$，过量的 Ni^{2+} 用 0.013 00 $mol \cdot L^{-1}$ EDTA 溶液滴定消耗 10.10 mL。已知 24.80 mL 0.013 00 $mol \cdot L^{-1}$ EDTA 溶液与 20.68 mL 上述 Ni^{2+} 标准溶液完全反应。计算含 CN^- 试液中 CN^- 的物质的量浓度。

（0.088 36 $mol \cdot L^{-1}$）

第 3 章

分析化学中的误差和数据处理

3.1 分析化学中的误差

计量或测定是人类认识客观世界的一种重要手段，人们通过计量或测定获得客观世界的定量信息，获得有关事物某种特征的数字表征。在定量分析过程中，即使采用最可靠的分析方法，使用最精密的仪器，由十分熟练的分析人员进行测定，也不可能得到绝对准确的结果。由同一个人，在同样条件下对同一个试样进行多次测定，所得结果也不尽相同。这表明在分析测定过程中误差是客观存在的。为了得到尽可能准确而可靠的测定结果，就必须分析误差产生的原因；估计误差的大小；科学地归纳、取舍、处理实验数据，得出合理的分析结果，以及采取适当的方法提高分析结果的准确度。

3.1.1 误差与偏差

1. 误差

误差可分为绝对误差（absolute error，E_a）和相对误差（relative error，E_r）两种。

绝对误差是测量值（measured value，x）与真实值（true value，x_T）之间的差值，即

$$E_a = x - x_T \tag{3-1}$$

绝对误差的单位与测量值的单位相同。绝对误差越小，测量值与真实值越接近，准确度越高；反之，绝对误差越大，准确度越低。当测量值大于真实值时，绝对误差为正值，表示测量结果偏高；反之，绝对误差为负值，表示测量结果偏低。

相对误差是指绝对误差相对于真实值的百分数，表示为

$$E_r = \frac{E_a}{x_T} \times 100\% = \frac{x - x_T}{x_T} \times 100\% \tag{3-2}$$

相对误差也有大小、正负之分。绝对误差相等，相对误差不一定相同。在绝对误差相同的条件下，被测定的量的数值越大，相对误差越小。反之，相对误差越大。所以用相对误差表示各种情况下测定结果的准确度更为确切。

由上述讨论可知，在计算绝对误差和相对误差时，都涉及真实值 x_T。真实值亦称

真值，是指某一物理量本身具有的客观存在的真实数值。需要说明的是，真值是一个可以无限接近而不可达到的真实存在的理论值。通常，物质待测量的真值是不知道的，那么，该如何计算误差呢？

在分析化学中人们常用以下值代替真值：

a. 理论真值：如某一化合物的理论组成等。

b. 计量学约定真值：如国际计量大会上确定的长度、质量、物质的量单位等。

c. 相对真值：对同一试样，采用多种可靠的分析方法，使用最精密的仪器，经过不同的实验室、不同的经验丰富的分析工作者进行平行分析，取得大量数据，然后用数理统计方法进行处理，从而得到相对可靠的分析结果，此值称为标准值。标准值实际上是高精度测量的更接近真值的近似值，一般用标准值代表该物质中各组分的真实含量。以这种方法求出组分含量标准值的试样称为标准参考物质或有证标准物质（我国通常称为标准试样或标样），证书上所给出的含量作为相对真值。

例 3.1 测定纯 NaCl 中氯的质量分数，平行测定的结果为 0.606 4、0.606 6、0.606 8、0.606 2、0.606 5，计算测定结果的绝对误差和相对误差。

解 先求五次测定的平均值：

$$\bar{x}=\frac{0.6064+0.6066+0.6068+0.6062+0.6065}{5}=0.6065$$

纯 NaCl 中 Cl 的理论含量为真值，则

$$x_{\mathrm{T}}=\frac{35.453}{58.443}=0.6066$$

绝对误差

$$E_{\mathrm{a}}=\bar{x}-x_{\mathrm{T}}=0.6065-0.6066=-0.0001=-0.01\%$$

相对误差

$$E_{\mathrm{r}}=\frac{E_{\mathrm{a}}}{x_{\mathrm{T}}}\times 100\%=\frac{-0.01\%}{0.6066}\times 100\%=-0.02\%$$

2. 偏差

在不知道真实值的场合，可以用偏差的大小来衡量测定结果的好坏。在实际工作中，一般采用对试样进行多次测定求其平均值的方法。因此，通常将单次测量值与平均值之间的差值称为偏差（deviation）。

一组平行测定值中，单次测定值（x）与算术平均值（arithmetical mean，$\bar{x}$）之间的差值称为该测定值的绝对偏差（absolute deviation，d）：

$$d=x-\bar{x} \tag{3-3}$$

相对偏差（relative deviation，d_{r}）是指绝对偏差相对于平均值的百分数，表示为

$$d_{\mathrm{r}}=\frac{d}{\bar{x}}\times 100\% \tag{3-4}$$

若 n 次平行测定的数据为 $x_1, x_2, \cdots, x_n$，则 n 次测定数据的算术平均值 $\bar{x}$ 为

$$\bar{x} = \frac{x_1 + x_2 + \cdots + x_n}{n} = \frac{1}{n}\sum_{i=1}^{n} x_i \tag{3-5}$$

平行测定的同一组数据中各单次测定的偏差分别表示为

$$d_1 = x_1 - \bar{x}, d_2 = x_2 - \bar{x}, \cdots, d_n = x_n - \bar{x}$$

显然，这些偏差有正有负，当单次测量值大于算术平均值时，偏差为正值；反之，偏差为负值。当然，还有一些偏差可能为零。如果将各单次测定的偏差相加，其和应为零或接近零，即

$$\sum_{i=1}^{n} d_i = 0 \tag{3-6}$$

各单次测定偏差的绝对值的平均值称为平均偏差（average deviation，$\bar{d}$）：

$$\bar{d} = \frac{1}{n}(|d_1| + |d_2| + \cdots + |d_n|) = \frac{1}{n}\sum_{i=1}^{n}|d_i| \tag{3-7}$$

平均偏差代表一组测量值中任一数据的偏差，没有正负号。它是一组数据间重现性的最佳表示。一般分析工作中由于平行测定次数不多，常用 $\bar{d}$ 表示分析结果的精密度（precision）。

相对平均偏差（relative average deviation，$\bar{d}_r$）是指平均偏差相对于算术平均值的百分数，即

$$\bar{d}_r = \frac{\bar{d}}{\bar{x}} \times 100\% \tag{3-8}$$

用平均偏差表示精密度的方法比较简单。但需指出的是，由于在一组平行测定结果中，小偏差占多数，大偏差占少数，如果按总的测定次数求平均偏差，所得的结果会偏小，无法反映大偏差对精密度的影响。

在对试样进行分析时，通常只能从大量试样中取出很少一部分进行测定。所分析（考察）对象的全体称为总体或母体；从总体中随机取出的一部分称为样本或子样，样本中所含的试样（考察对象）的数目称为样本容量。例如，某批铜矿石按有关规定采样、粉碎、缩分后得到一定量的分析试样即为分析的总体。从中取出一部分进行平行测定，得到 10 个数据，这些测定值组成一个样本，样本容量为 10。显然，对少量试样分析所得的平均值与全体试样的平均值是有差别的。当测定次数无限增加时，所得的平均值逐渐接近于全体试样的平均值，即总体平均值 μ：

$$\mu = \lim_{n \to \infty} \frac{1}{n} \sum x_i \tag{3-9}$$

消除测定过程中的系统误差后，则全体试样的平均值就是真实值。总体的平均偏差用 δ 表示：

$$\delta=\frac{1}{n}\sum|x_i-\mu| \tag{3-10}$$

总体的相对平均偏差为

$$\delta_r=\frac{\delta}{\mu}\times 100\% \tag{3-11}$$

3. 标准偏差

当测量次数为无限多时，其精密度用总体标准偏差 σ 表示：

$$\sigma=\sqrt{\frac{\sum_{i=1}^{n}(x_i-\mu)^2}{n}} \tag{3-12}$$

式中 μ 为总体平均值，n 为测量次数。σ^2 称为总体方差：

$$\sigma^2=\frac{\sum_{i=1}^{n}(x_i-\mu)^2}{n} \tag{3-13}$$

在有限次测量且总体平均值不知道的情况下，精密度用样本的标准偏差(standard deviation, s)或相对标准偏差(relative standard deviation, RSD, s_r)表示，其数学表达式为

$$s=\sqrt{\frac{\sum_{i=1}^{n}(x_i-\bar{x})^2}{n-1}} \tag{3-14}$$

式中 $n-1$ 称为自由度(f)，表示一组测量值中独立偏差的个数。对于一组 n 个测量数据的样本，可以计算出 n 个偏差值，但仅有 $n-1$ 个偏差值是独立的，因而自由度 f 比测量次数 n 少 1。引入 $n-1$ 主要是为了校正以 $\bar{x}$ 代替 μ 引起的误差。

当测量次数非常多时，n 与自由度 f 的区别将很小，此时 $\bar{x}\to\mu$，则

$$\lim_{n\to\infty}\frac{\sum_{i=1}^{n}(x_i-\bar{x})^2}{n-1}=\frac{\sum_{i=1}^{n}(x_i-\mu)^2}{n} \tag{3-15}$$

同时 $s\to\sigma$。

样本的相对标准偏差亦称变异系数，是指标准偏差相对于平均值的百分数，表达式为

$$s_r=\frac{s}{\bar{x}}\times 100\% \tag{3-16}$$

偏差也可以用全距(range, R)亦称极差表示，它是一组测量数据中最大值与最小

值的差值：

$$R = x_{max} - x_{min} \tag{3-17}$$

目前常见的函数计算器都具有统计功能，其有关的功能键大多用特殊颜色的字体标记，通过它们可以方便地进行有关计算。虽然函数计算器的型号各异，但统计功能的设定基本一致。调用统计功能通常使用特殊的功能键，如“STAT”(statistic)或者“SD”(standard deviation)。在计算机操作系统 Windows XP 附件中的计算器上选择“科学型”，然后点击“Sta”调用统计功能，激活“Sum”“Ave”“S”“Dat”等功能，配合“Inv”键，可进行多种统计计算。

例 3.2 某学生标定 NaOH 溶液，六次测定结果分别为 0.1062 mol·L^{-1}、0.1061 mol·L^{-1}、0.1060 mol·L^{-1}、0.1056 mol·L^{-1}、0.1064 mol·L^{-1}、0.1058 mol·L^{-1}，试计算单次测定偏差、平均偏差、相对平均偏差、标准偏差、相对标准偏差及极差。

解
$$\bar{x} = \frac{1}{n}\sum_{i=1}^{n} x_i$$
$$= \frac{0.1062 + 0.1061 + 0.1060 + 0.1056 + 0.1064 + 0.1058}{6}\ \mathrm{mol \cdot L^{-1}}$$
$$= 0.1060\ \mathrm{mol \cdot L^{-1}}$$

单次测定偏差分别为

$d_1 = (0.1062 - 0.1060)\mathrm{mol \cdot L^{-1}} = 0.0002\ \mathrm{mol \cdot L^{-1}}$

$d_2 = (0.1061 - 0.1060)\mathrm{mol \cdot L^{-1}} = 0.0001\ \mathrm{mol \cdot L^{-1}}$

$d_3 = (0.1060 - 0.1060)\mathrm{mol \cdot L^{-1}} = 0.0000\ \mathrm{mol \cdot L^{-1}}$

$d_4 = (0.1056 - 0.1060)\mathrm{mol \cdot L^{-1}} = -0.0004\ \mathrm{mol \cdot L^{-1}}$

$d_5 = (0.1064 - 0.1060)\mathrm{mol \cdot L^{-1}} = 0.0004\ \mathrm{mol \cdot L^{-1}}$

$d_6 = (0.1058 - 0.1060)\mathrm{mol \cdot L^{-1}} = -0.0002\ \mathrm{mol \cdot L^{-1}}$

$$\bar{d} = \frac{1}{n}\sum_{i=1}^{n} |d_i|$$
$$= \frac{|0.0002| + |0.0001| + |0.0000| + |-0.0004| + |0.0004| + |-0.0002|}{6}\mathrm{mol \cdot L^{-1}}$$
$$= 0.0002\ \mathrm{mol \cdot L^{-1}}$$

$$d_r = \frac{\bar{d}}{\bar{x}} \times 100\% = \frac{0.0002}{0.1060} \times 100\% = 0.19\%$$

$$s = \sqrt{\frac{\sum_{i=1}^{6}(x_i - \bar{x})^2}{6-1}}\ \mathrm{mol \cdot L^{-1}} = 0.00029\ \mathrm{mol \cdot L^{-1}}$$

$$s_r = \frac{s}{\bar{x}} \times 100\% = \frac{0.00029}{0.1060} \times 100\% = 0.27\%$$

$$R = x_{max} - x_{min} = 0.1064\ \mathrm{mol \cdot L^{-1}} - 0.1056\ \mathrm{mol \cdot L^{-1}} = 0.0008\ \mathrm{mol \cdot L^{-1}}$$

用标准偏差表示精密度不仅可避免单次测定偏差相加时正负抵消的问题，而且可强化大偏差的影响，能更好地说明数据的分散程度。下面仅举一例加以说明。

例 3.3 甲、乙两组数据的偏差如下：

甲组：−0.2、+0.3、+0.2、−0.4、+0.1、0.0、+0.2、−0.3、−0.3、+0.4

乙组：−0.1、−0.2、+0.2、+0.5、−0.7、−0.2、+0.3、0.0、+0.1、+0.1

分别用平均偏差和标准偏差比较它们的精密度。

解 由相应公式计算结果如下：

	$\sum\|d_i\|$	$\sum d_i^2$	$\bar{d}$	s
甲	2.4	0.72	0.24	0.28
乙	2.4	0.98	0.24	0.33

由此可见，两组数据的平均偏差相等，无法区别二者精密度的高低；标准偏差差别明显，甲组的精密度高于乙组。

3.1.2 准确度与精密度

评价一个分析方法是否可靠首先要看其准确度如何。准确度(accuracy)表示测量值与真实值的接近程度，用误差来衡量。误差越小，准确度越高，分析方法越可靠；反之，误差越大，准确度越低，分析方法越不可靠。

分析结果的精密度指平行测量的各测量值 x_i 之间互相接近的程度，即 x_i 与 $\bar{x}$ 接近的程度。若干次分析结果越接近，精密度越高。精密度的高低用偏差来衡量，显然，偏差越小，精密度越高。分析化学中可用重复性(repeatability)和再现性(reproducibility)表示不同情况下的精密度。

重复性是指同一分析人员在同一条件下所得分析结果的精密度，又称为室内精密度；再现性是指不同分析人员或不同实验室之间在各自的条件下所得分析结果的精密度，又称为室间精密度。

准确度与精密度的关系可通过下面的例子形象地加以说明。甲、乙、丙、丁四人用同一方法测定某一铁矿石试样中的 Fe_2O_3 含量(真值为 50.36%)的结果如图 3-1所示。由图可见，甲的准确度和精密度均很好，结果最接近真值；乙的精密度虽然很高，但准确度低；丙的精密度和准确度均很差；丁的平均值虽然接近真值，但精密度很差，其结果接近真值是由于大的正负误差互相抵消所致，此结果是巧合所得，是不可靠的。

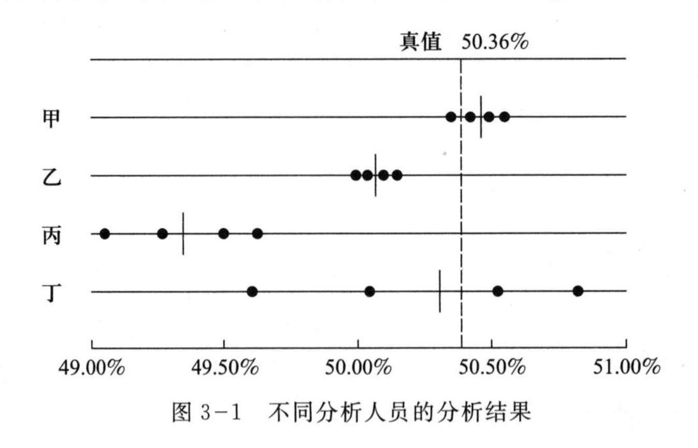

图 3-1 不同分析人员的分析结果

此例说明：精密度高的测定结果，其准确度不一定高，可能存在系统误差；精密度低的测定结果不可靠，考虑其准确度没有意义。因此，准确度高一定要求精密度高，即精密度是保证准确度的前提。

3.1.3 系统误差和随机误差

根据误差来源与性质，误差可以分为系统误差（systematic error）和随机误差（random error）两类。

1. 系统误差

系统误差是指在一定的实验条件下，由于某个或某些经常性的因素按某些确定的规律起作用而形成的误差。理论上，系统误差的大小、正负是可以测定的。它具有以下显著特点。

a. 单向性：它对分析结果的影响比较固定，可使测定结果总是偏高或偏低，其大小、正负往往可以测定出来。

b. 重现性：重复测定，重复出现。

产生系统误差的主要原因有以下几种。

a. 方法误差：这是由于测定方法本身不够完善而引入的误差。例如，重量分析中由于沉淀溶解损失而产生的误差；在滴定分析中由于反应不完全、有副反应、干扰离子的影响、滴定终点与化学计量点不一致等，都会使得测定结果系统偏高或偏低。

b. 仪器误差：由于仪器本身不够精确或没有调整到最佳状态所造成的误差。例如，由于天平不等臂，砝码、滴定管、容量瓶、移液管等未经校正而产生的误差。

c. 试剂误差：由于试剂不纯或者所用的去离子水不合规格，引入微量的待测组分或对测定有干扰的杂质而造成的误差。

d. 操作误差：在进行分析测定时，由于分析人员的操作不完全正确所引起的误差。例如，称量前对试样的预处理不当；配制标准溶液时，在转移过程中对玻璃棒和烧杯润洗次数不够；对沉淀的洗涤次数过多或不够；灼烧沉淀时温度过高或过低；滴定终点判断不当等。

e. 主观误差：由于操作人员主观原因造成的误差。例如，对终点颜色的辨别不同，有人偏深，有人偏浅；某些分析人员在平行滴定中判断终点或读取滴定读数时带有主观倾向性等。这类误差在操作中不能完全避免。

在实验条件改变时，系统误差会按某一确定的规律变化。重复测定不能发现和减小系统误差；只有改变实验条件，才能发现它；找出其产生的原因之后可以设法校正或消除。所以系统误差又称为可测误差。

2. 随机误差

随机误差亦称偶然误差。随机误差是由于在测定过程中一系列有关因素微小的随机波动而形成的具有相互抵偿性的误差。随机误差的大小及正负在同一实验中不是恒定的，并很难找到其产生的确切原因，所以随机误差又称为偶然误差。它具有以下显著特点。

a. 大小相等的正负误差出现的概率相等；

b. 小误差出现的概率较大，大误差出现的概率较小，特大误差出现的概率更小。

产生随机误差的原因有许多。例如，在测量过程中由于温度、湿度、气压及灰尘等的偶然波动都可能引起数据的波动。由于随机误差的产生取决于测定过程中一系列随机因素，其大小和方向都不固定，有时大，有时小，有时正，有时负，因此随机误差无法测量。随机误差不仅是客观存在的，而且似乎没有规律，但是，如果反复进行很多次的测定，从整体看随机误差是服从统计分布规律的，因此可以用数理统计的方法进行处理。

除系统误差和随机误差外，在测定过程中，由于操作者粗心大意或不按操作规程办事而造成的测定过程中溶液溅失、加错试剂、看错刻度、记录错误，以及仪器测量参数设置错误等不应有的失误，则称为过失误差（gross error）。过失误差会对计量或测定结果带来严重影响，必须注意避免。如果证实操作中有过失，则所得结果应予删除，绝对不能纳入平均值的计算中。因此，在实验中必须严格遵守操作规程，一丝不苟，耐心细致，养成良好的实验习惯。

3.1.4 误差的传递

定量分析结果是通过一系列测量值按一定公式运算获得的，且每一测量值都有各自的误差，这些误差都会传递到分析结果中，影响分析结果的准确度。

设最终分析结果 R 与各测量值 $A,B,\cdots$ 有下述函数关系：

$$R=f(A,B,\cdots)$$

若 $A,B,\cdots$ 测量值互不影响（即为独立变量），则它们的误差（即微小变化）对结果的影响为函数 f 对各变量进行偏微分，它们对 R 的总影响即为分析结果的误差 $\mathrm{d}R$：

$$\mathrm{d}R=\frac{\partial f}{\partial A}\mathrm{d}A+\frac{\partial f}{\partial B}\mathrm{d}B+\cdots \tag{3-18}$$

需指出的是，误差传递（propagation of error）的规律不仅依系统误差和随机误差而异，而且还与计算分析结果的方法有关。现分别讨论如下。

设测量值为 A、B、C，其绝对误差为 E_A、E_B、E_C，相对误差为$\frac{E_A}{A}$、$\frac{E_B}{B}$、$\frac{E_C}{C}$，标准偏差为 s_A、s_B、s_C，计算结果为 R，其绝对误差为 E_R，相对误差为$\frac{E_R}{R}$，标准偏差为 s_R。

1. 系统误差的传递

(1) 加减法

若 R 是各测量值的代数和，即

$$R=mA+nB-pC$$

式中 m、n、p 为系数。则

$$\mathrm{d}R=m\mathrm{d}A+n\mathrm{d}B-p\mathrm{d}C$$

分析结果 R 的误差 E_R 为

$$E_R = mE_A + nE_B - pE_C \tag{3-19}$$

即在加减法运算中，分析结果的绝对误差是各测量值绝对误差与相应系数之积的代数和。

（2）乘除法

若分析结果 R 是各测量值的积或商，即

$$R = m\frac{AB}{C}$$

取自然对数得

$$\ln R = \ln m + \ln A + \ln B - \ln C$$

偏微分得

$$\frac{dR}{R} = \frac{dA}{A} + \frac{dB}{B} - \frac{dC}{C}$$

用误差表示则为

$$\frac{E_R}{R} = \frac{E_A}{A} + \frac{E_B}{B} - \frac{E_C}{C} \tag{3-20}$$

即在乘除运算中，分析结果的相对误差是各测量值相对误差的代数和，与系数 m 无关。

（3）指数关系

若分析结果 R 与测量值的关系为

$$R = mA^n$$

取自然对数得

$$\ln R = \ln m + n\ln A$$

偏微分得

$$\frac{dR}{R} = n\frac{dA}{A}$$

误差传递关系式为

$$\frac{E_R}{R} = n\frac{E_A}{A} \tag{3-21}$$

即分析结果的相对误差为测量值相对误差的指数(n)倍。

（4）对数关系

若分析结果 R 与测量值的关系为

$$R = m\lg A$$

换算为自然对数并微分得

$$\mathrm{d}R = 0.434m\,\frac{\mathrm{d}A}{A}$$

误差传递关系式为

$$E_R = 0.434m\,\frac{E_A}{A} \tag{3-22}$$

即分析结果的绝对误差为测量值相对误差的 0.434m 倍。

2. 随机误差的传递

标准偏差是随机误差的最佳表示方式，且标准偏差需要通过一定次数的平行测量才能获得。因此随机误差的传递规律均以标准偏差表示。对于 n 次平行测定，其结果可表示为

$$R_1 = f(A_1, B_1, \cdots)$$
$$R_2 = f(A_2, B_2, \cdots)$$
$$\cdots\cdots$$
$$R_n = f(A_n, B_n, \cdots)$$

其中每一 $A_i, B_i, \cdots$都存在误差。对其中第 i 项偏微分后，有

$$\mathrm{d}R_i = \frac{\partial f}{\partial A}\mathrm{d}A_i + \frac{\partial f}{\partial B}\mathrm{d}B_i + \cdots$$

两边平方，则

$$\mathrm{d}R_i^2 = \left(\frac{\partial f}{\partial A}\right)^2 \mathrm{d}A_i^2 + \left(\frac{\partial f}{\partial B}\right)^2 \mathrm{d}B_i^2 + \cdots + 2\left(\frac{\partial f}{\partial A}\right)\left(\frac{\partial f}{\partial B}\right)\mathrm{d}A_i\mathrm{d}B_i + \cdots$$

$$\sum_{i=1}^{n}\mathrm{d}R_i^2 = \left(\frac{\partial f}{\partial A}\right)^2 \sum_{i=1}^{n}\mathrm{d}A_i^2 + \left(\frac{\partial f}{\partial B}\right)^2 \sum_{i=1}^{n}\mathrm{d}B_i^2 + \cdots + 2\left(\frac{\partial f}{\partial A}\right)\left(\frac{\partial f}{\partial B}\right)\sum_{i=1}^{n}\mathrm{d}A_i\mathrm{d}B_i + \cdots$$

由前面讨论可知，当测量次数足够多时，则$\sum \mathrm{d}A_i\mathrm{d}B_i$ 为 0，则上式变为

$$\sum_{i=1}^{n}\mathrm{d}R_i^2 = \left(\frac{\partial f}{\partial A}\right)^2 \sum_{i=1}^{n}\mathrm{d}A_i^2 + \left(\frac{\partial f}{\partial B}\right)^2 \sum_{i=1}^{n}\mathrm{d}B_i^2 + \cdots \tag{3-23}$$

$\mathrm{d}R_i$ 为第 i 次测量值 x_i 与真实值 μ 的差值。将式(3-23)两边同除以 n，再与式(3-13)比较得

$$\sigma_R^2 = \frac{\sum_{i=1}^{n}\mathrm{d}R_i^2}{n}, \quad \sigma_A^2 = \frac{\sum_{i=1}^{n}\mathrm{d}A_i^2}{n}, \quad \sigma_B^2 = \frac{\sum_{i=1}^{n}\mathrm{d}B_i^2}{n}, \quad \cdots$$

故有

$$\sigma_R^2 = \left(\frac{\partial f}{\partial A}\right)^2 \sigma_A^2 + \left(\frac{\partial f}{\partial B}\right)^2 \sigma_B^2 + \cdots \tag{3-24}$$

对有限次测量，则应用样本标准偏差 s_R：

$$s_R^2=\left(\frac{\partial f}{\partial A}\right)^2 s_A^2+\left(\frac{\partial f}{\partial B}\right)^2 s_B^2+\cdots \tag{3-25}$$

式(3-25)为随机误差传递的通式，下面对具体函数关系进行分别讨论。

(1) 加减法

设分析结果 R 是各测量值的代数和：

$$R=mA+nB-pC$$

由式(3-25)有

$$s_R^2=m^2 s_A^2+n^2 s_B^2+p^2 s_C^2 \tag{3-26}$$

即分析结果的方差为各测量值方差与相应系数的平方之积的和。

(2) 乘除法

若分析结果 R 与各测量值的关系为

$$R=m\frac{AB}{C}$$

由式(3-25)有

$$s_R^2=\left(m\frac{B}{C}\right)^2 s_A^2+\left(m\frac{A}{C}\right)^2 s_B^2+\left(-\frac{mAB}{C^2}\right)^2 s_C^2$$

上式左边除以 R^2，右边除以 $\left(m\frac{AB}{C}\right)^2$ 得

$$\left(\frac{s_R}{R}\right)^2=\left(\frac{s_A}{A}\right)^2+\left(\frac{s_B}{B}\right)^2+\left(\frac{s_C}{C}\right)^2 \tag{3-27}$$

即分析结果的相对标准偏差的平方是各测量值相对标准偏差的平方之和，而与系数无关。

(3) 指数关系

若分析结果 R 与测量值的关系为

$$R=mA^n$$

由式(3-25)有

$$s_R^2=(mnA^{n-1})^2 s_A^2$$

上式左边除以 R^2，右边除以 $(mA^n)^2$ 得

$$\left(\frac{s_R}{R}\right)^2=n^2\left(\frac{s_A}{A}\right)^2 \quad 或 \quad \frac{s_R}{R}=n\frac{s_A}{A} \tag{3-28}$$

即分析结果的相对标准偏差为测量值相对标准偏差的 n 倍。

(4) 对数关系

若分析结果 R 与测量值的关系为

$$R = m\lg A$$

换算为自然对数

$$R = 0.434m\ln A$$

由式(3-25)有

$$s_R^2 = (0.434m)^2\left(\frac{s_A}{A}\right)^2 \quad 或 \quad s_R = 0.434m\frac{s_A}{A} \tag{3-29}$$

即分析结果的标准偏差为测量值相对标准偏差的 0.434m 倍。

例 3.4 设天平称量时的标准偏差 $s=0.10$ mg,求称量试样时的标准偏差 s_m。

解 称取试样时,无论是用差减法称量,或者是将试样置于适当的称样器皿中进行称量都需要称量两次,读取两次平衡点。试样质量 m 是两次称量所得质量 m_1 与 m_2 之差值,即

$$m = m_1 - m_2 \quad 或 \quad m = m_2 - m_1$$

读取称量 m_1和 m_2时平衡点的偏差,要反映到 m 中去。根据随机误差的传递规律可得

$$s_m = \sqrt{s_1^2 + s_2^2} = \sqrt{2s^2} = \sqrt{2\times 0.10^2}\ \text{mg} = 0.14\ \text{mg}$$

例 3.5 用移液管移取 25.00 mL NaOH 溶液,用 0.1000 mol·L^{-1} HCl 标准溶液进行滴定,用去 24.88 mL。已知用移液管移取溶液时的标准偏差 $s_1=0.02$ mL,每次读取滴定管读数时的标准偏差 $s_2=0.01$ mL。试计算滴定 NaOH 溶液时的标准偏差。

解 首先计算 NaOH 溶液的浓度:

$$c_{\text{NaOH}} = \frac{c_{\text{HCl}}V_{\text{HCl}}}{V_{\text{NaOH}}} = \frac{0.1000\ \text{mol}\cdot\text{L}^{-1}\times 24.88\ \text{mL}}{25.00\ \text{mL}} = 0.09952\ \text{mol}\cdot\text{L}^{-1}$$

V_{HCl}及 V_{NaOH}的偏差对 c_{NaOH}的影响,以随机误差的乘除法运算方式传递,且滴定管有两次读数误差。

$$\frac{s_c^2}{c_{\text{NaOH}}^2} = \frac{s_1^2}{V_1^2} + 2\frac{s_2^2}{V_2^2}$$

故

$$\begin{aligned} s_c &= 0.09952\ \text{mol}\cdot\text{L}^{-1}\times\sqrt{\left(\frac{0.02}{25.00}\right)^2 + 2\times\left(\frac{0.01}{24.88}\right)^2} \\ &= 0.09952\ \text{mol}\cdot\text{L}^{-1}\times 9.8\times 10^{-4} \\ &= 0.0001\ \text{mol}\cdot\text{L}^{-1} \end{aligned}$$

3. 极值误差

在分析化学中,通常用一种简便的方法来估计分析结果可能出现的最大误差,即考虑在最不利的情况下,各步骤带来的误差互相累加在一起。这种误差称为极值误差。当然,这种情况出现的概率是很小的。但是,用这种方法来粗略估计可能出现的最大误

差，在实际上仍是有用的。

如果分析结果 R 是 A、B、C 三个测量数值相加减的结果，例如：

$$R=mA+nB-pC$$

则极值误差为

$$|E_R|=|mE_A|+|nE_B|+|pE_C| \tag{3-30}$$

若分析结果 R 是 A、B、C 三个测量值相乘除的结果，例如

$$R=m\frac{AB}{C}$$

则极值相对误差为

$$\left|\frac{E_R}{R}\right|=\left|\frac{E_A}{A}\right|+\left|\frac{E_B}{B}\right|+\left|\frac{E_C}{C}\right| \tag{3-31}$$

例 3.6 用滴定法测定铜合金中铜的含量，若分析天平称量误差及滴定管体积测量的相对误差均为±0.1%，试计算分析结果的极值相对误差。

解 铜合金中铜的质量分数的计算式为

$$w=\frac{cVM_{\mathrm{Cu}}}{m_{\mathrm{s}}}\times 100\%$$

只考虑 m_{s} 和 V 的测量误差，由式(3-31)可求得分析结果的极值相对误差为

$$\frac{E_R}{R}=\left|\frac{E_V}{V}\right|+\left|\frac{E_{m_{\mathrm{s}}}}{m_{\mathrm{s}}}\right|=0.1\%+0.1\%=0.2\%$$

应该指出，以上讨论的是分析结果的最大可能误差，即考虑在最不利的情况下，各步骤带来的误差互相累加在一起。但在实际工作中，个别测量误差对分析结果的影响可能是相反的，因而彼此部分地抵消，这种情况在定量分析中是经常遇到的。

3.2 有效数字及其运算规则

定量分析中的数字分为两类：一类数字为非测量所得的自然数，这类数字不涉及准确度的问题；另一类数字为测量所得，这类数字不仅表示数值的大小，而且还反映测量的准确程度。因此，在实验数据的记录和实验结果的计算中，数字的保留不是随意的，要根据测量仪器、分析方法的准确度来决定，这就涉及有效数字的概念。

3.2.1 有效数字

用来表示数值的大小，同时反映测量准确程度的各数字称为有效数字(significant figure)。具体来说，有效数字就是指在分析工作中实际能测量到的数字。例如，在分析

天平上称得某试样质量为 1.234 6 g，这个数字有 5 位有效数字，除了最后的数字 6 外，其他数字都是准确的。这第 5 位数字称为可疑数字，但它并不是臆造的，所以记录数据时应予以保留。对于可疑数字，除非特别说明，通常可理解为它可能有 ±1 或 ±0.5 个单位的误差，即

有效数字＝准确数字＋末位可疑数字（估读数）

有效数字的位数，直接影响测定的相对误差。在测量准确度范围内，有效数字的位数越多，表明测量越准确，但超过了测量准确度范围，过多的位数不仅是没有意义的，而且是错误的。确定有效数字的位数时应遵循以下原则：

一个数值只保留一位不确定的数字且只能保留一位，在记录数据时必须记一位不确定数字。

a. 数字 0～9 都是有效数字。数字"0"具有双重意义："0"作为普通数字使用时，是有效数字[第一个非零数字开始的所有数字（包括零）都是有效数字]；"0"作为定位时，不是有效数字（第一个非零数字前的零不是有效数字）。例如，1.050 0 是五位有效数字；0.001 5 是两位有效数字，使用科学计数法表示为 1.5×10^{-3} 则更清楚。

b. 单位变换不影响有效数字的位数。因此，实验中要求尽量使用科学计数法表示数据。例如，0.013 2 g 是三位有效数字，用毫克（mg）表示时应为 13.2 mg，用微克（μg）表示时应为 1.32×10^{4} μg，但不能写为 13 200 μg，因为如此表示有效数字位数比较模糊，有效数字的位数不确定。

c. 在进行分析结果的数据处理时，常遇到倍数、分数关系。这些数据不是测量得到的，它们的有效数字的位数没有限制，需要几位就可以视为几位。

d. 在分析化学计算中有时还常遇到 pH、pM、lg$K$ 等对数值，其有效数字的位数取决于小数部分（尾数）数字的位数，因整数部分（首数）只与相应的真数的 10 的多少次方有关。例如，pH＝12.22，有效数字的位数为两位，换算为浓度时，应为 $[H^+]=6.0\times10^{-13}$ mol·L^{-1}，有效数字的位数仍为两位，而不是四位。

e. 首位数为"9"的数字的有效数字位数可多记一位。如"9.82"的有效数字位数可认为是四位。

3.2.2 有效数字的修约规则

在实验结果的数据处理中，根据需要舍去多余数字的过程称为数字修约（rounding data），目前采用的数字修约规则为"四舍六入五成双"规则。

规则规定：当测量值中被修约的那个数字等于或小于 4 时，该数字舍去；等于或大于 6 时，进位；等于 5 时，如果 5 后面没有任何非零数字，则要看 5 前面的数字，若是奇数则进位，若是偶数则舍去，即修约后末位数字都为偶数；如果 5 后面还有任何非零数字，由于这些数字均系测量所得，故可以看出，该数字总是比 5 大，则此时无论 5 的前面是奇数还是偶数，均应进位。

根据数字修约规则，将下列测量值修约为四位有效数字时，结果应为

$$0.526\,64 \longrightarrow 0.526\,6$$
$$0.362\,66 \longrightarrow 0.362\,7$$
$$10.235\,0 \longrightarrow 10.24$$
$$250.650 \longrightarrow 250.6$$
$$250.651 \longrightarrow 250.7$$

修约数字时，只允许对原测量值一次修约到所需要的位数，不能分次修约。例如，将 2.549 1 修约为两位有效数字，正确的方法为 2.549 1 $\longrightarrow$ 2.5，而不能 2.549 1 $\longrightarrow$ 2.55 $\longrightarrow$ 2.6。

在修约标准偏差时，一般要使其值变得更大一些，故只进不舍。例如，$s=0.314$，修约成两位为 0.32，修约成一位为 0.4。

3.2.3　运算规则

不同位数的几个数据进行运算时，所得结果应保留几位有效数字与运算类型有关。

1. 加减运算

由于在加减法中误差按绝对误差传递，计算结果的绝对误差应与各数中绝对误差最大的相一致，因此计算结果有效数字的保留，应以小数点后位数最少的数据为准。例如：

$$0.051+13.45+7.264+0.581\,26=?$$

每个数据中最后一位有±1 个单位的绝对误差。即 0.051±0.001，13.45±0.01，7.264±0.001，0.581 26±0.000 01，其中以小数点后位数最少的 13.45 的绝对误差最大，最终计算结果的绝对误差取决于该数，所以有效数字的位数应以它为准，先修约后计算。

$$0.05+13.45+7.26+0.58=21.34$$

2. 乘除运算

当几个数据相乘或相除时，计算结果有效数字的位数取决于参加乘或除的数据中有效数字位数最少的那个数，其依据是有效数字位数最少的那个数的相对误差最大。例如：

$$0.051\times13.45\times7.264\times0.581\,26=?$$

相对误差分别为

$$\pm\frac{1}{51}\times100\%=\pm2\%$$

$$\pm\frac{1}{1\,345}\times100\%=\pm0.07\%$$

$$\pm\frac{1}{7\,264}\times100\%=\pm0.01\%$$

$$\pm\frac{1}{58\,126}\times100\%=\pm0.002\%$$

由于 0.051 的相对误差最大，所以应以此数的有效数字的位数为准将其他各数据均修约为两位有效数字，然后计算。即

$$0.051 \times 13 \times 7.3 \times 0.58 = 2.8$$

现在由于普遍使用电子计算器进行数据运算，虽然在运算过程中不必对每一步的计算结果进行修约，但应注意根据其准确度的要求，正确保留最后计算结果的有效数字的位数。在计算过程中，为提高计算结果的可靠性，可以暂时多保留一位有效数字，而在得到最终结果时，则应舍弃多余数字。

对于分析结果的有效数字保留问题，高组分含量（>10%）的测定，一般要求 4 位有效数字；组分含量 1%～10%的测定，一般要求 3 位有效数字；组分含量小于 1%，取 2 位有效数字。分析中各类误差通常取 1～2 位有效数字。

3.3 少量实验数据的统计处理

在分析化学中，人们不可能也没必要对所要研究的对象全部进行分析，只能随机抽取一部分试样进行分析得到有限的测定值。由前述讨论可知，随机误差总是存在的，因此所得到的数据总有一定的分散趋势。因此，如何对这些有限的数据进行正确的评价，判断分析结果的可靠性，并用这些结果来指导实践，就成为一个十分重要的问题。

近年来，分析化学中广泛地采用统计学方法来处理各种分析数据，以便更科学地反映研究对象的客观实际。

3.3.1 随机误差的正态分布

随机误差是由于某些无法避免、难以控制的因素引起的，它不仅大小、正负不确定，且具有随机性。从表面上看，随机误差的出现似乎没有规律，但是，如果反复进行很多次的测定，会发现随机误差是服从统计规律的，因此可以用数理统计的方法研究随机误差的分布规律。首先讨论测量值的频数分布。

1. 频数分布

测定某试样中 Fe_2O_3 的含量，得到 100 个测量值。由于测量过程随机性的存在，这些数据有一定的波动，参差不齐。为了研究随机误差的分布规律，按照大小顺序并按组距 0.03 将这 100 个测量值分成 9 组，为避免“骑墙”值在两个组中重复计算，分组时各组界数值的有效数字比测量值多取一位。这些测量值的频数（每组中包含测量值的个数）、相对频数（频数与数据总数之比，即概率密度）如表 3-1 所示。

表 3-1 频数分布表

分组	频数	相对频数
2.265～2.295	1	0.01
2.295～2.325	4	0.04
2.325～2.355	8	0.08
2.355～2.385	20	0.20

续表

分组	频数	相对频数
2.385～2.415	26	0.26
2.415～2.445	24	0.24
2.445～2.475	10	0.10
2.475～2.505	6	0.06
2.505～2.535	1	0.01
共计	100	1.00

以各组区间为底，相对频数为高作成一排矩形的相对频数分布直方图(图 3-2)。如果测量的数据足够多，组距可以更小，组就分得更多，直方图的形状就将趋于一条平滑的曲线。

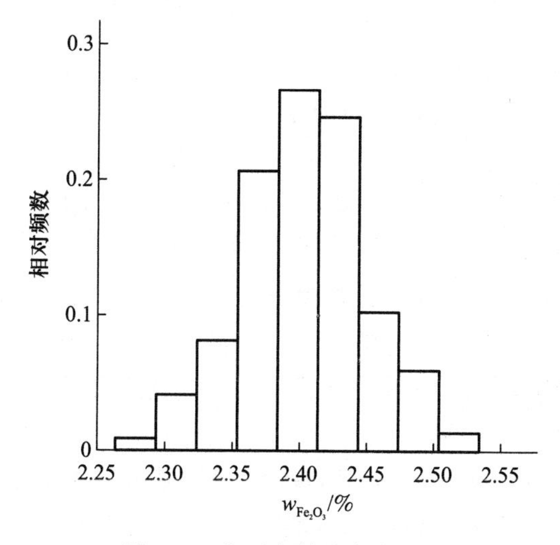

图 3-2　相对频数分布直方图

观察相对频数分布直方图会发现它有两个特点。

(1) 离散特性

数据是各异的、分散的，具有一定的波动性，但这种波动是在平均值周围波动，或偏大，或偏小，所以离散特性应用偏差来表示，最好的表示方法当然是标准偏差 s，它更能反映出大的偏差，也即离散程度。当测量次数为无限多次时，其标准偏差称为总体标准偏差 σ，计算公式见式(3-12)。

(2) 集中趋势

各数据虽然是分散的、随机出现的，但当数据多到一定程度时就会发现它们存在一定的规律，即所有数据有向某个中心值集中的趋势，这个中心值通常是算术平均值。当数据无限多时此平均值就是总体平均值 μ。在确认消除系统误差的前提下总体平均值就是真值 x_T。

统计学方法可以证明，当测定次数非常多(＞20)时，总体标准偏差 σ 与总体平均偏

差 δ 的关系为

$$\delta = 0.797\sigma \approx 0.80\sigma \tag{3-32}$$

2. 正态分布

在分析化学中，测量数据一般符合正态分布规律。正态分布(normal distribution)是德国数学家高斯首先提出的，故又称为高斯曲线(Gaussian curve)。图 3－3 即为正态分布曲线，其数学表达式为

$$y = f(x) = \frac{1}{\sigma\sqrt{2\pi}} e^{-(x-\mu)^2/2\sigma^2} \tag{3-33}$$

式中 y 为概率密度(frequency density)，x 为测量值，μ 为总体平均值(population mean)，σ 为总体标准偏差(population standard deviation)。μ、σ 是此函数的两个重要参数，μ 是正态分布曲线最高点的横坐标值，σ 是从总体平均值 μ 到曲线拐点间的距离。μ 决定曲线在 x 轴的位置，例如，σ 相同 μ 不同时，曲线的形状不变，仅在 x 轴平移。σ 决定曲线的形状，σ 小，数据的精密度高，曲线瘦高；σ 大，数据分散，曲线较扁平。μ 和 σ 的值一定，曲线的形状和位置就固定了，其正态分布就确定了，这种正态分布曲线以 $N(\mu,\sigma^2)$ 表示，$x-\mu$ 表示随机误差。若以 $x-\mu$ 为横坐标，则曲线最高点对应的横坐标为零，这时曲线成为随机误差的正态分布曲线。

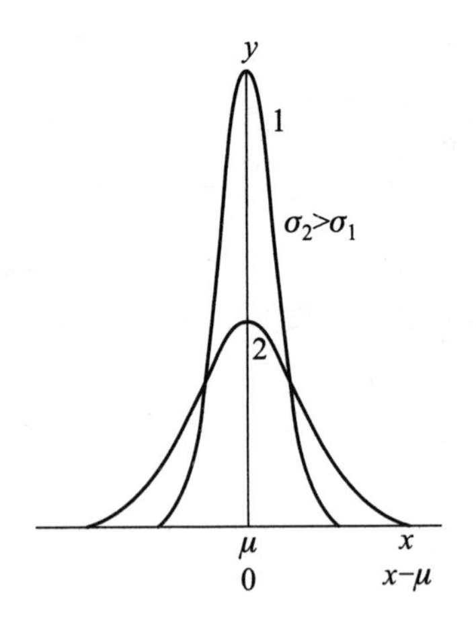

图 3－3　两组精密度不同的测量值的正态分布曲线

由式(3－33)及图 3－3 可见：

a. 分布曲线的最高点位于 $x=\mu$ 处，说明大多数数据集中在总体平均值附近，误差接近于零的测量值出现的概率最大。这表明算术平均值能较好地反映数据的集中趋势。

b. 当 $x=\mu$ 时，$y=\dfrac{1}{\sigma\sqrt{2\pi}}$，即概率密度的最大值取决于 σ。精密度越高，即 σ 越小时，y 越大，曲线越尖锐，说明测量值的分布越集中；精密度越低，σ 越大，y 越小，则曲线越平坦，说明测量值分布越分散。

c. 分布曲线以直线 $x=\mu$ 为对称轴形成镜面对称，说明绝对值相同的正负误差出现的概率相等。

d. 当 x 趋于 $\pm\infty$ 时，y 趋于 0，即分布曲线以 x 轴为渐近线，说明小误差出现的概率大，大误差出现的概率小，极大误差出现的概率趋于 0。

如何计算某区间变量出现的概率，也即该如何计算某取值范围的误差出现的概率呢？从数学知识可知，正态分布曲线和横坐标之间所夹的总面积，就是概率密度函数在 $-\infty \leqslant x \leqslant +\infty$ 区间的积分值，代表了具有各种大小偏差的测量值出现的概率总和，其值为 1，即概率为

$$P(-\infty \leqslant x \leqslant +\infty)=\frac{1}{\sigma\sqrt{2\pi}}\int_{-\infty}^{+\infty} e^{-(x-\mu)^2/2\sigma^2}dx=1 \tag{3-34}$$

由于式(3－34)的积分与 μ 和 σ 有关，计算相当麻烦，为此，在数学上经过一个变量转换。令

$$u=\frac{x-\mu}{\sigma} \tag{3-35}$$

代入式(3－33)得

$$y=f(x)=\frac{1}{\sigma\sqrt{2\pi}}e^{-u^2/2}$$

由式(3－35)得

$$du=\frac{dx}{\sigma} \qquad dx=\sigma du$$

$$f(x)dx=\frac{1}{\sqrt{2\pi}}e^{-u^2/2}du=\varphi(u)du$$

故

$$y=\varphi(u)=\frac{1}{\sqrt{2\pi}}e^{-u^2/2} \tag{3-36}$$

这样，曲线的横坐标就变为 u，纵坐标为概率密度，用 u 和概率密度表示的正态分布曲线称为标准正态分布曲线(图 3－4)，用符号 $N(0,1)$表示。这样，曲线的形状与 σ 大小无关，即不论原来正态分布曲线是瘦高的还是扁平的，经过这样的变换后都得到相同的一条标准正态分布曲线。标准正态分布曲线较正态分布曲线应用起来更方便。

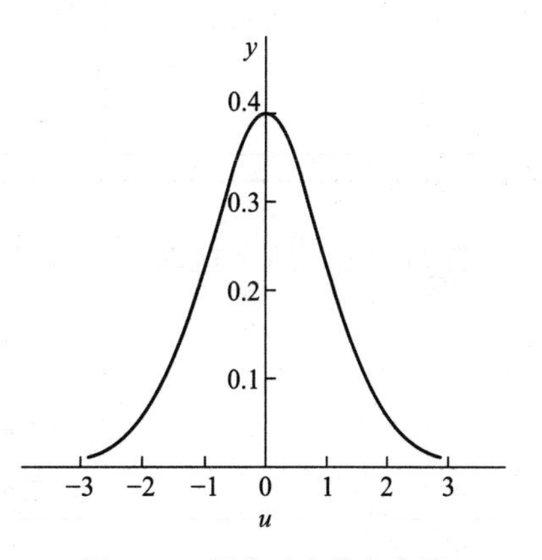

图 3－4　标准正态分布曲线

标准正态分布曲线与横坐标－∞到＋∞之间所夹面积即为正态分布密度函数在 $-\infty \leqslant u \leqslant +\infty$ 区间的积分值，代表了所有数据出现概率的总和，其值应为 1，即概率 P 为

$$P=\int_{-\infty}^{+\infty}\varphi(u)du=\int_{-\infty}^{+\infty}\frac{1}{\sqrt{2\pi}}e^{-u^2/2}du \tag{3-37}$$

为使用方便，可将不同 u 值对应的积分值(面积)作成表，称为正态分布概率积分表或简称 u 表。由 u 值可查表得到积分面积，也即某一区间的测量值或某一范围随机误差出现的概率。

由于积分上下限不同，表的形式有很多种，为了区别，一般在表头绘有示意图，用阴影部分指示面积，所以在查表时一定要仔细，不要查错。本书采用的正态分布概率积分表如表 3－2 所示。

表 3-2　正态分布概率积分表

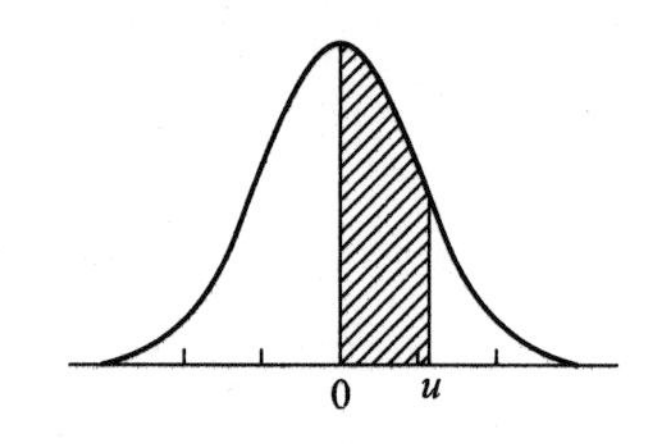

$$概率=面积=\frac{1}{\sqrt{2\pi}}\int_0^u e^{-u^2/2}du$$

|u|	面积	|u|	面积	|u|	面积
0.0	0.000 0	1.0	0.341 3	2.0	0.477 3
0.1	0.039 8	1.1	0.364 3	2.1	0.482 1
0.2	0.079 3	1.2	0.384 9	2.2	0.486 1
0.3	0.117 9	1.3	0.403 2	2.3	0.489 3
0.4	0.155 4	1.4	0.419 2	2.4	0.491 8
0.5	0.191 5	1.5	0.433 2	2.5	0.493 8
0.6	0.225 8	1.6	0.445 2	2.6	0.495 3
0.7	0.258 0	1.7	0.455 4	2.7	0.496 5
0.8	0.288 1	1.8	0.464 1	2.8	0.497 4
0.9	0.315 9	1.9	0.471 3	3.0	0.498 7

随机误差出现的区间	测量值出现的区间（以 σ 为单位）	概率
$u=\pm1.0$	$x=\mu\pm1\sigma$	68.3%
$u=\pm1.96$	$x=\mu\pm1.96\sigma$	95.0%
$u=\pm2.0$	$x=\mu\pm2\sigma$	95.5%
$u=\pm2.58$	$x=\mu\pm2.58\sigma$	99.0%
$u=\pm3.0$	$x=\mu\pm3\sigma$	99.7%

由此可见，在一组测量值中，随机误差超过 $\pm1\sigma$ 的测量值出现的概率为 31.7%；超过 $\pm2\sigma$ 的测量值出现的概率为 4.5%；超过 $\pm3\sigma$ 的测量值出现的概率很小，仅为 0.3%，也就是说，在多次重复测量中，出现特别大误差的概率是很小的，平均 1 000 次中只有 3 次机会。由此可知，在实际工作中，如果多次重复测量中个别数据的误差的绝对值大于 3σ，可以将该值舍弃。

例 3.7　已知某铁矿石试样中铁含量的标准值为 60.66%，测定的标准偏差为 0.20%。又已知测定时无系统误差存在。试计算：a. 分析结果落在(60.66±0.30)%范围内的概率；b. 大于 61.16%的分析结果出现的概率。

解 a. $$|u|=\frac{|x-\mu|}{\sigma}=\frac{|\pm 0.30\%|}{0.20\%}=1.5$$

查表 3-2 得面积为 0.433 2，考虑到 $\pm u$，其概率为 $2\times0.433\,2=0.866\,4$，即 86.64%。

b. 由于只考虑分析结果大于 61.16%的分布情况，属于单边检验问题，则

$$|u|=\frac{|x-\mu|}{\sigma}=\frac{|61.16\%-60.66\%|}{0.2\%}=2.5$$

查表 3-2 得此时阴影部分的概率为 0.493 8。整个正态分布曲线右侧的概率为 0.500 0，故阴影部分以外的概率为 $0.500\,0-0.493\,8=0.006\,2=0.62\%$，即分析结果大于 61.16%的概率为 0.62%。

3.3.2 总体平均值的估计

用统计方法来处理少量分析测定值的目的是将这些测定值进行科学的表达，使人们能够正确地了解它的精密度、准确度、可信度。最科学的方法是对总体平均值进行估计，给出一定置信度下总体平均值的置信区间。

1. 平均值的标准偏差

从正态分布曲线可知，测定值的算术平均值可较好地体现其集中趋势。若从总体中分别抽出 m 个样本（通常进行分析只是从总体中抽出一个样本进行 n 次平行测定），每个样本各进行 n 次平行测定，对其中任一个样本，可得 n 个值，即

$$x_1, x_2, \cdots, x_n$$

由此可求出平均值 $\bar{x}$：

$$\bar{x}=\frac{x_1+x_2+\cdots+x_n}{n}$$

和标准偏差 s。s 体现了单次测量的精密度。因为每个样本都有其平均值，这些平均值也构成一组数据，也可求出它们的平均值和精密度 $s_{\bar{x}}$。

根据随机误差的传递公式(3-25)有

$$s_{\bar{x}}^2=\frac{s_{x_1}^2+s_{x_2}^2+\cdots+s_{x_n}^2}{n^2}$$

由于是在相同条件下测量同一物理量，可认为各次测量具有相同的精密度，即

$$s_{x_1}=s_{x_2}=\cdots=s_{x_n}=s$$

则有

$$s_{\bar{x}}=\frac{s}{\sqrt{n}} \tag{3-38}$$

对于无限次测量值，则为

$$\sigma_{\bar{x}}=\frac{\sigma}{\sqrt{n}} \tag{3-39}$$

由此可见，平均值的标准偏差(standard deviation of mean)与测量次数的平方根成反比，这说明平均值的精密度会随着测量次数的增加而提高。$s_{\bar{x}}/s$ 与 n 的关系如图 3-5 所示。由图可见，开始时随着测量次数 n 的增加，$s_{\bar{x}}$ 的相对值迅速减小；当 $n>5$ 时，$s_{\bar{x}}$ 的相对值减小的趋势就慢了；当 $n>10$ 时，$s_{\bar{x}}$ 的相对值变化已经很小了。这说明，过多增加测量次数，花费的劳力、财力、时间与所获精密度的提高相比，得不偿失。在实际工作中，一般测量次数无须过多，3～4 次已足够了。对要求高的分析，可测量 5～9 次。

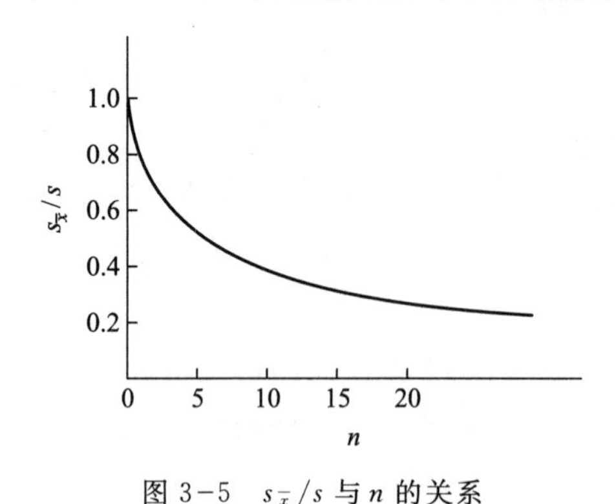

图 3-5　$s_{\bar{x}}/s$ 与 n 的关系

相类似，平均值的平均偏差 $\delta_{\bar{x}}$(或 $\overline{d}_{\bar{x}}$)与单次测量的平均偏差 δ(或 $\overline{d}$)之间，也有下列关系存在：

$$\delta_{\bar{x}}=\frac{\delta}{\sqrt{n}} \tag{3-40}$$

$$\overline{d}_{\bar{x}}=\frac{\overline{d}}{\sqrt{n}} \tag{3-41}$$

平均值的平均偏差很少使用。

例 3.8　某试样中铜的质量分数测定值为 53.35%、53.30%、53.40%、53.38%。计算平均值的平均偏差 $\overline{d}_{\bar{x}}$ 和标准偏差 $s_{\bar{x}}$。

解　$\bar{x}=53.36\%$，$\overline{d}=0.033\%$，$s=0.043\%$，故

$$\overline{d}_{\bar{x}}=\frac{\overline{d}}{\sqrt{n}}=\frac{0.033\%}{\sqrt{4}}=0.016\%$$

$$s_{\bar{x}}=\frac{s}{\sqrt{n}}=\frac{0.043\%}{\sqrt{4}}=0.022\%$$

给出分析结果时，要体现出数据的集中趋势和分散情况，一般只需报告测量次数 n、平均值 $\bar{x}$ 和标准偏差 s，就可进一步对总体平均值可能存在的区间作出估计。

2. 少量实验数据的统计处理

正态分布是建立在无限次测量的基础上的，而实际上测量只可能进行有限次，通常只是少量几次，其随机误差的分布不服从正态分布。如何以统计学的方法处理有限次测量数据，使其能合理地推断总体的特征？下面将对此问题进行讨论。

(1) t 分布曲线

在实际分析工作中，测量数据一般不多，无法求得总体平均值 μ 和总体标准偏差 σ，只能用样本的标准偏差 s 代替总体的标准偏差 σ，但这样必然使分布曲线变得平坦，从而引起误差。为了校正此误差，英国统计学家、化学家 Gosset 提出用置信因子 t 代替 u 对标准正态分布进行修正，t 的定义为

$$t=\frac{\bar{x}-\mu}{s_{\bar{x}}} \tag{3-42}$$

以 t 为统计量的分布称为 t 分布。t 分布可说明当 n 不大时($n<20$)随机误差分布的规律性。t 分布曲线的纵坐标仍为概率密度,但横坐标则为统计量 t。图 3-6 为 t 分布曲线。

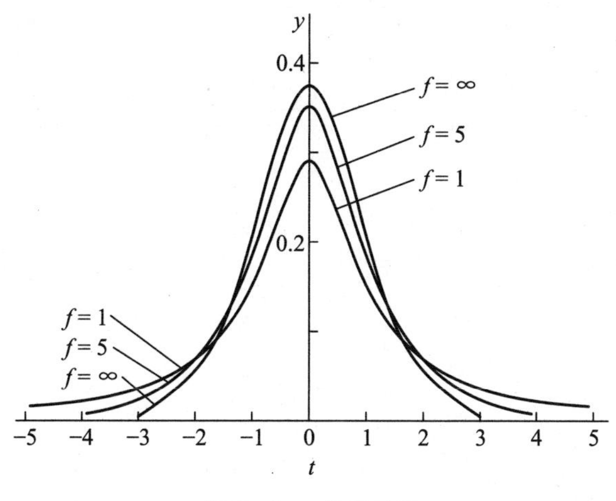

图 3-6 t 分布曲线

由图 3-6 可见,t 分布曲线与正态分布曲线相似,只是 t 分布曲线随自由度(degree of freedom,f,$f=n-1$)而改变。当 $f<10$ 时,与正态分布曲线差别较大;当 $f>20$ 时,与正态分布曲线很相似;当 $f\to\infty$时,t 分布曲线就趋近正态分布曲线,即当 $f\to\infty$ 时,t 分布→正态分布。

与正态分布曲线一样,t 分布曲线下面一定区间内的积分面积为该区间内随机误差出现的概率。不同的是,对于正态分布曲线,只要 u 值一定,相应的概率一定;但对于 t 分布曲线,当 t 值一定时,由于 f 值的不同,相应曲线所包含的面积也不同,即 t 分布中的区间概率不仅随 t 值而改变,还与 f 值有关。不同 f 值及概率所对应的 t 值已由统计学家计算出来。

正态分布与 t 分布区别如下:

a. 正态分布描述无限次测量数据;t 分布描述有限次测量数据。

b. 正态分布横坐标为 u,t 分布横坐标为 t。

c. 两者所包含面积均是一定范围内测量值出现的概率 P。

正态分布:P 随 u 变化;u 一定,P 一定。

t 分布:P 随 t 和 f 变化;t 一定,概率 P 与 f 有关。

表 3-3 列出了最常用的部分 t 值。表中置信度用 P 表示,它表示在某一 t 值时,测定值落在($\mu\pm ts$)范围内的概率。显然,测定值落在此范围之外的概率为($1-P$),称为显著性水准,用 α 表示。由于 t 值与置信度及自由度有关,一般表示为 $t_{\alpha,f}$。例如,$t_{0.10,5}$ 表示置信度为 90%,自由度为 5 时的 t 值;$t_{0.05,20}$ 表示置信度为 95%,自由

度为20时的t值。f小时，t值较大。理论上，只有当$f\to\infty$时，各置信度对应的t值才与相应的u值一致。但从表3-3可以看出，当$f=20$时，t值与u值已经很接近了。

表3-3　$t_{\alpha,f}$分布表(双边)

f	置信度，显著性水准		
	$P=0.90$ $\alpha=0.10$	$P=0.95$ $\alpha=0.05$	$P=0.99$ $\alpha=0.01$
1	6.31	12.71	63.66
2	2.92	4.30	9.93
3	2.35	3.18	5.84
4	2.13	2.78	4.60
5	2.02	2.57	4.03
6	1.94	2.45	3.71
7	1.90	2.37	3.50
8	1.86	2.31	3.36
9	1.83	2.26	3.25
10	1.81	2.23	3.17
11	1.80	2.20	3.11
12	1.78	2.18	3.06
13	1.77	2.16	3.01
14	1.76	2.15	2.98
15	1.75	2.13	2.95
20	1.73	2.09	2.85
30	1.70	2.04	2.75
40	1.68	2.02	2.70
∞	1.64	1.96	2.58

(2) 平均值的置信区间

由3.3.1节可知，当用单次测量结果(x)来估计总体平均值μ的范围，则μ包括在区间($x\pm1\sigma$)范围内的概率为68.3%，在区间($x\pm1.64\sigma$)范围内的概率为90%，在区间($x\pm1.96\sigma$)范围内的概率为95%，在区间($x\pm2.58\sigma$)范围内的概率为99%，它的数学表达式为

$$\mu=x\pm u\sigma \tag{3-43}$$

不同置信度的u值可查表得到。

若以样本平均值来估计总体平均值可能存在的区间，其表达式为

$$\mu=\bar{x}\pm\frac{u\sigma}{\sqrt{n}} \tag{3-44}$$

对于少量测量数据，必须根据 t 分布进行统计处理，按 t 的定义式可得出

$$\mu=\bar{x}\pm ts_{\bar{x}}=\bar{x}\pm t\frac{s}{\sqrt{n}} \tag{3-45}$$

式(3-45)表示在某一置信度下，以平均值 $\bar{x}$ 为中心，包括总体平均值 μ 在内的可靠性范围，称为平均值的置信区间。其范围的大小与样本的标准偏差、测量次数及规定的置信度有关。对置信区间的概念必须正确理解，如 $\mu=76.50\%\pm0.10\%$（置信度为95%），应当理解为在 $76.50\%\pm0.10\%$ 区间内包括总体平均值 μ 的概率为95%。μ 是个客观存在的恒定值，没有随机性，谈不上什么概率问题，不能说 μ 落在某一区间的概率是多少。

例 3.9 由例3.8中铜的分析结果，求置信度分别为95%和99%时平均值的置信区间。

解 由例3.8计算结果可知

$$\bar{x}=53.36\%,\quad s=0.043\%,\quad n=4,\quad f=n-1=4-1=3$$

$$P=95\%,\quad t_{0.05,3}=3.18$$

$$\mu=\bar{x}\pm t_{\alpha,f}\frac{s}{\sqrt{n}}=(53.36\pm0.07)\%$$

$$P=99\%,\quad t_{0.01,3}=5.84$$

$$\mu=\bar{x}\pm t_{\alpha,f}\frac{s}{\sqrt{n}}=(53.36\pm0.13)\%$$

置信度与置信区间是一个对立的统一体。置信度越低，同一体系的置信区间就越窄；置信度越高，同一体系的置信区间就越宽，即所估计的区间包括真值的可能性也就越大。在实际工作中，置信度不能定得过高或过低，否则会犯“存伪”或“拒真”错误。例如，100%置信度下的置信区间为无穷大，这种100%的置信度没有任何实际意义。又如，50%置信度下的置信区间尽管很窄，但其可靠性已经不能保证了。因此在进行数据处理时，必须同时兼顾置信度和置信区间。既要使置信区间足够窄，以使对真值的估计比较精确；又要使置信度较高，以使置信区间内包含真值的把握性较大。在分析化学中，通常将置信度定在90%或95%。

3.4 显著性检验

在分析工作中，常常会遇到诸如对标准试样或纯物质进行测定时，所得到的平均值与标准值的比较；不同分析人员、不同实验室和采用不同分析方法对同一试样进行分析时，两组分析结果的平均值之间的比较；改造生产工艺后的产品分析指标与原指标的比较等问题。从前述可知，测量数据之间存在差异是必然的。这种差异是随机误差造成

的还是系统误差造成的？这类问题属于统计学中的“假设检验”。如果发现结果之间存在“显著性差异”就认为它们之间有明显的系统误差，反之则表明它们之间不存在系统误差，其差别是由随机误差引起的。所谓有无“显著性差异”是指两个样本是否存在于同一总体之内。分析化学中常用的显著性检验方法有 t 检验法和 F 检验法。

3.4.1 平均值与标准值的比较——t 检验法

为了检查分析数据是否存在较大的系统误差，可对标准试样进行若干次分析，再利用 t 检验法比较分析结果的平均值与标准试样的标准值之间是否存在显著性差异。

进行 t 检验时，先按下式计算出 t 值：

$$\mu=\bar{x}\pm t\frac{s}{\sqrt{n}}$$

$$t=\frac{|\bar{x}-\mu|}{s}\sqrt{n} \tag{3-46}$$

再根据置信度和自由度由 t 值表（表 3-3）查出相应的表值 $t_{表}$。若 $t_{计算}>t_{表}$，则认为 $\bar{x}$ 与 μ 之间存在显著性差异，说明该分析方法存在系统误差；否则可认为 $\bar{x}$ 与 μ 之间不存在显著性差异，该差异是由随机误差引起的正常差异。分析化学中通常以 95% 的置信度为检验标准，即显著性水准为 5%。

例 3.10 用某种新的分析方法测定某试样中铜的质量分数，5 次测定结果分别为 53.35%、53.30%、53.40%、53.38%、53.42%。已知铜的标准值为 53.36%。试问该新方法是否存在系统误差（$P=95\%$）。

解 $\bar{x}=53.37\%$，$s=0.047\%$，$n=5$，$f=5-1=4$

$$t_{计算}=\frac{|\bar{x}-\mu|}{s}\sqrt{n}=\frac{|53.37\%-53.36\%|}{0.047\%}\times\sqrt{5}=0.48$$

查表得 $t_{0.05,4}=2.78$，$t_{计算}<t_{表}$，故 $\bar{x}$ 与 μ 之间不存在显著性差异，表明该新方法不存在系统误差。

3.4.2 两组数据方差的比较——F 检验法

F 检验法是通过比较两组数据的方差 s^2，来确定它们的精密度是否存在显著性差异的方法。统计量 F 定义为：两组数据的方差的比值，分子为大的方差，分母为小的方差，即

$$F=\frac{s_{大}^2}{s_{小}^2} \tag{3-47}$$

将计算得到的 $F_{计算}$ 值与表 3-4 所列的 $F_{表}$ 值进行比较。在一定的置信度及自由度时，若 $F_{计算}>F_{表}$，则说明这两组数据的精密度之间存在显著性差异（置信度为 95%），否则不存在显著性差异。

表 3-4　F 值表(单边,$P=95\%$)

$f_{小}$	$f_{大}$												
	1	2	3	4	5	6	7	8	9	10	15	20	∞
1	161.4	199.5	215.7	224.6	230.2	234.0	236.8	238.9	240.5	241.9	245.9	248.0	254.3
2	18.51	19.00	19.16	19.25	19.30	19.33	19.35	19.37	19.38	19.40	19.43	19.45	19.50
3	10.13	9.55	9.28	9.12	9.01	8.94	8.89	8.85	8.81	8.79	8.70	8.66	8.53
4	7.71	6.94	6.59	6.39	6.26	6.16	6.09	6.04	6.00	5.96	5.86	5.80	5.63
5	6.61	5.79	5.41	5.19	5.05	4.95	4.88	4.82	4.77	4.74	4.62	4.56	4.36
6	5.99	5.14	4.76	4.53	4.39	4.28	4.21	4.15	4.10	4.06	3.94	3.87	3.67
7	5.59	4.74	4.35	4.12	3.97	3.87	3.79	3.73	3.68	3.64	3.51	3.44	3.23
8	5.32	4.46	4.07	3.84	3.69	3.58	3.50	3.44	3.39	3.35	3.22	3.15	2.93
9	5.12	4.26	3.86	3.63	3.48	3.37	3.29	3.23	3.18	3.14	3.01	2.94	2.71
10	4.96	4.10	3.71	3.48	3.33	3.22	3.14	3.07	3.02	2.98	2.85	2.77	2.54
15	4.54	3.68	3.29	3.06	2.90	2.79	2.71	2.64	2.59	2.54	2.40	2.33	2.07
20	4.35	3.49	3.10	2.87	2.71	2.60	2.51	2.45	2.39	2.35	2.20	2.12	1.84
∞	3.84	3.00	2.60	2.37	2.21	2.10	2.01	1.94	1.88	1.83	1.67	1.57	1.00

注:$f_{大}$ 为大方差对应的自由度;$f_{小}$ 为小方差对应的自由度。

由于表 3-4 所列 $F_{表}$ 值是单边值,所以可直接用于单边检验,即检验某组数据的精密度是否大于、等于(或小于、等于)另一组数据的精密度时,此时置信度为 95%(显著性水准为 0.05)。而进行双边检验时,如判断两组数据的精密度是否存在显著性差异时,即一组数据的精密度可能优于、等于,也可能不如另一组数据的精密度时,显著性水准为单侧检验时的两倍,即 0.10。因此,此时的置信度 $P=1-0.10=0.90$,即 90%。

例 3.11　甲、乙两人分析同一试样,甲测定了 11 次,标准偏差为 0.38;乙测定了 9 次,标准偏差为 0.76。问两人分析结果的精密度有无显著性差异。

解　此例中不论甲的分析结果的精密度优于或劣于乙的分析结果的精密度,二者的精密度都有显著性差异,故属于双边检验问题。

已知　$n_{甲}=11,\quad s_{甲}=0.38,\quad f_{甲}=11-1=10$

$$n_{乙}=9,\quad s_{乙}=0.76,\quad f_{乙}=9-1=8$$

$$F_{计算}=\frac{s_{大}^2}{s_{小}^2}=\frac{s_{乙}^2}{s_{甲}^2}=\frac{0.76^2}{0.38^2}=4.0$$

查表 3-4,$f_{大}=8$,$f_{小}=10$ 的 $F_{表}=3.07$,则 $F_{计算}>F_{表}$,表明二者分析结果的精密度存在显著性差异,但此结论的置信度为 90%。

例 3.12　在吸光光度分析中,用一台旧仪器测定某溶液的吸光度,7 次读数的标准偏差 $s_1=0.053$;再用一台新仪器测定,6 次读数的标准偏差为 $s_2=0.025$。试问新仪器的精密度是否显著地优于旧仪器的精密度。

解　由于新仪器的性能较好,其精密度不会比旧仪器的差,因此此例属于单边检验问题。

已知

$$n_1=7,\quad s_1=0.053,\quad f_{大}=7-1=6$$
$$n_2=6,\quad s_2=0.025,\quad f_{小}=6-1=5$$
$$F_{计算}=\frac{s_{大}^2}{s_{小}^2}=\frac{s_1^2}{s_2^2}=\frac{0.053^2}{0.025^2}=4.49$$

查表 3-4，$f_{大}=6$，$f_{小}=5$ 的 $F_{表}=4.95$，则 $F_{计算}<F_{表}$，表明两台仪器的精密度不存在显著性差异（置信度为 95%）。

3.4.3 两组平均值的比较

不同分析人员、不同实验室或同一分析人员采用不同方法分析同一试样，所得到的平均值经常是不完全相等的。要从这两组数据的平均值来判断它们之间是否存在显著性差异，应先用 F 检验法检验两组数据的精密度有无显著性差异。若两组数据的精密度存在显著性差异，则表明两个平均值之间存在显著性差异；反之，则应采用 t 检验法继续进行检验。

设两组分析数据为 n_1、s_1、$\bar{x}_1$ 和 n_2、s_2、$\bar{x}_2$，因为这种情况下两个平均值都是实验值，这时需要先用 F 检验法检验两组精密度 s_1 和 s_2 之间有无显著性差异，如证明它们之间无显著性差异，则可认为 $s_1 \approx s_2$，于是可用 t 检验法检验两组平均值有无显著性差异。

用 t 检验法检验两组平均值有无显著性差异时，首先要计算合并标准偏差：

$$s=\sqrt{\frac{偏差平方和}{总自由度}}$$
$$=\sqrt{\frac{\sum(x_{1i}-\bar{x}_1)^2+\sum(x_{2i}-\bar{x}_2)^2}{(n_1-1)+(n_2-1)}} \tag{3-48}$$

或

$$s=\sqrt{\frac{s_1^2(n_1-1)+s_2^2(n_2-1)}{(n_1-1)+(n_2-1)}} \tag{3-49}$$

然后计算出 t 值：

$$t=\frac{|\bar{x}_1-\bar{x}_2|}{s}\sqrt{\frac{n_1 n_2}{n_1+n_2}} \tag{3-50}$$

在一定置信度时，查出表值 $t_{表}$（总自由度 $f=n_1+n_2-2$），若 $t_{计算}<t_{表}$，说明两组数据的平均值不存在显著性差异，可以认为两个平均值属于同一总体，即 $\mu_1=\mu_2$；若 $t_{计算}>t_{表}$，说明两组数据的平均值存在显著性差异，可以认为两个平均值不属于同一总体，两组平均值之间存在着系统误差。

例 3.13 用两种不同方法测定某试样中铁的质量分数，第一种方法进行了 5 次测定，平均值为 55.35%，标准偏差为 0.063%；第二种方法进行了 4 次测定，平均值为 55.40%，标准偏差为 0.036%。试问两种方法之间是否有显著性差异（$P=90\%$）。

解

$$n_1=5,\quad \bar{x}_1=55.35\%,\quad s_1=0.063\%$$
$$n_2=4,\quad \bar{x}_2=55.40\%,\quad s_2=0.036\%$$
$$F_{计算}=\frac{s_1^2}{s_2^2}=\frac{(0.063\%)^2}{(0.036\%)^2}=3.06$$

查表得 $F_{表}=9.12$，$F_{计算}<F_{表}$，两种方法的精密度无显著性差异，应继续进行 t 检验。

3.4.4　两组配对数据的比较

如果有若干个试样用两种方法分析，或在两个实验室分析，则对每个试样都有两个分析结果，于是有若干对配对数据，为了检验这两种方法或两个实验室的分析结果之间有无显著性差异，可用配对试验法，或称对子分析法。

每一配对的两个数据之间存在差值，若无显著性差异，当测定次数无限多时，这些差值的平均值应为 0，类似于式(3-46)：

$$t=\frac{|\langle d\rangle-d_0|}{s_d}\sqrt{n}\tag{3-51}$$

式中 $\langle d\rangle$ 为各配对数据差值的平均值，$\langle d\rangle=\frac{1}{n}\sum d_i$；$d_0$ 为配对数据差值的总体平均值，根据随机误差统计规律，其值应为 0；n 为对子数目；s_d 为各配对数据差值的标准偏差：

$$s_d=\sqrt{\frac{\sum(d_i-\langle d\rangle)^2}{n-1}}\tag{3-52}$$

故式(3-51)变为

$$t=\frac{|\langle d\rangle|}{s_d}\sqrt{n}\tag{3-53}$$

当 $t_{计算}>t_{表}$，两组数据有显著性差异。

例 3.14　用主动采样法与被动采样法对某地区大气中 NO_2 含量($\mu g\cdot m^{-3}$)进行测定，所得结果分别为 x_1、x_2，如下所示。试判断两种方法的结果有无显著性差异。

试样号	主动采样法 x_1	被动采样法 x_2	$d_i=x_1-x_2$	$(d_i-\langle d\rangle)^2$
1	43.01	43.07	−0.06	5.02
2	47.00	49.45	−2.45	21.44
3	42.01	41.69	0.32	3.46
4	53.02	58.58	−5.56	59.91
5	95.04	83.59	11.45	85.93
6	114.03	124.15	−10.12	151.29
7	141.02	103.20	37.82	1 270.21
8	82.04	95.96	−13.92	259.21
			$\sum d_i=17.48$	$\sum(d_i-\langle d\rangle)^2$
			$\langle d\rangle=2.18$	$=1\,856.47$

解
$$s_d=\sqrt{\frac{\sum(d_i-\langle d\rangle)^2}{n-1}}=\sqrt{\frac{1\,856.47}{8-1}}=16.29$$

$$t_{计算}=\frac{|2.18|}{16.29}\times\sqrt{8}=0.38$$

查表得 $t_{0.05,7}=2.37$，$t_{计算}<t_{表}$，故被动采样法与主动采样法的测定结果无显著性差异。

3.5 可疑值取舍

对同一试样进行多次平行测定时，人们往往会发现某一组测量值中某个或某几个测量值明显比其他测量值大得多或者小得多，这种明显偏离的测量值称为可疑值(也称离群值、异常值或极端值)。如果确定这是由于过失造成的，应该舍弃，否则不能随意舍弃或保留，尤其是当测量数据较少时。正确的做法是，通过统计检验判断该可疑值与其他数据是否来源于同一总体，然后决定取舍。下面介绍三种常用的检验方法。

3.5.1 $4\overline{d}$ 法

根据正态分布规律，偏差超过 3σ 的个别测定值的概率小于 0.3%，当测量次数不多时这一测量值可以舍去。因 $\delta=0.80\sigma$，$3\sigma\approx4\delta$，故偏差超过 4δ 的个别测量值可以舍去。

对于少量实验数据，只能用 s 代替 σ，用 $\overline{d}$ 代替 δ，因此可粗略地认为，偏差大于 $4\overline{d}$ 的个别测量值可以舍弃。需指出的是，用 $4\overline{d}$ 法判断可疑值取舍时虽然存在较大误差，但由于其具有方法简单、不需查表的优点，至今仍为人们所采用。此外，当 $4\overline{d}$ 法与其他检验方法判断的结果发生矛盾时，应以其他方法为准。

采用 $4\overline{d}$ 法判断可疑值取舍时，应先求出除可疑值以外的其余数据的平均值 $\bar{x}$ 和平均偏差 $\overline{d}$，然后将可疑值与平均值进行比较，若其差的绝对值大于 $4\overline{d}$，则可疑值舍去，否则应保留。

例 3.15 平行测定某试样中铜的质量分数，四次测量数据分别为 42.38%、42.32%、42.34%、42.15%。问 42.15%这个数据应否舍去。

解
$$\bar{x}=\frac{42.38\%+42.32\%+42.34\%}{3}=42.35\%$$

$$\overline{d}=\frac{|0.03\%|+|-0.03\%|+|-0.01\%|}{3}=0.023\%$$

可疑值与平均值的差的绝对值为

$$|42.15\%-42.35\%|=0.20\%>4\overline{d}(0.092\%)$$

故 42.15%这个数据应舍去。

3.5.2 *Q* 检验法

用 Q 检验法判断可疑值的取舍时,先将一组测量数据从小到大排列:$x_1,x_2,\cdots,x_{n-1},x_n$,设 x_1 和 x_n 为可疑值,然后根据统计量 Q 确定该可疑值的取舍。

设 x_n 为可疑值,则统计量 Q 为

$$Q=\frac{x_n-x_{n-1}}{x_n-x_1} \tag{3-54}$$

若 x_1 为可疑值,则

$$Q=\frac{x_2-x_1}{x_n-x_1} \tag{3-55}$$

式(3-54)、式(3-55)中分子为可疑值与其相邻值的差值,分母为该组测量数据的极差。Q 称为"舍弃商",其值越大,说明可疑值离群越远,超过一定界限时,则应舍去。统计学家已计算出不同置信度时的 $Q_{表}$ 值(表 3-5),若计算所得 Q 值大于表中相应的 $Q_{表}$ 值时,该可疑值舍去,反之应保留。

表 3-5 *Q* 值表

测定次数 n		3	4	5	6	7	8	9	10
置信度	$Q_{0.90}$	0.94	0.76	0.64	0.56	0.51	0.47	0.44	0.41
	$Q_{0.96}$	0.98	0.85	0.73	0.64	0.59	0.54	0.51	0.48
	$Q_{0.99}$	0.99	0.93	0.82	0.74	0.68	0.63	0.60	0.57

例 3.16 对例 3.15 中的数据用 Q 检验法判别 42.15%这个数据应否舍去(置信度 90%)。

解 将数据从小到大排列:42.15%、42.32%、42.34%、42.38%。

$$Q_{计算}=\frac{42.32\%-42.15\%}{42.38\%-42.15\%}=0.74$$

查表得 $Q_{0.90,4}=0.76$,$Q_{计算}<Q_{0.90,4}$,故 42.15%这个数据应保留。

3.5.3 格鲁布斯检验法(Grubbs 检验法)

设一组数据从小到大排列:$x_1,x_2,\cdots,x_n$,其中 x_1 或 x_n 是可疑值。用此法进行判断时,应先计算出包含可疑值在内的整组数据的平均值 $\bar{x}$ 和标准偏差 s,再依据统计量 T 进行判断。

若 x_1 为可疑值,则

$$T=\frac{\bar{x}-x_1}{s} \tag{3-56}$$

若 x_n 为可疑值，则

$$T=\frac{x_n-\bar{x}}{s} \tag{3-57}$$

将计算所得 T 值与表 3-6 中查得的 $T_{\alpha,n}$ 值(对应于某一置信度)相比较，若 $T>T_{\alpha,n}$，则应舍去该可疑值，反之予以保留。

表 3-6　$T_{\alpha,n}$ 值表

n	显著性水准 α		
	0.05	0.025	0.01
3	1.15	1.15	1.15
4	1.46	1.48	1.49
5	1.67	1.71	1.75
6	1.82	1.89	1.94
7	1.94	2.02	2.10
8	2.03	2.13	2.22
9	2.11	2.21	2.32
10	2.18	2.29	2.41
11	2.23	2.36	2.48
12	2.29	2.41	2.55
13	2.33	2.46	2.61
14	2.37	2.51	2.63
15	2.41	2.55	2.71
20	2.56	2.71	2.88

格鲁布斯检验法最大的优点是，在判断可疑值的过程中，引入了正态分布中的两个重要的样本参数——平均值 $\bar{x}$ 和标准偏差 s，故方法的准确性较高。但该方法需要计算 $\bar{x}$ 和 s，步骤稍麻烦。

例 3.17　对例 3.15 中的数据用格鲁布斯检验法判别 42.15%这个数据应否舍去(置信度 95%)。

解

$$\bar{x}=42.30\%,\quad s=0.10\%$$

$$T=\frac{\bar{x}-x_1}{s}=\frac{42.30\%-42.15\%}{0.10\%}=1.50$$

查表得，$T_{0.05,4}=1.46$，$T_{计算}>T_{0.05,4}$，故 42.15%这个数据应舍去。

3.6　回归分析法

在分析化学特别是仪器分析中，一般通过标准曲线法获得试样溶液的浓度。如在吸光光度法中，标准溶液的浓度与吸光度在一定范围内可用直线方程(即比尔定律)描述，但是分光光度计的精密度及测量条件的微小变化将导致同一浓度溶液的吸光度两次测量结果不一致，使各测量点对于以比尔定律为基础所建立的直线有一定的偏离。为了得到最接近于各测量点、误差最小的直线（即最佳的标准曲线），必须借助于数理统计方法。较好的方法是对数据进行回归分析，通过回归分析不仅可得到最佳的回归曲线，而且可对各点的精密度、数据的相关关系及回归曲线的置信区间进行评价。本节主要介绍一元线性回归。

3.6.1 一元线性回归方程及回归直线

回归直线可用如下方程表示：

$$y=a+bx$$

式中 a 为直线的截距，b 为直线的斜率。

设绘制标准曲线时取 n 个实验点 $(x_1, y_1), (x_2, y_2), \cdots, (x_n, y_n)$，则每个实验点与回归直线的误差可用

$$Q_i=[y_i-(a+bx_i)]^2 \tag{3-58}$$

来定量描述。回归直线与所有实验点的误差即为

$$Q=\sum_{i=1}^{n}Q_i=\sum_{i=1}^{n}[y_i-(a+bx_i)]^2 \tag{3-59}$$

要使所确定的回归方程和回归直线最接近实验点的真实分布状态，则 Q 必然取极小值。要使 Q 值达到极小值，需对式(3-59)分别求 a 和 b 偏微商，使 a、b 满足下列方程：

$$\frac{\partial Q}{\partial a}=-2\sum_{i=1}^{n}(y_i-a-bx_i)=0$$

$$\frac{\partial Q}{\partial b}=-2\sum_{i=1}^{n}x_i(y_i-a-bx_i)=0$$

$$i=1,2,\cdots,n$$

由上两式可得

$$a=\frac{\sum_{i=1}^{n}y_i-b\sum_{i=1}^{n}x_i}{n}=\bar{y}-b\bar{x} \tag{3-60}$$

$$b=\frac{\sum_{i=1}^{n}(x_i-\bar{x})(y_i-\bar{y})}{\sum_{i=1}^{n}(x_i-\bar{x})^2}=\frac{\sum_{i=1}^{n}x_iy_i-\left[\left(\sum_{i=1}^{n}x_i\sum_{i=1}^{n}y_i\right)/n\right]}{\sum_{i=1}^{n}x_i^2-\left[\left(\sum_{i=1}^{n}x_i\right)^2/n\right]} \tag{3-61}$$

式中 $\bar{x}$、$\bar{y}$ 分别为 x 和 y 的平均值，当直线的截距 a 和斜率 b 确定以后，一元线性回归方程(regression equation)及回归直线就确定了。

例 3.18 在 5%醋酸溶液中用荧光光度法测定谷类试样中维生素 B_2 的含量时，得到如下数据：

x(维生素 B_2 含量)/($\mu g \cdot mL^{-1}$)	0.000	0.100	0.200	0.400	0.800
y(相对荧光强度)	0.0	5.8	12.2	22.3	43.3

用此方法测定试样溶液的相对荧光强度(y)为 15.4。

a. 确定标准曲线的回归方程；

b. 计算试样中维生素 B_2 的含量①。

解 a.

$$\sum x_i = 1.500,\quad \sum y_i = 83.6,\quad \sum x_i^2 = 0.8500$$

$$\sum x_i y_i = 46.58,\quad \left(\sum x_i\right)^2 = 2.250$$

$$n = 5,\quad \bar{x} = \frac{\sum x_i}{n} = 0.3000,\quad \bar{y} = \frac{\sum y_i}{n} = 16.72$$

故

$$b = \frac{\sum_{i=1}^{n} x_i y_i - \left[\left(\sum_{i=1}^{n} x_i \sum_{i=1}^{n} y_i\right)/n\right]}{\sum_{i=1}^{n} x_i^2 - \left[\left(\sum_{i=1}^{n} x_i\right)^2/n\right]}$$

$$= \frac{46.58 - [(1.500 \times 83.6)/5]}{0.8500 - 2.250/5} = 53.75$$

$$a = \bar{y} - b\bar{x} = 16.72 - 53.75 \times 0.3000 = 0.60$$

上述计算中，在小数点后保留了两位有效数字，由于实验测得的相对荧光强度小数点后只有一位有效数字，故 a、b 的值小数点后只能保留一位有效数字，所以标准曲线的回归方程为

$$y = 0.6 + 53.8x$$

b.

$$x = \frac{15.4 - 0.6}{53.8}\ \mu g \cdot mL^{-1} = 0.275\ \mu g \cdot mL^{-1}$$

3.6.2 相关系数

在实际工作中，当两个变量间不存在严格的线性相关关系，数据的偏离较严重时，虽然也可以求得一条回归直线，但是只有当两个变量之间存在严格的线性相关关系时，所得的回归直线才有意义。回归直线是否有意义，可用相关系数(correlation coefficient，r)来检验。

相关系数的定义式为

$$r = b\sqrt{\frac{\sum_{i=1}^{n}(x_i - \bar{x})^2}{\sum_{i=1}^{n}(y_i - \bar{y})^2}} = \frac{\sum_{i=1}^{n}(x_i - \bar{x})(y_i - \bar{y})}{\sqrt{\sum_{i=1}^{n}(x_i - \bar{x})^2 \sum_{i=1}^{n}(y_i - \bar{y})^2}} \tag{3-62}$$

① Christian G D. Analytical Chemistry. 5th ed. New York: John Wiley & Sons, Inc., 1994: 49.

相关系数的物理意义如下：

a. 当$|r|=1$时，表示y与x之间存在完全的线性相关关系，所有的y_i值都在回归直线上，如图3-7中的(a)和(f)。

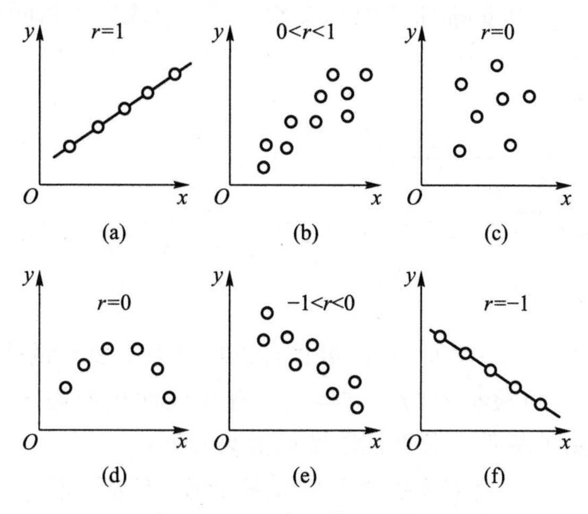

图3-7　相关系数r的意义

b. 当$r=0$时，表示y与x之间不存在线性相关关系，y的变化完全取决于实验误差，如图3-7中的(c)和(d)。

c. 当$0<|r|<1$时，表示y与x之间存在相关关系。$r>0$时，即$b>0$，y随x的增大而增大，这称为y与x正相关，如图3-7中的(b)；$r<0$时，即$b<0$，y随x的增大而减小，这称为y与x负相关，如图3-7中的(e)。r值越接近1，线性相关关系就越好。

从上述讨论可知，只有当$|r|$足够大时，y与x之间才是显著相关的，求得的回归直线才是有意义的，此时的r值称为临界值。表3-7给出了相关系数临界值。若根据实验数据算得的$|r|\geq r_{表}$，则表明y与x之间存在线性相关关系；若$|r|<r_{表}$，则表明y与x之间不存在线性相关关系。

表3-7　相关系数临界值表

$f=n-2$	置信度			
	90%	95%	99%	99.9%
1	0.988	0.997	0.9998	0.999999
2	0.900	0.950	0.990	0.999
3	0.805	0.878	0.959	0.991
4	0.729	0.811	0.917	0.974
5	0.669	0.755	0.875	0.951
6	0.622	0.707	0.834	0.925
7	0.582	0.666	0.798	0.898
8	0.549	0.632	0.765	0.872
9	0.521	0.602	0.735	0.847
10	0.497	0.576	0.708	0.823

线性回归方程可以借助 Microcal 公司的 Origin 软件、Microsoft 公司的 Excel 软件等获得。除此之外，它们还具有强大的数据分析(data analysis)功能和图形功能，这些功能对分析化学学习者是十分重要的，其应用方法请参阅相关软件的使用说明。

例 3.19 求例 3.18 中标准曲线回归方程的相关系数，并判断该曲线线性相关关系如何(置信度 99%)。

解 由式(3-62)

$$r=b\sqrt{\frac{\sum_{i=1}^{n}(x_i-\bar{x})^2}{\sum_{i=1}^{n}(y_i-\bar{y})^2}}=53.75\times\sqrt{\frac{0.40}{1\,156.87}}=0.999\,5$$

查表 3-7，$r_{99\%,3}=0.959<0.999\,5$，故该标准曲线具有良好的线性相关关系。

上述检验方法不仅可检验 y 与 x 之间是否存在线性相关关系，而且可用于检验回归方程的回归效果，相关关系显著则说明回归效果较好。

通过检验后，若 y 与 x 之间不存在线性相关关系，不等于不存在非线性相关关系，如图 3-7 中的(d)就有可能是抛物线类型的曲线关系。对于非线性相关关系，往往可通过变量变换转换成线性相关关系。例如，y 与 x 存在如下关系：

$$y=a+b\lg x$$

若令 $x'=\lg x$，则可得回归方程：

$$y=a+bx'$$

应指出的是，由于实验误差的影响，导致各实验点测量值 y_i 与回归曲线上相应的 y_l 值存在一定的偏离。根据统计学原理，回归方程中的 y、a、b 的标准偏差分别按下式计算①：

$$s_y=\sqrt{\frac{\sum[y_i-(bx_i+a)]^2}{n-2}}=\sqrt{\frac{\left[\sum y_i^2-\frac{1}{n}(\sum y_i)^2\right]-b^2\left[\sum x_i^2-\frac{1}{n}(\sum x_i)^2\right]}{n-2}} \tag{3-63}$$

$$s_b=\sqrt{\frac{s_y^2}{\sum(\bar{x}-x_i)^2}}=\sqrt{\frac{s_y^2}{\sum x_i^2-\frac{(\sum x_i)^2}{n}}} \tag{3-64}$$

$$s_a=s_y\sqrt{\frac{\sum x_i^2}{n\sum x_i^2-(\sum x_i)^2}}=s_y\sqrt{\frac{1}{n-(\sum x_i)^2/\sum x_i^2}} \tag{3-65}$$

① Christian G D. Analytical Chemistry. 5th ed. New York: John Wiley & Sons, Inc., 1994: 50-51.

从回归方程得到的试样分析结果的标准偏差 s_c 可按下式计算：

$$s_c=\frac{s_y}{b}\sqrt{\frac{1}{M}+\frac{1}{n}+\frac{(\bar{y}_c-\bar{y})^2}{b^2\left[\sum x_i^2-\frac{(\sum x_i)^2}{n}\right]}} \tag{3-66}$$

式中 M 为试样信号的重复测定次数，$\bar{y}_c$ 为试样信号测定值(如吸光度)的平均值。

例 3.20 对例 3.18 中的回归方程的斜率、截距和测定结果的不准确度进行估计。

解 $(\sum y_i)^2=83.6^2=6\,989.0$，$\sum x_i^2=0.850\,0$，$(\sum x_i)^2=2.250$

$\sum y_i^2=2\,554.6$，$n=5$，$b=53.75$

$$s_y=\sqrt{\frac{\left[\sum y_i^2-\frac{1}{n}(\sum y_i)^2\right]-b^2\left[\sum x_i^2-\frac{1}{n}(\sum x_i)^2\right]}{n-2}}$$

$$=\sqrt{\frac{\left(2\,554.6-\frac{1}{5}\times 6\,989.0\right)-53.75^2\times\left(0.850-\frac{1}{5}\times 2.250\right)}{5-2}}=0.63$$

$$s_b=\sqrt{\frac{s_y^2}{\sum x_i^2-\frac{(\sum x_i)^2}{5}}}=\sqrt{\frac{0.63^2}{0.850\,0-\frac{2.250}{5}}}=1.0$$

$$s_a=s_y\sqrt{\frac{\sum x_i^2}{n\sum x_i^2-(\sum x_i)^2}}=0.63\times\sqrt{\frac{0.850\,0}{5\times 0.850\,0-2.250}}=0.41$$

$$s_c=\frac{s_y}{b}\sqrt{\frac{1}{M}+\frac{1}{n}+\frac{(\bar{y}_c-\bar{y})^2}{b^2\left[\sum x_i^2-\frac{(\sum x_i)^2}{n}\right]}}$$

$$=\frac{0.63}{53.75}\times\sqrt{\frac{1}{1}+\frac{1}{5}+\frac{(15.4-16.72)^2}{53.75^2\times\left(0.850\,0-\frac{2.250}{5}\right)}}=0.013$$

故 $b=53.8\pm1.0$，$a=0.6\pm0.4$，试样中维生素 B_2 的质量浓度为

$$x=(0.275\pm s_c)\,\mu g\cdot mL^{-1}=(0.275\pm0.013)\,\mu g\cdot mL^{-1}$$

3.7 提高分析结果准确度的方法

在前述有关误差的讨论中，我们已经知道虽然测量过程中误差的存在是不可避免的，但是可以想办法减小或消除。为了得到符合准确度要求的分析结果，在实际工作中应注意下述问题。

1. 选择合适的分析方法

各种分析方法在准确度和灵敏度两方面各有侧重，互不相同，在实际工作中要根据具体情况和要求来选择分析方法。测定某一组分可能有许多分析方法，应根据对分析结果的要求、待测组分的含量和各类分析方法的特点及实验室的条件等选择合适的分析方法。

滴定分析和重量分析的相对误差较小，准确度高，但灵敏度较低，适于高含量组分的分析；仪器分析法的相对误差较大，准确度低，但灵敏度较高，适于低含量组分的分析。

还要考虑试样的组成情况，有哪些共存组分。选择的方法要尽量具有干扰少，或者能采取措施消除干扰以保证测量的准确度。此外，所选择的方法操作要简单、步骤要少、速度要快，试剂易得、经济，对环境友好。

2. 减少测量误差

各测量值的误差会影响最终分析结果的准确度，但对测量对象的量（在化学分析中，测量的量主要是质量和体积）进行合理选取，则会减少测量误差，提高分析结果的准确度。例如，一般分析天平的一次称量误差为±0.0001 g，无论用直接法还是间接法称量，都要读两次读数，则两次称量可能引起的极值误差为±0.0002 g。为了使称量的相对误差小于±0.1%，则称取试样的质量至少为

$$\text{称样质量}=\frac{\text{绝对误差}}{\text{相对误差}}=\frac{0.0002\ \text{g}}{0.1\%}=0.2\ \text{g}$$

可见，分析试样质量或重量分析中的沉淀质量不应小于0.2g。

在滴定分析中，滴定管的一次读数误差为±0.01 mL，在一次滴定中，每个数据都通过两次读数得到，极值误差为±0.01 mL×2=±0.02mL。若要使滴定体积的相对误差小于±0.1%，则要求消耗的溶液体积至少为

$$\text{滴定体积}=\frac{\text{绝对误差}}{\text{相对误差}}=\frac{0.02\ \text{mL}}{0.1\%}=20\ \text{mL}$$

可见，滴定剂消耗的体积必须大于20 mL，最好使体积接近25 mL，以减小相对误差。

应该说明的是，若准确度要求不同，则对称量和体积测量误差的要求也不同。如在仪器分析中，由于被测组分含量较低，相对误差可允许达到±2%，而且所称的试样量也较多，如可达到0.5 g，这时

$$\begin{aligned}\text{称量的绝对误差}&=\text{相对误差}\times\text{试样质量}\\&=\pm 2\%\times 0.5\ \text{g}=\pm 0.01\ \text{g}\end{aligned}$$

因此，不必使用分析天平就可以满足准确度的要求。但是，为了使称量误差可以忽略不计，最好将称量的准确度提高约一个数量级。在本例中，宜准确至±0.001 g。

3. 消除系统误差

由于系统误差是由固定的原因引起的，因此消除这些误差的来源就可以消除系统误差。检验和消除测定过程中的系统误差，通常采用如下方法。

（1）对照试验

对照试验是检验系统误差的最有效的方法。对照试验有以下几种类型。

① 与标准试样对照

标准试样是经过多个实验室，由许多经验丰富的熟练分析人员使用多种方法分析过的，其中各组分的含量（标准值）比较准确可靠。将测定标准试样所得结果与其标准

值用显著性检验判别是否有系统误差的存在。由于标准试样的种类有限，有时也用有可靠结果的试样或自己制备的“人工合成试样”来代替标准试样进行对照试验。

② 标准加入法

如果试样的组成不清楚，则可利用“标准加入法”进行试验。在化学分析中，可取两份被测试样，在其中一份中准确加入相当于质量分数为 A 的待测组分；然后对两份试样进行同时测定。设加入 A 的试样分析结果为 B，未加入 A 的试样分析结果为 x，则加入的被测组分的回收率为

$$回收率=\frac{B-x}{A}\times 100\%$$

根据回收率的大小，可判断是否存在系统误差。对回收率的要求主要根据待测组分的含量而异，对常量组分回收率一般要达到 99%以上，对微量组分回收率应在 90%～110%。

③ 与标准方法对照

标准方法是一般公认的比较可靠、准确的经典分析方法，通常是国际组织或各个国家相关部门颁布的方法。将所选用方法测定的结果与标准方法测定的结果作比较，可判断所选方法是否存在系统误差。

④ 进行“内检”和“外检”

“内检”是本单位不同分析人员之间用同一方法对同一试样进行对照试验，将所得结果加以比较。“外检”是不同单位之间用同一方法对同一试样进行对照试验，以便检查分析人员和实验条件是否带来系统误差。

通过以上方法检查若确认存在系统误差，则应根据其来源分别通过下述不同方法予以消除。

(2) 空白试验

通过空白试验可检查由蒸馏水和试剂所含杂质、所用器皿被玷污等造成的系统误差。空白试验是指在不加待测组分的情况下，按照与分析待测组分相同的条件和步骤进行试验，把所得结果作为空白值，从试样的分析结果中扣除空白值即可得到比较准确的分析结果。需特别指出的是，当空白值较大时，应找出原因，加以消除，如对试剂、蒸馏水、器皿进一步提纯、处理或更换。在作微量分析时，空白试验是必不可少的。

(3) 校准仪器

校准仪器可以减少或消除由移液管、滴定管、容量瓶等仪器不准确而引起的系统误差。在要求精确的分析中，必须对这些计量仪器进行校准，并在计算结果时采用校准值以获得准确结果。

(4) 校正分析结果

对于某些试样的分析，虽然已采用了最适宜的分析方法或分析过程，但由于方法或过程本身的缺陷，仍存在一定的系统误差，有时可采用适当方法对结果进行校正。例如，用电解法不能将溶液中的铜全部析出，则可用吸光光度法测出电解后溶液中残留的铜。将其结果加到电解法得到的结果中可得到较准确的结果。需指出的是，对分析结果进行校正时必须有可靠的依据。

4. 减少随机误差的方法

在分析过程中，随机误差是无法避免的，但根据统计学原理，通过增加平行测量次数可以减少随机误差，平行测量次数越多，平均值就越接近真值。因此，增加平行测量次数可以提高准确度。由图 3-5 可知，测量次数增加过多，效果并不明显。因此，通常测量次数不超过 4～6 次，即使准确度要求较高时，一般也不超过 10 次，否则花费人力、物力和时间较多，而准确度的提高并不很大，反而得不偿失。

3.8 化学信息学简介

3.8.1 化学信息学的定义

20 世纪 60 年代以来，计算机与化学结合形成了计算机化学。经过近 60 年的发展，计算机化学几乎在化学的每一分支领域都获得了丰硕的成果，计算机已成为化学研究的重要工具之一。20 世纪 80 年代以来，互联网飞速发展，逐步成为各种信息资源传递的重要载体，包括基于互联网的化学信息网站、化学信息数据库、远程化学教学等内容的化学信息网络化趋势也日趋形成。化学与互联网成为一个非常活跃、进展惊人的新兴交叉领域。随着计算机化学的不断发展和化学信息网络化的不断普及，一个崭新的化学分支学科——“化学信息学(chemoinformatics)”应运而生。

“化学信息学”首次出现于 1987 年诺贝尔化学奖获得者 Lehn J M 教授的获奖报告中。Lehn J M 在研究复杂分子的反应过程中发现分子具有自组织、自识别的化学智能反应现象，识别的概念包含着信息的展示、传递、鉴别和响应等过程。

化学信息学尚无统一的定义及英文名称，最通用的英文表述为 chemoinformatics 及 chemical informatics，也有用 cheminformatics，chemi informatics 进行表述。还有人把化学信息学表述为 chemical information science 及 molecular informatics。目前，国内将化学信息学定义为——化学信息学是近年发展起来的一个新的化学分支，它利用计算机和计算机网络技术，对化学信息进行组织、表示、管理、分析、模拟、传播和使用，以实现化学信息的提取、转化与共享，揭示化学信息的内在实质与内在联系，促进化学学科的知识创新。

3.8.2 化学信息学的主要研究内容

化学信息学是化学学科的分支学科，其研究对象和研究目的均属于化学学科。化学信息学的研究手段为计算机技术和计算机网络技术，主要研究内容包括以下六个方面。

1. 化学信息的组织、管理、检索和使用

化学信息可分为与传媒有关的信息(如文献、图书资料、网络信息等)及与物质有关的信息(各种实验数据，包括化学反应有关数据，谱学数据，X 射线晶体学数据，化学与物理性质数据，毒性及生物活性数据，与环境有关的数据等)。化学信息的形式包括文字、符号、数字、形貌、图形及表格等。这些化学信息最主要的组织、管理形式是数据库。

最早的化学数据库是各种谱学数据库及剑桥晶体结构数据库。目前，最完善的化学信息系统是 MDL 系统、Beilstein 系统及 CA 系统。据统计，目前化学信息中 58%已经组织为各种数据库系统，但其中只有 12%可以相互转换，而化学信息常常是需要结合使用的，要完成一项化学研究工作需要调用多种有关的数据库。

化学信息的管理、检索及使用包括化学信息的快速有效的检索及推理、判断，主要涉及人工智能方法，最重要的是化学专家系统。专家系统主要有化学知识信息处理、化学知识利用、知识推理能力及咨询解释能力等功能。20 世纪 60 年代开发的化学专家系统 DENDRAL 系统是最早的专家系统。目前，已有多种化学专家系统如图谱解析专家系统、反应路线设计专家系统等用于不同的目的。

2. 分子结构的编码、描述、三维结构的构建

目前，已经发现和合成的分子数目十分巨大，如何在计算机中保存这些分子的结构和性质是一个十分艰巨的任务。为了能在运行速度较慢的计算机上进行化合物结构和子结构搜索，化学家们进行了大量尝试，建立了结构的线性表示等方法。利用这些方法能将化合物的结构图转化为可被计算机识别和搜索的字符串，使结构和子结构的搜索问题简化为字符串的匹配问题。随着计算机技术的不断发展，又出现了分子连接表(connection table)等二维表示方法和分子表面(3D surface)的三维表示方法。

3. 分子物理化学性质的预测

目前，合成化合物的数目已超过 5×10^7 个，虚拟组合化学库的化合物数目可达亿万个。如此巨大数目的化合物无法全部完成其物理化学性质的实验测定，因此根据化合物的结构预测化合物的性质有重要的意义和价值。利用量子化学及分子力学方法可预测许多重要的分子性质，如键长、键角、二面角、三维结构、药效构象、反应中间体、过渡态、电子性质、电荷分布、偶极矩、电子亲和性、质子亲和性、极化、静电势、分子间相互作用、Wood World Hoffman 规则、结合能、pK_a、分子能量、生成热、焓、活化能、势能面、反应途径、溶剂化能、光谱性质、振动频率、红外及拉曼强度、ESR 常数、激活能、吸光系数、传输性质、亲脂性、分子体积、分子表面积等。

4. 化学信息的加工、处理及深化

化学信息的加工处理包括数据的预处理、回归分析、主成分分析、偏最小二乘、信号分析、模式识别、神经网络、遗传算法、模糊及随机算法等。它们可以帮助化学家正确分析、评价、利用现有的化学信息并从中获取最大量的有用结果，实现从数据到信息、从信息到知识的转换。计算机模拟技术包括量子化学、分子动力学、蒙特卡罗方法及各种优化技术，近年来已取得重大进展，在药物开发、功能材料研制及生命科学领域都取得了许多突破性的成果。化学体系涉及分子、超分子、超分子聚集体及聚集态等。在不同尺度及层次的化学体系会表现出不同的性质，这种现象称为尺度效应。过去化学家主要着眼于微观体系，化学工程学家主要关注宏观体系，而联系宏观与微观的介观体系没有受到应有的重视，因此有关介观体系的信息及多尺度研究也是化学信息学关注的重要问题之一。

3-1 人工神经网络简介

5. 计算组合化学

组合化学是当前化学家关注的热门领域之一。它的特点是能以较短的时间和较少

的经费为快速合成数目巨大的化合物提供大量的化学信息，但组合数目过大(即组合爆炸)，合成这些化合物需要消耗大量的人力与物力，万一失败将造成巨大的浪费是其面临的主要问题。通过计算组合化学方法建立虚拟组合化学库，然后在计算机上进行筛选，选择较少数目的化合物进行组合化学合成是解决上述问题的有效途径。虚拟库的构建要考虑分子的相似性及差异性。虚拟库的筛选包括基于靶酶结构利用分子对接方法进行筛选，或利用神经网络方法把合成药的化合物作为训练集，把虚拟组合化学库作为预测集，把化合物区分为类药分子(drug like)及非成药分子(non drug compound)。一个组合化学计算机系统应包括组合合成库的设计、高维化学空间差异性质计算及影射、化学反应数据库系统和知识库系统、综合性化学多样性信息及生物实验数据管理系统、分子对接及构效关系研究等。

6. 化学体系中信息的交换及传递

信息化学(semiochemistry)的概念是诺贝尔化学奖获得者 Lehn 在 1987 年提出的，他认为化学信息寓于分子中，在分子间相互作用时读出化学信息，这些化学信息对于化学反应及性能起着调控的作用。这方面的研究涉及分子识别、超分子建筑、分子构造学、晶体工程、分子器件等方面的内容。但目前国外文献中尚未将这些内容纳入化学信息学的范畴。

3.8.3 互联网上化学信息学简介

分析化学参考文献(信息)的种类和形式多样，如丛书、大全、手册、教材、期刊、论文、专著、政府出版物、专利等。从媒体角度考虑，又可分为纸质媒体和电子媒体。限于篇幅，本书仅简单介绍基于互联网的化学信息。

1. 获取互联网信息资源的工具

获取互联网信息资源的工具可粗略分为两类：一类是搜索引擎(search engine)，专门提供自动化的搜索工具，给出主题词后即可在数以万计的网页中迅速查找出所需要的信息；另一类是针对某个专门领域或主题，用人工方法进行系统收集、组织而形成的资源导航系统。WWW(world wide web，万维网，又简称 Web)有很多联机指南、目录、索引及搜索引擎。各搜索引擎的使用方法参见其帮助。

目前互联网的化学数据库按照承载化学信息的内容可以划分为化学文献资料数据库、化学结构信息库、物理化学参数数据库等。在众多数据库中有些是具有专业水准的数据库，如美国国家标准与技术研究院(National Institute of Standard and Technology, NIST)的物性数据库。Combridgesoft 公司的网站也有大量的化学数据库。各高校图书馆网页上也可检索到新的化学信息。

2. 杂志

(1) 分析化学，中国化学会主办，1973 年创刊；

(2) 分析测试学报，中国分析测试学会主办，1982 年创刊；

(3) 分析试验室，中国有色金属学会主办，1982 年创刊；

(4) 药物分析杂志，中国药学会主办，1981 年创刊；

(5) 分析科学学报，武汉大学、北京大学、南京大学联合主办，1985 年创刊；

(6) The Anayst,1877 年创刊;

(7) Analytical Chemistry,1929 年创刊;

(8) Journal of Chromatography A,1958 年创刊;

(9) Talanta,1958 年创刊;

(10) Journal of Electroanalytical Chemistry,1959 年创刊;

(11) Spectrochimica Acta,1939 年创刊;

(12) Analytica Chimica Acta,1947 年创刊;

(13) Analytical and Bioanalytical Chemistry,1862 年创刊;

(14) Trends in Analytical Chemistry,1981 年创刊;

(15) Critical Review in Analytical Chemistry,1970 年创刊。

思考题

1. 误差的正确定义是(　　)。

a. 错误值与其真值之差;　　b. 某一测量值与其算术平均值之差;

c. 测量值与其真值之差;　　d. 含有误差之值与真值之差。

2. 甲、乙两同学对真值为 10.40%的某一试样的分析结果分别为 $\bar{x}_{甲}=10.37\%$、$s_{甲}=0.04\%$、$\bar{x}_{乙}=10.50\%$、$s_{乙}=0.06\%$。试判断哪个同学的测定结果更好。

3. 下列情况各引起什么误差?如果是系统误差,该如何消除?

a. 称量前后天平零点稍有变动;

b. 称量过程中试样发生潮解;

c. 读取滴定管读数时,最后一位数字估测不准;

d. 以纯度为 98%的锌粉为基准物质标定 EDTA 溶液的浓度;

e. 观察终点时指示剂颜色较正常颜色深;

f. 重量分析法测定试样中 SiO_2 时,试液中硅酸沉淀不完全;

g. 试剂中含有微量待测组分。

4. 微量分析天平可称准至±0.001 mg,要使称量误差不大于 0.1%,至少应称取试样多少克?

5. 微量滴定管的读数可估计到±0.001 mL,若要求分析结果的相对误差不大于 0.1%,滴定时消耗溶液的体积至少应为多少?

6. 用加热法驱除水分以测定 $H_2C_2O_4 \cdot 2H_2O$ 中结晶水的含量。称取 0.2000 g 试样,已知分析天平的称量误差为±0.01 mg。试问分析结果应以几位有效数字报出?

7. 称取 0.2 g 含氮试样,经消化转为 NH_3 后用 10.00 mL 0.05 $mol \cdot L^{-1}$ HCl 溶液吸收,返滴定时消耗 0.05 $mol \cdot L^{-1}$ NaOH 溶液 9.50 mL。试问用什么方法可提高分析结果的准确度?

8. 下列数值中,有效数字为 4 位的是(　　)。

a. pH=10.00;　　b. $w_{Fe_2O_3}=56.08\%$;　　c. 1000;　　d. π。

9. 下列有关置信区间的定义正确的是(　　)。

a. 真值落在某一可靠区间的概率;

b. 以真值为中心的某一区间包括测定结果的平均值的概率;

c. 在一定置信度时,以测量值的平均值为中心的包括真值的范围;

d. 在一定置信度时,以真值为中心包括测定结果的平均值的范围。

10. 要判断两分析人员的分析结果之间是否存在系统误差应采用的方法是(　　)。

a. t 检验法；　　b. F 检验法；

c. 格鲁布斯检验法；　　d. F 检验法和 t 检验法。

习　题

1. 测定C的相对原子质量时，得到下列数据：12.0080、12.0095、12.0097、12.0101、12.0102、12.0106、12.0111、12.0113、12.0118、12.0120。计算平均值、单次测量值的平均偏差和标准偏差。

(12.0104，0.0009，0.0012)

2. 用重铬酸钾法测得某铁矿石试样中铁的质量分数为43.18%、43.20%、43.23%、43.16%。计算分析结果的平均值、单次测量值的平均偏差、相对平均偏差、标准偏差和相对标准偏差。

(43.19%，0.02%，0.05%，0.03%，0.07%)

3. 用电位法直接测定某一价金属离子的浓度，其定量关系式为 $E=E^{\ominus'}+0.059\ \mathrm{V}\ \lg c$。若电位测量的误差为0.0010 V，求浓度测定结果的相对误差。

(3.9%)

4. 设痕量分析中分析结果按式 $x=A-2.0C$ 计算，式中 A 为测量值，C 为空白值，2.0为空白校正系数。已知 $s_A=s_C=0.2$，求 s_x。

(0.45)

5. 设某痕量组分的结果按式 $x=\dfrac{A-C}{m}$ 计算，式中 A 为测量值，C 为空白值，m 为试样质量。已知 $s_A=s_C=0.1$，$s_m=0.001$，$A=8.0$，$C=1.0$，$m=1.0$，求 s_x。

(0.14)

6. 返滴定法测定试样中某组分含量时，按下式计算：

$$w_{\mathrm{X}}=\frac{\frac{2}{5}c(V_1-V_2)M_{\mathrm{X}}}{m}\times 100\%$$

已知 $V_1=(24.20\pm0.02)$ mL，$V_2=(5.00\pm0.02)$ mL，$m=(0.1820+0.0002)$ g，设浓度 c 及摩尔质量 M_{X} 的误差可忽略不计。求分析结果的极值相对误差。

(0.3%)

7. 设在算式 $R=\dfrac{A\times(B-C)\times D}{M-N}$ 中，$A=5.78\pm0.02$，$B=12.84\pm0.05$，$C=4.87\pm0.05$，$D=0.723\pm0.001$，$M=22.84\pm0.02$，$N=21.38\pm0.02$。计算 R、s_R、$\left|\dfrac{E_R}{R}\right|$ 和 $|E_R|$。

(22.8，0.49，0.045，1.0)

8. 确定以下数据的有效数字位数。

a. 7.28；　b. 0.0010；　c. 0.1000；　d. 0.38%；　e. pH=10.00；　f. pM=2.03；　g. lg$K$=14.32；　h. 99.95%；　i. 1000000。

(a. 3，b. 2，c. 4，d. 2，e. 2，f. 2，g. 2，h. 4，i. 不确定)

9. 按照有效数字运算规则求下列各式的结果。

a. $387.59+5.678+0.4986$

b. $\dfrac{0.1000\times(25.00-5.48)\times278.01}{1.0000\times1000}$

c. $\dfrac{1.8\times10^{-5}\times7.29\times10^{-7}}{2.9\times10^{-4}}$

d. pH=10.38,[H^+]=?

(a. 393.77,b. 0.5427,c. 4.5×10^{-8},d. 4.2×10^{-11} $mol\cdot L^{-1}$)

10. 根据正态分布概率积分表，计算单次测量值的偏差绝对值分别大于 1σ、2σ 及 3σ 的概率。

(31.74%,4.54%,0.26%)

11. 已知某金矿试样中金含量的标准值为 12.8 $g\cdot t^{-1}$，σ=0.2 $g\cdot t^{-1}$，求分析结果大于 13.4 $g\cdot t^{-1}$的概率。

(0.13%)

12. 今对某试样中铁的含量进行了 150 次分析，已知分析结果符合正态分布 N[48.40%, $(0.20\%)^2$]，求分析结果小于 48.00%的最可能出现的次数。

(3)

13. 试求第 12 题中分析结果落在 48.00%～48.90%范围内的次数。

(146)

14. 试计算置信度为 95%时第 2 题中铁含量的平均值的置信区间。

(43.19%±0.05%)

15. 某试样中铜的质量分数测定结果分别为 22.93%、22.89%、22.86%、22.91%。计算平均值的标准偏差 $s_{\bar{x}}$ 及置信度为 95%时的置信区间。

(0.02%,22.90%±0.05%)

16. 要使置信度为 95%时平均值的置信区间不超过±s，问至少应平行测定几次？

(7)

17. 铜矿石标准试样中铜的质量分数的标准值为 8.46%，某分析人员分析四次，得平均值为 8.52%，标准偏差为 0.05%，问在置信度为 95%时，分析结果是否存在系统误差？

(不存在)

18. 下列两组实验数据的精密度有无显著性差异(置信度为 90%)？

a：12.46、12.39、12.52、12.41、12.48、12.53；

b：12.23、12.41、12.39、12.41、12.46、12.40。

(无)

19. 用两种基准物质标定 NaOH 溶液的浓度，得到下列结果($mol\cdot L^{-1}$)：

a：0.09895、0.09892、0.09900、0.09897、0.09903；

b：0.09910、0.09895、0.09890、0.09902。

问这两组数据之间是否存在显著性差异(置信度为 90%)？

(不存在)

20. 为提高光度法测定 Cu 的灵敏度，改用一种新的显色剂。设同一溶液，用原显色剂及新显色剂显色后各测定四次，所得吸光度分别为 0.135、0.141、0.130、0.136 及 0.139、0.147、0.145、0.149。判断新显色剂测定 Cu 的灵敏度是否有显著提高(置信度 95%)？

(有)

21. 有某批铁矿石试样共五个，分别由甲、乙两实验室测定铁的质量分数，结果如下：

试样号	1	2	3	4	5
实验室甲	62.43	54.75	36.84	61.47	43.26
实验室乙	61.57	55.08	35.68	62.09	42.78

试判断两实验室的测定结果有无显著性差异(置信度 95%)?

(无)

22. 用标准 NaOH 溶液对某 HCl 标准溶液进行了四次滴定,消耗 NaOH 标准溶液的体积分别为:22.48 mL、22.50 mL、22.46 mL、22.55 mL。试用 $4\bar{d}$ 法判断 22.55 mL 这个数据能否舍去。

(能)

23. 用格鲁布斯检验法判断,第 22 题中标定所得的四个数据中是否应该有异常值舍去。计算平均结果及平均值的置信区间(置信度为 95%)。

(否,22.50,22.50±0.06)

24. 用碘量法测定某铜合金试样中铜的质量分数,五次测定结果为:62.52%、62.61%、62.35%、62.53%、62.63%。试用 Q 检验法确定有无应舍弃的可疑值(置信度 90%)。

(无)

25. 某学生分析一矿石中铁的质量分数时,得到下列结果:56.48%、56.50%、56.54%。试用 Q 检验法确定做第四次测定时,不被舍去的最高及最低值分别是多少(置信度 90%)?

(56.73%,56.29%)

26. 吸光光度法测定铜离子含量时,得到下列数据:

x(铜离子含量)/($mg \cdot L^{-1}$)	0.20	0.40	0.60	0.80	1.00	未知
y(吸光度)	0.059	0.121	0.176	0.236	0.290	0.155

a. 确定一元线性回归方程;

b. 求未知液中铜离子含量;

c. 求相关系数。

(a. $y=0.0032+0.288x$,b. 0.53 $mg \cdot L^{-1}$,c. 1.00)

27. 对第 26 题中的回归方程的斜率、截距和测定结果的不准确度进行估计。

(±0.014,±0.0090,±0.033 $mg \cdot L^{-1}$)

28. 用 $AgNO_3$ 溶液滴定含有 0.1% Br^- 的某含 Cl^- 试样(Br^- 与 Cl^- 同时被滴定),若全部以 Cl^- 计,则含量为 20.00%。求称取试样 a. 0.1000 g,b. 0.5000 g,c. 1.0000 g 时,Cl^- 分析结果的绝对误差与相对误差。计算结果说明什么问题?

(a. 0.044%,0.22%;b. 0.044%,0.22%;c. 0.044%,0.22%;
绝对误差和相对误差与称取试样的质量无关)

第 4 章

酸碱滴定法

4.1 概　　述

滴定分析法是化学分析的主要内容，掌握酸碱滴定法对理解掌握其他滴定方法是十分重要的。

酸碱滴定法是滴定分析的一种重要方法，已在科学研究和工农业生产中得到了广泛的应用。如何用酸碱滴定法准确测定试样中酸或碱的含量、如何简单方便地确定酸碱滴定的终点、酸碱滴定中的误差是如何产生的、如何有效地减小滴定误差等，是酸碱滴定中最重要的问题。要解决这些问题，必须了解酸、碱和酸碱指示剂的性质，掌握水溶液中酸碱反应的平衡及氢离子浓度的计算。在此基础上，才能够很好地掌握酸碱滴定法。

酸碱平衡研究的主要内容包括：

a. 由溶液中酸或碱的总浓度（分析浓度）c 和相关的平衡常数，求各种酸碱组分的平衡浓度或活度 a。如各种酸碱溶液 pH 的计算。

b. 根据溶液的 pH 和平衡常数 K_a、K_b，计算各种酸碱组分的分布分数 δ，是酸碱平衡讨论的主要内容之一。如在 pH 0～14，EDTA 的 H_6Y^{2+} 至 Y^{4-} 等七种型体的分布分数 δ_i 与 pH 的关系。

c. 通过酸碱滴定等方法测定酸碱的平衡常数。

d. 缓冲溶液的理论和应用。

e. 酸碱指示剂、滴定曲线、终点误差及酸碱滴定法的重要应用。

4.2 活度、活度系数和平衡常数

4.2.1 活度和活度系数

物质在溶液中的活度（activity）可以理解为物质在化学反应中实际表现出来的浓度。

如果用 c 代表某一物质的浓度，a 代表其活度，二者之间的关系为

$$a=\gamma c \tag{4-1}$$

式中比例系数 γ 称为物质的活度系数(activity coefficient)。活度系数 γ 的大小直接反映溶液中离子的自由程度，是衡量实际溶液和理想溶液之间偏差大小的尺度。对理想溶液而言，物质的活度与浓度相等，即 γ 等于 1。在分析化学中使用的溶液大多数是含有强电解质的非理想溶液，由于强电解质在溶液中完全解离，带相反电荷的离子间相互作用，导致溶液中离子的有效浓度减小。当溶液中强电解质的浓度很稀即离子间的相互作用可忽略时，物质的 γ 才可以看作 1，即 $a=c$。

由于溶液中高浓度电解质解离产生的离子间的相互作用十分复杂，目前还没有可用于计算高离子强度溶液中物质的活度系数的准确定量公式。对于离子强度小于 0.1 $mol\cdot L^{-1}$ 的稀溶液中的离子的 γ 可利用德拜-休克尔(Debye-Hückel)公式计算：

$$-\lg\gamma_i=0.512z_i^2\left(\frac{\sqrt{I}}{1+B\,\mathring{a}\sqrt{I}}\right) \tag{4-2}$$

式中 γ_i 为离子的活度系数；z_i 为其电荷；B 是常数，25 ℃时为 0.003 28；$\mathring{a}$ 为离子体积参数，约等于其水合离子的半径，单位为 pm(10^{-12} m)；I 为溶液的离子强度(ionic strength)。

当离子强度较小($I<0.01\ mol\cdot L^{-1}$)时，水合离子的大小可以不考虑，活度系数可按德拜-休克尔极限公式计算：

$$-\lg\gamma_i=0.5z_i^2\sqrt{I} \tag{4-3}$$

若表中查不到离子的 $\mathring{a}$，可按下列规律确定离子的 $\mathring{a}$：

离子价数	1	2	3	4
平均 $\mathring{a}$/pm	400	500	500	600

离子强度与溶液中各种离子的浓度和电荷有关，其计算公式为

$$I=\frac{1}{2}\sum_{i=1}^{n}c_iz_i^2 \tag{4-4}$$

一些离子的 $\mathring{a}$ 值和 γ 值列于表 4-1 和表 4-2 中。

表 4-1　一些离子的 $\mathring{a}$ 值

$\mathring{a}$/pm	一　价　离　子
900	H^+
600	Li^+
500	$CHCl_2COO^-$、CCl_3COO^-
400	Na^+、ClO_2^-、IO_3^-、HCO_3^-、$H_2PO_4^-$、HSO_3^-、$H_2AsO_4^-$、CH_3COO^-、CH_2ClCOO^-
300	OH^-、F^-、SCN^-、HS^-、ClO_3^-、ClO_4^-、BrO_3^-、IO_4^-、MnO_4^-、K^+、Cl^-、Br^-、I^-、CN^-、NO_2^-、NO_3^-、Rb^+、Cs^+、NH_4^+、Tl^+、Ag^+、$HCOO^-$、H_2Cit^-
	二　价　离　子
800	Mg^{2+}、Be^{2+}
600	Ca^{2+}、Cu^{2+}、Zn^{2+}、Sn^{2+}、Mn^{2+}、Fe^{2+}、Ni^{2+}、Co^{2+}
500	Sr^{2+}、Ba^{2+}、Cd^{2+}、Hg^{2+}、Pb^{2+}、S^{2-}、$S_2O_4^{2-}$、WO_4^{2-}、CO_3^{2-}、SO_3^{2-}、MoO_4^{2-}、$(COO)_2^{2-}$、$HCit^{2-}$
400	Hg_2^{2+}、SO_4^{2-}、$S_2O_3^{2-}$、SeO_4^{2-}、CrO_4^{2-}、HPO_4^{2-}
	三　价　离　子
900	Al^{3+}、Fe^{3+}、Cr^{3+}、Sc^{3+}、Y^{3+}、La^{3+}、In^{3+}、Ce^{3+}、Pr^{3+}、Nd^{3+}、Sm^{3+}
500	Cit^{3-}
400	PO_4^{3-}、$[Fe(CN)_6]^{3-}$
	四　价　离　子
1 100	Th^{4+}、Zr^{4+}、Ce^{4+}、Sn^{4+}
500	$[Fe(CN)_6]^{4-}$

表 4-2　一些离子的 γ 值

$\mathring{a}$/pm	离子强度 $I/(mol \cdot L^{-1})$						
	0.001	0.002 5	0.005	0.01	0.025	0.05	0.1
	一　价　离　子						
900	0.967	0.950	0.933	0.914	0.88	0.86	0.83
800	0.966	0.949	0.931	0.912	0.88	0.85	0.82
700	0.965	0.948	0.930	0.909	0.875	0.845	0.81
600	0.965	0.948	0.929	0.907	0.87	0.835	0.80
500	0.964	0.947	0.928	0.904	0.865	0.83	0.79
400	0.964	0.947	0.927	0.901	0.855	0.815	0.77
300	0.964	0.945	0.925	0.899	0.85	0.805	0.755
	二　价　离　子						
800	0.872	0.813	0.755	0.69	0.595	0.52	0.45
700	0.872	0.812	0.753	0.685	0.58	0.50	0.425

续表

$\mathring{a}$/pm	离子强度 I/(mol·L^{-1})						
	0.001	0.0025	0.005	0.01	0.025	0.05	0.1
二价离子							
600	0.870	0.809	0.749	0.675	0.57	0.485	0.405
500	0.868	0.805	0.744	0.67	0.555	0.465	0.38
400	0.867	0.803	0.740	0.660	0.545	0.445	0.355
三价离子							
900	0.738	0.632	0.54	0.445	0.325	0.245	0.18
600	0.731	0.620	0.52	0.415	0.28	0.195	0.13
500	0.728	0.616	0.51	0.405	0.27	0.18	0.115
400	0.725	0.612	0.505	0.395	0.25	0.16	0.095
四价离子							
1100	0.588	0.455	0.35	0.225	0.155	0.10	0.065
600	0.575	0.43	0.315	0.21	0.105	0.055	0.027
500	0.57	0.425	0.31	0.20	0.10	0.048	0.021

例 4.1 某溶液含 0.060 mol·L^{-1} NaCl 和 0.10 mol·L^{-1} NaOH。求该溶液中 OH^- 的活度。

解
$$I=\frac{1}{2}\sum c_i z_i^2=\frac{1}{2}\left([Na^+]z_{Na^+}^2+[Cl^-]z_{Cl^-}^2+[OH^-]z_{OH^-}^2\right)$$
$$=\frac{1}{2}\times(0.16\ \text{mol·L}^{-1}\times1^2+0.060\ \text{mol·L}^{-1}\times1^2+0.10\ \text{mol·L}^{-1}\times1^2)$$
$$=0.16\ \text{mol·L}^{-1}$$

由表 4-1 查得 OH^- 的$\mathring{a}=300$ pm,$B=0.003\,28$,由德拜-休克尔公式可得

$$-\lg\gamma_{OH^-}=0.512\times1^2\times\frac{\sqrt{0.16}}{1+0.003\,28\times300\times\sqrt{0.16}}=0.147$$
$$\gamma_{OH^-}=0.71$$
$$a_{OH^-}=\gamma_{OH^-}c_{OH^-}=0.71\times0.10\ \text{mol·L}^{-1}=0.071\ \text{mol·L}^{-1}$$

根据德拜-休克尔电解质理论,由于中性分子在溶液中不以离子状态存在,故在任何离子强度的溶液中其活度系数应该均等于 1。事实上,随着溶液离子强度的改变,其活度系数也会有所变化,不过这种变化一般较小,所以通常可认为中性分子的活度系数近似地等于 1。

需指出的是,在分析化学中有关活度和浓度通常主要关注以下问题:a. 根据实际情况确定计算结果应该用活度还是用浓度表示;b. 离子强度的变化是否会对测量或计算结果产生无法忽略的影响;c. 如何对这种影响进行校正。

需注意的是,由于分析化学中通常遇到的溶液浓度较稀,在准确度要求不十分高的

情况下，处理溶液中的平衡问题时一般不考虑浓度与活度的差别，只有在某些准确度要求较高的计算中(如标准溶液 pH 的计算、考虑盐效应时微溶化合物溶解度的计算)才使用活度。

4.2.2 活度常数、浓度常数和混合常数

假设溶液中发生下列化学反应：

$$aA+bB \rightleftharpoons cC+dD$$

若反应物和生成物均以各自的活度表示，达平衡时，则有

$$K^{\circ}=\frac{a_{C}^{c}a_{D}^{d}}{a_{A}^{a}a_{B}^{b}}$$

式中 K°称为活度常数，它是一个热力学常数(thermodynamic constant)，仅与温度有关，与溶液的离子强度无关。

在分析化学中，由于物质的浓度比活度较易获得，且溶液的浓度通常较稀，离子强度的影响忽略不计。因此，常用浓度代替活度。对于上述反应，则有

$$K^{c}=\frac{[C]^{c}[D]^{d}}{[A]^{a}[B]^{b}}$$

式中 K^{c}称为浓度常数(concentration constant)。

K°与 K^{c}之间的关系可通过 $a=\gamma c$ 导出。对上述反应，则有

$$K^{\circ}=\frac{a_{C}^{c}a_{D}^{d}}{a_{A}^{a}a_{B}^{b}}=\frac{\gamma_{C}^{c}\gamma_{D}^{d}}{\gamma_{A}^{a}\gamma_{B}^{b}}\cdot\frac{[C]^{c}[D]^{d}}{[A]^{a}[B]^{b}}=\frac{\gamma_{C}^{c}\gamma_{D}^{d}}{\gamma_{A}^{a}\gamma_{B}^{b}}\cdot K^{c}$$

由此可知，K^{c}不仅与温度有关，而且与离子强度有关。当温度和离子强度一定时，K^{c}才恒定不变。请注意，一般书籍中给出的酸碱平衡常数都是活度常数。在处理酸碱平衡时，通常涉及的溶液浓度不大，离子强度的影响可以忽略，为了方便，常用活度常数代替浓度常数。

在实际工作中，由于 H^{+}或 OH^{-}活度很容易通过 pH 计测得，如果在平衡常数表达式中 H^{+}或 OH^{-}以 $a_{H^{+}}$或 $a_{OH^{-}}$表示，其余组分仍用浓度表示，这样的常数称为混合常数(mixed constant)，用 ^{mix}K 表示。例如，弱酸 HA 的混合常数可表示为

$$^{mix}K_{a}=\frac{a_{H^{+}}[A^{-}]}{[HA]}\approx\frac{K_{a}^{\circ}}{\gamma_{A^{-}}}$$

需指出的是，与浓度常数一样，混合常数也与温度和离子强度有关。

4.3 酸碱质子理论

由于阿伦尼乌斯电离理论仅适用于水溶液且有些碱在水溶液中也无法完全电离。为解决这些问题，1923 年布朗斯特(Brønsted)提出了酸碱质子理论。

4.3.1 酸、碱的定义和共轭关系

根据酸碱质子理论，凡是能给出质子(H^+)的物质称为酸，凡是能接受质子的物质称为碱。当一种酸(HA)给出质子后，剩下的部分就是碱；而碱接受质子后就成为酸。一种酸(HA)给出一个质子后所得的碱(A^-)称为该酸的共轭碱，酸(HA)称为碱(A^-)的共轭酸。酸和碱的这种相互依存的关系可表示如下：

$$\underset{\text{酸}}{HA} \rightleftharpoons \underset{\text{质子}}{H^+} + \underset{\text{碱}}{A^-}$$

酸和碱的这种相互依存、密不可分的关系称为共轭关系，$HA-A^-$ 叫作共轭酸碱对(conjugate acid-base pair)。

下面给出一些共轭酸碱对：

共轭酸		质子		共轭碱
H_2O	$\rightleftharpoons$	H^+	+	OH^-
H_3O^+	$\rightleftharpoons$	H^+	+	H_2O
HCl	$\longrightarrow$	H^+	+	Cl^-
HAc	$\rightleftharpoons$	H^+	+	Ac^-
HSO_4^-	$\rightleftharpoons$	H^+	+	SO_4^{2-}
NH_4^+	$\rightleftharpoons$	H^+	+	NH_3
$H_3\overset{+}{N}—CH_2—CH_2—\overset{+}{N}H_3$	$\rightleftharpoons$	H^+	+	$H_2N—CH_2—CH_2—\overset{+}{N}H_3$
$[Fe(H_2O)_6]^{3+}$	$\rightleftharpoons$	H^+	+	$[Fe(H_2O)_5(OH)]^{2+}$

由上述例子可知：a. 酸或碱可以是中性分子，也可以是阳离子或阴离子，既可以是简单离子，也可以是络离子；b. 质子理论的酸碱概念具有相对性，同一物质在某一共轭酸碱对中是酸，在另一酸碱对中又是碱，这主要由与该物质共存的物质彼此给出质子能力的相对强弱所决定；c. 共轭酸碱对之间只相差一个质子；d. 酸或碱的强度取决于其给出或接受质子的能力。一种酸给出质子的能力越大，酸性就越强，其共轭碱接受质子的能力就越小，碱性就越弱；同样，一种碱接受质子的能力越大，碱性就越强，其共轭酸给出质子的能力就越小，酸性就越弱。

4.3.2 酸碱反应和水的质子自递反应

1. 酸碱反应

根据酸碱质子理论，酸碱反应的实质是质子在酸碱之间的传递。由于质子的半径极小、电荷密度很高，在水溶液中无法独立存在。所以不论一种酸有多强，给出质子的能力有多大，都不可能给出自由地在水溶液中独立存在的质子，即必须有一种碱接受质子，酸才能给出质子。因此，与氧化还原电对的表示式“氧化态$+ne^- \rightleftharpoons$还原态”相类似，共轭酸碱对的平衡式是“酸碱半反应”(half-reaction)的表示式。由此可知，一个酸碱反应必须由两个共轭酸碱对共同作用才能完成。

以 HAc 的解离反应为例，HAc 的水溶液之所以显示酸性，是由于 HAc 和 H_2O 之

间发生了质子传递。即

$$\text{半反应 1}\quad HAc(\text{酸 1}) \rightleftharpoons Ac^-(\text{碱 1}) + H^+$$

$$\text{半反应 2}\quad H_2O(\text{碱 2}) + H^+ \rightleftharpoons H_3O^+(\text{酸 2})$$

$$HAc + H_2O \rightleftharpoons H_3O^+ + Ac^-$$

酸 1　碱 2　酸 2　碱 1

为了方便，通常简写为

$$HAc \rightleftharpoons H^+ + Ac^-$$

需注意的是，这种简化形式代表的是一个完整的酸碱反应，不是酸碱半反应。溶剂水的作用不可忘记。

同样，NH_3 的水溶液显示碱性，是由于 NH_3 和 H_2O 发生了质子传递。即

$$\text{半反应 1}\quad NH_3(\text{碱 1}) + H^+ \rightleftharpoons NH_4^+(\text{酸 1})$$

$$\text{半反应 2}\quad H_2O(\text{酸 2}) \rightleftharpoons H^+ + OH^-(\text{碱 2})$$

$$NH_3 + H_2O \rightleftharpoons OH^- + NH_4^+$$

碱 1　酸 2　碱 2　酸 1

由此可知，无机化学中“盐的水解反应”在酸碱质子理论中同样属于酸碱反应。

总之，在酸碱质子理论中各种酸碱反应过程都是质子传递过程，而质子的传递是借助水完成的。

2. 水的质子自递反应

如前所述，在酸碱反应中，水既可以作为酸给出质子，又可以作为碱接受质子，而且质子也可以在水分子之间转移，即

$$H_2O(\text{酸 1}) + H_2O(\text{碱 2}) \rightleftharpoons H_3O^+(\text{酸 2}) + OH^-(\text{碱 1})$$

这种发生在水分子间的质子传递作用称为水的质子自递反应(autoprotolysis reaction)，反应的平衡常数称为水的质子自递常数，又称为水的活度积(K_w°)。

$$K_w^\circ = a_{H^+} \cdot a_{OH^-} = 10^{-14.00}\quad (25\ ℃)$$

若用浓度代替活度，则有

$$K_w = [H^+][OH^-] = 10^{-14.00}$$

K_w 称为水的离子积。

4.3.3 共轭酸碱对的 K_a 与 K_b 的关系

共轭酸碱对的 K_a 和 K_b 之间有确定的关系，现以一元弱酸 HA 为例进行讨论。

HA 的解离平衡为

$$HA+H_2O \rightleftharpoons H_3O^+ + A^- \qquad K_a^\circ=\frac{a_{H^+}\cdot a_{A^-}}{a_{HA}}$$

其共轭碱 A^- 的解离平衡为

$$A^- + H_2O \rightleftharpoons HA+OH^- \qquad K_b^\circ=\frac{a_{HA}\cdot a_{OH^-}}{a_{A^-}}$$

$$K_a^\circ K_b^\circ=\frac{a_{H^+}\cdot a_{A^-}}{a_{HA}}\cdot\frac{a_{HA}\cdot a_{OH^-}}{a_{A^-}}=a_{H^+}\cdot a_{OH^-}$$

故

$$K_a^\circ K_b^\circ=K_w^\circ \tag{4-5}$$

$$pK_a^\circ+pK_b^\circ=pK_w^\circ=14.00\ (25\ ℃) \tag{4-6}$$

若用浓度代替活度，则有

$$K_a K_b=K_w \tag{4-7}$$

$$pK_a+pK_b=pK_w=14.00\ (25\ ℃) \tag{4-8}$$

虽然多元酸碱在水溶液中发生逐级解离，存在多种共轭酸碱对，但每一共轭酸碱对的 K_a 与 K_b 之间仍存在上述确定关系。现以 H_3PO_4 为例进行简要说明。

H_3PO_4 是三元酸，其解离常数分别为 K_{a_1}、K_{a_2}、K_{a_3}，PO_4^{3-} 是三元碱，其解离常数分别为 K_{b_1}、K_{b_2}、K_{b_3}。H_3PO_4 和 PO_4^{3-} 的酸、碱解离反应中，所涉及的三个共轭酸碱对分别是：$H_3PO_4-H_2PO_4^-$、$H_2PO_4^--HPO_4^{2-}$、$HPO_4^{2-}-PO_4^{3-}$，各共轭酸碱对的 K_a 和 K_b 的关系为

$$K_{a_1}\cdot K_{b_3}=K_w \quad K_{a_2}\cdot K_{b_2}=K_w \quad K_{a_3}\cdot K_{b_1}=K_w$$

$$pK_{a_1}+pK_{b_3}=pK_w \quad pK_{a_2}+pK_{b_2}=pK_w \quad pK_{a_3}+pK_{b_1}=pK_w$$

根据这一关系，只要知道了酸或碱的解离常数，其共轭碱或酸的解离常数即可求得。

例 4.2 已知羟胺盐的 $K_a=1.1\times10^{-6}$，求羟胺的 K_b 值。

解 羟胺盐 $^+NH_3OH$ 在水溶液中的解离反应为

$$^+NH_3OH+H_2O \rightleftharpoons H_3O^+ + NH_2OH \qquad pK_a=5.96$$

由式(4-8)可知，$pK_b=14.00-5.96=8.04$，$K_b=9.1\times10^{-9}$。

4.3.4 拉平效应和区分效应

根据酸碱质子理论，一种物质在某种溶液中表现出的酸（或碱）的强度，不仅与物质的酸碱本质有关，而且与溶剂的性质有关。如 $HClO_4$ 是一种强酸，它在水中几乎全部解离，但在冰醋酸中却不能完全解离。

水是最常用的溶剂但并不是唯一的溶剂。若用 S 代表任一溶剂，酸 HA 在其中的解离平衡为

$$HA+S \rightleftharpoons SH^+ + A^-$$

这里 SH^+ 代表溶剂化质子，在水溶液中为 H_3O^+，在乙醇溶液中则为$C_2H_5OH_2^+$，在冰醋酸溶液中则为 H_2Ac^+ 等。HA 在这些溶剂中的解离平衡分别为

$$HA+H_2O \rightleftharpoons H_3O^+ + A^-$$
$$HA+C_2H_5OH \rightleftharpoons C_2H_5OH_2^+ + A^-$$
$$HA+HAc \rightleftharpoons H_2Ac^+ + A^-$$

实验表明，$HClO_4$、H_2SO_4、HCl 和 HNO_3的自身固有强度是有差别的，其顺序为

$$HClO_4 > H_2SO_4 > HCl > HNO_3$$

但是在水溶液中，它们的强度看不出什么差别。这是因为这些强酸在水溶液中给出质子的能力都很强，H_2O 的碱性已足够使它接受这些强酸所给出的质子。只要这些酸的浓度不是太大，它们所含的质子将定量地与水作用，全部转化为 H_3O^+：

$$HClO_4 + H_2O = H_3O^+ + ClO_4^-$$
$$H_2SO_4 + H_2O = H_3O^+ + HSO_4^-$$
$$HCl + H_2O = H_3O^+ + Cl^-$$
$$HNO_3 + H_2O = H_3O^+ + NO_3^-$$

因此，这些酸的强度，全部被拉平到 H_3O^+ 的水平。这种将不同强度的酸拉平到溶剂化质子水平的效应称为拉平效应(leveling effect)。具有拉平效应的溶剂称为拉平溶剂。在上述例子中，水是 $HClO_4$、H_2SO_4、HCl 和 HNO_3的拉平溶剂。请注意，在水溶液中，通过水的拉平效应，任何一种比 H_3O^+ 酸性更强的酸，都被拉平到 H_3O^+ 的水平。换句话说，H_3O^+是水溶液中能够存在的最强的酸的形式。同理，在水溶液中，NaOH、$NaNH_2$和 Na_2O 等强碱的碱性也区分不开。若这些强碱的浓度不是太大，必将全部解离为 OH^-或从 H_2O 中夺取质子转化为 OH^-。也就是说，在水溶液中，任何一种比 OH^-碱性更强的碱，都被拉平到 OH^-的水平，即 OH^-是水溶液中能够存在的最强的碱的形式。

如果用冰醋酸作溶剂，由于 H_2Ac^+ 的酸性比 H_3O^+强，因而 HAc 的碱性比水弱。在此情况下，$HClO_4$、H_2SO_4、HCl 和 HNO_3不仅无法将其质子全部传递给 HAc，而且在程度上有所差别：

$$HClO_4 + HAc \rightleftharpoons H_2Ac^+ + ClO_4^- \qquad pK_a = 5.8$$
$$H_2SO_4 + HAc \rightleftharpoons H_2Ac^+ + HSO_4^- \qquad pK_{a_1} = 8.2$$
$$HCl + HAc \rightleftharpoons H_2Ac^+ + Cl^- \qquad pK_a = 8.8$$
$$HNO_3 + HAc \rightleftharpoons H_2Ac^+ + NO_3^- \qquad pK_a = 9.4$$

由此可见，在冰醋酸介质中，这四种酸的强度有所不同。这种能区分酸(碱)强弱的效应称为区分效应(differentitating effect)。具有区分效应的溶剂称为区分溶剂。

溶剂的拉平效应和区分效应，与溶质和溶剂的酸碱相对强度有关。

4.4 弱酸(碱)溶液中各型体的分布

4.4.1 分析浓度、平衡浓度和酸度、碱度

分析浓度(analytical concentration)是指一定体积的溶液中所含溶质的量,通常用物质的量浓度($mol \cdot L^{-1}$)表示。由于分析浓度是溶液中该溶质所有型体的浓度的总和,因此又称总浓度,以符号 c 表示。

平衡浓度(equilibrium concentration)是指溶液达到平衡时,溶液中溶质某一种型体的浓度,以符号[ ]表示。如 HAc 溶液达到平衡时,两种存在型体的平衡浓度可分别表示为[HAc]和[Ac^-]。

溶液的酸度或碱度与酸或碱的浓度在概念上是不同的,前者是指酸或碱溶液中 H^+ 或 OH^- 的活度,常用 pH 表示(碱度有时也用 pOH 表示)。

4.4.2 酸碱溶液中各型体的分布

在弱酸(碱)平衡体系中,通常同时存在多种酸碱型体,这些型体的平衡浓度随溶液 pH 的变化而改变。溶液中某酸碱型体的平衡浓度占其总浓度的分数,称为分布分数(distribution fraction),以 δ 表示。分布分数的大小取决于该酸或碱的性质和溶液的 pH,与其总浓度无关。分布分数能定量说明溶液中各种酸碱型体的分布情况,依据分布分数和分析浓度可方便地求得溶液中某酸碱组分的平衡浓度,这在分析化学中是十分重要的。

1. 一元弱酸(碱)溶液中各型体的分布分数

以分析浓度为 c 的 HA 为例,它在水溶液中以 HA 和 A^- 两种型体存在,以 δ_{HA} 和 δ_{A^-} 分别表示 HA 和 A^- 的分布分数,则

$$\delta_{HA}=\frac{[HA]}{c}=\frac{[HA]}{[HA]+[A^-]}=\frac{1}{1+\dfrac{K_a}{[H^+]}}=\frac{[H^+]}{[H^+]+K_a}$$

$$\delta_{A^-}=\frac{[A^-]}{c}=\frac{[A^-]}{[HA]+[A^-]}=\frac{1}{\dfrac{[H^+]}{K_a}+1}=\frac{K_a}{[H^+]+K_a}$$

$$\delta_{HA}+\delta_{A^-}=1$$

依据上述公式可计算出不同 pH 时 HAc 的 δ_{HAc} 和 δ_{Ac^-},它们之间的关系如图 4-1 所示。

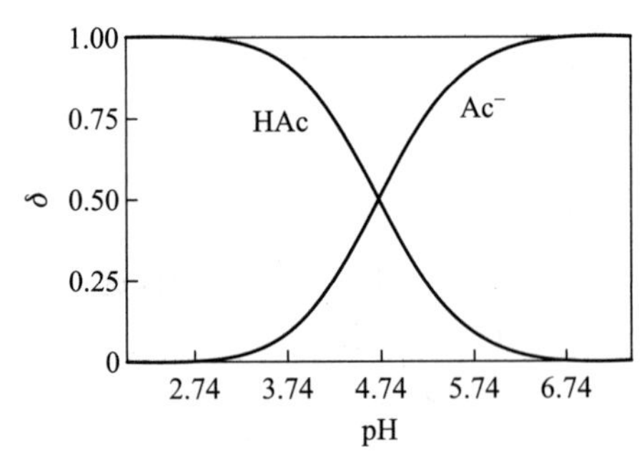

图 4-1 δ_{HAc} 和 δ_{Ac^-} 与溶液 pH 的关系

由图 4-1 可知,δ_{HAc} 随溶液 pH 的升高而减小,δ_{Ac^-} 随溶液 pH 的升高而增大。当 pH=pK_a(4.74)时,$\delta_{HAc}=\delta_{Ac^-}=0.50$,HAc 与 Ac^- 各占一半;pH<pK_a时,HAc 是主要存在型体;pH>pK_a时,Ac^- 是主要存在型体。最后一个结论可更直观地用优势区域图表示(图 4-2)。

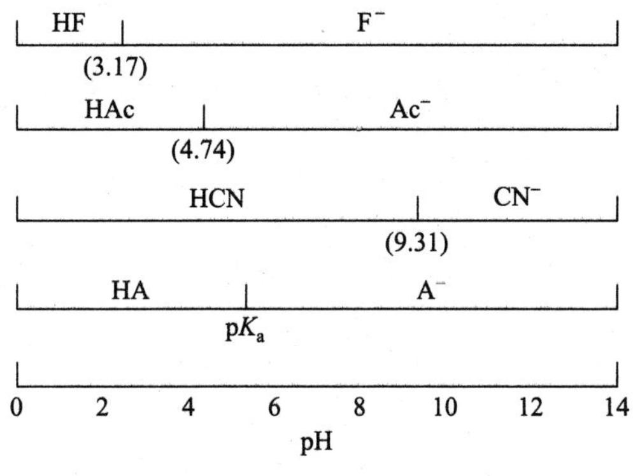

图 4-2　弱酸的优势区域图

由上面的讨论可知，一元弱酸的分布分数与酸及其共轭碱的总浓度 c 无关，它仅是溶液 pH 和弱酸 pK_a 的函数。

由于

$$[HAc]=c\cdot\delta_{HAc}\qquad[Ac^-]=c\cdot\delta_{Ac^-}$$

所以，[HAc]和[Ac^-]与总浓度 c 是有关的。

对于一元弱碱 B，它在水溶液中存在 BH^+ 和 B 两种型体，其分布分数 δ_{BH^+} 和 δ_B 分别为

$$\delta_B=\frac{[OH^-]}{[OH^-]+K_b}\qquad\delta_{BH^+}=\frac{K_b}{[OH^-]+K_b}$$

例 4.3　计算 pH＝9.00 时，0.10 mol·L^{-1} NH_3 溶液中，NH_3 和 NH_4^+ 的分布分数和平衡浓度。

解　NH_3 的 $K_b=1.8\times10^{-5}$，$[OH^-]=1.0\times10^{-5}$ mol·L^{-1}。

$$\delta_{NH_3}=\frac{[OH^-]}{[OH^-]+K_b}=\frac{1.0\times10^{-5}}{1.0\times10^{-5}+1.8\times10^{-5}}=0.36$$

$$\delta_{NH_4^+}=\frac{K_b}{[OH^-]+K_b}=\frac{1.8\times10^{-5}}{1.0\times10^{-5}+1.8\times10^{-5}}=0.64$$

$$[NH_3]=c\cdot\delta_{NH_3}=(0.10\times0.36)\text{mol}\cdot\text{L}^{-1}=0.036\ \text{mol}\cdot\text{L}^{-1}$$

$$[NH_4^+]=c\cdot\delta_{NH_4^+}=(0.10\times0.64)\text{mol}\cdot\text{L}^{-1}=0.064\ \text{mol}\cdot\text{L}^{-1}$$

2. 多元酸(碱)溶液中各型体的分布分数

以二元弱酸 H_2A 为例，它在水溶液中存在 H_2A、HA^- 和 A^{2-} 三种型体。若其分析浓度为 c，则

$$c=[H_2A]+[HA^-]+[A^{2-}]$$

以 δ_{H_2A}、δ_{HA^-} 和 $\delta_{A^{2-}}$ 表示各型体的分布分数，则

$$\delta_{H_2A}=\frac{[H_2A]}{c}=\frac{[H_2A]}{[H_2A]+[HA^-]+[A^{2-}]}$$

$$=\frac{1}{1+\frac{[HA^-]}{[H_2A]}+\frac{[A^{2-}]}{[H_2A]}}$$

$$=\frac{1}{1+\frac{K_{a_1}}{[H^+]}+\frac{K_{a_1}K_{a_2}}{[H^+]^2}}$$

$$=\frac{[H^+]^2}{[H^+]^2+K_{a_1}[H^+]+K_{a_1}K_{a_2}}$$

同样可导出：

$$\delta_{HA^-}=\frac{K_{a_1}[H^+]}{[H^+]^2+K_{a_1}[H^+]+K_{a_1}K_{a_2}}$$

$$\delta_{A^{2-}}=\frac{K_{a_1}K_{a_2}}{[H^+]^2+K_{a_1}[H^+]+K_{a_1}K_{a_2}}$$

图 4-3 是草酸溶液中三种存在型体在不同 pH 时的分布图。由图可以看出，当 $pH<pK_{a_1}$ 时，$H_2C_2O_4$ 是主要存在型体；$pH=pK_{a_1}$ 时，$[H_2C_2O_4]=[HC_2O_4^-]$；pH 在 $pK_{a_1}\sim pK_{a_2}$ 时，$HC_2O_4^-$ 是主要存在型体；$pH=pK_{a_2}$ 时，$[HC_2O_4^-]=[C_2O_4^{2-}]$；$pH>pK_{a_2}$ 时，$C_2O_4^{2-}$ 是主要存在型体。

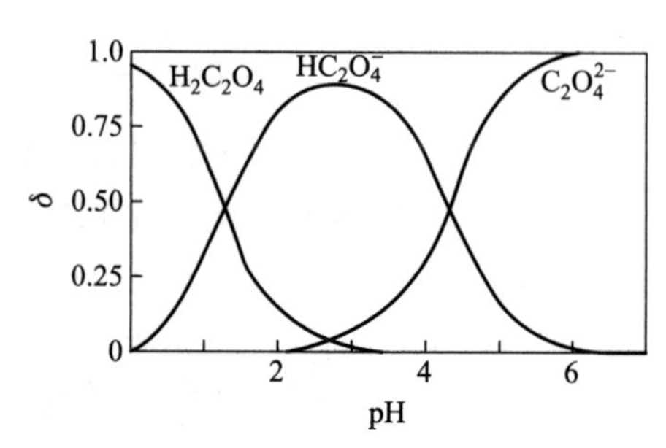

图 4-3　草酸溶液中三种存在型体在不同 pH 时的分布图

对于三元酸，如 H_3PO_4，尽管情况更复杂一些，但可以用同样的方法处理得到其各种存在型体的分布分数：

$$\delta_{H_3PO_4}=\frac{[H^+]^3}{[H^+]^3+K_{a_1}[H^+]^2+K_{a_1}K_{a_2}[H^+]+K_{a_1}K_{a_2}K_{a_3}}$$

$$\delta_{H_2PO_4^-}=\frac{K_{a_1}[H^+]^2}{[H^+]^3+K_{a_1}[H^+]^2+K_{a_1}K_{a_2}[H^+]+K_{a_1}K_{a_2}K_{a_3}}$$

$$\delta_{HPO_4^{2-}}=\frac{K_{a_1}K_{a_2}[H^+]}{[H^+]^3+K_{a_1}[H^+]^2+K_{a_1}K_{a_2}[H^+]+K_{a_1}K_{a_2}K_{a_3}}$$

$$\delta_{PO_4^{3-}}=\frac{K_{a_1}K_{a_2}K_{a_3}}{[H^+]^3+K_{a_1}[H^+]^2+K_{a_1}K_{a_2}[H^+]+K_{a_1}K_{a_2}K_{a_3}}$$

其他多元酸的情况可类推。

仔细观察上述弱酸各型体分布分数的表达式可发现这样的规律：a. 各型体分布分数的分母按$[H^+]$降幂排列，第一项为$[H^+]^n$（n 为弱酸的元数），最后一项为弱酸各解离常数的乘积；某项的$[H^+]$幂次降低 1，就增加一相应的 K_{a_i} 并与其相乘；b. 分母中的第一项为 δ_{H_nA}的分子，第二项为 $\delta_{H_{n-1}A^-}$ 的分子，余类推。

多元弱碱各型体的分布分数可用类似方法进行讨论。

应用分布分数不仅可根据酸碱溶液的分析浓度求得溶液中溶质各种型体的平衡浓度，还可以用于选取实验的适宜酸度条件。例如，将试液中的 Ca^{2+} 以 CaC_2O_4 沉淀进行分离时，为提高分离效果，必须使沉淀剂在试液中主要以型体 $C_2O_4^{2-}$ 存在。由图 4-3 可知，当试液 pH>6 时，效果最好。

4.5 酸碱溶液 pH 的计算

4.5.1 物料平衡、电荷平衡和质子条件

1. 物料平衡方程

在一个化学平衡体系中，某一组分的分析浓度等于其各种型体的平衡浓度之和。这一规律称为物料平衡，其数学表达式称为物料平衡方程（mass/material balance equation，MBE）。

强电解质在水中完全解离，其总浓度可依据它解离产生的各离子的浓度求得。如 $0.1\ mol\cdot L^{-1}$ NaOH 溶液的 MBE 为

$$[Na^+]=[OH^-]=0.1\ mol\cdot L^{-1}$$

$0.05\ mol\cdot L^{-1}$ HCl 溶液的 MBE 为

$$[H^+]=[Cl^-]=0.05\ mol\cdot L^{-1}$$

$1.0\times10^{-3}\ mol\cdot L^{-1}$ Na_2SO_4 溶液的 MBE 为

$$\frac{1}{2}[Na^+]=[SO_4^{2-}]=1.0\times10^{-3}\ mol\cdot L^{-1}$$

弱电解质虽然在水溶液中解离不完全，但 MBE 仍可根据平衡时某组分的分析浓度等于其各存在型体的平衡浓度之和写出。如浓度为 c 的 HAc 溶液的MBE 为

$$[HAc]+[Ac^-]=c$$

浓度为 c 的 Na_2CO_3 溶液的 MBE 为

$$[Na^+]=2c$$

$$[H_2CO_3]+[HCO_3^-]+[CO_3^{2-}]=c$$

例 4.4 写出含有 $2\times10^{-3}\ mol\cdot L^{-1}$ $Cu(NO_3)_2$ 和 $0.1\ mol\cdot L^{-1}$ NH_3 的混合溶液的 MBE。

解 根据此混合溶液中的有关络合平衡，则有

$$[NO_3^-]=4\times10^{-3}\ mol\cdot L^{-1}$$

$$[Cu^{2+}]+[Cu(NH_3)^{2+}]+[Cu(NH_3)_2^{2+}]+[Cu(NH_3)_3^{2+}]+[Cu(NH_3)_4^{2+}]+[Cu(NH_3)_5^{2+}]=2\times10^{-3}\ mol\cdot L^{-1}$$

$$[NH_3]+[Cu(NH_3)^{2+}]+2[Cu(NH_3)_2^{2+}]+3[Cu(NH_3)_3^{2+}]+4[Cu(NH_3)_4^{2+}]+5[Cu(NH_3)_5^{2+}]=0.1\ mol\cdot L^{-1}$$

2. 电荷平衡方程

当反应处于平衡状态时，溶液中正电荷的总浓度必然等于负电荷的总浓度，即溶液总是电中性的。这一规律称为电荷平衡，其数学表达式称为电荷平衡方程（charge balance equation，CBE）。

以 KCN 溶液为例，其 CBE 为

$$[H^+]+[K^+]=[OH^-]+[CN^-]$$

Na_2HPO_4溶液的 CBE 为

$$[H^+]+[Na^+]=[OH^-]+[H_2PO_4^-]+2[HPO_4^{2-}]+3[PO_4^{3-}]$$

上式中$[HPO_4^{2-}]$和$[PO_4^{3-}]$前的系数 2 和 3 分别为每个HPO_4^{2-} 和PO_4^{3-} 所带的电荷数。

从上述可知，书写 CBE 时应注意：a. 中性分子不能出现在 CBE 中，b. 多价离子的平衡浓度前应乘以相应的系数。

3. 质子条件

质子条件，又称质子平衡方程（proton balance equation，PBE）。按照酸碱质子理论，酸碱反应的实质是质子的传递。酸碱反应的结果，酸失去质子，碱得到质子，碱所得到的质子的物质的量（mol）与酸失去质子的物质的量（mol）相等。根据质子条件，可得到溶液中 H^+ 浓度与相关组分浓度的关系式，它是处理酸碱平衡问题的基本关系式。

得到质子条件的方法有两种，一是由物料平衡方程（MBE）和电荷平衡方程（CBE）得到，二是由溶液中得失质子的关系直接写出，称为直接法。前一种方法严谨可靠，但较为烦琐；后一种方法简便易得。本书将重点介绍直接法的步骤。

a. 选择质子参考水准（又称零水准）。为了确定得质子产物所得到质子的物质的量（mol）和失质子产物所失去质子的物质的量（mol），必须确定哪些物质是得质子产物，哪些物质是失质子产物。为此，应选择一些物质作为参考，以它们为水准考虑质子的得失。此水准称为质子参考水准（reference level or zero level）。溶液中大量存在的能够参与质子传递的物质都可以作为质子参考水准。在大多数情况下，质子参考水准就是起始的酸碱组分。需要特别指出的是，由于水是溶液中大量存在的能够参与质子传递的物质之一，所以水是质子参考水准物质之一。

b. 根据质子参考水准确定得失质子的产物。

c. 根据得失质子平衡原理写出质子条件。

例 4.5 写出弱酸 HA 溶液的 PBE。

解 质子参考水准为 HA、H_2O。

PBE 为

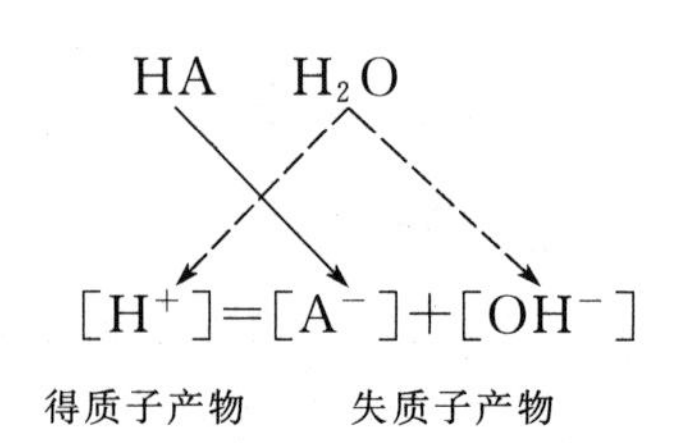

应注意的是，在处理涉及多级解离关系的酸碱时，与质子参考水准相比较，某些酸碱产物质子转移的量可能等于或大于 2 mol。因此，在书写 PBE 时，在它们的浓度之前必须乘以相应的系数，以符合质子得失量相等的原则。

例 4.6 写出 Na_2HPO_4溶液的 PBE。

解 质子参考水准为HPO_4^{2-}、H_2O。

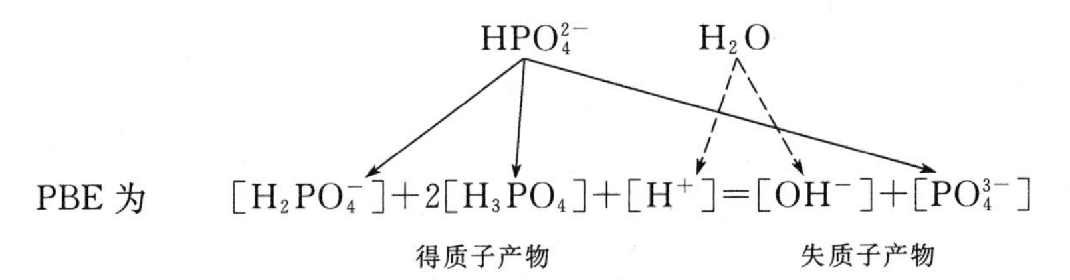

有时，虽然酸碱组分在溶解过程中发生了明显的酸碱反应，但原始酸碱组分仍可作为质子参考水准物质。例如，在书写 Na_2S 溶液的 PBE 时，仍可选择 S^{2-} 和 H_2O 作为质子参考水准物质，根据得失质子量相等的规则写出其 PBE。

$$[H^+]+[HS^-]+2[H_2S]=[OH^-]$$

例 4.7 写出含有浓度为 c_{HAc}和 c_{NaAc}的溶液的 PBE。

解 在这一缓冲体系中，与质子传递有关的组分为 H_2O、HAc 和 Ac^-，但由于 HAc 和 Ac^- 为共轭酸碱对，互为得(失)质子的产物，不能把它们同时选作质子参考水准，而只能选择其中的一种。

若选择 HAc 和 H_2O 为质子参考水准，则该溶液的 PBE 为

$$[H^+]=[OH^-]+[Ac^-]-c_{NaAc}$$

若选择 Ac^- 和 H_2O 为质子参考水准，则该溶液的 PBE 为

$$[H^+]+[HAc]-c_{HAc}=[OH^-]$$

但是，无论选择 HAc、H_2O 或 Ac^-、H_2O 为质子参考水准，所得到的 PBE 在实质上是一致的。通过物料平衡方程$[HAc]+[Ac^-]=c_{HAc}+c_{NaAc}$可证明它们是同一 PBE 的不同表达形式。

4.5.2 各种酸碱溶液 pH 的计算

1. 强酸或强碱溶液

强酸和强碱都是强电解质，它们在水中完全解离，在一般情况下，求其溶液的酸度是较容易的。当强酸或强碱的浓度很稀时($<10^{-6}$ mol·L^{-1})时，虽然它们在水中完全解离，但解离产生的 H^+ 或 OH^- 的浓度很小。在这种情况下，由于水的质子自递反应产生的 H^+ 或 OH^- 就不能忽略。因此，在很稀的强酸(以浓度为 c_a 的 HCl 溶液为例)溶液中，需要考虑下述两个质子传递平衡：

$$HCl \xlongequal{} H^+ + Cl^-$$
$$H_2O \rightleftharpoons H^+ + OH^-$$

溶液的 PBE 为

$$[H^+]=[OH^-]+c_a$$

此质子条件的物理意义是，强酸溶液中的$[H^+]$（即 H_3O^+）分别来源于H_2O和强酸的解离。

从平衡关系得

$$[H^+]=[OH^-]+c_a=\frac{K_w}{[H^+]}+c_a$$

整理得

$$[H^+]^2-c_a[H^+]-K_w=0 \tag{4-9}$$

在化学中，该方程的合理解为

$$[H^+]=\frac{c_a+\sqrt{c_a^2+4K_w}}{2} \tag{4-10}$$

式(4-10)是计算强酸溶液$[H^+]$的精确式。当 $c_a \gg [OH^-]$时，$[OH^-]$可忽略，则

$$[H^+]\approx c_a \tag{4-11}$$

式(4-11)是计算强酸溶液$[H^+]$的最简式，使用该式的条件为$c_a \geqslant 10^{-6}\ mol\cdot L^{-1}$。

同样，在很稀的强碱（以浓度为 c_b的 NaOH 溶液为例）溶液中，需要考虑下述两个质子传递平衡：

$$NaOH = OH^- + Na^+$$

$$H_2O \rightleftharpoons H^+ + OH^-$$

其 PBE 为

$$[OH^-]=[H^+]+c_b$$

此式表明，强碱溶液中的$[OH^-]$分别来源于 H_2O 和强碱的解离。

从平衡关系得

$$[OH^-]=[H^+]+c_b=\frac{K_w}{[OH^-]}+c_b$$

整理得

$$[OH^-]^2-c_b[OH^-]-K_w=0 \tag{4-12}$$

在化学中，该方程的合理解为

$$[OH^-]=\frac{c_b+\sqrt{c_b^2+4K_w}}{2} \tag{4-13}$$

式(4-13)是计算强碱溶液$[OH^-]$的精确式。当 $c_b \gg [H^+]$时，$[H^+]$可忽略，则

$$[OH^-] \approx c_b \tag{4-14}$$

式(4-14)是计算强碱溶液$[OH^-]$的最简式，使用该式的条件为$c_b \geq 10^{-6}\ mol \cdot L^{-1}$。

例 4.8 计算 a. $1.0 \times 10^{-4}\ mol \cdot L^{-1}$ NaOH 溶液，b. $1.0 \times 10^{-8}\ mol \cdot L^{-1}$ NaOH 溶液和 c. $1.0 \times 10^{-8}\ mol \cdot L^{-1}$ HCl 溶液的 pH。

解 a. $c = 1.0 \times 10^{-4}\ mol \cdot L^{-1} > 1.0 \times 10^{-6}\ mol \cdot L^{-1}$，用最简式计算：

$$[OH^-] = 1.0 \times 10^{-4}\ mol \cdot L^{-1}$$

$$pH = 10.00$$

b. $1.0 \times 10^{-8}\ mol \cdot L^{-1} < 1.0 \times 10^{-6}\ mol \cdot L^{-1}$，用精确式计算：

$$[OH^-] = \frac{1.0 \times 10^{-8} + \sqrt{(1.0 \times 10^{-8})^2 + 4 \times 1.0 \times 10^{-14}}}{2}\ mol \cdot L^{-1}$$

$$= 1.1 \times 10^{-7}\ mol \cdot L^{-1}$$

$$pOH = 6.96$$

$$pH = 14.00 - 6.96 = 7.04$$

c. $1.0 \times 10^{-8}\ mol \cdot L^{-1} < 1.0 \times 10^{-6}\ mol \cdot L^{-1}$，用精确式计算：

$$[H^+] = \frac{1.0 \times 10^{-8} + \sqrt{(1.0 \times 10^{-8})^2 + 4 \times 1.0 \times 10^{-14}}}{2}\ mol \cdot L^{-1}$$

$$= 1.1 \times 10^{-7}\ mol \cdot L^{-1}$$

$$pH = 6.96$$

2. 一元弱酸或弱碱溶液

设一元弱酸 HA 溶液的浓度为 $c(mol \cdot L^{-1})$，其 PBE 为

$$[H^+] = [A^-] + [OH^-]$$

将$[A^-] = K_a[HA]/[H^+]$代入 PBE 得

$$[H^+] = \frac{K_a[HA]}{[H^+]} + \frac{K_w}{[H^+]}$$

即

$$[H^+] = \sqrt{K_a[HA] + K_w} \tag{4-15}$$

由 HA 的分布分数得

$$[HA] = c\delta_{HA} = c \cdot \frac{[H^+]}{[H^+] + K_a}$$

代入式(4-15)整理得

$$[H^+]^3 + K_a[H^+]^2 - (cK_a + K_w)[H^+] - K_aK_w = 0$$

此式是计算一元弱酸溶液$[H^+]$的精确式，求解一元三次方程是很复杂的，且在分析化学中通常也不需要这样精确的计算。因此，在实际工作中根据$[H^+]$计算误差的要求、弱酸的 K_a和 c 的大小，采用近似方法进行计算。

当 $K_a[HA] \geq 20K_w$，K_w忽略，即水解离产生的 H^+ 可忽略不计，此时计算结果的相对

误差不大于5%。考虑到弱酸的解离度一般不是很大，为简便起见，以 $K_a[HA] \approx K_a c \geqslant 20K_w$ 作为判据。这样，$K_a c \geqslant 20K_w$，K_w 可忽略，由式(4-15)得到

$$[H^+] \approx \sqrt{K_a[HA]} \tag{4-16}$$

根据解离平衡原理，在浓度为 c 的弱酸 HA 溶液中，$[HA]=c-[H^+]$，将此式代入式(4-16)，可得

$$[H^+]=\sqrt{K_a(c-[H^+])} \tag{4-17}$$

即

$$[H^+]^2+K_a[H^+]-K_a c=0$$

其合理解为

$$[H^+]=\frac{-K_a+\sqrt{K_a^2+4K_a c}}{2} \tag{4-18}$$

式(4-18)是计算一元弱酸溶液$[H^+]$的近似式。

若平衡时溶液$[H^+]$远小于弱酸的原始浓度，$c-[H^+] \approx c$，由式(4-17)可得

$$[H^+]=\sqrt{K_a c} \tag{4-19}$$

式(4-19)是计算一元弱酸溶液$[H^+]$的最简式。使用此式的条件为 $K_a c \geqslant 20K_w$、$\frac{c}{K_a} \geqslant 500$①。

对于极稀或极弱酸的溶液，由于 c 和 K_a 都较小，通常 $K_a c < 20K_w$，H_2O 解离产生的 H^+ 就不能忽略。若$\frac{c}{K_a} \geqslant 500$，可认为$[HA]=c-[A^-] \approx c$。此时，由式(4-15)可得

$$[H^+]=\sqrt{K_a c+K_w} \tag{4-20}$$

以上讨论可归纳如下：

当 $K_a c \geqslant 20K_w$、$\frac{c}{K_a} \geqslant 500$ 时，$[H^+]=\sqrt{K_a c}$

---

① 当$\frac{c}{K_a}=500$时，按最简式计算为

$$[H^+]=\sqrt{K_a c}=\sqrt{500K_a^2}=22.4\,K_a$$

按近似式计算为

$$[H^+]=-\frac{K_a}{2}+\sqrt{\frac{K_a^2}{4}+500K_a^2}=21.9K_a$$

最简式计算结果的相对误差为

$$\frac{22.4K_a-21.9K_a}{21.9K_a}\times 100\% \approx 2.2\%$$

当允许误差为5%时，可求得$\frac{c}{K_a}=380$，现规定$\frac{c}{K_a}=500$，可确保计算误差<5%。

当 $K_a c \geq 20K_w$、$\frac{c}{K_a} < 500$ 时，$[H^+] = \frac{-K_a + \sqrt{K_a^2 + 4K_a c}}{2}$

当 $K_a c < 20K_w$、$\frac{c}{K_a} \geq 500$ 时，$[H^+] = \sqrt{K_a c + K_w}$

一元弱碱 B 溶液$[OH^-]$的计算与一元弱酸溶液$[H^+]$的计算十分相似，只需将上述各公式中的$[H^+]$和 K_a换成$[OH^-]$和 K_b即可，即

当 $K_b c \geq 20K_w$、$\frac{c}{K_b} \geq 500$ 时，$[OH^-] = \sqrt{K_b c}$

当 $K_b c \geq 20K_w$、$\frac{c}{K_b} < 500$ 时，$[OH^-] = \frac{-K_b + \sqrt{K_b^2 + 4K_b c}}{2}$

当 $K_b c < 20K_w$、$\frac{c}{K_b} \geq 500$ 时，$[OH^-] = \sqrt{K_b c + K_w}$

例 4.9 计算 a. 0.010 mol·L^{-1}和 b. 2.5×10^{-3}mol·L^{-1} HAc 溶液的 pH。

解 已知 $K_a = 1.8 \times 10^{-5}$。

a. $c = 0.010$ mol·L^{-1}，$K_a c > 20K_w$，$\frac{c}{K_a} = \frac{0.010}{1.8 \times 10^{-5}} = 556 > 500$，故采用最简式计算：

$$[H^+] = \sqrt{K_a c} = \sqrt{1.8 \times 10^{-5} \times 0.010}\ \text{mol·L}^{-1} = 4.2 \times 10^{-4}\ \text{mol·L}^{-1}$$

$$pH = 3.38$$

b. $c = 2.5 \times 10^{-3}$ mol·L^{-1}，$K_a c > 20K_w$，$\frac{c}{K_a} = \frac{2.5 \times 10^{-3}}{1.8 \times 10^{-5}} = 139 < 500$，故采用近似式计算：

$$[H^+] = \frac{-K_a + \sqrt{K_a^2 + 4K_a c}}{2}$$

$$= \frac{-1.8 \times 10^{-5} + \sqrt{(1.8 \times 10^{-5})^2 + 4 \times 1.8 \times 10^{-5} \times 2.5 \times 10^{-3}}}{2}\ \text{mol·L}^{-1}$$

$$= 2.0 \times 10^{-4}\ \text{mol·L}^{-1}$$

$$pH = 3.70$$

例 4.10 计算 0.10 mol·L^{-1}一氯乙酸($CH_2ClCOOH$)溶液的 pH。

解 已知 $K_a = 1.4 \times 10^{-3}$，$c = 0.10$ mol·L^{-1}，$K_a c > 20K_w$，$\frac{c}{K_a} = \frac{0.10}{1.4 \times 10^{-3}} = 71 < 500$，故采用近似式计算：

$$[H^+] = \frac{-K_a + \sqrt{K_a^2 + 4K_a c}}{2}$$

$$= \frac{-1.4 \times 10^{-3} + \sqrt{(1.4 \times 10^{-3})^2 + 4 \times 1.4 \times 10^{-3} \times 0.10}}{2}\ \text{mol·L}^{-1}$$

$$= 1.1 \times 10^{-2}\ \text{mol·L}^{-1}$$

$$pH = 1.96$$

例 4.11 计算 2.0×10^{-4} mol·L^{-1} HCN 溶液的 pH。

解 已知 $K_a=6.2\times10^{-10}$，$c=2.0\times10^{-4}$ mol·L^{-1}，$K_ac=12.4\times10^{-14}<20K_w$，$\dfrac{c}{K_a}=\dfrac{2.0\times10^{-4}}{6.2\times10^{-10}}=3.2\times10^5>500$，故采用式(4-20)计算：

$$[H^+]=\sqrt{6.2\times10^{-10}\times2.0\times10^{-4}+1.0\times10^{-14}}\ \text{mol·L}^{-1}=3.7\times10^{-7}\ \text{mol·L}^{-1}$$

$$pH=6.43$$

例 4.12 计算 1.0×10^{-2} mol·L^{-1} NH_3 溶液的 pH。

解 已知 $K_b=1.8\times10^{-5}$，$c=1.0\times10^{-2}$ mol·L^{-1}，$K_bc>20K_w$，$\dfrac{c}{K_b}=\dfrac{1.0\times10^{-2}}{1.8\times10^{-5}}=556>500$，故采用最简式计算：

$$[OH^-]=\sqrt{K_bc}=\sqrt{1.8\times10^{-5}\times1.0\times10^{-2}}\ \text{mol·L}^{-1}=4.2\times10^{-4}\ \text{mol·L}^{-1}$$

$$pOH=3.38$$

$$pH=14.00-3.38=10.62$$

3. 多元弱酸或弱碱溶液

多元酸(碱)在水溶液中是逐级解离的。精确处理这类复杂体系 pH 的计算，在数学上是比较复杂的。

设二元弱酸 H_2A 的浓度为 c，解离常数为 K_{a_1}、K_{a_2}，溶液的 PBE 为

$$[H^+]=[HA^-]+2[A^{2-}]+[OH^-]$$

根据平衡关系得

$$[H^+]=\frac{[H_2A]K_{a_1}}{[H^+]}+2\frac{\dfrac{[H_2A]K_{a_1}}{[H^+]}K_{a_2}}{[H^+]}+\frac{K_w}{[H^+]}$$

整理得

$$[H^+]=\sqrt{[H_2A]K_{a_1}\left(1+\frac{2K_{a_2}}{[H^+]}\right)+K_w} \qquad (4-21)$$

将$[H_2A]=\delta_{H_2A}\cdot c=\dfrac{[H^+]^2}{[H^+]^2+K_{a_1}[H^+]+K_{a_1}K_{a_2}}c$ 代入上式并整理得

$$[H^+]^4+K_{a_1}[H^+]^3+(K_{a_1}K_{a_2}-K_{a_1}c-K_w)[H^+]^2-(K_{a_1}K_w+2K_{a_1}K_{a_2}c)[H^+]-K_{a_1}K_{a_2}K_w=0 \qquad (4-22)$$

式(4-22)是计算二元弱酸溶液$[H^+]$的精确式。采用此精确式计算二元弱酸溶液 pH 的数学处理极其复杂，因此，需根据具体情况采用近似方法进行计算。

从式(4-21)可知，当 $K_{a_1}[H_2A]\geqslant20K_w$ 时可忽略 K_w。为简便起见，可以按

$K_{a_1}[H_2A] \approx K_{a_1}c \geqslant 20K_w$ 进行初步判断，即当 $K_{a_1}c \geqslant 20K_w$ 时可忽略 K_w。又若 $\frac{2K_{a_2}}{[H^+]} \approx \frac{2K_{a_2}}{\sqrt{K_{a_1}c}} < 0.05$ [①]，即当第二级解离也可忽略时，则此二元酸可按一元酸处理。在此情况下，浓度为 c 二元弱酸 H_2A 溶液中 H_2A 的平衡浓度为

$$[H_2A] \approx c - [H^+]$$

将上式代入式(4-21)得到

$$[H^+] = \sqrt{K_{a_1}(c - [H^+])}$$

或

$$[H^+]^2 + K_{a_1}[H^+] - K_{a_1}c = 0 \tag{4-23}$$

其合理解为

$$[H^+] = \frac{-K_{a_1} + \sqrt{K_{a_1}^2 + 4K_{a_1}c}}{2} \tag{4-24}$$

式(4-24)是计算二元弱酸溶液$[H^+]$的近似式。与一元弱酸相似，如果 $K_{a_1}c \geqslant 20K_w$、$\frac{2K_{a_2}}{[H^+]} \approx \frac{2K_{a_2}}{\sqrt{K_{a_1}c}} < 0.05$，且当 $\frac{c}{K_{a_1}} \geqslant 500$ 时，表明二元弱酸的解离度较小，二元弱酸的平衡浓度约等于其初始浓度 c，即

$$[H_2A] = c - [H^+] \approx c$$

由 $[H^+] = \sqrt{K_{a_1}(c - [H^+])}$ 可得

$$[H^+] = \sqrt{K_{a_1}c} \tag{4-25}$$

式(4-25)是计算二元弱酸溶液$[H^+]$的最简式。

例 4.13 计算 0.10 $mol \cdot L^{-1}$ $H_2C_2O_4$ 溶液的 pH。

解 已知 $K_{a_1} = 5.9 \times 10^{-2}$，$K_{a_2} = 6.4 \times 10^{-5}$，$K_{a_1}c > 20K_w$，

$$\frac{2K_{a_2}}{\sqrt{K_{a_1}c}} = \frac{2 \times 6.4 \times 10^{-5}}{\sqrt{5.9 \times 10^{-2} \times 0.10}} = 0.0017 < 0.05, \quad \frac{c}{K_{a_1}} = \frac{0.10}{5.9 \times 10^{-2}} = 1.7 < 500。$$

故采用近似式计算：

$$[H^+] = \frac{-K_{a_1} + \sqrt{K_{a_1}^2 + 4K_{a_1}c}}{2}$$

$$= \frac{-5.9 \times 10^{-2} + \sqrt{(5.9 \times 10^{-2})^2 + 4 \times 5.9 \times 10^{-2} \times 0.10}}{2} \ mol \cdot L^{-1}$$

$$= 5.3 \times 10^{-2} \ mol \cdot L^{-1}$$

---

① 在式(4-21)中，当 $\frac{2K_{a_2}}{\sqrt{K_{a_1}c}} < 0.05$ 时，与 1 相比，计算结果的相对误差小于 5%。

$$pH=1.28$$

某些有机多元酸，如酒石酸等，它们的 K_{a_1} 和 K_{a_2} 的差别比较小，当浓度较小时，通常还需要考虑第二级解离。为了定量计算这些有机酸溶液的$[H^+]$，常采用迭代法。

例 4.14 计算 1.00×10^{-3} mol·L^{-1}酒石酸溶液的 pH。

解 已知 $K_{a_1}=9.1\times10^{-4}$， $K_{a_2}=4.3\times10^{-5}$， $\dfrac{c_{H_2A}}{K_{a_1}}=\dfrac{1.00\times10^{-3}}{9.1\times10^{-4}}=1.1<500$。

故采用近似式计算：

$$[H^+]'=\frac{-K_{a_1}+\sqrt{K_{a_1}^2+4K_{a_1}c}}{2}$$

$$=\frac{-9.1\times10^{-4}+\sqrt{(9.1\times10^{-4})^2+4\times9.1\times10^{-4}\times1.00\times10^{-3}}}{2}\ \text{mol·L}^{-1}$$

$$=6.0\times10^{-4}\ \text{mol·L}^{-1}$$

此时，$\dfrac{2K_{a_2}}{[H^+]'}=\dfrac{2\times4.3\times10^{-5}}{6.0\times10^{-4}}=0.14>0.05$，故第二级解离不能忽略，但 $K_{a_1}[H_2A]\approx K_{a_1}c_{H_2A}=9.1\times10^{-4}\times1.00\times10^{-3}>20K_w$，$K_w$可忽略。

$$[H_2A]'=\frac{[H^+]'^2c}{[H^+]'^2+K_{a_1}[H^+]'+K_{a_1}K_{a_2}}$$

$$=\frac{(6.0\times10^{-4})^2\times1.00\times10^{-3}}{(6.0\times10^{-4})^2+9.1\times10^{-4}\times6.0\times10^{-4}+9.1\times10^{-4}\times4.3\times10^{-5}}\ \text{mol·L}^{-1}$$

$$=3.8\times10^{-4}\ \text{mol·L}^{-1}$$

由式(4-21)，忽略 K_w可得

$$[H^+]''=\sqrt{9.1\times10^{-4}\times3.8\times10^{-4}\times\left(1+\frac{2\times4.3\times10^{-5}}{6.0\times10^{-4}}\right)}\ \text{mol·L}^{-1}$$

$$=6.3\times10^{-4}\ \text{mol·L}^{-1}$$

$[H^+]''$与$[H^+]'$存在 5%的误差，需进行迭代：

$$[H_2A]''=\frac{[H^+]''^2c}{[H^+]''^2+K_{a_1}[H^+]''+K_{a_1}K_{a_2}}$$

$$=\frac{(6.3\times10^{-4})^2\times1.00\times10^{-3}}{(6.3\times10^{-4})^2+9.1\times10^{-4}\times6.3\times10^{-4}+9.1\times10^{-4}\times4.3\times10^{-5}}\ \text{mol·L}^{-1}$$

$$=3.9\times10^{-4}\ \text{mol·L}^{-1}$$

由式(4-21)，忽略 K_w可得

$$[H^+]'''=\sqrt{9.1\times10^{-4}\times3.9\times10^{-4}\times\left(1+\frac{2\times4.3\times10^{-5}}{6.3\times10^{-4}}\right)}\ \text{mol·L}^{-1}$$

$$=6.4\times10^{-4}\ \text{mol·L}^{-1}$$

$[H^+]$已收敛，所以

$$pH=3.19$$

二元弱碱溶液$[OH^-]$的计算与二元弱酸溶液$[H^+]$的计算相似，只需将上述各公式中的$[H^+]$和K_a换成$[OH^-]$和K_b即可。

例 4.15 计算 a. 0.10 mol·L^{-1}和 b. 0.010 mol·L^{-1} Na_2CO_3溶液的 pH。

解 已知 $K_{b_1}=\dfrac{K_w}{K_{a_2}}=\dfrac{1.0\times10^{-14}}{5.6\times10^{-11}}=1.8\times10^{-4}$，$K_{b_2}=\dfrac{K_w}{K_{a_1}}=\dfrac{1.0\times10^{-14}}{4.2\times10^{-7}}=2.4\times10^{-8}$。

a. $c=0.10\ \text{mol}\cdot\text{L}^{-1}$，$\dfrac{c}{K_{b_1}}=\dfrac{0.10}{1.8\times10^{-4}}=556>500$，$K_{b_1}c=1.8\times10^{-4}\times0.10>20K_w$，故可用与式(4-25)相似公式计算：

$$[OH^-]=\sqrt{K_{b_1}c}=\sqrt{1.8\times10^{-4}\times0.10}\ \text{mol}\cdot\text{L}^{-1}=4.2\times10^{-3}\ \text{mol}\cdot\text{L}^{-1}$$

$$pOH=2.38$$

$$pH=11.62$$

b. $c=0.010\ \text{mol}\cdot\text{L}^{-1}$，$\dfrac{c}{K_{b_1}}=\dfrac{0.010}{1.8\times10^{-4}}=55.6<500$，$K_{b_1}c=1.8\times10^{-4}\times0.010>20K_w$，应采用与式(4-24)相似公式计算：

$$[OH^-]=\frac{-K_{b_1}+\sqrt{K_{b_1}^2+4K_{b_1}c}}{2}$$

$$=\frac{-1.8\times10^{-4}+\sqrt{(1.8\times10^{-4})^2+4\times1.8\times10^{-4}\times0.010}}{2}\ \text{mol}\cdot\text{L}^{-1}$$

$$=1.3\times10^{-3}\ \text{mol}\cdot\text{L}^{-1}$$

$$pOH=2.89$$

$$pH=11.11$$

4. 一元弱酸和一元强酸混合溶液或一元弱碱和一元强碱混合溶液

以浓度为 c 的一元弱酸 HA 和浓度为 c_a的一元强酸为例，溶液的 PBE 为

$$[H^+]=[OH^-]+[A^-]+c_a$$

因为溶液为酸性，$[OH^-]$可忽略，上式可简化为

$$[H^+]\approx[A^-]+c_a$$

$$=\frac{K_a}{[H^+]+K_a}c+c_a$$

整理解得

$$[H^+]=\frac{(c_a-K_a)+\sqrt{(c_a-K_a)^2+4K_a(c_a+c)}}{2} \tag{4-26}$$

式(4-26)是计算一元弱酸和一元强酸混合溶液$[H^+]$的近似式。若$c_a>20[A^-]$，由$[H^+]\approx[A^-]+c_a$可得其最简式：

$$[H^+]\approx c_a \tag{4-27}$$

在实际中，应先采用式(4-27)得出H^+的近似浓度$[H^+]'$，再根据$[H^+]'$得出$[A^-]'$，然后比较二者的大小，若$[H^+]'>20[A^-]'$，则采用式(4-27)计算结果。否则，用式(4-26)计算。

例 4.16 计算 0.10 mol·L^{-1} HAc 和 0.10 mol·L^{-1} HCl 混合溶液的 pH。

解 已知$c=0.10\ \text{mol·L}^{-1}$，$K_a=1.8\times10^{-5}$，$c_a=0.10\text{mol·L}^{-1}$。

由式(4-27)得

$$[H^+]'\approx0.10\ \text{mol·L}^{-1}$$

$$\begin{aligned}[Ac^-]'&=\frac{K_a}{[H^+]'+K_a}c\\&=\frac{1.8\times10^{-5}}{0.10+1.8\times10^{-5}}\times0.10\ \text{mol·L}^{-1}\\&=1.8\times10^{-5}\ \text{mol·L}^{-1}\end{aligned}$$

由于$[H^+]'>20[Ac^-]'$，应采用式(4-27)计算，得

$$[H^+]=0.10\ \text{mol·L}^{-1}$$

$$pH=1.00$$

例 4.17 计算 0.10 mol·L^{-1} HAc 和 1.0×10^{-3} mol·L^{-1} HNO_3混合溶液的 pH。

解 已知$c=0.10\ \text{mol·L}^{-1}$，$K_a=1.8\times10^{-5}$，$c_a=1.0\times10^{-3}\ \text{mol·L}^{-1}$。

由式(4-27)得

$$[H^+]'\approx1.0\times10^{-3}\ \text{mol·L}^{-1}$$

$$\begin{aligned}[Ac^-]'&=\frac{K_a}{[H^+]'+K_a}c\\&=\frac{1.8\times10^{-5}}{1.0\times10^{-3}+1.8\times10^{-5}}\times0.10\ \text{mol·L}^{-1}\\&=1.8\times10^{-3}\ \text{mol·L}^{-1}\end{aligned}$$

由于$[Ac^-]'$略大于$[H^+]'$，表明 HAc 解离出的$[H^+]$不能忽略，应采用式(4-26)计算：

$$\begin{aligned}[H^+]&=\frac{(c_a-K_a)+\sqrt{(c_a-K_a)^2+4K_a(c_a+c)}}{2}\\&=[(1.0\times10^{-3}-1.8\times10^{-5})+\sqrt{(1.0\times10^{-3}-1.8\times10^{-5})^2+4\times1.8\times10^{-5}\times(1.0\times10^{-3}+0.10)}]/2\ \text{mol·L}^{-1}\\&=1.9\times10^{-3}\ \text{mol·L}^{-1}\end{aligned}$$

$$pH=2.72$$

例 4.18 试证明浓度为 c 的 H_2SO_4溶液的$[H^+]$的计算公式为

$$[H^+]=\frac{(c-K_{a_2})+\sqrt{(c-K_{a_2})^2+8K_{a_2}c}}{2}$$

证明 因为 H_2SO_4第一级完全解离，该溶液实际为浓度为 c_a的强酸和浓度为 c 的 HSO_4^-（解离常数为 K_{a_2}）的混合溶液。此溶液的 PBE 为

$$[H^+]=[OH^-]+[SO_4^{2-}]+c_a$$

因为溶液显酸性，$[OH^-]$可忽略，则有

$$[H^+]\approx[SO_4^{2-}]+c_a$$

$$=\frac{K_{a_2}}{[H^+]+K_{a_2}}c+c_a$$

又 $c_a=c$，则有

$$[H^+]=\frac{K_{a_2}}{[H^+]+K_{a_2}}c+c$$

整理解得

$$[H^+]=\frac{(c-K_{a_2})+\sqrt{(c-K_{a_2})^2+8K_{a_2}c}}{2}$$

一元弱碱和一元强碱混合溶液$[OH^-]$的计算，可按上述方法同样处理，只需将混合酸溶液公式中的$[H^+]$、c_a和 K_a分别换成$[OH^-]$、c_b和 K_b即可。

5. 两种一元弱酸混合溶液或两种一元弱碱混合溶液

设某一溶液含有 HA 和 HB 两种一元弱酸，浓度和解离常数分别为 c_{HA}、K_{HA}和 c_{HB}、K_{HB}，此溶液的 PBE 为

$$[H^+]=[OH^-]+[A^-]+[B^-]$$

由平衡关系可得

$$[H^+]=\frac{K_w}{[H^+]}+\frac{K_{HA}[HA]}{[H^+]}+\frac{K_{HB}[HB]}{[H^+]}$$

因为溶液为弱酸性，$\frac{K_w}{[H^+]}$可忽略。同时两种弱酸解离出来的 H^+ 相互抑制，所以当它们都比较弱时，可近似认为$[HA]\approx c_{HA}$，$[HB]\approx c_{HB}$，由此可得

$$[H^+]=\frac{K_{HA}c_{HA}}{[H^+]}+\frac{K_{HB}c_{HB}}{[H^+]}$$

$$[H^+]=\sqrt{K_{HA}c_{HA}+K_{HB}c_{HB}} \tag{4-28}$$

若 $K_{HA}c_{HA} \gg K_{HB}c_{HB}$，则

$$[H^+]=\sqrt{K_{HA}c_{HA}} \tag{4-29}$$

式(4-29)是计算两种一元弱酸混合溶液$[H^+]$的最简式。

例 4.19 计算 0.10 mol·L^{-1} HF 和 0.10 mol·L^{-1} HCOOH 混合溶液的 pH。

解 已知 $K_{HF}=6.6\times10^{-4}$，$c_{HF}=0.10\ \text{mol·L}^{-1}$，$K_{HCOOH}=1.8\times10^{-4}$，$c_{HCOOH}=0.10\ \text{mol·L}^{-1}$。由式(4-28)得

$$\begin{aligned}[H^+]&=\sqrt{K_{HF}c_{HF}+K_{HCOOH}c_{HCOOH}}\\&=\sqrt{6.6\times10^{-4}\times0.10+1.8\times10^{-4}\times0.10}\ \text{mol·L}^{-1}\\&=9.2\times10^{-3}\ \text{mol·L}^{-1}\end{aligned}$$

$$pH=2.04$$

浓度和解离常数分别为 c_A、K_A 和 c_B、K_B 的两种一元弱碱混合溶液中$[OH^-]$的计算，可用与处理两种一元弱酸混合溶液相同的方法处理，即

$$[OH^-]=\sqrt{K_Ac_A+K_Bc_B} \tag{4-30}$$

例 4.20 计算 0.10 mol·L^{-1} NH_3 和 0.10 mol·L^{-1} 三乙醇胺$(HOCH_2CH_2)_3N$ 混合溶液的 pH。

解 已知 $K_{NH_3}=1.8\times10^{-5}$，$c_{NH_3}=0.10\ \text{mol·L}^{-1}$，$K_{(HOCH_2CH_2)_3N}=5.8\times10^{-7}$，$c_{(HOCH_2CH_2)_3N}=0.10\ \text{mol·L}^{-1}$。由式(4-30)得

$$\begin{aligned}[OH^-]&=\sqrt{K_{NH_3}c_{NH_3}+K_{(HOCH_2CH_2)_3N}c_{(HOCH_2CH_2)_3N}}\\&=\sqrt{1.8\times10^{-5}\times0.10+5.8\times10^{-7}\times0.10}\ \text{mol·L}^{-1}\\&=1.4\times10^{-3}\ \text{mol·L}^{-1}\end{aligned}$$

$$pH=14.00-pOH=11.15$$

6. 重要的两性物质溶液

在溶液中既起酸的作用又起碱的作用的物质称为两性物质，较重要的两性物质有多元酸的酸式盐（如 $NaHCO_3$、NaH_2PO_4、Na_2HPO_4）、弱酸弱碱盐（如 NH_4Ac、$HCOONH_4$）和氨基酸（如氨基乙酸）等。两性物质溶液中的酸碱平衡较为复杂，计算其 pH 时应视具体情况根据主要平衡进行近似计算。

(1) 酸式盐溶液

设二元弱酸的酸式盐为 NaHA，其浓度为 c。选择 H_2O、HA^- 为质子参考水准，PBE 为

$$[H^+]=[OH^-]+[A^{2-}]-[H_2A]$$

根据平衡关系得

$$[H^+]=\frac{K_w}{[H^+]}+\frac{K_{a_2}[HA^-]}{[H^+]}-\frac{[H^+][HA^-]}{K_{a_1}}$$

整理解得

$$[H^+]=\sqrt{\frac{K_{a_1}(K_{a_2}[HA^-]+K_w)}{K_{a_1}+[HA^-]}} \tag{4-31}$$

式(4-31)是计算酸式盐溶液$[H^+]$的精确式。

考虑到一般情况下,HA^-酸式盐的酸式解离和碱式解离的趋势都很小,因此,溶液中HA^-消耗很小,可认为$[HA^-]\approx c$,代入式(4-31)得

$$[H^+]=\sqrt{\frac{K_{a_1}(K_{a_2}c+K_w)}{K_{a_1}+c}} \tag{4-32}$$

当$K_{a_2}c\geqslant 20K_w$时,式(4-32)中K_w可忽略,则有

$$[H^+]=\sqrt{\frac{K_{a_1}K_{a_2}c}{K_{a_1}+c}} \tag{4-33}$$

当$K_{a_2}c<20K_w$,$c\geqslant 20K_{a_1}$时,式(4-32)中K_w不可忽略,而分母中的K_{a_1}可忽略,则有

$$[H^+]=\sqrt{\frac{K_{a_1}(K_{a_2}c+K_w)}{c}} \tag{4-34}$$

若$c\geqslant 20K_{a_1}$,则式(4-33)中$K_{a_1}+c\approx c$,则有

$$[H^+]=\sqrt{K_{a_1}K_{a_2}} \tag{4-35}$$

或

$$pH=\frac{1}{2}(pK_{a_1}+pK_{a_2})$$

式(4-32)和式(4-33)是计算酸式盐溶液$[H^+]$的近似式,式(4-35)是最简式。应指出的是,最简式只有在酸式盐浓度不是很小,即$c>20K_{a_1}$且水解离所产生的H^+可忽略的情况下才可使用。

其他多元酸的酸式盐,可按同样方法处理。

例 4.21 计算 a. 0.10 $mol\cdot L^{-1}$,b. 1.0×10^{-3} $mol\cdot L^{-1}$ $NaHCO_3$溶液的 pH。

解 已知H_2CO_3的$K_{a_1}=4.2\times10^{-7}$,$K_{a_2}=5.6\times10^{-11}$。

a. $c=0.10$ $mol\cdot L^{-1}$,$K_{a_2}c=5.6\times10^{-11}\times0.10>20K_w$,$c=0.10>20K_{a_1}$,故采用最简式计算:

$$\begin{aligned}[H^+]&=\sqrt{K_{a_1}K_{a_2}}\\&=\sqrt{4.2\times10^{-7}\times5.6\times10^{-11}}\ mol\cdot L^{-1}\\&=4.8\times10^{-9}\ mol\cdot L^{-1}\end{aligned}$$

$$pH=8.32$$

b. $c=1.0\times10^{-3}\ \mathrm{mol\cdot L^{-1}}$，$K_{a_2}c=5.6\times10^{-11}\times1.0\times10^{-3}<20K_w$，$c=1.0\times10^{-3}>20K_{a_1}$，故采用式(4-34)计算：

$$[\mathrm{H^+}]=\sqrt{\frac{K_{a_1}(K_{a_2}c+K_w)}{c}}$$
$$=\sqrt{\frac{4.2\times10^{-7}\times(5.6\times10^{-11}\times1.0\times10^{-3}+1.0\times10^{-14})}{1.0\times10^{-3}}}\ \mathrm{mol\cdot L^{-1}}$$
$$=5.3\times10^{-9}\ \mathrm{mol\cdot L^{-1}}$$
$$\mathrm{pH}=8.28$$

例 4.22 计算 $1.0\times10^{-3}\ \mathrm{mol\cdot L^{-1}}$邻苯二甲酸氢钾溶液的 pH。

解 已知 $c=1.0\times10^{-3}\ \mathrm{mol\cdot L^{-1}}$，邻苯二甲酸的 $K_{a_1}=1.1\times10^{-3}$，$K_{a_2}=3.9\times10^{-6}$，$K_{a_2}c=3.9\times10^{-6}\times1.0\times10^{-3}>20K_w$，$c=1.0\times10^{-3}<20K_{a_1}$，故采用式(4-33)计算：

$$[\mathrm{H^+}]=\sqrt{\frac{K_{a_1}K_{a_2}c}{K_{a_1}+c}}$$
$$=\sqrt{\frac{1.1\times10^{-3}\times3.9\times10^{-6}\times1.0\times10^{-3}}{1.1\times10^{-3}+1.0\times10^{-3}}}\ \mathrm{mol\cdot L^{-1}}$$
$$=4.5\times10^{-5}\ \mathrm{mol\cdot L^{-1}}$$
$$\mathrm{pH}=4.35$$

(2) 弱酸弱碱盐溶液及氨基酸溶液

以浓度为 c 的 NH_4Ac 溶液为例，其中NH_4^+ 起酸的作用，Ac^-起碱的作用，设 HAc 的解离常数为 $K_{a,HAc}$，NH_4^+ 的解离常数为 K_{a,NH_4^+}，上述有关酸式盐溶液$[H^+]$的计算公式完全适用于弱酸弱碱盐溶液。氨基酸溶液在溶液中以双极离子存在，既能起酸的作用，又能起碱的作用，其溶液$[H^+]$的计算与弱酸弱碱盐相似，请读者自行推导其计算公式。

例 4.23 计算 $0.10\ \mathrm{mol\cdot L^{-1}}\ NH_4Ac$ 溶液的 pH。

解 已知 $K_{a,HAc}=1.8\times10^{-5}$，$K_{a,NH_4^+}=5.5\times10^{-10}$，$c=0.10>20K_{a,HAc}$，$K_{a,NH_4^+}c=5.6\times10^{-10}\times0.10>20K_w$，故采用最简式计算：

$$[\mathrm{H^+}]=\sqrt{K_{a,HAc}K_{a,NH_4^+}}=\sqrt{1.8\times10^{-5}\times5.6\times10^{-10}}\ \mathrm{mol\cdot L^{-1}}$$
$$=1.0\times10^{-7}\ \mathrm{mol\cdot L^{-1}}$$
$$\mathrm{pH}=7.00$$

4-1 氨基酸简介

例 4.24 计算 $0.10\ \mathrm{mol\cdot L^{-1}}$氨基乙酸($NH_2CH_2COOH$)溶液的 pH。

解 氨基乙酸在溶液中以双极离子$H_3\overset{+}{N}—CH_2—COO^-$形式存在，它既能起酸的作用又能起碱的作用。

$$\underset{\text{氨基乙酸阳离子}}{H_3\overset{+}{N}—CH_2—COOH}\ \underset{K_{b_2}}{\overset{-H^+,K_{a_1}}{\rightleftharpoons}}\ \underset{\text{氨基乙酸双极离子}}{H_3\overset{+}{N}—CH_2—COO^-}\ \underset{K_{b_1}}{\overset{-H^+,K_{a_2}}{\rightleftharpoons}}\ \underset{\text{氨基乙酸阴离子}}{H_2N—CH_2—COO^-}$$

通常说的氨基乙酸是指双极离子形式，由其结构可知它是两性物质，作为酸的解离常数 $K_{a_2}=2.5\times10^{-10}$，作为碱的解离常数 $K_{b_2}=2.2\times10^{-12}$，其共轭酸的 $K_{a_1}=4.5\times10^{-3}$。

因为 $c=0.10>20K_{a_1}$，$K_{a_2}c=2.5\times10^{-10}\times0.10>20K_w$，故采用最简式计算：

$$
\begin{aligned}
[H^+]&=\sqrt{K_{a_1}K_{a_2}}\\
&=\sqrt{4.5\times10^{-3}\times2.5\times10^{-10}}\ \text{mol}\cdot\text{L}^{-1}\\
&=1.1\times10^{-6}\ \text{mol}\cdot\text{L}^{-1}\\
\text{pH}&=5.96
\end{aligned}
$$

由上述讨论可归纳出计算酸碱组成比为 1∶1 的两性物质溶液$[H^+]$的通式。

近似式 1：

$$[H^+]=\sqrt{\frac{K_{共轭酸}(K_{酸}c+K_w)}{K_{共轭酸}+c}}$$

近似式 2：当 $K_{酸}c\geqslant20K_w$，$c<20K_{共轭酸}$ 时

$$[H^+]=\sqrt{\frac{K_{共轭酸}K_{酸}c}{K_{共轭酸}+c}}$$

近似式 3：当 $K_{酸}c<20K_w$，$c\geqslant20K_{共轭酸}$ 时

$$[H^+]=\sqrt{\frac{K_{共轭酸}(K_{酸}c+K_w)}{c}}$$

最简式：当 $K_{酸}c\geqslant20K_w$，$c\geqslant20K_{共轭酸}$ 时

$$[H^+]=\sqrt{K_{共轭酸}K_{酸}}$$

式中 $K_{共轭酸}$ 为两性物质作为碱时其共轭酸的解离常数，$K_{酸}$ 为两性物质作为酸时的解离常数。

对于组成比不是 1∶1 的弱酸弱碱盐如 $(NH_4)_2CO_3$、$(NH_4)_2S$、$(NH_4)_2HPO_4$ 等溶液，上述方法原则上仍适用于其$[H^+]$的计算。但由于计算过程较为复杂，通常应根据具体情况采用近似方法处理。下面以浓度为 c 的 $(NH_4)_2CO_3$ 溶液为例进行讨论。

在此溶液中，$c_{NH_4^+}=2c$、$c_{CO_3^{2-}}=c$，选择 NH_4^+、CO_3^{2-}、H_2O 为质子参考水准，PBE 为

$$[H^+]+[HCO_3^-]+2[H_2CO_3]=[NH_3]+[OH^-]$$

因为溶液为弱碱性，$[H^+]$、$[H_2CO_3]$均可忽略；另一方面，若 c 不是太小，则水的解离可忽略。在此情况下，PBE 可简化为

$$[HCO_3^-]\approx[NH_3] \tag{4-36}$$

$$\delta_{HCO_3^-}\cdot c=\delta_{NH_3}\cdot 2c$$

$$\frac{K_{a_1}[H^+]}{[H^+]^2+K_{a_1}[H^+]+K_{a_1}K_{a_2}}\cdot c=\frac{K_{NH_4^+}}{[H^+]+K_{NH_4^+}}\cdot 2c$$

上式过于复杂，需进行合理简化。在 $(NH_4)_2CO_3$ 溶液中，只考虑 CO_3^{2-} 的第一级解

离，即溶液中的主要存在型体为CO_3^{2-} 和HCO_3^-。则

$$[HCO_3^-]\approx\frac{[H^+]}{[H^+]+K_{a_2}}\cdot c$$

代入式(4-36)得

$$\frac{[H^+]}{[H^+]+K_{a_2}}=\frac{K_{NH_4^+}}{[H^+]+K_{NH_4^+}}\times 2$$

整理解得

$$[H^+]=\frac{K_{NH_4^+}+\sqrt{K_{NH_4^+}^2+8K_{NH_4^+}K_{a_2}}}{2} \tag{4-37}$$

例 4.25 计算 0.0500 $mol\cdot L^{-1}$ $(NH_4)_2CO_3$溶液的 pH。

解 已知 $c_{NH_4^+}=2\times0.050=0.10\ mol\cdot L^{-1}$，$c_{CO_3^{2-}}=0.050\ mol\cdot L^{-1}$，$K_{a_2}=5.6\times10^{-11}$，由于 c 较大，采用(4-37)计算：

$$[H^+]=\frac{K_{NH_4^+}+\sqrt{K_{NH_4^+}^2+8K_{NH_4^+}K_{a_2}}}{2}$$

$$=\frac{5.5\times10^{-10}+\sqrt{(5.5\times10^{-10})^2+8\times5.5\times10^{-10}\times5.6\times10^{-11}}}{2}\ mol\cdot L^{-1}$$

$$=6.5\times10^{-10}\ mol\cdot L^{-1}$$

$$pH=9.19$$

7. 计算酸、碱溶液$[H^+]$的一般处理方法

现将上述有关计算酸、碱溶液$[H^+]$的讨论总结如下：

a. 根据溶液的具体情况写出 PBE，然后依据平衡关系和 K_w、K_a、K_b等得出计算$[H^+]$的精确式。

b. 在上述基础上根据具体条件作出合理近似得到近似式和最简式。近似处理包括两个方面：一是舍去 PBE 中的次要项，二是用分析浓度代替平衡浓度，近似处理的依据是误差小于 5%。

4.6 酸碱缓冲溶液

酸碱缓冲溶液是一种对溶液酸度起稳定作用的溶液。如果向缓冲溶液中加入少量的强酸或强碱，或者在含有缓冲剂的溶液中由于化学反应产生了少量酸或碱，或者将缓冲溶液稍加稀释，其 pH 基本保持不变。

缓冲溶液一般是由浓度较大的弱酸及其共轭碱组成，如 $HAc-Ac^-$、$NH_3-NH_4^+$、$H_2CO_3-HCO_3^-$、$HCO_3^--CO_3^{2-}$、$HPO_4^{2-}-PO_4^{3-}$ 和 $H_2PO_4^--HPO_4^{2-}$ 等。应指出的是，高浓度的强酸或强碱溶液也是缓冲溶液，它们主要用于控制高酸度(pH<2)或高碱度(pH>12)。两性物质溶液也是缓冲溶液，如邻苯二甲酸氢钾溶液。

4.6.1 缓冲溶液 pH 的计算

分析化学中使用的缓冲溶液，大多数是用来控制溶液酸度的，只有少数是作为标定（校正）酸度计使用的，称为标准缓冲溶液。缓冲溶液的配制，既可参考有关手册和参考书所提供的配方，也可根据计算结果进行配制。

作为控制酸度用的缓冲溶液，由于缓冲剂浓度较大且对计算结果也不要求非常准确，所以可采用近似方法进行计算。

对于弱酸 HA 及其共轭碱 NaA 组成的缓冲溶液，设其浓度分别为 c_{HA} 和 c_{A^-}，该溶液的 MBE 为

$$[Na^+]=c_{A^-}$$

$$[HA]+[A^-]=c_{HA}+c_{A^-}$$

CBE 为

$$[Na^+]+[H^+]=[A^-]+[OH^-]$$

将 $[Na^+]=c_{A^-}$ 代入 CBE 得

$$c_{A^-}+[H^+]=[A^-]+[OH^-]$$

或

$$[A^-]=c_{A^-}+[H^+]-[OH^-]$$

将上式代入 $[HA]+[A^-]=c_{HA}+c_{A^-}$ 得

$$[HA]=c_{HA}-[H^+]+[OH^-]$$

将上两式代入 $K_a=\frac{[H^+][A^-]}{[HA]}$ 整理得

$$[H^+]=K_a\frac{[HA]}{[A^-]}=K_a\frac{c_{HA}-[H^+]+[OH^-]}{c_{A^-}+[H^+]-[OH^-]} \tag{4-38}$$

式(4-38)是计算弱酸及其共轭碱缓冲溶液 $[H^+]$ 的精确式。用此式进行计算时，过程十分复杂，在分析化学中通常根据具体情况，采用近似方法进行处理。

当缓冲溶液 pH<6 时，$[OH^-]$ 可忽略，由式(4-38)可得

$$[H^+]=K_a\frac{c_{HA}-[H^+]}{c_{A^-}+[H^+]} \tag{4-39}$$

当缓冲溶液 pH>8 时，$[H^+]$ 可忽略，由式(4-38)可得

$$[H^+]=K_a\frac{c_{HA}+[OH^-]}{c_{A^-}-[OH^-]} \tag{4-40}$$

式(4-39)、式(4-40)是计算弱酸及其共轭碱缓冲溶液 $[H^+]$ 的近似式。

若 $c_{HA} \gg [OH^-]-[H^+]$ 和 $c_{A^-} \gg [H^+]-[OH^-]$，式(4-38)可简化为

$$[H^+] \approx K_a \frac{c_{HA}}{c_{A^-}} \tag{4-41}$$

或

$$pH = pK_a + \lg \frac{c_{A^-}}{c_{HA}}$$

式(4-41)是计算缓冲溶液$[H^+]$的最简式。

上述公式的适用条件和计算方法如下：

a. 先用最简式(4-41)计算$[H^+]'$。

b. 当$[H^+]' \geqslant 10^{-6}\ mol \cdot L^{-1}$($pH<6$)时，使用式(4-39)；若再满足 $100 > c_{HA}/c_{A^-} > 0.01$，且 $c_{HA} \geqslant 40[H^+]'$、$c_{A^-} \geqslant 40[H^+]'$，使用最简式(4-41)。

c. 当$[H^+]' \leqslant 10^{-8}\ mol \cdot L^{-1}$($pH>8$)时，使用式(4-40)；若再满足 $100 > c_{HA}/c_{A^-} > 0.01$，且 $c_{HA} \geqslant 40[OH^-]'$、$c_{A^-} \geqslant 40[OH^-]'$，使用最简式(4-41)。

d. $[H^+]'$在 $10^{-6} \sim 10^{-8}\ mol \cdot L^{-1}$ 时，一般都能满足 $c_{HA} \geqslant 40[H^+]'$、$c_{A^-} \geqslant 40[H^+]'$，若再满足 $100 > c_{HA}/c_{A^-} > 0.01$ 均可用最简式(4-41)。

例 4.26 计算 $0.10\ mol \cdot L^{-1}\ NH_4Cl$ 和 $4.0 \times 10^{-3}\ mol \cdot L^{-1}\ NH_3$ 缓冲溶液的 pH。

解 先用最简式求$[H^+]'$。

$$\begin{aligned}[H^+]' &= K_a \frac{c_{NH_4^+}}{c_{NH_3}} \\ &= \left(5.6 \times 10^{-10} \times \frac{0.10}{4.0 \times 10^{-3}}\right)\ mol \cdot L^{-1} \\ &= 1.4 \times 10^{-8} > 10^{-8}\ mol \cdot L^{-1}\end{aligned}$$

$[H^+]'$在 $10^{-6} \sim 10^{-8}\ mol \cdot L^{-1}$ 且 $c_{NH_4^+}/c_{NH_3} = 25 < 100$，故采用式(4-41)计算：

$$\begin{aligned}[H^+] &= K_a \frac{c_{NH_4^+}}{c_{NH_3}} \\ &= \left(5.6 \times 10^{-10} \times \frac{0.10}{4.0 \times 10^{-3}}\right)\ mol \cdot L^{-1} \\ &= 1.4 \times 10^{-8}\ mol \cdot L^{-1}\end{aligned}$$

$$pH = 7.85$$

例 4.27 计算 $0.10\ mol \cdot L^{-1}$ HAc 和 $4.0 \times 10^{-3}\ mol \cdot L^{-1}$ NaAc 缓冲溶液的 pH。

解 先用最简式求出$[H^+]'$。

$$\begin{aligned}[H^+]' &= K_a \frac{c_{HAc}}{c_{Ac^-}} \\ &= \left(1.8 \times 10^{-5} \times \frac{0.10}{4.0 \times 10^{-3}}\right) mol \cdot L^{-1} \\ &= 4.5 \times 10^{-4}\ mol \cdot L^{-1}\end{aligned}$$

$[H^+]'=4.5\times10^{-4}\ mol\cdot L^{-1}>10^{-6}\ mol\cdot L^{-1}(pH<6)$，$[OH^-]$可忽略，虽 $100>c_{HA}/c_{A^-}>0.01$，$c_{HAc}>40[H^+]'$，但 $c_{Ac^-}<40[H^+]'$，故采用式(4-39)计算：

$$[H^+]=K_a\frac{c_{HAc}-[H^+]}{c_{Ac^-}+[H^+]}\approx1.8\times10^{-5}\times\frac{0.10\ mol\cdot L^{-1}}{4.0\times10^{-3}\ mol\cdot L^{-1}+[H^+]}$$

解方程得 $$[H^+]=4.1\times10^{-4}\ mol\cdot L^{-1}$$

$$pH=3.39$$

标准缓冲溶液的 pH 是通过非常精确的实验测定的。如果要通过理论进行计算，必须校正离子强度的影响。

例 4.28 计算 $0.025\ mol\cdot L^{-1}\ KH_2PO_4-0.025\ mol\cdot L^{-1}\ Na_2HPO_4$ 标准缓冲溶液的 pH。

解 经判断该缓冲溶液的 pH 应采用下式计算：

$$pH=pK_{a_2}+\lg\frac{c_{HPO_4^{2-}}}{c_{H_2PO_4^-}}$$

考虑离子强度影响：

$$\begin{aligned}I&=\frac{1}{2}\sum c_iz_i^2\\&=\frac{1}{2}(c_{K^+}\times1^2+c_{Na^+}\times1^2+c_{H_2PO_4^-}\times1^2+c_{HPO_4^{2-}}\times2^2)\\&=\frac{1}{2}\times(0.025\ mol\cdot L^{-1}\times1^2+2\times0.025\ mol\cdot L^{-1}\times1^2+\\&\qquad0.025\ mol\cdot L^{-1}\times1^2+0.025\ mol\cdot L^{-1}\times2^2)\\&=0.10\ mol\cdot L^{-1}\end{aligned}$$

由表 4-1 和表 4-2 查得 $\gamma_{H_2PO_4^-}=0.77$，$\gamma_{HPO_4^{2-}}=0.355$。

$$\begin{aligned}a_{H^+}&=K_{a_2}\frac{a_{H_2PO_4^-}}{a_{HPO_4^{2-}}}=K_{a_2}\frac{\gamma_{H_2PO_4^-}\cdot[H_2PO_4^-]}{\gamma_{HPO_4^{2-}}\cdot[HPO_4^{2-}]}\\&=\left(6.3\times10^{-8}\times\frac{0.77\times0.025}{0.355\times0.025}\right)mol\cdot L^{-1}\\&=1.4\times10^{-7}\ mol\cdot L^{-1}\end{aligned}$$

$$pH=-\lg a_{H^+}=6.85$$

若不考虑离子强度影响，则

$$\begin{aligned}[H^+]&=K_{a_2}\frac{c_{H_2PO_4^-}}{c_{HPO_4^{2-}}}=K_{a_2}\times\frac{0.025}{0.025}\\&=K_{a_2}=6.3\times10^{-8}\ mol\cdot L^{-1}\end{aligned}$$

$$pH=7.20$$

由上述可知，不考虑离子强度影响时，计算结果与标准值有较大偏差。

4.6.2 缓冲容量和缓冲范围

1. 缓冲容量

虽然缓冲溶液具有抵抗少量外加酸碱或适当稀释保持其 pH 基本不变的能力，但当加入的强酸浓度接近于缓冲体系共轭碱的浓度，或加入的强碱浓度接近缓冲体系的共轭酸的浓度时，缓冲溶液的缓冲能力显著减弱甚至失去。由此可见，缓冲溶液的缓冲能力是有一定限度的。为了衡量缓冲溶液缓冲能力的大小，van Slyke 于 1922 年提出了缓冲容量(buffer capacity)的概念，其定义如下：使 1 L 缓冲溶液 pH 改变 dpH 所需加入强碱或强酸并使其浓度为 dc_b 或 dc_a 的量，其数学表达式为

$$\beta=\frac{dc_b}{dpH} \quad 或 \quad \beta=-\frac{dc_a}{dpH} \tag{4-42}$$

β 的单位为 $mol\cdot L^{-1}$。

由于 β 为正值，加入强酸使溶液的 pH 降低，故在 dc_a 前加一负号。很明显，β 值越大，缓冲溶液的缓冲能力越大。

2. 影响缓冲容量的因素及有关计算

现以 HA-NaA 体系为例进行讨论。设缓冲组分总浓度为 c，则 $c=c_{HA}+c_{A^-}$。当加入浓度为 c_b 的 NaOH 后，该体系的 CBE 为

$$[Na^+]+[H^+]=[OH^-]+[A^-]$$

将 $[Na^+]=c_b+c_{A^-}$ 代入上式可得

$$c_b=-[H^+]+[OH^-]+[A^-]-c_{A^-}$$

对 $[H^+]$ 求导得

$$\frac{dc_b}{d[H^+]}=-1-\frac{K_w}{[H^+]^2}-\frac{K_a c}{([H^+]+K_a)^2}$$

因为

$$pH=-\lg[H^+]=-\frac{1}{2.303}\ln[H^+]$$

$$\frac{dpH}{d[H^+]}=-\frac{1}{2.303[H^+]}$$

故

$$\begin{aligned}\beta&=\frac{dc_b}{dpH}=\frac{d[H^+]}{dpH}\cdot\frac{dc_b}{d[H^+]}=-2.303[H^+]\frac{dc_b}{d[H^+]}\\&=2.303[H^+]+2.303\frac{K_w}{[H^+]}+2.303\frac{K_a[H^+]c}{([H^+]+K_a)^2}\\&=2.303[H^+]+2.303[OH^-]+2.303\frac{K_a[H^+]c}{([H^+]+K_a)^2}\end{aligned} \tag{4-43}$$

所以 $$\beta=\beta_{H^+}+\beta_{OH^-}+\beta_{HA} \tag{4-44}$$

β_{H^+}、β_{OH^-} 和 β_{HA} 分别为缓冲溶液中的 H^+、OH^- 和 HA 体系所具有的缓冲容量。

由于一般缓冲组分浓度较大，溶液中$[H^+]$、$[OH^-]$相对较小，式(4-43)可简化为

$$\beta=2.303\frac{K_a[H^+]c}{([H^+]+K_a)^2} \tag{4-45}$$

将式(4-45)对$[H^+]$求导，并令导数等于零，可求得最大缓冲容量 β_{max}。

$$\frac{d\beta}{d[H^+]}=2.303K_a c\frac{([H^+]+K_a)^2-2[H^+]([H^+]+K_a)}{([H^+]+K_a)^4}$$
$$=2.303K_a c\frac{K_a-[H^+]}{([H^+]+K_a)^3}=0$$

由上式可知，只有当$[H^+]=K_a$时，β 才能达到最大。

将此式代入式(4-45)，得

$$\beta_{max}=\frac{2.303c}{4}=0.576c \tag{4-46}$$

式(4-46)表明，缓冲剂的浓度越大，其 β 也越大。β_{max}发生在$[H^+]=K_a$处，说明只有当缓冲组分为 1∶1 时，缓冲溶液才具有最大的缓冲容量。

为了计算不同组分比时的缓冲容量，需将式(4-45)改写成以[HA]和$[A^-]$表示的形式，即

$$\beta=2.303\frac{[HA][A^-]}{c} \tag{4-47}$$

3. 有效缓冲范围

由上述讨论可知，$[HA]:[A^-]=1:1$ 时，缓冲容量最大，与 1 相差越大，缓冲容量越小，甚至失去缓冲作用。因此，任何缓冲溶液的缓冲作用都存在一个有效的 pH 范围。一般而言，$[HA]:[A^-]$在$\frac{1}{10}$～10 时具有实际可用的缓冲能力，此浓度范围所对应的 pH 范围 $pH=pK_a\pm1$，称为缓冲溶液的有效缓冲范围。

例如，HAc 的 $pK_a=4.76$，HAc-NaAc 缓冲溶液的有效缓冲范围为 $pH=pK_a\pm1=3.76\sim5.76$。NH_3 的 $pK_b=4.75$（NH_4^+ 的 $pK_a=9.25$），NH_3-NH_4Cl 缓冲溶液的有效缓冲范围为 $pH=pK_a\pm1=8.25\sim10.25$。

不同 pH 时 0.10 $mol\cdot L^{-1}$ $HAc-Ac^-$ 的缓冲容量如图 4-4 所示。由图可知，当 $pH=pK_a=4.76$ 时，缓冲容量最大。

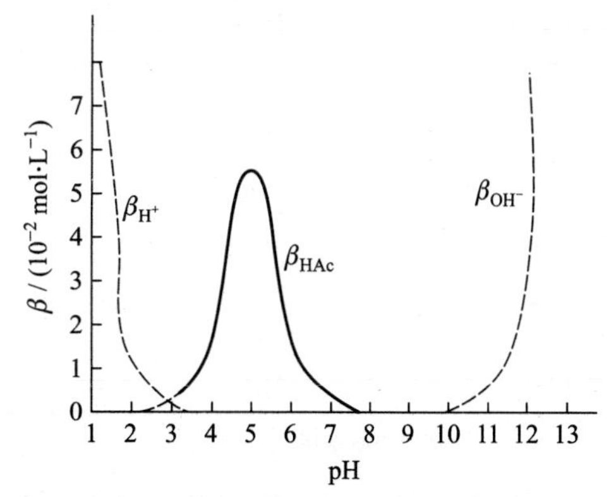

图 4-4 不同 pH 时 0.10 $mol\cdot L^{-1}$ $HAc-Ac^-$ 的缓冲容量

4. 重要缓冲溶液和缓冲溶液的选择

常用的标准缓冲溶液见表 4-3，它们的 pH 是经过准确的实验测得的，目前已被国际上规定为测定 pH 时的标准参照溶液。

表 4-3　常用的标准缓冲溶液

标准缓冲溶液	pH 标准值(25 ℃)
饱和酒石酸氢钾溶液(0.034 $mol·L^{-1}$)	3.56
0.050 $mol·L^{-1}$ 邻苯二甲酸氢钾溶液	4.01
0.025 $mol·L^{-1}$ KH_2PO_4-0.025 $mol·L^{-1}$ Na_2HPO_4 溶液	6.86
0.010 $mol·L^{-1}$ 硼砂溶液	9.18

分析化学中用于控制溶液 pH 的缓冲溶液非常多，通常根据实际情况，选用不同的缓冲溶液。选择缓冲溶液的原则如下：

a. 缓冲溶液的各缓冲组分对分析过程不产生干扰。

b. 所需控制的 pH 应在缓冲溶液的缓冲范围之内。如果缓冲溶液是由弱酸及其共轭碱组成的，则所需控制的 pH 应尽量与弱酸的 pK_a 一致，即 $pH \approx pK_a$。

c. 缓冲溶液应有较大的缓冲容量。通常应使缓冲组分的浓度为 0.01～1 $mol·L^{-1}$。

表 4-4 列出了常用的缓冲溶液即常用于控制溶液 pH 2～11 的缓冲溶液，并给出其 pK_a 值。根据 pK_a 值就可方便地知道其有效缓冲范围。

表 4-4　常用的缓冲溶液

缓冲溶液的组成	酸的存在形式	碱的存在形式	pK_a
氨基乙酸-HCl	$^+NH_3CH_2COOH$	$^+NH_3CH_2COO^-$	2.35(pK_{a_1})
一氯乙酸-NaOH	$CH_2ClCOOH$	CH_2ClCOO^-	2.86
邻苯二甲酸氢钾-HCl	$C_6H_4(COOH)_2$（邻苯二甲酸）	$C_6H_4(COO^-)(COOH)$	2.95(pK_{a_1})
甲酸-NaOH	HCOOH	$HCOO^-$	3.76
HAc-NaAc	HAc	Ac^-	4.74
六次甲基四胺-HCl	$(CH_2)_6N_4H^+$	$(CH_2)_6N_4$	5.15
NaH_2PO_4-Na_2HPO_4	$H_2PO_4^-$	HPO_4^{2-}	7.20(pK_{a_2})
三乙醇胺-HCl	$^+NH(CH_2CH_2OH)_3$	$N(CH_2CH_2OH)_3$	7.76
Tris*-HCl	$^+NH_3C(CH_2OH)_3$	$NH_2C(CH_2OH)_3$	8.21
$Na_2B_4O_7$-HCl	H_3BO_3	$H_2BO_3^-$	9.24(pK_{a_1})
$Na_2B_4O_7$-NaOH	H_3BO_3	$H_2BO_3^-$	9.24(pK_{a_1})
NH_3-NH_4Cl	NH_4^+	NH_3	9.26
乙醇胺-HCl	$^+NH_3CH_2CH_2OH$	$NH_2CH_2CH_2OH$	9.50
氨基乙酸-NaOH	$^+NH_3CH_2COO^-$	$NH_2CH_2COO^-$	9.60(pK_{a_2})
$NaHCO_3$-Na_2CO_3	HCO_3^-	CO_3^{2-}	10.25(pK_{a_2})

* Tris：三(羟甲基)氨基甲烷。

4-2 缓冲溶液在调节人体体液 pH 中的作用

在实际分析工作中，有时需要具有广泛 pH 范围的缓冲溶液，这时可采用多元酸和碱组成的缓冲体系。在这样的缓冲体系中，因为其中存在许多 pK_a 不同的共轭酸碱对，所以它们能在广泛的 pH 范围内起缓冲作用。例如，柠檬酸（$pK_{a_1}=5.13$、$pK_{a_2}=4.76$、$pK_{a_3}=6.40$）和磷酸氢二钠（H_3PO_4 的 $pK_{a_1}=2.12$、$pK_{a_2}=7.20$、$pK_{a_3}=12.36$）两种溶液按不同比例混合，可得到 pH 为 2～8 的一系列缓冲溶液。

4.7 酸碱指示剂

4.7.1 酸碱指示剂的作用原理

常用的酸碱指示剂一般是弱的有机酸、有机碱或酸碱两性物质，它的酸式和碱式具有不同的颜色。在滴定过程中，当溶液的 pH 改变时，指示剂失去质子由酸式变为碱式，或得到质子由碱式变为酸式，从而引起溶液颜色的突变以确定滴定终点。

现分别以甲基橙和酚酞为例说明指示剂的变色原理。

甲基橙（methyl orange，MO）在溶液中的解离和颜色变化如下：

$(CH_3)_2\overset{+}{N}=$⟨醌环⟩$=N-NH-$⟨苯环⟩$-SO_3^-$ $\underset{H^+}{\overset{OH^-}{\rightleftharpoons}}$

红色(醌式)　$pK_a=3.4$

$(CH_3)_2N-$⟨苯环⟩$-N=N-$⟨苯环⟩$-SO_3^-$

黄色(偶氮式)

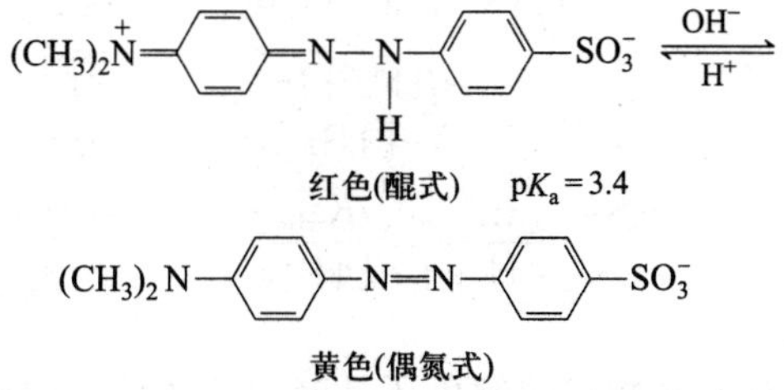

由平衡关系可以看出，增大溶液的酸度，MO 主要以红色（醌式）双极离子存在，所以溶液显红色；降低溶液的酸度，则主要以黄色（偶氮式）离子形式存在，所以溶液显黄色。像 MO 这类酸色型和碱色型均有颜色的指示剂称为双色指示剂。

酚酞（phenolphthalein，PP）是一种弱的有机碱，在溶液中的解离和颜色变化如下：

无色(内酯式) $\underset{-H_2O}{\overset{+H_2O}{\rightleftharpoons}}$ 无色 $\underset{H^+}{\overset{OH^-}{\rightleftharpoons}}$

无色 $\underset{H^+}{\overset{OH^-}{\rightleftharpoons}}$ ($pK_a=9.1$) 红色(醌式)

碱性溶液中

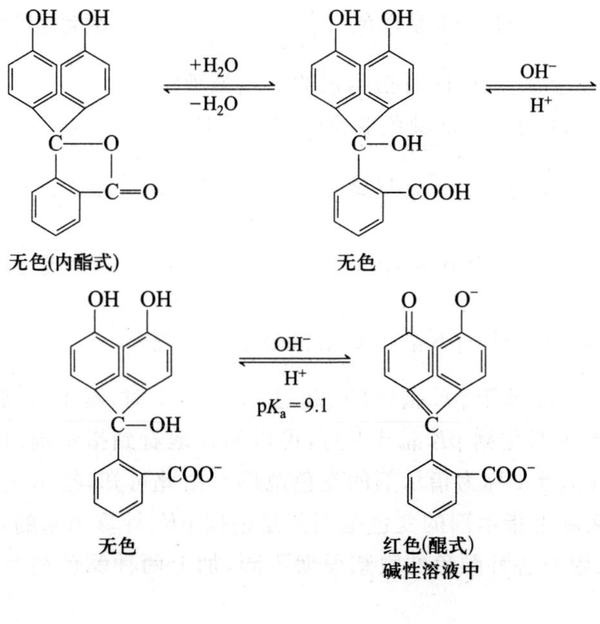

由平衡关系可以看出，在酸性溶液中，PP以无色的酸色型存在；在碱性溶液中，则以红色的碱色型存在；在足够大的浓碱溶液中，PP有可能以无色的羧酸盐式存在：

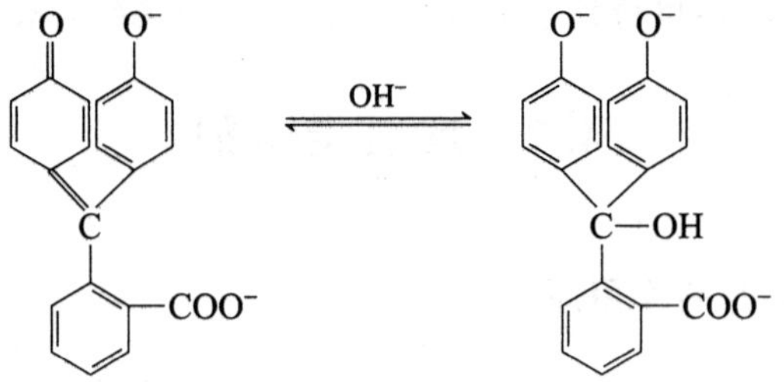

无色(羧酸盐式)

4.7.2 酸碱指示剂的变色范围

若以 HIn 和 In^- 分别表示指示剂的酸式和碱式，K_{HIn}表示 HIn 的解离常数，则

$$HIn \rightleftharpoons H^+ + In^-$$

$$K_{HIn} = \frac{[H^+][In^-]}{[HIn]}$$

$$\frac{[In^-]}{[HIn]} = \frac{K_{HIn}}{[H^+]} \qquad (4-48)$$

指示剂在溶液中究竟显示酸式的颜色还是碱式的颜色，取决于比值$\frac{[In^-]}{[HIn]}$的大小。由上式可见，$\frac{[In^-]}{[HIn]}$是$[H^+]$的函数，其大小随溶液$[H^+]$的变化而改变。一般而言，当$\frac{[In^-]}{[HIn]} \geqslant 10$时，溶液显示 In^- 的颜色；$\frac{[In^-]}{[HIn]} \leqslant \frac{1}{10}$时，溶液显示 HIn 的颜色；$10 > \frac{[In^-]}{[HIn]} > \frac{1}{10}$时，溶液显示 In^- 和 HIn 的混合色；$\frac{[In^-]}{[HIn]} = 1$ 时，二者浓度相等，$pH = pK_{HIn}$，此 pH 称为指示剂的理论变色点，此时指示剂的变色最敏锐。

上述有关溶液 pH 与指示剂颜色变化的讨论简述如下：

$\frac{[In^-]}{[HIn]} \geqslant 10$ 时，$[H^+] \leqslant \frac{K_{HIn}}{10}$，$pH \geqslant pK_{HIn}+1$，溶液显示碱式色；

$\frac{[In^-]}{[HIn]} \leqslant \frac{1}{10}$时，$[H^+] \geqslant 10K_{HIn}$，$pH \leqslant pK_{HIn}-1$，溶液显示酸式色；

$10 > \frac{[In^-]}{[HIn]} > \frac{1}{10}$时，$pH = pK_{HIn} \pm 1$，溶液显示混合色。

可见，当溶液的 pH 低于 $pK_{HIn}-1$ 或超过 $pK_{HIn}+1$ 时，看不出颜色的变化。当溶液的 pH 由 $pK_{HIn}-1$ 变化到 $pK_{HIn}+1$ 时，可以明显地看到指示剂由酸式色变为碱式色。所以，$pH = pK_{HIn} \pm 1$ 称为指示剂的变色范围。由此可知，指示剂的变色范围应为两个 pH 单位，但实际上指示剂的变色范围不是根据 pK_a 计算出来的，而是依靠人眼观察得到的。由于人眼对各种颜色的敏感程度不同，加上两种颜色相互掩盖，影响观察。

所以实际观察结果与理论计算结果存在一定差异，且不同人的观察结果也有差别。例如，MO 的变色范围，有人报道为 3.1～4.4，也有人报道为 3.2～4.5。

表 4－5 列出了常用的酸碱指示剂及其变色范围，大多数指示剂的变色范围为 1.6～1.8pH 单位。

表 4－5　常用的酸碱指示剂及其变色范围

指示剂	变色范围（pH）	颜色变化（酸—碱）	pK_{HIn}	浓　度
百里酚蓝（thymol blue，TB）（第一次变色）	1.2～2.8	红—黄	1.7	0.1%的 20%乙醇溶液
甲基黄（methyl yellow，MY）	2.9～4.0	红—黄	3.25	0.1%的 90%乙醇溶液
甲基橙（methyl orange，MO）	3.1～4.4	红—黄	3.4	0.05%水溶液
溴酚蓝（bromophenol blue，BPB）	3.0～4.6	黄—蓝紫	4.1	0.1%的 20%乙醇溶液或其钠盐水溶液
溴甲酚绿（bromocresol green，BCG）	3.8～5.4	黄—蓝	4.9	0.1%水溶液，每100 mg指示剂加 0.05 $mol \cdot L^{-1}$ NaOH 溶液 2.9 mL
甲基红（methyl red，MR）	4.4～6.2	红—黄	5.2	0.1%的 60%乙醇溶液或其钠盐水溶液
溴甲酚紫（bromocresol purple，BCP）	5.2～6.8	黄—紫	6.4	0.1%的水溶液
溴百里酚蓝（bromo thymol blue，BTB）	6.0～7.6	黄—蓝	7.3	0.1%的 20%乙醇溶液或其钠盐水溶液
中性红（neutral red，NR）	6.8～8.0	红—黄橙	7.4	0.1%的 60%乙醇溶液
酚红（phenol red，PR）	6.4～8.2	黄—红	8.0	0.1%的 60%乙醇溶液或其钠盐水溶液
百里酚蓝（thymol blue，TB）（第二次变色）	8.0～9.6	黄—蓝	8.9	0.1%的 20%乙醇溶液
酚酞（phenolphthalein，PP）	8.0～9.8	无—红	9.1	0.1%的 90%乙醇溶液
百里酚酞（thymolphthalein，TP）	9.4～10.6	无—蓝	10.0	0.1%的 90%乙醇溶液

4.7.3　影响酸碱指示剂变色范围的因素

指示剂的变色是由于发生了化学（酸碱）反应。因此，影响化学反应的各种因素都会影响指示剂的变色范围。其中主要影响因素包括指示剂的浓度、溶液的离子强度、温度和溶剂等。

1. 指示剂用量

指示剂用量是滴定分析中一个不容忽视的问题。对于甲基橙等双色指示剂而言，其颜色决定于$\frac{[In^-]}{[HIn]}$，设某双色指示剂的总浓度为 c，其碱式和酸式的浓度比为

$$\frac{[In^-]}{[HIn]}=\frac{\delta_{In^-}c}{\delta_{HIn}c}=\frac{\delta_{In^-}}{\delta_{HIn}}$$

上式表明$\frac{[In^-]}{[HIn]}$与总浓度无关,说明双色指示剂用量不影响其变色范围。但指示剂用量过大导致色调变化不明显,而且指示剂本身也会消耗一些滴定剂,带来误差。因此,在能看清指示剂颜色变化的前提下,用量应尽可能少一点。

对于单色指示剂,用量的多少不仅会影响色调变化的明显性,而且会影响其变色范围。以酚酞为例,其酸式无色,碱式红色。设实验者观察碱式色的最低浓度为 c_0,它应该是固定不变的。设溶液中指示剂的总浓度为 c,由指示剂的解离平衡式可知

$$\frac{K_{HIn}}{[H^+]}=\frac{[In^-]}{[HIn]}=\frac{c_0}{c-c_0}$$

因 K_{HIn}、c_0 都为定值,如果 c 增大了,$[H^+]$也随着增大。这样将导致指示剂在较低的 pH 时变色,从而产生终点误差。例如,在 50～100 mL 溶液中加入 2～3 滴 0.1% 酚酞溶液,pH≈9 出现微红,而在同样条件下加 10 滴酚酞溶液,则在 pH≈8 出现微红。由此可知,对于单色指示剂而言,其用量对分析结果影响更大,不可忽视。

2. 离子强度

指示剂颜色的变化,受溶液中 H^+ 活度的影响。根据酸碱指示剂的解离平衡:

$$HIn \rightleftharpoons H^+ + In^-$$

$$K^\circ_{HIn}=\frac{a_{H^+}a_{In^-}}{a_{HIn}}$$

$$a_{H^+}=K^\circ_{HIn}\frac{a_{HIn}}{a_{In^-}}=K^\circ_{HIn}\frac{\gamma_{HIn}[HIn]}{\gamma_{In^-}[In^-]}$$

当$\frac{[HIn]}{[In^-]}=1$,即在指示剂理论变色点时,有

$$a_{H^+}=K^\circ_{HIn}\frac{\gamma_{HIn}}{\gamma_{In^-}}$$

因为 $\gamma_{HIn}\approx 1$,所以指示剂理论变色点的 pH 为

$$pH=-\lg a_{H^+}=pK^\circ_{HIn}+\lg\gamma_{In^-}$$

根据式(4-3),可得

$$pH=-\lg a_{H^+}=pK^\circ_{HIn}-0.5z^2\sqrt{I}$$

可见,离子强度增加时,指示剂理论变色点的 pH 向减小的方向移动,这种现象称为酸移。离子强度减少时,指示剂理论变色点的 pH 向增大的方向移动,这种现象称为碱移。

3. 温度和溶剂

温度改变时,指示剂的 K_{HIn} 也会发生变化,从而使指示剂的变色范围改变。一般情况下,温度升高,K_{HIn} 增大。温度对某些指示剂变色范围的影响见表 4-6。

表 4-6　温度对某些指示剂变色范围的影响

指示剂	变色范围(pH)		指示剂	变色范围(pH)	
	18 ℃	100 ℃		18 ℃	100 ℃
百里酚蓝	1.2～2.8	1.2～2.6	甲基红	4.4～6.2	4.0～6.0
溴酚蓝	3.0～4.6	3.0～4.5	酚红	6.4～8.0	6.6～8.2
甲基橙	3.1～4.4	2.5～3.7	酚酞	8.0～10.0	8.0～9.2

通常滴定在室温下进行，若试样分析必须在较高温度下滴定，则标准溶液也应在相同温度下标定。

由于指示剂在不同溶剂中具有不同溶解度和解离常数，导致指示剂的变色范围发生显著变化。如甲基橙在水中的 $pK_{HIn}=3.4$，在甲醇中的 $pK_{HIn}=3.8$。所以在实际分析工作中应予以注意。

4.7.4　混合指示剂

在酸碱滴定中，为了便于确定终点，不仅要求指示剂具有较窄的变色范围，而且要求变色敏锐。为满足此要求，可采用混合指示剂。

混合指示剂可分为两类，一类是由两种或两种以上酸碱指示剂混合而成，利用彼此颜色之间的互补作用，使变色更加敏锐，易于观察。例如，溴甲酚绿（$pK_{HIn}=4.9$）和甲基红（$pK_{HIn}=5.2$），前者的酸式色为黄色、碱式色为蓝色，后者的酸式色为红色、碱式色为黄色。当二者混合后，由于共同作用的结果，在酸性条件下显橙色（黄＋红），在碱性条件下显绿色（蓝＋黄）。而在化学计量点附近（pH≈5.1）时，溴甲酚绿的碱性成分较多，显绿色，甲基红的酸性成分较多，显橙红色，绿色与红色发生互补作用，溶液近乎无色，颜色变化极为敏锐。另一类是由一种酸碱指示剂和一种惰性染料（如亚甲基蓝、靛蓝二磺酸钠等）混合而成的，也是利用颜色的互补作用提高变色的敏锐性。

常用的混合指示剂见表 4-7。

表 4-7　常用的混合指示剂

指示剂溶液的组成	变色点 pH	颜色		备　注
		酸式色	碱式色	
1 份 0.1%甲基黄乙醇溶液 1 份 0.1%亚甲基蓝乙醇溶液	3.25	蓝紫	绿	pH=3.2 蓝紫 pH=3.4 绿
1 份 0.1%甲基橙水溶液 1 份 0.25%靛蓝二磺酸钠水溶液	4.1	紫	黄绿	pH=4.1 灰
3 份 0.1%溴甲酚绿乙醇溶液 1 份 0.2%甲基红乙醇溶液	5.1	紫红	蓝绿	pH=5.1 灰 颜色变化极显著
1 份 0.1%溴甲酚绿钠盐水溶液 1 份 0.1%氯酚红钠盐水溶液	6.1	黄绿	蓝紫	pH=5.4 蓝绿 pH=5.8 蓝 pH=6.0 蓝微带紫 pH=6.2 蓝紫

续表

指示剂溶液的组成	变色点 pH	颜色		备　注
		酸式色	碱式色	
1 份 0.1%中性红乙醇溶液 1 份 0.1%亚甲基蓝乙醇溶液	7.0	蓝紫	绿	pH=7.0 蓝紫
1 份 0.1%甲酚红钠盐水溶液 3 份 0.1%百里酚蓝钠盐水溶液	8.3	黄	紫	pH=8.2 玫瑰色 pH=8.4 紫
1 份 0.1%酚酞乙醇溶液 2 份 0.1%甲基绿乙醇溶液	8.9	绿	紫	pH=8.8 浅蓝 pH=9.0 紫
1 份 0.1%酚酞乙醇溶液 1 份 0.1%百里酚酞乙醇溶液	9.9	无	紫	pH=9.6 玫瑰色 pH=10.0 紫
2 份 0.1%百里酚酞乙醇溶液 1 份 0.1%茜素黄乙醇溶液	10.2	黄	紫	

4.7.5　影响指示剂使用的因素

1. 指示剂的选择

为特定酸碱滴定选择指示剂时，应使指示剂的变色范围与该滴定反应化学计量点附近的 pH 范围尽量一致，以减小滴定误差。通常应使指示剂的变色范围全部或者至少一部分落在该酸碱滴定的 pH 突跃范围之内。

2. 指示剂的用量

滴定到终点时，指示剂必然要消耗一定量的滴定剂才能使其颜色发生变化。因此，指示剂的用量应尽可能少。由于大多数酸碱指示剂的颜色都较强，达到此要求并不困难。被滴定溶液中指示剂的量通常应控制在 0.000 1%～0.000 4%，即每 100 mL 溶液中可加入 2～8 滴 0.1%指示剂溶液，具体用量视滴定反应而定。

3. 指示剂颜色变化的观察

不同的人对指示剂颜色变化的判断能力存在差异，有些人对颜色的变化很敏感，有些人则迟钝些。对于颜色视觉或颜色记忆力较差的操作人员，可在进行一系列的酸碱滴定之前，先用酸度计测量一次滴定至化学计量点的 pH，其余的滴定都应滴定至与此相同的颜色。

4. 滴定温度

温度的变化会导致指示剂 K_{HIn} 和酸、碱的 K_a 或 K_b 的变化，这有可能引起误差。因此，使用某一指示剂进行酸碱滴定时，标准溶液的标定和待测溶液的滴定应在相同温度下进行。

5. 胶体的生成

胶体表面对离子有吸附作用，若溶液中存在胶体质点则会使滴定终点提前或推迟，这样将产生较大的误差。对此应引起足够的重视并采取相应的措施，以确保滴定结果的准确性。

4.8 酸碱滴定基本原理

酸碱滴定法是以酸碱反应为滴定反应的滴定分析方法。作为标准物质的滴定剂应选用 HCl、NaOH 等强酸或强碱。待测物则是具有适当强度的酸碱物质，如 NaOH、HCl、H_3PO_4、NH_3、HAc 和 Na_2CO_3 等。在酸碱滴定中需重点关注的问题是：a. 待测物质可否被准确滴定的判断；b. 滴定过程中溶液 pH 的变化规律；c. 指示剂的正确选择；d. 滴定误差的计算。在这些问题中，最主要的是溶液的 pH 如何随着滴定剂的滴入而改变，有关具体计算可按本章 4.5 节中各类酸、碱溶液$[H^+]$的计算公式，也可以采用通过计算机技术对滴定曲线方程求解的方法。为了对滴定过程有更深刻的了解，本书将对前一种方法进行详细介绍。

4.8.1 强碱滴定强酸或强酸滴定强碱

1. 滴定反应及平衡常数

这类滴定的基本反应为

$$H^+ + OH^- \rightleftharpoons H_2O$$

滴定反应的平衡常数为

$$K_t = \frac{1}{[H^+][OH^-]} = \frac{1}{K_w} = 1.00 \times 10^{14}$$

K_t称为滴定常数，用来衡量滴定反应的完全程度。K_t越大，滴定反应进行的越完全。由上述 K_t的数值可知，这类滴定反应是酸碱滴定中反应完全程度最高的。

2. 滴定过程中溶液 pH 的变化

以 0.1000 $mol\cdot L^{-1}$ NaOH 溶液滴定 20.00 mL 0.1000 $mol\cdot L^{-1}$ HCl 溶液为例进行讨论。可将整个滴定过程分为四个阶段来计算溶液的 pH。

在整个滴定过程中加入滴定剂与被测组分的物质的量之比，称为滴定分数，用 a 表示。

(1) 滴定前

溶液的酸度由被滴定 HCl 溶液的初始浓度决定。

$$[H^+] = 0.1000\ mol\cdot L^{-1} \quad pH = 1.00$$

(2) 滴定开始至化学计量点前

溶液的酸度取决于剩余 HCl 的浓度。当滴入 19.98 mL(−0.1%)NaOH 溶液时：

$$[H^+] = \left(0.1000 \times \frac{20.00 - 19.98}{20.00 + 19.98}\right) mol\cdot L^{-1} = 5.0 \times 10^{-5}\ mol\cdot L^{-1}$$

$$pH = 4.30$$

化学计量点之前溶液 pH 均可按此方法计算。

(3) 化学计量点

HCl 完全被 NaOH 中和，$[H^+]$由水的解离决定。

$$[H^+]=[OH^-]=1.0\times10^{-7}\ mol\cdot L^{-1}$$
$$pH=7.00$$

(4) 化学计量点后

溶液的酸度取决于过量 NaOH 的浓度。当加入 20.02 mL(+0.1%)NaOH 溶液时：

$$[OH^-]=\left(0.1000\times\frac{0.02}{20.00+20.02}\right)mol\cdot L^{-1}=5.0\times10^{-5}\ mol\cdot L^{-1}$$
$$pOH=4.30$$
$$pH=9.70$$

滴定过程中溶液 pH 可用类似的方法进行计算，结果见表 4-8。

表 4-8　用 0.1000 mol·L^{-1} NaOH 溶液滴定 20.00 mL 0.1000 mol·L^{-1} HCl 溶液时溶液 pH 的变化

滴入 NaOH 溶液的体积/ mL	滴定分数 a	剩余 HCl 溶液或过量 NaOH 溶液的体积/mL		溶液 pH	
0.00	0.000	20.00		1.00	
18.00	0.900	2.00		2.28	
19.80	0.990	0.20		3.30	
19.96	0.998	0.04		4.00	
19.98	0.999	0.02		4.30	突跃范围
20.00	1.000	0.00	化学计量点	7.00	
20.02	1.001	0.02		9.70	
20.04	1.002	0.04		10.00	
20.20	1.010	0.20		10.70	
22.00	1.100	2.00		11.68	
40.00	2.000	20.00		12.52	

3. 滴定曲线、滴定突跃及滴定突跃范围

以滴定剂(如 NaOH)加入量(或滴定分数)为横坐标，溶液 pH 为纵坐标绘制而成的曲线，称为滴定曲线。它反映了滴定过程中滴定剂加入量与溶液 pH 的关系，是选择指示剂的主要依据。图 4-5 中实线所示的是 0.1000 mol·L^{-1} NaOH 溶液滴定 20.00 mL 0.1000 mol·L^{-1} HCl 溶液的滴定曲线。

4-3 滴定曲线的计算机绘制

从图 4-5 可知，滴定开始时曲线比较平坦，随着滴定的进行，曲线逐渐向上倾斜，在化学计量点前后(±0.1%)发生急剧变化，此后变化又趋于缓慢。从表 4-8 可知，对于此滴定，化学计量点时 pH=7.00。当滴定分数从 0.999(-0.1%)变化至 1.001(+0.1%)时，溶液 pH 由 4.30 急剧增加至 9.70，增大了 5.4 个 pH 单位。在滴定分析中，把化学计量点前后0.1%溶液 pH 的突变，称为滴定突跃。滴定突跃所包括的 pH 范围称为滴定突跃范围。

用 0.100 0 $mol \cdot L^{-1}$ HCl 溶液滴定 0.100 0 $mol \cdot L^{-1}$ NaOH 溶液的滴定曲线如图 4-5 中虚线所示，其情况与 0.100 0 $mol \cdot L^{-1}$ NaOH 溶液滴定 0.100 0 $mol \cdot L^{-1}$ HCl 溶液相似，但 pH 变化方向相反，滴定突跃范围为 pH＝9.70～4.30。

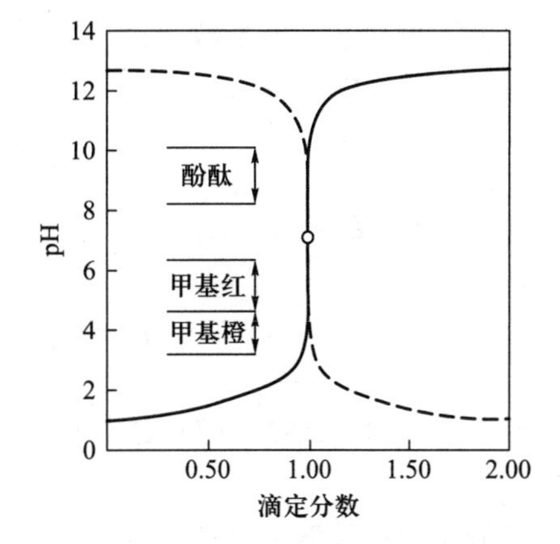

图 4-5 0.100 0 $mol \cdot L^{-1}$ NaOH 溶液滴定 0.100 0 $mol \cdot L^{-1}$ HCl 溶液的滴定曲线

4. 指示剂的选择

滴定突跃范围是选择指示剂的主要依据。目前，选择指示剂尚无统一定量的标准。一般原则：凡是变色范围全部或一部分落在滴定突跃范围之内的指示剂都可以作为该滴定的指示剂。显然，最理想的指示剂应该恰好在化学计量点变色，这样就不存在滴定误差。用 0.100 0 $mol \cdot L^{-1}$ NaOH 溶液滴定 0.100 0 $mol \cdot L^{-1}$ HCl 溶液的滴定突跃范围为 pH＝4.30～9.70，由表 4-5 可知，酚酞、甲基红、甲基橙均可作为此滴定的指示剂。

用 0.100 0 $mol \cdot L^{-1}$ HCl 溶液滴定 0.100 0 $mol \cdot L^{-1}$ NaOH 溶液时可选择酚酞和甲基红作指示剂。若选用甲基橙作指示剂，是从黄色滴到橙色(pH＝4，位于 9.70～4.30 之外)，因此将产生＋0.2%的滴定误差。为消除这一误差，需进行指示剂校正。方法是取 40 mL 0.050 $mol \cdot L^{-1}$ NaCl 溶液并加入与滴定时相同量的甲基橙(终点时的情况)，用 0.100 0 $mol \cdot L^{-1}$ HCl 溶液滴定至此溶液颜色恰好与滴定 NaOH 溶液时的溶液颜色相同为止，记录 HCl 溶液用量(此值称为校正值)。从滴定 NaOH 溶液时所消耗的 HCl 溶液体积中减去此校正值即为 HCl 溶液准确用量。

5. 影响滴定突跃范围大小的因素

图 4-6 所示为分别用 0.010 00 $mol \cdot L^{-1}$、0.100 0 $mol \cdot L^{-1}$、1.000 $mol \cdot L^{-1}$ NaOH 标准溶液滴定等浓度 HCl 溶液的滴定曲线，它们的滴定突跃范围分别为 5.30～8.70、4.30～9.70、3.30～10.70。由此可知，滴定突跃范围的大小与滴定剂和被滴定物质的浓度有关，溶液浓度越大，滴定突跃范围越大；反之亦然。当酸碱浓度增大 10 倍时，滴定突跃范围增加 2 个 pH 单位。因此，指示剂的选择受到浓度的限制，对于 0.010 00 $mol \cdot L^{-1}$ NaOH 溶液滴定 0.010 00 $mol \cdot L^{-1}$ HCl 溶液，由于突跃范围较小，就不能用甲基橙作指示剂，可用酚酞，最好用甲基红作指示剂。

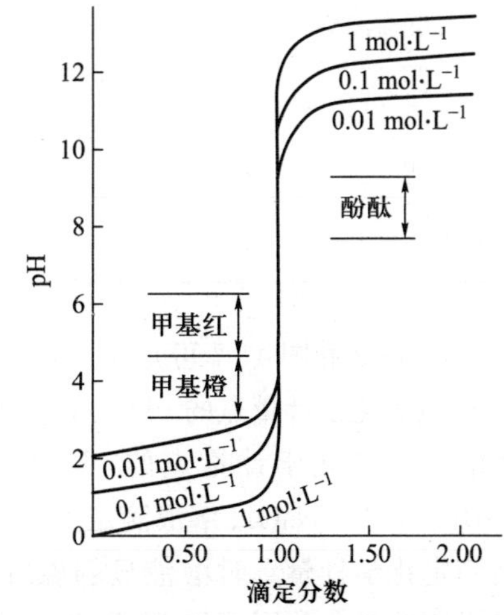

图 4-6 不同浓度 NaOH 溶液滴定等浓度 HCl 溶液的滴定曲线

4.8.2 强碱滴定一元弱酸

1. 滴定反应及平衡常数

滴定的基本反应为

$$OH^- + HA \rightleftharpoons A^- + H_2O$$

滴定反应的平衡常数为

$$K_t = \frac{[A^-]}{[OH^-][HA]} = \frac{K_a}{K_w}$$

由上述 K_t 的表达式可知，这类滴定反应的完全程度不如强酸滴定强碱或强碱滴定强酸。

2. 滴定曲线及滴定过程特点

表 4-9 给出了用 0.1000 mol·L^{-1}NaOH 溶液滴定 20 mL 0.1000 mol·L^{-1}HAc 溶液时溶液 pH 的变化。其滴定曲线见图 4-7。

表 4-9 用 0.1000 mol·L^{-1}NaOH 溶液滴定 20.00 mL 0.1000 mol·L^{-1} HAc 溶液时溶液 pH 的变化

滴入 NaOH 溶液的体积/ mL	滴定分数 a	剩余 HCl 溶液或过量 NaOH 溶液的体积/ mL	溶液 pH	
0.00	0.000	20.00	2.87	
18.00	0.900	2.00	5.70	
19.80	0.990	0.20	6.73	
19.98	0.999	0.02	7.74	突跃范围
20.00	1.000	0.00	化学计量点 8.72	突跃范围
20.02	1.001	0.02	9.70	突跃范围
20.04	1.002	0.04	10.00	
20.20	1.010	0.20	10.70	
22.00	1.100	2.00	11.68	
40.00	2.000	20.00	12.52	

从表 4-9 和图 4-7 可知，0.1000 mol·L^{-1}NaOH 溶液滴定 20 mL 0.1000 mol·L^{-1} HAc 溶液的化学计量点的 pH 为 8.72，滴定突跃范围为 pH=7.74～9.70。由此可知，强碱滴定弱酸的化学计量点的 pH 大于 7，滴定突跃范围比强碱滴定等浓度强酸（如 0.1000 mol·L^{-1}NaOH 溶液滴定0.1000 mol·L^{-1} HCl 溶液）约小 2 个 pH 单位。由于此类滴定化学计量点时溶液显弱碱性，因此必须使用可在碱性介质中变色的指示剂。由指示剂的变色范围可知，酚酞和百里酚蓝是这类滴定的最佳指示剂。

3. 影响滴定突跃范围的因素和能直接滴定的条件

强碱滴定弱酸的滴定突跃范围与酸的浓度和强度的关系如表 4-10 所示。由表中数据可知，当酸的浓度一定时，K_a越大即酸越强时，滴定突跃范围也越大。另一方面，当K_a一定时，酸的浓度越大，滴定突跃范围也越大。因此，强碱滴定弱酸的滴定突跃范围可用其浓度c和K_a的乘积表征。cK_a越大，滴定突跃范围越大。当滴定突跃范围太小，用指示剂确定终点将十分困难，无法直接准确滴定。

当用指示剂确定终点时，由于人眼判断能力的限制，确定终点时有±0.2～±0.3pH差异。通常，以ΔpH=±0.30作为指示剂判别终点的极限。根据酸碱滴定误差的大小可以看出，对于弱酸的滴定，如果$c_{HA}K_a \geqslant 10^{-8}$且指示剂能准确检测出化学计量点附近±0.2pH的变化，则滴定误差约为0.1%。因此，通常以$c_{HA}K_a \geqslant 10^{-8}$作为判断弱酸能否准确滴定的条件。

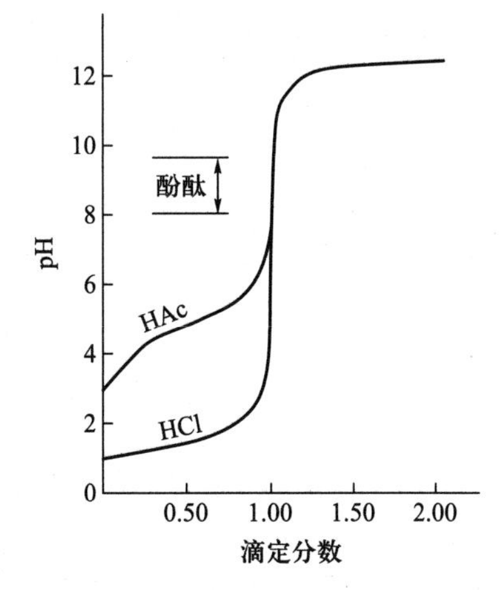

图4-7　0.1000 mol·L^{-1}NaOH溶液滴定0.1000 mol·L^{-1}HAc溶液的滴定曲线

表4-10　强碱滴定弱酸的滴定突跃范围与酸的浓度和强度的关系

pK_a	c=1.0 mol·L^{-1}		c=0.1 mol·L^{-1}		c=0.01 mol·L^{-1}	
	滴定突跃范围	ΔpH	滴定突跃范围	ΔpH	滴定突跃范围	ΔpH
5	8.00～11.00	3.00	8.00～10.00	2.00	7.96～9.04	1.08
6	9.00～11.00	2.00	8.96～10.04	1.08	8.79～9.21	0.42
7	9.96～11.02	1.06	9.79～10.21	0.42	9.43～9.57	0.14
8	10.79～11.21	0.42	10.43～10.57	0.14		
9	11.43～11.57	0.14				

4.8.3　强酸滴定一元弱碱

具有弱碱性的物质种类甚多，如氨水、甲胺、乙胺、二乙胺和乙醇胺等。它们都可被强酸滴定。强酸滴定一元弱碱与强碱滴定一元弱酸的情况类似。以0.1000 mol·L^{-1} HCl溶液滴定0.1000 mol·L^{-1}NH_3溶液为例，其滴定反应为

$$NH_3 + H^+ \rightleftharpoons NH_4^+$$

$$K_t = \frac{[NH_4^+]}{[NH_3][H^+]} = \frac{K_b}{K_w} = \frac{1.8\times10^{-5}}{1.0\times10^{-14}} = 10^{9.25}$$

滴定过程中溶液pH的变化和滴定曲线如表4-11和图4-8所示。

表 4-11 用 0.1000 $mol \cdot L^{-1}$ HCl 溶液滴定 20.00 mL 0.1000 $mol \cdot L^{-1}$ NH_3 溶液时溶液 pH 的变化

滴入 HCl 溶液的体积/ mL	滴定分数 a		pH	
0.00	0.000		11.13	
18.00	0.900		8.30	
19.80	0.990		7.25	
19.96	0.998		6.55	
19.98	0.999		6.25	突跃范围
20.00	1.000	化学计量点	5.28	
20.02	1.001		4.30	
20.20	1.010		3.30	
22.00	1.100		2.30	
40.00	2.000		1.30	

从表 4-11 和图 4-8 可知，HCl 溶液滴定 NH_3 溶液的化学计量点的 pH 为 5.28，滴定突跃范围为 pH＝6.25～4.30，应选择甲基红、溴甲酚绿和溴酚蓝等作指示剂。

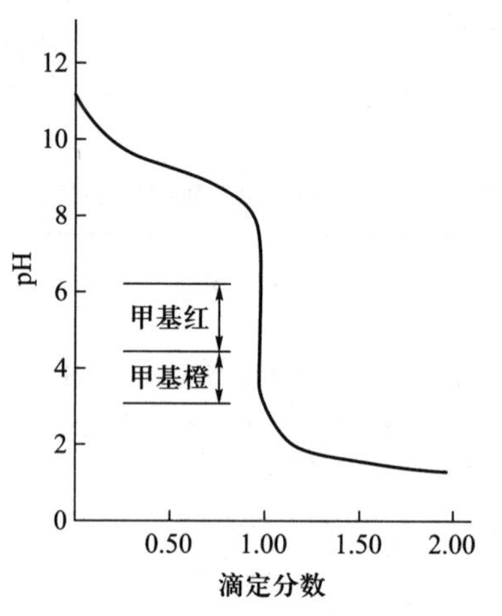

图 4-8 0.1000 $mol \cdot L^{-1}$ HCl 溶液滴定 0.1000 $mol \cdot L^{-1}$ NH_3 溶液的滴定曲线

与弱酸的滴定一样，弱碱的强度（K_b）和浓度（c）都会影响滴定突跃范围。以指示剂检测终点，只有当 $c_B K_b \geqslant 10^{-8}$ 时，才能准确进行滴定。

按照酸碱质子理论，重金属离子的水合物是酸，并且其相应的氢氧化物或水合氧化物都微溶于水。在适宜的条件下这些阳离子可以用 NaOH 溶液滴定。例如：

$$Al^{3+} + 3OH^- \longrightarrow Al(OH)_3$$

$$Cu^{2+} + 2OH^- \longrightarrow Cu(OH)_2$$

但是，用强碱直接滴定这些阳离子，由于碱式盐的生成常导致终点提前许多。为此，需事先加入一定量过量的标准碱溶液，再用标准酸溶液进行返滴定。

4.8.4 水溶液中极弱酸碱的滴定

某些极弱的酸或碱，由于其 $cK_a < 10^{-8}$ 或 $cK_b < 10^{-8}$，虽无法直接准确滴定，但可以通过下述方法进行滴定。

1. 通过某些化学反应使极弱酸强化

H_3BO_3 的 $pK_a = 9.24$，不能用 NaOH 溶液直接滴定。但通过 H_3BO_3 能与某些多元醇络合使其强化，便可用 NaOH 溶液滴定。例如，H_3BO_3 与甘露醇形成络合酸的反应为

$$2\begin{array}{c}\text{H}\\ |\\ \text{R—C—OH}\\ |\\ \text{R—C—OH}\\ |\\ \text{H}\end{array} + H_3BO_3 \rightleftharpoons \left[\begin{array}{ccccc}\text{H} & & & & \text{H}\\ | & & & & |\\ \text{R—C—O} & & & & \text{O—C—R}\\ | & \diagdown & & \diagup & |\\ & & \text{B} & & \\ | & \diagup & & \diagdown & |\\ \text{R—C—O} & & & & \text{O—C—R}\\ | & & & & |\\ \text{H} & & & & \text{H}\end{array}\right]^- H^+ + 3H_2O$$

生成的甘露醇酸的解离常数为 5.5×10^{-5}，可以酚酞作指示剂用 NaOH 溶液直接滴定。

H_3PO_4 的 $K_{a_3}=4.4\times10^{-13}$，通常只能按二元酸滴定。但如果在 HPO_4^{2-} 溶液中加入过量的钙盐，由于生成 $Ca_3(PO_4)_2$ 沉淀，定量置换出的 H^+ 可以酚酞作指示剂用 NaOH 溶液直接滴定。

2. 使弱酸(碱)变成共轭碱(酸)后再滴定

利用离子交换剂与溶液中离子的交换作用，一些极弱酸(如 NH_4Cl)、极弱碱(NaF)及中性盐(KNO_3)也可以用酸碱法测定。例如，NaF 溶液流经强酸型阳离子交换柱，磺酸基上的 H^+ 与溶液中 Na^+ 进行交换反应：

$$R—SO_3^- H^+ + NaF \rightleftharpoons R—SO_3^- Na^+ + HF$$

定量置换出的 HF，可用 NaOH 溶液直接滴定。

KNO_3 溶液流经季铵型阴离子交换柱时发生如下反应：

$$R—NR_3'—OH + KNO_3 \rightleftharpoons R—NR_3'—NO_3 + KOH$$

定量置换出的 KOH，可用标准 HCl 溶液滴定。

4.8.5 多元酸和混合酸的滴定

1. 多元酸的滴定

多元酸滴定中需要解决的问题是 H^+ 能否分步滴定，哪一级 H^+ 可被准确滴定，应选用何种指示剂，以及滴定误差的大小。

(1) 分步滴定和准确滴定的条件

一般而言，若多元酸两个相邻的 K_a 值之比 $K_{a_n}/K_{a_{n+1}}\geqslant10^5$，可以形成两个独立的滴定突跃，两个 H^+ 可以被分步滴定。进一步，多元酸的哪一级 H^+ 满足 $cK_{a_i}\geqslant10^{-8}$，则该级 H^+ 可被准确滴定。

例如，H_3PO_4 的 $K_{a_1}=7.6\times10^{-3}$、$K_{a_2}=6.3\times10^{-8}$、$K_{a_3}=4.4\times10^{-13}$，用 $0.10\ mol\cdot L^{-1}$ NaOH 溶液滴定 $0.10\ mol\cdot L^{-1}$ H_3PO_4 溶液时，因为 $K_{a_1}/K_{a_2}=10^{5.1}>10^5$、$K_{a_2}/K_{a_3}=10^{5.2}>10^5$，又 $cK_{a_1}>10^{-8}$、$cK_{a_2}=2.1\times10^{-9}$、$cK_{a_3}\ll10^{-8}$，所以 H_3PO_4 的第一级解离和第二级解离的 H^+ 均可分步直接滴定，而第三级解离的 H^+ 不能直接准确滴定。其滴定曲线如图 4-9 所示。

(2) 化学计量点 pH 的计算和指示剂的选择

多元酸滴定曲线的准确计算涉及比较麻烦的数学处理。在实际工作中，通常仅计算化学计量点的 pH，为选择指示剂提供依据。

用 0.10 $mol \cdot L^{-1}$ NaOH 溶液滴定 0.10 $mol \cdot L^{-1}$ H_3PO_4溶液时第一、第二化学计量点的 pH 计算如下。

第一化学计量点：产物为两性物质 NaH_2PO_4，浓度为 0.050 $mol \cdot L^{-1}$，由于$K_{a_2}c > 20K_w$、$c < 20K_{a_1}$，故

$$[H^+]=\sqrt{\frac{K_{a_1}K_{a_2}c}{K_{a_1}+c}}$$

$$=\sqrt{\frac{7.6\times10^{-3}\times6.3\times10^{-8}\times0.050}{7.6\times10^{-3}+0.050}}\ mol \cdot L^{-1}$$

$$=2.0\times10^{-5}\ mol \cdot L^{-1}$$

$$pH=4.70$$

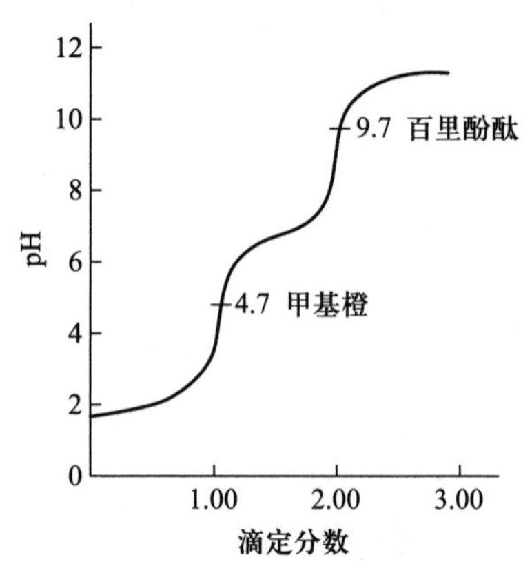

图 4-9　0.10 $mol \cdot L^{-1}$ NaOH 溶液滴定 0.10 $mol \cdot L^{-1}$ H_3PO_4溶液的滴定曲线

可选用甲基橙、溴酚蓝或溴甲酚绿作指示剂。若用甲基橙为指示剂，滴至 pH≈4.40，终点由红变黄，滴定误差约为−0.5%。若用溴酚蓝，滴至 pH≈4.6，终点由黄变紫，滴定误差约为−0.35%。

第二化学计量点：产物为两性物质HPO_4^{2-}，浓度为 0.033 $mol \cdot L^{-1}$，$K_{a_3}c=4.4\times10^{-13}\times0.033\approx K_w$，$c>20K_{a_2}$，故

$$[H^+]=\sqrt{\frac{K_{a_2}(K_{a_3}c+K_w)}{c}}$$

$$=\sqrt{\frac{6.3\times10^{-8}\times(4.4\times10^{-13}\times0.033+1.0\times10^{-14})}{0.033}}\ mol \cdot L^{-1}$$

$$=2.2\times10^{-10}\ mol \cdot L^{-1}$$

$$pH=9.66$$

应选用百里酚酞(变色点 pH≈10)作指示剂，终点颜色由无色变为浅蓝，滴定误差约为 0.3%。

由于 K_{a_3} 太小，$K_{a_3}c \ll 10^{-8}$，第三个 H^+ 不能直接准确滴定，如前所述，可用弱酸强化的办法滴定。

2. 混合酸的滴定

混合酸的滴定与多元酸的滴定相类似。设有两种一元弱酸 HA 和 HB，浓度和解离常数分别为 c_{HA}、K_{HA}和 c_{HB}、K_{HB}。

若 $c_{HA}K_{HA}/c_{HB}K_{HB} \geqslant 10^5$，且 $c_{HA}K_{HA} \geqslant 10^{-8}$、$c_{HB}K_{HB} \geqslant 10^{-8}$，滴定过程中能形成两个独立的滴定突跃，HA 和 HB 可被分别滴定。

若 $c_{HA}K_{HA}/c_{HB}K_{HB} \leqslant 10^5$，但 $c_{HA}K_{HA} \geqslant 10^{-8}$、$c_{HB}K_{HB} \geqslant 10^{-8}$，HA 和 HB 不能被分别滴定，只能滴定总量。

若 $c_{HA}K_{HA}/c_{HB}K_{HB} \geqslant 10^5$、$c_{HA}K_{HA} \geqslant 10^{-8}$，但 $c_{HB}K_{HB} \leqslant 10^{-8}$，滴定过程中只能形成第一个滴定突跃，只能准确滴定 HA。

根据化学计量点时溶液的组成，计算滴定 HA 化学计量点时的$[H^+]$的最简式为

$$[H^+]=\sqrt{\frac{c_{HB}K_{HA}K_{HB}}{c_{HA}}} \tag{4-49}$$

若 $c_{HA}=c_{HB}$，式(4-49)简化为

$$[H^+]=\sqrt{K_{HA}K_{HB}} \tag{4-50}$$

4.8.6 多元碱的滴定

无机多元碱通常指多元酸与强碱作用生成的盐，如 $Na_2B_4O_7$、Na_2CO_3等。硼砂($Na_2B_4O_7\cdot10H_2O$)在水溶液中的解离如下：

$$B_4O_7^{2-}+5H_2O \rightleftharpoons 2H_3BO_3+2H_2BO_3^-$$

H_3BO_3的 $K_a=5.8\times10^{-10}$，是非常弱的酸，其共轭碱 $H_2BO_3^-$ 是较强的碱：

$$K_b=\frac{K_w}{K_a}=\frac{1.0\times10^{-14}}{5.8\times10^{-10}}=1.7\times10^{-5}$$

如果硼酸的浓度不是很稀，则 $cK_b>10^{-8}$，可用强酸进行直接滴定。滴定的基本反应为

$$H_2BO_3^-+H^+ \rightleftharpoons H_3BO_3$$

或

$$B_4O_7^{2-}+2H^++5H_2O \rightleftharpoons 4H_3BO_3$$

化学计量点的 pH 由 H_3BO_3的浓度决定。当用 0.100 0 $mol\cdot L^{-1}$ HCl 溶液滴定 0.050 00 $mol\cdot L^{-1}$ $Na_2B_4O_7$溶液，滴定开始前，溶液中生成 0.100 0 $mol\cdot L^{-1}$的 H_3BO_3和 0.100 0 $mol\cdot L^{-1}$ $H_2BO_3^-$，滴定至化学计量点时溶液中 $H_2BO_3^-$ 全部转化为 H_3BO_3。由于 $K_ac>20K_w$，$c/K_a>500$，故

$$[H^+]=\sqrt{K_ac}=\sqrt{5.8\times10^{-10}\times0.100\,0}\ mol\cdot L^{-1}=7.6\times10^{-6}\ mol\cdot L^{-1}$$
$$pH=5.12$$

甲基红变色点的 pH≈5.1，选作指示剂十分合适。

Na_2CO_3 是二元碱，$K_{b_1}=\frac{K_w}{K_{a_2}}=1.8\times10^{-4}$、$K_{b_2}=\frac{K_w}{K_{a_1}}=2.4\times10^{-8}$，用 0.100 0 $mol\cdot L^{-1}$ HCl 溶液滴定 0.100 0 $mol\cdot L^{-1}$ Na_2CO_3溶液时，由于 $K_{b_1}/K_{b_2}=\frac{1.8\times10^{-4}}{2.4\times10^{-8}}<10^5$，不满足分步滴定的要求，但如果将误差放宽为 0.5%～1%，则认为可分步滴定。

第一化学计量点为HCO_3^- 溶液，pH 为

$$[H^+]=\sqrt{K_{a_1}K_{a_2}}=\sqrt{4.2\times10^{-7}\times5.6\times10^{-11}}\ mol\cdot L^{-1}=4.8\times10^{-9}\ mol\cdot L^{-1}$$

$$pH=8.32$$

可选用酚酞作指示剂。

第二化学计量点为 H_2CO_3（CO_2的饱和溶液），其浓度约为 0.04 mol·L^{-1}。由前所述，H_2CO_3可按一元弱酸处理，溶液的 pH 为

$$[H^+]=\sqrt{K_{a_1}c}=\sqrt{4.2\times10^{-7}\times0.04}\ \text{mol·L}^{-1}=1.3\times10^{-4}\ \text{mol·L}^{-1}$$

$$pH=3.89$$

应选用甲基橙作指示剂。但是，由于此时很容易形成 CO_2的过饱和溶液，滴定过程中生成的 H_2CO_3只能缓慢地转变为 CO_2，导致溶液的酸度稍稍增大，使终点提前出现。因此，在滴定终点附近应剧烈摇动溶液。

上述介绍的酸碱滴定都是在水溶液中进行的。水虽然是最常见最廉价的溶剂，但是水溶液中的酸碱滴定法仍具有以下局限性。a. K_a或 K_b小于 10^{-7}的弱酸或弱碱，由于没有明显的滴定突跃，一般不能准确滴定；b. 许多有机化合物在水中的溶解度很小，导致滴定无法进行；c. 强酸或强碱在水溶液中无法进行分别滴定；d. pK_{a_1}、pK_{a_2}相近的多元酸或 pK_{HA}、pK_{HB}相近的混合酸不能分步或分别滴定。如果采用非水溶剂作为滴定介质，不仅可以改变物质的酸碱性质，还可以增大有机化合物的溶解度，从而扩大酸碱滴定的应用范围。限于篇幅，本书对非水滴定不作详细介绍。若有需要，读者可参阅有关书籍或二维码 4-4。

4-4 非水溶液中的酸碱滴定

4.8.7 酸碱滴定中 CO_2影响

酸碱滴定中，有时 CO_2的影响是不容忽略的。水中溶解的 CO_2、标准碱溶液和配制标准碱溶液的试剂本身吸收了 CO_2及滴定过程中溶液不断吸收 CO_2等是其主要来源。在酸碱滴定过程中，虽然 CO_2的影响是多方面的，但最重要的是根据终点时溶液的 pH 确定有多少 CO_2被碱滴定。表 4-12 给出了不同 pH 时 H_2CO_3溶液中各型体的分布。由表可见，在不同 pH 结束滴定，CO_2引起的误差是不同的。同样，当用含有 CO_3^{2-} 的标准碱溶液滴定酸时，终点时溶液 pH 不同，CO_3^{2-} 被滴定的情况也各异。很明显，终点时溶液的 pH 越低，CO_2的影响就越小。一般而言，若终点时溶液的 pH<5，CO_2的影响可忽略不计。

表 4-12 不同 pH 时 H_2CO_3溶液中各型体的分布

pH	$\delta_{H_2CO_3}$	$\delta_{HCO_3^-}$	$\delta_{CO_3^{2-}}$
4	0.996	0.004	0.000
5	0.960	0.040	0.000
6	0.704	0.296	0.000
7	0.192	0.808	0.000
8	0.023	0.971	0.006
9	0.002	0.945	0.053

4.9 终点误差

在滴定分析中，由于滴定终点(ep)与化学计量点(sp)不一致所产生的误差，称为终点误差或滴定误差(titration error，E_t)，它不包括滴定操作本身所引起的误差。

4.9.1 强碱滴定强酸或强酸滴定强碱终点误差的计算

1. 强碱滴定强酸

以 NaOH 溶液滴定 HCl 溶液为例。若终点在化学计量点之后，此时 NaOH 溶液滴加多了。溶液的 PBE 为

$$c_{NaOH(过量)}+[H^+]_{ep}=[OH^-]_{ep}$$

由上式可得

$$c_{NaOH(过量)}=[OH^-]_{ep}-[H^+]_{ep}$$

即过量 NaOH 的浓度应为$[OH^-]_{ep}$减去水解离所产生的$[OH^-]$，而水解离产生的$[OH^-]$与$[H^+]_{ep}$是相等的。故

$$\begin{aligned}E_t&=\frac{过量\ NaOH\ 的物质的量}{化学计量点时应加入的\ NaOH\ 的物质的量}\times 100\%\\&=\frac{过量\ NaOH\ 的物质的量}{HCl\ 的物质的量^{①}}\times 100\%\\&=\frac{([OH^-]_{ep}-[H^+]_{ep})V_{ep}^{②}}{c_{HCl}^{sp}V_{sp}}\times 100\%\\&=\frac{[OH^-]_{ep}-[H^+]_{ep}}{c_{HCl}^{sp}}\times 100\%\\&=\frac{\dfrac{K_w}{[H^+]_{ep}}-[H^+]_{ep}}{c_{HCl}^{sp}}\times 100\%\end{aligned}\qquad(4-51)$$

在分析化学中，化学计量点和终点的酸度是用 pH 而不是用$[H^+]$表示的，酸碱指示剂的变色点和变色范围也是用 pH 表示的。若终点的 pH_{ep}与化学计量点的 pH_{sp}之差用 ΔpH 表示，即

$$\Delta pH=pH_{ep}-pH_{sp}$$

则

---

① HCl 与 NaOH 反应的化学计量比为 1∶1。

② 一般终点离化学计量点不远，$V_{ep}\approx V_{sp}$。

$$\Delta pH=-\lg[H^+]_{ep}+\lg[H^+]_{sp}=\lg\frac{[H^+]_{sp}}{[H^+]_{ep}}$$

由上式得

$$[H^+]_{ep}=\frac{[H^+]_{sp}}{10^{\Delta pH}}=\sqrt{K_w}\cdot 10^{-\Delta pH}$$

代入式(4-51)得

$$\begin{aligned}E_t&=\frac{\dfrac{K_w}{\sqrt{K_w}\cdot 10^{-\Delta pH}}-\sqrt{K_w}\cdot 10^{-\Delta pH}}{c_{HCl}^{sp}}\times 100\%\\&=\frac{\sqrt{K_w}(10^{\Delta pH}-10^{-\Delta pH})}{c_{HCl}^{sp}}\times 100\%\\&=\frac{\sqrt{\dfrac{1}{K_t}}(10^{\Delta pH}-10^{-\Delta pH})}{c_{HCl}^{sp}}\times 100\%\\&=\frac{10^{\Delta pH}-10^{-\Delta pH}}{\sqrt{K_t c_{HCl}^{sp}}}\times 100\%\end{aligned}$$

若终点在化学计量点之前,可证明上式仍成立,一般则有

$$E_t=\frac{10^{\Delta pH}-10^{-\Delta pH}}{\sqrt{K_t c_{强酸}^{sp}}}\times 100\% \tag{4-52}$$

需指出的是,式(4-52)为以林邦公式形式表示的计算强碱滴定强酸终点误差的公式,且 $E_t>0$,为正误差,$E_t<0$,为负误差。

例 4.29 计算用 0.1000 $mol\cdot L^{-1}$ NaOH 溶液滴定 0.1000 $mol\cdot L^{-1}$ HCl 溶液至酚酞变微红(pH=9.00)的终点误差。

解 方法 1

$$pH_{ep}=9.00,\quad pOH_{ep}=5.00$$

由式(4-51)得

$$E_t=\frac{[OH^-]_{ep}-[H^+]_{ep}}{c_{HCl}^{sp}}\times 100\%=\frac{10^{-5.00}-10^{-9.00}}{0.05000}\times 100\%=0.02\%$$

方法 2

$$pH_{ep}=9.00,\quad pH_{sp}=7.00$$

$$\Delta pH=pH_{ep}-pH_{sp}=9.00-7.00=2.00$$

由式(4-52)得

$$E_t=\frac{10^{\Delta pH}-10^{-\Delta pH}}{\sqrt{K_t c_{HCl}^{sp}}}\times100\%=\frac{10^{2.00}-10^{-2.00}}{\sqrt{10^{14}\times0.05000}}\times100\%=0.02\%$$

2. 强酸滴定强碱

以 HCl 溶液滴定 NaOH 溶液为例。若终点在化学计量点之后，此时 HCl 溶液滴加多了。溶液的 PBE 为

$$[H^+]_{ep}=c_{HCl(过量)}+[OH^-]_{ep}$$

由上式可得

$$c_{HCl(过量)}=[H^+]_{ep}-[OH^-]_{ep}$$

即过量 HCl 的浓度应为$[H^+]_{ep}$减去水解离所产生的$[H^+]$，而水解离产生的$[H^+]$与$[OH^-]_{ep}$是相等的。故

$$\begin{aligned}E_t&=\frac{过量\ HCl\ 的物质的量}{化学计量点时应加入的\ HCl\ 的物质的量}\times100\%\\&=\frac{过量\ HCl\ 的物质的量}{NaOH\ 的物质的量}\times100\%\\&=\frac{([H^+]_{ep}-[OH^-]_{ep})V_{ep}}{c_{NaOH}^{sp}V_{sp}}\times100\%\\&=\frac{[H^+]_{ep}-[OH^-]_{ep}}{c_{NaOH}^{sp}}\times100\%\\&=\frac{[H^+]_{ep}-\frac{K_w}{[H^+]_{ep}}}{c_{NaOH}^{sp}}\times100\%\end{aligned}\tag{4-53}$$

令 $\Delta pH=pH_{ep}-pH_{sp}$，可证明

$$E_t=\frac{10^{-\Delta pH}-10^{\Delta pH}}{\sqrt{K_t c_{NaOH}^{sp}}}\times100\%$$

若终点在化学计量点之前，可证明上式仍成立，一般则有

$$E_t=\frac{10^{-\Delta pH}-10^{\Delta pH}}{\sqrt{K_t c_{强碱}^{sp}}}\times100\%\tag{4-54}$$

式(4-54)为以林邦公式形式表示的计算强酸滴定强碱终点误差的公式，且$E_t>0$，为正误差，$E_t<0$，为负误差。

例 4.30 计算用 0.100 0 $mol\cdot L^{-1}$ HCl 溶液滴定 0.100 0 $mol\cdot L^{-1}$ NaOH 溶液至甲基橙变黄(pH=4.40)的终点误差。

解 方法 1

$$pH_{ep}=4.40,\quad pOH_{ep}=9.60$$

由式(4-53)得

$$E_t=\frac{[H^+]_{ep}-[OH^-]_{ep}}{c_{NaOH}^{sp}}\times100\%=\frac{10^{-4.40}-10^{-9.60}}{0.050\ 00}\times100\%=0.08\%$$

方法 2

$$pH_{ep}=4.40,\quad pH_{sp}=7.00$$

$$\Delta pH=pH_{ep}-pH_{sp}=4.40-7.00=-2.60$$

由式(4-54)得

$$E_t=\frac{10^{-\Delta pH}-10^{\Delta pH}}{\sqrt{K_t c_{NaOH}^{sp}}}\times100\%=\frac{10^{2.60}-10^{-2.60}}{\sqrt{10^{14}}\times0.050\ 00}\times100\%=0.08\%$$

4.9.2 强碱滴定一元弱酸或强酸滴定一元弱碱终点误差的计算

1. 强碱滴定一元弱酸

以 NaOH 溶液滴定一元弱酸 HA 溶液为例，若终点在化学计量点之后，此时溶液由弱碱 A^- 和强碱 NaOH 组成，PBE 为

$$c_{NaOH(过量)}+[H^+]_{ep}+[HA]_{ep}=[OH^-]_{ep}$$

由上式可得

$$c_{NaOH(过量)}=[OH^-]_{ep}-[H^+]_{ep}-[HA]_{ep}$$

考虑到计算终点误差时对精确度要求不高，且滴定弱酸时的终点多为碱性，$[H^+]_{ep}$ 可忽略，故

$$\begin{aligned}E_t&=\frac{[OH^-]_{ep}-[HA]_{ep}}{c_{HA}^{sp}}\times100\%\\&=\frac{\dfrac{K_w}{[H^+]_{ep}}-\dfrac{[H^+]_{ep}[A^-]_{ep}}{K_a}}{c_{HA}^{sp}}\times100\%\end{aligned}\tag{4-55}$$

令 $\Delta pH=pH_{ep}-pH_{sp}$，则

$$[H^+]_{ep}=[H^+]_{sp}\cdot10^{-\Delta pH}$$

又由 $[OH^-]_{sp}=\sqrt{K_b c_{A^-}^{sp}}$， $\dfrac{K_w}{[H^+]_{sp}}=\sqrt{K_b c_{A^-}^{sp}}$ 可得

$$[H^+]_{sp}=\frac{K_w}{\sqrt{K_b c_{A^-}^{sp}}}=\sqrt{\frac{K_w^2}{K_b c_{A^-}^{sp}}}=\sqrt{\frac{K_a K_w}{c_{HA}^{sp}}}$$

即

$$[\mathrm{H}^+]_{sp}=\sqrt{\frac{K_aK_w}{c_{HA}^{sp}}}$$

将上式代入$[\mathrm{H}^+]_{ep}=[\mathrm{H}^+]_{sp}\cdot 10^{-\Delta pH}$得

$$[\mathrm{H}^+]_{ep}=\sqrt{\frac{K_aK_w}{c_{HA}^{sp}}}\cdot 10^{-\Delta pH}$$

将$[\mathrm{A}^-]_{ep}\approx c_{HA}^{sp}$和上式代入式(4-55)得

$$E_t=\frac{\dfrac{K_w}{\sqrt{\dfrac{K_aK_w}{c_{HA}^{sp}}}\cdot 10^{-\Delta pH}}-\dfrac{\sqrt{\dfrac{K_aK_w}{c_{HA}^{sp}}}\cdot 10^{-\Delta pH}c_{HA}^{sp}}{K_a}}{c_{HA}^{sp}}\times 100\%$$

$$=\frac{\sqrt{\dfrac{K_wc_{HA}^{sp}}{K_a}}(10^{\Delta pH}-10^{-\Delta pH})}{c_{HA}^{sp}}\times 100\%$$

将$K_t=\dfrac{K_a}{K_w}$代入上式整理得

$$E_t=\frac{10^{\Delta pH}-10^{-\Delta pH}}{\sqrt{K_tc_{HA}^{sp}}}\times 100\% \qquad (4-56)$$

若终点在化学计量点之前可证明上式仍成立。

式(4-56)为以林邦公式形式表示的计算强碱滴定一元弱酸终点误差的公式,且$E_t>0$,为正误差,$E_t<0$,为负误差。

例 4.31 计算用 0.1000 mol·L^{-1}NaOH 溶液滴定 0.1000 mol·L^{-1}HAc 溶液至 pH 为 9.00 时的终点误差。

解 方法1

$$\mathrm{pH}_{ep}=9.00,\quad \mathrm{pOH}_{ep}=5.00$$

由式(4-55)得

$$E_t=\frac{[\mathrm{OH}^-]_{ep}-[\mathrm{HAc}]_{ep}}{c_{HAc}^{sp}}\times 100\%$$

$$=\left(\frac{[\mathrm{OH}^-]_{ep}}{c_{HAc}^{sp}}-\frac{[\mathrm{HAc}]_{ep}}{c_{HAc}^{sp}}\right)\times 100\%$$

$$=\left(\frac{[\mathrm{OH}^-]_{ep}}{c_{HAc}^{sp}}-\delta_{HAc}^{ep}\right)\times 100\%$$

$$=\left(\frac{10^{-5.00}}{0.05000}-\frac{10^{-9.00}}{10^{-9.00}+1.8\times 10^{-5}}\right)\times 100\%$$

$$=0.02\%$$

方法 2

$$pH_{ep}=9.00$$

$$[OH^-]_{sp}=\sqrt{\frac{10^{-14}}{1.8\times10^{-5}}\times0.05000}\ mol\cdot L^{-1}=5.3\times10^{-6}\ mol\cdot L^{-1}$$

$$pOH_{sp}=5.28,\quad pH_{sp}=8.72$$

$$\Delta pH=pH_{ep}-pH_{sp}=9.00-8.72=0.28$$

$$K_t=\frac{K_a}{K_w}=\frac{1.8\times10^{-5}}{10^{-14}}=1.8\times10^{9}$$

由式(4-56)得

$$E_t=\frac{10^{0.28}-10^{-0.28}}{\sqrt{1.8\times10^{9}\times0.05000}}\times100\%\approx0.02\%$$

例 4.32 设用指示剂指示终点时的 $\Delta pH=0.30$，若要求 $E_t=2\times10^{-3}$，试推导用强碱标准溶液准确滴定等浓度弱酸 HA 的条件。

证明 由式(4-56)可得

$$\sqrt{K_t c_{HA}^{sp}}=\frac{10^{\Delta pH}-10^{-\Delta pH}}{E_t}$$

即

$$\sqrt{\frac{K_a}{K_w}c_{HA}^{sp}}=\frac{10^{\Delta pH}-10^{-\Delta pH}}{E_t}$$

故

$$\begin{aligned}c_{HA}K_a&=\left(\frac{10^{\Delta pH}-10^{-\Delta pH}}{E_t}\right)^2\times2K_w\\&=\left(\frac{10^{0.30}-10^{-0.30}}{2\times10^{-3}}\right)^2\times2\times10^{-14}\\&=1.1\times10^{-8}\end{aligned}$$

由此例可知，若指示剂能指示化学计量点附近 ±0.3pH 且要求滴定误差为 ±0.2%，弱酸能被准确滴定的条件为 $c_{HA}K_a\geqslant10^{-8}$。显然，当 ΔpH 和 E_t 改变时，准确滴定的条件也随着改变。

2. 强酸滴定一元弱碱

以 HCl 溶液滴定一元弱碱 A^- 溶液为例，若终点在化学计量点之后，此时溶液由弱酸 HA 和强酸 HCl 组成，PBE 为

$$[H^+]_{ep}=[OH^-]_{ep}+[A^-]_{ep}+c_{HCl(过量)}$$

由上式可得

$$c_{HCl(过量)}=[H^+]_{ep}-[OH^-]_{ep}-[A^-]_{ep}$$

考虑到计算终点误差时对精确度要求不高，且滴定弱酸时的终点多为酸性，$[OH^-]_{ep}$可忽略，故

$$E_t=\frac{[H^+]_{ep}-[A^-]_{ep}}{c_{A^-}^{sp}}\times100\%$$

$$=\frac{[H^+]_{ep}-\dfrac{[HA]_{ep}[OH^-]_{ep}}{K_b}}{c_{A^-}^{sp}}\times100\% \tag{4-57}$$

令 $\Delta pH=pH_{ep}-pH_{sp}$，则

$$[H^+]_{ep}=[H^+]_{sp}\cdot10^{-\Delta pH}$$

又由$[H^+]_{sp}=\sqrt{K_a c_{HA}^{sp}}=\sqrt{\dfrac{K_w}{K_b}c_{A^-}^{sp}}$，可得

$$[H^+]_{ep}=\sqrt{\frac{K_w}{K_b}c_{A^-}^{sp}}\cdot10^{-\Delta pH}$$

将$[HA]_{ep}\approx c_{A^-}^{sp}$和上式代入式(4-57)得

$$E_t=\frac{\sqrt{\dfrac{K_w}{K_b}c_{A^-}^{sp}}\cdot10^{-\Delta pH}-\dfrac{c_{A^-}^{sp}K_w}{K_b\cdot\sqrt{\dfrac{K_w}{K_b}c_{A^-}^{sp}}\cdot10^{-\Delta pH}}}{c_{A^-}^{sp}}\times100\%$$

$$=\frac{\sqrt{\dfrac{K_w c_{A^-}^{sp}}{K_b}}(10^{-\Delta pH}-10^{\Delta pH})}{c_{A^-}^{sp}}\times100\%$$

将 $K_t=\dfrac{K_b}{K_w}$代入上式整理得

$$E_t=\frac{10^{-\Delta pH}-10^{\Delta pH}}{\sqrt{K_t c_{A^-}^{sp}}}\times100\% \tag{4-58}$$

若终点在化学计量点之前可证明上式仍成立。

式(4-58)为以林邦公式形式表示的计算强酸滴定一元弱碱终点误差的公式，且$E_t>0$，为正误差，$E_t<0$，为负误差。

例 4.33 计算用 0.1000 $mol\cdot L^{-1}$ HCl 溶液滴定 0.1000 $mol\cdot L^{-1}$ NH_3溶液至甲基橙变黄(pH=4.40)时的终点误差。

解 方法 1

$$pH_{ep}=4.40,\quad pOH_{ep}=9.60$$

由式(4-57)得

$$
\begin{aligned}
E_t &= \frac{[H^+]_{ep} - [NH_3]_{ep}}{c_{NH_3}^{sp}} \times 100\% \\
&= \left(\frac{[H^+]_{ep}}{c_{NH_3}^{sp}} - \frac{[NH_3]_{ep}}{c_{NH_3}^{sp}}\right) \times 100\% \\
&= \left(\frac{[H^+]_{ep}}{c_{NH_3}^{sp}} - \delta_{NH_3}^{ep}\right) \times 100\% \\
&= \left(\frac{10^{-4.40}}{0.050\,00} - \frac{10^{-9.60}}{10^{-9.60} + 1.8 \times 10^{-5}}\right) \times 100\% \\
&= 0.08\%
\end{aligned}
$$

方法 2

$$pH_{ep} = 4.40$$

$$
\begin{aligned}
[H^+]_{sp} &= \sqrt{K_a c_{NH_4^+}^{sp}} = \sqrt{\frac{K_w}{K_b} c_{NH_4^+}^{sp}} \\
&= \sqrt{\frac{10^{-14}}{1.8 \times 10^{-5}} \times 0.050\,00} \ \text{mol} \cdot \text{L}^{-1} \\
&= 5.3 \times 10^{-6} \ \text{mol} \cdot \text{L}^{-1}
\end{aligned}
$$

$$pH_{sp} = 5.28$$

$$\Delta pH = pH_{ep} - pH_{sp} = 4.40 - 5.28 = -0.88$$

$$K_t = \frac{K_b}{K_w} = \frac{1.8 \times 10^{-5}}{10^{-14}} = 1.8 \times 10^9$$

由式(4-58)得

$$E_t = \frac{10^{-(-0.88)} - 10^{-0.88}}{\sqrt{1.8 \times 10^9 \times 0.050\,00}} \times 100\% \approx 0.08\%$$

4.9.3 多元酸分步滴定终点误差的计算

以 NaOH 溶液滴定三元弱酸 H_3A 溶液为例，第一化学计量点产物为 H_2A^-，溶液的 PBE 为

$$[H^+] + [H_3A] = [OH^-] + [HA^{2-}] + 2[A^{3-}]$$

若终点在化学计量点之后，此时溶液的 PBE 为

$$c_{NaOH(过量)} + [H^+]_{ep_1} + [H_3A]_{ep_1} = [OH^-]_{ep_1} + [HA^{2-}]_{ep_1} + 2[A^{3-}]_{ep_1}$$

由上式可得

$$
\begin{aligned}
c_{NaOH(过量)} &= [OH^-]_{ep_1} + [HA^{2-}]_{ep_1} + 2[A^{3-}]_{ep_1} - [H^+]_{ep_1} - [H_3A]_{ep_1} \\
&\approx [HA^{2-}]_{ep_1} - [H_3A]_{ep_1}
\end{aligned}
$$

所以

$$E_t = \frac{[HA^{2-}]_{ep_1} - [H_3A]_{ep_1}}{c_{H_3A}^{sp_1}} \times 100\%$$

$$= \frac{\dfrac{K_{a_2}[H_2A^-]_{ep_1}}{[H^+]_{ep_1}} - \dfrac{[H^+]_{ep_1}[H_2A^-]_{ep_1}}{K_{a_1}}}{c_{H_3A}^{sp_1}} \times 100\% \qquad (4-59)$$

将$[H_2A^-] \approx c_{H_3A}^{sp_1}$和$[H^+]_{ep_1} = [H^+]_{sp_1} \cdot 10^{-\Delta pH} = \sqrt{K_{a_1}K_{a_2}} \cdot 10^{-\Delta pH}$代入式(4-59)整理得

$$E_t = \frac{10^{\Delta pH} - 10^{-\Delta pH}}{\sqrt{\dfrac{K_{a_1}}{K_{a_2}}}} \times 100\% \qquad (4-60)$$

用相似的方法可推导出第二终点的误差公式为

$$E_t = \frac{10^{\Delta pH} - 10^{-\Delta pH}}{2\sqrt{\dfrac{K_{a_2}}{K_{a_3}}}} \times 100\% \qquad (4-61)$$

若终点在化学计量点之前,可证明上两式仍成立。

式(4-60)、式(4-61)为以林邦公式形式表示的计算多元酸分步滴定第一终点和第二终点的误差公式,且$E_t > 0$,为正误差,$E_t < 0$,为负误差。需指出的是,多元酸分步滴定的终点误差与溶液浓度无关。

例 4.34 用 0.1000 mol·L^{-1}NaOH 溶液滴定 0.1000 mol·L^{-1} H_3PO_4溶液,计算滴定至 a. pH=4.40 和 b. pH=10.00 时的终点误差。

解 a. $pH_{ep_1} = 4.40$

第一化学计量点时产物为 $H_2PO_4^-$,$c_{H_3PO_4}^{sp_1} = 0.05000$ mol·L^{-1}

$$[H^+]_{sp_1} = \sqrt{\frac{K_{a_1}K_{a_2}c_{H_3PO_4}^{sp_1}}{K_{a_1} + c_{H_3PO_4}^{sp_1}}}$$

$$= \sqrt{\frac{7.6\times10^{-3}\times6.3\times10^{-8}\times0.05000}{7.6\times10^{-3}+0.05000}}\ \text{mol·L}^{-1}$$

$$= 2.0\times10^{-5}\ \text{mol·L}^{-1}$$

$$pH_{sp_1} = 4.70$$

$$\Delta pH = 4.40 - 4.70 = -0.30$$

$$E_t = \frac{10^{\Delta pH} - 10^{-\Delta pH}}{\sqrt{\dfrac{K_{a_1}}{K_{a_2}}}} \times 100\% = \frac{10^{-0.30} - 10^{0.30}}{\sqrt{\dfrac{7.6\times10^{-3}}{6.3\times10^{-8}}}} \times 100\% = -0.4\%$$

b. $pH_{ep_2}=10.00$

第二化学计量点时产物为HPO_4^{2-}，$c_{H_3PO_4}^{sp_2}\approx 0.033\ mol\cdot L^{-1}$

$$[H^+]_{sp_2}=\sqrt{\frac{K_{a_2}(K_{a_3}c_{H_3PO_4}^{sp_2}+K_w)}{K_{a_2}+c_{H_3PO_4}^{sp_2}}}$$

$$=\sqrt{\frac{6.3\times10^{-8}\times(4.4\times10^{-13}\times0.033+1.0\times10^{-14})}{6.3\times10^{-8}+0.033}}\ mol\cdot L^{-1}$$

$$=2.2\times10^{-10}\ mol\cdot L^{-1}$$

$$pH_{sp_2}=9.66$$

$$\Delta pH=10.00-9.66=0.34$$

$$E_t=\frac{10^{\Delta pH}-10^{-\Delta pH}}{2\sqrt{\frac{K_{a_2}}{K_{a_3}}}}\times100\%=\frac{10^{0.34}-10^{-0.34}}{2\times\sqrt{\frac{6.3\times10^{-8}}{4.4\times10^{-13}}}}\times100\%=0.2\%$$

4.9.4 混合酸分别滴定终点误差的计算

1. 两弱酸混合溶液

以 NaOH 溶液滴定弱酸 HA(解离常数 K_{HA}、浓度 c_{HA})和 HB(解离常数 K_{HB}、浓度 c_{HB})的混合溶液为例，若$\frac{c_{HA}K_{HA}}{c_{HB}K_{HB}}\geqslant10^5$，滴定至 HA 的化学计量点时，溶液组成是 A^-+HB，PBE 为

$$[HA]+[H^+]=[B^-]+[OH^-]$$

若终点在化学计量点之后，此时 NaOH 溶液滴加多了。溶液的 PBE 为

$$c_{NaOH(过量)}+[HA]_{ep}+[H^+]_{ep}=[B^-]_{ep}+[OH^-]_{ep}$$

由上式得

$$c_{NaOH(过量)}=[B^-]_{ep}+[OH^-]_{ep}-[HA]_{ep}-[H^+]_{ep}$$

若终点 pH 不太高或太低，$[H^+]_{ep}$和$[OH^-]_{ep}$可忽略，则

$$E_t=\frac{[B^-]_{ep}-[HA]_{ep}}{c_{HA}^{sp}}\times100\%$$

式中

$$[B^-]_{ep}=\frac{K_{HB}[HB]_{ep}}{[H^+]_{ep}}\approx\frac{K_{HB}c_{HB}^{sp}}{[H^+]_{ep}}$$

$$[HA]_{ep}=\frac{[H^+]_{ep}[A^-]_{ep}}{K_{HA}}\approx\frac{[H^+]_{ep}c_{HA}^{sp}}{K_{HA}}$$

将 $[H^+]_{ep}=[H^+]_{sp}\times10^{-\Delta pH}=\sqrt{\dfrac{K_{HA}K_{HB}c_{HB}^{sp}}{c_{HA}^{sp}}}\times10^{-\Delta pH}$ 和上两式代入 $E_t=\dfrac{[B^-]_{ep}-[HA]_{ep}}{c_{HA}^{sp}}\times100\%$，整理得

$$E_t=\frac{10^{\Delta pH}-10^{-\Delta pH}}{\sqrt{\dfrac{K_{HA}c_{HA}^{sp}}{K_{HB}c_{HB}^{sp}}}}\times100\%$$

由于在同一溶液中，可用相应的原始浓度表示，则

$$E_t=\frac{10^{\Delta pH}-10^{-\Delta pH}}{\sqrt{\dfrac{K_{HA}c_{HA}}{K_{HB}c_{HB}}}}\times100\% \qquad (4-62)$$

若终点在化学计量点之前，可证明上式仍成立。

例 4.35 用 0.2000 $mol\cdot L^{-1}$ NaOH 溶液滴定 0.2000 $mol\cdot L^{-1}$ 甲酸和 0.5000 $mol\cdot L^{-1}$ 硼酸混合溶液至 pH=6.00，计算终点误差。

解 $[H^+]_{sp}=\sqrt{1.8\times10^{-4}\times5.8\times10^{-10}\times\dfrac{0.2500}{0.1000}}\ mol\cdot L^{-1}=5.1\times10^{-7}\ mol\cdot L^{-1}$

$$pH_{sp}=6.29$$

$$\Delta pH=6.00-6.29=-0.29$$

$$E_t=\frac{10^{-0.29}-10^{0.29}}{\sqrt{\dfrac{1.8\times10^{-4}\times0.1000}{5.8\times10^{-10}\times0.2500}}}\times100\%=-0.4\%$$

2. 强酸、弱酸混合溶液

以 NaOH 滴定强酸(H^+)和弱酸(HA)混合溶液为例，滴至强酸的化学计量点时，溶液组成为弱酸 HA，PBE 为

$$[H^+]=[OH^-]+[A^-]\approx[A^-]$$

若终点在化学计量点之后，此时 NaOH 溶液滴加多了。溶液的 PBE 为

$$c_{NaOH(过量)}+[H^+]_{ep}=[A^-]_{ep}$$

由上式可得

$$c_{NaOH(过量)}=[A^-]_{ep}-[H^+]_{ep}$$

所以

$$E_t=\frac{[A^-]_{ep}-[H^+]_{ep}}{c_{强酸}^{sp}}\times100\%$$

将 $[H^+]_{ep}=[H^+]_{sp}\cdot10^{-\Delta pH}=\sqrt{K_a c_{HA}^{sp}}\cdot10^{-\Delta pH}$ 代入上式得

$$E_t=\frac{[A^-]_{ep}-[H^+]_{ep}}{c_{强酸}^{sp}}\times 100\%$$

$$\approx\frac{\frac{c_{HA}^{sp}K_a}{\sqrt{K_a c_{HA}}\cdot 10^{-\Delta pH}}-\sqrt{K_a c_{HA}^{sp}}\cdot 10^{-\Delta pH}}{c_{强酸}^{sp}}\times 100\%$$

$$=\frac{(10^{\Delta pH}-10^{-\Delta pH})\sqrt{K_a c_{HA}^{sp}}}{c_{强酸}^{sp}}\times 100\% \tag{4-63}$$

若终点在化学计量点之前，可证明上式仍成立。

式(4-62)、式(4-63)为以林邦公式形式表示的计算混合酸滴定至第一终点的误差公式，且 $E_t>0$，为正误差，$E_t<0$，为负误差。

例 4.36 用 0.100 0 $mol\cdot L^{-1}$ NaOH 溶液滴定 0.100 0 $mol\cdot L^{-1}$ HCl 和 0.100 0 $mol\cdot L^{-1}$ NH_4Cl 混合溶液至溴百里酚蓝变蓝(pH=7.00)时的终点误差。

解 $c_{NH_4^+}=0.050\,00\ mol\cdot L^{-1}$，$K_a=5.5\times 10^{-10}$

$$[H^+]_{sp}=\sqrt{K_a c_{NH_4^+}^{sp}}$$
$$=\sqrt{5.5\times 10^{-10}\times 0.050\,00}\ mol\cdot L^{-1}$$
$$=5.2\times 10^{-6}\ mol\cdot L^{-1}$$

$pH_{sp}=5.28$，　$\Delta pH=7.00-5.28=1.72$

$$E_t=\frac{(10^{\Delta pH}-10^{-\Delta pH})\sqrt{K_a c_{NH_4^+}}}{c_{HCl}^{sp}}\times 100\%$$

$$=\frac{(10^{1.72}-10^{-1.72})\times\sqrt{5.5\times 10^{-10}\times 0.050\,00}}{0.050\,00}\times 100\%$$

$$=0.6\%$$

需要指出的是，将式(4-62)和式(4-63)中的酸的解离常数和浓度换成相应碱的解离常数和浓度即可计算用强酸滴定强碱、弱碱混合溶液的终点误差。

从上述可知，讨论终点误差的一般步骤为

a. 根据实际情况写出终点时溶液的 PBE，进而求出过量或不足滴定剂的表达式；

b. 写出误差表达式；

4-5 对数图解法

c. 合理近似，导出用 ΔpH、c、K_t、K_a、K_b 等表达的误差公式。

这些误差公式不仅具有形式简洁、易记易用等特点，而且指出了产生终点误差的主要因素，从而为减小终点误差提供了理论指导。

有关溶液$[H^+]$、终点误差的计算也可以应用对数图解法。

4.10 酸碱滴定法的应用

许多工业原料及产品和天然产物中都含有酸或碱。如果这些试样溶于水或者其中的酸或碱的组分可以用水溶出，且它们的解离常数和浓度满足 $c_{HA}^{sp}K_a \geqslant 10^{-8}$ 或 $c_B^{sp}K_b \geqslant 10^{-8}$，就可以用标准碱溶液或酸溶液通过酸碱指示剂指示终点准确滴定其含量。可用酸碱滴定法分析的试样主要有：烧碱、矿物中的碳酸盐、清洗剂、除漆剂、除锈剂和洗涤液中的 Na_2CO_3、商业硫酸中的 H_2SO_4、盐酸中的 HCl、磷酸中的 H_3PO_4、食用醋中的乙酸，以及土壤、化肥、食品中的氮，钢铁及某些原材料中的碳、硫、磷、硅和氮等。下面通过若干实例说明酸碱滴定法的某些应用。

4.10.1 混合碱的分析

混合碱一般指 NaOH 和 Na_2CO_3 或 Na_2CO_3 和 $NaHCO_3$ 的混合物，测定混合碱中各组分的含量，通常有双指示剂法和氯化钡法。

1. 双指示剂法

双指示剂法是指在一份被滴定溶液中先加入一种指示剂，用滴定剂滴定至第一个终点后，再加入另一指示剂，继续滴定至第二个终点。分别根据各终点时所消耗滴定剂的体积和浓度，计算各组分的含量。

(1) 烧碱中 NaOH 和 Na_2CO_3 含量的测定

准确称取 m_s(g)烧碱试样，溶解后，先以酚酞为指示剂，用 HCl 标准溶液滴定至红色恰好消失，用去 HCl 溶液 V_1(mL)，这时 NaOH 全部被滴定，Na_2CO_3 仅被滴定到 $NaHCO_3$。再向溶液中加入甲基橙指示剂，继续用该 HCl 标准溶液滴定至橙红色，又消耗的 HCl 溶液体积为 V_2(mL)，这时 $NaHCO_3$ 被滴定到 H_2CO_3(CO_2+H_2O)。因为 Na_2CO_3 被滴定到 $NaHCO_3$ 和 $NaHCO_3$ 被滴定到 H_2CO_3 所消耗的 HCl 溶液的体积相等，所以用于滴定 NaOH 的 HCl 溶液的体积为(V_1-V_2)。

具体滴定过程可图解如下：

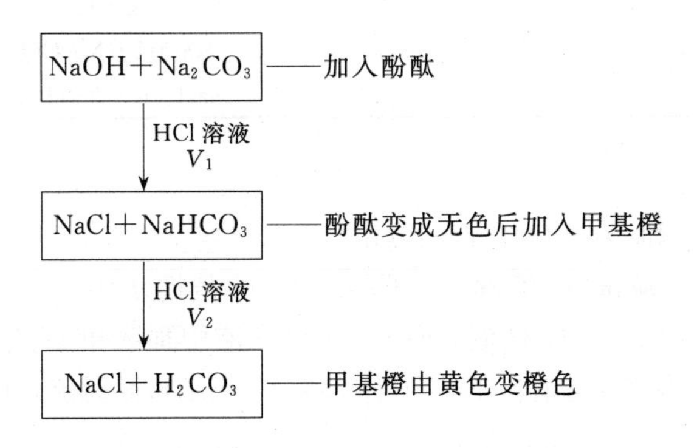

各组分含量计算如下：

$$w_{NaOH}=\frac{c_{HCl}(V_1-V_2)\times 40.00\ g\cdot mol^{-1}}{m_s\times 1\,000}\times 100\%$$

$$w_{Na_2CO_3}=\frac{c_{HCl}V_2\times 106.0\ g\cdot mol^{-1}}{m_s\times 1\,000}\times 100\%$$

(2) 纯碱中 Na_2CO_3 和 $NaHCO_3$ 含量的测定

具体滴定过程图解如下：

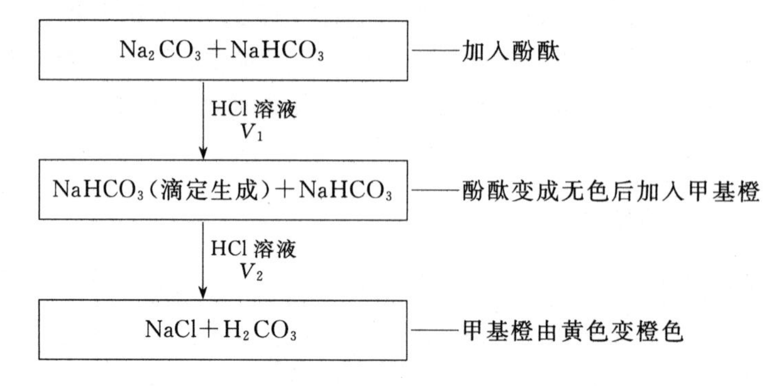

各组分含量计算如下：

$$w_{Na_2CO_3}=\frac{c_{HCl}V_1\times 106.0\ g\cdot mol^{-1}}{m_s\times 1\,000}\times 100\%$$

$$w_{NaHCO_3}=\frac{c_{HCl}(V_2-V_1)\times 84.01\ g\cdot mol^{-1}}{m_s\times 1\,000}\times 100\%$$

根据双指示剂法滴定至两个终点时所消耗的 HCl 标准溶液体积 V_1 和 V_2 的相对大小可判断混合碱试样的组成：

V_1 和 V_2 的相对大小	试样的组成
$V_1>0, V_2=0$	NaOH
$V_1=0, V_2>0$	$NaHCO_3$
$V_1=V_2>0$	Na_2CO_3
$V_1>V_2>0$	$NaOH+Na_2CO_3$
$V_2>V_1>0$	$Na_2CO_3+NaHCO_3$

2. 氯化钡法

(1) 烧碱中 NaOH 和 Na_2CO_3 含量的测定

准确称取 m_s(g)烧碱试样，溶解于已除去 CO_2 的蒸馏水中，并稀释至一定体积 V_0(mL)。取两份等体积 V (mL)试液，向其中一份试液中加入甲基橙指示剂，用 HCl 标准溶液滴定至溶液呈橙红色，消耗 HCl 的体积为 V_1(mL)，此时测定的是总碱量。

$$NaOH+HCl = NaCl+H_2O$$

$$Na_2CO_3+2HCl = 2NaCl+CO_2\uparrow+H_2O$$

于另一份试液中加入过量的 $BaCl_2$ 溶液，使 Na_2CO_3 转化为微溶的 $BaCO_3$ 沉淀：

$$BaCl_2+Na_2CO_3 = BaCO_3\downarrow+2NaCl$$

然后以酚酞作指示剂，用 HCl 标准溶液滴定至终点，消耗 HCl 溶液的体积为 V_2(mL)。

各组分含量计算如下：

$$w_{NaOH}=\frac{c_{HCl}V_2\times 40.00\ g\cdot mol^{-1}}{m_s\times\frac{V}{V_0}\times 1\,000}\times 100\%$$

$$w_{Na_2CO_3}=\frac{c_{HCl}(V_1-V_2)\times\frac{1}{2}\times 106.0\ g\cdot mol^{-1}}{m_s\times\frac{V}{V_0}\times 1\,000}\times 100\%$$

(2) 纯碱中 Na_2CO_3 和 $NaHCO_3$ 含量的测定

用 $BaCl_2$ 法测定时，操作方法与烧碱试样的分析略有不同。仍取两份体积都为 V (mL)的试液，第一份仍以甲基橙作指示剂，用 HCl 标准溶液滴定 Na_2CO_3 和 $NaHCO_3$，消耗 HCl 溶液的体积为 V_1(mL)。第二份试液中先准确加入一定量过量的 NaOH 标准溶液，将试液中的 $NaHCO_3$ 转变为 Na_2CO_3，然后加入过量 $BaCl_2$ 将 CO_3^{2-} 沉淀为 $BaCO_3$，再以酚酞作指示剂，用 HCl 标准溶液返滴过量的 NaOH，消耗 HCl 溶液的体积为 V_2(mL)。

各组分含量计算如下：

$$w_{NaHCO_3}=\frac{(c_{NaOH}V_{NaOH}-c_{HCl}V_2)\times 84.01\ g\cdot mol^{-1}}{m_s\times\frac{V}{V_0}\times 1\,000}\times 100\%$$

$$w_{Na_2CO_3}=\frac{[c_{HCl}V_1-(c_{NaOH}V_{NaOH}-c_{HCl}V_2)]\times\frac{1}{2}\times 106.0\ g\cdot mol^{-1}}{m_s\times\frac{V}{V_0}\times 1\,000}\times 100\%$$

上述两种方法中，双指示剂法操作较为简便，但由于 Na_2CO_3 被滴定至 $NaHCO_3$ 的终点不明显，误差较大。氯化钡法虽操作较为复杂，但测定结果较准确。

双指示剂法用 NaOH 标准溶液也可测定磷酸及其酸式盐($H_3PO_4+NaH_2PO_4$)。用 HCl 标准溶液可测定混合磷酸盐。滴定过程分别图解如下：

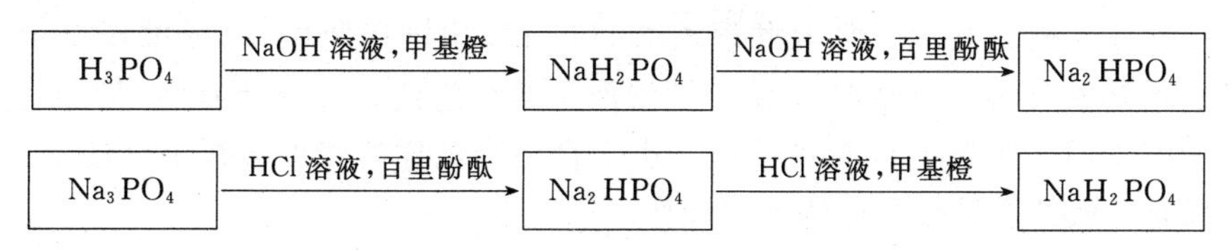

例 4.37 称取 1.500 g 可能含有 Na_3PO_4、Na_2HPO_4、NaH_2PO_4 和惰性杂质的试样，用水溶解。当试样溶液以甲基橙作指示剂，用 0.500 0 $mol\cdot L^{-1}$ HCl 溶液滴定时，消耗 HCl 溶液 24.00 mL。同样质量的试样溶液以百里酚酞作指示剂时，消耗 0.500 0 $mol\cdot L^{-1}$ HCl 溶液 10.00 mL。试确定试样的组成并计算各组分的质量分数。

解 滴定过程图解如下：

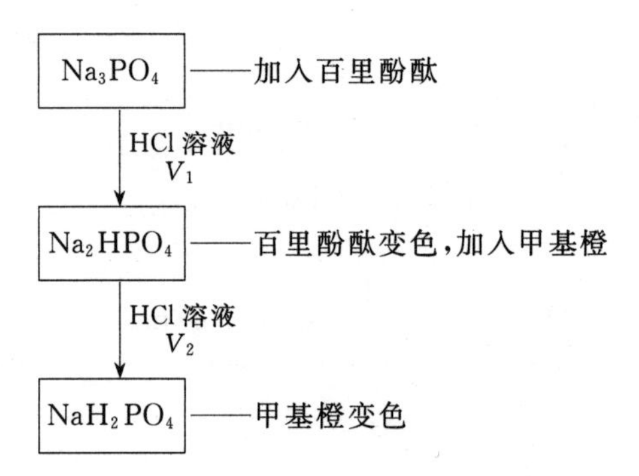

由图解可知，只有相邻的两种物质才可能同时存在，即 Na_3PO_4 可能与 Na_2HPO_4 同时存在，Na_2HPO_4 可能与 NaH_2PO_4 同时存在。本例题中 $V_1=10.00$ mL，$V_2=24.00$ mL -10.00 mL$=14.00$ mL，$V_2>V_1$，故试样组成为 $Na_3PO_4+Na_2HPO_4$。

各组分含量如下：

$$w_{Na_3PO_4}=\frac{c_{HCl}V_1\times 163.94\ \text{g}\cdot\text{mol}^{-1}}{m_s\times 1\,000}\times 100\%$$

$$=\frac{0.500\,0\ \text{mol}\cdot\text{L}^{-1}\times 10.00\ \text{mL}\times 163.94\ \text{g}\cdot\text{mol}^{-1}}{1.500\ \text{g}\times 1\,000}\times 100\%$$

$$=54.65\%$$

$$w_{Na_2HPO_4}=\frac{c_{HCl}(V_2-V_1)\times 141.96\ \text{g}\cdot\text{mol}^{-1}}{m_s\times 1\,000}\times 100\%$$

$$=\frac{0.500\,0\ \text{mol}\cdot\text{L}^{-1}\times(14.00\ \text{mL}-10.00\ \text{mL})\times 141.96\ \text{g}\cdot\text{mol}^{-1}}{1.500\ \text{g}\times 1\,000}\times 100\%$$

$$=18.93\%$$

4.10.2 食用醋中乙酸的测定

食用醋是一种常用的调味品，其中所含乙酸的量可用 NaOH 标准溶液进行滴定。

准确吸取体积 V_s(mL)的食用醋试样溶液于 250 mL 容量瓶中，用新沸冷却的蒸馏水稀释至刻度并充分摇匀。吸取此溶液 25.00 mL 于锥形瓶中，以酚酞作指示剂，用 NaOH 标准溶液(c_{NaOH}，mol·L^{-1})滴定至溶液呈微红色且 30 s 内不褪色，即为终点，消耗体积为 V (mL)的 NaOH 标准溶液。由于食用醋试样的密度通常十分接近 1.000，故其中所含乙酸的质量分数可按下式计算：

$$w_{\text{乙酸}}=\frac{c_{NaOH}V_{NaOH}\times 60.052\ \text{g}\cdot\text{mol}^{-1}}{V_s\times\frac{25.00}{250.0}\times 1\,000}\times 100\%$$

4.10.3 铵盐和有机化合物中氮的分析

肥料、土壤、食品及许多有机化合物常常需要测定其中氮的含量。对于氮的测定，通常需将试样通过适当方法进行处理，使各种氮转化为铵，然后测定。常用的方法有蒸馏法和甲醛法。

1. 蒸馏法

将 NH_4Cl、$(NH_4)_2SO_4$ 等铵盐试样溶液置于蒸馏瓶中，加入过量、不计量的浓 NaOH 溶液，加热将 NH_3 定量蒸馏出来：

$$NH_4^+ + NaOH(浓) \xlongequal{\triangle} NH_3\uparrow + Na^+ + H_2O$$

蒸馏出来的 NH_3 用过量、不计量的 H_3BO_3 溶液吸收：

$$NH_3 + H_3BO_3 \xlongequal{} NH_4^+ + H_2BO_3^-$$

以甲基红作指示剂，用 HCl 标准溶液滴定生成的 $H_2BO_3^-$：

$$H_2BO_3^- + H^+ \xlongequal{} H_3BO_3$$

此法的优点是仅需一种标准溶液（HCl）。H_3BO_3 在整个过程中不被滴定，其浓度和体积不需很准确，只需过量即可。

蒸馏出来的 NH_3 也可以用一定量过量的 HCl（或 H_2SO_4）标准溶液吸收，然后以甲基橙或甲基红作指示剂，用 NaOH 标准溶液返滴过量的酸，氮的含量按下式计算：

$$w_N = \frac{(c_{HCl}V_{HCl} - c_{NaOH}V_{NaOH}) \times 14.00\ g\cdot mol^{-1}}{m_s \times 1\,000} \times 100\%$$

蒸馏法也常用于粗蛋白的测定，称为 Kjeldahl 定氮法。蛋白质是食品的重要组分之一，构成蛋白质的基本物质是氨基酸。蛋白质经水解后的最终产物是氨基酸。食品中蛋白质的含量可由氨基酸中氮的含量推知。测定氨基酸中氮含量的方法是通过将食品试样与 H_2SO_4 消煮，有时还需加入催化剂，破坏有机质，使其中的碳和氢完全被硫酸分解并氧化成二氧化碳和水逸出，各种含氮有机化合物则定量转化为 NH_3，并与 H_2SO_4 结合为 $(NH_4)_2SO_4$ 留在溶液中。反应如下：

$$H_2SO_4 \xlongequal{\triangle} SO_2 + H_2O + [O]$$

$$CH_3CHNH_2COOH + [O] \xlongequal{} CH_3CHOH—NH_2 + CO_2$$

$$2CH_3CHOH—NH_2 + 10[O] \xlongequal{} 4CO_2\uparrow + 2NH_3\uparrow + 4H_2O$$

$$2NH_3 + H_2SO_4 \xlongequal{} (NH_4)_2SO_4$$

用 NaOH 中和硫酸铵并蒸馏出 NH_3，用硼酸吸收，以甲基红或溴甲酚绿作指示剂，用 HCl 标准溶液（c_{HCl}，$mol\cdot L^{-1}$）滴定。

试样中的总氮量和蛋白质按下面两式计算：

$$w_N = \frac{c_{HCl}(V_2 - V_1) \times 14.00\ g\cdot mol^{-1}}{m_s \times 1\,000} \times 100\%$$

式中 V_2 为滴定试样消耗 HCl 标准溶液的体积（mL），V_1 为滴定空白消耗的体积（mL）。

$$w_{\text{蛋白质}} = w_N \cdot K$$

式中 K 为换算因子，其值因试样含氮量不同而不同：一般食品(16%N)，$K=6.25$；乳制品(15%N)，$K=6.28$；小麦粉(17.3%N)，$K=5.7$；动物胶(18.0%N)，$K=5.55$；冰蛋(14.8%N)，$K=6.68$；大豆制品(16.7%N)，$K=6.0$。注意，Kjeldahl 定氮法无法判断氮的来源。

2. 甲醛法

甲醛与铵盐发生如下反应：

$$4NH_4^+ + 6HCHO = (CH_2)_6 \overset{+}{N}_4 H + 3H^+ + 6H_2O$$

生成与NH_4^+ 等量的质子化六亚甲基四胺($K_a=7.1\times10^{-6}$)和 H^+。以酚酞作指示剂，用 NaOH 标准溶液滴定。所用甲醛应呈中性，试样中也不应含有游离酸或碱，否则，应预先中和之。前者用酚酞作指示剂，后者用甲基红作指示剂。

甲醛法也可用于氨基酸的测定。氨基酸为两性物质，在水溶液中发生质子自递作用转变为两性离子：

$$R—\underset{\underset{^+NH_3}{|}}{CH}—\overset{\overset{O}{/\!/}}{C}—O^-$$

将甲醛加入氨基酸溶液中时，氨基与甲醛结合失去碱性，这样就可以酚酞或百里酚酞作指示剂，用标准碱溶液滴定其羧酸基，从而间接测定其氨基酸含量。

4.10.4 醛、酮的测定

醛、酮、醇和酯等含有羟基、羰基的有机化合物也可用酸碱滴定法测定。由于酸碱与有机化合物的反应速率较慢，常用返滴定法进行测定。测定醛和酮的常用方法有以下两种。

1. 亚硫酸钠法

亚硫酸钠与醛、酮等发生下述反应：

$$R—CHO + Na_2SO_3 + H_2O = R—CH(OH)SO_3Na + NaOH$$

$$R—CO—R' + Na_2SO_3 + H_2O = R—CR'(OH)SO_3Na + NaOH$$

生成的 NaOH 以百里酚酞作指示剂，用 HCl 标准溶液滴定。

2. 盐酸羟胺法

向醛、酮试样溶液中加入过量的盐酸羟胺，待反应完全后用氢氧化钠标准溶液滴定生成的 HCl。由于过量盐酸羟胺的存在，溶液显酸性，应选用溴酚蓝作指示剂。有关反应如下：

$$R—CHO + NH_2OH\cdot HCl = R—CHNOH + H_2O + HCl$$

$$R—CO—R' + NH_2OH\cdot HCl = R—CNOH—R' + H_2O + HCl$$

4.10.5 磷的测定

钢铁、矿石和土壤等试样中磷的含量可用酸碱滴定法测定。试样经处理后，其中的磷转化为 H_3PO_4。在 HNO_3 介质中，磷酸与钼酸铵反应生成黄色磷钼酸铵沉淀，反应如下：

$$H_3PO_4 + 12MoO_4^{2-} + 2NH_4^+ + 22H^+ = (NH_4)_2H[PMo_{12}O_{40}]\cdot H_2O\downarrow + 11H_2O$$

沉淀过滤后，用水洗涤至洗液不显酸性。将沉淀溶于一定量过量 NaOH 标准溶液中，以酚酞作指示剂，用 HNO_3 标准溶液返滴至红色褪去，溶解和滴定的总反应式为

$$(NH_4)_2H[PMo_{12}O_{40}]\cdot H_2O + 24OH^- = 12MoO_4^{2-} + HPO_4^{2-} + 2NH_4^+ + 13H_2O$$

试样中磷的含量按下式计算：

$$w_P = \frac{(c_{NaOH}V_{NaOH} - c_{HNO_3}V_{HNO_3}) \times \frac{1}{24} \times 30.97\ g\cdot mol^{-1}}{m_s \times 1\,000} \times 100\%$$

此方法的主要误差来源是磷钼酸铵沉淀的组成不甚准确，仅能用经验式计算。方法的准确度仅可达 1%～2%，只适合于微量磷的测定。

思 考 题

1. 在硫酸溶液中，离子活度系数的大小次序为：$\gamma_{H^+} > \gamma_{HSO_4^-} > \gamma_{SO_4^{2-}}$，为什么？

2. 在二元酸溶液中加入大量强电解质，对其 $K_{a_1}^c$ 和 $K_{a_2}^c$ 的差别有何影响？对其 $K_{a_1}^\circ$ 和 $K_{a_2}^\circ$ 的影响又如何？

3. 试以 NaOH 溶液滴定 HCl 溶液为例说明如何通过计算机技术计算滴定过程中溶液的 pH。

4. 用 HCl 标准溶液滴定 Na_2CO_3 到 $NaHCO_3$ 终点时，为什么酚酞的变色总是不可能非常明显、稳定？

5. 在酸碱滴定中应如何配制不含 CO_3^{2-} 的 NaOH 标准溶液？

6. 某磷酸盐试液，可能组成为 Na_3PO_4、Na_2HPO_4、NaH_2PO_4 或某二者共存的化合物。若以百里酚酞作指示剂滴至终点时所消耗 HCl 标准溶液的体积为 V_1，然后以甲基橙作指示剂滴至终点时又消耗此 HCl 标准溶液的体积为 V_2。试根据 V_1、V_2 判断其组成。

$$Na_3PO_4 \xrightarrow{\text{HCl 溶液，百里酚酞}} Na_2HPO_4 \xrightarrow{\text{HCl 溶液，甲基橙}} NaH_2PO_4$$

a. $V_1 = V_2$；

b. $V_1 < V_2$；

c. $V_1 = 0$，$V_2 > 0$。

7. 用 0.100 $mol\cdot L^{-1}$ NaOH 溶液滴定含有 NH_4Cl 的 0.100 $mol\cdot L^{-1}$ HCl 溶液应选用何种指示剂？为什么？用 0.100 $mol\cdot L^{-1}$ HCl 溶液滴定含有 NaAc 的 0.100 $mol\cdot L^{-1}$ NaOH 溶液应选用何种指示剂？为什么？

8. 选择指示剂的原则是什么？化学计量点的 pH 与指示剂的选择有何关系？

9. 举例说明胶体对酸碱滴定终点确定的影响。

10. 用 0.1000 $mol \cdot L^{-1}$ NaOH 溶液滴定 0.1000 $mol \cdot L^{-1}$ $pK_a=4.0$ 的弱酸 HA 溶液的滴定突跃范围为 pH=7.0～9.7，若 HA 的 $pK_a=5.0$，滴定突跃范围为多少？

11. 氯化钡法中测定 Na_2CO_3 含量时，为什么不能用甲基橙作指示剂？

12. 甲醛法中用 NaOH 标准溶液滴定生成的质子化六亚甲基四胺和 H^+ 时，为什么不能用甲基橙和甲基红作指示剂？

13. 酸碱滴定法测定磷时，洗涤磷钼酸铵沉淀为什么用水而不用 KNO_3 稀溶液？滴定时为什么使终点 pH≈8？

14. 欲配制 pH=9.0 的缓冲溶液，应选用的物质为（　　）。

a. 蚁酸（$K_a=1.0\times10^{-4}$）及其盐；　　b. HAc-NaAc（$K_a=1.8\times10^{-5}$）；

c. NH_4Cl-NH_3（$K_b=1.8\times10^{-5}$）；　　d. 六亚甲基四胺（$K_b=1.4\times10^{-9}$）。

15. 二元酸能够分步滴定的条件是（　　）。

a. $c_{sp_1}K_{a_1}\geqslant10^{-8}$，$c_{sp_2}K_{a_2}\geqslant10^{-8}$，且 $K_{a_1}/K_{a_2}\geqslant10^5$；

b. $c_{sp_1}K_{a_1}<10^{-8}$，$c_{sp_2}K_{a_2}>10^{-8}$，且 $K_{a_1}/K_{a_2}>10^8$；

c. $c_{sp_1}K_{a_1}>10^{-8}$，$c_{sp_2}K_{a_2}<10^{-8}$，且 $K_{a_1}/K_{a_2}>10^4$；

d. $c_{sp_1}K_{a_1}\leqslant10^{-8}$，$c_{sp_2}K_{a_2}>10^{-8}$，且 $K_{a_1}/K_{a_2}\geqslant10^5$。

习　题

1. 写出下列溶液的质子条件。

a. $Na_2C_2O_4$；　　b. $NaNH_4HPO_4$；　　c. $NH_4H_2PO_4$；

d. $C_5H_5N\cdot HCl$；　　e. H_3BO_3+HCl；　　f. $H_2SO_4+HCOOH$；

g. $c_1NH_4Cl+c_2HCl$；　　h. $c_1NaOH+c_2NH_3$；

i. $c_1NH_3+c_2NH_4Cl$；　　j. c_1HAc+c_2NaAc。

2. 某三元碱 B^{3-} 的解离常数分别为 K_{b_1}、K_{b_2}、K_{b_3}。试写出其溶液中各存在型体的分布分数的表达式。

3. 计算 pH=2.00 和 8.00 时，0.10 $mol \cdot L^{-1}$ K_2CrO_4 溶液中 CrO_4^{2-} 的浓度。

（3.0×10^{-6} $mol \cdot L^{-1}$，9.7×10^{-2} $mol \cdot L^{-1}$）

4. 计算下列溶液的 pH。

a. 0.10 $mol \cdot L^{-1}$ H_3PO_4 溶液；　　b. 0.050 $mol \cdot L^{-1}$ NH_4Cl 溶液；

c. 0.050 $mol \cdot L^{-1}$ HCOOH 溶液；　　d. 0.10 $mol \cdot L^{-1}$ H_3BO_3 溶液；

e. 0.050 $mol \cdot L^{-1}$ H_2SO_4 溶液；　　f. 3.0×10^{-8} $mol \cdot L^{-1}$ HCl 溶液；

g. 3.0×10^{-9} $mol \cdot L^{-1}$ NaOH 溶液；　　h. 0.10 $mol \cdot L^{-1}$ NaAc 溶液；

i. 0.050 $mol \cdot L^{-1}$ Na_2CO_3 溶液；　　j. 0.10 $mol \cdot L^{-1}$ NaH_2PO_4 溶液。

（a. 1.62，b. 5.28，c. 2.54，d. 5.12，e. 1.24，f. 6.92，g. 7.01，h. 8.87，i. 11.46，j. 4.68）

5. 计算下列溶液的 pH。

a. 0.10 $mol \cdot L^{-1}$ 二乙胺溶液；

b. 0.050 $mol \cdot L^{-1}$ $HOCH_2CH_2NH_3^+$-0.050 $mol \cdot L^{-1}$ NH_4Cl 混合溶液；

c. 0.10 $mol \cdot L^{-1}$ NaAc-0.10 $mol \cdot L^{-1}$ NaF 混合溶液；

d. 0.050 $mol \cdot L^{-1}$ 氨基乙酸溶液；

e. 0.10 $mol \cdot L^{-1}$ NH_4NO_2 溶液；

f. 0.10 $mol \cdot L^{-1}$ HCN 溶液；

g. 0.050 mol·L^{-1} H_2O_2溶液。

(a. 12.04, b. 5.18, c. 8.88, d. 5.99, e. 6.28, f. 5.10, g. 6.49)

6. 设将 b (mol)一元强碱加入浓度为 a (mol·L^{-1})的 1 L 一元强酸溶液中,试证明计算其混合溶液[H^+]和[OH^-]的公式为

a. $|a-b|<10^{-6}$ mol·L^{-1}时

$$[H^+]=\frac{(a-b)+\sqrt{(a-b)^2+4K_w}}{2} \qquad [OH^-]=\frac{(b-a)+\sqrt{(b-a)^2+4K_w}}{2}$$

b. $|a-b|>10^{-6}$ mol·L^{-1}时

$$[H^+]=a-b \qquad [OH^-]=b-a$$

7. 推导计算一元弱碱溶液[OH^-]的公式。

8. 设将 b (mol)一元强碱加入浓度为 c_a(mol·L^{-1})的 1 L 一元弱酸 HA 溶液中,试证明计算其混合溶液[H^+]和[OH^-]的公式为

a. 当 $c_a>b$ 且溶液显酸性时

$$[H^+]=\frac{-(b+K_a)+\sqrt{(b+K_a)^2+4K_a(c_a-b)}}{2}$$

b. 当 $c_a>b$ 且溶液显碱性时

$$[OH^-]=\frac{-(c_a-b+K_b)+\sqrt{(c_a-b+K_b)^2+4K_b b}}{2}$$

c. 当 $c_a \ll b$ 时

$$[OH^-]=b-c_a$$

9. 计算下列混合溶液的 pH。

a. 50.0 mL 0.10 mol·L^{-1} HNO_3溶液+50.0 mL 0.080 mol·L^{-1} NaOH 溶液;

b. 50.0 mL pH=3.00 HCl 溶液+50.0 mL 纯水;

c. 50.0 mL pH=3.00 HCl 溶液+50.0 mL pH=9.00 NaOH 溶液;

d. 25.0 mL 0.100 mol·L^{-1}苯酚溶液+24.5 mL 0.100 mol·L^{-1} NaOH 溶液。

(a. 2.00, b. 3.30, c. 3.30, d. 11.20)

10. 推导一元弱碱和一元强碱混合溶液[OH^-]的计算公式。

11. 推导计算浓度为 c (mol·L^{-1})的 NaH_2PO_4和 Na_2HPO_4溶液 pH 的公式。

12. 将 0.12 mol·L^{-1} HCl 溶液和 0.10 mol·L^{-1}氯乙酸钠($ClCH_2COONa$)溶液等体积混合,计算所得混合溶液的 pH。

(1.85)

13. 将 $H_2C_2O_4$加入 0.10 mol·L^{-1} Na_2CO_3溶液中,使草酸的分析浓度为 0.020 mol·L^{-1}。求此混合溶液的 pH。

(10.43)

14. 将 100 mL 0.80 mol·L^{-1} HAc 溶液、40 mL 0.80 mol·L^{-1} NaOH 溶液和 10 mL 1.5×10^{-4} mol·L^{-1} Na_2S溶液相混合,计算此混合溶液中 S^{2-} 的平衡浓度。

(1.3×10^{-17} mol·L^{-1})

15. 用强酸滴定等浓度弱碱 B,设用指示剂确定终点时的 $\Delta pH=0.3$,若要求终点误差 $E_t\leqslant0.2\%$,试证明一元弱碱能被准确滴定的条件为 $cK_b>10^{-8}$。

16. 弱酸 HA 及其盐组成的缓冲溶液中 HA 的浓度为 0.20 mol·L^{-1},将 100 mL 此缓冲溶液的 pH 调至 5.50 时需加入固体 NaOH 0.150 g(忽略溶液体积变化)。试计算此缓冲溶液原来的 pH

（HA 的 $K_a=5.0\times10^{-6}$）。

（5.34）

17. 弱酸 HA 及其盐组成的 pH 5.44 的缓冲溶液中 HA 的浓度为 0.25 mol·L^{-1}，将100 mL 此缓冲溶液的 pH 调至 5.60 时需加入固体 NaOH 0.200 g(忽略溶液体积变化)。试计算 HA 的解离常数 K_a。

（$K_a=5.0\times10^{-6}$）

18. 某学生将 16.34 g 三氯乙酸和 2.0 g NaOH 溶解后稀释至 1 L，配制 pH=0.64 的缓冲溶液。问：a. 此缓冲溶液的 pH 实际为多少？ b. 要使此缓冲溶液的 pH=0.64，需加入多少摩尔 HCl？

（a. 1.44，b. 0.23 mol）

19. 欲配制氨基乙酸总浓度为 0.10 mol·L^{-1}、pH=2.00 的缓冲溶液 100 mL，需多少克氨基乙酸和多少毫升 1 mol·L^{-1}的一元强酸或强碱？

（0.75 g，强酸 7.9 mL）

20. 计算 a. 用 0.1000 mol·L^{-1} NaOH 溶液滴定等浓度 HCl 溶液至化学计量点时溶液的缓冲容量 β；b. 用 0.1000 mol·L^{-1} NaOH 溶液滴定等浓度 HAc 溶液至化学计量点时溶液的缓冲容量 β；c. 0.05000 mol·L^{-1} $Na_2B_4O_7$溶液的缓冲容量 β。

（a. 4.6×10^{-7} mol·L^{-1}，b. 2.4×10^{-5} mol·L^{-1}，c. 0.115 mol·L^{-1}）

21. 25.0 mL 0.40 mol·L^{-1} H_3PO_4溶液与 30.0 mL 0.50 mol·L^{-1} Na_3PO_4溶液相混合，然后稀释至 100.0 mL。a. 计算此缓冲溶液的 pH 和缓冲容量 β；b. 若准确移取上述混合溶液 25.0 mL，需加入多少毫升 1.00 mol·L^{-1} NaOH 溶液才能使混合溶液的 pH 为 9.00？

（a. 7.80，0.092 mol·L^{-1}，b. 1.15 mL）

22. 20 g 六亚甲基四胺用 4.0 mL 浓盐酸(按 12 mol·L^{-1}计)溶解，并用蒸馏水稀释至100 mL，计算此溶液的 pH。此溶液是不是缓冲溶液？

（5.45，是）

23. 考虑离子强度的影响，计算下列标准缓冲溶液的 pH，并与标准值比较。

a. 饱和酒石酸氢钾溶液(0.034 mol·L^{-1})；

b. 0.0500 mol·L^{-1}邻苯二甲酸氢钾溶液；

c. 0.0100 mol·L^{-1}硼砂溶液。

（a. 3.56，b. 4.02，c. 9.18）

24. 计算用 0.2000 mol·L^{-1} $Ba(OH)_2$溶液滴定 0.1000 mol·L^{-1} HAc 溶液至化学计量点时溶液的 pH。

（8.82）

25. 二元弱酸 H_2A，已知 pH=1.92 时，$\delta_{H_2A}=\delta_{HA^-}$；pH=6.22 时，$\delta_{HA^-}=\delta_{A^{2-}}$。计算：a. H_2A 的 K_{a_1} 和 K_{a_2}；b. 当其主要以 HA^- 形式存在时 pH 为多少？ c. 用 0.1000 mol·L^{-1} NaOH 溶液滴定 0.1000 mol·L^{-1} H_2A 溶液分别至第一和第二化学计量点时，溶液的 pH 各为多少？各选用何种指示剂？

（a. $K_{a_1}=1.2\times10^{-2}$，$K_{a_2}=6.0\times10^{-7}$；b. 4.07；c. 4.12，9.37，甲基橙，百里酚酞）

26. 用 0.1000 mol·L^{-1} HCl 溶液滴定等浓度某一元弱碱 B 试液，当加入 20.00 mL 时，测得溶液的 pH=8.90。滴定至化学计量点时共消耗此 HCl 溶液 25.00 mL。求此一元弱碱的 pK_b。

（4.50）

27. 用 0.100 mol·L^{-1} NaOH 溶液滴定 0.100 mol·L^{-1} 羟胺盐酸盐（$NH_3OH^+\cdot Cl^-$）和 0.100 mol·L^{-1} NH_4Cl的混合溶液。问：a. 化学计量点时溶液的 pH 为多少？ b. 化学计量点时有百分之几的 NH_4Cl 参加了反应？

（a. 7.61，b. 2.2%）

28. 用 0.1000 mol·L^{-1} NaOH 溶液滴定含 0.020 mol·L^{-1} HAc 的 0.1000 mol·L^{-1} HCl 溶液。求：a.

化学计量点时溶液 pH；b. 若以甲基橙作指示剂滴定至溶液呈橙色（pH=4.00），终点误差是多少？

（a. 3.38，b. 3.3%）

29. 称取 0.300 0 g 某混合碱试样，加水溶解完全后，用酚酞作指示剂滴定时消耗 0.102 0 $mol \cdot L^{-1}$ HCl溶液 20.45 mL，继用甲基橙作指示剂，又耗去此 HCl 溶液 23.42 mL。试根据上述数据判断该混合碱的组成并计算各组分的质量分数。

（Na_2CO_3：73.70%，$NaHCO_3$：8.48%）

30. 称取 1.000 g Na_2CO_3和 Li_2CO_3混合物试样，用水溶解并转移至 250 mL 容量瓶中，稀释至刻度并摇匀。移取此试样溶液 25.00 mL，以甲基橙作指示剂滴定至终点时消耗 0.100 0 $mol \cdot L^{-1}$ HCl 溶液 22.20 mL。求试样中 Li_2CO_3的质量分数。

（40.63%）

31. 为测定某火力发电厂上空的空气中 CO_2 的含量，在一定压力、流速和温度下，将该区空气通入 100.00 mL 0.020 40 $mol \cdot L^{-1}$ $Ba(OH)_2$溶液中。在 $BaCO_3$沉淀完全后，过量的$Ba(OH)_2$需要用 24.55 mL 0.033 20 $mol \cdot L^{-1}$ HCl 溶液返滴定，总的空气取样量 4.125 L，于当时控制条件下，CO_2密度是 1.799 $mg \cdot mL^{-1}$。求该地区上空中每立方米空气中含多少毫升 CO_2？

（9.68×10^3 $mL \cdot m^{-3}$）

32. 称取 1.500 0 g 蛋白质试样，经硫酸消化和加入过量 NaOH 处理后，蒸馏出来的 NH_3用硼酸溶液吸收。以溴甲酚绿作指示剂滴定硼酸吸收液至终点时消耗 15.88 mL 0.096 2 $mol \cdot L^{-1}$ HCl 溶液。计算此蛋白质试样中氮的质量分数。

（1.426%）

33. 称取 1.000 g 含磷试样，经处理后，将其中的磷沉淀为磷钼酸铵。用 20.00 mL 0.100 0 $mol \cdot L^{-1}$ NaOH 溶液溶解沉淀，过量的 NaOH 用 0.100 0 $mol \cdot L^{-1}$ HNO_3溶液 15.00 mL 滴定至酚酞刚好褪色。计算试样中 P 和 P_2O_5的质量分数。

（0.065%，0.148%）

34. 取 25.00 mL $H_2SO_4-H_3PO_4$混合试样溶液，稀释至 250 mL。吸取 25.00 mL，以甲基橙作指示剂，用 0.200 0 $mol \cdot L^{-1}$ NaOH 溶液滴定到终点时需用 18.00 mL。然后加入酚酞，继续滴加 NaOH 溶液至酚酞变色，又用去 10.30 mL。求此混合酸溶液中 H_2SO_4及 H_3PO_4的质量浓度。

（0.030 21 $g \cdot mL^{-1}$，0.080 75 $g \cdot mL^{-1}$）

35. 称取 0.800 0 g $Na_3PO_4-Na_2B_4O_7 \cdot 10H_2O$ 试样，溶解后使所得溶液通过氢型阳离子交换树脂并收集流出液，以甲基红作指示剂，用 0.100 0 $mol \cdot L^{-1}$ NaOH 标准溶液滴定至终点时耗去 24.00 mL。然后加入足量的甘露醇，以百里酚酞作指示剂，继续用此 NaOH 标准溶液滴定至终点时耗去 30.00 mL。求试样中 Na_3PO_4和 $Na_2B_4O_7 \cdot 10H_2O$ 的质量分数。

（Na_3PO_4：49.18%，$Na_2B_4O_7 \cdot 10H_2O$：7.151%）

36. 称取 1.600 0 g 不纯弱酸 HA，用水溶解并转移至 100 mL 容量瓶中，稀释至刻度并摇匀。移取此试样溶液 25.00 mL，用 0.200 0 $mol \cdot L^{-1}$ NaOH 溶液滴定。当 HA 被中和 50%时用电位法测得溶液的 pH=5.00。滴定至化学计量点时溶液的 pH=9.00。求 HA 的纯度（已知 $M_{HA}=75.00\ g \cdot mol^{-1}$）。

（93.75%）

第5章

络合滴定法

络合反应在分析化学中有着广泛的应用，除作为滴定反应外，还用于显色反应、萃取反应、沉淀反应和掩蔽反应等。

络合滴定（又称配位滴定，complexometric titration）是以金属离子与配体形成络合物进行滴定的分析方法。从本质上讲，络合反应也是路易斯酸碱反应，所以络合滴定法与酸碱滴定法有很多相似之处，但体系更为复杂。为了便于处理各种因素对络合平衡的影响，本章采用副反应系数和条件稳定常数等概念。这为深刻阐明络合滴定原理、熟练处理复杂体系中的络合平衡和络合滴定的相关问题奠定了良好基础。

5.1 分析化学中常用的络合物

5.1.1 简单络合物

简单络合物是指由中心离子和单齿配体形成的络合物，如$[FeF_6]^-$、$[Zn(NH_3)_4]^{2+}$等。简单络合物不但稳定性较差，而且常形成逐级络合物，存在逐级解离平衡，这种现象称为分级络合现象。

简单络合物的逐级稳定常数通常差别很小，导致溶液中常有多种络合形式同时存在，使平衡情况变得相当复杂，缺乏确定的计量关系，限制了其在滴定分析中的应用，通常用作掩蔽剂、显色剂和指示剂。

5.1.2 螯合物

螯合物是指由中心离子和多齿配体（又称螯合剂）形成的络合物。由于螯合物分子中通常含有五元环或六元环，不仅稳定性高，很少有分级络合现象，而且某些螯合剂对金属离子具有一定的选择性，因此螯合剂广泛用作滴定剂和掩蔽剂。

分析化学中重要的螯合剂主要有下列几种类型。

1. “OO”型螯合剂

这类螯合剂以“O”为配位原子，如羟基酸、多元酸和多元醇等。其特点是通过硬碱

“O”原子与金属离子键合，能与硬酸型阳离子形成稳定的螯合物。如酒石酸与 Al^{3+} 生成稳定的螯合物。

$$\begin{array}{l} COOH \\ | \\ CHOH \\ | \\ CHOH \\ | \\ COOH \end{array} + \frac{1}{3}Al^{3+} \rightleftharpoons \begin{array}{l} C(=O)-O \rightarrow \frac{1}{3}Al \\ | \\ CHOH \\ | \\ CHOH \\ | \\ COOH \end{array} + H^{+}$$

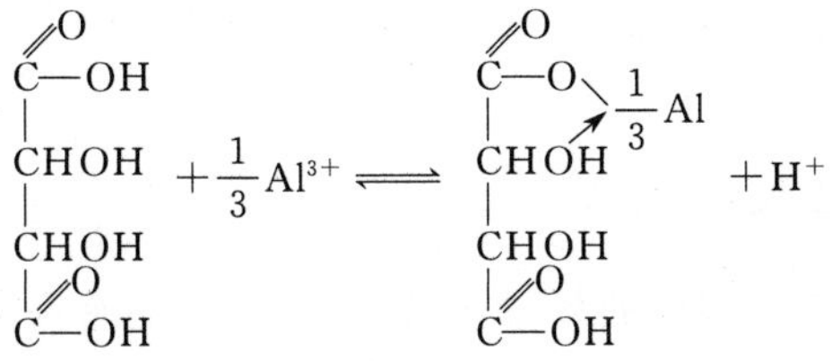

2.“NN”型螯合剂

这类螯合剂以“N”为配位原子，如有机胺、氮杂环化合物等。其特点是通过中间碱“N”原子与金属离子键合，能与中间酸和部分软酸型阳离子形成稳定的螯合物。如1,10-邻二氮菲与 Fe^{2+} 生成橘红色螯合物。

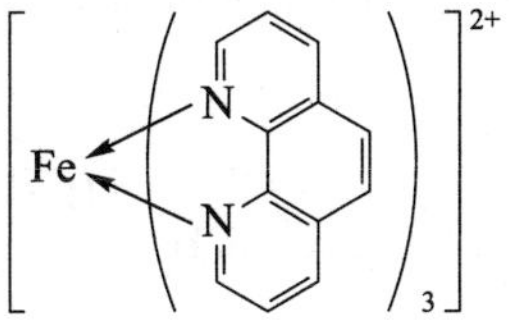

$$\left[Fe \left(\text{N,N} \right)_3 \right]^{2+}$$

3.“NO”型螯合剂

这类螯合剂以“N”和“O”为配位原子，如氨羧络合剂、羟基喹啉和某些邻羟基偶氮染料等。其特点是通过硬碱“O”原子和中间碱“N”原子与金属离子键合，能与许多硬酸、中间酸和软酸型阳离子形成稳定的螯合物。如8-羟基喹啉与 Al^{3+} 生成稳定的螯合物。在实际应用上可通过控制酸度等提高这类螯合剂的选择性。

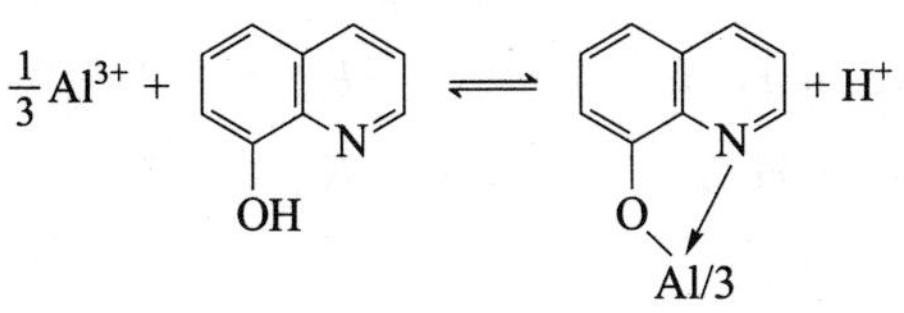

$$\frac{1}{3}Al^{3+} + \text{(8-羟基喹啉, OH, N)} \rightleftharpoons \text{(O, N} \rightarrow Al/3) + H^{+}$$

4.含硫螯合剂

这类螯合剂可分为“SS”型、“SO”型和“SN”型等。“SS”型螯合剂由两个硫原子为配位原子，能与部分中间酸和软酸型阳离子形成稳定的螯合物，分子中多含有五元环。如二乙氨基二硫代甲酸钠（铜试剂）与铜生成稳定的螯合物。

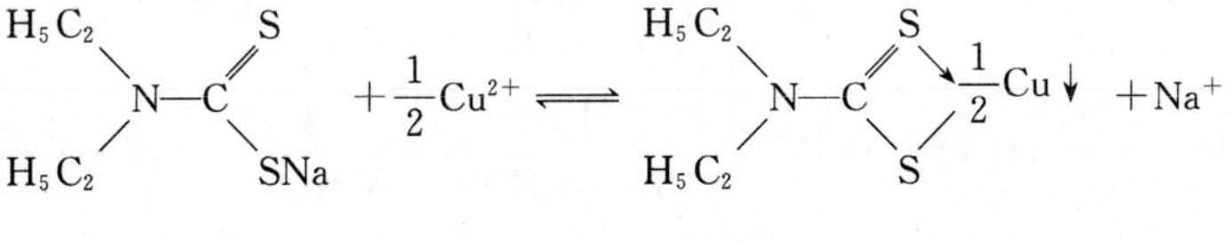

$$(H_5C_2)_2N-C(=S)-SNa + \frac{1}{2}Cu^{2+} \rightleftharpoons (H_5C_2)_2N-C(S)(S) \rightarrow \frac{1}{2}Cu\downarrow + Na^{+}$$

“SO”和“SN”型螯合剂能与多种阳离子形成螯合物。如巯基乙酸与 Cd^{2+} 形成稳定的螯合物。

$$\begin{array}{l}\quad O \\ \ /\!\!/ \\ C\!-\!OH \\ | \\ CH_2\!-\!SH\end{array} + \frac{1}{2}Cd^{2+} \rightleftharpoons \begin{array}{l}\quad O \\ \ /\!\!/ \\ C\!-\!O \\ | \qquad \searrow \frac{1}{2}Cd \\ | \qquad \nearrow \\ CH_2\!-\!SH\end{array} + H^+$$

5.1.3 乙二胺四乙酸

许多金属离子能与螯合剂中的氧原子形成配位键，还有许多金属离子能与螯合剂中的氮原子形成配位键。如果在同一螯合剂中既含有氧原子又含有氮原子，它必然具有很强的配位能力，能与多种金属离子形成稳定的螯合物。同时含有羧基（硬碱）和氨基（中间碱）的螯合剂称为氨羧螯合剂，能与许多硬酸、中间酸和软酸型金属离子形成稳定的螯合物。乙二胺四乙酸是在分析化学中应用最广的氨羧螯合剂，除了用作络合滴定的滴定剂外，还在各种分离和测定方法中用作掩蔽剂。

乙二胺四乙酸（ethylene diamine tetraacetic acid）简称 EDTA，用 H_4Y 表示。其结构式为

$$\begin{array}{l} ^{-}OOCH_2C \\ HOOCH_2C \end{array}\!\!\!\!> \overset{H}{\underset{+}{N}}\!-\!CH_2\!-\!CH_2\!-\!\overset{H}{\underset{+}{N}} <\!\!\!\! \begin{array}{l} CH_2COO^{-} \\ CH_2COOH \end{array}$$

EDTA 是一种白色粉末，由于其在水中溶解度较小，常把它制成二钠盐，一般也简称为 EDTA，或称为 EDTA 二钠盐，用 $Na_2H_2Y\cdot 2H_2O$ 表示。EDTA 二钠盐的溶解度较大，22 ℃时每 100 mL 水中可溶解 11.1 g。此溶液的浓度约为 $0.3\ mol\cdot L^{-1}$，pH 约为 4.4。

H_4Y 是一种四元酸，两个羧基上的 H^+ 会与自身分子中的 N 原子发生质子自递作用而形成双极离子。在强酸性溶液中，羧基上还接受两个 H^+ 形成 H_6Y^{2+}。因此，EDTA 实际上相当于六元酸，其六级解离平衡为

$$H_6Y^{2+} \rightleftharpoons H^+ + H_5Y^+ \qquad K_{a_1} = 1.3\times 10^{-1} = 10^{-0.9}$$

$$H_5Y^+ \rightleftharpoons H^+ + H_4Y \qquad K_{a_2} = 2.5\times 10^{-2} = 10^{-1.6}$$

$$H_4Y \rightleftharpoons H^+ + H_3Y^- \qquad K_{a_3} = 1.0\times 10^{-2} = 10^{-2.0}$$

$$H_3Y^- \rightleftharpoons H^+ + H_2Y^{2-} \qquad K_{a_4} = 2.14\times 10^{-3} = 10^{-2.67}$$

$$H_2Y^{2-} \rightleftharpoons H^+ + HY^{3-} \qquad K_{a_5} = 6.92\times 10^{-7} = 10^{-6.16}$$

$$HY^{3-} \rightleftharpoons H^+ + Y^{4-} \qquad K_{a_6} = 5.50\times 10^{-11} = 10^{-10.26}$$

形成反应和质子化常数可表示如下：

$$Y^{4-} + H^+ \rightleftharpoons HY^{3-} \qquad K_1^H = \frac{[HY^{3-}]}{[H^+][Y^{4-}]} = \frac{1}{K_{a_6}} = 1.82\times 10^{10} = 10^{10.26}$$

$$HY^{3-} + H^+ \rightleftharpoons H_2Y^{2-} \qquad K_2^H = \frac{[H_2Y^{2-}]}{[H^+][HY^{3-}]} = \frac{1}{K_{a_5}} = 1.44\times 10^{6} = 10^{6.16}$$

$$H_2Y^{2-} + H^+ \rightleftharpoons H_3Y^- \qquad K_3^H = \frac{[H_3Y^-]}{[H^+][H_2Y^{2-}]} = \frac{1}{K_{a_4}} = 4.68\times 10^{2} = 10^{2.67}$$

$$H_3Y^- + H^+ \rightleftharpoons H_4Y \qquad K_4^H = \frac{[H_4Y]}{[H^+][H_3Y^-]} = \frac{1}{K_{a_3}} = 1.0 \times 10^2 = 10^{2.0}$$

$$H_4Y + H^+ \rightleftharpoons H_5Y^+ \qquad K_5^H = \frac{[H_5Y^+]}{[H^+][H_4Y]} = \frac{1}{K_{a_2}} = 4.0 \times 10 = 10^{1.6}$$

$$H_5Y^+ + H^+ \rightleftharpoons H_6Y^{2+} \qquad K_6^H = \frac{[H_6Y^{2+}]}{[H^+][H_5Y^+]} = \frac{1}{K_{a_1}} = 7.7 = 10^{0.9}$$

因此，在任何水溶液中，EDTA 总是以 H_6Y^{2+}、H_5Y^+、H_4Y、H_3Y^-、H_2Y^{2-}、HY^{3-} 和 Y^{4-} 七种形式同时存在。各形式的分布分数与 pH 的关系如图 5-1 所示(为方便起见，EDTA 的各种存在形式的电荷均略去)：

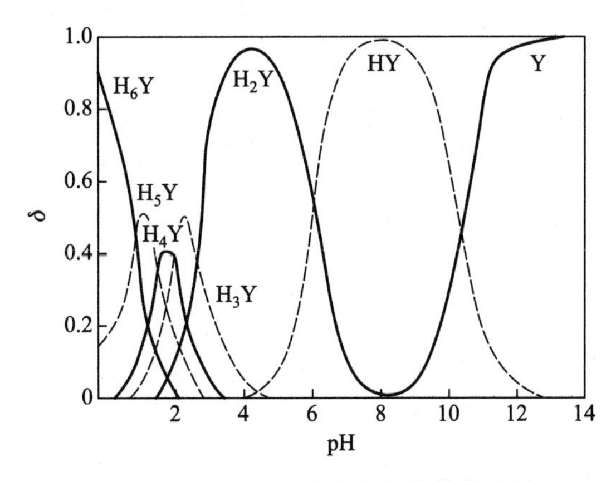

图 5-1　EDTA 各种存在形式的分布图

由图 5-1 可见，不论 EDTA 的初始存在形式是 H_4Y 还是 $Na_2H_2Y \cdot 2H_2O$，当 pH<1 时，主要以 H_6Y^{2+} 存在；当 pH 为 2.6～6.16 时，主要以 H_2Y^{2-} 存在；当 pH>10.26 时，主要以 Y^{4-} 存在。

5.1.4　EDTA 的金属螯合物

EDTA 与大多数金属离子形成组成比为 1∶1 的螯合物。以 $Na_2H_2Y \cdot 2H_2O$ 为例，生成螯合物时的反应如下：

$$M^{2+} + H_2Y^{2-} \rightleftharpoons MY^{2-} + 2H^+$$
$$M^{3+} + H_2Y^{2-} \rightleftharpoons MY^- + 2H^+$$
$$M^{4+} + H_2Y^{2-} \rightleftharpoons MY + 2H^+$$

EDTA 与某些高价金属离子形成组成比不是 1∶1 的螯合物，如 EDTA 与 Mo(Ⅴ)形成的螯合物为 $(MoO_2)_2Y^{2-}$。EDTA 的金属螯合物中含有多至五个五元环，十分稳定，其立体结构图如图 5-2 所示。

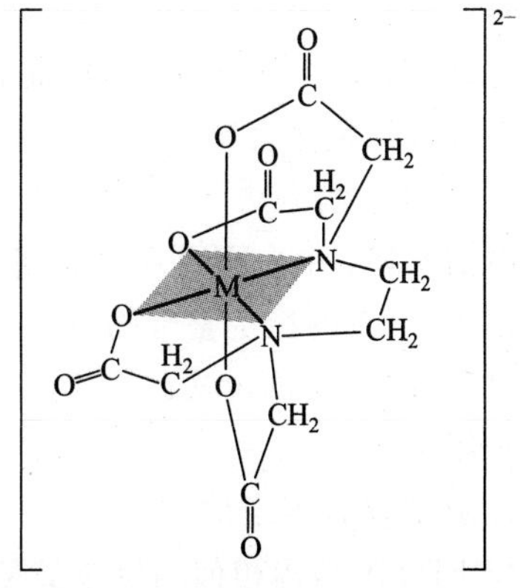

图 5-2　EDTA-M 螯合物的立体结构

在酸性溶液中，EDTA 可与金属离子形成酸式螯合物MHY(略去电荷,下同);在碱性溶液中,EDTA可与金属离子形成碱式螯合物M(OH)Y;若溶液中同时有其他配体存在时,也可能形成混配螯合物,如在氨性溶液中可形成$M(NH_3)Y$。但这些螯合物的稳定性较差,通常可忽略不计。

EDTA与无色金属离子形成无色的螯合物,与有色金属离子形成颜色更深的螯合物。值得注意的是,若形成的螯合物颜色太深,将影响滴定终点的确定。个别离子如Cr^{3+}可用EDTA作显色剂进行吸光光度测定。

EDTA与大多数金属离子反应很快,但某些金属离子如Cr^{3+}、Al^{3+}与EDTA在室温反应很慢,需煮沸片刻方能反应完全。

5.1.5 络合滴定法分类

根据所使用滴定剂的不同,络合滴定法可分为以下几类。

1. 汞量法

以$Hg(NO_3)_2$或$Hg(ClO_4)_2$溶液作滴定剂、二苯氨基脲作指示剂,可测定Cl^-或SCN^-,其反应如下:

$$Hg^{2+}+2Cl^- \longequal [HgCl_2]$$

$$Hg^{2+}+2SCN^- \longequal [Hg(SCN)_2]$$

终点时过量Hg^{2+}与指示剂形成蓝紫色络合物。

基于上述原理,以KSCN溶液作滴定剂、Fe^{3+}作指示剂可测定Hg^{2+},终点时过量的SCN^-与Fe^{3+}生成橙色络合物$[FeSCN]^{2+}$。

2. 氰量法

以KCN作滴定剂、少量AgI沉淀作指示剂,可测定Ag^+、Ni^{2+}等离子,其反应如下:

$$Ag^+ +2CN^- \longequal [Ag(CN)_2]^-$$

$$Ni^{2+}+4CN^- \longequal [Ni(CN)_4]^{2-}$$

终点时过量的CN^-与AgI中的Ag^+形成络合物使沉淀消失。

此外,以$AgNO_3$作滴定剂、试银灵作指示剂可测定CN^-,终点时过量的Ag^+与试银灵生成橙红色络合物。

3. EDTA滴定法

由前所述,由于EDTA具有络合能力很强、能与大多数金属离子形成易溶于水且组成比为1∶1的稳定螯合物、反应较迅速、无分级络合现象、溶液中体系简单、计算方便等优点,EDTA滴定法已在实际分析工作中得到了广泛应用。本章将详细讨论其原理及应用。

4. 其他螯合滴定法

与EDTA结构相似的氨羧类螯合剂还有较多,它们也能与大多数金属离子形成组成比多为1∶1的稳定螯合物,因此也可用于络合滴定。这类氨羧配体用于滴定分析法的有氨三乙酸、2-羟乙基乙二胺三乙酸、环己二胺四乙酸、乙二醇双(2-氨基乙醚)四乙酸、乙二胺四丙酸等。

5.2 络合物的平衡常数及分布分数

5.2.1 络合物的平衡常数

1. 稳定常数

金属离子 M 和配体 L(略去电荷,下同)形成络合物 ML 时,溶液中存在如下反应:

$$M+L \rightleftharpoons ML$$

该反应的平衡常数称为络合物 ML 的稳定常数(stability constant),又称形成常数(formation constant):

$$K_{稳}=\frac{[ML]}{[M][L]}$$

$K_{稳}$ 的数值与溶液的温度和离子强度有关,通常以其对数值 $\lg K_{稳}$ 表示,部分金属离子与 EDTA 及常用氨羧配体的络合物的 $\lg K_{稳}$ 值见附录表 2。

2. 逐级稳定常数

金属离子和多个配体形成 ML_n 型络合物时,会发生分级络合现象,每一级络合反应的平衡常数称为逐级稳定常数。

$$M+L \rightleftharpoons ML \qquad K_{稳_1}=\frac{[ML]}{[M][L]}$$

$$ML+L \rightleftharpoons ML_2 \qquad K_{稳_2}=\frac{[ML_2]}{[ML][L]}$$

$$\cdots\cdots \qquad \cdots\cdots$$

$$ML_{n-1}+L \rightleftharpoons ML_n \qquad K_{稳_n}=\frac{[ML_n]}{[ML_{n-1}][L]}$$

3. 累积稳定常数

对 ML_n 型络合物,也可用累积稳定常数(cumulative stability constants)表示其各级络合物的稳定性。

$$M+L \rightleftharpoons ML \qquad \beta_1=\frac{[ML]}{[M][L]}=K_{稳_1}$$

$$M+2L \rightleftharpoons ML_2 \qquad \beta_2=\frac{[ML_2]}{[M][L]^2}=K_{稳_1}K_{稳_2}$$

$$\cdots\cdots \qquad \cdots\cdots$$

$$M+nL \rightleftharpoons ML_n \qquad \beta_n=\frac{[ML_n]}{[M][L]^n}=K_{稳_1}K_{稳_2}\cdots K_{稳_n}$$

即 $$\beta_n = \prod_{i=1}^{n} K_{稳_i} \tag{5-1}$$

或 $$\lg\beta_n = \sum_{i=1}^{n} \lg K_{稳_i} \tag{5-2}$$

最后一级累积稳定常数 β_n 称为总稳定常数(overall stability constant)。

4. 不稳定常数

络合物的稳定性除用平衡常数表示外,也可用不稳定常数(又称解离常数)$K_{不}$ 表示,$K_{不}$ 越大,络合物越不稳定。

$$ML_n \rightleftharpoons ML_{n-1} + L \qquad K_{不_1} = \frac{[ML_{n-1}][L]}{[ML_n]}$$

$$ML_{n-1} \rightleftharpoons ML_{n-2} + L \qquad K_{不_2} = \frac{[ML_{n-2}][L]}{[ML_{n-1}]}$$

$$\cdots\cdots \qquad \cdots\cdots$$

$$ML \rightleftharpoons M + L \qquad K_{不_n} = \frac{[M][L]}{[ML]}$$

由此知,逐级稳定常数与逐级不稳定常数的关系为

$$K_{不_i} = \frac{1}{K_{稳_{n-i+1}}}$$

同样可定义累积不稳定常数 $\beta_{不_i}$:

$$\beta_{不_i} = K_{不_1} K_{不_2} \cdots K_{不_i}$$

最后一级累积不稳定常数 $\beta_{不_n}$ 称为总不稳定常数,它是总稳定常数 β_n 的倒数。

由于历史原因,文献中络合物的稳定性的表示方法不一致,使用时应加以注意。目前,较普遍使用的是稳定常数,一些常见络合物的稳定常数见附录表 3。

5.2.2 络合物的分布分数

同处理酸碱平衡类似,在处理络合平衡时,也需要考虑配体的浓度对络合物各级存在形式分布的影响。

设溶液中金属离子 M 的总浓度为 c_M,配体 L 的总浓度为 c_L,M 与 L 发生逐级络合反应:

$$M + L \rightleftharpoons ML \qquad [ML] = \beta_1 [M][L]$$

$$ML + L \rightleftharpoons ML_2 \qquad [ML_2] = \beta_2 [M][L]^2$$

$$\cdots\cdots \qquad \cdots\cdots$$

$$ML_{n-1} + L \rightleftharpoons ML_n \qquad [ML_n] = \beta_n [M][L]^n$$

由物料平衡:

$$\begin{aligned} c_M &= [M] + [ML] + [ML_2] + \cdots + [ML_n] \\ &= [M] + \beta_1[M][L] + \beta_2[M][L]^2 + \cdots + \beta_n[M][L]^n \end{aligned}$$

$$=[M](1+\beta_1[L]+\beta_2[L]^2+\cdots+\beta_n[L]^n)$$

$$=[M]\left(1+\sum_{i=1}^{n}\beta_i[L]^i\right)$$

由分布分数 δ 的定义，可得

$$\delta_M=\frac{[M]}{c_M}=\frac{[M]}{[M]\left(1+\sum_{i=1}^{n}\beta_i[L]^i\right)}=\frac{1}{1+\sum_{i=1}^{n}\beta_i[L]^i}$$

$$\delta_{ML}=\frac{[ML]}{c_M}=\frac{\beta_1[M][L]}{[M]\left(1+\sum_{i=1}^{n}\beta_i[L]^i\right)}=\frac{\beta_1[L]}{1+\sum_{i=1}^{n}\beta_i[L]^i}$$

……

$$\delta_{ML_n}=\frac{[ML_n]}{c_M}=\frac{\beta_n[M][L]^n}{[M]\left(1+\sum_{i=1}^{n}\beta_i[L]^i\right)}=\frac{\beta_n[L]^n}{1+\sum_{i=1}^{n}\beta_i[L]^i}$$

由此可见，络合物各存在形式的分布分数 δ 仅仅是配体平衡浓度[L]的函数，与 c_M 无关。

例 5.1 在 pH=9.26 的氨性缓冲溶液中，除氨络合物外缓冲剂的总浓度为 $2.0\times10^{-2}\ mol\cdot L^{-1}$，计算 $Cu^{2+}-NH_3$ 各级络合物的 δ_i。

解 已知铜氨络离子的 $\lg\beta_1\sim\lg\beta_5$ 分别为 4.31、7.98、11.02、13.32、12.86。

$$[NH_3]=\frac{[OH^-]}{K_b+[OH^-]}c$$

$$=\left(\frac{10^{-4.74}}{1.8\times10^{-5}+10^{-4.74}}\times2.0\times10^{-2}\right)\ mol\cdot L^{-1}$$

$$=1.0\times10^{-2}\ mol\cdot L^{-1}$$

$$1+\sum_{i=1}^{5}\beta_i[NH_3]^i=1+10^{4.31}\times10^{-2.00}+10^{7.98}\times10^{-4.00}+10^{11.02}\times10^{-6.00}+10^{13.32}\times10^{-8.00}+10^{12.86}\times10^{-10.00}$$

$$=1+10^{2.31}+10^{3.98}+10^{5.02}+10^{5.32}+10^{2.86}$$

$$=3.2\times10^{5.00}$$

$$\delta_{Cu^{2+}}=\frac{1}{3.2\times10^{5.00}}=0.000\,31\%\qquad \delta_{[Cu(NH_3)]^{2+}}=\frac{10^{2.31}}{3.2\times10^{5.00}}=0.064\%$$

$$\delta_{[Cu(NH_3)_2]^{2+}}=\frac{10^{3.98}}{3.2\times10^{5.00}}=3.0\%\qquad \delta_{[Cu(NH_3)_3]^{2+}}=\frac{10^{5.02}}{3.2\times10^{5.00}}=33\%$$

$$\delta_{[Cu(NH_3)_4]^{2+}}=\frac{10^{5.32}}{3.2\times10^{5.00}}=65\%\qquad \delta_{[Cu(NH_3)_5]^{2+}}=\frac{10^{2.86}}{3.2\times10^{5.00}}=0.23\%$$

当$[NH_3]$改变时，$\delta_{Cu^{2+}}\sim\delta_{[Cu(NH_3)_5]^{2+}}$ 也相应变化。若以 $\lg[NH_3]$为横坐标，δ 为纵坐标，二者之间的关系如图 5-3 所示。由图可知，随着$[NH_3]$增大，Cu^{2+} 与 NH_3 逐级生成 1∶1，1∶2，…，1∶5 的络离子。但是，由于相邻两级络合物的稳定常数差别不大，

故$[NH_3]$在相当大范围内变化时，没有任何一种络合物的分布分数接近 1。因此，无法用 NH_3作滴定剂滴定 Cu^{2+}。

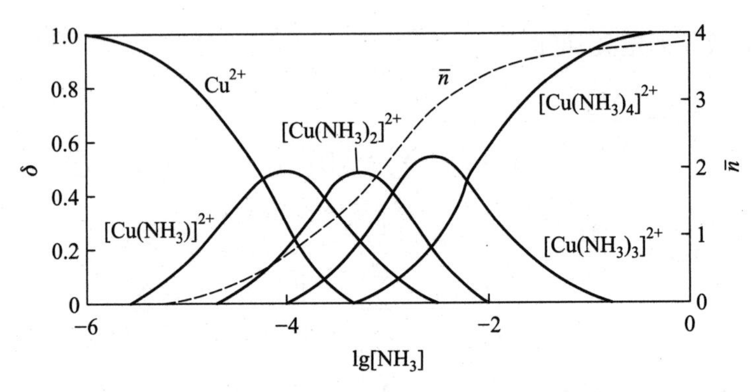

图 5-3　铜氨络合物分布曲线及 $\bar{n}$ 图

$Hg^{2+}-Cl^-$ 体系的 $\lg K_1=6.74$，$\lg K_2=6.48$，$\lg K_3=0.85$，$\lg K_4=1.00$。其 $\delta-\lg[Cl^-]$ 关系见图 5-4。由图可知，当 $\lg[Cl^-]$在$-5\sim-3$ 范围内变化时，$\delta_{[HgCl_2]}\approx100\%$，故可以 $Hg(NO_3)_2$为滴定剂滴定 Cl^-。

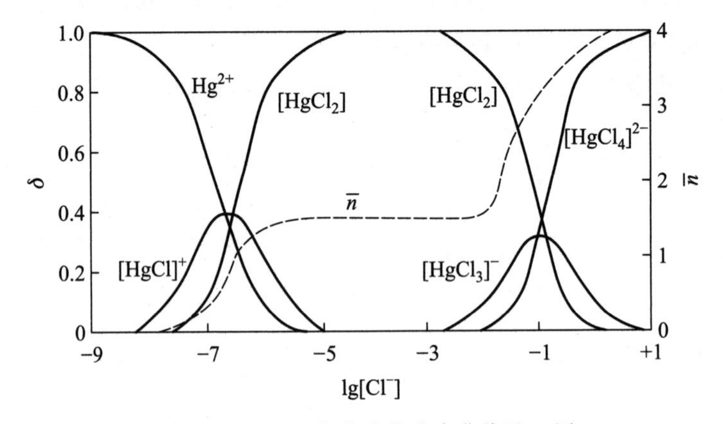

图 5-4　汞(Ⅱ)氯络合物分布曲线及 $\bar{n}$ 图

例 5.2　在某体系中仅有的反应是 $M+L \rightleftharpoons ML$，$ML+L \rightleftharpoons ML_2$，其平衡常数分别为 K_1、K_2。试证明当$[L]=(K_1K_2)^{-\frac{1}{2}}$时，该体系中$[ML]$的浓度达到最大值。

证明

$$
\begin{aligned}
c_M &= [M]+[ML]+[ML_2] \\
&= [M]+K_1[M][L]+K_1K_2[M][L]^2 \\
&= [M](1+K_1[L]+K_1K_2[L]^2)
\end{aligned}
$$

$$\delta_{ML}=\frac{[ML]}{c_M}=\frac{K_1[M][L]}{[M](1+K_1[L]+K_1K_2[L]^2)}=\frac{K_1[L]}{1+K_1[L]+K_1K_2[L]^2}$$

$$\frac{d[\delta_{ML}]}{d[L]}=\frac{K_1(1+K_1[L]+K_1K_2[L]^2)-K_1[L](K_1+2K_1K_2[L])}{(1+K_1[L]+K_1K_2[L]^2)^2}$$

$$=\frac{K_1(1-K_1K_2[L]^2)}{(1+K_1[L]+K_1K_2[L]^2)^2}$$

欲使[ML]最大，则必

$$\frac{d[\delta_{ML}]}{d[L]}=\frac{K_1(1-K_1K_2[L]^2)}{(1+K_1[L]+K_1K_2[L]^2)^2}=0$$

即 $$1-K_1K_2[L]^2=0$$

得 $$[L]=(K_1K_2)^{-\frac{1}{2}}$$

5.2.3 络合物的平均配位数

平均配位数 $\bar{n}$（又称生成函数）表示金属离子络合配体的平均数。设金属离子的总浓度为 c_M，配体的总浓度为 c_L，配体的平衡浓度为[L]，则

$$\bar{n}=\frac{c_L-[L]}{c_M} \tag{5-3}$$

将 c_L 和 c_M 的物料平衡方程代入式(5-3)可得

$$\bar{n}=\frac{([L]+[ML]+2[ML_2]+\cdots+n[ML_n])-[L]}{[M]+[ML]+[ML_2]+\cdots+[ML_n]}$$

$$=\frac{[ML]+2[ML_2]+\cdots+n[ML_n]}{[M]+[ML]+[ML_2]+\cdots+[ML_n]}$$

$$=\frac{\beta_1[M][L]+2\beta_2[M][L]^2+\cdots+n\beta_n[M][L]^n}{[M]+\beta_1[M][L]+\beta_2[M][L]^2+\cdots+\beta_n[M][L]^n}$$

$$=\frac{\sum_{i=1}^{n}i\beta_i[L]^i}{1+\sum_{i=1}^{n}\beta_i[L]^i} \tag{5-4}$$

由式(5-4)可见，$\bar{n}$ 仅是[L]的函数。

5.3 副反应系数和条件稳定常数

在复杂的化学反应体系中，通常把主要研究的一种反应看作主反应，其他与之有关的反应看作副反应。副反应能影响主反应的反应物或产物的平衡浓度。

在络合滴定中，被测金属离子 M 与滴定剂 Y 的络合反应是主反应，但由于干扰物质的存在，还可能存在下述各种副反应。

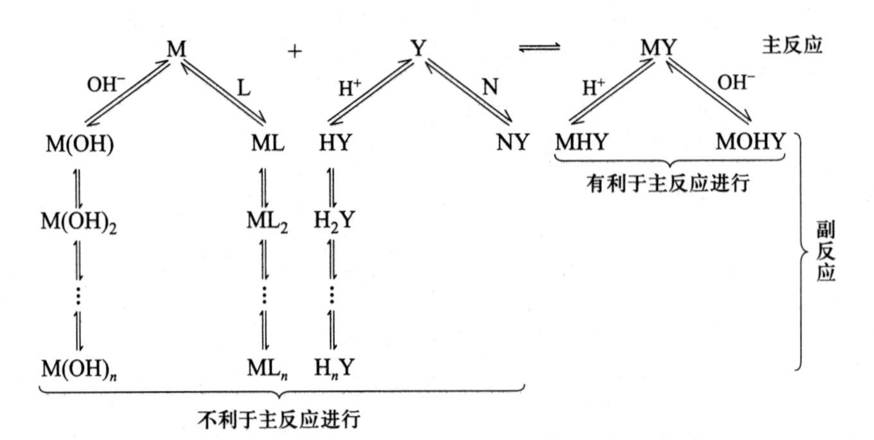

由上可见，M 和 Y 的各种副反应不利用主反应的进行，而生成物 MY 的各种副反应则有利于主反应的进行。M、Y 及 MY 的各种副反应对主反应的影响程度，可用其副反应系数进行衡量。

5.3.1 副反应系数

根据平衡关系可以计算副反应对主反应的影响，其影响程度可用副反应系数（side-reaction coefficient）表示。下面将仅对络合滴定中几种重要的副反应及副反应系数进行较详细的讨论。

1. 络合剂 Y 的副反应及副反应系数

Y 在溶液中的副反应主要有两种，即 H^+ 所引起的酸效应和共存金属离子 N 引起的共存（干扰）离子效应。

(1) EDTA（Y）的酸效应与酸效应系数

Y 是一种碱，当 M 与 Y 发生络合反应时，若溶液中有 H^+ 存在时，Y 也会与 H^+ 结合形成 HY，H_2Y，…，H_6Y，这样会导致[Y]降低，使主反应的完全程度受到影响。这种由于 H^+ 存在使配体参加主反应能力降低的现象称为酸效应。H^+ 引起副反应时的副反应系数称为酸效应系数，用 $\alpha_{L(H)}$ 表示。对于 Y，则用 $\alpha_{Y(H)}$ 表示。具体而言，$\alpha_{Y(H)}$ 表示未参加主反应的 EDTA 的总浓度（即未与 M 络合的 EDTA 的总浓度）与 Y 的平衡浓度[Y]的比值。

设未与 M 络合的 EDTA 的总浓度为[Y′]，则

$$[Y']=[Y]+[HY]+[H_2Y]+\cdots+[H_6Y]$$

$$\alpha_{Y(H)}=\frac{[Y']}{[Y]} \tag{5-5}$$

$\alpha_{Y(H)}$ 越大，[Y]越小，酸效应越严重。若 $\alpha_{Y(H)}=1$，则未络合的 EDTA 完全以 Y 的形式存在，无酸效应存在。

由于[Y′]是参与酸碱平衡的 EDTA 的总浓度，根据酸碱存在型体分布分数的定义，则有

$$\delta_Y=\frac{[Y]}{[Y']}=\frac{1}{\alpha_{Y(H)}}$$

因为 EDTA 为六元酸，因此

$$\delta_Y=\frac{K_{a_1}K_{a_2}\cdots K_{a_6}}{[H^+]^6+K_{a_1}[H^+]^5+\cdots+K_{a_1}K_{a_2}\cdots K_{a_6}}$$

$$\alpha_{Y(H)}=\frac{1}{\delta_Y}=1+\frac{[H^+]}{K_{a_6}}+\frac{[H^+]^2}{K_{a_5}K_{a_6}}+\cdots+\frac{[H^+]^6}{K_{a_1}K_{a_2}\cdots K_{a_6}}$$

由此可知，根据溶液中 H^+ 浓度和 EDTA 的各级解离常数，可以算出 $\alpha_{Y(H)}$。同样，根据溶液中 H^+ 浓度和 EDTA 的质子化常数也可以计算 $\alpha_{Y(H)}$，公式如下：

$$\begin{aligned}\alpha_{Y(H)}&=1+K_1^H[H^+]+K_1^HK_2^H[H^+]^2+\cdots+K_1^HK_2^H\cdots K_6^H[H^+]^6\\&=1+\beta_1^H[H^+]+\beta_2^H[H^+]^2+\cdots+\beta_6^H[H^+]^6\\&=1+\sum_{i=1}^{6}\beta_i^H[H^+]^i\end{aligned}\tag{5-6}$$

其他有酸式解离的配体也可按上述类似方法计算其酸效应系数。设配体 L 可形成的最高级酸为 H_nL，其酸效应计算公式为

$$\alpha_{L(H)}=1+\sum_{i=1}^{n}\beta_i^H[H^+]^i\tag{5-7}$$

例 5.3 计算 pH=4.00 时 EDTA 的 $\alpha_{Y(H)}$ 及 $\lg\alpha_{Y(H)}$。

解 $$\begin{aligned}\alpha_{Y(H)}&=1+\sum_{i=1}^{6}\beta_i^H[H^+]^i\\&=1+10^{10.26}\times10^{-4.00}+10^{10.26+6.16}\times10^{-8.00}+10^{10.26+6.16+2.67}\times10^{-12.00}+\\&\quad10^{10.26+6.16+2.67+2.0}\times10^{-16.00}+10^{10.26+6.16+2.67+2.0+1.6}\times10^{-20.00}+\\&\quad10^{10.26+6.16+2.67+2.0+1.6+0.9}\times10^{-24.00}\\&=2.8\times10^8\end{aligned}$$

$$\lg\alpha_{Y(H)}=8.45$$

由于 α 值的变化范围很大，将其值取对数后使用较方便。EDTA 在不同 pH 时的 $\lg\alpha_{Y(H)}$ 值和一些配体的 $\lg\alpha_{L(H)}$ 值见附录表 4 及表 5。

在分析工作中，常将 EDTA 在不同 pH 时的 $\lg\alpha_{Y(H)}$ 绘成 pH-$\lg\alpha_{Y(H)}$ 曲线使用，此曲线称为酸效应曲线(图 5-5)。

(2) 共存离子效应与共存离子效应系数

如果溶液中除了被测定金属离子 M 外，还有能与 EDTA 络合的共存离子 N，则 N 与 EDTA 的反应可看作 Y 的一种副反应：

$$N+Y\rightleftharpoons NY$$

$$K_{NY}=\frac{[NY]}{[N][Y]}$$

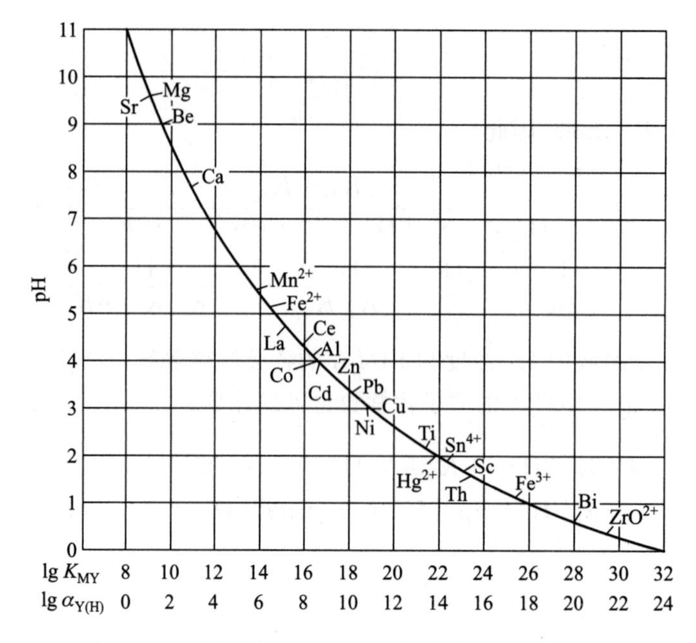

图 5-5　EDTA 的酸效应曲线

(c_M=0.01 mol·L^{-1},ΔpM=±0.2,E_t=±0.1%)

由于 N 的存在,降低了 Y 的平衡浓度,使主反应的完全程度受到影响。共存离子引起的副反应称为共存离子效应,其副反应系数称为共存离子效应系数 $\alpha_{Y(N)}$。在这种情况下,如果不考虑酸效应,则未与 M 络合的 Y 的总浓度[Y′]为

$$[Y']=[Y]+[NY]=[Y]+K_{NY}[N][Y]$$

则

$$\alpha_{Y(N)}=\frac{[Y']}{[Y]}=\frac{[NY]+[Y]}{[Y]}=1+K_{NY}[N] \tag{5-8}$$

由式(5-8)可知,当[Y′]=[Y]时,无副反应,$\alpha_{Y(N)}=1$;[N]和 K_{NY} 越大,$\alpha_{Y(N)}$ 就越大,共存离子效应就越严重。

若溶液中有多种共存离子 $N_1,N_2,N_3,\cdots,N_n$ 存在,则

$$\begin{aligned}\alpha_{Y(N_1,N_2,\cdots,N_n)}&=\frac{[Y']}{[Y]}=\frac{[Y]+[N_1Y]+[N_2Y]+\cdots+[N_nY]}{[Y]}\\&=1+K_{N_1Y}[N_1]+K_{N_2Y}[N_2]+\cdots+K_{N_nY}[N_n]\\&=1+\alpha_{Y(N_1)}+\alpha_{Y(N_2)}+\cdots+\alpha_{Y(N_n)}-n\\&=\alpha_{Y(N_1)}+\alpha_{Y(N_2)}+\cdots+\alpha_{Y(N_n)}-(n-1)\end{aligned} \tag{5-9}$$

当有多种共存离子共存时,$\alpha_{Y(N_1,N_2,\cdots,N_n)}$ 通常只取其中一种或少数几种影响较大的共存离子副反应系数之和,其他次要项可忽略不计。

(3) Y 的总副反应系数

当溶液中 H^+ 和 N 同时存在时,它们对 Y 的总副反应系数用 α_Y 表示,此时

$$[Y']=[Y]+[HY]+\cdots+[H_6Y]+[NY]$$

$$\alpha_Y=\frac{[Y']}{[Y]}=\frac{[Y]+[HY]+\cdots+[H_6Y]+[NY]}{[Y]}$$

$$=\frac{[Y]+[HY]+\cdots+[H_6Y]}{[Y]}+\frac{[NY]+[Y]}{[Y]}-\frac{[Y]}{[Y]}$$

$$=\alpha_{Y(H)}+\alpha_{Y(N)}-1 \tag{5-10}$$

通常 $\alpha_{Y(H)}$ 或 $\alpha_{Y(N)}$ 都远大于 1，所以

$$\alpha_Y\approx\alpha_{Y(H)}+\alpha_{Y(N)} \tag{5-11}$$

当酸效应为主时，$\alpha_Y\approx\alpha_{Y(H)}$；当共存离子效应为主时，$\alpha_Y\approx\alpha_{Y(N)}$。若溶液中有 N_1，N_2，N_3，…，N_n 等 n 种共存离子存在时，$\alpha_Y\approx\alpha_{Y(H)}+\alpha_{Y(N_1,N_2,\cdots,N_n)}$。

例 5.4 某溶液中 EDTA、Zn^{2+} 和 Cu^{2+} 的浓度均为 0.010 mol·L^{-1}，计算 pH=5.0 时的 $\alpha_{Y(Cu)}$ 及 α_Y。

解 已知$K_{CuY}=10^{18.80}$，pH=5.0 时，$\alpha_{Y(H)}=10^{6.45}$。

$$\alpha_{Y(Cu)}=1+K_{CuY}[Cu^{2+}]=1+10^{18.80}\times 0.010=10^{16.80}$$

$$\alpha_Y=\alpha_{Y(H)}+\alpha_{Y(Cu)}-1=10^{6.45}+10^{16.80}-1\approx 10^{16.80}$$

2. 金属离子 M 的副反应及副反应系数

(1) 络合效应与络合效应系数

当 M 与 Y 反应时，若有另一种能与 M 形成络合物的配体 L 存在，则此副反应会影响主反应。这种由于其他络合剂的存在使金属离子参加主反应能力降低的现象，称为络合效应。络合剂引起副反应时的副反应系数称为络合效应系数，用 $\alpha_{M(L)}$ 表示。当 L 存在时，设未与 Y 络合的 M 的总浓度用[M′]表示，则

$$[M']=[M]+[ML]+[ML_2]+\cdots+[ML_n]$$

$$\alpha_{M(L)}=\frac{[M']}{[M]}=\frac{[M]+[ML]+[ML_2]+\cdots+[ML_n]}{[M]} \tag{5-12}$$

当[M′]=[M]时，无副反应发生，$\alpha_{M(L)}=1$。络合效应越严重，$\alpha_{M(L)}$ 越大。将$[M']=[M]+\beta_1[M][L]+\beta_2[M][L]^2+\cdots+\beta_n[M][L]^n$ 代入式(5-12)整理得

$$\alpha_{M(L)}=\frac{[M]+\beta_1[M][L]+\beta_2[M][L]^2+\cdots+\beta_n[M][L]^n}{[M]}$$

$$=1+\sum_{i=1}^{n}\beta_i[L]^i \tag{5-13}$$

由此可知，[L]、β_i 越大，$\alpha_{M(L)}$ 越大。

例 5.5 在 0.10 mol·L^{-1} $[AlF_6]^{3-}$ 溶液中，$[F^-]$=0.010 mol·L^{-1}。计算溶液中 Al^{3+} 的游离浓度，并指出溶液中络合物的主要存在形式。

解 已知$[AlF_6]^{3-}$ 的 $\lg\beta_1\sim\lg\beta_6$ 分别为 6.13、11.15、15.00、17.75、19.37 和 19.84。则有

$$\begin{aligned}\alpha_{Al(F)} &= 1+10^{6.13}\times 0.010+10^{11.15}\times 0.010^2+10^{15.00}\times 0.010^3+\\ &\quad 10^{17.75}\times 0.010^4+10^{19.37}\times 0.010^5+10^{19.84}\times 0.010^6\\ &= 1+10^{4.13}+10^{7.15}+10^{9.00}+10^{9.75}+10^{9.37}+10^{7.84}\\ &= 9.1\times 10^{9.00}\end{aligned}$$

故

$$[Al^{3+}]=\frac{0.10}{9.1\times 10^{9.00}}\ \text{mol·L}^{-1}=1.1\times 10^{-11}\ \text{mol·L}^{-1}$$

由上式中右边各项数值可知，溶液中络合物的主要存在形式为$[AlF_3]$、$[AlF_4]^-$和$[AlF_5]^{2-}$。

(2) M的总副反应系数

若溶液中同时存在能与M发生副反应的两种配体L和A，其对主反应的影响可用M的总副反应系数α_M表示

$$\begin{aligned}\alpha_M &= \frac{[M']}{[M]}=\frac{[M]+[ML]+\cdots+[ML_n]+[MA]+\cdots+[MA_m]}{[M]}\\ &= \frac{[M]+[ML]+\cdots+[ML_n]}{[M]}+\frac{[M]+[MA]+\cdots+[MA_m]}{[M]}-\frac{[M]}{[M]}\\ &= \alpha_{M(L)}+\alpha_{M(A)}-1\end{aligned}\tag{5-14}$$

同理，若溶液中有n种配体$L_1, L_2, L_3, \cdots, L_n$同时与金属离子M发生副反应，则M的总副反应系数$\alpha_M$为

$$\alpha_M=\alpha_{M(L_1)}+\alpha_{M(L_2)}+\cdots+\alpha_{M(L_n)}-(n-1)\tag{5-15}$$

一般而言，在有多种配体共存的情况下，只有一种或少数几种配体的副反应是主要的，其他配体的影响可忽略不计。值得注意的是，溶液中存在的OH^-也是一种配体，它可与多种金属离子形成氢氧基络合物，在碱性溶液中，其影响往往不能忽略。这种影响通常也称为水解反应，用副反应系数$\alpha_{M(OH)}$表示。一些金属离子在不同pH下的$\lg\alpha_{M(OH)}$值见附录表6。

例5.6 计算pH分别为10.00和12.00的锌氨溶液中，游离氨的浓度为0.10 mol·L^{-1}的α_{Zn}。

解 已知$[Zn(NH_3)_4]^{2+}$的$\lg\beta_1\sim\lg\beta_4$分别为2.37、4.81、7.31、9.46。

pH=10.00时，$\alpha_{Zn(OH)}=10^{2.4}$，故

$$\begin{aligned}\alpha_{Zn(NH_3)} &= 1+\beta_1[NH_3]+\beta_2[NH_3]^2+\beta_3[NH_3]^3+\beta_4[NH_3]^4\\ &= 1+10^{2.37}\times 0.10+10^{4.81}\times(0.10)^2+10^{7.31}\times(0.10)^3+10^{9.46}\times(0.10)^4\\ &= 10^{5.49}\end{aligned}$$

$$\alpha_{Zn}=\alpha_{Zn(NH_3)}+\alpha_{Zn(OH)}-1=10^{5.49}+10^{2.4}-1\approx 10^{5.49}$$

pH=12.00时，$\alpha_{Zn(OH)}=10^{8.5}$，又$\alpha_{Zn(NH_3)}=10^{5.49}$，故

$$\alpha_{Zn}=\alpha_{Zn(NH_3)}+\alpha_{Zn(OH)}-1=10^{5.49}+10^{8.5}-1\approx 10^{8.5}$$

由计算结果可知，pH＝10.00时，$\alpha_{Zn(OH)}$可忽略不计；pH＝12.00时，$\alpha_{Zn(NH_3)}$可忽略不计。

3. 络合物MY的副反应及副反应系数

在一定条件下，M与Y络合形成MY的同时，也会形成酸式络合物、碱式络合物或多元络合物，它们也会影响主反应的进行。

(1) 酸式络合物

当溶液酸度较高时，可形成酸式络合物，反应如下：

$$MY + H^+ \rightleftharpoons MHY$$

$$K_{MHY}^{H} = \frac{[MHY]}{[MY][H^+]}$$

形成MHY时MY的副反应系数$\alpha_{MY(H)}$为

$$\alpha_{MY(H)} = \frac{[MY']}{[MY]} = \frac{[MY]+[MHY]}{[MY]} = 1 + K_{MHY}^{H}[H^+] \tag{5-16}$$

由此可见，溶液$[H^+]$越大、K_{MHY}^{H}越大，$\alpha_{MY(H)}$也越大，对主反应越有利。

(2) 碱式络合物

同样，当溶液碱度较高时，可形成碱式络合物，反应如下：

$$MY + OH^- \rightleftharpoons M(OH)Y$$

$$K_{M(OH)Y}^{OH} = \frac{[M(OH)Y]}{[MY][OH^-]}$$

形成M(OH)Y时MY的副反应系数$\alpha_{MY(OH)}$为

$$\alpha_{MY(OH)} = \frac{[MY']}{[MY]} = \frac{[MY]+[M(OH)Y]}{[MY]} = 1 + K_{M(OH)Y}^{OH}[OH^-] \tag{5-17}$$

由此可见，溶液$[OH^-]$越大、$K_{M(OH)Y}^{OH}$越大，$\alpha_{MY(OH)}$也越大，对主反应越有利。

(3) 多元络合物

相类似，当溶液中有其他配体L存在时，有可能形成多元络合物，反应如下：

$$MY + L \rightleftharpoons MLY$$

$$K_{MLY}^{L} = \frac{[MLY]}{[MY][L]}$$

形成MLY时MY的副反应系数$\alpha_{MY(L)}$为

$$\alpha_{MY(L)} = \frac{[MY']}{[M]} = \frac{[MY]+[MLY]}{[MY]} = 1 + K_{MLY}^{L}[L] \tag{5-18}$$

由此可知，溶液[L]越大、K_{MLY}^{L}越大，$\alpha_{MY(L)}$也越大，对主反应越有利。

由上述讨论可知，MY 的副反应均有利于主反应的进行，但需要指出的是，由于 MHY、M(OH)Y 和 MLY 的稳定性较差，这种影响通常可忽略不计。

5.3.2 条件稳定常数

金属离子与 Y 的络合反应为

$$M+Y \rightleftharpoons MY$$

其稳定常数为

$$K_{MY}=\frac{[MY]}{[M][Y]}$$

如果没有副反应发生，K_{MY}是衡量此络合反应进行完全程度的主要标志。事实上，副反应一般总是存在的。当反应达到平衡时，未与 Y 络合的 M 的总浓度为[M′]，未与 M 络合的 Y 的总浓度为[Y′]，M 与 Y 结合的总浓度为[MY′]，此时的稳定常数定义为 K'_{MY}，表达式为

$$K'_{MY}=\frac{[MY']}{[M'][Y']} \tag{5-19}$$

由于[M′]、[Y′]、[MY′]的大小与溶液中的氢离子、氢氧根离子、共存的其他金属离子和配体的浓度有关，因此 K'_{MY}随溶液条件的变化而变化，故 K'_{MY}称为条件稳定常数(conditional stability constant)；因为[M′]、[Y′]、[MY′]称为表观浓度，所以 K'_{MY}又称为表观稳定常数(apparent stability constant)。

由上述有关副反应系数的讨论可知

$$[M']=\alpha_M[M], \quad [Y']=\alpha_Y[Y], \quad [MY']=\alpha_{MY}[MY]$$

代入式(5-19)可得

$$K'_{MY}=\frac{\alpha_{MY}[MY]}{\alpha_M[M]\alpha_Y[Y]}=K_{MY}\frac{\alpha_{MY}}{\alpha_M\alpha_Y} \tag{5-20}$$

取对数，得

$$\lg K'_{MY}=\lg K_{MY}-\lg\alpha_M-\lg\alpha_Y+\lg\alpha_{MY} \tag{5-21}$$

由此可知，M 和 Y 的副反应会使 MY 的条件稳定常数减小，而 MY 的副反应则使条件稳定常数增大。如前所述，MY 的副反应一般可忽略，则

$$\lg K'_{MY}=\lg K_{MY}-\lg\alpha_M-\lg\alpha_Y \tag{5-22}$$

如果共存金属离子 N 对 Y 的影响和配体 L 对 M 的影响(包括水解效应)均可忽略，即仅考虑 EDTA 的酸效应，则有

$$\lg K'_{MY}=\lg K_{MY}-\lg\alpha_{Y(H)} \tag{5-23}$$

例 5.7 计算 $pH=5.00$、$[F^-]=1.0\times10^{-3}\ mol\cdot L^{-1}$、$[Zn^{2+}]=1.0\times10^{-2}\ mol\cdot L^{-1}$的溶液中 AlY 的条件稳定常数。

解 $pH=5.00$ 时，$\lg\alpha_{Y(H)}=6.45$，$\lg K_{ZnY}=16.50$。

$$\alpha_{Y(Zn)}=1+K_{ZnY}[Zn^{2+}]=1+10^{16.50}\times1.0\times10^{-2}=10^{14.50}$$

$$\alpha_Y=\alpha_{Y(H)}+\alpha_{Y(Zn)}-1=10^{6.45}+10^{14.50}-1\approx10^{14.50}$$

又 $\lg\alpha_{Al(OH)}=0.4$，即 $\alpha_{Al(OH)}=10^{0.4}$。

由于 F^- 的存在，会产生络合效应，$Al^{3+}-F^-$ 各级络合物的 $\lg\beta_1\sim\lg\beta_6$ 依次为 6.13、11.15、15.00、17.75、19.37、19.84，则

$$\begin{aligned}\alpha_{Al(F)}&=1+10^{6.13}\times1.0\times10^{-3}+10^{11.15}\times(1.0\times10^{-3})^2+10^{15.00}\times(1.0\times10^{-3})^3+\\&\quad10^{17.75}\times(1.0\times10^{-3})^4+10^{19.37}\times(1.0\times10^{-3})^5+10^{19.84}\times(1.0\times10^{-3})^6\\&=1+10^{3.13}+10^{5.15}+10^{6.00}+10^{5.75}+10^{4.37}+10^{1.84}\\&=10^{6.24}\end{aligned}$$

$$\alpha_{Al}=\alpha_{Al(F)}+\alpha_{Al(OH)}-1=10^{6.24}+10^{0.4}-1\approx10^{6.24}$$

所以

$$\lg K'_{AlY}=\lg K_{AlY}-\lg\alpha_Y-\lg\alpha_{Al}=16.3-14.50-6.24=-4.4$$

5.4 金属离子指示剂

5.4.1 络合滴定指示剂的分类

在络合滴定中，为了用目测法确定终点，需使用在化学计量点附近变色的指示剂，它们可分为金属离子指示剂(metallochromic indicator)和其他指示剂。

1. 金属离子指示剂

这种指示剂能与金属离子形成络合物，当溶液中金属离子浓度发生变化时，溶液的颜色会发生明显的变化。根据指示剂本身是否有色可分为以下两类。

(1) 无色的金属离子指示剂

这类指示剂本身无色或呈浅色，与金属离子络合后生成有色络合物。如硫氰酸铵、磺基水杨酸等，它们本身无色，与 Fe^{3+} 络合后显红色。

(2) 有色的金属离子指示剂

这类指示剂本身有色，与金属离子络合后生成与本身颜色不同的络合物。

2. 其他指示剂

如果在络合滴定中溶液 H^+ 浓度发生明显变化，则可用酸碱指示剂指示终点。如果金属离子具有氧化还原性质，则可用氧化还原指示剂指示终点。但这些指示剂在络合滴定中的使用受到很多条件的限制，应用不广泛。

5.4.2 金属离子指示剂的作用原理

金属离子指示剂(In)与被滴定金属离子(M)反应，形成与指示剂本身颜色不同的

络合物(MIn),其反应如下:

$$\underset{\text{颜色甲}}{M + In} \rightleftharpoons \underset{\text{颜色乙}}{MIn}$$

这时溶液呈现 MIn 的颜色。当滴入 EDTA 时,游离的 M 被逐步络合。在化学计量点附近,MIn 中的 In 被 Y 取代而使 In 游离出来,溶液呈现 In 的颜色:

$$\underset{\text{颜色乙}}{MIn} + Y \rightleftharpoons MY + \underset{\text{颜色甲}}{In}$$

金属离子的显色剂很多,但其中只有一部分可用作金属离子指示剂。一般而言,金属离子指示剂应具备以下条件:

a. 金属离子指示剂与金属离子形成的络合物(MIn)与指示剂(In)的颜色应明显不同,这样才能借助颜色的明显变化确定滴定终点。

b. 金属离子指示剂与金属离子之间的反应要灵敏、迅速、可逆。

c. 金属离子指示剂与金属离子所形成的络合物的稳定性应适当。它既要有足够的稳定性,但又要比该金属离子的 EDTA 络合物的稳定性小。若稳定性太低,则未到达化学计量点时 MIn 就会分解,变色不敏锐,从而影响滴定的准确度;若稳定性太高,在化学计量点附近,Y 不易与 MIn 中的 M 络合,使终点推迟甚至不变色。

d. 金属离子指示剂应比较稳定,易溶于水,便于保存和使用。

应当指出的是,由于金属离子指示剂可与被测金属离子形成络合物,对滴定反应也会产生络合效应,但因其浓度很低,该影响可忽略。

5.4.3 金属离子指示剂的理论变色点

如果金属离子指示剂与金属离子形成 1∶1 络合物:

$$M + In \rightleftharpoons MIn$$

MIn 的稳定常数为

$$K_{MIn} = \frac{[MIn]}{[M][In]}$$

由于一般的金属离子指示剂具有酸碱性,会产生酸效应,因此有

$$K'_{MIn} = \frac{[MIn]}{[M][In']}$$

取对数得

$$\lg K'_{MIn} = pM + \lg \frac{[MIn]}{[In']}$$

$$\lg K'_{MIn} = \lg K_{MIn} - \lg \alpha_{In(H)}$$

式中 $\alpha_{In(H)}$ 为金属离子指示剂的酸效应系数。

与酸碱指示剂类似,当达到指示剂的理论变色点时,[MIn]=[In′],此时

$$pM = \lg K'_{MIn} = \lg K_{MIn} - \lg \alpha_{In(H)} \quad (5-24)$$

可见指示剂的理论变色点的 pM 等于其有色络合物的 $\lg K'_{MIn}$。

在滴定终点时，如果不考虑 M 的副反应，则此时的 pM_{ep} 与金属离子指示剂理论变色点的 pM 一致。如果需考虑 M 的副反应，则有

$$K'_{MIn} = \frac{[MIn]}{[M'][In']}$$

$$\lg K'_{MIn} = \lg K_{MIn} - \lg \alpha_{In(H)} - \lg \alpha_M$$

式中 α_M 为 M 的副反应系数。在这种情况下，金属离子浓度的负对数 pM'_{ep} 可由下式计算：

$$pM'_{ep} = \lg K'_{MIn} = \lg K_{MIn} - \lg \alpha_{In(H)} - \lg \alpha_M \quad (5-25)$$

络合滴定中所用的指示剂一般为有机弱酸，存在酸效应。它与被滴定的金属离子 M 所形成的有色络合物的条件稳定常数 K'_{MIn} 将随 pH 的变化而变化，导致指示剂变色点的 pM_{ep} 也随 pH 的变化而变化。因此，与酸碱指示剂不同，金属离子指示剂不可能有一个确定的变色点。在选择络合指示剂时，必须考虑体系的酸度，使 pM_{sp} 与 pM_{ep} 尽可能一致，至少应在化学计量点附近的 pM 突跃范围内，以保证分析结果的准确性。如果 M 也存在副反应，则应使 pM'_{sp} 与 pM'_{ep} 尽量一致。

络合滴定中常用的指示剂铬黑 T、二甲酚橙的 $\lg \alpha_{In(H)}$ 及有关常数列于附录表 8。

需要指出的是，虽然可以依据金属离子指示剂的有关常数通过理论计算选择指示剂，但由于金属离子指示剂的常数很不齐全导致经常无法进行计算。所以在实际工作中大多通过实验方法选择指示剂，即观察其终点时颜色变化的敏锐程度，然后检查滴定结果是否准确，据此确定该指示剂是否符合要求。

5.4.4 指示剂的封闭和僵化

为了准确方便地确定终点，要求指示剂在化学计量点附近变色应敏锐。但在实际工作中有时会发生 MIn 络合物颜色不变或变化非常缓慢的现象，前者称为指示剂的封闭现象，后者称为指示剂的僵化现象。

产生指示剂封闭现象的原因，可能是溶液中共存的某些金属离子与指示剂形成的有色络合物的稳定性比该金属离子与 EDTA 形成的络合物的稳定性还要高，因而造成在化学计量点附近颜色不变的现象。指示剂封闭现象一般可使用适当的掩蔽剂或采用适当的滴定方式加以消除。例如，以铬黑 T 作指示剂用EDTA滴定 Ca^{2+}、Mg^{2+} 时，若溶液中同时存在 Fe^{3+}、Al^{3+} 等离子，由于它们与铬黑 T 形成的络合物比其与 EDTA 形成的络合物更稳定，因此在化学计量点附近不会变成铬黑 T 的颜色。又如，以二甲酚橙作指示剂用 EDTA 滴定 Al^{3+} 时，由于 Al^{3+} 与二甲酚橙形成的络合物与 EDTA 反应缓慢，在化学计量点附近时溶液颜色实际上没有改变，这可通过采用返滴定方式加以避免。

产生指示剂僵化现象的原因是金属离子与指示剂形成难溶于水的有色络合物，虽

然其稳定性比该金属离子与 EDTA 生成的络合物差，但置换反应速率较慢，使终点拖长。一般通过加入有机溶剂或加热消除僵化现象。例如，用 PAN 作指示剂时，很多金属离子与它形成的络合物难溶于水，这时就需向溶液中加入乙醇，或将溶液加热，可使指示剂变色敏锐。

5.4.5 常用的金属离子指示剂

1. 铬黑 T(EBT)

铬黑 T 的化学名称为 1-(1-羟基-2-萘偶氮)-6-硝基-2-萘酚-4-磺酸，常用其钠盐，其结构式如下：

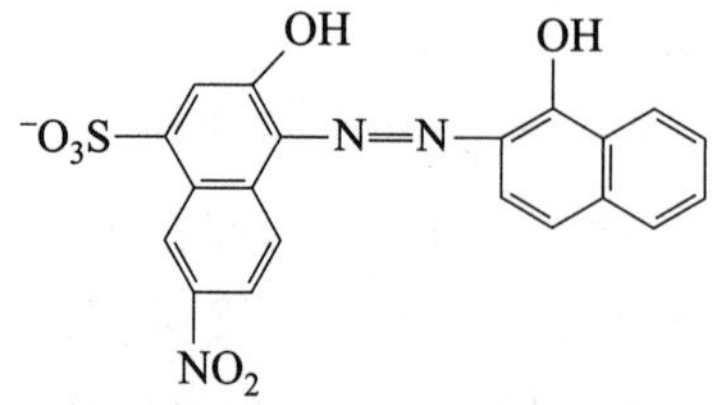

铬黑 T 是三元酸，作指示剂使用时主要涉及后两级解离，即

$$\underset{\text{紫红}}{HIn^{-}} \xrightleftharpoons{pK_{a_2}=6.3} \underset{\text{蓝}}{HIn^{2-}} \xrightleftharpoons{pK_{a_3}=11.55} \underset{\text{橙}}{In^{3-}}$$

它与许多金属离子形成红色络合物，因此在 pH<6.3 或 pH>11.55 时铬黑 T 呈现紫红色或橙色，与络合物的颜色相近，无法作为指示剂使用。适宜用作指示剂的 pH 范围为 6.3～11.5，此时铬黑 T 为蓝色，与络合物的颜色差别明显，通常在 pH=10 时用作直接滴定 Mg^{2+}、Pb^{2+}、Zn^{2+}、Cd^{2+}、Hg^{2+} 等离子的指示剂。Co^{2+}、Ni^{2+}、Cu^{2+}、Al^{3+}、Fe^{3+} 和 Ti^{4+} 等离子会封闭铬黑 T。

另需注意，铬黑 T 的水溶液不稳定，会发生聚合反应和氧化还原反应，加入乙二胺或三乙醇胺可防止聚合，加入盐酸羟胺或抗坏血酸可防止氧化。分析实验中常用其与 NaCl 的比例为 1∶100 的固体混合物，可长期稳定。

2. 二甲酚橙(XO)

二甲酚橙的化学名称为 3,3′-双(二羧甲基氨甲基)-邻甲酚磺酞，其结构式如下：

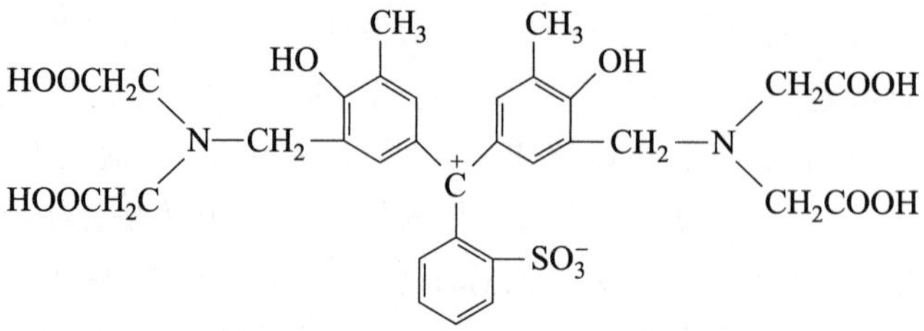

二甲酚橙为六元酸，可表示为 H_6In，其解离产物中除 HIn^{5-} 和 In^{6-} 为红色外，其余均为黄色，作为酸碱指示剂的变色点的 pH 为 6.3：

$$\underset{\text{黄}}{H_2In^{4-}} \xrightleftharpoons{pK_{a_5}=6.3} \underset{\text{红紫}}{HIn^{5-}}$$

二甲酚橙能与许多金属离子形成红紫色络合物，因此适用在 pH<6 的酸性溶液中作为指示剂使用。pH<1 时可用作测定 ZrO^{2+} 的指示剂，pH 为 1～2 时可用作测定 Bi^{3+} 的指示剂，pH 为 2.5～3.5 时可用作测定 Th^{4+} 的指示剂，pH 为 3～3.2 时可用作测定 Tl^{3+} 的指示剂，pH 为 5～6 时可用作测定 Zn^{2+}、Cd^{2+}、Hg^{2+}、Pb^{2+}、Sc^{3+}、Y^{3+} 和稀土离子的指示剂。Fe^{3+}、Al^{3+}、Cu^{2+}、Co^{2+}、Ni^{2+}、Ti^{4+} 和 Th^{4+}（pH=5～6）对二甲酚橙有封闭作用。

二甲酚橙可配制成 0.5% 的水溶液使用，可稳定 2～3 周；也可制成与 KCl 比例为 1∶100 的固体混合物使用。

3. PAN

PAN 的化学名称为 1-(2-吡啶偶氮)-2-萘酚，其结构式如下：

N=N OH

PAN 难溶于水，但可溶于碱、氨溶液或甲醇、乙醇中，常配制成 0.1% 乙醇溶液使用。质子化后有两级酸式解离：

$$\underset{\text{黄绿}}{H_2In^{+}} \xrightleftharpoons{pK_{a_1}=1.93} \underset{\text{黄}}{HIn} \xrightleftharpoons{pK_{a_2}=12.2} \underset{\text{淡红}}{In^{-}}$$

PAN 可与许多金属离子形成红色络合物，因此可在 pH 为 2～12 范围内作为指示剂，用于滴定 Cu^{2+}、Zn^{2+}、Cd^{2+}、Hg^{2+}、Pb^{2+}、Bi^{3+}、Fe^{2+}、Mn^{2+}、In^{3+}、Th^{4+} 和稀土离子。由于其金属络合物难溶于水，与 EDTA 反应慢，影响终点的确定，故须在近沸的溶液中进行滴定，或加入乙醇或丙酮增大其金属络合物的溶解度。Ni^{2+} 和 Co^{2+} 对 PAN 有封闭作用。

用 PAN 作指示剂，除 Cu^{2+} 外，直接滴定其他金属离子时，其颜色变化不够明显，如在溶液中加入少许 CuY 和 PAN 的混合液，则终点颜色变化十分敏锐。这是因为 CuY 呈蓝色，PAN 呈黄色，故混合液呈黄绿色，将它加到无色金属离子 M 的溶液中时，将发生下述置换反应：

$$\underset{\text{蓝}}{CuY} + \underset{\text{黄}}{PAN} + M \rightleftharpoons MY + \underset{\text{红}}{Cu\text{-}PAN}$$

溶液呈红色。在此情况下，即使 $K_{MY}<K_{CuY}$，也会发生置换反应，因为 Cu^{2+} 与 PAN 的络合物十分稳定，由于络合效应减小了 K'_{CuY}。当滴入 EDTA 时，Y 先与游离的 M 络合，当刚滴至化学计量点后，过量的 EDTA 与 Cu-PAN 发生置换反应使 PAN 游离出来，发生颜色变化：

$$\underset{\text{红}}{Cu-PAN}+Y \rightleftharpoons \underset{\text{蓝}}{CuY}+\underset{\text{黄}}{PAN}$$

由于生成的 CuY 的量与滴定前加入的 CuY 的量相等，不影响测定结果。

利用 CuY-PAN 指示剂可使 Ca^{2+}、Mg^{2+} 等许多不与 PAN 显色的金属离子也能被 EDTA 滴定，扩大了 PAN 的应用范围。另外由于 CuY-PAN 指示剂可在很宽的 pH 范围(1.9～12.2)内使用，通过调节溶液的 pH，可在一份溶液中连续测定多种金属离子，避免了由于使用多种指示剂产生颜色干扰的问题。

4. 钙指示剂

钙指示剂的化学名称为 2-羟基-1-(2-羟基-4-磺酸基-1-萘偶氮基)-3-萘甲酸，其结构式如下：

5-1纳米材料在滴定钙离子中的应用

钙指示剂与 Ca^{2+} 形成红色络合物，在 pH 为 12～13 作指示剂滴定 Ca^{2+} 时，终点呈蓝色，Mg^{2+} 不干扰。Fe^{3+}、Al^{3+} 等离子有封闭作用。钙指示剂的水溶液和乙醇溶液都不稳定，常用其与 NaCl 的固体混合物。

5.5 络合滴定法的基本原理

5.5.1 滴定曲线

在络合滴定中，用络合剂滴定金属离子时，随着络合滴定剂的不断加入，金属离子被不断络合，其浓度逐渐降低。到达化学计量点附近时，溶液的 pM 发生突变，基于此可用合适的指示剂确定终点。由此可知，明确滴定过程中 pM 随滴定剂加入量(滴定分数)的增加而变化的规律——滴定曲线及影响 pM 突跃的因素是十分重要的。应注意的是，考虑 M 的副反应时，滴定曲线的纵坐标是 pM′。

需要指出的是，用 EDTA 作滴定剂时，大多数金属离子 M 与 Y 形成 1∶1 的络合物，由于 M 可视为酸、Y 可视为碱，故与一元酸碱滴定十分类似。但是，由于 M 存在络合效应和水解效应，Y 存在酸效应和共存离子效应，所以络合滴定比酸碱滴定复杂。酸碱滴定中，酸的 K_a 或碱的 K_b 是恒定不变的，但在络合滴定中 MY 的 K'_{MY} 是随滴定过程溶液 pH 的变化而改变的，这将影响滴定反应的完全程度。因此，在络合滴定中常用酸碱缓冲溶液控制溶液的酸度。

1. 滴定过程中 pM 的计算及滴定曲线的绘制

滴定过程中 pM 的计算及滴定曲线的绘制可分为没有副反应的络合滴定、有酸效应的络合滴定和既有酸效应、又有络合效应的络合滴定三种过程。由于酸效应在络合滴定中比较常见，本书仅讨论有酸效应的络合滴定过程。

以 0.01000 $mol\cdot L^{-1}$ EDTA 溶液滴定 20.00 mL 0.01000 $mol\cdot L^{-1}$ Ca^{2+} 溶液为例进行讨论。设在滴定过程中始终保持溶液的 pH 为 10.00，$\lg K'_{CaY}$ 为

$$\lg K'_{CaY}=\lg K_{CaY}-\lg\alpha_{Y(H)}=10.69-0.45=10.24$$

整个滴定过程可分为四个阶段计算溶液的 pCa。

(1) 滴定前

溶液的 pCa 由被滴定 Ca^{2+} 溶液的初始浓度决定。

$$[Ca^{2+}]=0.01000\ mol\cdot L^{-1} \qquad pCa=2.00$$

(2) 滴定开始至化学计量点前

由于 $\lg K'_{CaY}=10.24$，CaY 较稳定，其解离可忽略。溶液的 pCa 取决于剩余 Ca^{2+} 的浓度。当滴入 19.98 mL(−0.1%)EDTA 溶液时：

$$[Ca^{2+}]=0.01000\ mol\cdot L^{-1}\times\frac{20.00\ mL-19.98\ mL}{20.00\ mL+19.98\ mL}=5.00\times10^{-6}\ mol\cdot L^{-1}$$

$$pCa=5.30$$

化学计量点之前溶液的 pCa 均可按此方法计算。

(3) 化学计量点

在化学计量点时，对于一般络合滴定反应：

$$M+Y\rightleftharpoons MY$$

$$K'_{MY}=\frac{[MY]_{sp}}{[M']_{sp}[Y']_{sp}} \tag{5-26}$$

式中 $[MY]_{sp}$、$[M']_{sp}$ 和 $[Y']_{sp}$ 分别为化学计量点时各物质相应的浓度。此时 $[M']_{sp}=[Y']_{sp}$，由此可得

$$[M']_{sp}=\sqrt{\frac{[MY]_{sp}}{K'_{MY}}} \tag{5-27}$$

即

$$pM'_{sp}=\frac{1}{2}(\lg K'_{MY}-\lg c_{M}^{sp}) \tag{5-28}$$

在本例中：

$$c_{Ca}^{sp}=\frac{1}{2}\times0.01000\ mol\cdot L^{-1}=5.000\times10^{-3}\ mol\cdot L^{-1}$$

$$\lg c_{Ca}^{sp}=-2.30$$

$$[Ca^{2+}]_{sp}=\sqrt{\frac{c_{Ca}^{sp}}{K'_{CaY}}}=\sqrt{\frac{5.000\times10^{-3}}{10^{10.24}}}\ mol\cdot L^{-1}=5.36\times10^{-7}\ mol\cdot L^{-1}$$

$$pCa=6.27$$

(4) 化学计量点后

溶液的 pCa 取决于过量 Y 的浓度。当加入 20.02 mL(+0.1%)EDTA 时：

$$[Y']=0.01000\ \mathrm{mol\cdot L^{-1}}\times\frac{0.02\ \mathrm{mL}}{20.00\ \mathrm{mL}+20.02\ \mathrm{mL}}=5.00\times10^{-6}\ \mathrm{mol\cdot L^{-1}}$$

$$[CaY]\approx\frac{0.01000\ \mathrm{mol\cdot L^{-1}}\times20.00\ \mathrm{mL}}{20.00\ \mathrm{mL}+20.02\ \mathrm{mL}}=5.00\times10^{-3}\ \mathrm{mol\cdot L^{-1}}$$

$$[Ca^{2+}]=\frac{[CaY]}{[Y']K'_{CaY}}=\frac{5.00\times10^{-3}}{5.00\times10^{-6}\times10^{10.24}}\ \mathrm{mol\cdot L^{-1}}=10^{-7.24}\ \mathrm{mol\cdot L^{-1}}$$

$$pCa=7.24$$

滴定过程中溶液的 pCa 可用类似的方法进行计算,结果见表 5-1。

表 5-1　0.01000 mol·L^{-1} EDTA 溶液滴定 20.00 mL 0.01000 mol·L^{-1} Ca^{2+} 溶液($\lg K'_{CaY}=10.24$)

滴入 EDTA 溶液的体积/ mL	滴定分数 a	$[Ca^{2+}]/(\mathrm{mol\cdot L^{-1}})$	pCa	
0.00	0.000	1.000×10^{-2}	2.00	
18.00	0.900	5.26×10^{-4}	3.28	
19.80	0.990	5.03×10^{-5}	4.30	
19.98	0.999	5.00×10^{-6}	5.30	突跃范围
20.00	1.000	5.36×10^{-7}	化学计量点 6.27	突跃范围
20.02	1.001	5.75×10^{-8}	7.24	突跃范围
20.20	1.010	5.75×10^{-9}	8.24	
22.00	1.100	5.75×10^{-10}	9.24	
40.00	2.000	5.75×10^{-11}	10.24	

以滴定分数为横坐标,pCa 为纵坐标绘出的滴定曲线如图 5-6 所示。与酸碱滴定曲线相似,在化学计量点附近,pCa 有一急剧变化。在化学计量点前后 0.1%时,pCa 由 5.30 急剧增加至 7.24,形成了滴定突跃。

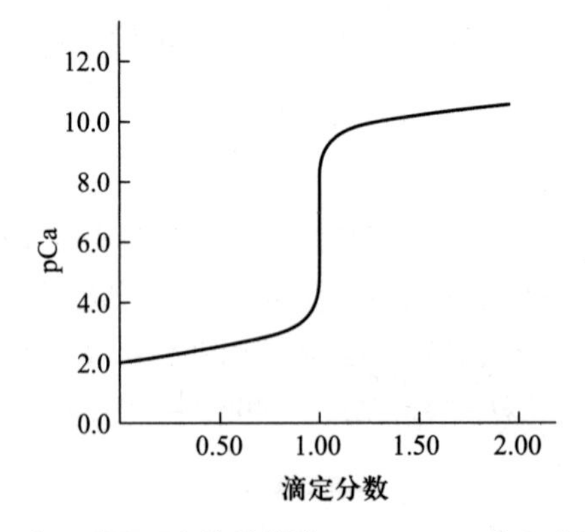

图 5-6　0.01000 mol·L^{-1} EDTA 溶液滴定 0.01000 mol·L^{-1} Ca^{2+} 溶液的滴定曲线

由上述讨论可知，用络合剂 L（如 EDTA）滴定金属离子的过程与用弱碱 A 滴定强酸 H^+ 相似（这里仅仅作一比较，实际上滴定强酸不应该用弱碱作滴定剂）。表 5-2 为两类滴定的比较。

表 5-2　络合滴定与弱碱 A 滴定强酸 H^+ 的比较①

滴定反应		开始	化学计量点前	化学计量点	化学计量点后
H+A══HA	溶液组成	H	H+HA	HA	HA+A
	[H]的计算	$[H]=c_H$	按剩余[H]计	$[H]=\sqrt{K_a c}$	$[H]=\frac{[HA]}{[A]}K_a$
M+L══ML	溶液组成	M	M+ML	ML	ML+L
	[M′]的计算	$[M']=c_M$	按剩余[M′]计	$[M']=\sqrt{\frac{c}{K'_{ML}}}$	$[M']=\frac{[ML]}{[L']}\cdot\frac{1}{K'_{ML}}$

从表 5-2 可知，若将酸 HA 作络合物处理，将 K_a 用 $1/K^H_{HA}$ 表示，则两类滴定的计算公式完全一致。

2. 影响络合滴定 pM 突跃的主要因素

当 $\lg K'_{MY}=10$，c_M 为 $10^{-4}\sim10^{-1}$ mol·L^{-1} 时，分别用等浓度的 EDTA 溶液滴定所得的滴定曲线如图 5-7 所示。用浓度为 0.010 00 mol·L^{-1} 的 EDTA 溶液滴定等浓度的金属离子 M，若 $\lg K'_{MY}$ 分别为 2、4、6、8、10、12、14，其滴定曲线如图 5-8 所示。

由图 5-7、图 5-8 可知，影响络合滴定中 pM 突跃大小的主要因素是 K'_{MY} 和 c_M，具体讨论如下。

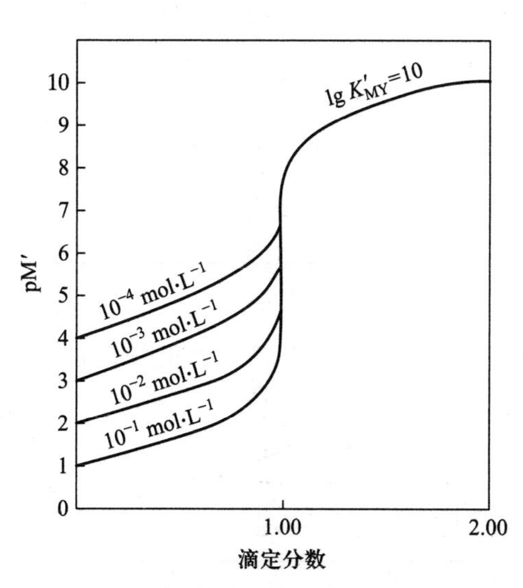

图 5-7　EDTA 溶液滴定不同浓度 M 溶液的滴定曲线

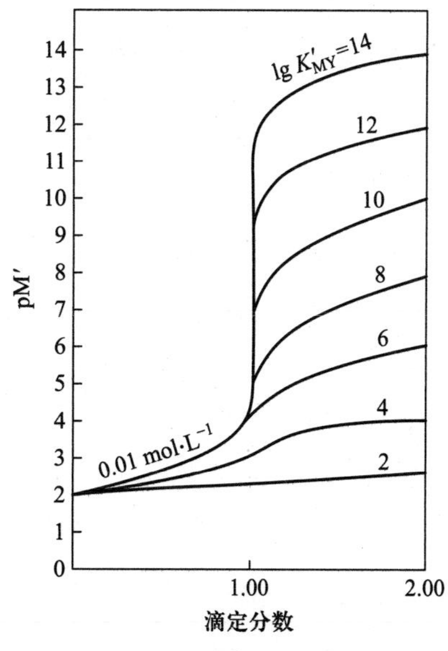

图 5-8　不同 K'_{MY} 时的滴定曲线

① 为方便略去电荷。

(1) 金属离子浓度对 pM'突跃大小的影响

图 5-7 表明，K'_{MY}一定时，c_M越大，滴定曲线的起点就越低，pM'突跃就越大；反之，c_M越小，pM'突跃就越小。若 c_M过小，则 pM'突跃不明显，无法进行准确滴定。

(2) K'_{MY}对 pM'突跃大小的影响

图 5-8 表明，c_M一定时，K'_{MY}是影响 pM'突跃大小的主要因素之一，而 K'_{MY}值取决于 K_{MY}、$\alpha_{Y(H)}$和 α_M 的值。因此：

a. K_{MY}值越大，K'_{MY}值相应增大，pM'突跃也大，反之就小。

b. 滴定体系的酸度越大，$\alpha_{Y(H)}$值越大，K'_{MY}值就越小，导致滴定曲线尾部平台下降，pM'突跃变小。

c. 缓冲溶液及其他辅助络合剂的络合作用，当缓冲剂对 M 有络合效应，或加入辅助络合剂防止 M 水解沉淀析出时，OH^-和加入的辅助络合剂对 M 有络合效应。缓冲剂或辅助络合剂的浓度越大，$\alpha_{M(L)}$值越大，K'_{MY}值越小，导致 pM'突跃变小。

化学计量点的 pM_{sp}和pM'_{sp}是选择指示剂和计算终点误差的主要依据之一，下面举例进行说明。

例 5.8 在 pH=10 的 NH_3-NH_4Cl 缓冲溶液中，$[NH_3]=0.20\ mol\cdot L^{-1}$，用 $2.00\times 10^{-2}\ mol\cdot L^{-1}$EDTA 溶液滴定等浓度的 Cu^{2+} 溶液，计算化学计量点时的 pCu'。如被滴定的是 $2.00\times10^{-2}\ mol\cdot L^{-1}Mg^{2+}$ 溶液，化学计量点时的 pMg'为多少？

解 化学计量点时，$[NH_3]=0.10\ mol\cdot L^{-1}$，$c_{Cu}^{sp}=1.00\times10^{-2}\ mol\cdot L^{-1}$。

$$\begin{aligned}\alpha_{Cu(NH_3)}&=1+\beta_1[NH_3]+\beta_2[NH_3]^2+\beta_3[NH_3]^3+\beta_4[NH_3]^4+\beta_5[NH_3]^5\\&=1+10^{4.31}\times0.10+10^{7.98}\times(0.10)^2+10^{11.02}\times(0.10)^3+\\&\quad 10^{13.32}\times(0.10)^4+10^{12.86}\times(0.10)^5\\&=2.3\times10^9=10^{9.36}\end{aligned}$$

pH=10 时，$\alpha_{Cu(OH)}=10^{1.7}\ll10^{9.36}$，可忽略不计。又 pH=10 时，$\lg\alpha_{Y(H)}=0.45$，故

$$\lg K'_{CuY}=\lg K_{CuY}-\lg\alpha_{Y(H)}-\lg\alpha_{Cu(NH_3)}=18.80-0.45-9.36=8.99$$

$$pCu'=\frac{1}{2}(\lg K'_{CuY}-\lg c_{Cu}^{sp})=\frac{1}{2}\times(8.99+2.00)=5.50$$

滴定 Mg^{2+} 时，由于 Mg^{2+} 不形成氨络合物，形成氢氧基络合物的倾向也很小，即 $\lg\alpha_{Mg}=0$，故

$$\lg K'_{MgY}=\lg K_{MgY}-\lg\alpha_{Y(H)}=8.7-0.45=8.25$$

$$pMg'=\frac{1}{2}(\lg K'_{MgY}-\lg c_{Mg}^{sp})=\frac{1}{2}\times(8.25+2.00)=5.13$$

计算结果表明，虽然 K_{CuY}与 K_{MgY}相差很大，但在氨性溶液中，由于 Cu^{2+} 的副反应，导致 K'_{CuY}与 K'_{MgY}相差很小，化学计量点时的 pM'也十分接近。因此，如果溶液中 Cu^{2+} 和 Mg^{2+} 共存，用指示剂指示终点时，无法分别滴定，只能测定其总量。

5.5.2 终点误差

由络合滴定的基本反应

$$M+Y \rightleftharpoons MY$$

可知，在化学计量点时，应有$[M']_{sp}=[Y']_{sp}$。如果滴定终点时的$[M']_{ep}=[Y']_{ep}$，则表明滴定终点与化学计量点完全一致，终点误差为零。若$[M']_{ep}\neq[Y']_{ep}$，则表明存在终点误差。由此可得到计算终点误差的公式：

$$E_t=\frac{[Y']_{ep}-[M']_{ep}}{c_M^{sp}}\times 100\% \tag{5-29}$$

设滴定终点(ep)与化学计量点(sp)的 pM'值之差为 $\Delta pM'$，即

$$\begin{aligned}\Delta pM' &= pM'_{ep}-pM'_{sp}\\ &= \lg\frac{[M']_{sp}}{[M']_{ep}}\end{aligned}$$

则

$$10^{\Delta pM'}=\frac{[M']_{sp}}{[M']_{ep}}$$

故

$$[M']_{ep}=[M']_{sp}\times 10^{-\Delta pM'} \tag{5-30}$$

同理

$$[Y']_{ep}=[Y']_{sp}\times 10^{-\Delta pY'} \tag{5-31}$$

由于化学计量点的 K'_{MY}与终点时的 K'_{MY}非常接近，且$[MY]_{sp}\approx[MY]_{ep}$，则

$$\frac{[MY]_{sp}}{[M']_{sp}[Y']_{sp}}=\frac{[MY]_{ep}}{[M']_{ep}[Y']_{ep}}$$

$$\frac{[M']_{ep}}{[M']_{sp}}=\frac{[Y']_{sp}}{[Y']_{ep}}$$

将上式取负对数，得

$$pM'_{ep}-pM'_{sp}=pY'_{sp}-pY'_{ep}$$

即

$$\Delta pM'=-\Delta pY' \tag{5-32}$$

又化学计量点时

$$[M']_{sp}=[Y']_{sp}=\sqrt{\frac{c_M^{sp}}{K'_{MY}}} \tag{5-33}$$

将式(5-30)、式(5-31)、式(5-32)、式(5-33)代入式(5-29)整理得

$$E_t=\frac{10^{\Delta pM'}-10^{-\Delta pM'}}{\sqrt{K'_{MY}c_M^{sp}}}\times 100\% \tag{5-34}$$

式(5-34)称为林邦终点误差公式。由此公式可知，终点误差不仅与 K'_{MY} 有关，还与 c_M^{sp}、$\Delta pM'$ 有关。K'_{MY} 越大、c_M^{sp} 越大，终点误差越小；$\Delta pM'$ 越小，终点误差越小。即 MY 的条件稳定常数越大、M 的初始浓度越大、终点与化学计量点越接近（$\Delta pM'$ 越小），终点误差越小。

例 5.9 在 pH＝10.0 的氨性缓冲溶液中，以铬黑 T(EBT)作指示剂，用 1.0×10^{-2} mol·L^{-1} EDTA 溶液滴定等浓度的 Mg^{2+} 溶液，计算终点误差。如被滴定的是 1.0×10^{-2} mol·L^{-1} Ca^{2+} 溶液，其终点误差为多少？计算结果说明什么问题？

解 pH＝10.0 时，$\lg\alpha_{Y(H)}=0.45$。

$$\lg K'_{MgY}=\lg K_{MgY}-\lg\alpha_{Y(H)}=8.7-0.45=8.25$$

$$pMg_{sp}=\frac{1}{2}(\lg K'_{MgY}-\lg c_{Mg}^{sp})=\frac{1}{2}\times\left(8.25-\lg\frac{1.0\times10^{-2}}{2}\right)=5.3$$

已知 EBT 的 $pK_{a_2}=6.3$、$pK_{a_3}=11.6$，故 pH＝10.0 时：

$$\begin{aligned}\alpha_{EBT(H)}&=1+\frac{[H^+]}{K_{a_3}}+\frac{[H^+]^2}{K_{a_2}K_{a_3}}\\&=1+10^{11.6}\times10^{-10.0}+10^{6.3}\times10^{11.6}\times(10^{-10.0})^2\\&=41\end{aligned}$$

$$\lg\alpha_{EBT(H)}=1.6$$

已知 $\lg K_{Mg-EBT}=7.0$，故

$$\lg K'_{Mg-EBT}=\lg K_{Mg-EBT}-\lg\alpha_{EBT(H)}=7.0-1.6=5.4$$

即

$$pMg_{ep}=5.4$$

$$\Delta pMg=pMg_{ep}-pMg_{sp}=5.4-5.3=0.1$$

$$E_t=\frac{10^{0.1}-10^{-0.1}}{\sqrt{10^{8.25}\times\frac{1.0\times10^{-2}}{2}}}\times100\%=0.05\%$$

滴定 Ca^{2+} 时：

$$\lg K'_{CaY}=\lg K_{CaY}-\lg\alpha_{Y(H)}=10.69-0.45=10.24$$

$$\begin{aligned}pCa_{sp}&=\frac{1}{2}(\lg K'_{CaY}-\lg c_{Ca}^{sp})\\&=\frac{1}{2}\times\left(10.24-\lg\frac{1.0\times10^{-2}}{2}\right)=6.3\end{aligned}$$

已知 $\lg K_{Ca-EBT}=5.4$，故

$$\lg K'_{Ca-EBT}=\lg K_{Ca-EBT}-\lg\alpha_{EBT(H)}=5.4-1.6=3.8$$

即

$$pCa_{ep}=3.8$$

$$\Delta pCa=pCa_{ep}-pCa_{sp}=3.8-6.3=-2.5$$

$$E_t=\frac{10^{-2.5}-10^{2.5}}{\sqrt{10^{10.24}\times\frac{1.0\times10^{-2}}{2}}}\times100\%=-3.4\%$$

由计算结果可见，当 ΔpM 为正值时，表明 $pM'_{ep}>pM'_{sp}$，即终点在化学计量点之后，E_t 应为正值；反之，ΔpM 为负值时，表明 $pM'_{ep}<pM'_{sp}$，即终点在化学计量点之前，E_t 为负值；E_t 与 ΔpM 值的符号是一致的，并反映了滴定终点相对于化学计量点的位置。

另外，此例中 Mg^{2+}、Ca^{2+} 无副反应发生，计算过程相对简单。若被滴定离子发生副反应时，在计算终点误差时应予以考虑。

例 5.10 在 pH＝10.0 的氨性缓冲溶液中，以铬黑 T(EBT) 作指示剂，用 1.0×10^{-2} mol·L^{-1} EDTA 溶液滴定等浓度的 Zn^{2+} 溶液，已知终点时游离氨的浓度为 0.20 mol·L^{-1}。计算终点误差。

解 pH＝10.0 时，$\lg\alpha_{Zn(OH)}=2.4$。

$$\alpha_{Zn(NH_3)}=1+10^{2.37}\times0.20+10^{4.81}\times0.20^2+10^{7.31}\times0.20^3+10^{9.46}\times0.20^4$$
$$=4.78\times10^6=10^{6.68}$$

故

$$\alpha_{Zn}=\alpha_{Zn(NH_3)}+\alpha_{Zn(OH)}-1=10^{6.68}+10^{2.4}-1\approx10^{6.68}$$

又由附录表 8 可知，pH＝10.0 时，$pZn_{ep}=12.2$。但由于 Zn^{2+} 有副反应，$pZn'_{ep}<pZn_{ep}$，即 $[Zn^{2+\prime}]_{ep}$ 比 $[Zn^{2+}]_{ep}$ 大。

$$pZn'_{ep}=pZn_{ep}-\lg\alpha_{Zn}=12.2-6.68=5.52$$

$$\lg K'_{ZnY}=\lg K_{ZnY}-\lg\alpha_{Y(H)}-\lg\alpha_{Zn}=16.50-0.45-6.68=9.37$$

$$pZn'_{sp}=\frac{1}{2}(\lg K'_{ZnY}-\lg c^{sp}_{Zn})=\frac{1}{2}\times\left(9.37-\lg\frac{1.0\times10^{-2}}{2}\right)=5.84$$

$$\Delta pZn'=pZn'_{ep}-pZn'_{sp}=5.52-5.84=-0.32$$

$$E_t=\frac{10^{-0.32}-10^{0.32}}{\sqrt{10^{9.37}\times\frac{1.0\times10^{-2}}{2}}}\times100\%=-0.05\%$$

5.5.3 直接准确滴定单一离子的判别式

在络合滴定中，通常用指示剂确定滴定终点，由于人眼判断颜色的局限性，即使指示剂的变色点与化学计量点完全一致，仍有可能造成 $\pm0.2\sim\pm0.5pM'$ 单位的不确定性。设 $\Delta pM'=\pm0.2$，用等浓度的 EDTA 溶液滴定初始浓度为 c 的金属离子 M，若要

求终点误差$|E_t| \leqslant 0.1\%$，由林邦公式可得

$$K'_{MY} c_M^{sp} \geqslant \left(\frac{10^{0.2} - 10^{-0.2}}{0.1\%} \right)^2$$

即

$$K'_{MY} c_M^{sp} \geqslant 10^6$$

或

$$\lg(K'_{MY} c_M^{sp}) \geqslant 6 \tag{5-35}$$

式(5-35)为直接准确滴定单一离子的判别式。需注意的是，这种判断是有前提条件的。若允许误差增大到1%，则要求$\lg(K'_{MY} c_M^{sp})$减小至4。若采用可使$\Delta pM'$不确定性减小的方法，如用多元混配络合物作指示剂或用仪器分析方法确定终点，则对$\lg(K'_{MY} c_M^{sp})$值的要求也随之减小。

例 5.11 在pH=8.0的氨性缓冲溶液中，用1.0×10^{-2} mol·L^{-1} EDTA溶液滴定等浓度的Zn^{2+}溶液，终点时游离氨的浓度为0.20 mol·L^{-1}，在此条件下能否准确滴定Zn^{2+}？如果要求$E_t < 0.3\%$，则要求$\Delta pZn'$为多少？

解 pH=8.0时，$\lg\alpha_{Y(H)} = 2.27$。

$$\alpha_{Zn(NH_3)} = 1 + 10^{2.37} \times 0.20 + 10^{4.81} \times 0.20^2 + 10^{7.31} \times 0.20^3 + 10^{9.46} \times 0.20^4 = 10^{6.68}$$

$$\lg K'_{ZnY} = \lg K_{ZnY} - \lg\alpha_{Y(H)} - \lg\alpha_{Zn(NH_3)} = 16.50 - 2.27 - 6.68 = 7.55$$

$$c_{Zn}^{sp} = \frac{1.0 \times 10^{-2}}{2}\ \text{mol·L}^{-1} = 5.0 \times 10^{-3}\ \text{mol·L}^{-1}$$

$$\lg c_{Zn}^{sp} = -2.31$$

$$\lg(K'_{ZnY} c_{Zn}^{sp}) = 7.55 - 2.31 = 5.24 < 6$$

故在此条件下不能准确滴定Zn^{2+}。

若要求$E_t < 0.3\%$，由式(5-34)则有

$$0.3\% < \frac{10^{\Delta pZn'} - 10^{-\Delta pZn'}}{\sqrt{10^{5.24}}}$$

解得

$$10^{\Delta pZn'} - 10^{-\Delta pZn'} > 1.25$$

$$\Delta pZn' > 0.26$$

5.5.4 滴定单一离子时溶液 pH 的控制

由林邦公式可知，E_t与$\Delta pM'$密切相关，即与pM'_{ep}和pM'_{sp}有关；而pM'_{ep}与K'_{MIn}有关，pM'_{sp}与K'_{MY}有关；K'_{MIn}和K'_{MY}又与溶液的pH有关。因此，为确保络合滴定结果的准确度，必须严格控制溶液的pH。

1. 缓冲溶液的作用及选择

由图5-1可知，当pH<10.26时，EDTA在溶液中的主要存在形式不是Y而是Y的各级质子化产物，当其与M络合时会放出H^+：

$$M + H_2Y \rightleftharpoons MY + 2H^+$$

因此，随着滴定过程的进行，溶液中的 H^+ 浓度不断增大，导致 $\alpha_{Y(H)}$ 不断增大、K'_{MY} 不断减小，使终点误差变大；同时，K'_{MIn} 值也发生变化，使指示剂变色点发生变化。为确保络合滴定的准确度，必须保持滴定过程中溶液的 pH 基本不变，就需要使用缓冲溶液。需注意的是，由于许多缓冲组分能与被滴定金属离子发生络合作用导致 K'_{MY} 减低，选择缓冲体系时应避免这种现象发生。例如，HAc－NaAc 缓冲体系中的 Ac^- 可与 Pb^{2+}、Tl^{3+} 等形成稳定的络合物；NH_3－NH_4Cl 缓冲体系中的 NH_3 可与 Cu^{2+}、Co^{2+}、Ni^{2+}、Zn^{2+} 等形成稳定的络合物，在选用缓冲溶液时要注意它们可能产生的影响。

2. 适宜的 pH 范围

为了得到准确的分析结果，滴定必须在适宜 pH 范围的溶液中进行，此范围由最低 pH（最高酸度）和最高 pH（最低酸度）决定。

（1）最低 pH

由林邦公式可知，当 c_M^{sp}、$\Delta pM'$ 和 E_t 一定时，K'_{MY} 必须大于某一定数值，否则就无法满足 E_t 的要求。设络合反应中仅存在 EDTA 的酸效应，则

$$\lg\alpha_{Y(H)} = \lg K_{MY} - \lg K'_{MY} \tag{5-36}$$

当 c_M^{sp}、$\Delta pM'$ 和 E_t 已知时，根据式（5－34）可求出 K'_{MY}，然后根据式（5－36）可得出 $\lg\alpha_{Y(H)}$ 值进而可求出相应的 pH，此 pH 称为最低 pH 或最高酸度。当超过此酸度时，$\alpha_{Y(H)}$ 值变大，导致 K'_{MY} 值变小，E_t 增大。

例 5.12 用 2.0×10^{-2} mol·L^{-1} EDTA 溶液滴定等浓度的 Mn^{2+} 溶液，若 $\Delta pMn' = 0.2$，$E_t = 0.1\%$，计算滴定 Mn^{2+} 的最低 pH。

解 $\Delta pMn' = 0.2$，$E_t = 0.1\%$，$c_{Mn}^{sp} = \dfrac{2.0\times10^{-2}}{2} = 1.0\times10^{-2}$ mol·L^{-1}，由式（5－34）得

$$0.1\% = \frac{10^{0.2} - 10^{-0.2}}{\sqrt{K'_{MnY}\times1.0\times10^{-2}}}$$

解得

$$K'_{MnY} = 10^{7.96}$$

$$\lg K'_{MnY} = 7.96$$

由式（5－36）得

$$\lg\alpha_{Y(H)} = \lg K_{MnY} - \lg K'_{MnY} = 13.87 - 7.96 = 5.91$$

查附录表 4 得 pH≈5.3，所以最高酸度 pH＝5.3。

在络合滴定中，掌握各种金属离子滴定时的最高允许酸度对于解决实际问题是很重要的。前面已经讨论过，c_M、E_t 及 $\Delta pM'$ 不同时，最高允许酸度也不同。如设 $c_M = c_Y = 2\times10^{-2}$ mol·L^{-1}，$\Delta pM' = \pm0.2$，$E_t = \pm0.1\%$，可以计算出滴定各种金属离子时的最高允许酸度。部分金属离子滴定时的最低允许 pH 已在图 5－5 的酸效应曲线上标出，实际应用时，滴定某金属离子时的最低 pH 可直接从图中查出。

（2）最高 pH

当溶液 pH 升高时，K'_{MY} 随之增大。但如果 pH 大于金属离子的水解酸度时，金属

离子就会发生水解甚至生成沉淀，这样会影响络合反应的速率和计量关系，使滴定实际上难于进行。因此将金属离子刚生成沉淀时的 pH 作为络合滴定的最高 pH，它可由金属离子氢氧化物沉淀的 K_{sp} 求得。

设生成的沉淀为 $M(OH)_n$，则

$$K_{sp}=[M^{n+}][OH^-]^n$$

由此得

$$[OH^-]=\left(\frac{K_{sp}}{[M^{n+}]}\right)^{\frac{1}{n}}$$

考虑到滴定开始时就不应有沉淀生成，故以 $[M^{n+}]=c_M$ 代入，则

$$[OH^-]=\left(\frac{K_{sp}}{c_M}\right)^{\frac{1}{n}} \qquad (5-37)$$

或

$$pOH=\frac{1}{n}(pK_{sp}+\lg c_M) \qquad (5-38)$$

$$pH=14.00-\frac{1}{n}(pK_{sp}+\lg c_M) \qquad (5-39)$$

对于会发生水解或形成沉淀的金属离子，滴定应在低于由式(5-39)求得的 pH(即最高 pH)的溶液中进行。由于在推导式(5-39)时未考虑 OH^- 对 M 的络合效应和溶液离子强度的影响，也未考虑沉淀的再溶解现象，计算结果只能大致估计滴定允许的最高 pH。

为防止金属离子水解和沉淀对滴定的影响，可在溶液中加入某种辅助络合剂，如柠檬酸、酒石酸和氨水等，使之与金属离子形成络合物。但这样将使 $\alpha_{M(L)}$ 值增大，导致 K'_{MY} 减小，因此选择此类络合剂的种类及其浓度时应综合考虑这两种影响。

上述计算得到的被滴定溶液的最低 pH 和最高 pH 所包括的范围，称为络合滴定的适宜 pH 范围。

例 5.13 用 2.0×10^{-2} mol·L^{-1} EDTA 溶液滴定等浓度的 Mn^{2+} 溶液，若 $\Delta pMn'=0.2$，$E_t=0.1\%$，计算滴定 Mn^{2+} 的适宜 pH 范围。

解 由例 5.12 得，最低 pH 为 5.3。已知 $pK_{sp,Mn(OH)_2}=12.72$，由式(5-39)可计算最高 pH：

$$pH=14.00-\frac{1}{2}\times[12.72+\lg(2.0\times10^{-2})]=8.49$$

因此，滴定 Mn^{2+} 的适宜 pH 范围为 5.3～8.49。

3. 最佳 pH 和最佳 pH 范围

上述讨论的适宜 pH 范围指出了能进行准确滴定的 $[H^+]$ 的允许区间，但要实现准确滴定还涉及指示剂的选择。为使 E_t 尽可能小，就必须使 $\Delta pM'$ 尽量小，即 pM'_{ep} 与 pM'_{sp} 应尽可能接近；要使 E_t 最小，必须使 $pM'_{ep}=pM'_{sp}$。而 pM'_{ep} 与 pM'_{sp} 都随溶液 pH 的变化而改变。在适宜 pH 范围内能使 $pM'_{ep}=pM'_{sp}$ 时的溶液的 pH 称为络合滴定的最

佳 pH。有时不一定要求 $\Delta pM'=0$，只要求 $\Delta pM'$ 小到能满足终点误差的要求即可，此时允许的 pH 范围称为络合滴定的最佳 pH 范围。

最佳 pH 可通过 $pM'_{ep}-pH$ 关系曲线和 $pM'_{sp}-pH$ 关系曲线求得，两曲线交点处（$pM'_{ep}=pM'_{sp}$）对应的 pH 即为最佳 pH。在最佳 pH 处，虽然 $\Delta pM'=0$，但由于指示剂存在变色范围和人眼对颜色差别的辨别能力的限制，仍可能有 $\Delta pM'=\pm0.2$ 的不确定性。

例 5.14 用 $1.00\times10^{-2}\ mol\cdot L^{-1}$ EDTA 溶液滴定等浓度 Mg^{2+} 溶液，以铬黑 T 作指示剂，试确定滴定的最佳 pH 和满足 E_t 为 ±0.1% 的最佳 pH 范围。

解 已知 $\lg K_{MgY}=8.70$，$\lg K_{Mg(OH)}=2.6$，$\lg K_{Mg-EBT}=7.0$，EBT 的 $pK_{a_2}=6.3$，$pK_{a_3}=11.6$。

欲确定最佳 pH，必须计算不同 pH 对应的 pMg'_{sp} 和 pMg'_{ep}，得出 pMg'_{sp} 与 pH 的关系和 pMg'_{ep} 与 pH 的关系。

（1）pMg'_{sp} 与 pH 的关系

依据式 $\alpha_{Mg(OH)}=1+\beta[OH^-]=1+10^{2.6}[OH^-]$ 计算不同 pH 的 $\lg\alpha_{Mg(OH)}$，查表得出不同 pH 的 $\lg\alpha_{Y(H)}$，由式 $\lg K'_{MgY}=\lg K_{MgY}-\lg\alpha_{Y(H)}-\lg\alpha_{Mg(OH)}$ 计算出各 pH 的 $\lg K'_{MgY}$，又 $c_{Mg}^{sp}=\frac{1}{2}c_{Mg}=5.00\times10^{-3}\ mol\cdot L^{-1}$，故由

$$pMg'_{sp}=\frac{1}{2}(\lg K'_{MgY}-\lg c_{Mg}^{sp})$$

可计算出各 pH 对应的 pMg'_{sp}，据此绘制 $pMg'_{sp}-pH$ 曲线。

（2）pMg'_{ep} 与 pH 的关系

不同 pH 的 $\lg\alpha_{EBT(H)}$ 可由 $\alpha_{EBT(H)}=1+\frac{[H^+]}{K_{a_3}}+\frac{[H^+]^2}{K_{a_3}K_{a_2}}$ 求得，$\lg\alpha_{Mg(OH)}$ 计算方法同上，故由

$$pMg'_{ep}=\lg K_{Mg-EBT}-\lg\alpha_{EBT(H)}-\lg\alpha_{Mg(OH)}$$

可计算出各 pH 对应的 pMg'_{ep}，据此绘制 $pMg'_{ep}-pH$ 曲线。

pH 在 9.0～10.5 范围内相应的 pMg'_{sp}、pMg'_{ep}、$\Delta pMg'$ 和 E_t 的计算值如下：

pH	pMg'_{sp}	pMg'_{ep}	$\Delta pMg'$	E_t/%
9.0	4.86	4.40	−0.46	−0.70
9.2	4.95	4.60	−0.35	−0.40
9.4	5.04	4.80	−0.24	−0.21
9.6	5.12	5.00	−0.12	−0.08
9.8	5.20	5.19	−0.01	−0.01
10.0	5.27	5.38	0.11	0.05
10.2	5.33	5.55	0.22	0.10
10.5	5.38	5.85	0.47	0.22

pMg'_{sp}-pH、pMg'_{ep}-pH 和 E_t-pH 关系曲线如图 5-9 所示。由图可以看出，pMg'_{sp}-pH 与pMg'_{ep}-pH 两曲线的交点所对应的 pH 约为 9.8，这是用铬黑 T 作指示剂滴定 Mg^{2+} 的最佳 pH，此时 E_t 最小。由图还可看出，对应于 $E_t=\pm0.1\%$，pH 范围为 9.6～10.1，这就是最佳 pH 范围。

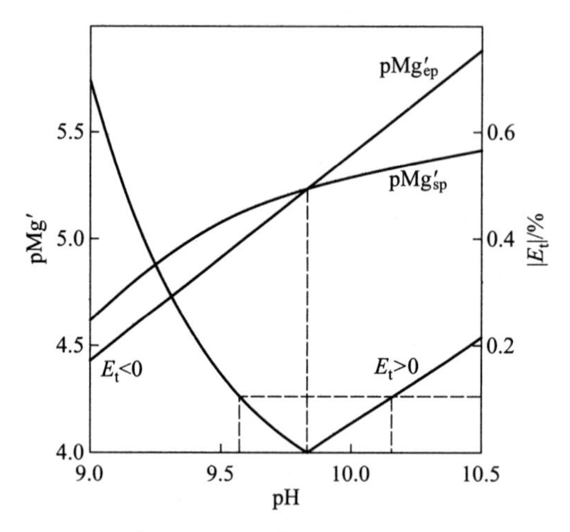

图 5-9　pMg'_{sp}－pH、pMg'_{ep}－pH 和 E_t－pH 关系曲线

5.6　混合金属离子的选择性滴定

上述讨论的是滴定单一金属离子的情况，但实际试样中常含有多种金属离子，由于 EDTA 具有良好的络合性能，试样溶液中共存的金属离子都有可能与 EDTA 络合。在此情况下就需要讨论其中某种金属离子能否被准确滴定，或是否有可能在同一试样溶液中连续滴定几种金属离子等问题，主要涉及选择性滴定判别式、选择性滴定中溶液 pH 的控制和实现选择性滴定的措施等。

5.6.1　选择性滴定可能性判别式

现以最简单的情况进行讨论。设溶液中仅含有 M、N 两种金属离子，且 $K'_{MY}>K'_{NY}$，为了选择性滴定 M，必须满足下式[即式(5-35)]，才能达到$|E_t|<0.1\%$的要求：

$$\lg(K'_{MY}c_M^{sp})\geqslant 6$$

式中

$$\lg K'_{MY}=\lg K_{MY}-\lg\alpha_Y-\lg\alpha_M$$

当 N 共存时

$$\alpha_Y=\alpha_{Y(H)}+\alpha_{Y(N)}-1\approx\alpha_{Y(H)}+\alpha_{Y(N)}$$

式中

$$\alpha_{Y(N)}=1+K_{NY}[N]\approx K_{NY}[N]$$

计算出 $\alpha_{Y(N)}$ 后，再计算出 $\lg K'_{MY}$，然后代入式(5-35)进行计算判断。需指出的是，在下述两种情况下，计算可以简化。

a. 在高酸度下，当 $\alpha_{Y(H)} \gg \alpha_{Y(N)}$ 时，一般认为 $\frac{\alpha_{Y(H)}}{\alpha_{Y(N)}} \geqslant 20$，即 $\lg\alpha_{Y(H)} - \lg\alpha_{Y(N)} \geqslant 1.3$ 时，$\alpha_{Y(N)}$ 可忽略，则 $\alpha_Y \approx \alpha_{Y(H)}$，酸效应为主，只要 N 不与指示剂显色干扰终点确定，与滴定单一金属离子相似，用下式计算 $\lg K'_{MY}$ 并进行判断：

$$\lg K'_{MY} = \lg K_{MY} - \lg\alpha_{Y(H)} - \lg\alpha_M$$

b. 在较低酸度下，当 $\alpha_{Y(H)} \ll \alpha_{Y(N)}$ 时，一般认为 $\frac{\alpha_{Y(N)}}{\alpha_{Y(H)}} \geqslant 20$，即 $\lg\alpha_{Y(N)} - \lg\alpha_{Y(H)} \geqslant 1.3$ 时，$\alpha_{Y(H)}$ 可忽略，则有 $\alpha_Y \approx \alpha_{Y(N)}$，$\lg K'_{MY}$ 按下式计算：

$$\lg K'_{MY} = \lg K_{MY} - \lg\alpha_{Y(N)} - \lg\alpha_M \tag{5-40}$$

若 M 的副反应可以忽略，则

$$\begin{aligned}\lg K'_{MY} &= \lg K_{MY} - \lg\alpha_{Y(N)} \\ &\approx \lg K_{MY} - \lg K_{NY} - \lg[N]\end{aligned}$$

令 $\Delta\lg K = \lg K_{MY} - \lg K_{NY}$，则

$$\lg K'_{MY} = \Delta\lg K - \lg[N] \tag{5-41}$$

通常是按滴定终点时溶液的情况判断 M 能否被准确滴定。因此，[N]是化学计量点附近 N 的平衡浓度，如果 N 与 Y 生成的 NY 浓度很低（一般 $\Delta\lg K \geqslant 6$ 即可满足此要求），而且溶液中无其他配体与 N 络合，则 $[N]_{sp} \approx c_N^{sp}$。此时，式(5-41)变为

$$\lg K'_{MY} = \Delta\lg K - \lg c_N^{sp} = \lg K_{MY} - \lg K_{NY} - \lg c_N^{sp} \tag{5-42}$$

上式两边各加上 $\lg c_M^{sp}$ 并整理得

$$\begin{aligned}\lg(c_M^{sp} K'_{MY}) &= \lg(c_M^{sp} K_{MY}) - \lg(c_N^{sp} K_{NY}) \\ &= \lg(c_M K_{MY}) - \lg(c_N K_{NY}) \\ &= \Delta\lg(cK)\end{aligned} \tag{5-43}$$

设 $\Delta pM' = \pm 0.2$，$E_t = \pm 0.1\%$，由林邦公式可得

$$\lg(c_M^{sp} K'_{MY}) = \Delta\lg(cK) \geqslant 6$$

所以能准确滴定 M 的判别式为

$$\Delta\lg(cK) \geqslant 6 \tag{5-44}$$

需指出的是，若 $\Delta pM'$、E_t 发生改变，则对 $\Delta\lg cK$ 的要求应相应改变。另外，若 N 在溶液中发生其他副反应，则要用式(5-42)计算 $\lg K'_{MY}$，再代入式(5-35)进行判断。

例 5.15 pH = 5.60 时，用 2.0×10^{-3} mol·L^{-1} EDTA 溶液滴定 2.0×10^{-3} mol·L^{-1} La^{3+} 溶液，在下面两种情况下，能否准确滴定 La^{3+}？

a. 溶液中含有 2.0×10^{-5} mol·L^{-1} Mg^{2+}；

b. 溶液中含有 5.0×10^{-2} mol·L^{-1} Mg^{2+}。

解 已知 $\lg K_{LaY}=15.50$，$\lg K_{MgY}=8.7$，$c_{La}^{sp}=\frac{1}{2}c_{La}=1.0\times10^{-3}\ mol\cdot L^{-1}$，pH＝5.60 时，$\lg\alpha_{Y(H)}=5.33$。

a. 当 $c_{Mg}=2.0\times10^{-5}\ mol\cdot L^{-1}$时，由于 Mg^{2+} 在溶液中无其他化学反应，因此在化学计量点附近：

$$\alpha_{Y(Mg)}=1+K_{MgY}[Mg^{2+}]_{sp}=1+K_{MgY}c_{Mg}^{sp}$$
$$=1+10^{8.7}\times1.0\times10^{-5}=10^{3.7}$$
$$\lg\alpha_{Y(H)}-\lg\alpha_{Y(Mg)}=5.33-3.7=1.63>1.3$$

此时酸效应为主，与 La^{3+} 单独存在时情况相同：

$$\lg K'_{LaY}=\lg K_{LaY}-\lg\alpha_{Y(H)}=15.50-5.33=10.17$$
$$\lg(c_{La}^{sp}K'_{LaY})=\lg(1.0\times10^{-3}\times10^{10.17})=7.2>6$$

故可以准确滴定 La^{3+}。

b. 当 $c_{Mg}=5.0\times10^{-2}\ mol\cdot L^{-1}$时，$c_{Mg}^{sp}=2.5\times10^{-2}\ mol\cdot L^{-1}$。

$$\alpha_{Y(Mg)}=1+10^{8.7}\times2.5\times10^{-2}=10^{7.1}$$
$$\lg\alpha_{Y(Mg)}-\lg\alpha_{Y(H)}=7.1-5.33=1.77>1.3$$

此时酸效应可忽略，可通过式(5－44)进行判断：

$$\Delta\lg(cK)=\lg(c_{La}K_{LaY})-\lg(c_{Mg}K_{MgY})$$
$$=\lg(1.0\times10^{-3}\times10^{15.50})-\lg(2.5\times10^{-2}\times10^{8.7})$$
$$=5.4<6$$

故此时不能准确滴定 La^{3+}。

5.6.2 实现选择性滴定的措施

通常采用以下方法实现选择性滴定。

1. 控制酸度

与滴定单一金属离子相似，通过控制酸度实现选择性滴定，需通过计算确定适宜的 pH 范围和最佳 pH 和最佳 pH 范围。

(1) 适宜 pH 范围

M、N 共存时，欲准确滴定 M，仍需要根据 $\lg(K'_{MY}c_M^{sp})\geqslant6$ 和 c_M^{sp} 计算出 $\lg K'_{MY}$的最低值，而

$$\lg K'_{MY}=\lg K_{MY}-\lg\alpha_Y-\lg\alpha_M$$

若 M 的副反应可忽略时，则

$$\lg\alpha_Y=\lg K_{MY}-\lg K'_{MY}$$

由于共存离子效应：

$$\alpha_Y=\alpha_{Y(H)}+\alpha_{Y(N)}-1$$

若 $\alpha_Y\geqslant20\alpha_{Y(N)}$，说明共存离子的影响可以忽略，与 M 单独存在时情况相同，此时

$\alpha_{Y(H)}=\alpha_Y$，对应的 pH 即为滴定允许的最低 pH。

若 $\alpha_{Y(N)}$ 大于或等于允许的 α_Y 最大值时，说明 N 与 Y 的副反应很严重（即 N 严重干扰 M 的准确滴定），无法找到符合准确滴定 M 所要求的 pH 范围。

若 $\alpha_{Y(N)}<\alpha_Y\leqslant 20\alpha_{Y(N)}$，在化学计量点时：

$$\alpha_{Y(H)}=\alpha_Y-\alpha_{Y(N)}+1=\alpha_Y-K_{NY}[N]_{sp} \tag{5-45}$$

其对应的 pH 即为准确滴定 M 允许的最低 pH。

与滴定单一离子相同，滴定允许的最高 pH 由$M(OH)_n$ 的水解酸度决定，但应注意此时共存离子不应与所用指示剂显色。

(2) 最佳 pH 和最佳 pH 范围

与滴定单一金属离子相同，应用指示剂确定混合离子选择性滴定的终点时，$pM'_{ep}=pM'_{sp}$时溶液的 pH 称为最佳 pH；能满足准确度要求的 pH 范围称为最佳 pH 范围。

最佳 pH 可由混合离子体系的pM'_{sp}－pH 曲线和pM'_{ep}－pH 曲线交点的横坐标确定。最佳 pH 范围可根据要求的准确度（通常为±0.1%）由 pM′－pH 关系图确定。

2. 使用掩蔽剂

溶液中 M、N 共存时，如果被测离子 M 和共存离子 N 与滴定剂 Y 所形成络合物的稳定常数差别不大，甚至 N 所形成的络合物更稳定，无法满足 $\Delta\lg(cK)\geqslant 6$ 的条件，就无法通过控制酸度对 M 进行选择性滴定。此时可通过加入只与 N 发生络合反应的掩蔽剂，大大降低溶液中 N 的平衡浓度，实现对 M 的选择性滴定。可以从下述角度理解掩蔽剂的作用。

当溶液中共存离子效应远大于酸效应时，$\lg K'_{MY}$可按式(5－41)计算，即

$$\lg K'_{MY}=\Delta\lg K-\lg[N]$$

由上式可知，当 $\Delta\lg K$ 固定不变时，要准确滴定 M，必须使 $\lg K'_{MY}$足够大，为此只能使[N]尽可能小。欲达此目的，使用掩蔽剂是有效手段之一。

根据掩蔽剂与 N 所发生的反应类型，可分为络合掩蔽法、沉淀掩蔽法和氧化还原掩蔽法，其中络合掩蔽法最为常用。

(1) 络合掩蔽法

络合掩蔽法是指利用某种配体与共存离子 N 形成稳定性足够大的络合物，从而使被测离子 M 能够被准确滴定的掩蔽方法。假设溶液中 N 的总浓度为 c_N、游离浓度为[N]，加入络合剂 L 后络合物为NL_i，其络合效应系数 $\alpha_{N(L)}$ 可按下式计算：

$$\alpha_{N(L)}=1+\sum\beta_i[L]^i$$

且

$$[N]=\frac{c_N}{\alpha_{N(L)}}$$

则

$$\alpha_{Y(N)}=1+K_{NY}[N]=1+K_{NY}\cdot\frac{c_N}{\alpha_{N(L)}}$$

当 $\alpha_{Y(N)} \gg \alpha_{Y(H)}$，在化学计量点附近，则有

$$\begin{aligned}\lg K'_{MY} &= \lg K_{MY} - \lg(\alpha_{Y(H)} + \alpha_{Y(N)} - 1) \\ &\approx \lg K_{MY} - \lg\alpha_{Y(N)} \\ &= \lg K_{MY} - \lg K_{NY} - \lg c_N^{sp} + \lg\alpha_{N(L)}\end{aligned}$$

即

$$\lg K'_{MY} = \lg K_{MY} - \lg K_{NY} - \lg c_N^{sp} + \lg\alpha_{N(L)} \tag{5-46}$$

与式(5-42)相比，式(5-46)右边增加了一项掩蔽指数 $\lg\alpha_{N(L)}$，即加入掩蔽剂后，使 K'_{MY}增大，提高了滴定的选择性。需指出的是，$\lg\alpha_{N(L)}$ 越大，掩蔽效果越好。若 L 也可与 M 形成络合物，则将导致 K'_{MY}减小。此时式(5-46)变为

$$\lg K'_{MY} = \lg K_{MY} - \lg K_{NY} - \lg c_N^{sp} + \lg\alpha_{N(L)} - \lg\alpha_{M(L)} \tag{5-47}$$

由式(5-47)可知，为确保准确滴定 M，应选择 $\alpha_{N(L)}$ 尽可能大、$\alpha_{M(L)}$ 尽可能小的配体作掩蔽剂，同时要求形成的络合物不应显著改变溶液的 pH 并对终点颜色无干扰。

络合滴定中常用的掩蔽剂及适用 pH 见表 5-3。

表 5-3　络合滴定中常用的掩蔽剂及适用 pH

掩蔽剂	被掩蔽的金属离子	适用 pH
三乙醇胺	Al^{3+}、Bi^{3+}、Fe^{3+}、Mn^{2+}、Sn^{4+}、Ti^{4+}	10*
氟化物	Al^{3+}、Fe^{3+}、Sn^{4+}、Th^{4+}、Ti^{4+}、Zr^{4+}	>4
乙酰丙酮	Al^{3+}、Fe^{3+}	5~6
1,10-邻二氮菲	Cd^{2+}、Co^{2+}、Cu^{2+}、Hg^{2+}、Mn^{2+}、Ni^{2+}、Zn^{2+}	5~6
氰化物	Zn^{2+}、Cu^{2+}、Cd^{2+}、Co^{2+}、Ni^{2+}、Hg^{2+}、Fe^{3+}	10**
2,3-二巯基丙醇	Zn^{2+}、Pb^{2+}、Bi^{3+}、Sb^{3+}、Sn^{4+}、Cd^{2+}、Cu^{2+}	10
硫脲	Hg^{2+}、Cu^{2+}、Ag^{+}、Bi^{3+}	弱酸性
磺基水杨酸	Al^{3+}、Fe^{3+}、Th^{4+}、Zr^{4+}	酸性
柠檬酸	Al^{3+}、Bi^{3+}、Cr^{3+}、Fe^{3+}、Sb^{3+}、Sn^{4+}、Th^{4+}、Ti^{4+}、Zr^{4+}	中性
氨水	Ag^{+}、Cd^{2+}、Co^{2+}、Cu^{2+}、Ni^{2+}、Zn^{2+}	氨性
酒石酸	Al^{3+}、Cr^{3+}、Fe^{3+}、Sb^{3+}、Sn^{4+}、Ti^{4+}、Zr^{4+}	氨性
草酸	Al^{3+}、Fe^{3+}、Mn^{2+}、Th^{4+}、Zr^{4+}	氨性
碘化物	Hg^{2+}	

* 应在溶液呈酸性时加入三乙醇胺，然后调节 pH 至 10，否则金属离子易水解而效果不佳。

** KCN 必须在碱性溶液中使用，否则会生成剧毒性气体 HCN；滴定后的溶液应加入过量 $FeSO_4$，使之转化成$[Fe(CN)_6]^{4-}$，以防污染环境。

例 5.16　欲以 KI 掩蔽 Cd^{2+}，用 2.0×10^{-2} mol·L^{-1} EDTA 溶液滴定 2.0×10^{-2} mol·L^{-1} Zn^{2+} 溶液和 2.0×10^{-2} mol·L^{-1} Cd^{2+} 溶液中的 Zn^{2+}，终点时$[I^-]$= 1.0 mol·L^{-1}。试问，a.能否准确滴定 Zn^{2+}？b.若能，滴定 Zn^{2+} 的适宜 pH 范围是什么？c.已知 Cd^{2+}、Zn^{2+} 都能与二甲酚橙络合显色，在 pH=5.0 时，能否用二甲酚橙作指示剂选择性滴定 Zn^{2+}（pH=5.0 时，$\lg K'_{CdIn}=4.5$、$\lg K'_{ZnIn}=4.8$）？

解　a. 已知CdI_4^{2-} 的 $\lg\beta_1 \sim \lg\beta_4$ 为 2.10、3.43、4.49、5.41。

$$\alpha_{Cd(I)}=1+10^{2.10}\times1.0+10^{3.43}\times1.0^2+10^{4.49}\times1.0^3+10^{5.41}\times1.0^4=10^{5.5}$$

$$\begin{aligned}\Delta\lg(cK)&=\lg(c_{Zn}^{sp}K_{ZnY})-\lg\left(\frac{c_{Cd}^{sp}}{\alpha_{Cd(I)}}K_{CdY}\right)\\&=\lg(1.0\times10^{-2}\times10^{16.50})-\lg\left(\frac{1.0\times10^{-2}}{10^{5.5}}\times10^{16.46}\right)\\&=5.5\approx6\end{aligned}$$

故 Zn^{2+} 可被准确滴定，$E_t<0.3\%$。

b. 当 $|\Delta pM'|=0.2$、$|E_t|=0.3\%$ 时，$c_{Zn}^{sp}=1.0\times10^{-2}\ mol\cdot L^{-1}$，由林邦公式可知，要准确滴定 Zn^{2+}，则 $\lg(c_{Zn}^{sp}K'_{ZnY})\geqslant5$，即 $\lg K'_{ZnY}\geqslant7$。

$$\lg\alpha_Y=\lg K_{ZnY}-\lg K'_{ZnY}=16.50-7=9.50$$

最高酸度

$$\begin{aligned}\alpha_{Y(H)}&=\alpha_Y-K_{CdY}[Cd]_{sp}=\alpha_Y-K_{CdY}\frac{c_{Cd}^{sp}}{\alpha_{Cd(I)}}\\&=10^{9.50}-10^{16.46}\times\frac{1.0\times10^{-2}}{10^{5.5}}\\&=10^{9.50}-10^{8.96}=10^{9.35}\end{aligned}$$

查附录表 4，pH=3.55。

最低酸度

已知 $pK_{sp,Zn(OH)_2}=16.92$，则

$$\begin{aligned}pH&=14.00-\frac{1}{2}(pK_{sp}+\lg c_{Zn})\\&=14.00-\frac{1}{2}\times[16.92+\lg(2.0\times10^{-2})]\\&=6.39\end{aligned}$$

滴定 Zn^{2+} 的适宜 pH 范围为 3.55～6.39。

c. 当 pH=5.0 时：

$$\begin{aligned}\lg K'_{ZnY}&=\lg K_{ZnY}-\lg\frac{K_{CdY}c_{Cd}^{sp}}{\alpha_{Cd(I)}}\\&=16.5-(16.46-2.0-5.5)\\&=7.54\end{aligned}$$

$$[Zn^{2+}]_{sp}=\sqrt{\frac{c_{Zn}^{sp}}{K'_{ZnY}}}=\sqrt{\frac{1.0\times10^{-2}}{10^{7.54}}}\ mol\cdot L^{-1}=10^{-4.8}\ mol\cdot L^{-1}$$

$$pZn_{sp}=4.77$$

$$[Cd^{2+}]_{sp}=\frac{c_{Cd}^{sp}}{\alpha_{Cd(I)}}=\frac{1.0\times10^{-2}}{10^{5.5}}\ mol\cdot L^{-1}=10^{-7.5}\ mol\cdot L^{-1}$$

$$pCd_{sp}=7.5$$

由 $\Delta pZn=\lg K'_{ZnIn}-pZn_{sp}=4.8-4.77=0.03$ 知，以二甲酚橙作为滴定 Zn^{2+} 的指示剂是合适的。而此时 $[Cd^{2+}]_{sp}=10^{-7.5}$ mol·L^{-1}，远远小于 $\lg K'_{CdIn}$，故不会有 CdIn 的红色出现。

下面介绍几种使用掩蔽剂的具体方法。

a. 先加入掩蔽剂，再用 EDTA 滴定 M。

例如，欲在含有 Al^{3+}、Zn^{2+} 的待测试液中准确滴定 Zn^{2+}，应先在酸性条件下加入能与 Al^{3+} 作用的掩蔽剂，如 F^-，再调节 pH 至 5～6，使 Al^{3+} 生成 $[AlF_6]^{3-}$ 并保持 $[F^-]=0.2$ mol·L^{-1}，即可以二甲酚橙作指示剂选择性滴定 Zn^{2+}。

b. 先加入掩蔽剂 L 使 N 转化为 NL 后，用 EDTA 准确滴定 M，再加入可消除掩蔽剂 L 的解蔽剂 X(demasking agent)，将 N 从 NL 中释放出来，然后用 EDTA 准确滴定 N。

例如，欲连续测定某铜合金试液中的 Pb^{2+}、Zn^{2+} 时，可在氨性试液中加入 KCN 掩蔽 Cu^{2+}、Zn^{2+}，以铬黑 T 作指示剂，用 EDTA 滴定 Pb^{2+}。然后在滴定 Pb^{2+} 后的溶液中加入甲醛解蔽 Zn^{2+}，继续用 EDTA 滴定解蔽出的 Zn^{2+}。

$$4HCHO+[Zn(CN)_4]^{2-}+4H_2O = Zn^{2+}+\underset{\text{羟基乙腈}}{4H_2\overset{\overset{\displaystyle CN}{|}}{C}\text{—}OH}+4OH^-$$

c. 先用 EDTA 直接滴定或返滴定 M、N 的总量，然后加入掩蔽剂 L，释放出与 N 络合的 Y，再用金属离子标准溶液滴定释放出来的 Y，进而求出 N 和 M 的含量。

例如，测定试液中 Al^{3+}、Ti(Ⅳ)时，先加入 EDTA 使其生成 AlY 和 TiY。再加入 NH_4F 或 NaF 释放出 AlY 和 TiY 中的 Y，测定 Al、Ti 的总量。然后另取一份溶液，用苦杏仁酸选择性释放出 TiY 中的 Y，测定 Ti 的量。Al 的量可由总量中减去 Ti 的量得到。

(2) 沉淀掩蔽法

若向溶液中加入能与共存离子 N 形成难溶化合物的沉淀剂，且该难溶化合物不溶于 EDTA，就可在不分离沉淀的情况下准确滴定 M，这种方法称为沉淀掩蔽法。由于难溶化合物的生成，被滴定溶液[N]大大降低，就能确保 K'_{MY} 足够大，以便进行选择性滴定。

络合滴定中常用的沉淀掩蔽剂如表 5-4 所示。

表 5-4　络合滴定中常用的沉淀掩蔽剂

沉淀掩蔽剂	被掩蔽离子	被滴定离子	适用 pH	指示剂
H_2SO_4	Pb^{2+}	Bi^{3+}	1	二甲酚橙
KI	Cu^{2+}	Zn^{2+}	5～6	PAN
NH_4F	Ba^{2+}、Sr^{2+}、Ca^{2+}、Mg^{2+}、稀土	Zn^{2+}、Cd^{2+}、Mn^{2+}	10	铬黑 T
NH_4F	同上	Cu^{2+}、Co^{2+}、Ni^{2+}	10	紫尿酸铵

续表

沉淀掩蔽剂	被掩蔽离子	被滴定离子	适用 pH	指示剂
Na_2SO_4	Ba^{2+}、Sr^{2+}	Ca^{2+}、Mg^{2+}	10	铬黑 T
K_2CrO_4	Ba^{2+}	Sr^{2+}	10	MgY+铬黑 T
Na_2S 或铜试剂	Hg^{2+}、Pb^{2+}、Bi^{3+}、Cu^{2+}、Cd^{2+} 等	Ca^{2+}、Mg^{2+}	10	铬黑 T
NaOH	Mg^{2+}	Ca^{2+}	12	钙指示剂
$K_4[Fe(CN)_6]$	微量 Zn^{2+}	Pb^{2+}	5～6	二甲酚橙

虽然沉淀掩蔽法操作简单，但存在下列缺点：

a. 某些沉淀反应进行不完全，掩蔽效率不高。

b. 沉淀形成时，通常伴随共沉淀现象，影响滴定的准确度；若沉淀吸附金属离子时，会影响终点观察。

c. 某些沉淀颜色较深或体积较大，妨碍终点观察。

由此可知，沉淀掩蔽法不是一种理想的掩蔽方法，在络合滴定中应用不够广泛。

(3) 氧化还原掩蔽法

对于存在变价的共存离子，若某种价态有干扰时，可通过加入某种氧化剂或还原剂改变其价态，使其 EDTA 络合物的稳定常数减小，即增加了 $\Delta \lg K$，达到选择性滴定的目的，这种掩蔽方法称为氧化还原掩蔽法。

例如，$\lg K_{Fe(III)Y}=25.1$，$\lg K_{Fe(II)Y}=14.33$，根据这一特性，当 Fe^{3+} 与 ZrO^{2+}、Bi^{3+}、Th^{4+}、Sc^{3+}、In^{3+}、Sn^{4+}、Hg^{2+} 等 $\lg K_{MY}$ 相近的离子共存时，可用抗坏血酸或盐酸羟胺将 Fe^{3+} 还原为 Fe^{2+}，达到选择性滴定上述离子的目的。此外，将 Tl^{3+} 还原为 Tl^{+}，将 Hg^{2+} 还原为金属汞，将 Cr^{3+} 氧化为 CrO_4^{2-}，都属于氧化还原掩蔽法。

3. 使用其他络合滴定剂

以 EDTA 为滴定剂时，若 $\Delta \lg K$ 较小而无法实现选择性滴定，则可通过使用其他氨羧络合剂以增大 $\Delta \lg K$，实现选择性滴定。下面介绍几种其他氨羧络合剂及其应用。

(1) 乙二醇二乙醚二胺四乙酸(EGTA)

EDTA 和 EGTA 与 Ca^{2+} 和 Mg^{2+} 的稳定常数比较如下：

	Ca^{2+}	Mg^{2+}
$\lg K_{M-EDTA}$	10.69	8.7
$\lg K_{M-EGTA}$	10.97	5.21

由此可知，两者的 $\Delta \lg K$ 值由 M－EDTA 的 2.0 增加到 M－EGTA 的 5.76。用 EGTA 作滴定剂时，Mg^{2+} 基本上不干扰 Ca^{2+} 的滴定。

(2) 乙二胺四丙酸(EDTP)

M－EDTP 的稳定性一般比相应的 M－EDTA 差，但 Cu－EDTP 的稳定性仍较高：

	Cu^{2+}	Zn^{2+}	Cd^{2+}	Mn^{2+}
$\lg K_{M-EDTA}$	18.80	16.50	16.46	13.87
$\lg K_{M-EDTP}$	15.4	7.8	6.0	4.7

所以用 EDTP 滴定 Cu^{2+} 时，Zn^{2+}、Cd^{2+}、Mn^{2+} 等均不干扰。

(3) 2-羟乙基乙二胺三乙酸(HEDTA)

M-HEDTA 的稳定性通常较相应的 M-EDTA 差，但滴定稳定常数较高的金属离子时，其选择性有时优于 EDTA：

	Cu^{2+}	Ni^{2+}	Mn^{2+}
$\lg K_{M-EDTA}$	18.80	18.62	13.87
$\lg K_{M-HEDTA}$	17.6	17.3	10.9

由此可知，以 EDTA 作滴定剂时，Cu^{2+} 或 Ni^{2+} 与 Mn^{2+} 的 $\Delta\lg K<6$，难以选择性滴定；而以 HEDTA 作滴定剂时，$\Delta\lg K>6$，Mn^{2+} 对 Cu^{2+} 或 Ni^{2+} 的滴定无干扰。

5.7 络合滴定方式及其应用

与一般滴定分析法相同，络合滴定也可分为直接滴定、返滴定、置换滴定和间接滴定四种方式。根据被测溶液的组成和各滴定方式的特点，选用适当的滴定方式，不仅可拓宽络合滴定的范围，而且可提高选择性。

5.7.1 直接滴定法

直接滴定法是络合滴定法中最常用的滴定方式。这种方法是将试样制备成溶液后，用适宜的缓冲体系调节至所需 pH，加入其他必要的试剂和指示剂，直接用 EDTA 滴定。

采用直接滴定法虽然操作简单、快速、误差较小，但必须符合以下条件：

a. 被测离子的浓度 c_M 与 M-EDTA 的条件稳定常数 K'_{MY} 必须满足 $\lg(K'_{MY}c_M^{sp})\geqslant 6$ 的要求，至少应大于 5；

b. 应有适宜的指示剂，且无僵化和封闭现象；

c. 螯合物的形成速率应足够快；

d. 被测离子在选用的条件下不发生水解和沉淀，或者其水解和沉淀可通过加入适当化合物加以防止。

若不符合上述条件，应尽量通过适当方法使某些离子可以采用直接滴定法滴定。例如，在 pH≈10 时滴定 Pb^{2+}，由于 Pb^{2+} 的水解难于采用直接滴定法。为了防止 Pb^{2+} 水解，可先在酸性溶液中加入酒石酸盐将 Pb^{2+} 络合，再调节 pH≈10，然后就可用直接滴定法滴定 Pb^{2+}。

5.7.2 返滴定法

如果不能满足直接滴定的条件，可采用返滴定法。该方法是先在试液中加入一定量过量的 EDTA 标准溶液，然后用另一金属离子的标准溶液(返滴定剂)滴定过量的 EDTA，根据两种标准溶液的浓度和用量，即可求得被测物质的含量。

应注意的是，返滴定剂所形成的络合物应有足够的稳定性，但不能超过被测离子络合物的稳定性，否则在滴定过程中不仅返滴定剂会置换出被测离子，造成误差，而且会使终点不敏锐。

返滴定法主要用于下列情况：

a. 缺乏符合要求的指示剂或因被测离子对指示剂有封闭作用而无法采用直接滴定法；

b. 被测离子与 EDTA 的络合速率太慢；

c. 被测离子发生水解等副反应，无法采用直接滴定法。

例如，由于 Al^{3+} 与 EDTA 络合速率太慢，溶液 pH 较低时会发生水解形成 $[Al_2(H_2O)_6(OH)_3]^{3+}$、$[Al_3(H_2O)_6(OH)_6]^{3+}$ 等多核羟基络合物，而且 Al^{3+} 对二甲酚橙等指示剂有封闭作用等，无法用直接滴定法滴定。为避免这些问题，可采用返滴定法。为此，可先加入一定量过量的 EDTA 标准溶液，在 $pH \approx 3.5$ 时煮沸溶液。由于此时酸度较高（$pH<4.1$），多核羟基络合物无法形成；又因EDTA过量较多，使 Al^{3+} 与 EDTA 完全络合。络合完全后，调节溶液 pH 至 5～6（此时 AlY 稳定，不会重新水解形成多核络合物），加入二甲酚橙（AlY 对其无封闭作用），即可顺利地用 Zn^{2+} 标准溶液进行返滴定。

5.7.3 置换滴定法

利用置换反应置换出等物质的量的另一金属离子或 EDTA，然后进行滴定的方法称为置换滴定法。置换滴定法是提高络合滴定选择性的主要途径之一。根据置换反应的类型，置换滴定法可分为以下几种。

1. 置换出金属离子

若被测金属离子 M 与 EDTA 络合不完全或 M－EDTA 不稳定，可用 M 置换出另一络合物 NL 中的 N：

$$M + NL \Longrightarrow ML + N$$

再用 EDTA 滴定 N，进而求出 M 的含量。

例如，Ag－EDTA 不稳定，无法用 EDTA 直接滴定，但可将 Ag^+ 加入 $[Ni(CN)_4]^{2-}$ 溶液中，则

$$2Ag^+ + [Ni(CN)_4]^{2-} \Longrightarrow 2[Ag(CN)_2]^- + Ni^{2+}$$

在 pH＝10 的氨性溶液中以紫尿酸铵作指示剂，用 EDTA 标准溶液滴定置换出的 Ni^{2+}，即可求得试样中 Ag^+ 的含量。

2. 置换出 EDTA

若与被测离子 M 共存的其他金属离子种类较多或难以掩蔽时，可先加入一定量过量 EDTA，使所有金属离子全部与 EDTA 络合，再用另一金属离子与过量的 EDTA 络合，然后加入高选择性的络合剂 L 夺取 M，以释放出 EDTA：

$$MY + L \Longrightarrow ML + Y$$

用金属盐类标准溶液滴定置换出的 EDTA，即可求得 M 的含量。

例如，测定锡合金中的 Sn 时，试样处理成试液后加入一定量过量的EDTA，将 Sn(Ⅳ)及可能存在的 Pb^{2+}、Zn^{2+}、Cd^{2+}、Bi^{3+} 等一起络合。用 Zn^{2+} 标准溶液滴定过量的 EDTA。然后用 NH_4F 选择性地从 SnY 中置换 EDTA，再用 Zn^{2+} 标准溶液滴定置

换出的 EDTA,即可求得 Sn(Ⅳ)的含量。

3. 间接金属离子指示剂

利用置换滴定法还可以改善指示剂变色的敏锐性以准确指示终点。如铬黑 T (EBT)与 Ca^{2+} 显色的灵敏度较差,但与 Mg^{2+} 显色很灵敏。利用此现象可解决测定 Ca^{2+} 时终点难于准确指示的问题。为此,在 pH=10 的试液中加入少量 MgY,使下述置换反应发生:

$$Ca^{2+} + MgY + EBT \rightleftharpoons CaY + Mg{-}EBT$$

滴定前溶液显 Mg-EBT 的深红色。滴定时,EDTA 先络合游离的 Ca^{2+},在达终点时滴入的 EDTA 置换出 Mg-EBT 中的 EBT:

$$Mg{-}EBT + Y \rightleftharpoons MgY + EBT$$

又产生了与原来等物质的量的 MgY,置换出铬黑 T,使溶液呈现蓝色。其本质是以 Mg^{2+} 的终点代替了 Ca^{2+} 的终点,由于 K'_{Mg-EBT} 较大,因此终点变色敏锐。

5.7.4 间接滴定法

如果某一金属离子或非金属离子不与 EDTA 络合或生成的络合物不稳定,可通过一定的化学反应,使其转变成组成一定的化合物,而此化合物中的另一组分可被 EDTA 滴定,这种方法称为间接滴定法。例如,Na^+ 不与 EDTA 反应,但可使其沉淀为 $NaAc \cdot Zn(Ac)_2 \cdot 3UO_2(Ac)_2 \cdot 9H_2O$,分离沉淀并洗净后将其溶解,用 EDTA 滴定锌,即可求得 Na^+ 的含量。再如,为测定 PO_4^{3-},可将其沉淀为 $MgNH_4PO_4$,过滤、洗涤后用盐酸溶解,再加入一定量过量的 EDTA 标准溶液与 Mg^{2+} 作用,最后用 Mg^{2+} 标准溶液返滴定过量的 EDTA,进而推算出 PO_4^{3-} 的量。由于间接滴定法通常要经过较多步骤处理,所以操作较麻烦且误差较大。

5.7.5 络合滴定法的应用

从上述讨论可知,络合滴定法是一种应用广泛的滴定分析方法。目前,有近 50 种元素可用直接滴定法或返滴定法测定,26 种元素可用间接滴定法测定,如图 5-10 所示。

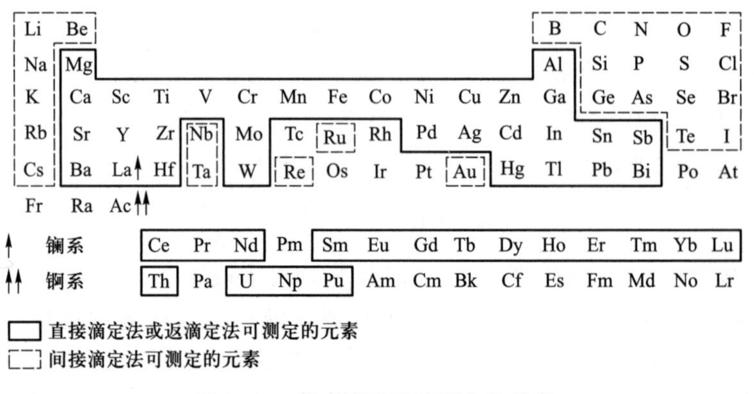

图 5-10 络合滴定法可测定的元素

5.7.6 络合滴定结果的计算

EDTA 与金属离子的络合比通常为 1∶1,结果计算较为简单。被测物质 B 的质量分数的计算公式如下:

$$w_B=\frac{c_{EDTA}V_{EDTA}M_B}{m_s\times 1\,000}\times 100\%$$

式中 c_{EDTA} 和 V_{EDTA} 分别为 EDTA 溶液的浓度($mol\cdot L^{-1}$)和滴定时消耗的体积(mL),M_B 为被测物质的摩尔质量($g\cdot mol^{-1}$),m_s 为试样的质量(g)。

思 考 题

1. EDTA 与金属离子生成螯合物时,其配位数一般为(　　)。

a. 1;　　b. 2;　　c. 4;　　d. 6。

2. 试举例说明如何通过计算机技术计算络合滴定过程中溶液的 pM。

3. 在络合滴定中为何要引入副反应系数和条件稳定常数的概念?如何计算副反应系数和条件稳定常数?

4. 若不使用缓冲溶液,用 EDTA 滴定金属离子时溶液的 pH 将(　　)。

a. 降低;　　b. 升高;

c. 不变;　　d. 与金属离子的价态有关。

5. 用 EDTA 滴定 Pb^{2+} 时,需控制溶液的 pH≈5,应选择的缓冲溶液是(　　)。

a. HAc－NaAc 缓冲溶液;　　b. NH_3-NH_4Cl 缓冲溶液;

c. 六亚甲基四胺缓冲溶液;　　d. 一氯乙酸缓冲溶液。

6. Hg^{2+} 既能与 EDTA 生成 HgY^{2-},还能与 NH_3、OH^- 生成 $Hg(NH_3)Y^{2-}$ 和 $Hg(OH)Y^{3-}$。若在 pH＝10 的氨性缓冲溶液中用 EDTA 滴定 Hg^{2+},增大缓冲剂的总浓度将导致 $\lg K'_{HgY}$ 值增大还是减小?滴定突跃范围是增大还是减小?为什么?

7. 欲以 HIn 为指示剂用 EDTA 标准溶液直接滴定等浓度 M 和 N 混合液中的 M,要求(　　)。

a. $pH=pK'_{MY}$;　　b. $K'_{MY}<K'_{MIn}$;

c. $\lg K_{MY}-\lg K_{NY}\geqslant 6$;　　d. NIn 与 HIn 的颜色应有明显差别。

8. CuY＋PAN 可作为用 EDTA 滴定金属离子 M 的间接金属指示剂。试以 EDTA 滴定 Ca^{2+} 为例说明 CuY＋PAN 可作为指示剂的原理。

9. 用 NaOH 标准溶液滴定 $FeCl_3$ 溶液中的游离 HCl 时,Fe^{3+} 将导致怎样的干扰?加入下列哪一种化合物可消除其干扰?

EDTA、Ca－EDTA、酒石酸三钠、三乙醇胺。

10. 若配制 EDTA 标准溶液的水中含有 Ca^{2+},下列情况下对分析结果有何影响?

a. 以金属锌为基准物质,在 pH＝10.0 的氨性缓冲溶液中标定 EDTA 溶液浓度,用该 EDTA 溶液滴定试液中的 Ca^{2+};

b. 以 $CaCO_3$ 为基准物质标定 EDTA 溶液浓度,用该 EDTA 溶液在 pH＝5.0 时滴定试液中的 Zn^{2+};

c. 以金属锌为基准物质在 pH＝5.0 时标定 EDTA 溶液浓度,用该 EDTA 溶液滴定试液中的

Ca^{2+}。

11. 请拟定选择性滴定 Zn^{2+}、Al^{3+}、Ca^{2+}、Mg^{2+} 混合溶液中 Zn^{2+} 的实验方案。

12. 用盐酸将水泥试样溶解，制成试样溶液。试拟定用 EDTA 测定此试样溶液中 Fe^{3+}、Al^{3+}、Ca^{2+}、Mg^{2+} 含量的实验方案。

习　题

1. 已知 Cd^{2+} 与 I^- 络合物的 $\lg\beta_1 \sim \lg\beta_4$ 依次为 2.10、3.43、4.49、5.41，当$[I^-]=0.10\ mol\cdot L^{-1}$时，Cd 各种存在形式的分布分数为多少？哪种形式为主要存在形式？

（$\delta_{Cd^{2+}}$：1.03%，δ_{CdI^+}：13.0%，δ_{CdI_2}：27.7%，$\delta_{CdI_3^-}$：31.8%，$\delta_{CdI_4^{2-}}$：26.5%；主要存在形式为CdI_3^-）

2. 在 pH＝9.26 的氨性缓冲液中，除氨络合物外的缓冲剂总浓度为 $0.20 mol\cdot L^{-1}$，酒石酸(H_2L)$[L]=0.10\ mol\cdot L^{-1}$。计算 Cu^{2+} 的 α_{Cu}。已知 Cu(Ⅱ)－酒石酸络合物的 $\lg\beta_1=3.2$，$\lg\beta_2=5.11$，$\lg\beta_3=4.78$，$\lg\beta_4=6.51$；Cu(Ⅱ)－OH^- 络合物的 $\lg\beta_1=6.0$。

（$10^{9.36}$）

3. 已知$[M(NH_3)_4]^{2+}$的 $\lg\beta_1 \sim \lg\beta_4$ 依次为 2.0、5.0、7.0、10.0，$[M(OH)_4]^{2-}$ 的 $\lg\beta_1 \sim \lg\beta_4$ 依次为 4.0、8.0、14.0、15.0。在浓度为 $0.10\ mol\cdot L^{-1}$的 M^{2+} 溶液中，滴加氨水至溶液中游离 NH_3 的浓度为 $0.010\ mol\cdot L^{-1}$，pH＝9.0。试问溶液中主要存在形式是哪一种？浓度为多大？若将 M^{2+} 溶液用 NaOH 和氨水调节至 pH≈13，且游离氨浓度为 $0.010\ mol\cdot L^{-1}$，则上述溶液中主要存在形式是什么？浓度为多大？

（$[M(NH_3)_4]^{2+}$，$8.2\times10^{-2}\ mol\cdot L^{-1}$；$[M(OH)_3]^-$，$[M(OH)_4]^{2-}$，$5.0\times10^{-2}\ mol\cdot L^{-1}$，$5.0\times10^{-2}\ mol\cdot L^{-1}$）

4. 铬黑 T(EBT)是络合滴定中常用的指示剂，它的 $pK_{a_2}=6.3$，$pK_{a_3}=11.6$，Mn－EBT 的 $\lg K_{MnIn}=9.6$，计算在 pH＝10.0 时的 $\lg K'_{MnIn}$值。

（8.0）

5. 计算在 $0.10\ mol\cdot L^{-1}\ NH_4^+ - 0.20\ mol\cdot L^{-1}\ NH_3$ 溶液中的 K'_{NiY}。

（$10^{12.23}$）

6. 在 pH＝6.0 的溶液中，含有 $0.020\ mol\cdot L^{-1}\ Zn^{2+}$ 和 $0.020\ mol\cdot L^{-1}\ Cd^{2+}$，游离酒石酸根(Tart)浓度为 $0.20\ mol\cdot L^{-1}$，加入等体积的 $0.020\ mol\cdot L^{-1}$ EDTA 溶液，计算 $\lg K'_{CdY}$ 和 $\lg K'_{ZnY}$ 值。已知 Cd^{2+}－Tart 的 $\lg\beta_1=2.8$，Zn^{2+}－Tart 的 $\lg\beta_1=2.4$，$\lg\beta_2=8.32$，酒石酸在 pH＝6.0 时的酸效应可以忽略不计。

（6.48，－2.48）

7. 用 $0.01000\ mol\cdot L^{-1}$ EDTA 溶液滴定等浓度的 M 离子，终点检测灵敏度 $\Delta pM=\pm0.3$，若要求准确度达到 0.1%，则 K'_{MY}至少应为多少？

（4.5×10^8）

8. 在 pH＝10.00 的氨性缓冲溶液中含有 $0.020\ mol\cdot L^{-1}\ Cu^{2+}$，以 PAN 作指示剂，用 $0.020\ mol\cdot L^{-1}$ EDTA 溶液滴定，若终点时溶液中游离氨的浓度为 $0.10\ mol\cdot L^{-1}$，计算终点误差($pCu_{ep}=13.8$)。

（－0.36%）

9. pH＝5.0 时，以浓度为 $0.020\ mol\cdot L^{-1}$的 EDTA 溶液滴定等浓度的 Cu^{2+} 溶液，若要求终点误差不超过 0.1%，试计算证明用 PAN 作指示剂可满足此要求(pH＝5.0 时，$\lg K'_{Cu-PAN}=8.8$)。

（$E_t<0.1\%$，可满足此要求）

10. 在含有被测金属离子 M 的试液中加入一定量过量的络合剂 L，待其与 M 络合完全后，过量的 L 用金属离子 N 的标准溶液返滴定。试证明计算返滴定终点误差的公式为

$$E_t=\frac{[NL]}{[ML][N'][K'_{NL}]}-\frac{[N']K'_{NL}}{[NL]K'_{ML}}-\frac{[N']}{[ML]}$$

11. 在 pH=5.0 的缓冲溶液中，用 0.0020 mol·L^{-1} EDTA 溶液滴定 0.0020 mol·L^{-1} Pb^{2+} 溶液，以二甲酚橙作指示剂，在下述情况下，终点误差各是多少？

a. 使用 HAc-NaAc 缓冲溶液，终点时，缓冲剂总浓度是 0.20 mol·L^{-1}；

b. 使用六亚甲基四胺缓冲溶液（不与 Pb^{2+} 络合）。已知 $Pb(Ac)_2$ 的 $\lg\beta_1=1.9$，$\lg\beta_2=3.8$；pH=5.0 时，$\lg K'_{PbIn}=7.0$，HAc 的 $K_a=10^{-4.74}$。

c. 上述结果说明什么问题？

（a. −1.16%，b. −0.008%，c. 选择缓冲溶液时，不仅要考虑其所能控制的 pH，还要考虑缓冲组分与被滴定离子的副反应）

12. 欲在 pH=5.5 时，用 2.0×10^{-2} mol·L^{-1} EDTA 溶液滴定 2.0×10^{-2} mol·L^{-1} Zn^{2+} 和 2.0×10^{-2} mol·L^{-1} Hg^{2+} 混合溶液中的 Zn^{2+}，试问：

a. 用 KI 掩蔽其中的 Hg^{2+}，使终点时 I^- 的游离浓度为 10^{-2} mol·L^{-1}，是否完全掩蔽？$\lg K'_{ZnY}$ 为多大？

b. 已知二甲酚橙与 Zn^{2+}、Hg^{2+} 都显色，pH=5.5 时，$\lg K'_{ZnIn}=5.7$，$\lg K'_{HgIn}=8.2$，是否能用二甲酚橙作 Zn^{2+} 的指示剂？

c. 滴定 Zn^{2+} 时若用二甲酚橙作指示剂，终点误差为多大？

d. 用二甲酚橙作指示剂滴定 Zn^{2+}，若终点时 I^- 的游离浓度为 0.5 mol·L^{-1}，终点误差又为多大？

（a. 是，10.99；b. 是；c. −0.020%；d. −0.020%）

13. 返滴定法测定铝时，先在 pH≈3.5 时加入一定量过量的 EDTA 标准溶液，煮沸使 Al^{3+} 与 EDTA 络合，试用计算方法说明选择此 pH 的理由，假设 Al^{3+} 的浓度为 0.010 mol·L^{-1}。

14. 用 2.00×10^{-2} mol·L^{-1} EDTA 溶液滴定等浓度的 Ni^{2+} 溶液，若要求 $|E_t|\leqslant0.2\%$，$\Delta pM=0.30$，试通过计算确定滴定 Ni^{2+} 的适宜酸度范围。

（pH 2.9～7.5）

15. 用 0.020 mol·L^{-1} EDTA 溶液滴定 0.020 mol·L^{-1} La^{3+} 和 0.050 mol·L^{-1} Mg^{2+} 混合溶液中的 La^{3+}，设 $\Delta pLa'=0.2$ pM 单位，欲要求 $|E_t|\leqslant0.3\%$，适宜酸度范围应为多少？若指示剂不与 Mg^{2+} 显色，则适宜酸度范围又为多少？若以二甲酚橙作指示剂，$\alpha_{Y(H)}=0.1\alpha_{Y(Mg)}$ 时，滴定 La^{3+} 的终点误差为多少？已知 $\lg K'_{LaIn}$ 在 pH=4.5、5.0、5.5、6.0 时分别为 4.0、4.5、5.0、5.6，且 Mg^{2+} 不与二甲酚橙显色；$\lg K_{LaY}=15.5$，$La(OH)_3$ 的 $K_{sp}=10^{-18.8}$。

5-2 应用指示剂指示终点选择性滴定 M 离子的酸度控制范围

（pH=4.0～5.2，pH=4.0～8.3，−0.2%）

16. 试设计以二甲酚橙作指示剂，用 2×10^{-2} mol·L^{-1} EDTA 溶液滴定浓度均为 2×10^{-2} mol·L^{-1} 的 Th(Ⅳ)、La^{3+} 混合溶液中的 Th(Ⅳ)、La^{3+} 的方案。设 $\Delta pM=0.2$，$E_t=0.3\%$。已知 $K_{ThY}=23.2$，$K_{LaY}=15.5$，$Th(OH)_4$ 的 $K_{sp}=10^{-44.89}$，$La(OH)_3$ 的 $K_{sp}=10^{-18.8}$，二甲酚橙与 La^{3+} 及 Th(Ⅳ) 的 $\lg K'_{MIn}$ 如下：

pH	1.0	2.0	2.5	3.0	4.0	4.5	5.0	5.5	6.0
$\lg K'_{LaIn}$	不显色					4.0	4.5	5.0	5.5
$\lg K'_{ThIn}$	3.6	4.9		6.3					

17. 测定水泥中 Al^{3+} 时，因为含有 Fe^{3+}，所以先在 pH=3.5 条件下加入过量的 EDTA 溶液，加热

煮沸，再以 PAN 为指示剂，用硫酸铜标准溶液返滴定过量的 EDTA。然后调节 pH=4.5，加入 NH_4F，继续用硫酸铜标准溶液滴至终点。若终点时，$[F^-]=0.10\ mol\cdot L^{-1}$，$[CuY]=0.010\ mol\cdot L^{-1}$。计算 FeY 有百分之几转化为 FeF_3？若 $[CuY]=0.001\,0\ mol\cdot L^{-1}$，FeY 又有百分之几转化为 FeF_3？试问用此法测 Al^{3+} 时要注意什么问题（pH=4.5 时，$\lg K'_{CuIn}=8.3$）？

（0.029%，0.29%，滴定至终点时 CuY 的浓度不能太低，否则准确度难以保证）

18. 测定铅锡合金中的 Pb、Sn 含量时，称取 0.100 0 g 试样，用 HCl 溶液溶解后，加入25.00 mL 0.030 00 $mol\cdot L^{-1}$ EDTA 溶液，50 mL 水，加热煮沸 2 min，冷后，用六亚甲基四胺将溶液调至 pH=5.5，加入少量 1,10-邻二氮菲，以二甲酚橙作指示剂，用 0.030 00 $mol\cdot L^{-1}$ Pb^{2+} 标准溶液滴定，用去 1.50 mL。然后加入足量 NH_4F，加热至 40 ℃左右，再用上述 Pb^{2+} 标准溶液滴定，用去 17.50 mL。计算试样中 Pb 和 Sn 的质量分数。

（37.30%，62.32%）

19. 取 25.00 mL 含钙、镁的试液，在 pH=10 时以铬黑 T 作指示剂，用 0.014 50 $mol\cdot L^{-1}$ EDTA 标准溶液滴至溶液变蓝，消耗 24.98 mL。另取 25.00 mL 上述试液，在 pH 为12～13时以钙指示剂作指示剂，用上述 EDTA 标准溶液滴至溶液变蓝，消耗20.42 mL。求该溶液中钙和镁的含量（$g\cdot L^{-1}$）。

（0.474 7 $g\cdot L^{-1}$，0.064 28 $g\cdot L^{-1}$）

20. 测定锆英石中 ZrO_2、Fe_2O_3 含量时，称取 1.000 g 试样，以适当的熔样方法制成200.0 mL试液。移取 50.00 mL 试液，调至 pH=0.8，加入盐酸羟胺还原 Fe^{3+}，以二甲酚橙为指示剂，用 $1.000\times10^{-2}\ mol\cdot L^{-1}$ EDTA 溶液滴定，用去 10.00 mL。加入浓硝酸，加热，使 Fe^{2+} 被氧化成 Fe^{3+}，将溶液调至 pH=1.5，以磺基水杨酸作指示剂，用上述 EDTA 溶液滴定，用去 20.00 mL。计算试样中 ZrO_2 和 Fe_2O_3 的质量分数。

（4.93%，6.39%）

21. 称取 0.2014 g 苯巴比妥钠（$C_{12}H_{11}N_2O_3Na$，$M=254.2\ g\cdot mol^{-1}$）试样，于稀碱溶液中加热（60 ℃）使其溶解，冷却，以乙酸酸化后转移至 250 mL 容量瓶中，加入 25.00 mL 0.030 00 $mol\cdot L^{-1}$ $Hg(ClO_4)_2$ 标准溶液，稀释至刻度，放置使下述反应定量完成：

$$Hg^{2+}+2C_{12}H_{11}N_2O_3^- \xlongequal{} Hg(C_{12}H_{11}N_2O_3)_2\downarrow$$

过滤弃去沉淀，滤液用干烧杯承接。移取 25.00 mL 滤液，加入 10 mL 0.01 $mol\cdot L^{-1}$ MgY 溶液，释放出的 Mg^{2+} 在 pH=10 时以 EBT 为指示剂，用 0.010 00 $mol\cdot L^{-1}$ EDTA 溶液滴定至终点，消耗 3.60 mL，计算试样中苯巴比妥钠的质量分数。

（98.45%）

第 6 章

氧化还原滴定法

6.1 概　　述

氧化还原滴定法(redox titration)是以氧化还原反应为基础的一种滴定方法。在分析化学中,氧化还原反应除了广泛应用于滴定分析外,还经常用于试样的预处理过程中。

氧化还原反应是一种电子由还原剂转移到氧化剂的反应,有些反应除了氧化剂和还原剂外还有其他组分(如 H^+、H_2O 等)参加。一般来说,氧化还原反应机理都比较复杂、反应过程分多步完成。反应速率慢,常伴有副反应发生是氧化还原反应常见的两个特性。

因此,在应用氧化还原滴定法时必须综合考虑有关平衡、反应机理、反应速率等因素,严格控制适宜的条件,才能保证反应按确定的化学计量关系定量、快速地进行。

具有适当氧化性或还原性的标准溶液在氧化还原滴定中均可作为滴定剂。通常依据滴定剂的名称命名氧化还原滴定法,如高锰酸钾法、重铬酸钾法、碘量法、铈量法、溴量法等,学习时应注意各种方法的特点和应用范围。

氧化还原滴定法的方法多,应用范围广。不仅能测定本身具有氧化还原性质的物质,也能间接地测定本身不具有氧化还原性质但能与某种氧化剂或还原剂发生有确定化学计量关系的反应的物质;不仅能测定无机物,也能测定有机物。

6.2 氧化还原平衡

6.2.1 概述

氧化还原电对常粗略分为可逆与不可逆两大类。可逆氧化还原电对是指在氧化还原反应的任一瞬间,能按氧化还原半反应所示迅速建立起氧化还原平衡,其实测电位与按能斯特(Nernst)方程计算所得的理论电位一致或相差甚微的电对,如 Fe^{3+}/Fe^{2+}、$[Fe(CN)_6]^{3-}/[Fe(CN)_6]^{4-}$、$I_2/I^-$ 等。不可逆氧化还原电对是指在氧化还原反应的任一瞬间，不能按氧化还原半反应所示迅速建立起氧化还原平衡，其实测电位与按能斯特方程计算所得的理论电位不一致或相差甚大的电对，如MnO_4^-/Mn^{2+}、$Cr_2O_7^{2-}/Cr^{3+}$、$S_4O_6^{2-}/S_2O_3^{2-}$、$CO_2/C_2O_4^{2-}$、SO_4^{2-}/SO_3^{2-}、O_2/H_2O_2、H_2O_2/H_2O等。应当指出的是，虽然由能斯特方程计算出的电位与不可逆电对的实测电位差别较大（通常相差100 mV或200 mV以上），但其结果作为初步判断仍具有一定的实际意义。

在处理氧化还原平衡时，还应注意区分对称电对和不对称电对。氧化态和还原态化学计量数相同的电对称为对称电对，如$Fe^{3+}+e^- \rightleftharpoons Fe^{2+}$、$MnO_4^-+8H^++5e^- \rightleftharpoons Mn^{2+}+4H_2O$等。氧化态和还原态化学计量数不相同的电对称为不对称电对，如$Cr_2O_7^{2-}+14H^++6e^- \rightleftharpoons 2Cr^{3+}+7H_2O$、$I_2+2e^- \rightleftharpoons 2I^-$等。涉及不对称电对的有关计算时，情况相对复杂一些，应予以注意。

例6.1 向0.100 mol·L^{-1} $K_2Cr_2O_7$溶液中加入固体亚铁盐使其还原。设此时溶液的$[H^+]=0.1$ mol·L^{-1}，平衡电位$E=1.17$ V。求$Cr_2O_7^{2-}$的转化率。

解 $$Cr_2O_7^{2-}+14H^++6e^- \rightleftharpoons 2Cr^{3+}+7H_2O$$

根据物料平衡原理，得

$$[Cr_2O_7^{2-}]+\frac{1}{2}[Cr^{3+}]=0.100\ \text{mol·L}^{-1}$$

$$[Cr^{3+}]=0.200\ \text{mol·L}^{-1}-2[Cr_2O_7^{2-}]$$

根据能斯特方程，得

$$E=E^{\ominus}+\frac{0.059\ \text{V}}{6}\lg\frac{[Cr_2O_7^{2-}][H^+]^{14}}{[Cr^{3+}]^2}$$

$$1.17\ \text{V}=1.33\ \text{V}+\frac{0.059\ \text{V}}{6}\lg 0.1^{14}+\frac{0.059\ \text{V}}{6}\lg\frac{[Cr_2O_7^{2-}]}{(0.200-2[Cr_2O_7^{2-}])^2}$$

解得

$$[Cr_2O_7^{2-}]=2.3\times10^{-4}\ \text{mol·L}^{-1}$$

$$\text{转化率}=\frac{0.100-2.3\times10^{-4}}{0.100}\times100\%=99.8\%$$

6.2.2 条件电极电位

可逆氧化还原电对的电极电位可用能斯特方程求得。对于均相氧化还原电对，如果用Ox表示氧化态，Red表示还原态，电对的半电池反应表示为

$$Ox+ne^- \rightleftharpoons Red$$

式中n为电子转移数目。电对的电极电位E可用如下方程表示：

$$E=E^{\ominus}+\frac{RT}{nF}\ln\frac{a_{Ox}}{a_{Red}} \tag{6-1}$$

式中 $E^{\ominus}$ 为标准电极电位；a_{Ox}、a_{Red} 分别为氧化态和还原态的活度；R 为摩尔气体常数，等于 8.314 $\text{J}\cdot\text{K}^{-1}\cdot\text{mol}^{-1}$；$T$ 为热力学温度(K)；F 为法拉第常数，等于96 485 $\text{C}\cdot\text{mol}^{-1}$。

式(6-1)是由能斯特(1889 年)和彼德斯(1898 年)先后提出的，故称为能斯特-彼德斯方程，通常称为能斯特方程。

将以上各常数代入式(6-1)中，取常用对数，在 25 ℃时，得

$$E=E^{\ominus}+\frac{2.303\ RT}{nF}\lg\frac{a_{\text{Ox}}}{a_{\text{Red}}}=E^{\ominus}+\frac{0.059\ \text{V}}{n}\lg\frac{a_{\text{Ox}}}{a_{\text{Red}}} \tag{6-2}$$

对于更复杂的氧化还原半反应，能斯特方程中还应该包括有关反应物和生成物的活度。金属、纯固体的活度为 1，溶剂的活度为常数，它们的影响已反映在 $E^{\ominus}$ 中。

需注意的是，对于同一价态元素，由于其存在形式不同，与其有关的氧化还原电对可能有若干个，它们各自的标准电极电位也不同。例如：

$$Ag^{+}+e^{-}\rightleftharpoons Ag \qquad E^{\ominus}_{Ag^{+}/Ag}=0.799\,5\ \text{V}$$

$$AgCl(s)+e^{-}\rightleftharpoons Ag+Cl^{-} \qquad E^{\ominus}_{AgCl/Ag}=0.222\,3\ \text{V}$$

$$AgBr(s)+e^{-}\rightleftharpoons Ag+Br^{-} \qquad E^{\ominus}_{AgBr/Ag}=0.071\ \text{V}$$

$$AgI(s)+e^{-}\rightleftharpoons Ag+I^{-} \qquad E^{\ominus}_{AgI/Ag}=-0.152\ \text{V}$$

同一价态元素的不同电对的标准电极电位，可以根据有关的平衡常数，用能斯特方程求出它们之间的关系；反之，也可根据它们的标准电极电位，求出有关的平衡常数。常用电对的标准电极电位见附录表 9。

标准电极电位 $E^{\ominus}$ 是在 25 ℃、有关离子浓度(严格讲应该是活度)均为1 $\text{mol}\cdot\text{L}^{-1}$(或其比值为 1)、气体压力为 1.0×10^{5} Pa 的条件下测得的。如果反应条件(主要是离子浓度和酸度)改变时，标准电极电位就会发生相应的变化。然而在实际工作中，通常知道的是物质的浓度而不是活度。为方便起见，常常忽略溶液中离子强度的影响，用浓度值代替活度值进行计算。但是这种处理方法只适用于极稀溶液。当浓度较大尤其是高价离子参与电极反应时，或其他强电解质存在时，计算结果会与实际测定值存在较大差别。因此，若欲以浓度代替活度，必须引入活度系数 γ，即

$$a_{\text{Ox}}=\gamma_{\text{Ox}}[\text{Ox}] \qquad a_{\text{Red}}=\gamma_{\text{Red}}[\text{Red}]$$

此外，当溶液介质不同时，电对的氧化态和还原态还会发生某些副反应。如 pH 的影响、沉淀与络合物的形成等，都会使电极电位发生变化。所以还必须引入副反应系数 α 校正这些因素的影响。即

$$a_{\text{Ox}}=\gamma_{\text{Ox}}[\text{Ox}]=\gamma_{\text{Ox}}c_{\text{Ox}}/\alpha_{\text{Ox}} \qquad a_{\text{Red}}=\gamma_{\text{Red}}[\text{Red}]=\gamma_{\text{Red}}c_{\text{Red}}/\alpha_{\text{Red}}$$

将上述关系式代入式(6-2)得

$$E=E^{\ominus}+\frac{0.059\ \text{V}}{n}\lg\frac{\gamma_{\text{Ox}}\alpha_{\text{Red}}}{\gamma_{\text{Red}}\alpha_{\text{Ox}}}+\frac{0.059\ \text{V}}{n}\lg\frac{c_{\text{Ox}}}{c_{\text{Red}}} \tag{6-3}$$

式中 c_{Ox}、c_{Red} 分别为氧化态和还原态的分析浓度。当 $c_{\text{Ox}}=c_{\text{Red}}=1\ \text{mol}\cdot\text{L}^{-1}$ 时，则有

$$E^{\ominus'}=E^{\ominus}+\frac{0.059\ \text{V}}{n}\lg\frac{\gamma_{\text{Ox}}\alpha_{\text{Red}}}{\gamma_{\text{Red}}\alpha_{\text{Ox}}} \tag{6-4}$$

$E^{\ominus'}$称为条件电极电位(conditional potential or formal potential)。它是在特定条件下,氧化态与还原态的分析浓度都为 1 mol·L^{-1}的实际电位。$E^{\ominus}$与 $E^{\ominus'}$的关系类似于稳定常数 K 与条件稳定常数 K'之间的关系。条件电极电位反映了离子强度和各种副反应的影响的总结果,用它处理问题,既简便又比较符合实际情况。不过,目前尚缺乏各种条件下的条件电极电位数据,实际应用受到一定限制。

附录表 10 给出了某些氧化还原电对在不同介质中的条件电极电位。当缺乏相同条件下的条件电极电位时,可采用相近条件下的条件电极电位。例如,未查到 1.5 mol·L^{-1} H_2SO_4溶液中 Fe^{3+}/Fe^{2+} 电对的条件电极电位,可用1.0 mol·L^{-1} H_2SO_4溶液中该电对的条件电极电位(0.68 V)代替。若采用标准电极电位(0.77V),误差更大。

本书在处理氧化还原反应电位的计算时,尽量采用条件电极电位。若无相应条件电极电位数据的氧化还原电对,则采用标准电极电位。

例 6.2 计算 1 mol·L^{-1} HCl 溶液中 $c_{Ce^{4+}}=1.00\times10^{-3}$ mol·L^{-1},$c_{Ce^{3+}}=1.00\times10^{-2}$ mol·L^{-1}时 Ce^{4+}/Ce^{3+} 电对的电极电位。

解 在 1mol·L^{-1} HCl 溶液中,$E^{\ominus'}_{Ce^{4+}/Ce^{3+}}=1.28$ V,则

$$\begin{aligned}E&=E^{\ominus'}_{Ce^{4+}/Ce^{3+}}+0.059\ \text{V}\lg\frac{c_{Ce^{4+}}}{c_{Ce^{3+}}}\\&=1.28\ \text{V}+0.059\ \text{V}\times\lg\frac{1.00\times10^{-3}}{1.00\times10^{-2}}\\&=1.22\ \text{V}\end{aligned}$$

例 6.3 忽略离子强度的影响,计算 pH=9.00 时,$c_{NH_3}=0.10$ mol·L^{-1}溶液中,Zn^{2+}/Zn 电对的条件电极电位。若锌盐的总浓度为 4.0×10^{-2} mol·L^{-1},Zn^{2+}/Zn 电对的电极电位为多少?

解 由$9.00=9.26+\lg\frac{[NH_3]}{0.10-[NH_3]}$可得

$$[NH_3]=10^{-1.45}\ \text{mol·L}^{-1}$$

$$\begin{aligned}\alpha_{Zn(NH_3)_4}&=1+\beta_1[NH_3]+\beta_2[NH_3]^2+\beta_3[NH_3]^3+\beta_4[NH_3]^4\\&=1+10^{2.37-1.45}+10^{4.81-2\times1.45}+10^{7.31-3\times1.45}+10^{9.46-4\times1.45}\\&=10^{3.75}\end{aligned}$$

$$\begin{aligned}E^{\ominus'}_{Zn^{2+}/Zn}&=E^{\ominus}+\frac{0.059\ \text{V}}{2}\lg\frac{1}{\alpha_{Zn(NH_3)_4}}\\&=-0.763\ \text{V}+\frac{0.059\ \text{V}}{2}\times\lg\frac{1}{10^{3.75}}\\&=-0.874\ \text{V}\end{aligned}$$

当 $c_{Zn^{2+}}=4.0\times10^{-2}\ mol\cdot L^{-1}$时，有

$$E_{Zn^{2+}/Zn}=E^{\ominus'}+\frac{0.059\ V}{2}\lg c_{Zn^{2+}}$$

$$=-0.874\ V+\frac{0.059\ V}{2}\times\lg(4.0\times10^{-2})$$

$$=-0.915\ V$$

6.2.3 影响条件电极电位的因素

根据式(6－4)可知，凡是影响电对物质活度系数和副反应系数的因素都会导致条件电极电位发生改变从而改变氧化还原反应的方向。这些因素主要包括盐效应、生成难溶沉淀物效应、络合效应和酸效应等。下面将说明如何考虑这些因素对条件电极电位的影响。

1. 盐效应

这里的盐效应是指溶液中电解质浓度对条件电极电位的影响作用。电解质浓度的变化会改变溶液中的离子强度，从而改变电对氧化态和还原态的活度系数。仅考虑盐效应对条件电极电位的影响，电对的条件电极电位按式(6－5)计算：

$$E^{\ominus'}=E^{\ominus}+\frac{0.059\ V}{n}\lg\frac{\gamma_{Ox}}{\gamma_{Red}}\quad(25\ ℃)\tag{6-5}$$

在常用的氧化还原滴定体系中，电解质浓度较高，离子强度较大；电对氧化态和还原态又常为多价离子，故盐效应较为明显。但因为离子活度系数值不易得到，所以盐效应的影响也不易计算。

2. 生成难溶沉淀物效应

在溶液体系中，若有与电对氧化态或还原态生成难溶沉淀的沉淀剂存在，将会改变电对的条件电极电位。若氧化态生成难溶沉淀，条件电极电位将降低；若还原态生成难溶沉淀，条件电极电位将增高。

例如，用间接碘量法测定铜时，所基于的反应如下：

$$2Cu^{2+}+4I^-=\!=\!=2CuI\downarrow+I_2$$

若仅依据标准电极电位 $E^{\ominus}_{Cu^{2+}/Cu^+}=0.159\ V$，$E^{\ominus}_{I_2/I^-}=0.5345\ V$ 判断，应当是 I_2 氧化 Cu^{2+}，实际上，CuI 难溶沉淀的生成，导致 Cu^{2+}/Cu^+ 电对的条件电极电位增高，故 Cu^{2+} 氧化 I^- 的反应可进行得很完全。

例 6.4 忽略离子强度影响，计算$[I^-]=1.0\ mol\cdot L^{-1}$时$Cu^{2+}/Cu^+$电对的条件电极电位。

解 $E^{\ominus}_{Cu^{2+}/Cu^+}=0.159\ V$，$K_{sp,CuI}=1.1\times10^{-12}$，由能斯特方程得

$$E=E^{\ominus}_{Cu^{2+}/Cu^+}+0.059\ V\lg\frac{[Cu^{2+}]}{[Cu^+]}$$

$$=E^{\ominus}_{Cu^{2+}/Cu^+}+0.059\ V\lg\frac{[Cu^{2+}]}{K_{sp}/[I^-]}$$

设 Cu^{2+} 没有发生副反应，$[Cu^{2+}]=c_{Cu^{2+}}=1.0\ mol\cdot L^{-1}$，且$[I^-]=1.0\ mol\cdot L^{-1}$，则

$$\begin{aligned}E^{\ominus'} &= E^{\ominus}_{Cu^{2+}/Cu^+} + 0.059\ V\ \lg\frac{[Cu^{2+}]}{K_{sp}/[I^-]} \\ &= E^{\ominus}_{Cu^{2+}/Cu^+} - 0.059\ V\ \lg K_{sp} \\ &= 0.159\ V - 0.059\ V\times\lg(1.1\times10^{-12}) \\ &= 0.865\ V\end{aligned}$$

计算结果表明，由于生成 CuI 沉淀，使Cu^{2+}/Cu^+电对的条件电极电位从 0.159 V 升高至 0.865 V，故上述反应可定量向右进行。

3. 络合效应

在氧化还原反应中，加入能与氧化态或还原态生成稳定络合物的络合剂时，由于氧化态与还原态的浓度比值发生变化导致电对的电极电位改变。在氧化还原滴定中，常利用这种效应消除干扰，提高测定结果的准确度。例如，间接碘量法测铜时，Fe^{3+} 也能氧化 I^-，影响 Cu^{2+} 的测定。加入 NaF 使 F^- 与 Fe^{3+} 形成稳定的$[FeF_6]^{3-}$，使Fe^{3+}/Fe^{2+} 电对的电极电位降低即可消除 Fe^{3+} 的干扰。

例 6.5 忽略离子强度影响，计算 pH=4.00，$c_{F^-}=0.10\ mol\cdot L^{-1}$时$Fe^{3+}/Fe^{2+}$ 电对的条件电极电位。

解 pH=4.00 时，有

$$[F^-]=\delta_{F^-}c_{F^-}=\frac{6.6\times10^{-4}}{10^{-4.00}+6.6\times10^{-4}}\times0.10\ mol\cdot L^{-1}=10^{-1.06}mol\cdot L^{-1}$$

$$\begin{aligned}\alpha_{Fe^{3+}(F)} &= 1+\beta_1[F^-]+\beta_2[F^-]^2+\beta_3[F^-]^3+\beta_5[F^-]^5 \\ &= 1+10^{5.28}\times10^{-1.06}+10^{9.30}\times10^{-2\times1.06}+10^{12.06}\times10^{-3\times1.06}+10^{15.77}\times10^{-5\times1.06} \\ &= 3.02\times10^{10}\end{aligned}$$

$$\alpha_{Fe^{2+}(F)}=1$$

$$\begin{aligned}E^{\ominus'}_{Fe^{3+}/Fe^{2+}} &= E^{\ominus}_{Fe^{3+}/Fe^{2+}}+0.059\ V\ \lg\frac{\alpha_{Fe^{2+}(F)}}{\alpha_{Fe^{3+}(F)}} \\ &= 0.771\ V+0.059\ V\times\lg\frac{1}{3.02\times10^{10}} \\ &= 0.153\ V\end{aligned}$$

由此可知，Fe^{3+}/Fe^{2+} 电对的条件电极电位大大降低，导致 Fe^{3+} 无法氧化 I^-。

4. 酸效应

酸效应对条件电极电位的影响表现在以下两个方面：a.若电对的氧化态或(和)还原态参与酸碱解离平衡，溶液酸度改变将改变它们的酸效应系数从而影响电对的条件电极电位；b.电对的半电池反应中有 H^+ 或 OH^- 参加，计算条件电极电位的能斯特方程中包括$[H^+]$或$[OH^-]$项，这直接影响条件电极电位。

例 6.6 忽略离子强度影响，分别计算$[H^+]=5.0\ mol\cdot L^{-1}$和 pH=8.00 时，As(Ⅴ)/As(Ⅲ)电对的条件电极电位，并判断与 I_3^-/I^- 电对发生反应的情况。

解 已知电对半反应为

$$H_3AsO_4 + 2H^+ + 2e^- \rightleftharpoons HAsO_2 + 2H_2O \qquad E^{\ominus}_{As(V)/As(III)} = 0.559\ V$$

$$I_3^- + 2e^- \rightleftharpoons 3I^- \qquad E^{\ominus}_{I_3^-/I^-} = 0.545\ V$$

由能斯特方程得

$$E = E^{\ominus}_{As(V)/As(III)} + \frac{0.059\ V}{2} \lg \frac{[H_3AsO_4][H^+]^2}{[HAsO_2]}$$

当$[H^+]=5.0\ mol\cdot L^{-1}$，$c_{As(V)}=[H_3AsO_4]=c_{As(III)}=[HAsO_2]=1.0\ mol\cdot L^{-1}$时，有

$$\begin{aligned} E^{\ominus\prime} &= E^{\ominus}_{As(V)/As(III)} + \frac{0.059\ V}{2} \lg[H^+]^2 \\ &= 0.559\ V + \frac{0.059\ V}{2} \times \lg 5.0^2 \\ &= 0.600\ V \end{aligned}$$

As(V)和As(III)的存在形式受$[H^+]$控制。pH＝8.00时，As(V)主要以$HAsO_4^{2-}$存在，而

$$\begin{aligned} [H_3AsO_4] &= \delta_{H_3AsO_4} c_{As(V)} \\ &= \frac{[H^+]^3 c_{As(V)}}{[H^+]^3 + K_{a_1}[H^+]^2 + K_{a_1}K_{a_2}[H^+] + K_{a_1}K_{a_2}K_{a_3}} \\ &= \frac{10^{-24.00} c_{As(V)}}{10^{-24.00} + 10^{-2.20} \times 10^{-16.00} + 10^{-9.20} \times 10^{-8.00} + 10^{-20.70}} \\ &= 10^{-6.84} c_{As(V)} \end{aligned}$$

又$[HAsO_2] = \frac{[H^+]}{[H^+]+K_a} c_{As(III)} = 10^{-0.03} c_{As(III)}$，故

$$E = E^{\ominus}_{As(V)/As(III)} + \frac{0.059\ V}{2} \lg \frac{\delta_{H_3AsO_4}[H^+]^2}{\delta_{HAsO_2}} + \frac{0.059\ V}{2} \lg \frac{c_{As(V)}}{c_{As(III)}}$$

$$\begin{aligned} E^{\ominus\prime} &= E^{\ominus}_{As(V)/As(III)} + \frac{0.059\ V}{2} \lg \frac{\delta_{H_3AsO_4}[H^+]^2}{\delta_{HAsO_2}} \\ &= 0.559\ V + \frac{0.059\ V}{2} \times \lg \frac{10^{-6.84} \times 10^{-2\times 8.00}}{10^{-0.03}} \\ &= -0.114\ V \end{aligned}$$

由此例可知，As(V)/As(III)电对的条件电极电位随pH的变化而变化，但I_3^-/I^-电对的条件电极电位基本不受$[H^+]$影响。因此，在强酸性溶液中发生的反应为

$$H_3AsO_4 + 2H^+ + 3I^- = HAsO_2 + I_3^- + 2H_2O$$

而在pH≈8的弱碱性溶液中发生的反应为

$$HAsO_2 + I_3^- + 2H_2O = H_3AsO_4 + 2H^+ + 3I^-$$

这两个方向相反的反应在本章介绍的碘量法中都得到应用。前者用于在强酸性溶液中用间接碘量法测定H_3AsO_4含量；后者用于As_2O_3作基准物质标定I_2标准溶液的浓度。

6.2.4 氧化还原反应平衡常数及化学计量点电位

1. 氧化还原反应平衡常数

用于滴定分析的氧化还原反应必须定量进行，反应的完全程度用平衡常数的大小衡量。对于下述氧化还原反应：

$$n_2\mathrm{Ox_1}+n_1\mathrm{Red_2} \rightleftharpoons n_1\mathrm{Ox_2}+n_2\mathrm{Red_1}$$

有关电对为

$$\mathrm{Ox_1}+n_1\mathrm{e^-} \rightleftharpoons \mathrm{Red_1}$$

$$\mathrm{Ox_2}+n_2\mathrm{e^-} \rightleftharpoons \mathrm{Red_2}$$

$$E_1=E_1^{\ominus}+\frac{0.059\ \mathrm{V}}{n_1}\lg\frac{a_{\mathrm{Ox_1}}}{a_{\mathrm{Red_1}}}$$

$$E_2=E_2^{\ominus}+\frac{0.059\ \mathrm{V}}{n_2}\lg\frac{a_{\mathrm{Ox_2}}}{a_{\mathrm{Red_2}}}$$

当反应达到平衡时，两电对电极电位相等，即 $E_1=E_2$，则

$$E_1^{\ominus}+\frac{0.059\ \mathrm{V}}{n_1}\lg\frac{a_{\mathrm{Ox_1}}}{a_{\mathrm{Red_1}}}=E_2^{\ominus}+\frac{0.059\ \mathrm{V}}{n_2}\lg\frac{a_{\mathrm{Ox_2}}}{a_{\mathrm{Red_2}}}$$

整理得

$$\lg\frac{a_{\mathrm{Red_1}}^{n_2}a_{\mathrm{Ox_2}}^{n_1}}{a_{\mathrm{Ox_1}}^{n_2}a_{\mathrm{Red_2}}^{n_1}}=\lg K=\frac{(E_1^{\ominus}-E_2^{\ominus})n_1n_2}{0.059\ \mathrm{V}}=\frac{(E_1^{\ominus}-E_2^{\ominus})n}{0.059\ \mathrm{V}} \tag{6-6}$$

式中 K 为反应平衡常数，n 是半反应中电子转移数 n_1、n_2 的最小公倍数，$E_1^{\ominus}$ 为给定氧化还原反应中氧化剂的标准电极电位，$E_2^{\ominus}$ 为给定氧化还原反应中还原剂的标准电极电位。

如果考虑溶液中各种副反应的影响，则应以相应的条件电极电位代入式(6－6)中，相应的活度应以总浓度代替，求得的平衡常数为条件平衡常数 K'(conditional equilibrium constant)。即

$$\lg\frac{c_{\mathrm{Red_1}}^{n_2}c_{\mathrm{Ox_2}}^{n_1}}{c_{\mathrm{Ox_1}}^{n_2}c_{\mathrm{Red_2}}^{n_1}}=\lg K'=\frac{(E_1^{\ominus'}-E_2^{\ominus'})n_1n_2}{0.059\ \mathrm{V}}=\frac{(E_1^{\ominus'}-E_2^{\ominus'})n}{0.059\ \mathrm{V}} \tag{6-7}$$

例 6.7 计算在 1 mol·L^{-1} HCl 溶液中下述反应的平衡常数。

$$2\mathrm{Fe^{3+}}+\mathrm{Sn^{2+}} \rightleftharpoons 2\mathrm{Fe^{2+}}+\mathrm{Sn^{4+}}$$

解 已知 $E^{\ominus'}_{\mathrm{Fe^{3+}/Fe^{2+}}}=0.68\ \mathrm{V}$，$E^{\ominus'}_{\mathrm{Sn^{4+}/Sn^{2+}}}=0.14\ \mathrm{V}$。

反应中两电对电子转移数的最小公倍数 $n=2$，按式(6－7)计算得

$$\lg K'=\frac{(E_1^{\ominus'}-E_2^{\ominus'})n}{0.059\ \mathrm{V}}=\frac{2\times(0.68\ \mathrm{V}-0.14\ \mathrm{V})}{0.059\ \mathrm{V}}=18.30$$

$$K'=2.0\times10^{18}$$

从例 6.7 和式(6－7)可知，两电对的条件电极电位相差越大，氧化还原反应的条件

平衡常数 K'就越大，反应进行就越完全。对于滴定分析而言，反应的完全程度必须大于 99.9%。若以氧化剂 Ox_1 标准溶液滴定还原剂 Red_2，终点时允许还原剂 Red_2 残留 0.1%，或氧化剂 Ox_1 过量 0.1%，即

$$\frac{c_{Ox_2}}{c_{Red_2}} \geqslant 10^3 \quad 或 \quad \frac{c_{Red_1}}{c_{Ox_1}} \geqslant 10^3$$

则

$$\lg K' = \lg \left(\frac{c_{Ox_2}}{c_{Red_2}}\right)^{n_1} \left(\frac{c_{Red_1}}{c_{Ox_1}}\right)^{n_2} \geqslant \lg (10^3)^{n_1}(10^3)^{n_2} = 3(n_1+n_2) \tag{6-8}$$

$$K' = 10^{3(n_1+n_2)}$$

若 $n_1=n_2=1, K'=10^6$；$n_1=1, n_2=2, K'=10^9$，等等。

由式(6-7)可得

$$E_1^{\ominus\prime} - E_2^{\ominus\prime} = \frac{0.059\ \mathrm{V}}{n_1 n_2} \lg K' \tag{6-9}$$

若 $n_1=n_2=1, \lg K' \geqslant 6$，则

$$E_1^{\ominus\prime} - E_2^{\ominus\prime} = \frac{0.059\ \mathrm{V}}{n_1 n_2} \lg K' \geqslant 0.059\ \mathrm{V} \times 6 = 0.35\ \mathrm{V}$$

若 $n_1=1, n_2=2, \lg K' \geqslant 9$，则

$$E_1^{\ominus\prime} - E_2^{\ominus\prime} = \frac{0.059\ \mathrm{V}}{n_1 n_2} \lg K' \geqslant \frac{0.059\ \mathrm{V} \times 9}{1 \times 2} = 0.27\ \mathrm{V}$$

上述讨论表明，虽然使各种氧化还原反应达到完全对其平衡常数及两电对的电极电位差的要求不同，但一般情况下，两电对的条件电极电位（或标准电极电位）相差 0.3～0.4 V，即可认为该反应能定量进行。需指出的是，有些氧化还原反应所涉及的电对的电极电位差虽然大于 0.4 V，但由于副反应的发生，导致氧化剂与还原剂之间的反应没有确定的计量关系，仍无法用于滴定分析。例如，$K_2Cr_2O_7$ 不仅能将 $Na_2S_2O_3$ 氧化为 $S_4O_6^{2-}$，还能将其部分氧化至 SO_4^{2-}，反应无确定的计量关系，故不能用 $K_2Cr_2O_7$ 标准溶液直接滴定 $Na_2S_2O_3$ 溶液。

2. 化学计量点电位

在讨论氧化还原滴定时，需要计算氧化还原反应达到化学计量点时体系的电位，此电位称为化学计量点电位，可依据此时溶液中各有关组分的浓度由能斯特方程进行计算。对于下述氧化还原反应：

$$n_2 Ox_1 + n_1 Red_2 \rightleftharpoons n_1 Ox_2 + n_2 Red_1$$

有关电对为

$$Ox_1 + n_1 e^- \rightleftharpoons Red_1$$

$$Ox_2 + n_2 e^- \rightleftharpoons Red_2$$

$$E_1 = E_1^{\ominus} + \frac{0.059\ \mathrm{V}}{n_1} \lg \frac{a_{Ox_1}}{a_{Red_1}}$$

$$E_2 = E_2^{\ominus} + \frac{0.059\ \text{V}}{n_2} \lg \frac{a_{\text{Ox}_2}}{a_{\text{Red}_2}}$$

当反应达到化学计量点时，两电对的电极电位相等且等于化学计量点电位(E_{sp})，即

$$E_1 = E_2 = E_{sp}$$

将 E_1 乘以 n_1，E_2 乘以 n_2，两式相加并整理得

$$(n_1 + n_2)E_{sp} = n_1 E_1^{\ominus} + n_2 E_2^{\ominus} + 0.059\ \text{V} \lg \frac{a_{\text{Ox}_1}^{sp} a_{\text{Ox}_2}^{sp}}{a_{\text{Red}_1}^{sp} a_{\text{Red}_2}^{sp}}$$

从反应式可知，化学计量点时

$$\frac{a_{\text{Ox}_1}^{sp}}{a_{\text{Red}_2}^{sp}} = \frac{n_2}{n_1}, \quad \frac{a_{\text{Ox}_2}^{sp}}{a_{\text{Red}_1}^{sp}} = \frac{n_1}{n_2}$$

故

$$\lg \frac{a_{\text{Ox}_1}^{sp} a_{\text{Ox}_2}^{sp}}{a_{\text{Red}_1}^{sp} a_{\text{Red}_2}^{sp}} = \lg \frac{n_2 n_1}{n_1 n_2} = 0$$

整理可得化学计量点电位计算公式：

$$E_{sp} = \frac{n_1 E_1^{\ominus} + n_2 E_2^{\ominus}}{n_1 + n_2} \tag{6-10}$$

若以条件电极电位表示，则为

$$E_{sp} = \frac{n_1 E_1^{\ominus\prime} + n_2 E_2^{\ominus\prime}}{n_1 + n_2} \tag{6-11}$$

对于有不对称电对参加的氧化还原反应，例如：

$$n_2 \text{Ox}_1 + n_1 \text{Red}_2 \rightleftharpoons n_1 \text{Ox}_2 + n_2 x \text{Red}_1$$

有关电对为

$$\text{Ox}_1 + n_1 e^- \rightleftharpoons x\text{Red}_1$$

$$\text{Ox}_2 + n_2 e^- \rightleftharpoons \text{Red}_2$$

$$E_1 = E_1^{\ominus} + \frac{0.059\ \text{V}}{n_1} \lg \frac{a_{\text{Ox}_1}}{a_{\text{Red}_1}^{x}}$$

$$E_2 = E_2^{\ominus} + \frac{0.059\ \text{V}}{n_2} \lg \frac{a_{\text{Ox}_2}}{a_{\text{Red}_2}}$$

当反应达到化学计量点时，$E_1 = E_2 = E_{sp}$，将 E_1 乘以 n_1，E_2 乘以 n_2，两式相加并整理得

$$(n_1 + n_2)E_{sp} = n_1 E_1^{\ominus} + n_2 E_2^{\ominus} + 0.059\ \text{V} \lg \frac{a_{\text{Ox}_1}^{sp} a_{\text{Ox}_2}^{sp}}{(a_{\text{Red}_1}^{sp})^{x} a_{\text{Red}_2}^{sp}}$$

从反应式可知，化学计量点时

$$\frac{a_{Ox_1}^{sp}}{a_{Red_2}^{sp}}=\frac{n_2}{n_1},\quad \frac{a_{Ox_2}^{sp}}{a_{Red_1}^{sp}}=\frac{n_1}{n_2 x}$$

代入上式右边最后一项可得

$$0.059\ \mathrm{V}\ \lg\frac{a_{Ox_1}^{sp}a_{Ox_2}^{sp}}{(a_{Red_1}^{sp})^{x}a_{Red_2}^{sp}}=0.059\ \mathrm{V}\ \lg\frac{1}{x\ (a_{Red_1}^{sp})^{x-1}}$$

整理可得

$$E_{sp}=\frac{n_1E_1^{\ominus}+n_2E_2^{\ominus}}{n_1+n_2}+\frac{0.059\ \mathrm{V}}{n_1+n_2}\lg\frac{1}{x\ (a_{Red_1}^{sp})^{x-1}} \tag{6-12}$$

若以条件电极电位表示，则为

$$E_{sp}=\frac{n_1E_1^{\ominus\prime}+n_2E_2^{\ominus\prime}}{n_1+n_2}+\frac{0.059\ \mathrm{V}}{n_1+n_2}\lg\frac{1}{x\ (c_{Red_1}^{sp})^{x-1}} \tag{6-13}$$

对有 H^+ 参加的氧化还原反应，例如：

$$n_2\mathrm{Ox}_1+n_1\mathrm{Red}_2+n_2b\mathrm{H}^+\rightleftharpoons n_1\mathrm{Ox}_2+n_2x\mathrm{Red}_1+n_2y\mathrm{H_2O}$$

$$E_{sp}=\frac{n_1E_1^{\ominus\prime}+n_2E_2^{\ominus\prime}}{n_1+n_2}+\frac{0.059\ \mathrm{V}}{n_1+n_2}\lg\ (a_{H^+}^{sp})^{b}+\frac{0.059\ \mathrm{V}}{n_1+n_2}\lg\frac{1}{x\ (a_{Red_1}^{sp})^{x-1}} \tag{6-14}$$

对于其他类型的氧化还原反应，仍可用类似的方法推导出计算其化学计量点电位的公式。

例 6.8 在合适的酸性溶液中，$E^{\ominus\prime}_{Cr_2O_7^{2-}/Cr^{3+}}=1.00\ \mathrm{V}$，$E^{\ominus\prime}_{Fe^{3+}/Fe^{2+}}=0.68\ \mathrm{V}$。以 $0.016\,67\ \mathrm{mol\cdot L^{-1}}\ K_2Cr_2O_7$ 标准溶液滴定 $0.100\,0\ \mathrm{mol\cdot L^{-1}}\ Fe^{2+}$ 溶液，计算反应的化学计量点电位。

解 由反应 $Cr_2O_7^{2-}+6Fe^{2+}+14H^+\rightleftharpoons 6Fe^{3+}+2Cr^{3+}+7H_2O$ 可知，有不对称电对 $Cr_2O_7^{2-}/Cr^{3+}$ 参加，应按式(6-13)计算 E_{sp}。

化学计量点时，反应产物为 Fe^{3+} 和 Cr^{3+}。因溶液浓度稀释了 1 倍，故此时 $c_{Fe^{3+}}^{sp}=0.050\,00\ \mathrm{mol\cdot L^{-1}}$，$c_{Cr^{3+}}^{sp}=\frac{2\times0.016\,67\ \mathrm{mol\cdot L^{-1}}}{2}=0.016\,67\ \mathrm{mol\cdot L^{-1}}$，$Cr_2O_7^{2-}/Cr^{3+}$ 电对 $n_1=6, x=2$，Fe^{3+}/Fe^{2+} 电对 $n_2=1$，故得

$$\begin{aligned}E_{sp}&=\frac{n_1E_1^{\ominus\prime}+n_2E_2^{\ominus\prime}}{n_1+n_2}+\frac{0.059\ \mathrm{V}}{n_1+n_2}\lg\frac{1}{x\ (c_{R1}^{sp})^{x-1}}\\&=\frac{6\times1.00\ \mathrm{V}+1\times0.68\ \mathrm{V}}{6+1}+\frac{0.059\ \mathrm{V}}{6+1}\times\lg\frac{1}{2\times0.016\,67}\\&=0.97\ \mathrm{V}\end{aligned}$$

6.3 氧化还原反应的速率

在氧化还原反应中，虽然可以根据有关电对的标准电极电位或条件电极电位判断反应进行的方向和程度，但这只能表明反应进行的可能性，并不能指出反应进行的

速率。

例如，水溶液中的溶解氧：

$$O_2+4H^++4e^-\rightleftharpoons 2H_2O \qquad E^{\ominus}_{O_2/H_2O}=1.23\ V$$

仅从平衡上考虑，水溶液中的强氧化剂，当其电极电位高于 $E^{\ominus'}_{O_2/H_2O}$ 时，就会氧化水而放出氧气；水溶液中的还原剂，当其电极电位低于 $E^{\ominus'}_{O_2/H_2O}$ 时，就会被水中的溶解氧所氧化。但实际上许多氧化剂（如 Ce^{4+}，$E^{\ominus}_{Ce^{4+}/Ce^{3+}}=1.61\ V$）和还原剂（如 Sn^{2+}，$E^{\ominus}_{Sn^{4+}/Sn^{2+}}=0.154\ V$）均能存在于水溶液中，说明它们与水分子之间反应速率太慢，可认为反应实际上没有发生。其原因是电子在氧化剂和还原剂之间转移时，受到来自溶剂分子、各种配体及静电排斥等方面的阻力。另外，由于价态的变化，导致原子或离子的电子层发生了改变，甚至会引起有关化学键性质和物质组成的变化（如 $Cr_2O_7^{2-}$ 被还原为 Cr^{3+}，MnO_4^- 被还原为 Mn^{2+}）。氧化还原反应大多是分步进行的，在这一系列反应中，只要有一步反应为慢反应，就会使总反应速率严重变慢。总的反应方程式所表示的仅是各分步反应的总结果，并不代表反应的历程和速率。对于氧化还原反应，通常不能仅从平衡的观点考虑反应的可能性，还需从其速率考虑反应的现实性。

影响氧化还原反应速率的因素，除了参加反应的氧化还原电对本身的性质外，还有反应浓度、反应温度、催化剂等条件。

不同的氧化剂和还原剂，反应速率可以相差很大，这与它们的电子层结构以及反应机理等因素有关，情况复杂，不易弄清，目前多依靠实验判断。本节仅讨论反应物浓度、反应温度、催化剂等对反应速率的影响。

6.3.1 反应物浓度对反应速率的影响

根据质量作用定律，反应速率与反应物的浓度乘积成正比。但是多数氧化还原反应是分步进行的，整个反应的速率取决于最慢一步反应的速率。总的氧化还原反应方程式仅反映了反应的初态和终态而未涉及反应历程，故不能简单地按总的反应方程式中各反应物的化学计量数来判断其浓度对反应速率的影响程度。尽管如此，通常反应物浓度越大，反应速率越快。例如，$K_2Cr_2O_7$ 在酸性溶液中氧化 I^- 的反应为

$$Cr_2O_7^{2-}+6I^-+14H^+\rightleftharpoons 3I_2+2Cr^{3+}+7H_2O$$

该反应的速率较慢，通过增大 I^- 的浓度（KI 过量约 5 倍）与提高溶液的 $[H^+]$（约 $0.4\ mol\cdot L^{-1}$）使反应加速，反应在 3～5 min 即可定量完成。

6.3.2 温度对反应速率的影响

由于温度升高可以增加反应物之间的碰撞次数，增加活化分子或离子的数量，所以升高溶液温度有可能提高反应速率。通常温度每升高 10 ℃，反应速率可提高 2～3 倍。

例如，$KMnO_4$ 与 $Na_2C_2O_4$ 在酸性溶液中的反应为

$$2MnO_4^-+5C_2O_4^{2-}+16H^+ = 2Mn^{2+}+10CO_2\uparrow+8H_2O$$

在室温下，该反应速率很慢，如将溶液加热并控制在 70～80 ℃，反应速率显著变快。

需指出的是，并不是在所有的情况下都可以用升高溶液温度的办法来加快反应速率。有些物质（如 I_2）具有挥发性，如将溶液加热，则会引起挥发损失；有些物质（如 Sn^{2+}、Fe^{2+} 等）很容易被空气中的氧所氧化，如将溶液加热，会促进它们的氧化，从而引起误差。在这些情况下，如果要提高反应的速率，就只能采用其他方法。

6.3.3 催化剂对反应速率的影响

催化剂可从根本上改变反应历程，故具有从根本上改变反应速率的特性。使反应速率加快的催化剂称为正催化剂，使反应速率减慢的催化剂称为负催化剂。

在分析化学中主要是利用正催化剂的作用使反应加速进行。例如，MnO_4^- 氧化 $C_2O_4^{2-}$ 的反应速率较慢，只能在滴定开始时少加一点 MnO_4^-，待其褪色后，再加入 MnO_4^- 就可迅速氧化 $C_2O_4^{2-}$。这是因为最初生成的 Mn^{2+} 起到催化剂的作用，这种由生成物本身起催化作用的反应叫作自动催化反应。如果先加入一些 Mn^{2+} 作催化剂，然后进行滴定，则反应一开始便会快速进行。此反应的过程如下：

$$\mathrm{Mn(VII)} \xrightarrow{\mathrm{Mn(II)}} \mathrm{Mn(VI)} + \mathrm{Mn(III)}$$

$$\mathrm{Mn(VI)} \xrightarrow{\mathrm{Mn(II)}} \mathrm{Mn(IV)} + \mathrm{Mn(III)}$$

$$\mathrm{Mn(IV)} \xrightarrow{\mathrm{Mn(II)}} \mathrm{Mn(III)}$$

$$\left.\begin{array}{l}\mathrm{Mn(III)}\\ \mathrm{Mn(III)}\end{array}\right\} \xrightarrow{n\mathrm{C_2O_4^{2-}}}$$

$$\mathrm{Mn(C_2O_4^{2-})_n^{(3-2n)}} \longrightarrow \mathrm{Mn(II)} + 2n\mathrm{CO_2}$$

由此可知，增加 Mn(Ⅱ)的浓度可加速 Mn(Ⅲ)的生成，从而使整个反应加速。Mn(Ⅱ)参与了中间反应，加速了反应的进行，但在最后又重新产生，在反应中起到了催化剂的作用。

Ce^{4+} 氧化 As(Ⅲ)的反应很慢，但如有微量 I^- 存在，反应便迅速进行。反应机理可能如下：

$$\mathrm{Ce^{4+} + I^- \longrightarrow I + Ce^{3+}}$$

$$\mathrm{2I \longrightarrow I_2}$$

$$\mathrm{I_2 + H_2O \longrightarrow HIO + H^+ + I^-}$$

$$\mathrm{AsO_3^{3-} + HIO \longrightarrow AsO_4^{3-} + H^+ + I^-}$$

总反应 $$\mathrm{2Ce^{4+} + AsO_3^{3-} + H_2O \rightleftharpoons 2Ce^{3+} + AsO_4^{3-} + 2H^+}$$

在这一反应中，I^- 是催化剂。利用这一反应，可以测定低至 0.05 μg 的碘。

在分析化学中，还经常应用负催化剂。例如，加入多元醇可以减慢 $SnCl_2$ 与空气中的氧的作用；加入 AsO_3^{3-} 可以防止 SO_3^{2-} 与空气中的氧的作用。

6.3.4 诱导反应

有些氧化还原反应在一般情况下速率极慢或不发生，但另一反应进行时会促使其发生。例如，$KMnO_4$氧化 Cl^- 的速率很慢，但是，当溶液中同时存在 Fe^{2+} 时，$KMnO_4$与 Fe^{2+} 的反应可以加速 $KMnO_4$氧化 Cl^- 的反应。这种由于一个反应的发生，促进另一个反应进行的现象，称为诱导作用。前者称为诱导反应，后者称为受诱反应。

$$MnO_4^- + 5Fe^{2+} + 8H^+ \rightleftharpoons Mn^{2+} + 5Fe^{3+} + 4H_2O \quad \text{(诱导反应)}$$

$$2MnO_4^- + 10Cl^- + 16H^+ \rightleftharpoons 2Mn^{2+} + 5Cl_2\uparrow + 8H_2O \quad \text{(受诱反应)}$$

其中MnO_4^- 称为作用体，Fe^{2+}称为诱导体，Cl^- 称为受诱体。

诱导反应和催化反应不同。在催化反应中，催化剂参加反应后，又恢复原来的组成；在诱导反应中，诱导体参加反应后变为其他物质。

诱导反应的产生，与氧化还原反应的中间步骤中产生的不稳定中间价态离子或游离基团等因素有关。例如，上述 $KMnO_4$ 氧化 Fe^{2+} 的反应诱导了 $KMnO_4$ 氧化 Cl^- 的反应，就是由于 $KMnO_4$ 被 Fe^{2+} 还原时，经过一系列 1 电子反应，产生了 Mn(Ⅵ)、Mn(Ⅴ)、Mn(Ⅳ)、Mn(Ⅲ)等不稳定的中间价态离子，然后它们再与 Cl^- 起反应，引起诱导反应。如此时溶液中有大量 Mn^{2+} 存在，不仅可使 Mn(Ⅶ)迅速转变为 Mn(Ⅲ)，而且可降低 Mn(Ⅲ)/Mn(Ⅱ)电对的电极电位，从而使 Mn(Ⅲ)基本上只与 Fe^{2+} 起反应，不与 Cl^- 起反应，这样就减少了 Cl^- 对 $KMnO_4$ 的还原作用。所以在稀盐酸介质中用 $KMnO_4$滴定 Fe^{2+} 时需要加入 $MnSO_4-H_3PO_4-H_2SO_4$混合溶液来消除 Cl^- 的干扰。

诱导反应在滴定分析中往往是有害的。但是，利用一些诱导效应很大的反应，也有可能进行选择性的分离和鉴定。例如，Pb(Ⅱ)被SnO_2^{2-}还原为金属 Pb 的反应很慢，但有少量 Bi^{3+} 存在时，反应迅速完成。基于这一诱导反应不仅可鉴定 Bi^{3+}，而且灵敏度比直接用 Na_2SnO_2还原法鉴定 Bi^{3+}要高 250 倍左右。

6.4 氧化还原滴定原理

6.4.1 滴定曲线

在氧化还原滴定中，随着滴定剂的加入，物质氧化态和还原态的浓度逐渐改变，有关电对的电极电位也随着不断改变，其变化情况可以用滴定曲线表示。滴定过程中的电极电位一般通过实验方法测得，但对于可逆氧化还原电对可根据能斯特方程计算。以加入滴定剂的体积或滴定分数为横坐标，电对的电极电位 E 为纵坐标作图，可得到滴定曲线。

1. 可逆氧化还原体系的滴定曲线

以在 1mol·L^{-1}硫酸介质中用 0.1000 mol·L^{-1}$Ce(SO_4)_2$标准溶液滴定 20.00 mL 0.1000 mol·L^{-1}$FeSO_4$溶液为例。滴定反应为

$$Ce^{4+} + Fe^{2+} \rightleftharpoons Ce^{3+} + Fe^{3+}$$

在 1 mol·L^{-1}硫酸介质中，$E^{\ominus'}_{Ce^{4+}/Ce^{3+}} = 1.44\ V$，$E^{\ominus'}_{Fe^{3+}/Fe^{2+}} = 0.68\ V$。

（1）滴定前

滴定开始前为 Fe^{2+} 溶液，由于空气中氧的氧化作用，导致溶液中存在极少量 Fe^{3+}，组成 Fe^{3+}/Fe^{2+} 电对。但由于 Fe^{3+} 浓度不知道，此时的电极电位无法计算，在滴定曲线上无法绘出该点。

根据氧化还原反应平衡的性质可知，一旦滴定开始，体系中将同时存在两个电对。在滴定的任何时刻，反应达平衡后，两个电对的电极电位相等，即

$$E=E^{\ominus\prime}_{Fe^{3+}/Fe^{2+}}+0.059\ \mathrm{V}\lg\frac{c_{Fe^{3+}}}{c_{Fe^{2+}}}=E^{\ominus\prime}_{Ce^{4+}/Ce^{3+}}+0.059\ \mathrm{V}\lg\frac{c_{Ce^{4+}}}{c_{Ce^{3+}}}$$

因此，在滴定的不同阶段，应选用便于计算的电对按能斯特方程计算体系的电位值 E。

（2）滴定开始至化学计量点前

在此阶段，滴入的 Ce^{4+} 几乎全部反应生成 Ce^{3+}，未反应的 Ce^{4+} 浓度极小且不易直接求得。相反，通过滴定分数即可确定 $c_{Fe^{3+}}/c_{Fe^{2+}}$，故应通过 Fe^{3+}/Fe^{2+} 电对计算 E 值。

例如，当滴入 19.98 mL（−0.1%）Ce^{4+} 溶液时，$c_{Fe^{3+}}/c_{Fe^{2+}}=999/1=10^3$，则

$$\begin{aligned}E&=E^{\ominus\prime}_{Fe^{3+}/Fe^{2+}}+0.059\ \mathrm{V}\lg\frac{c_{Fe^{3+}}}{c_{Fe^{2+}}}\\&=0.68\ \mathrm{V}+0.059\ \mathrm{V}\times3=0.86\ \mathrm{V}\end{aligned}$$

（3）化学计量点

化学计量点时，滴定分数为 100.0%，Ce^{4+} 和 Fe^{2+} 都定量转变为 Ce^{3+} 和 Fe^{3+}，体系的电位值由式（6−11）计算：

$$E_{sp}=\frac{1.44\ \mathrm{V}+0.68\ \mathrm{V}}{1+1}=1.06\ \mathrm{V}$$

（4）化学计量点后

化学计量点后，Fe^{2+} 几乎全部氧化成 Fe^{3+}，$c_{Fe^{2+}}$ 不易直接求得，但根据加入过量滴定剂 Ce^{4+} 的分数即可确定 $c_{Ce^{4+}}/c_{Ce^{3+}}$ 的数值。故该阶段应利用 Ce^{4+}/Ce^{3+} 电对计算 E。

例如，当加入 20.02 mL（+0.1%）Ce^{4+} 溶液时，$c_{Ce^{4+}}/c_{Ce^{3+}}=1/10^3$，则

$$E=E^{\ominus\prime}_{Ce^{4+}/Ce^{3+}}+0.059\ \mathrm{V}\lg\frac{c_{Ce^{4+}}}{c_{Ce^{3+}}}=1.44\ \mathrm{V}-0.059\ \mathrm{V}\times3=1.26\ \mathrm{V}$$

不同滴定点计算得到的 E 值如表 6−1 所示，绘制的滴定曲线如图 6−1 所示。

表 6−1　在 1 mol·L⁻¹ 硫酸介质中用 0.1000 mol·L⁻¹ $Ce(SO_4)_2$ 标准溶液滴定 20.00 mL 0.1000 mol·L⁻¹ $FeSO_4$ 溶液

滴入 Ce^{4+} 溶液的体积/mL	滴定分数 a	E/V
1.00	0.050	0.60
2.00	0.100	0.62
4.00	0.200	0.64

续表

滴入 Ce^{4+} 溶液的体积/mL	滴定分数 a	E/V
8.00	0.400	0.67
10.00	0.500	0.68
12.00	0.600	0.69
18.00	0.900	0.74
19.80	0.990	0.80
19.98	0.999	0.86 突跃范围（起）
20.00	1.000	化学计量点 1.06
20.02	1.001	1.26 突跃范围（止）
22.00	1.100	1.38
30.00	1.500	1.42
40.00	2.000	1.44

从表 6-1 和图 6-1 均可看出，该滴定突跃范围为 0.86～1.26 V；由于此滴定反应中两电对的电子转移数相等（均为 1），E_{sp}正好位于滴定突跃范围（0.86～1.26 V）的中点，滴定曲线在化学计量点前后基本对称。

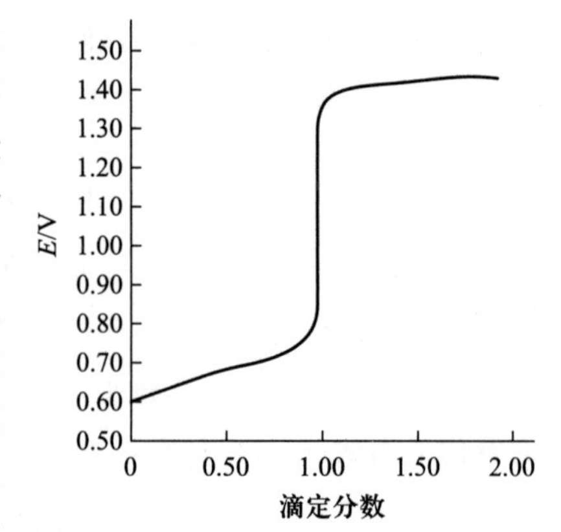

图 6-1　在 1 mol·L^{-1}硫酸介质中用 0.1000 mol·L^{-1}$Ce(SO_4)_2$ 标准溶液滴定 0.1000 mol·L^{-1}$FeSO_4$ 溶液的滴定曲线

滴定突跃范围的大小与反应电对条件电极电位差有关，条件电极电位差越大，滴定突跃范围越大，越容易准确滴定。条件电极电位差在 0.2～0.3 V，需用电位法确定终点；若条件电极电位差小于 0.2 V，由于没有明显的滴定电位突跃，此类反应就不能用于常规滴定分析了。

对于电子转移数不同的对称电对之间的滴定反应：

$$n_2 Ox_1 + n_1 Red_2 \rightleftharpoons n_1 Ox_2 + n_2 Red_1$$

其半反应和条件电极电位分别为

$$Ox_1 + n_1 e^- \rightleftharpoons Red_1 \qquad E_1^{\ominus'}$$

$$Ox_2 + n_2 e^- \rightleftharpoons Red_2 \qquad E_2^{\ominus'}$$

化学计量点电位 E_{sp} 为

$$E_{sp} = \frac{n_1 E_1^{\ominus'} + n_2 E_2^{\ominus'}}{n_1 + n_2}$$

若要求定量分析的误差小于 0.1%，则滴定突跃范围为

$$\left(E_2^{\ominus'} + \frac{3 \times 0.059\ V}{n_2}\right) \sim \left(E_1^{\ominus'} - \frac{3 \times 0.059\ V}{n_1}\right)$$

由于 $n_1 \neq n_2$，故在化学计量点前后滴定曲线是不对称的，化学计量点电位不在滴定突跃范围的中心，而是偏向电子转移数较多的电对一方。例如，在1 mol·L^{-1}盐酸介质中用 Fe^{3+} 滴定 Sn^{2+}：

$$2Fe^{3+} + Sn^{2+} \rightleftharpoons 2Fe^{2+} + Sn^{4+}$$

$$E^{\ominus'}_{Fe^{3+}/Fe^{2+}} = 0.68 \text{ V}, \quad E^{\ominus'}_{Sn^{4+}/Sn^{2+}} = 0.14 \text{ V}$$

化学计量点电位 E_{sp} 为

$$E_{sp} = \frac{1 \times 0.68 \text{ V} + 2 \times 0.14 \text{ V}}{1+2} = 0.32 \text{ V}$$

滴定突跃范围为

$$\left(0.14 \text{ V} + \frac{3 \times 0.059 \text{ V}}{2} = 0.23 \text{ V}\right) \sim \left(0.68 \text{ V} - \frac{3 \times 0.059 \text{ V}}{1} = 0.50 \text{ V}\right)$$

化学计量点电位偏向电子转移数多的 Sn^{4+}/Sn^{2+} 电对一方。

2. 不可逆氧化还原体系的滴定曲线

当氧化还原体系中有不可逆氧化还原电对参加反应时，实测的滴定曲线与理论计算所得的滴定曲线常存在较大差别。这种差别通常出现在电位主要由不可逆氧化还原电对控制的情况下。例如，在 H_2SO_4 溶液中用 $KMnO_4$ 滴定 Fe^{2+}，MnO_4^-/Mn^{2+} 为不可逆氧化还原电对，Fe^{3+}/Fe^{2+} 为可逆氧化还原电对。在化学计量点前，电位主要由 Fe^{3+}/Fe^{2+} 控制，实测滴定曲线与理论滴定曲线并无明显的差别。但是，在化学计量点后，电位主要由 MnO_4^-/Mn^{2+} 电对控制，实测滴定曲线与理论滴定曲线在形状和数值上均有较明显的差别(图 6-2)。

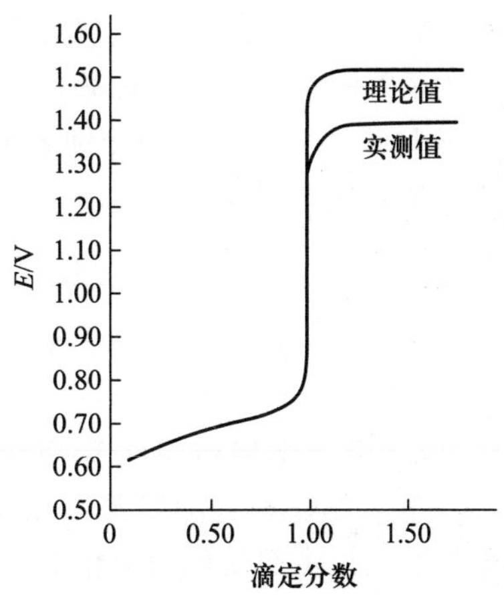

图 6-2　0.1000 mol·L^{-1} $KMnO_4$ 溶液滴定 0.1000 mol·L^{-1} Fe^{2+} 溶液的实测与理论滴定曲线

6.4.2　氧化还原滴定的指示剂

在氧化还原滴定过程中，除了用电位法确定终点外，还可利用某些物质在化学计量点附近时颜色的改变来指示滴定终点。氧化还原滴定中常用的指示剂有下述三种类型。

1. 自身指示剂

借助本身颜色变化指示终点的滴定剂或被滴定液称为自身指示剂。例如，在高锰酸钾法中，滴定剂 MnO_4^- 为紫红色。在酸性介质中用 MnO_4^- 滴定无色或浅色的还原剂时，其还原产物 Mn^{2+} 几乎无色。化学计量点前，整个溶液保持无色或浅色；化学计量点时，还原剂已被完全氧化。稍微过量的 MnO_4^- 即可使整个溶液显示稳定的浅红色而指示终点。由此可知，$KMnO_4$ 就是一种自身指示剂，灵敏度很高，化学计量点后过量的 MnO_4^- 浓度达到 2.0×10^{-6} mol·L^{-1}，就能观察到明显的浅红色，过量 $KMnO_4$ 引起的误差可忽略不计。

2. 特殊指示剂

有些指示剂本身不具有氧化还原性，但能与滴定剂或被测物质作用产生与其本身不同的颜色而指示终点，这类指示剂称为特殊指示剂，又称专属指示剂或显色指示剂。可溶性淀粉即属于特殊指示剂，淀粉溶液遇 I_3^- 生成深蓝色的吸附化合物，反应极为灵敏，当 I_2 被还原为 I^- 时，深蓝色消失。在室温下，即使在约 $0.5\times10^{-5}\ mol\cdot L^{-1}\ I_3^-$ 溶液中亦能明显看出，是直接碘量法和间接碘量法最常用的终点指示剂。温度升高，灵敏度降低。此外，KSCN 可作为 Fe^{3+} 滴定 Sn^{2+} 的专属指示剂，当溶液刚出现 Fe(Ⅲ)-SCN^- 的红色时即为终点。

3. 氧化还原指示剂

氧化还原指示剂本身是一种弱氧化剂或弱还原剂，其氧化态和还原态具有不同的颜色。在滴定过程中，指示剂由氧化态变为还原态，或由还原态变为氧化态，根据颜色的突变来指示终点。例如，用 $K_2Cr_2O_7$ 溶液滴定 Fe^{2+}，常用二苯胺磺酸钠作指示剂。二苯胺磺酸钠的还原态为无色，氧化态为紫色。滴定至化学计量点时，稍过量的 $K_2Cr_2O_7$ 使二苯胺磺酸钠由还原态变为氧化态，整个溶液显紫红色指示终点到达。

用 In(Ox) 和 In(Red) 分别表示指示剂的氧化态和还原态，其氧化还原电对和相应的能斯特方程分别为

$$\mathrm{In(Ox)} + n\mathrm{e}^- \rightleftharpoons \mathrm{In(Red)}$$

$$E = E^{\ominus}_{\mathrm{In}} + \frac{0.059\ \mathrm{V}}{n}\lg\frac{[\mathrm{In(Ox)}]}{[\mathrm{In(Red)}]}$$

式中 $E^{\ominus}_{\mathrm{In}}$ 为指示剂的标准电极电位。随着滴定过程中溶液电位值的变化，指示剂的 $[\mathrm{In(Ox)}]/[\mathrm{In(Red)}]$ 随之变化，溶液的颜色也发生改变。

与酸碱指示剂变色情况相似，当 $[\mathrm{In(Ox)}]/[\mathrm{In(Red)}]\geqslant10$ 时，溶液呈现氧化态的颜色，此时

$$E \geqslant E^{\ominus}_{\mathrm{In}} + \frac{0.059\ \mathrm{V}}{n}\lg10 = E^{\ominus}_{\mathrm{In}} + \frac{0.059\ \mathrm{V}}{n}$$

当 $[\mathrm{In(Ox)}]/[\mathrm{In(Red)}]\leqslant\frac{1}{10}$ 时，溶液呈现还原态的颜色，此时

$$E \leqslant E^{\ominus}_{\mathrm{In}} + \frac{0.059\ \mathrm{V}}{n}\lg\frac{1}{10} = E^{\ominus}_{\mathrm{In}} - \frac{0.059\ \mathrm{V}}{n}$$

指示剂变色的电极电位范围为

$$E^{\ominus}_{\mathrm{In}} \pm \frac{0.059\ \mathrm{V}}{n}$$

若采用条件电极电位，则

$$E^{\ominus\prime}_{\mathrm{In}} \pm \frac{0.059\ \mathrm{V}}{n}$$

几种常用氧化还原指示剂列于表 6-2 中。在选择指示剂时，应使指示剂的条件电极电位尽量与反应的化学计量点电位一致，以减小终点误差。

表 6-2　几种常用氧化还原指示剂

指　示　剂	$E_{\text{In}}^{\ominus'}$/V	颜色变化	
	$[\text{H}^+]=1\ \text{mol}\cdot\text{L}^{-1}$	氧化态	还原态
亚甲基蓝	0.53	蓝	无色
二苯胺	0.76	紫	无色
二苯胺磺酸钠	0.84	紫红	无色
邻苯氨基苯甲酸	0.89	紫红	无色
1,10-邻二氮菲亚铁	1.06	浅蓝	红
硝基邻二氮菲亚铁	1.25	浅蓝	紫红

氧化还原指示剂不只对某种特定的反应适用，而是对各种氧化还原反应普遍适用，属于通用指示剂，比前两种指示剂的应用广泛。

6.5　氧化还原滴定终点误差

氧化还原滴定中的终点误差是指由指示剂变色点电位与化学计量点电位不一致引起的误差，已广泛用于酸碱及络合滴定中的林邦误差公式同样可用于氧化还原滴定终点误差的计算。用林邦误差公式处理氧化还原反应滴定终点误差，将各种滴定的终点误差统一起来，对于深刻理解滴定误差具有一定意义。本节仅讨论对称电对参与的氧化还原滴定终点误差的计算。

设用氧化剂 Ox_1 滴定还原剂 Red_2，滴定产物为 Red_1 和 Ox_2，其滴定反应为

$$n_2\text{Ox}_1+n_1\text{Red}_2 \rightleftharpoons n_1\text{Ox}_2+n_2\text{Red}_1$$

若两个半反应的电子转移数 $n_1=n_2=1$，且两个电对均为对称电对，由终点误差定义，则有

$$E_{\text{t}}=\frac{[\text{Ox}_1]_{\text{ep}}-[\text{Red}_2]_{\text{ep}}}{c_{\text{Red}_2}^{\text{sp}}}\times 100\% \tag{6-15}$$

对于 Ox_1/Red_1 电对，终点电位与化学计量点电位按下述公式计算：

$$E_{\text{ep}}=E_1^{\ominus}+0.059\ \text{V}\ \lg\frac{[\text{Ox}_1]_{\text{ep}}}{[\text{Red}_1]_{\text{ep}}} \tag{6-16}$$

$$E_{\text{sp}}=E_1^{\ominus}+0.059\ \text{V}\ \lg\frac{[\text{Ox}_1]_{\text{sp}}}{[\text{Red}_1]_{\text{sp}}} \tag{6-17}$$

当终点与化学计量点接近时，$[\text{Red}_1]_{\text{ep}}\approx[\text{Red}_1]_{\text{sp}}$，式(6-16)与式(6-17)相减，整理后得

$$\Delta E=E_{ep}-E_{sp}=0.059\ \text{V}\ \lg\frac{[Ox_1]_{ep}}{[Ox_1]_{sp}} \tag{6-18}$$

即

$$[Ox_1]_{ep}=[Ox_1]_{sp}\cdot 10^{\Delta E/0.059\ \text{V}} \tag{6-19}$$

同理，可导出

$$[Red_2]_{ep}=[Red_2]_{sp}\cdot 10^{-\Delta E/0.059\ \text{V}} \tag{6-20}$$

将式(6－19)、式(6－20)代入式(6－15)，且由于在化学计量点时$[Ox_1]_{sp}=[Red_2]_{sp}$，可得

$$E_t=\frac{[Red_2]_{sp}(10^{\Delta E/0.059\ \text{V}}-10^{-\Delta E/0.059\ \text{V}})}{c_{Red_2}^{sp}}\times 100\% \tag{6-21}$$

对于 Ox_2/Red_2电对，有

$$E_{sp}=E_2^{\ominus}+0.059\ \text{V}\ \lg\frac{[Ox_2]_{sp}}{[Red_2]_{sp}} \tag{6-22}$$

又化学计量点电位为

$$E_{sp}=\frac{n_1E_1^{\ominus}+n_2E_2^{\ominus}}{n_1+n_2} \tag{6-23}$$

当 $n_1=n_2=1$ 时，则

$$E_{sp}=\frac{E_1^{\ominus}+E_2^{\ominus}}{2}$$

代入式(6－22)，整理后得

$$\frac{[Ox_2]_{sp}}{[Red_2]_{sp}}=10^{\Delta E^{\ominus}/(2\times 0.059\ \text{V})} \tag{6-24}$$

化学计量点时，有

$$c_{Red_2}^{sp}=[Ox_2]_{sp} \tag{6-25}$$

将式(6－24)、式(6－25)代入式(6－21)得

$$E_t=\frac{10^{\Delta E/0.059\ \text{V}}-10^{-\Delta E/0.059\ \text{V}}}{10^{\Delta E^{\ominus}/(2\times 0.059\ \text{V})}}\times 100\% \tag{6-26}$$

当 $n_1\neq n_2$，但两电对仍为对称电对时，其终点误差公式为

$$E_t=\frac{10^{n_1\Delta E/0.059\ \text{V}}-10^{-n_2\Delta E/0.059\ \text{V}}}{10^{n_1n_2\Delta E^{\ominus}/[0.059\ \text{V}(n_1+n_2)]}}\times 100\% \tag{6-27}$$

式(6－27)是计算对称电对参与的氧化还原滴定的误差公式。由此式可知，终点误差不仅与 $\Delta E^{\ominus}(\Delta E^{\ominus'})$、$n_1$、$n_2$有关，还与 ΔE 有关。$\Delta E^{\ominus}(\Delta E^{\ominus'})$越大，误差越小。$\Delta E$

越小，即终点离化学计量点越近，终点误差越小。

例 6.9 在 1 $mol\cdot L^{-1}$ H_2SO_4 介质中，以 0.100 0 $mol\cdot L^{-1}$ Ce^{4+} 溶液滴定 0.100 0 $mol\cdot L^{-1}$ Fe^{2+} 溶液，选用硝基邻二氮菲亚铁为指示剂（$E^{\ominus'}_{In}=1.25$ V），计算终点误差。

解 $E^{\ominus'}_{Ce^{4+}/Ce^{3+}}=1.44$ V，$E^{\ominus'}_{Fe^{3+}/Fe^{2+}}=0.68$ V，$n_1=n_2=1$，硝基邻二氮菲亚铁的条件电极电位 $E^{\ominus'}_{In}=1.25$ V。故

$$\Delta E^{\ominus'}=1.44\ \text{V}-0.68\ \text{V}=0.76\ \text{V}$$

$$E_{sp}=\frac{1.44\ \text{V}+0.68\ \text{V}}{2}=1.06\ \text{V}$$

$$E_{ep}=1.25\ \text{V}$$

$$\Delta E=E_{ep}-E_{sp}=1.25\ \text{V}-1.06\ \text{V}=0.19\ \text{V}$$

$$E_t=\frac{10^{\Delta E/0.059\ \text{V}}-10^{-\Delta E/0.059\ \text{V}}}{10^{\Delta E^{\ominus'}/(2\times 0.059\ \text{V})}}\times 100\%$$

$$=\frac{10^{0.19\ \text{V}/0.059\ \text{V}}-10^{-0.19\ \text{V}/0.059\ \text{V}}}{10^{0.76\ \text{V}/(2\times 0.059\ \text{V})}}\times 100\%$$

$$=0.06\%$$

例 6.10 在 1 $mol\cdot L^{-1}$ 盐酸介质中，以亚甲基蓝为指示剂，用 0.1000 $mol\cdot L^{-1}$ Fe^{3+} 溶液滴定 0.050 00 $mol\cdot L^{-1}$ Sn^{2+} 溶液，计算终点误差。

解 $E^{\ominus'}_{Fe^{3+}/Fe^{2+}}=0.68$ V，$E^{\ominus'}_{Sn^{4+}/Sn^{2+}}=0.14$ V，亚甲基蓝的条件电极电位 $E^{\ominus'}_{In}=0.53$ V。故

$$\Delta E^{\ominus'}=0.68\ \text{V}-0.14\ \text{V}=0.54\ \text{V}$$

$$E_{sp}=\frac{1\times 0.68\ \text{V}+2\times 0.14\ \text{V}}{1+2}=0.32\ \text{V}$$

$$E_{ep}=0.53\ \text{V}$$

$$\Delta E=0.53\ \text{V}-0.32\ \text{V}=0.21\ \text{V}$$

$$E_t=\frac{10^{1\times 0.21\ \text{V}/0.059\ \text{V}}-10^{-2\times 0.21\ \text{V}/0.059\ \text{V}}}{10^{1\times 2\times 0.54\ \text{V}/[(1+2)\times 0.059\ \text{V}]}}\times 100\%$$

$$=0.29\%$$

6.6 氧化还原滴定的预氧化或还原处理

6.6.1 预氧化或还原处理的必要性及对预氧化剂或预还原剂的要求

用氧化还原滴定法测定试样中某一组分含量时，其价态通常不是滴定反应所需要的价态，因此，需将被测组分氧化为高价后用还原剂滴定；或将被测组分还原为低价后用氧化剂滴定。滴定前使被测组分转变为一定价态的步骤称为预氧化或预还原处理，所用的氧化剂或还原剂称为预氧化剂或预还原剂。

例如，用酸分解试样测定铁矿中总铁含量时，铁主要以 Fe^{3+} 存在，通常先用 $SnCl_2$ 将 Fe^{3+} 还原为 Fe^{2+}，然后用 $K_2Cr_2O_7$ 或 $Ce(SO_4)_2$ 标准溶液滴定。

一般来说，滴定前所选用的预氧化剂或预还原剂应满足下列条件：

a. 可将被测组分定量转变为所需价态，反应速率尽可能快；

b. 反应具有一定的选择性；

c. 过量的预氧化剂或预还原剂易于除去。

常用的除去方法有加热分解、过滤和利用化学反应等。

6.6.2 常用的预氧化剂和预还原剂

常用的预氧化剂见表 6-3，常用的预还原剂见表 6-4，在分析试样时应根据具体情况选择使用。

表 6-3 常用的预氧化剂

预氧化剂	反应条件	主要应用	过量预氧化剂除去方法
$(NH_4)_2S_2O_8$	酸性（HNO_3 或 H_2SO_4） 催化剂 $AgNO_3$	$Mn^{2+} \longrightarrow MnO_4^-$ $Ce^{3+} \longrightarrow Ce^{4+}$ $Cr^{3+} \longrightarrow Cr_2O_7^{2-}$ $VO^{2+} \longrightarrow VO_3^-$	煮沸分解
$NaBiO_3$	酸性	同上	过滤
$HClO_4$	浓、热 （遇有机物爆炸）	$Cr^{3+} \longrightarrow Cr_2O_7^{2-}$ $VO^{2+} \longrightarrow VO_3^-$ $I^- \longrightarrow IO_3^-$	放冷并冲稀
氯气（Cl_2） 溴水（Br_2）	酸性或中性	$I^- \longrightarrow IO_3^-$	煮沸或通空气流
H_2O_2	2 $mol \cdot L^{-1}$ NaOH 溶液	$Cr^{3+} \longrightarrow CrO_4^{2-}$	煮沸分解（加入少量 Ni^{2+} 或 I^- 可加速分解）
KIO_4	酸性，加热	$Mn^{2+} \longrightarrow MnO_4^{2-}$	与 Hg^{2+} 生成 $Hg(IO_4)_2$ 沉淀，过滤除去
Na_2O_2	熔融	$Fe(CrO_2)_2 \longrightarrow CrO_4^-$	碱性溶液中煮沸

表 6-4 常用的预还原剂

预还原剂	反应条件	主要应用	过量预还原剂除去方法
$SnCl_2$	HCl 溶液，加热	$Fe^{3+} \longrightarrow Fe^{2+}$ Mo(Ⅵ)⟶Mo(Ⅴ) As(Ⅴ)⟶As(Ⅲ)	加 $HgCl_2$ 氧化
SO_2	H_2SO_4 溶液 （1 $mol \cdot L^{-1}$） SCN^- 催化，加热	$Fe^{3+} \longrightarrow Fe^{2+}$ As(Ⅴ)⟶As(Ⅲ) Sb(Ⅴ)⟶Sb(Ⅲ) V(Ⅴ)⟶V(Ⅳ)	煮沸或通 CO_2

续表

预还原剂	反应条件	主要应用	过量预还原剂除去方法
$TiCl_3$	酸性	$Fe^{3+} \longrightarrow Fe^{2+}$	加水稀释试样，$TiCl_3$被水中溶解的O_2氧化（Cu^{2+}催化）
联氨		As(Ⅴ)⟶As(Ⅲ) Sb(Ⅴ)⟶Sb(Ⅲ)	在浓硫酸中煮沸
Al	HCl溶液	Sn(Ⅳ)⟶Sn(Ⅱ) Ti(Ⅳ)⟶Ti(Ⅲ)	过滤或加酸溶解
锌汞齐还原柱	H_2SO_4介质	$Fe^{3+} \longrightarrow Fe^{2+}$ $Cr^{3+} \longrightarrow Cr^{2+}$ Ti(Ⅳ)⟶Ti(Ⅲ) V(Ⅴ)⟶V(Ⅱ) $Cu^{2+} \longrightarrow Cu$ Mo(Ⅵ)⟶Mo(Ⅲ)	

6-1 Jones还原器和银还原器

6.7 氧化还原滴定法的应用

氧化还原滴定法是应用最广泛的滴定分析法之一，它可用于无机物和有机物含量的直接或间接测定。

由于氧化还原滴定剂种类繁多，氧化还原能力强度各不相同，应根据待测物质的性质来选择合适的滴定剂。氧化剂作为滴定剂的氧化还原滴定，应用十分广泛，常用的有$KMnO_4$、$K_2Cr_2O_7$、I_2、$KBrO_3$、$Ce(SO_4)_2$等。用作滴定剂的还原剂在空气中应保持稳定，常用的有$Na_2S_2O_3$和$FeSO_4$。下面介绍几种常用的方法。

6.7.1 高锰酸钾法

1. 概述

高锰酸钾法(potassium permanganate method)的优点是$KMnO_4$氧化能力强，本身呈深紫色，用它滴定无色或浅色溶液时，一般不需另加指示剂，应用广泛。高锰酸钾法的主要缺点是$KMnO_4$常含有少量杂质，使溶液不够稳定；又由于$KMnO_4$的氧化能力强，可以和很多还原性物质发生作用，所以选择性较差。

$KMnO_4$是一种强氧化剂。在强酸性溶液中与还原剂作用，MnO_4^-被还原为Mn^{2+}：

$$MnO_4^- + 8H^+ + 5e^- \rightleftharpoons Mn^{2+} + 4H_2O \qquad E^{\ominus}_{MnO_4^-/Mn^{2+}} = 1.51\ V$$

在微酸性、中性或弱碱性溶液中，MnO_4^-被还原为MnO_2：

$$MnO_4^- + 2H_2O + 3e^- \rightleftharpoons MnO_2 + 4OH^- \qquad E^{\ominus}_{MnO_4^-/MnO_2} = 0.59\ V$$

在 NaOH 浓度大于 $2mol \cdot L^{-1}$ 的碱性溶液中，MnO_4^- 被很多有机物还原为 MnO_4^{2-}：

$$MnO_4^- + e^- \rightleftharpoons MnO_4^{2-} \qquad E^{\ominus}_{MnO_4^-/MnO_4^{2-}} = 0.564\ V$$

应用高锰酸钾法时，可根据待测物质的性质采用不同的滴定方法。

a. 直接滴定法。许多还原性物质，如 Fe^{2+}、As(Ⅲ)、Sb(Ⅲ)、Ti(Ⅲ)、Sn^{2+}、H_2O_2、$C_2O_4^{2-}$、NO_2^- 等，可用 $KMnO_4$ 标准溶液直接滴定。

b. 返滴定法。有些氧化性物质不能用 $KMnO_4$ 溶液直接滴定，可用返滴定法。例如，测定软锰矿中的 MnO_2 的含量时，可在 H_2SO_4 溶液中加入一定量过量的 $Na_2C_2O_4$ 标准溶液或固体，待 MnO_2 与 $C_2O_4^{2-}$ 作用完毕后，用 $KMnO_4$ 标准溶液滴定过量的 $C_2O_4^{2-}$。由 $Na_2C_2O_4$ 的总量减去过量的 $C_2O_4^{2-}$，可得到与 MnO_2 作用所消耗 $Na_2C_2O_4$ 的量，从而求得软锰矿中的 MnO_2 的含量。

返滴定法只在被测定物质的还原产物与 $KMnO_4$ 不起作用时才有使用价值。

c. 间接滴定法。某些非氧化还原性物质，不能用 $KMnO_4$ 标准溶液直接滴定或返滴定，此时可以用间接滴定法进行测定。例如，测定 Ca^{2+} 时，可首先将 Ca^{2+} 沉淀为 CaC_2O_4，过滤，再用稀硫酸将所得 CaC_2O_4 沉淀溶解，然后用 $KMnO_4$ 标准溶液滴定溶液中的 $C_2O_4^{2-}$，从而间接求得 Ca^{2+} 的含量。

2. $KMnO_4$ 溶液的配制和标定

纯的 $KMnO_4$ 是相当稳定的，但市售 $KMnO_4$ 试剂中常含有少量 MnO_2 和其他杂质，蒸馏水中常含有微量还原性物质，它们可与 MnO_4^- 反应而析出 $MnO(OH)_2$ 沉淀；MnO_2 和 $MnO(OH)_2$ 等生成物以及热、光、酸、碱等外界条件的改变均可促进 $KMnO_4$ 的分解，因而 $KMnO_4$ 标准溶液不能直接配制。

为了配制较稳定的 $KMnO_4$ 溶液，常采用下列措施：

a. 称取稍多于理论量的 $KMnO_4$，溶解在规定体积的蒸馏水中；

b. 将配好的 $KMnO_4$ 溶液加热至沸，并保持微沸约 1h，然后放置 2～3 天，使溶液中可能存在的还原性物质完全氧化；

c. 用微孔玻璃漏斗过滤除去析出的沉淀；

d. 将过滤后的 $KMnO_4$ 溶液贮存于棕色试剂瓶中，并于暗处存放，以待标定。

如需要浓度较稀的 $KMnO_4$ 溶液，可用蒸馏水将 $KMnO_4$ 溶液临时稀释和标定后使用，但不宜长期贮存。

标定 $KMnO_4$ 溶液的基准物质相当多，如 $Na_2C_2O_4$、As_2O_3、$H_2C_2O_4 \cdot 2H_2O$ 和纯铁丝等。其中 $Na_2C_2O_4$ 较为常用，因为它容易提纯、性质稳定、不含结晶水。$Na_2C_2O_4$ 在 105～110 ℃烘干约 2 h 后冷却，就可以使用。

在 H_2SO_4 溶液中，MnO_4^- 与 $C_2O_4^{2-}$ 的反应如下：

$$2MnO_4^- + 5C_2O_4^{2-} + 16H^+ = 2Mn^{2+} + 10CO_2 \uparrow + 8H_2O$$

为了使这个反应能够定量并较快地进行，应该注意下列条件。

a. 温度：室温下上述反应速率缓慢，因此常将溶液加热至 70～85 ℃时进行滴定。滴定完毕时，溶液的温度不应低于 60 ℃。但温度也不宜过高，若高于90 ℃，会使部分 $H_2C_2O_4$发生分解：

$$H_2C_2O_4 = CO_2\uparrow + CO\uparrow + H_2O$$

b. 酸度：酸度过低，$KMnO_4$易分解为 MnO_2；酸度过高，会促使 $H_2C_2O_4$分解。一般在开始滴定时，溶液的酸度为 0.5～1mol·L^{-1}，滴定结束时，酸度为 0.2～0.5mol·L^{-1}。

c. 滴定速率：开始滴定时的速率不宜太快，否则加入的 $KMnO_4$溶液来不及与 $C_2O_4^{2-}$ 反应，即在热的酸性溶液中发生分解：

$$4MnO_4^- + 12H^+ = 4Mn^{2+} + 5O_2\uparrow + 6H_2O$$

d. 催化剂：开始加入的几滴 $KMnO_4$溶液褪色较慢，随着滴定产物 Mn^{2+}的生成，反应速率逐渐加快。因此，可于滴定前加入几滴 $MnSO_4$作催化剂。

e. 指示剂：$KMnO_4$自身可作为滴定时的指示剂。实验表明，$KMnO_4$的浓度约为 2×10^{-6} mol·L^{-1}时，就可以看到溶液呈粉红色，一般不需另加指示剂。但使用浓度低至 0.002 mol·L^{-1}的 $KMnO_4$溶液作为滴定剂时，应加入二苯胺磺酸钠或 1,10－邻二氮菲亚铁等指示剂来确定终点。

f. 滴定终点：用 $KMnO_4$溶液滴定至终点后，溶液中出现的粉红色不能持久，这是因为空气中的还原性气体和灰尘都能与MnO_4^-作用而使其还原，溶液的粉红色逐渐消失。所以，滴定时溶液中出现的粉红色如在 0.5～1 min 内不褪色，即可认为已经到达滴定终点。

3. 高锰酸钾法应用实例

(1) H_2O_2的测定

商品双氧水中的过氧化氢，可在酸性溶液中利用 H_2O_2能还原MnO_4^-并释放出 O_2来对其含量进行测定，其反应为

$$5H_2O_2 + 2MnO_4^- + 6H^+ = 5O_2\uparrow + 2Mn^{2+} + 8H_2O$$

此滴定在室温时可在 H_2SO_4或 HCl 介质中顺利进行，开始时反应较慢，待反应生成 Mn^{2+}后的催化作用使反应加速。因此，H_2O_2可用 $KMnO_4$标准溶液直接滴定。

H_2O_2不稳定，在其工业品中一般加入某些有机物如乙酰苯胺作稳定剂，这些有机物大多能与MnO_4^-作用而干扰 H_2O_2的测定。此时过氧化氢宜采用铈量法或碘量法测定。

碱金属及碱土金属的过氧化物，可采用同样的方法进行测定。

(2) 钙盐中钙的测定

先将试样处理成溶液使 Ca^{2+}进入溶液中，然后加入过量的$(NH_4)_2C_2O_4$，再用稀氨水中和至试液的 pH 为 4～5，放置陈化。将沉淀过滤、洗净后，再将其溶于稀 H_2SO_4溶液中，加热至 75～85 ℃，用 $KMnO_4$标准溶液滴定。

若在中性或弱碱性溶液中沉淀，则会有部分 $Ca(OH)_2$或碱式草酸钙生成，使分析结果偏低。过滤后，沉淀表面吸附的 $C_2O_4^{2-}$ 必须洗净，否则分析结果将偏高。为了减少洗涤时沉淀溶解的损失，可用尽可能少的冷水洗涤沉淀。

凡是能与 $C_2O_4^{2-}$ 定量地生成沉淀的金属离子，都可用上述间接法测定，如 Th^{4+} 和稀土元素的测定。

(3) 软锰矿中 MnO_2 的测定

测定 MnO_2 所依据的反应如下：

$$MnO_2 + C_2O_4^{2-} + 4H^+ \rightleftharpoons Mn^{2+} + 2CO_2\uparrow + 2H_2O$$

在试液中加入一定量过量的 $Na_2C_2O_4$，加入硫酸并加热至反应完全后，用 $KMnO_4$ 标准溶液返滴定剩余的 $C_2O_4^{2-}$。

此法也可用于测定 $Cr_2O_7^{2-}$、Mn_3O_4、Ce^{4+}、PbO_2、Pb_3O_4 等的含量。

(4) 某些有机化合物的测定

在强碱性溶液中，$KMnO_4$ 与有机物质反应后还原为绿色的 MnO_4^{2-}。利用这一反应，可用高锰酸钾法测定某些有机化合物。

例如，将甘油、甲酸或甲醇等加入一定量过量的碱性 $KMnO_4$ 标准溶液中：

$$\underset{\displaystyle OH}{CH_2}-\underset{\displaystyle OH}{CH}-\underset{\displaystyle OH}{CH_2} + 14MnO_4^- + 20OH^- = 3CO_3^{2-} + 14MnO_4^{2-} + 14H_2O$$

$$HCOO^- + 2MnO_4^- + 3OH^- = CO_3^{2-} + 2MnO_4^{2-} + 2H_2O$$

$$CH_3OH + 6MnO_4^- + 8OH^- = CO_3^{2-} + 6MnO_4^{2-} + 6H_2O$$

待反应完成后，将溶液酸化，此时 MnO_4^{2-} 将发生歧化：

$$3MnO_4^{2-} + 4H^+ = 2MnO_4^- + MnO_2 + 2H_2O$$

准确加入一定量过量 $FeSO_4$ 标准溶液，将所有高价锰离子全部还原为 Mn^{2+}，再用 $KMnO_4$ 标准溶液滴定过量的 Fe^{2+}。由两次加入 $KMnO_4$ 的量及 $FeSO_4$ 的量计算有机物的含量。

此法还可用于测定甘醇酸（羟基乙酸）、酒石酸、柠檬酸、苯酚、水杨酸、甲醛和葡萄糖等的含量。

(5) 高锰酸盐指数（化学需氧量）的测定

6－2 水质高锰酸盐指数的测定

COD 是度量水体受还原性物质（主要是有机物）污染程度的综合性指标。它是指水体中还原性物质所消耗的氧化剂的量，换算成氧的质量浓度（以 $mg\cdot L^{-1}$ 计）。测定时，在水样中加入 H_2SO_4 溶液及一定量的 $KMnO_4$ 溶液，置沸水浴中加热，使其中的还原性物质氧化。剩余的 $KMnO_4$ 用一定量过量的 $Na_2C_2O_4$ 还原，再以 $KMnO_4$ 标准溶液返滴定。以高锰酸钾溶液为氧化剂测得的化学需氧量，以前称为锰法化学需氧量。我国新的环境水质标准中，已将该值改称为高锰酸盐指数。国际标准化组织（ISO）建议高锰酸钾法仅限于测定地表水、饮用水和生活污水。对于工业废水中化学需氧量的测定，要采用重铬酸钾法。

6.7.2 重铬酸钾法

1. 概述

重铬酸钾是一种常用的氧化剂，在酸性溶液中与还原剂作用时，$Cr_2O_7^{2-}$ 被还原

为 Cr^{3+}：

$$Cr_2O_7^{2-}+14H^++6e^- \rightleftharpoons 2Cr^{3+}+7H_2O \qquad E^{\ominus}_{Cr_2O_7^{2-}/Cr^{3+}}=1.33\ V$$

$Cr_2O_7^{2-}/Cr^{3+}$ 电对在酸性介质中的条件电极电位通常小于其标准电极电位，溶液的酸度增大，$K_2Cr_2O_7$ 的条件电极电位也随之增大。如在 3 mol·L^{-1} HCl 溶液中 $E^{\ominus}_{Cr_2O_7^{2-}/Cr^{3+}}=1.08$ V；在 1 mol·L^{-1} HCl 溶液中 $E^{\ominus}_{Cr_2O_7^{2-}/Cr^{3+}}=1.00$ V；在 4 mol·L^{-1} H_2SO_4 溶液中 $E^{\ominus}_{Cr_2O_7^{2-}/Cr^{3+}}=1.15$ V；在 0.5 mol·L^{-1} H_2SO_4 溶液中 $E^{\ominus}_{Cr_2O_7^{2-}/Cr^{3+}}=1.08$ V；在 1 mol·L^{-1} $HClO_4$ 溶液中 $E^{\ominus}_{Cr_2O_7^{2-}/Cr^{3+}}=1.03$ V。

重铬酸钾法(potassium dichromate method)具有如下优点：

a. $K_2Cr_2O_7$ 容易提纯，在 140～180 °C 干燥后，可以直接称量配制标准溶液。

b. $K_2Cr_2O_7$ 标准溶液非常稳定，可以长期保存。据文献记载，0.017 mol·L^{-1} $K_2Cr_2O_7$ 溶液放置 24 年后，其浓度无明显变化。

c. $K_2Cr_2O_7$ 的氧化能力没有 $KMnO_4$ 强，在 1 mol·L^{-1} HCl 溶液中，$E^{\ominus'}_{Cr_2O_7^{2-}/Cr^{3+}}=1.00$ V，室温下不与 Cl^- 作用($E^{\ominus}_{Cl_2/Cl^-}=1.36$ V)，故可在 HCl 溶液中滴定 Fe^{2+}。但当 HCl 溶液的浓度太大或将溶液煮沸时，$K_2Cr_2O_7$ 也能部分地被 Cl^- 还原。

d. 受其他还原性物质的干扰较高锰酸钾法小。

$K_2Cr_2O_7$ 溶液为橘黄色，$K_2Cr_2O_7$ 的还原产物 Cr^{3+} 呈绿色，终点时无法辨别出过量的 $K_2Cr_2O_7$ 的黄色，因而须加入氧化还原指示剂，常用二苯胺磺酸钠指示剂。

重铬酸钾法主要用于测定 Fe^{2+}，是铁矿中全铁含量测定的标准方法。另外，通过 $Cr_2O_7^{2-}$ 与 Fe^{2+} 的反应还可以测定其他氧化性物质或还原性物质。例如，土壤中有机质的测定，可先用一定量过量的 $K_2Cr_2O_7$ 将有机质氧化，然后再以 Fe^{2+} 标准溶液返滴定剩余的 $K_2Cr_2O_7$。

2. 重铬酸钾法应用实例

(1) 铁矿石中全铁的测定

试样一般用热的浓盐酸分解，加 $SnCl_2$ 将 Fe(Ⅲ)还原为 Fe(Ⅱ)。过量的 $SnCl_2$ 用 $HgCl_2$ 氧化，此时溶液中析出 Hg_2Cl_2 丝状的白色沉淀。然后在1～2 mol·L^{-1} $H_2SO_4-H_3PO_4$ 混合酸介质中，以二苯胺磺酸钠作指示剂，用$K_2Cr_2O_7$标准溶液滴定 Fe(Ⅱ)，至溶液由绿色变为紫红色为终点。在试液中加入 H_3PO_4 的目的是为了降低 Fe^{3+}/Fe^{2+} 电对的电极电位，使二苯胺磺酸钠变色点电位落在滴定突跃范围之内以减小终点误差；此外，由于使 Fe^{3+} 生成稳定的无色的$[Fe(HPO_4)_2]^-$，消除了溶剂化 Fe^{3+} 的黄色，有利于终点的观察。

此法虽简便准确、应用广泛，但预还原过程中使用的 $HgCl_2$ 会造成环境污染。为了保护环境，近年来提倡采用无汞测铁法。试样溶解后，以 $SnCl_2$ 将大部分 Fe^{3+} 还原，再以钨酸钠为指示剂，用 $TiCl_3$ 还原剩余的 Fe^{3+}(“钨蓝”的出现表示 Fe^{3+} 已被还原完全)，稍过量的 $TiCl_3$ 还原 W(Ⅵ)至 W(Ⅴ)，滴加 $K_2Cr_2O_7$ 溶液至蓝色刚好消失，最后在 H_3PO_4 存在下，用二苯胺磺酸钠为指示剂，以$K_2Cr_2O_7$标准溶液滴定。

(2) 利用$Cr_2O_7^{2-}$ 和 Fe^{2+} 的反应测定其他氧化性或还原性的物质

$Cr_2O_7^{2-}$ 和 Fe^{2+} 的反应速率快、无副反应、计量关系明确、指示剂变色明显，除了直接用于测铁外，还可利用此反应间接测定许多物质。

① 测定氧化剂

例如，NO_3^- 在一定条件下可定量氧化 Fe^{2+}：

$$NO_3^- + 3Fe^{2+} + 4H^+ \xlongequal{} 3Fe^{3+} + NO + 2H_2O$$

在试液中加入一定量过量的 Fe^{2+} 标准溶液，待反应完全后，用 $K_2Cr_2O_7$ 溶液返滴定剩余的 Fe^{2+}，即可求得 NO_3^- 的含量。

再如，将 UO_2^{2+} 还原为 UO^{2+} 后，以 Fe^{3+} 为催化剂，二苯胺磺酸钠作指示剂，可直接用 $K_2Cr_2O_7$ 标准溶液滴定：

$$Cr_2O_7^{2-} + 3UO^{2+} + 8H^+ \xlongequal{} 2Cr^{3+} + 3UO_2^{2+} + 4H_2O$$

② 测定还原剂

6－3 水质化学需氧量的测定

这方面最典型的应用为 COD 的测定。在酸性介质中以重铬酸钾为氧化剂，测定化学需氧量的方法记作 COD_{Cr}，这是目前应用最广泛的方法（见 GB11914—89）。具体分析步骤如下：于水样中加入 $HgSO_4$ 消除 Cl^- 的干扰，加入一定量过量的 $K_2Cr_2O_7$ 标准溶液，在强酸介质中，以 Ag_2SO_4 作为催化剂，回流加热，待氧化作用完全后，以 1,10-邻二氮菲亚铁为指示剂，用 Fe^{2+} 标准溶液滴定过量的 $K_2Cr_2O_7$。该法适用范围广泛，可用于污水中化学需氧量的测定，缺点是测定过程中带来 Cr(Ⅵ)、Hg^{2+} 等有害物质的污染。

③ 测定非氧化还原性物质

例如，Pb^{2+}、Ba^{2+} 等的测定，先在一定条件下将试液中的 Pb^{2+} 或 Ba^{2+} 定量沉淀为 $PbCrO_4$ 或 $BaCrO_4$ 沉淀，然后将沉淀过滤、洗涤后用酸溶解，再用 Fe^{2+} 标准溶液滴定 $Cr_2O_7^{2-}$，由此可间接求得 Pb 或 Ba 的含量。能与 CrO_4^{2-} 生成难溶化合物的离子都可用此法间接测定。

6.7.3 碘量法

1. 概述

碘量法（iodimetry and iodometry）是利用 I_2 的氧化性和 I^- 的还原性进行滴定的方法。因固体 I_2 在水中的溶解度很小（$0.001\,33\ mol \cdot L^{-1}$）且容易挥发，故通常将 I_2 溶解在 KI 溶液中使其以 I_3^- 存在，其氧化还原半反应为

$$I_3^- + 2e^- \rightleftharpoons 3I^- \qquad E^{\ominus}_{I_3^-/I^-} = 0.545\ V$$

由此可知，I_2 是较弱的氧化剂，能与较强的还原剂作用；I^- 是中等强度的还原剂，能与许多氧化剂作用。因此，碘量法可用直接和间接两种方式进行。

(1) 直接碘量法（碘滴定法）

在酸性或中性溶液中，用 I_2 标准溶液直接滴定较强的还原性物质，如 S^{2-}、SO_3^{2-}、$S_2O_3^{2-}$、Sn(Ⅱ)、Sb(Ⅲ)、As(Ⅲ)、维生素 C 等。

I_2 的氧化能力较弱，可氧化的物质有限，且直接碘量法不能在 pH＞9 的碱性介质中进行，否则会发生歧化反应：

$$3I_2 + 6OH^- = IO_3^- + 5I^- + 3H_2O$$

导致分析结果产生误差，这些使直接碘量法的应用受到一定限制。

（2）间接碘量法（滴定碘法）

利用 I^- 的还原作用，使其与待测的氧化性物质定量反应生成 I_2，然后用 $Na_2S_2O_3$ 标准溶液滴定析出的 I_2，可间接测定 MnO_4^-、CrO_4^{2-}、$Cr_2O_7^{2-}$、IO_3^-、BrO_3^-、AsO_4^{3-}、SbO_4^{3-}、ClO^-、NO_2^-、H_2O_2、Cu^{2+}、Fe^{3+} 等氧化性物质，这种方法称为间接碘量法，其应用较直接碘量法更为广泛。

碘量法用淀粉作指示剂，灵敏度高，$[I_2]=1\times10^{-5}\,mol\cdot L^{-1}$ 即显蓝色。直接碘量法中溶液呈现蓝色即为终点，间接碘量法中溶液的蓝色消失即为终点。

间接碘量法中必须注意以下两点。

① 控制溶液的酸度

滴定必须在中性或弱酸性溶液中进行，因为在碱性溶液中，I_2 与 $S_2O_3^{2-}$ 发生如下副反应：

$$S_2O_3^{2-} + 4I_2 + 10OH^- = 2SO_4^{2-} + 8I^- + 5H_2O$$

而且 I_2 在碱性溶液中会发生歧化反应生成 I^- 及 IO_3^-。在强酸性溶液中，$Na_2S_2O_3$ 溶液会发生分解：

$$S_2O_3^{2-} + 2H^+ = SO_2\uparrow + S\downarrow + H_2O$$

② 防止 I_2 的挥发和空气中的 O_2 氧化 I^-

防止 I_2 的挥发可采取下述措施：

a. 加入过量（通常为理论值的 2～3 倍）的 KI，使 I_2 形成 I_3^- 络离子；

b. 溶液温度不宜太高，反应应在室温下进行；

c. 析出 I_2 的反应最好在带有玻璃塞的碘量瓶中进行；

d. 滴定时不要剧烈摇动溶液。

防止 I^- 被空气中的 O_2 氧化的措施：

a. 溶液酸度不宜太大，酸度增大会增加 O_2 氧化 I^- 的速率；

b. 日光及 Cu^{2+}、NO_2^- 等杂质催化 O_2 氧化 I^-，故应事先除去以上杂质并将析出 I_2 的反应瓶置于暗处；

c. 滴定前调节好酸度，析出 I_2 的反应完全后立即进行滴定；

d. 滴定速率应适当快些。

2. 标准溶液的配制和标定

碘量法中经常使用 $Na_2S_2O_3$ 和 I_2 两种标准溶液，现将其配制和标定方法介绍如下。

（1）$Na_2S_2O_3$ 溶液的配制和标定

$Na_2S_2O_3$ 不是基准物质，不能用直接法配制标准溶液。配制好的 $Na_2S_2O_3$ 溶液不稳定，容易分解，这是由于在水中的微生物、CO_2、空气中 O_2 作用下，发生下列反应：

$$Na_2S_2O_3 \xrightarrow{\text{细菌}} Na_2SO_3 + S\downarrow$$

$$S_2O_3^{2-} + CO_2 + H_2O \longrightarrow HSO_3^- + HCO_3^- + S\downarrow$$

$$S_2O_3^{2-}+\frac{1}{2}O_2 \longrightarrow SO_4^{2-}+S\downarrow$$

此外，水中微量的 Cu^{2+} 或 Fe^{3+} 等也能促进 $Na_2S_2O_3$ 溶液分解。

因此，配制 $Na_2S_2O_3$ 溶液时，需要用新煮沸（为了除去 CO_2 和杀死细菌）并冷却的蒸馏水，加入少量 Na_2CO_3 使溶液呈弱碱性，以抑制细菌生长。这样配制的溶液也不宜长期保存，使用一段时间后要重新标定。如果发现溶液变浑或析出硫，应该过滤后再标定，或者另配溶液。

$K_2Cr_2O_7$、KIO_3 等基准物质常用来标定 $Na_2S_2O_3$ 溶液的浓度。

称取一定量基准物质，在酸性溶液中与过量 KI 作用，有关反应式如下：

$$Cr_2O_7^{2-}+6I^-+14H^+ = 2Cr^{3+}+3I_2\downarrow+7H_2O$$

或 $$IO_3^-+5I^-+6H^+ = 3I_2\downarrow+3H_2O$$

析出的 I_2，以淀粉为指示剂，用 $Na_2S_2O_3$ 溶液滴定。

$K_2Cr_2O_7$（或 KIO_3）与 KI 的反应条件如下：

a. 溶液的酸度越大，反应速率越快，但酸度太大时，I^- 容易被空气中的 O_2 氧化，所以酸度一般以 $[H^+]=0.2\sim0.4\ mol\cdot L^{-1}$ 为宜。

b. $K_2Cr_2O_7$ 与 KI 作用时，应将溶液贮于碘瓶或锥形瓶中（盖好表面皿），在暗处放置一定时间，待反应完全后，再进行滴定。KIO_3 与 KI 作用时，不需要放置，宜及时进行滴定。

c. 所用 KI 溶液中不应含有 KIO_3 或 I_2。如果 KI 溶液显黄色，则应事先用 $Na_2S_2O_3$ 溶液滴定至无色后再使用。若滴至终点后，很快又转变为 I_3^--淀粉的蓝色，表示 KI 与 $K_2Cr_2O_7$ 的反应未进行完全，应另取溶液重新标定。若过了 5 min 以上溶液又转为蓝色，这是由于空气氧化 I^- 所致，不影响分析结果。

(2) I_2 溶液的配制和标定

用升华法可以制得纯碘。I_2 挥发性强，准确称量比较困难，通常先配制成大致浓度的溶液后再标定。配制 I_2 溶液，先用天平称取一定量碘，置于研钵中，加入过量 KI 固体，再加少量水研磨使 I_2 全部溶解，然后将溶液稀释，倾入棕色瓶中于暗处保存，待标定。应避免 I_2 溶液与橡胶等有机物接触，也要防止 I_2 溶液见光、遇热，否则浓度将发生变化。

可用 As_2O_3 标定 I_2 溶液，也可用已标定好的 $Na_2S_2O_3$ 标准溶液标定。

As_2O_3 难溶于水，但可溶于碱溶液中：

$$As_2O_3+6OH^- = 2AsO_3^{3-}+3H_2O$$

标定时先酸化溶液，再加 $NaHCO_3$ 调节 pH 约为 8，用 I_2 溶液滴定 $HAsO_2$，反应按下式定量迅速进行：

$$HAsO_2+I_2+2H_2O = HAsO_4^{2-}+2I^-+4H^+$$

3. 碘量法应用示例

（1）S^{2-} 或 H_2S 的测定

在酸性溶液中，I_2 能氧化 S^{2-}：

$$H_2S + I_2 \longequal S\downarrow + 2I^- + 2H^+$$

因此，可用淀粉作为指示剂，用 I_2 标准溶液滴定 H_2S。滴定不能在碱性溶液中进行，否则部分 S^{2-} 将被氧化为 SO_4^{2-}：

$$S^{2-} + 4I_2 + 8OH^- \longequal SO_4^{2-} + 8I^- + 4H_2O$$

而且 I_2 也会发生歧化反应。测定气体中的 H_2S 时，一般用 Cd^{2+} 或 Zn^{2+} 的氨性溶液吸收，然后加入一定量过量的 I_2 标准溶液，用盐酸将溶液酸化，以淀粉为指示剂，用 $Na_2S_2O_3$ 标准溶液滴定过量的 I_2。

（2）钢铁中硫的测定

将钢样与助熔剂金属锡置于瓷舟中，放入 1 300 ℃管式炉内通 O_2 燃烧使试样中的硫转化为 SO_2，用水吸收 SO_2，然后以淀粉为指示剂，用 I_2 标准溶液滴定至溶液显蓝色即为终点。相关反应如下：

$$S + O_2 \xlongequal{1\,300\ ^\circ\mathrm{C}} SO_2$$

$$SO_2 + H_2O \longequal H_2SO_3$$

$$I_2 + H_2SO_3 + H_2O \longequal SO_4^{2-} + 2I^- + 4H^+$$

（3）铜合金中铜的测定

试样可以用 HNO_3 分解，但低价氮的氧化物能氧化 I^- 而干扰测定，故需用浓硫酸蒸发或加入尿素加热将它们除去。

试样也可用 H_2O_2 和 HCl 分解：

$$Cu + 2HCl + H_2O_2 \longequal CuCl_2 + 2H_2O$$

煮沸以除尽过量的 H_2O_2，调节溶液的酸度（通常用 HAc-NH_4Ac 或 NH_4HF_2 等缓冲溶液将溶液的酸度控制为 pH＝3.2～4.0），加入过量 KI 使 I_2 析出：

$$2Cu^{2+} + 4I^- \longequal 2CuI\downarrow + I_2\downarrow$$

此反应中，KI 既是还原剂，又是沉淀剂，还是络合剂。

生成的 I_2 以淀粉为指示剂，用 $Na_2S_2O_3$ 标准溶液滴定。

由于 CuI 沉淀表面吸附 I_2，导致分析结果偏低。为减少 CuI 对 I_2 的吸附，保证分析结果的准确度，可在大部分 I_2 被 $Na_2S_2O_3$ 溶液滴定后，加入 NH_4SCN 使 CuI 转化为溶解度更小、对 I_2 吸附能力小的 CuSCN：

$$CuI + SCN^- \longequal CuSCN\downarrow + I^-$$

试样中有铁存在时，Fe^{3+} 亦能氧化 I^- 为 I_2：

$$2Fe^{3+} + 2I^- \longequal 2Fe^{2+} + I_2\downarrow$$

从而干扰铜的测定。可加入 NH_4HF_2，使 Fe^{3+} 生成稳定的 $[FeF_6]^{3-}$ 以降低 Fe^{3+}/Fe^{2+} 电对的电极电位，使 Fe^{3+} 不能将 I^- 氧化为 I_2。

用碘量法测定铜时，最好用纯铜标定 $Na_2S_2O_3$ 溶液，以抵消方法的系统误差。此法也适用于测定铜矿、炉渣、电镀液及胆矾($CuSO_4 \cdot 5H_2O$)等试样中的铜含量。

(4) 漂白粉中有效氯的测定

漂白粉除主要成分 CaCl(OCl) 外，还含有 $CaCl_2$、$Ca(ClO_3)_2$ 及 CaO 等。漂白粉的质量以能释放出来的氯量来衡量，称为有效氯，用含 Cl 的质量分数表示。

测定漂白粉中的有效氯时，将试样溶于稀 H_2SO_4 介质中，并加入过量 KI，反应生成的 I_2 用 $Na_2S_2O_3$ 标准溶液滴定，反应如下：

$$ClO^- + 2I^- + 2H^+ \xlongequal{\quad} I_2\downarrow + Cl^- + H_2O$$

$$ClO_2^- + 4I^- + 4H^+ \xlongequal{\quad} 2I_2\downarrow + Cl^- + 2H_2O$$

$$ClO_3^- + 6I^- + 6H^+ \xlongequal{\quad} 3I_2\downarrow + Cl^- + 3H_2O$$

(5) 某些有机物的测定

碘量法在有机分析中应用广泛。对于能被碘直接氧化的物质，只要反应速率足够快，就可用直接碘量法进行测定，如巯基乙酸、四乙基铅 $[Pb(C_2H_5)_4]$、抗坏血酸(维生素 C)及安乃近药物等。

间接碘量法的应用更为广泛。例如，于葡萄糖、甲醛、丙酮及硫脲等碱性试液中，加入一定量过量的 I_2 标准溶液，使有机物被氧化。如葡萄糖分子与 I_2 的反应过程：

$$I_2 + 2OH^- \xlongequal{\quad} IO^- + I^- + H_2O$$

$$CH_2OH(CHOH)_4CHO + IO^- + OH^- \xlongequal{\quad} CH_2OH(CHOH)_4COO^- + I^- + H_2O$$

碱液中剩余的 IO^-，歧化为 IO_3^- 及 I^-：

$$3IO^- \xlongequal{\quad} IO_3^- + 2I^-$$

溶液酸化后又析出 I_2：

$$IO_3^- + 5I^- + 6H^+ \xlongequal{\quad} 3I_2\downarrow + 3H_2O$$

最后用 $Na_2S_2O_3$ 滴定析出的 I_2。

在上述一系列反应中，1 mol I_2 产生 1 mol IO^-，而 1 mol IO^- 与 1mol 葡萄糖反应。因此，1 mol 葡萄糖与 1 mol I_2 相当。由于与葡萄糖反应后剩余的 IO^- 经由歧化和酸化过程又恢复为等量的 I_2，所以从 I_2 标准溶液的加入量和滴定时消耗 $Na_2S_2O_3$ 的量即可求得葡萄糖的含量。

(6) 卡尔·费歇尔法测定水

卡尔·费歇尔(Karl Fischer)法的基本原理是 I_2 氧化 SO_2 时，需要消耗定量的 H_2O：

$$I_2 + SO_2 + 2H_2O \xlongequal{\quad} 2HI + H_2SO_4$$

利用此反应，可以测定很多有机物或无机物中的 H_2O。但上述反应是可逆的，要使反应向右进行，需要加入适当的碱性物质以中和反应后生成的酸。

采用吡啶可满足此要求，其反应如下：

$$C_5H_5N \cdot I_2 + C_5H_5N \cdot SO_2 + C_5H_5N + H_2O = 2C_5H_5N \cdot HI + C_5H_5N \cdot SO_3$$

生成的 $C_5H_5N \cdot SO_3$ 亦与水发生反应消耗部分水而干扰测定：

$$C_5H_5N \cdot SO_3 + H_2O = C_5H_5N \cdot HOSO_2OH$$

加入甲醇避免发生副反应：

$$C_5H_5N \cdot SO_3 + CH_3OH = C_5H_5NHOSO_2OCH_3$$

由上述讨论可知，滴定时的标准溶液是含有 I_2、SO_2、C_5H_5N 及 CH_3OH 的混合溶液，称为费歇尔试剂。费歇尔试剂具有 I_2 的棕色，与 H_2O 反应时，棕色立即褪去。用此标准溶液滴定时，待测溶液中出现棕色即为滴定终点。应特别指出的是，费歇尔法属于非水滴定法，所有容器都需干燥，否则将造成误差。1 L 费歇尔试剂在配制和保存过程中，若混入 6 g 水，试剂就会失效。

卡尔·费歇尔法不仅可以测定很多有机物或无机物中的水分含量，而且根据有关反应中生成水或消耗水的量，可间接测定某些有机官能团。

6.7.4 其他氧化还原滴定法

1. 硫酸铈法(cerium sulphate method)

$Ce(SO_4)_2$ 是强氧化剂，在酸性溶液中，其氧化还原半反应为如下：

$$Ce^{4+} + e^- \rightleftharpoons Ce^{3+} \qquad E^{\ominus}_{Ce^{4+}/Ce^{3+}} = 1.61\ V$$

Ce^{4+}/Ce^{3+} 电对的条件电极电位与酸的种类和浓度有关。在 0.5～4 $mol \cdot L^{-1}$ H_2SO_4 溶液中，E=1.44～1.42 V；在 1 $mol \cdot L^{-1}$ HCl 溶液中，E=1.28 V，此时 Cl^- 可使 Ce^{4+} 缓慢地还原为 Ce^{3+}，因此用 Ce^{4+} 作滴定剂时，常采用 $Ce(SO_4)_2$ 溶液；在 1～8 $mol \cdot L^{-1}$ $HClO_4$ 溶液中，E=1.70～1.87 V。由于其在 H_2SO_4 介质中的电位介于 MnO_4^- 与 $Cr_2O_7^{2-}$ 之间，所以，能用 MnO_4^- 滴定的物质一般也能用 $Ce(SO_4)_2$ 滴定。$Ce(SO_4)_2$ 溶液具有下列优点：

a. 可由容易提纯的 $Ce(SO_4)_2 \cdot 2(NH_4)_2SO_4 \cdot 2H_2O$ 直接配制标准溶液，不必进行标定。

b. 稳定，放置较长时间或加热煮沸也不易分解。

c. 可在 HCl 溶液中直接用 Ce^{4+} 滴定 Fe^{2+}（与 MnO_4^- 不同）。

d. Ce^{4+} 还原为 Ce^{3+} 时，只有一个电子的转移，不生成中间价态的产物，反应简单，副反应少。有机物（如乙醇、甘油、糖等）存在时，用 Ce^{4+} 滴定 Fe^{2+} 仍可得到准确的结果。

用 Ce^{4+} 作滴定剂时，因为 Ce^{4+} 为黄色，而 Ce^{3+} 无色，若以 Ce^{4+} 指示终点，灵敏度较差，故常用 1,10-邻二氮菲亚铁作指示剂。Ce^{4+} 易水解，生成碱式盐沉淀，所以 Ce^{4+} 不适用于在碱性或中性溶液中滴定。由于铈盐较贵，硫酸铈法在应用上受到一定限制。

2. 溴酸钾法(potassium bromate method)

$KBrO_3$是强氧化剂，在酸性溶液中，$KBrO_3$与还原物质反应被还原为 Br^-，其氧化还原半反应如下：

$$BrO_3^- + 6H^+ + 6e^- \rightleftharpoons Br^- + 3H_2O \qquad E^{\ominus}_{BrO_3^-/Br^-} = 1.44\ V$$

$KBrO_3$容易提纯，在 180 ℃烘干后，可以直接配制标准溶液。$KBrO_3$溶液的浓度也可以用碘量法进行标定。在酸性溶液中，一定量 $KBrO_3$与过量 KI 作用析出 I_2，其反应如下：

$$BrO_3^- + 6I^- + 6H^+ = Br^- + 3I_2 \downarrow + 3H_2O$$

析出的 I_2可用 $Na_2S_2O_3$标准溶液滴定。

溴酸钾法主要用于测定苯酚。通常在苯酚的酸性溶液中加入过量的 $KBrO_3$-KBr 标准溶液，反应如下：

$$BrO_3^- + 5Br^- + 6H^+ = 3Br_2 + 3H_2O$$

生成的 Br_2可取代苯酚中的氢：

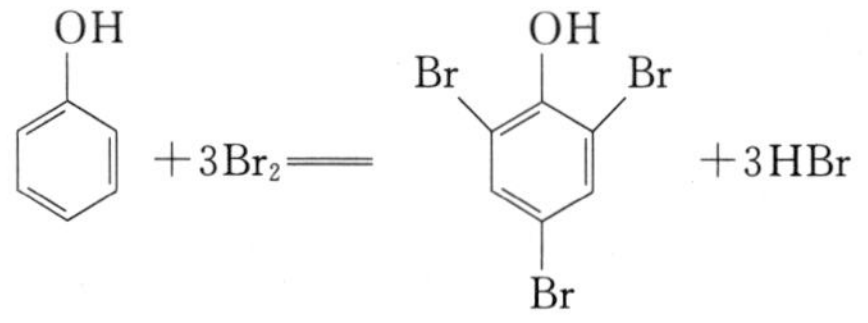

OH (苯环) $+3Br_2$ ══ OH, Br, Br, Br (苯环) $+3HBr$

过量的 Br_2用 KI 还原：

$$Br_2 + 2I^- = 2Br^- + I_2 \downarrow$$

析出的 I_2可用 $Na_2S_2O_3$标准溶液滴定。

溴酸钾法也可应用于 Sb^{3+} 的测定。在酸性溶液中，以甲基橙作为指示剂，可用 $KBrO_3$标准溶液滴定 Sb^{3+}：

$$3Sb^{3+} + BrO_3^- + 6H^+ = 3Sb^{5+} + Br^- + 3H_2O$$

过量的 $KBrO_3$使甲基橙褪色指示终点。此法也可直接测定AsO_3^{3-} 及 Tl^+ 等。

3. 亚砷酸钠-亚硝酸钠法(sodium arsenite-sodium nitrate method)

使用 Na_3AsO_3-$NaNO_2$混合溶液作标准溶液进行滴定，可用于普通钢和低合金钢中锰的测定。

试样用酸分解，锰转化为 Mn^{2+}，以 $AgNO_3$作催化剂，用$(NH_4)_2S_2O_8$将 Mn^{2+}氧化为MnO_4^-，然后用 Na_3AsO_3-$NaNO_2$标准溶液滴定。

$$2MnO_4^- + 5AsO_3^{3-} + 6H^+ = 2Mn^{2+} + 5AsO_4^{3-} + 3H_2O$$

$$2MnO_4^- + 5NO_2^- + 6H^+ = 2Mn^{2+} + 5NO_3^- + 3H_2O$$

在 H_2SO_4介质中，单独用 Na_3AsO_3溶液滴定MnO_4^-，Mn(Ⅶ)只被还原为平均氧化数为+3.3 的 Mn。在酸性溶液中，单独用 $NaNO_2$溶液滴定MnO_4^-，虽然Mn(Ⅶ)可定量地还原为 Mn(Ⅱ),但 HNO_2 和 MnO_4^- 作用缓慢且 HNO_2 不稳定。因此,采用 $Na_3AsO_3-NaNO_2$ 混合溶液来滴定 MnO_4^-。此时,NO_2^- 能使 MnO_4^- 定量还原为 Mn^{2+},也可将 Mn(Ⅲ)和 Mn(Ⅳ)还原为 Mn(Ⅱ),AsO_3^{3-} 能加速反应。所以,MnO_4^- 几乎全部被还原为 Mn(Ⅱ),溶液从紫色褪为无色指示终点,测量的结果较准确。即使如此,仍不能按理论值计算,需用已知含锰量的标准试样来确定 $Na_3AsO_3-NaNO_2$ 混合溶液对锰的滴定度。

6.8 氧化还原滴定结果的计算

由于氧化还原滴定反应机理复杂,同一物质在不同条件下反应得到的产物不同。因此,计算氧化还原滴定分析结果时需首先根据相关反应确定待测组分与滴定剂(标准溶液)之间的计量关系。

设待测组分 X 经过一系列反应而得到 Z 后,用滴定剂 T 来滴定,相关反应的计量关系为

$$aX \sim bY \sim \cdots \sim cZ \sim dT$$

则有

$$aX \sim dT$$

试样中 X 的质量分数的计算公式为

$$w_X = \frac{\frac{a}{d} c_T V_T M_X}{m_s \times 1\,000} \times 100\%$$

式中 c_T 和 V_T 分别为滴定剂的浓度($mol \cdot L^{-1}$)和体积(mL),M_X 为 X 的摩尔质量,m_s 为试样的质量。

例 6.11 称取 0.1000 g 软锰矿试样,经碱熔后得到 MnO_4^{2-}。煮沸溶液以除去过氧化物。酸化溶液使 MnO_4^{2-} 歧化为 MnO_4^- 和 MnO_2。滤去 MnO_2 后用 0.1020 $mol \cdot L^{-1}$ Fe^{2+} 标准溶液滴定 MnO_4^-,耗去 24.50 mL。计算试样中 MnO_2 的含量。

解 有关反应如下:

$$MnO_2 + Na_2O_2 = Na_2MnO_4$$

$$3MnO_4^{2-} + 4H^+ = 2MnO_4^- + MnO_2 + 2H_2O$$

$$MnO_4^- + 5Fe^{2+} + 8H^+ = Mn^{2+} + 5Fe^{3+} + 4H_2O$$

$$1MnO_2 \sim \frac{10}{3} Fe^{2+}$$

故

$$w_{MnO_2} = \frac{\frac{3}{10} c_{Fe^{2+}} V_{Fe^{2+}} M_{MnO_2}}{m_s \times 1\,000} \times 100\%$$

$$= \frac{\frac{3}{10} \times 0.1020\ mol \cdot L^{-1} \times 24.50\ mL \times 86.94\ g \cdot mol^{-1}}{0.1000\ g \times 1\,000} \times 100\%$$

$$= 65.18\%$$

例 6.12 称取 0.5000 g 苯酚试样。用 NaOH 溶液溶解后，用水准确稀释至 250.00 mL。移取 25.00 mL 试液于碘瓶中，加入 $KBrO_3-KBr$ 标准溶液25.00 mL及盐酸使苯酚溴化为三溴苯酚。加入 KI 溶液使未起反应的 Br_2 还原并析出定量的 I_2，然后用 0.1100 $mol\cdot L^{-1}$ $Na_2S_2O_3$ 标准溶液滴定，耗去16.50 mL。另取 25.00 mL $KBrO_3-KBr$ 标准溶液，加入盐酸及 KI 溶液，析出的 I_2 用0.1100 $mol\cdot L^{-1}$ $Na_2S_2O_3$标准溶液滴定，耗去 24.80 mL。计算苯酚试样中苯酚的含量。

解 有关反应如下：

$$KBrO_3+5KBr+6HCl \xlongequal{} 6KCl+3Br_2+3H_2O$$

$$C_6H_5OH+3Br_2 \xlongequal{} C_6H_2Br_3OH+3HBr$$

$$Br_2+2KI \xlongequal{} I_2\downarrow+2KBr$$

$$I_2+2Na_2S_2O_3 \xlongequal{} 2NaI+Na_2S_4O_6$$

$$1C_6H_5OH \sim 3Br_2 \sim 3I_2 \sim 6Na_2S_2O_3$$

故

$$w_{C_6H_5OH}=\frac{\frac{1}{6}c_{Na_2S_2O_3}(V_{1,Na_2S_2O_3}-V_{2,Na_2S_2O_3})M_{C_6H_5OH}}{m_s\times\frac{25.00}{250.00}\times 1000}\times 100\%$$

$$=\frac{\frac{1}{6}\times 0.1100\ mol\cdot L^{-1}\times(24.80\ mL-16.50\ mL)\times 94.11\ g\cdot mol^{-1}}{0.5000\ g\times\frac{25.00}{250.00}\times 1000}\times 100\%$$

$$=28.64\%$$

例 6.13 移取 20.00 mL 乙二醇溶液，加入 50.00 mL 0.02000 $mol\cdot L^{-1}$ $KMnO_4$ 碱性溶液，反应完全后，酸化溶液，加入 20.00 mL 0.1010 $mol\cdot L^{-1}$ $Na_2C_2O_4$ 溶液，还原过剩的 MnO_4^- 及 MnO_4^{2-} 的歧化产物 MnO_2和MnO_4^-；再以0.02000 $mol\cdot L^{-1}$ $KMnO_4$溶液滴定过量的 $Na_2C_2O_4$，消耗 15.20 mL。试计算乙二醇溶液的浓度。

解 由题意知，此题涉及的化学反应较多，虽然可依据发生的化学反应确定乙二醇、MnO_4^-、MnO_4^{2-}、MnO_2、$C_2O_4^{2-}$ 间的化学计量关系并据此计算乙二醇溶液的浓度，但过程复杂。考虑到在测定过程中，氧化剂为 $KMnO_4$，还原剂为$Na_2C_2O_4$和乙二醇。$KMnO_4$经多步反应最终还原为 Mn^{2+}，Mn 的氧化数由 7 降为 2，得到 5 个电子；乙二醇氧化为CO_3^{2-}，C 的氧化数由 −1 升到 4，乙二醇分子中有 2 个 C 原子，共失去 10 个电子；同理 1 个 $Na_2C_2O_4$ 分子失去 2 个电子。根据氧化还原反应得失电子数相等的原则，即

$$乙二醇 \sim 2MnO_4^- \sim 5C_2O_4^{2-} \sim 10e^-$$

故

$$5n_{KMnO_4}=10n_{乙二醇}+2n_{Na_2C_2O_4}$$

$$n_{乙二醇}=\frac{1}{10}(5n_{KMnO_4}-2n_{Na_2C_2O_4})$$

$$c_{乙二醇}=\frac{\frac{1}{10}[5c_{KMnO_4}(V_1+V_2)_{KMnO_4}-2c_{Na_2C_2O_4}V_{Na_2C_2O_4}]}{20.00\ mL}$$

$$=\frac{\frac{1}{10}\times[5\times0.02000\times(50.00+15.20)-2\times0.1010\times20.00]}{20.00}\ mol\cdot L^{-1}$$

$$=0.01240\ mol\cdot L^{-1}$$

思考题

1. 解释下列现象。

a. 将氯水慢慢加入含有 Br^- 和 I^- 的酸性溶液中，用 CCl_4 萃取，CCl_4 层变为紫色；

b. 虽然 $E^\ominus_{I_2/I^-}>E^\ominus_{Cu^{2+}/Cu}$，但是 Cu^{2+} 却能将 I^- 氧化为 I_2；

c. pH＝8.0 时，I_2 滴定 $HAsO_2$ 生成 $HAsO_4^{2-}$，而当 $[H^+]$ 为 1 $mol\cdot L^{-1}$ 时，I^- 却被 AsO_4^{3-} 氧化为 I_2；

d. Fe^{2+} 的存在加速 $KMnO_4$ 氧化 Cl^- 的反应；

e. 以 $KMnO_4$ 滴定 $C_2O_4^{2-}$ 时，滴入 $KMnO_4$ 的红色消失速率由慢到快；

f. 于 K_2CrO_7 标准溶液中，加入过量 KI 以淀粉为指示剂，用 $Na_2S_2O_3$ 溶液滴定至终点时，溶液由蓝变为绿；

g. 以纯铜标定 $Na_2S_2O_3$ 溶液时，滴定到达终点后（蓝色消失）又返回到蓝色。

2. 根据标准电极电位数据，判断下列各论述是否正确。

a. 在卤素离子中，除 F^- 外均能被 Fe^{3+} 氧化；

b. 在卤素离子中，只有 I^- 能被 Fe^{3+} 氧化；

c. 金属锌可以将 Ti(Ⅳ)还原至 Ti(Ⅲ)，金属银却不能；

d. 在酸性介质中，将金属铜置于 $AgNO_3$ 溶液里，可以将 Ag^+ 全部还原为金属银；

e. 间接碘量法测定铜时，Fe^{3+} 和 AsO_4^{3-} 都能氧化 I^- 析出 I_2 而干扰铜的测定。

3. 增加溶液的离子强度，Fe^{3+}/Fe^{2+} 电对的条件电极电位是升高还是降低？加入 PO_4^{3-}、F^- 或 1，10－邻二氮菲后，情况又如何？

4. 采用间接碘量法标定 $Na_2S_2O_3$ 溶液时，在 $K_2Cr_2O_7$ 标准溶液中加入 KI 后，为何要加入酸并将锥形瓶加盖后在暗处放置 5 min？而用 $Na_2S_2O_3$ 溶液滴定前又要加入蒸馏水稀释？若到达终点时，蓝色又迅速返回，其原因是什么，应如何处理？

5. 碘量法中的主要误差来源有哪些？配制、标定和保存 I_2 及 $Na_2S_2O_3$ 标准溶液时，应注意哪些事项？

6. 用 $KMnO_4$ 为预氧化剂，Fe^{2+} 为滴定剂，试简述测定 Cr^{3+}、VO^{2+} 混合溶液中 Cr^{3+}、VO^{2+} 的方法原理。

7. 怎样分别滴定混合溶液中的 Cr^{3+} 及 Fe^{3+}？

8. 用碘量法滴定含 Fe^{3+} 的 H_2O_2 试液。应注意哪些问题？

9. $(NH_4)_2S_2O_8$（以 Ag^+ 为催化剂）或 $KMnO_4$ 等为预氧化剂，Fe^{2+} 或 $NaAsO_2-NaNO_2$ 等为滴定剂，试简述滴定混合溶液中 Mn^{2+}、Cr^{3+}、VO^{2+} 的方法原理。

10. 试拟定用氧化还原滴定法测定矿石中铀的含量的方案。

11. 试拟定用氧化还原滴定法测定空气中 CO 浓度的方案。

12. 如何用氧化还原滴定法测定广谱消毒剂中过氧乙酸的含量？

习　题

1. 忽略离子强度的影响，计算当溶液中 Cu^{2+} 和 KI 的浓度均为 1.0 mol·L^{-1} 时，Cu^{2+}/Cu^{+} 电对的条件电极电位。

(0.865 V)

2. 忽略离子强度的影响，计算在 1,10-邻二氮菲存在下，溶液中 H_2SO_4 浓度为 1.0 mol·L^{-1} 时，Fe^{3+}/Fe^{2+} 电对的条件电极电位。已知在 1.0 mol·L^{-1} H_2SO_4 溶液中，亚铁络合物 $[FeR_3]^{2+}$ 与高铁络合物 $[FeR_3]^{3+}$ 的稳定常数之比 $K_{\mathrm{II}}/K_{\mathrm{III}}=2.8\times10^{6}$，$E^{\ominus}_{Fe^{3+}/Fe^{2+}}=0.77$ V。

(1.15 V)

3. 根据 $E^{\ominus}_{Hg_2^{2+}/Hg}$ 和 Hg_2I_2 的 K_{sp}，计算 $E^{\ominus}_{Hg_2I_2/Hg}$。若溶液中 I^- 的浓度为 0.020 mol·L^{-1} 时，Hg_2I_2/Hg 电对的电极电位为多少？

(−0.043 V, 0.057 V)

4. 忽略离子强度的影响，计算溶液 pH=4.0 和 F^- 的浓度为 0.10 mol·L^{-1} 时，Fe^{3+}/Fe^{2+} 电对的条件电极电位。

(0.153 V)

5. 分别计算 0.100 mol·L^{-1} $KMnO_4$ 和 0.100 mol·L^{-1} $K_2Cr_2O_7$ 在 H^+ 浓度为 1.0 mol·L^{-1} 的介质中，还原一半时的电位。计算结果说明了什么？已知 $E^{\ominus\prime}_{MnO_4^-/Mn^{2+}}=1.45$ V；$E^{\ominus\prime}_{Cr_2O_7^{2-}/Cr^{3+}}=1.00$ V。

(1.45 V, 1.01 V)

6. 将一块纯铜片置于 0.10 mol·L^{-1} $AgNO_3$ 溶液中，计算溶液达到平衡后的组成。

($[Ag^+]=3.23\times10^{-9}$ mol·L^{-1}，$[Cu^{2+}]=0.050$ mol·L^{-1})

7. 计算说明将含 0.1 mol·L^{-1} 游离氨的 Co^{2+} 溶液敞开在空气中，最终 Co 以什么价态及形式存在？已知 $E^{\ominus}_{Co^{3+}/Co^{2+}}=1.84$ V，$E^{\ominus}_{O_2/OH^-}=0.401$ V，反应为 $O_2+2H_2O+4e^- \rightleftharpoons 4OH^-$。

($[Co(NH_3)_6]^{3+}$)

8. 以 $K_2Cr_2O_7$ 标准溶液滴定 Fe^{2+}，计算 25 ℃时反应的平衡常数；若在化学计量点时，$c_{Fe^{3+}}=0.05000$ mol·L^{-1}，要使 Fe^{2+} 被完全滴定（即 $c_{Fe^{2+}}\leqslant10^{-6}$ mol·L^{-1}），溶液的最小 pH 为多少？

($10^{56.8}$, 1.82)

9. 以 0.1000 mol·L^{-1} $Na_2S_2O_3$ 溶液滴定 20.00 mL 0.0500 mol·L^{-1} I_2 溶液（含KI 1 mol·L^{-1}）。计算滴定分数为 50%、100%及 200%时的体系电位。

(0.507 V, 0.384 V, 0.115 V)

10. 于 0.100 mol·L^{-1} Fe^{3+} 和 0.250 mol·L^{-1} HCl 混合溶液中，通入 H_2S 气体使之达到平衡，求此时溶液中 Fe^{3+} 的浓度。已知 H_2S 饱和溶液的浓度为 0.100 mol·L^{-1}。

(2.51×10^{-11} mol·L^{-1})

11. 计算在 1 mol·L^{-1} HCl 溶液中，用 Fe^{3+} 滴定 Sn^{2+} 时的化学计量点电位，并计算滴定至 99.9% 和 100.1%时的电位。说明为什么化学计量点前后，同样改变 0.1%时，电位的变化不相同。若用电位滴定判断终点，与计算所得化学计量点电位一致吗？

(0.32 V, 0.23 V, 0.50 V；两电对的电子转移数不相等；因此化学计量点与电位滴定终点不一致)

12. 用间接碘量法测定铜时，Fe^{3+} 和 AsO_4^{3-} 都能氧化 I^- 而干扰铜的测定。实验表明，加入 0.005 $mol \cdot L^{-1}$ NH_4HF_2 溶液即能消除 Fe^{3+} 及 AsO_4^{3-} 的干扰，试通过计算说明。

$(E^{\ominus'}_{Fe^{3+}/Fe^{2+}}=0.450\ V<E^{\ominus}_{I_2/I^-}=0.534\ V,$

$E^{\ominus'}_{As(V)/As(III)}=0.366\ V<E^{\ominus}_{I_2/I^-}=0.534\ V)$

13. 计算以二苯胺磺酸钠为指示剂，在 1 $mol \cdot L^{-1}$ H_2SO_4 及 1 $mol \cdot L^{-1}$ H_2SO_4 + 0.5 $mol \cdot L^{-1}$ H_3PO_4 介质中用 Ce^{4+} 溶液滴定 Fe^{2+} 溶液时的终点误差？已知在 1 $mol \cdot L^{-1}$ H_2SO_4 介质中：$E^{\ominus'}_{Ce^{4+}/Ce^{3+}}=1.44\ V$，$E^{\ominus'}_{Fe^{3+}/Fe^{2+}}=0.68\ V$，$E^{\ominus'}_{In}=0.84\ V$；$\lg\beta_{Fe(H_2PO_4)_3}=3.5$，$\lg\beta_{Fe(H_2PO_4)_2}=2.3$。

(−0.19%，−0.01%)

14. 用还原剂 Red_T 滴定氧化剂 Ox_X，试证明对滴定反应：

$$n_X Red_T + n_T Ox_X \rightleftharpoons n_X Ox_T + n_T Red_X$$

其终点误差的计算公式为

$$E_t=\frac{n_T[Red_T]_{ep}-n_X[Ox_X]_{ep}}{n_X c_X^{sp}}\times 100\%$$

15. 用重铬酸钾法测定铁时，若固定 $K_2Cr_2O_7$ 标准溶液的浓度为 0.016 67 $mol \cdot L^{-1}$，欲使滴定所消耗的 $K_2Cr_2O_7$ 标准溶液的体积(mL)与铁的质量分数(%)的数值相同，应称取铁试样多少克？

(0.558 6 g)

16. 试设计用氧化还原法测定自动缓冲装置上的铬板厚度的实验方案。

(提示：重铬酸钾法)

17. 化学耗氧量(COD)可用氧化还原滴定法测定。今取 100.0 mL 某废水样，用 H_2SO_4 酸化后，加入 25.00 mL 0.016 67 $mol \cdot L^{-1}$ $K_2Cr_2O_7$ 溶液，以 Ag_2SO_4 为催化剂，煮沸一定时间，待水样中还原性物质定量氧化后，以 1,10-邻二氮菲亚铁为指示剂，用 0.100 0 $mol \cdot L^{-1}$ $FeSO_4$ 标准溶液滴定剩余的 $Cr_2O_7^{2-}$，用去 20.08 mL。计算废水样中化学耗氧量($mg \cdot L^{-1}$)。

(39.40 $mg \cdot L^{-1}$)

18. 称取 1.038 g Pb_2O_3 试样，用 20.00 mL 0.250 0 $mol \cdot L^{-1}$ $H_2C_2O_4$ 溶液处理使 Pb(Ⅳ)还原为 Pb(Ⅱ)，中和溶液使 Pb^{2+} 定量沉淀为 PbC_2O_4。过滤、酸化滤液，用 0.040 00 $mol \cdot L^{-1}$ $KMnO_4$ 溶液滴定，用去 10.00 mL。沉淀用酸溶解后，用同样的 $KMnO_4$ 溶液滴定，用去24.80 mL。计算试样中 PbO 及 PbO_2 含量。

(20.64%，35.03%)

19. 陨星中的铁含量可以用高锰酸钾法测定。称取 0.255 4 g 试样，用酸溶解并用还原剂将 Fe^{3+} 还原为 Fe^{2+}，然后用 0.025 00 $mol \cdot L^{-1}$ $KMnO_4$ 溶液滴定 Fe^{2+}，终点时消耗此 $KMnO_4$ 溶液 24.78 mL。试确定陨星试样中 Fe_2O_3 的含量。

(96.84%)

20. 移取 20.00 mL HCOOH 和 HAc 的混合溶液，以 0.100 0 $mol \cdot L^{-1}$ NaOH 溶液滴定至终点时，共消耗 25.00 mL。另取上述溶液 20.00 mL，准确加入 0.025 00 $mol \cdot L^{-1}$ $KMnO_4$ 强碱性溶液 50.00 mL。使之反应完全后，调节至酸性，加入 0.200 0 $mol \cdot L^{-1}$ Fe^{2+} 标准溶液40.00 mL，将剩余的 MnO_4^- 及 MnO_4^{2-} 歧化生成的 MnO_4^- 和 MnO_2 全部还原至 Mn^{2+}，剩余的 Fe^{2+} 溶液用上述 $KMnO_4$ 标准

溶液滴定，至终点时消耗 24.00 mL。计算试液中 HCOOH 和 HAc 的浓度各为多少？

（提示：在碱性溶液中反应为

$$HCOO^- + 2MnO_4^- + 3OH^- \longrightarrow CO_3^{2-} + 2MnO_4^{2-} + 2H_2O$$

酸化后

$$3MnO_4^{2-} + 4H^+ \Longrightarrow 2MnO_4^- + MnO_2 \downarrow + 2H_2O)$$

（0.031 25 $mol \cdot L^{-1}$，0.093 75 $mol \cdot L^{-1}$）

21. 今有 25.00 mL KI 溶液，用 10.00 mL 0.050 00 $mol \cdot L^{-1}$ KIO_3 溶液处理后，煮沸溶液以除去 I_2。冷却后，加入过量 KI 溶液使之与剩余的 KIO_3 反应，然后将溶液调至中性。析出的 I_2 用 0.099 92 $mol \cdot L^{-1}$ $Na_2S_2O_3$ 溶液滴定，用去 22.20 mL。计算 KI 溶液的浓度。

（0.026 06 $mol \cdot L^{-1}$）

22. 钇钡铜氧是一种高温超导体，其组成为$(Y^{3+})(Ba^{2+})_2(Cu^{2+})_x(Cu^{3+})_y(O^{2-})_7$。试拟定用间接碘量法测定 x、y 的实验方案。

23. 固定称取 0.500 0 g 铜试样，用碘量法测定铜，若欲使滴定所消耗的 $Na_2S_2O_3$ 标准溶液的体积(mL)与铜的质量分数(%)的数值相同，计算应配制 $Na_2S_2O_3$ 标准溶液的量浓度。

（0.078 68 $mol \cdot L^{-1}$）

24. 用碘量法测定铜时，若固定 $Na_2S_2O_3$ 标准溶液的浓度为 0.100 0 $mol \cdot L^{-1}$，欲使滴定所消耗的 $Na_2S_2O_3$ 标准溶液的体积(mL)与铜的质量分数(%)的数值相同，应称取铜试样多少克？

（0.635 5 g）

25. 将 1.000 g 铝试样用酸溶解后转入 250 mL 容量瓶，用水稀释至刻度并摇匀。移取此试液 25.00 mL，调节 pH 为 9.0，加入稍过量 8-羟基喹啉(HOC_9H_6N)将 Al^{3+} 沉淀为$Al(OC_9H_6N)_3$。沉淀经过滤、洗涤后用 HCl 溶液溶解，然后加入 50.00 mL 0.040 00 $mol \cdot L^{-1}$ $KBrO_3$（含过量 KBr）溶液，待反应

$$HOC_9H_6N + 2Br_2 \Longrightarrow C_9H_5NOBr_2 + 2HBr$$

进行完全后，剩余的 Br_2 用 KI 转化为 I_2，再用 0.098 74 $mol \cdot L^{-1}$ $Na_2S_2O_3$ 标准溶液滴定，终点时消耗 24.80 mL。计算此铝合金中铝的质量分数。

（21.48%）

26. 称取 0.500 0 g 含钡试样，溶解后加入 25.00 mL 0.050 00 $mol \cdot L^{-1}$ KIO_3 溶液将 Ba^{2+} 沉淀为 $Ba(IO_3)_2$，沉淀过滤洗净后，加入过量 KI 于滤液中并酸化，析出的 I_2 用 0.100 8 $mol \cdot L^{-1}$ $Na_2S_2O_3$ 标准溶液滴定，耗去 23.84 mL。计算此试样中 BaO 的质量分数。

（13.03%）

27. 将 0.100 0 g 含水甘油中加入 50.00 mL 含 0.100 0 $mol \cdot L^{-1}$ Ce^{4+} 的 4 $mol \cdot L^{-1}$ $HClO_4$ 溶液中，60 ℃水浴中加热 15 min 使甘油氧化成蚁酸。过量的 Ce^{4+} 需要 20.83 mL 0.050 02 $mol \cdot L^{-1}$ Fe^{2+} 溶液滴定至终点。求未知液中甘油的质量分数。

（45.56%）

28. 少量的碘化物可利用“化学放大”反应进行测定，其步骤如下：在中性或弱酸性介质中先用 Br_2 将试样中所含的 I^- 氧化为 IO_3^-，然后加入过量 KI 使其与生成的 IO_3^- 形成 I_2，用 CCl_4 萃取生成的 I_2（萃取率 100%）。分去水相后，用肼（即联氨）的水溶液将 I_2 反萃至水相：

$$H_2NNH_2 + 2I_2 \Longrightarrow 4I^- + N_2\uparrow + 4H^+$$

再用过量的 Br_2 氧化，除去剩余的 Br_2 后加入过量 KI、酸化，以淀粉作指示剂，用 $Na_2S_2O_3$ 标准溶液滴定，即可求得碘化物(I^-)的含量。

a. 计算说明经上述步骤后，试样中 1 mol 的 I^- 可消耗几摩尔的 $Na_2S_2O_3$，其“化学放大”倍数是多少。

b. 若在测定时，准确移取含 KI 试液 25.00 mL，终点时耗用 0.1000 $mol\cdot L^{-1}$ $Na_2S_2O_3$ 溶液 20.06 mL，试计算试液中 KI 的质量浓度($g\cdot L^{-1}$)。

(36，0.3700 $g\cdot L^{-1}$)

第7章

重量分析法和沉淀滴定法

重量分析法是化学分析中最经典、最基本的分析方法，适用于常量组分的测定和仲裁分析。沉淀滴定法是以沉淀反应为基础的滴定分析方法。本章以沉淀溶解平衡为基础，讨论沉淀的形成、沉淀条件的选择和沉淀滴定的方法。此外，由于沉淀法是制备纳米材料的主要方法之一，本章也将对此进行简要的介绍。

7.1 重量分析法概述

在重量分析法中，通常根据试样的组成、被测组分的性质选择合适的方法将其从试样溶液中分离出来，并转化为一定的称量形式，然后用称量方法测定该组分的含量。

7.1.1 重量分析法的分类和特点

根据分离方法的不同，重量分析法通常分为以下三种。

1. 沉淀法

沉淀法是重量分析法中最主要、应用最广泛的方法。该方法先将试样制成溶液，再根据溶液的组成、被测组分的性质选择合适的沉淀剂将其以微溶化合物形式沉淀出来。沉淀经过滤、洗涤、烘干或灼烧后称量，然后计算被测组分的含量。该方法是本章的重点，将进行详细讨论。

2. 气化(挥发)法

该方法一般通过加热或其他方法使被测组分从试样中挥发逸出，然后根据试样减少的质量计算该组分含量；或者将逸出组分用吸收剂吸收，然后根据吸收剂增加的质量计算该组分含量。

例如，测定土壤中 SiO_2 的含量时，用 HF 处理沉淀法得到的含有 Fe 的 SiO_2：

$$SiO_2 + 4HF \longrightarrow SiF_4 \uparrow + 2H_2O$$

SiF_4 挥发后，称量残渣的质量并计算 SiO_2 含量。

又如，欲沉淀某试样中 CO_2 的含量，通过适当方法使 CO_2 全部逸出并用碱石灰将其吸收，根据吸收前后碱石灰质量之差即可计算 CO_2 含量。

3. 电解法

该方法利用电解的方法使被测组分在电极上析出，根据电极质量的变化计算该组分的含量。

例如，测定某试样中铜的含量时，可在一定条件下用电子作沉淀剂使 Cu^{2+} 全部在阴极析出，再根据电解前后阴极质量的变化计算铜的含量。

重量分析法作为一种经典的化学分析方法，虽然近年来有关文献的报道大为减少，但由于它是直接用分析天平称量获得分析结果的，不需要基准物质或标准试样，因此引入误差的机会相对较少，准确度比别的分析方法高，相对误差为 0.1%～0.2%。重量分析法的缺点是操作烦琐、周期长，不适用于测定微量组分及痕量组分。

7.1.2 重量分析法对沉淀形式和称量形式的要求

利用沉淀法进行重量分析时，在试样溶液中加入适当的沉淀剂使被测组分以合适的沉淀形式析出，然后将其过滤、洗涤、烘干或灼烧成适当的"称量形式"称量。沉淀形式和称量形式可能相同也可能不同。例如，用 $BaSO_4$ 重量分析法测定 Ba^{2+} 或 SO_4^{2-} 时，沉淀形式和称量形式都是 $BaSO_4$；而用重量分析法测定 Ca^{2+} 时，沉淀形式为 $CaC_2O_4 \cdot H_2O$，称量形式为 CaO。

1. 重量分析对沉淀形式的要求

a. 沉淀的溶解度必须足够小，这样才能保证被测组分定量沉淀。

b. 沉淀应易于过滤和洗涤。为此，希望尽量获得颗粒粗大的晶形沉淀。如果只能获得无定形沉淀，则应掌握好沉淀条件以改善沉淀的性质。

c. 沉淀应尽可能纯净，所含杂质应尽量少。

d. 沉淀应易于转化为称量形式。

2. 重量分析对称量形式的要求

a. 称量形式必须具有恒定的化学组成。

b. 称量形式必须十分稳定，不受空气中水分、CO_2 和 O_2 等的影响。

c. 称量形式的摩尔质量要大。这样被测组分在称量形式中的含量小，可以减少称量的相对误差，提高测定的准确度。例如，重量分析法测定 Al^{3+} 时，既可以用氨水将其沉淀为 $Al(OH)_3$ 后灼烧成 Al_2O_3 称量，也可以用 8-羟基喹啉沉淀为8-羟基喹啉铝 $(C_9H_6NO)_3Al$ 烘干后称量。按这两种称量形式计算，0.100 0 g Al 可分别获得 0.188 8 g Al_2O_3 或 1.704 g $(C_9H_6NO)_3Al$，而分析天平的称量误差一般为±0.2 mg，显然，8-羟基喹啉重量分析法测定铝的准确度高于氨水法。

7.2 沉淀的溶解度及其影响因素

利用沉淀反应进行重量分析时，要求沉淀反应进行完全。沉淀反应的完全程度可以根据沉淀的溶解度大小进行衡量。沉淀溶解度的大小直接决定被测组分能否定量转化为沉淀，直接影响分析结果的准确度。通常在重量分析中要求因沉淀不完全而残留在溶液中的沉淀量不超过分析天平的允许称量误差(≤0.000 1 g)。遗憾的是，很多沉淀反应都无法满足这一要求。影响沉淀溶解度的因素较多，深入了解这些因素的影响对于采取有效措施减少沉淀的溶解度、提高分析结果的准确度是十分重要的。

7.2.1 固有溶解度、溶解度、溶度积和条件溶度积

实验表明，AgCl 溶于水时存在如下平衡：

$$AgCl(固) \rightleftharpoons AgCl(水) \rightleftharpoons Ag^{+} + Cl^{-}$$

$CaSO_4$溶于水时存在如下平衡：

$$CaSO_4(固) \rightleftharpoons Ca^{2+}SO_4^{2-}(水) \rightleftharpoons Ca^{2+} + SO_4^{2-}$$

一般而言，以微溶化合物 MA 为例，其在水溶液中溶解达到饱和时存在如下平衡：

$$MA(固) \overset{s^0}{\rightleftharpoons} MA(水) \rightleftharpoons M^{+} + A^{-}$$

MA(固)与 MA(水)之间的沉淀溶解平衡常数为

$$s^0 = \frac{a_{MA(水)}}{a_{MA(固)}}$$

因纯固体物质的活度等于 1，故

$$s^0 = a_{MA(水)}$$

式中 s^0 称为物质的固有溶解度或分子溶解度，它表示在溶液中以分子状态或离子对状态存在的微溶化合物的浓度，与化合物本身的性质有关。各种微溶化合物的固有溶解度相差很大，一般在 $10^{-9} \sim 10^{-6}$ mol·L^{-1}。应指出的是，大多数晶形沉淀的 s^0 较小，计算溶解度时可忽略不计，而难解离物质的 s^0 一般较大。

由微溶化合物 MA 沉淀溶解平衡：

$$MA(水) \rightleftharpoons M^{+} + A^{-}$$

可得

$$K = \frac{a_{M^{+}} a_{A^{-}}}{a_{MA(水)}}$$

$$K_{sp}^0 = Ks^0 = a_{M^{+}} \cdot a_{A^{-}} \tag{7-1}$$

K_{sp}^0称为该微溶化合物的活度积常数，简称活度积(activity product)，温度不变时为一常数。若以浓度代替活度，则有

$$K_{sp} = [M^{+}][A^{-}] \tag{7-2}$$

K_{sp}称为微溶化合物的溶度积。它与活度积的关系为

$$K_{sp} = [M^{+}][A^{-}] = \frac{a_{M^{+}}}{\gamma_{M^{+}}} \cdot \frac{a_{A^{-}}}{\gamma_{A^{-}}} = \frac{K_{sp}^0}{\gamma_{M^{+}} \gamma_{A^{-}}} \tag{7-3}$$

在分析化学中，由于微溶化合物的溶解度通常都很小，溶液中的离子强度不大，故一般可忽略离子强度的影响。需指出的是，附录表 11 中所列微溶化合物的溶度积均为活度积，一般可作为溶度积使用。若溶液中有强电解质存在，离子强度较大时，则应由相应的活度系数计算该条件下的 K_{sp}，此时 K_{sp}与 K_{sp}^0可能相差较大。

当沉淀剂 A^- 与 M^+ 形成微溶化合物 MA 时，除此主反应外，还可能存在各种副反应（为方便，略去电荷）：

$$
\begin{array}{ccccc}
MA(固) \rightleftharpoons & M^+ & + & A^- \\
\mathrm{OH}\swarrow\!\!\nearrow & & \searrow\!\!\nwarrow \mathrm{L} & \updownarrow \mathrm{H} \\
MOH & & ML & HA \\
\vdots & & \vdots & \vdots
\end{array}
$$

此时，溶液中金属离子总浓度[M′]和沉淀剂总浓度[A′]分别为

$$[M']=[M]+[ML]+[ML_2]+\cdots+[M(OH)]+[M(OH)_2]+\cdots$$

$$[A']=[A]+[HA]+[H_2A]+\cdots$$

引入 α_M、α_A，则

$$K_{sp}=[M][A]=\frac{[M'][A']}{\alpha_M\alpha_A}=\frac{K'_{sp}}{\alpha_M\alpha_A} \tag{7-4}$$

即

$$K'_{sp}=[M'][A']=K_{sp}\alpha_M\alpha_A$$

K'_{sp}称为条件溶度积（conditional solubility product）。由此可知，由于副反应的发生导致 K'_{sp}大于 K_{sp}。

应指出的是，微溶化合物的溶解度应该是所有溶解的组分的浓度的总和。例如，微溶化合物 MA 的 s 为

$$s=s^0+[M^+]=s^0+[A^-] \tag{7-5}$$

又如，$HgCl_2$的溶解度应是溶解于溶液中的 $HgCl_2$、$HgCl^+$ 和 Hg^{2+} 等组分的浓度的总和，即

$$s=[HgCl_2]+[HgCl^+]+[Hg^{2+}]\approx s^0+[Hg^{2+}]$$

7.2.2 影响沉淀溶解度的因素

影响沉淀溶解度的因素很多，如同离子效应、盐效应、酸效应、络合效应等。此外，温度、介质、晶体结构和颗粒大小等也会影响沉淀的溶解度。

1. 计算沉淀溶解度的通式

以 $m:n$ 型微溶化合物 M_mA_n 为例，其 K_{sp}^0的表达式（为方便，略去电荷）为

$$K_{sp}^0=(a_M)^m\ (a_A)^n=\gamma_M^m\gamma_A^n\ [M]^m\ [A]^n=\frac{\gamma_M^m\gamma_A^n\ [M']^m\ [A']^n}{\alpha_M^m\alpha_{A(H)}^n}$$

设该化合物的溶解度为 s，考虑同离子效应，当$[A']\approx c_A$ 时，则

$$K_{sp}^0=\frac{\gamma_M^m\gamma_A^n[M']^m[A']^n}{\alpha_M^m\alpha_{A(H)}^n}=\frac{\gamma_M^m\gamma_A^n(ms)^m c_A^n}{\alpha_M^m\alpha_{A(H)}^n}$$

$$s=\sqrt[m]{\frac{K_{sp}^0\alpha_M^m\alpha_{A(H)}^n}{\gamma_M^m\gamma_A^n c_A^n m^m}} \tag{7-6}$$

取对数得

$$\lg s=\frac{1}{m}(\lg K_{sp}^0+m\lg\alpha_M+n\lg\alpha_{A(H)}-m\lg\gamma_M-n\lg\gamma_A-n\lg c_A-m\lg m)$$

络合效应　酸效应　盐效应　同离子效应

同理，当$[M']=c_M$ 时，有

$$s=\sqrt[n]{\frac{K_{sp}^0\alpha_M^m\alpha_{A(H)}^n}{\gamma_M^m\gamma_A^n c_M^m n^n}} \tag{7-7}$$

$$\lg s=\frac{1}{n}(\lg K_{sp}^0+m\lg\alpha_M+n\lg\alpha_{A(H)}-m\lg\gamma_M-n\lg\gamma_A-m\lg c_M-n\lg n)$$

络合效应　酸效应　盐效应　同离子效应

无同离子存在时，则有

$$K_{sp}^0=\frac{\gamma_M^m\gamma_A^n[M']^m[A']^n}{\alpha_M^m\alpha_{A(H)}^n}=\frac{\gamma_M^m\gamma_A^n(ms)^m(ns)^n}{\alpha_M^m\alpha_{A(H)}^n}=\frac{\gamma_M^m\gamma_A^n s^{m+n}m^m n^n}{\alpha_M^m\alpha_{A(H)}^n}$$

$$s=\sqrt[m+n]{\frac{K_{sp}^0\alpha_M^m\alpha_{A(H)}^n}{\gamma_M^m\gamma_A^n m^m n^n}} \tag{7-8}$$

$$\lg s=\frac{1}{m+n}(\lg K_{sp}^0+m\lg\alpha_M+n\lg\alpha_{A(H)}-m\lg\gamma_M-n\lg\gamma_A-m\lg m-n\lg n)$$

式(7-6)、式(7-7)为同离子效应、络合效应、酸效应、盐效应四种效应都存在时计算 s 的公式，式(7-8)为络合效应、酸效应、盐效应存在时计算 s 的公式。由式(7-6)、式(7-7)可知，同离子效应使 s 减小；因 $\gamma<1$，盐效应使 s 增大；因$\alpha>1$，酸效应和络合效应使 s 增大。

当 $m=n=1$ 时，即对于 MA 型微溶化合物，由式(7-6)可得

$$s=\frac{K_{sp}^0\alpha_M\alpha_{A(H)}}{\gamma_M\gamma_A c_A}$$

$$\lg s=\lg K_{sp}^0+\lg\alpha_M+\lg\alpha_{A(H)}-\lg\gamma_M-\lg\gamma_A-\lg c_A$$

由式(7-7)可得

$$s=\frac{K_{sp}^0\alpha_M\alpha_{A(H)}}{\gamma_M\gamma_A c_M}$$

$$\lg s=\lg K_{sp}^0+\lg\alpha_M+\lg\alpha_{A(H)}-\lg\gamma_M-\lg\gamma_A-\lg c_M$$

由式(7-8)可得

$$s=\sqrt{\frac{K_{sp}^{0}\alpha_{M}\alpha_{A(H)}}{\gamma_{M}\gamma_{A}}}$$

$$\lg s=\frac{1}{2}(\lg K_{sp}^{0}+\lg\alpha_{M}+\lg\alpha_{A(H)}-\lg\gamma_{M}-\lg\gamma_{A})$$

2. 同离子效应

组成沉淀晶体的离子称为构晶离子。当沉淀反应达到平衡后,如果向溶液中加入适当量过量的某一构晶离子的试剂或溶液,可降低沉淀的溶解度。这种由于构晶离子的存在使得沉淀溶解度减小的现象称为同离子效应。

微溶化合物 M_mA_n 的溶解平衡为

$$M_mA_n \rightleftharpoons mM+nA$$

设其溶解度为 s,仅考虑同离子效应时,若溶液中构晶离子 A 的浓度 c_A 远远大于沉淀溶解产生的 A 的浓度,由式(7-6)可得

$$s=\sqrt[m]{\frac{K_{sp}}{c_{A}^{n}m^{m}}} \tag{7-9}$$

由式(7-9)可知,在一定浓度范围内,构晶离子浓度越大,则微溶化合物的溶解度越小。在重量分析中,通常利用同离子效应来减少沉淀的溶解损失,提高分析结果的准确度。但沉淀剂加得太多,又引起盐效应、酸效应、络合效应等副反应使沉淀溶解度增大。一般情况下,沉淀剂过量 50%～100%是适宜的,若沉淀剂不易挥发,则以过量 20%～30%为宜。

例 7.1 计算 a. $BaSO_4$ 在 250 mL 饱和溶液中可溶解多少克? b. 若使此溶液中 SO_4^{2-} 的最终浓度为 0.10 mol·L^{-1},此时 $BaSO_4$ 溶解多少克?

解 a. 在 $BaSO_4$ 饱和溶液中:

$$s=[Ba^{2+}]=\sqrt{K_{sp}}=\sqrt{1.1\times10^{-10}}\ \text{mol·L}^{-1}=1.05\times10^{-5}\ \text{mol·L}^{-1}$$

可溶解 $BaSO_4$ 的质量为 $\left(1.05\times10^{-5}\times233.4\times\frac{250}{1000}\right)\ \text{g}=6.1\times10^{-4}\ \text{g}$

b. SO_4^{2-} 过量时,沉淀溶解产生的 SO_4^{2-} 浓度远小于 0.10 mol·L^{-1},即$[SO_4^{2-}]\approx$ 0.10 mol·L^{-1},故

$$s=[Ba^{2+}]=\frac{K_{sp}}{[SO_4^{2-}]}=\frac{1.1\times10^{-10}}{0.10}\ \text{mol·L}^{-1}=1.1\times10^{-9}\ \text{mol·L}^{-1}$$

可溶解 $BaSO_4$ 的质量为 $\left(1.1\times10^{-9}\times233.4\times\frac{250}{1000}\right)\ \text{g}=6.4\times10^{-8}\ \text{g}$

3. 盐效应

实验结果表明,当溶液中有强电解质(如 KNO_3、$NaNO_3$等)存在时,沉淀的溶解度比纯水中要大。这种由于强电解质的存在使得沉淀溶解度增大的现象称为盐效应。

设 M_mA_n 的溶解度为 s，由式(7-8)可得

$$s=\sqrt[m+n]{\frac{K_{sp}^{0}}{\gamma_M^m\gamma_A^n m^m n^n}} \tag{7-10}$$

通常情况下，γ_M、γ_A 的值均小于1，因此，对同一体系而言，考虑离子强度时，沉淀的溶解度比不考虑离子强度时要大。盐效应与构晶离子的电荷有关，构晶离子电荷越高，盐效应越强。

应指出的是，盐效应并不是导致沉淀溶解度增大的主要因素，只有当离子强度很大且沉淀溶解度也较大时，才需要考虑盐效应。

由于盐效应的存在，在重量分析中利用同离子效应降低沉淀溶解度时，沉淀剂不能过量太多，否则将使沉淀溶解度增大。

例 7.2 计算 $BaSO_4$ 在 0.0080 mol·L^{-1} $CaCl_2$ 溶液中的溶解度。

解 $I=\frac{1}{2}(c_{Ca^{2+}}\times 2^2+c_{Cl^-}\times 1^2+c_{Ba^{2+}}\times 2^2+c_{SO_4^{2-}}\times 2^2)$

$$\approx\frac{1}{2}(0.0080\ \text{mol·L}^{-1}\times 2^2+0.016\ \text{mol·L}^{-1}\times 1^2)=0.024\ \text{mol·L}^{-1}$$

由表4-1、表4-2查得 Ba^{2+} 的 $\mathring{a}=500$，SO_4^{2-} 的 $\mathring{a}=400$，$\gamma_{Ba^{2+}}\approx 0.56$，$\gamma_{SO_4^{2-}}\approx 0.55$。

设 $BaSO_4$ 在 0.0080 mol·L^{-1} $CaCl_2$ 溶液中的溶解度为 s，则

$$s=\sqrt{\frac{K_{sp}^{0}}{\gamma_{Ba^{2+}}\gamma_{SO_4^{2-}}}}=\sqrt{\frac{1.1\times 10^{-10}}{0.56\times 0.55}}\ \text{mol·L}^{-1}=1.9\times 10^{-5}\ \text{mol·L}^{-1}$$

4. 酸效应

溶液酸度对沉淀溶解度的影响称为酸效应。

构成沉淀的金属离子 M 和酸根离子 A 在溶液中均可发生酸碱反应，这些反应降低了它们的游离浓度，导致沉淀溶解度增大。在酸效应中，通常主要讨论氢离子和酸根离子的反应对沉淀溶解度的影响。

设 M_mA_n 的溶解度为 s，则有

$$\begin{array}{ccc} M_mA_n(\text{固}) & \rightleftharpoons & mM+nA \\ & & \quad\ \ \Big\Updownarrow H^+ \\ & & \quad\ \ HA \\ & & \quad\ \ \Big\Updownarrow H^+ \\ & & \quad\ \ H_2A \\ & & \quad\ \ \vdots \\ & & \quad\ \ \Big\Updownarrow H^+ \\ & & \quad\ \ H_nA \\ s & & ms \quad ns \end{array}$$

由式(7-8)可得

$$s = \sqrt[m+n]{\frac{K_{sp}\alpha_{A(H)}^{n}}{m^m n^n}} \tag{7-11}$$

由于$\alpha_{A(H)} > 1$，故酸效应使沉淀溶解度增大。

例 7.3 计算 CaC_2O_4 a. 在 pH 为 2.00 和 3.00 的溶液中的溶解度，b. 在 pH=4.00、$C_2O_4^{2-}$ 总浓度为 0.010 mol·L^{-1}的溶液中的溶解度。

解 a. 设 CaC_2O_4 在 pH 为 2.00 的溶液中的溶解度为 s，已知 CaC_2O_4 的 $K_{sp}=2.0\times10^{-9}$，$H_2C_2O_4$的 $K_{a_1}=5.9\times10^{-2}$，$K_{a_2}=6.4\times10^{-5}$，此时

$$\begin{aligned}\alpha_{C_2O_4^{2-}(H)} &= 1+\beta_1^H[H^+]+\beta_2^H[H^+]^2 \\ &= 1+\frac{1}{6.4\times10^{-5}}\times10^{-2.00}+\frac{1}{5.9\times10^{-2}\times6.4\times10^{-5}}\times10^{-2\times2.00} \\ &= 184\end{aligned}$$

$$s=\sqrt{K_{sp}\alpha_{C_2O_4^{2-}(H)}}=\sqrt{2.0\times10^{-9}\times184}\ \text{mol·L}^{-1}=6.1\times10^{-4}\ \text{mol·L}^{-1}$$

设 CaC_2O_4在 pH 为 3.00 的溶液中的溶解度为 s'，此时

$$\alpha_{C_2O_4^{2-}(H)}=1+\beta_1^H[H^+]+\beta_2^H[H^+]^2=16.9$$

$$s'=\sqrt{K_{sp}\alpha_{C_2O_4^{2-}(H)}}=\sqrt{2.0\times10^{-9}\times16.9}\ \text{mol·L}^{-1}=1.84\times10^{-4}\ \text{mol·L}^{-1}$$

b. 此情况下，既有酸效应，又有同离子效应，设 CaC_2O_4的溶解度为 s，则

$$[Ca^{2+}]=s,\ c_{C_2O_4^{2-}}=0.010\ \text{mol·L}^{-1}+s\approx0.010\ \text{mol·L}^{-1}$$

pH=4.00 时，$\alpha_{C_2O_4^{2-}(H)}=2.56$，故

$$s=\frac{K_{sp}\alpha_{C_2O_4^{2-}(H)}}{c_{C_2O_4^{2-}}}=\frac{2.0\times10^{-9}\times2.56}{0.010}\ \text{mol·L}^{-1}=5.1\times10^{-7}\ \text{mol·L}^{-1}$$

例 7.4 考虑 S^{2-} 的水解，计算 CuS 在水中的溶解度。

解 已知 CuS 的 $K_{sp}=6\times10^{-36}$，H_2S 的 $K_{a_1}=1.3\times10^{-7}$，$K_{a_2}=7.1\times10^{-15}$。由于 CuS 的 K_{sp}很小，所以溶液中 S^{2-} 的浓度也很小，其水解产生的 OH^- 浓度可忽略不计，即溶液的 pH=7。但是，由于 S^{2-} 的水解，使 CuS 的溶解度增大，设其溶解度为 s，则

$$s=[Cu^{2+}]=c_{S^{2-}}=[S^{2-}]+[HS^-]+[H_2S]$$

$$\begin{aligned}\delta_{S^{2-}} &= \frac{K_{a_1}K_{a_2}}{[H^+]^2+K_{a_1}[H^+]+K_{a_1}K_{a_2}} \\ &= \frac{1.3\times10^{-7}\times7.1\times10^{-15}}{(1.0\times10^{-7})^2+1.3\times10^{-7}\times1.0\times10^{-7}+1.3\times10^{-7}\times7.1\times10^{-15}} \\ &= 4.0\times10^{-8}\end{aligned}$$

$$\alpha_{S^{2-}}=\frac{1}{\delta_{S^{2-}}}=2.5\times10^{7}$$

$$s=\sqrt{K_{sp}\alpha_{S^{2-}}}=\sqrt{6\times10^{-36}\times2.5\times10^{7}}\ \text{mol·L}^{-1}=1.2\times10^{-14}\ \text{mol·L}^{-1}$$

需指出的是，对溶解度较大且弱酸根离子的碱性又较强的弱酸盐沉淀，为便于处理，其水解产生的 OH^- 浓度可视作等于溶解度 s。如 MnS 在纯水中的溶解度的计算即可按此处理。

酸效应对不同类型沉淀溶解度的影响程度有所不同。对于强酸盐沉淀如 AgCl 等，酸效应影响不大；对于弱酸盐沉淀如 $CaCO_3$、CaC_2O_4 等影响较大，故应在较低酸度下进行沉淀，确保沉淀完全；对于本身是弱酸如硅酸（$SiO_2 \cdot nH_2O$）等，则必须在强酸性介质中进行沉淀。

5. 络合效应

在沉淀溶解平衡体系中，如溶液中存在能与构晶金属离子形成可溶性络合物的络合剂，则平衡向沉淀溶解的方向进行，使沉淀的溶解度增大，这种现象称为络合效应。

设微溶化合物 M_mA_n 的溶解度为 s，当溶液中存在络合剂 L 时，则有

$$\begin{array}{ccc} M_mA_n(\text{固}) \rightleftharpoons & mM & +\ nA \\ & \mathrm{L}\Big\Updownarrow & \\ & ML & \\ & \mathrm{L}\Big\Updownarrow & \\ & ML_2 & \\ & \vdots & \\ & \mathrm{L}\Big\Updownarrow & \\ & ML_n & \\ s & ms & ns \end{array}$$

由式(7-8)可得

$$s=\sqrt[m+n]{\frac{K_{sp}\alpha_{M(L)}^{m}}{m^m n^n}} \tag{7-12}$$

式中 $\alpha_{M(L)}=1+\beta_1[L]+\beta_2[L]^2+\cdots+\beta_n[L]^n$。式(7-12)表明，络合效应对沉淀溶解度的影响与络合剂的浓度及络合物的稳定性有关。络合剂的浓度越大，生成的络合物越稳定，沉淀的溶解度增大的就越多。

例 7.5 计算 AgI 在$[NH_3]=0.010\ mol \cdot L^{-1}$的溶液中的溶解度。

解 已知 AgI 的 $K_{sp}=9.3\times10^{-17}$，$[Ag(NH_3)_2]^+$ 的 $\lg\beta_1=3.24$，$\lg\beta_2=7.05$。由于生成$[Ag(NH_3)]^+$和$[Ag(NH_3)_2]^+$使 AgI 溶解度增大。设其溶解度为 s，则

$$\begin{aligned}\alpha_{Ag(NH_3)}&=1+\beta_1[NH_3]+\beta_2[NH_3]^2\\&=1+10^{3.24}\times0.010+10^{7.05}\times(0.010)^2=1.1\times10^3\end{aligned}$$

$$s=\sqrt{K_{sp}\alpha_{M(L)}^{m}}=\sqrt{9.3\times10^{-17}\times1.1\times10^3}\ mol \cdot L^{-1}=3.2\times10^{-7}\ mol \cdot L^{-1}$$

例 7.6 考虑形成羟基络合物，计算 $Fe(OH)_3$ 的溶解度。

解 对于氢氧化物沉淀，考虑羟基络合物形成时，情况较为复杂。已知 $Fe(OH)_3$ 的 $K_{sp}=4\times10^{-38}$，$\lg\beta_1=11.0$，$\lg\beta_2=21.7$，$\lg\beta_{22}=25.1$。

$$Fe^{3+} + OH^- \rightleftharpoons [Fe(OH)]^{2+} \qquad \beta_1 = \frac{[Fe(OH)^{2+}]}{[Fe^{3+}][OH^-]}$$

$$Fe^{3+} + 2OH^- \rightleftharpoons [Fe(OH)_2]^+ \qquad \beta_2 = \frac{[Fe(OH)_2^+]}{[Fe^{3+}][OH^-]^2}$$

$$2Fe^{3+} + 2OH^- \rightleftharpoons [Fe_2(OH)_2]^{4+} \qquad \beta_{22} = \frac{[Fe_2(OH)_2^{4+}]}{[Fe^{3+}]^2[OH^-]^2}$$

$Fe(OH)_3$的K_{sp}较小，可认为溶液中$[OH^-]=1.0\times10^{-7}\ mol\cdot L^{-1}$。

$$s=[Fe(OH)_3]+[Fe^{3+}]+[Fe(OH)^{2+}]+[Fe(OH)_2^+]+2[Fe_2(OH)_2^{4+}]$$

$[Fe(OH)_3]=s^0$，可忽略不计，则

$$s=[Fe^{3+}]+[Fe(OH)^{2+}]+[Fe(OH)_2^+]+2[Fe_2(OH)_2^{4+}]$$

又

$$K_{sp}=[Fe^{3+}][OH^-]^3$$

$$[Fe^{3+}]=\frac{K_{sp}}{[OH^-]^3}$$

所以

$$\begin{aligned} s &= \frac{K_{sp}}{[OH^-]^3}+\beta_1\frac{K_{sp}}{[OH^-]^2}+\beta_2\frac{K_{sp}}{[OH^-]}+2\beta_{22}\frac{K_{sp}^2}{[OH^-]^4} \\ &= \frac{K_{sp}}{[OH^-]}\left(\frac{1}{[OH^-]^2}+\frac{\beta_1}{[OH^-]}+\beta_2+\frac{2\beta_{22}K_{sp}}{[OH^-]^3}\right) \\ &= \left[\frac{4\times10^{-38}}{10^{-7}}\times\left(\frac{1}{10^{-14}}+\frac{10^{11}}{10^{-7}}+10^{21.7}+\frac{2\times10^{25.1}\times4\times10^{-38}}{10^{-21}}\right)\right]\ mol\cdot L^{-1} \\ &= 2.0\times10^{-9}\ mol\cdot L^{-1} \end{aligned}$$

进行沉淀反应时，若沉淀剂本身又是络合剂，则体系中同时存在同离子效应和络合效应。沉淀剂适当过量时，同离子效应起主导作用，随着沉淀剂浓度的增大，沉淀的溶解度减小；但沉淀剂过量较多时，络合效应起主导作用，沉淀的溶解度随沉淀剂浓度的进一步增大而增大。

若沉淀M_mA_n的构晶离子A既是M的沉淀剂又是M的络合剂，且所加入的A的浓度远远大于沉淀解离产生的A时，设此时M_mA_n的溶解度为s，A的浓度为c_A，由式(7-6)可得

$$s=\sqrt[m]{\frac{K_{sp}\alpha_{M(A)}^m}{c_A^n m^m}} \tag{7-13}$$

式(7-13)表明，络合效应使沉淀溶解度增大，同离子效应使沉淀溶解度减小。

若沉淀M_mA_n的构晶阳离子与络合剂L存在络合效应，构晶阴离子A存在酸效应，由式(7-8)可得

$$s=\sqrt[m+n]{\frac{K_{sp}\alpha_{M(L)}^m\alpha_{A(H)}^n}{m^m n^n}} \tag{7-14}$$

因为 $\alpha_{M(L)}$、$\alpha_{A(H)}$ 均大于1，所以两种效应均导致沉淀溶解度增大。

例 7.7 a. 计算$[Cl^-]=0.10\ mol\cdot L^{-1}$时 AgCl 沉淀的溶解度；b. AgCl 沉淀溶解度最小时的$[Cl^-]$。

解 a. 已知 AgCl 的 $K_{sp}=1.8\times10^{-10}$，Ag^+-Cl^- 络合物的 $\lg\beta_1\sim\lg\beta_4$ 分别为 3.04、5.04、5.04 和 5.30。

$$\begin{aligned}s&=c_{Ag}=[Ag^+]+[AgCl\ (水)]+[AgCl_2^-]+[AgCl_3^{2-}]+[AgCl_4^{3-}]\\&=\frac{K_{sp}}{[Cl^-]}(1+\beta_1[Cl^-]+\beta_2[Cl^-]^2+\beta_3[Cl^-]^3+\beta_4[Cl^-]^4)\\&=\frac{1.8\times10^{-10}}{0.10}\times(1+10^{3.04}\times0.10+10^{5.04}\times0.10^2+10^{5.04}\times0.10^3+\\&\quad10^{5.30}\times0.10^4)\ mol\cdot L^{-1}\\&=2.4\times10^{-6}\ mol\cdot L^{-1}\end{aligned}$$

b. 令 $s=\frac{K_{sp}}{[Cl^-]}(1+\beta_1[Cl^-]+\beta_2[Cl^-]^2+\beta_3[Cl^-]^3+\beta_4[Cl^-]^4)$的一阶导数等于零，求 s 的极小值，则

$$\frac{ds}{d[Cl^-]}=K_{sp}\left(-\frac{1}{[Cl^-]^2}+0+\beta_2+2\beta_3[Cl^-]+3\beta_4\ [Cl^-]^2\right)=0$$

因在 s 小时，Cl^- 的络合效应较小，此时$[Cl^-]$也应较低，故上式中的高次项可忽略，则有

$$K_{sp}(\beta_2[Cl^-]^2-1)=0$$

解得 $$[Cl^-]_{min}=\sqrt{\frac{1}{\beta_2}}=\sqrt{\frac{1}{10^{5.04}}}\ mol\cdot L^{-1}=3.0\times10^{-3}\ mol\cdot L^{-1}$$

例 7.8 计算 Ag_2S 在氨和氯化铵浓度分别为 $0.20\ mol\cdot L^{-1}$ 和 $0.10\ mol\cdot L^{-1}$ 的溶液中的溶解度。

解 已知 Ag_2S 的 $K_{sp}=2\times10^{-49}$，NH_3 的 $K_b=1.8\times10^{-5}$；Ag^+-NH_3 络合物的 $\lg\beta_1$、$\lg\beta_2$ 分别为 3.24、7.05；H_2S 的 $K_{a_1}=1.3\times10^{-7}$，$K_{a_2}=7.1\times10^{-15}$。

$$pH=pK_a+\lg\frac{c_{NH_3}}{c_{NH_4^+}}=9.26+\lg\frac{0.20}{0.10}=9.56$$

$$[H^+]=2.8\times10^{-10}\ mol\cdot L^{-1}$$

$$\begin{aligned}\delta_{S^{2-}}&=\frac{K_{a_1}K_{a_2}}{[H^+]^2+K_{a_1}[H^+]+K_{a_1}K_{a_2}}\\&=\frac{1.3\times10^{-7}\times7.1\times10^{-15}}{(2.8\times10^{-10})^2+1.3\times10^{-7}\times2.8\times10^{-10}+1.3\times10^{-7}\times7.1\times10^{-15}}\\&=2.5\times10^{-5}\end{aligned}$$

$$\alpha_{S(H)}=\frac{1}{\delta_{S^{2-}}}=4.0\times10^4$$

由于 Ag_2S 的 K_{sp} 很小，所以其溶解产生的 Ag^+ 也很小，由此知与溶解产生的 Ag^+ 形成络合物消耗的 NH_3 可忽略不计，故

$$[NH_3]=\frac{[OH^-]}{[OH^-]+K_b}c_{NH_3}$$
$$=\left[\frac{10^{-4.44}}{10^{-4.44}+1.8\times10^{-5}}\times(0.20+0.10)\right]\text{mol}\cdot\text{L}^{-1}$$
$$=0.20\ \text{mol}\cdot\text{L}^{-1}$$
$$\alpha_{Ag(NH_3)}=1+10^{3.24}\times0.20+10^{7.05}\times0.20^2=10^{5.65}$$

由式(7-14)得

$$s=\sqrt[3]{\frac{K_{sp}\alpha^2_{Ag(NH_3)}\alpha_{S(H)}}{4}}=\sqrt[3]{\frac{2\times10^{-49}\times(10^{5.65})^2\times4.0\times10^4}{4}}\ \text{mol}\cdot\text{L}^{-1}$$
$$=7.4\times10^{-12}\ \text{mol}\cdot\text{L}^{-1}$$

6. 其他因素

除上述讨论的同离子效应、盐效应、酸效应和络合效应等可定量计算的影响沉淀溶解度的因素之外，下列因素也可影响沉淀的溶解度。

(1) 温度

绝大多数沉淀的溶解反应是吸热反应，因此随着温度的升高沉淀的溶解度一般增大。但对于不同性质的沉淀，温度影响的程度不同。图 7-1 给出了 AgCl、$CaC_2O_4\cdot2H_2O$ 和 $BaSO_4$ 的溶解度随温度变化的情况。

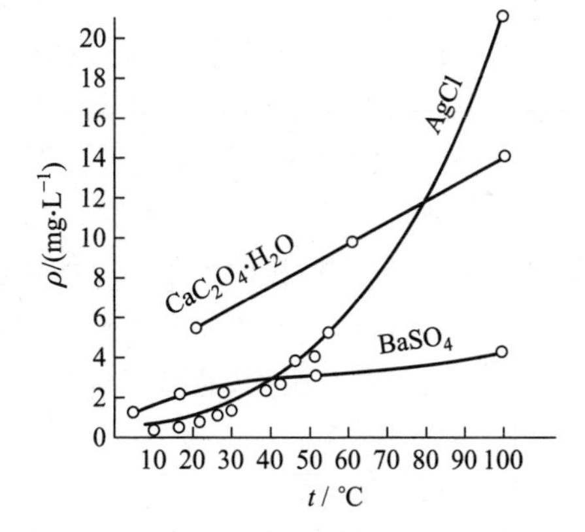

图 7-1　AgCl、$CaC_2O_4\cdot2H_2O$ 和 $BaSO_4$ 的溶解度随温度变化的情况

在重量分析中，应根据沉淀的性质选择合适的过滤条件。若沉淀的溶解度很小或溶解度随温度变化很小时，一般采用趁热过滤和热洗涤的方法。尤其是对于 $Fe_2O_3\cdot nH_2O$ 等无定形沉淀，溶液冷却后不仅过滤十分困难，而且杂质难于洗去，故需趁热过滤并用热洗涤液洗涤。若沉淀在热溶液中溶解度较大，一般应在室温下过滤和洗涤。

(2) 溶剂

重量分析中的无机物沉淀，大部分是离子型晶体。由相似相溶原理可知，它们在水中的溶解度较大。如 $PbSO_4$ 沉淀在水中的溶解度为 4.5 mg/100 mL，在 30%乙醇的水溶液中的溶解度为 0.23 mg/100 mL。因此，在重量分析中，经常在水溶液中加入适量乙醇、丙酮等有机溶剂以降低沉淀的溶解度。但采用有机沉淀剂时，所得沉淀的溶解度在有机溶剂中通常较大。

(3) 沉淀颗粒大小

Wollaston 对沉淀颗粒大小对溶解度的影响进行了研究，结果表明，同一种沉淀，小颗粒结晶的溶解度大于大颗粒结晶的溶解度。因此，在重量分析中，应尽量创造条件

获得颗粒较大的沉淀。

(4) 形成胶体溶液

对于 AgCl、$Fe_2O_3 \cdot nH_2O$、$Al_2O_3 \cdot nH_2O$ 等能形成胶体的沉淀，应在溶液中加入大量电解质或加热的方法等防止形成胶体溶液，使胶体微粒全部凝聚，以便过滤。否则溶液中的胶体微粒在过滤时将透过滤纸引起损失，导致较大的误差或无法进行分析。

(5) 沉淀析出形态

有许多沉淀，初生成时为溶解度较大的“亚稳态”，放置过程中会自发地转化为溶解度较小的“稳定态”。对于这些沉淀，在沉淀形成后放置一段时间是必要的。

7.3 沉淀的类型及形成过程

7.3.1 沉淀的类型

沉淀按其颗粒大小和外表形态可粗略分成晶形沉淀(如 $BaSO_4$、$MgNH_4PO_4$ 等)、凝乳状沉淀(如 AgCl 等)和无定形沉淀(如 $Fe_2O_3 \cdot nH_2O$ 等)。它们之间的差别主要在于颗粒大小不同。晶形沉淀的颗粒直径为0.1～1 μm，凝乳状沉淀的颗粒直径为0.02～0.1 μm，无定形沉淀的颗粒直径通常小于0.02 μm。

应指出的是，从沉淀颗粒的大小来看，晶形沉淀最大，无定形沉淀最小。但是从整个沉淀外形来看，因为晶形沉淀由较大的沉淀颗粒组成，内部排列较规则，结构紧密，所以整个沉淀所占的体积较小，极易沉降于容器的底部；无定形沉淀由许多疏松聚集在一起的微小沉淀颗粒组成，排列杂乱无章且又包含大量数目不等的水分子，形成疏松的絮状沉淀，整个沉淀体积庞大且难于沉降于容器底部。

因为颗粒大的沉淀溶解度小且较为纯净，因此在重量分析中总希望得到晶形沉淀。需注意的是，沉淀颗粒的大小不仅与沉淀本身的性质有关，而且还与形成沉淀的条件有关。因此，选择适宜的条件对于形成满足重量分析要求的沉淀是十分必要的。

为了获得颗粒粗大、晶形完整的沉淀，人们做了大量的研究。下面仅介绍其中两个理论。

1. 冯•韦曼理论

冯•韦曼(van Weimarn)根据有关实验现象，总结出了描述沉淀的分散度(表示沉淀颗粒大小)与溶液相对过饱和度的经验公式，即

$$\text{分散度} = K\frac{c_Q - s}{s} \tag{7-15}$$

式中 c_Q 为加入沉淀剂瞬间沉淀物质的总浓度，s 为开始沉淀时沉淀物质的溶解度，$c_Q - s$ 为沉淀开始瞬间的过饱和度，它是引起沉淀作用的动力，$\frac{c_Q - s}{s}$ 为沉淀开始瞬间的相对过饱和度；K 是与沉淀性质、介质及温度等因素有关的常数。式(7-15)表明，溶液的相对过饱和度越大，分散度就越大，形成的晶核数目就越多，得到的沉淀颗粒就越

小;反之,所得到的沉淀颗粒就越大。

应指出的是,冯·韦曼理论虽然指出了沉淀颗粒大小与反应物浓度之间的关系,对于创造适宜的沉淀条件、获得大颗粒结晶有一定的指导意义,但其不能描述浓度与颗粒大小间的定量关系,也不能解释在同样的条件下不同物质形成的沉淀颗粒大小及形状不同的实验事实。

2. 哈伯理论

与冯·韦曼理论相比,哈伯(Haber)理论可较好地解释不同物质在相同实验条件下所形成的沉淀形状和大小不同的原因。哈伯认为,溶液的相对过饱和度仅决定沉淀的聚集速率,而沉淀的定向速率则决定于沉淀物质的本质。当沉淀的聚集速率过快(即相对过饱和度较大),定向过程被破坏了,因此形成细小颗粒的沉淀;若沉淀的聚集速率足够慢时,构晶离子可规则地排列在晶格里形成相当完整的晶体。因此,沉淀性质和颗粒大小决定于聚集速率和定向速率比值的大小,即与两种速率竞争的结果有关。

7.3.2 沉淀的形成过程

人们对沉淀过程从热力学和动力学两方面做了大量的研究工作,但由于沉淀形成过程的复杂性,迄今仍没有成熟的理论。

关于晶形沉淀的形成,目前研究的比较充分。一般认为在沉淀过程中,构晶离子首先在过饱和溶液中形成晶核,然后进一步成长为按一定晶格排列的晶形沉淀。

晶核可通过均相成核和异相成核两种作用形成。均相成核作用是指构晶离子在过饱和溶液中通过缔合自发地形成晶核的过程。异相成核作用是指在沉淀过程中溶液中存在的固体微粒作为晶核,诱导沉淀形成的过程。

现以 $BaSO_4$沉淀的形成为例讨论两种成核作用。在 $BaSO_4$过饱和溶液中,由于静电作用,Ba^{2+}和SO_4^{2-}缔合为 $Ba^{2+}SO_4^{2-}$离子对,离子对进一步结合 Ba^{2+}或SO_4^{2-}形成离子群,当离子群成长到一定大小时便成为晶核。实验证明,$BaSO_4$晶核由 8 个构晶离子组成。

但是,在一般情况下,溶液中不可避免地存在不同数量的固体微粒,它们对沉淀的形成起诱导作用,即它们起着晶种的作用。例如,如果在用通常方法洗涤过的烧杯中沉淀 $BaSO_4$时,1 mm^3 溶液中约存在 2 000 个沉淀微粒;若在使用蒸气处理过的烧杯中,同样的溶液 1 mm^3 中约存在 100 个沉淀微粒。现已证实,烧杯内壁上常存在能被蒸气处理除去的针状微粒,它们在沉淀反应进行时起晶种的作用。此外,试剂、溶剂、灰尘等都会引入杂质,即使是分析纯试剂,也含有约 0.1 $\mu g \cdot mL^{-1}$的微溶性杂质。这些微粒也起着晶种的作用。

由此可知,在进行沉淀反应时,异相成核作用总是存在的。在某些情况下,异相成核可能是溶液中的唯一成核作用。这时溶液中的"晶核"数目取决于混入溶液中的固体微粒的数目,即最后得到的晶粒数目就是溶液中原有"晶核"的数目。显然,在此情况下,由于"晶核"数目基本恒定,所以随着构晶离子浓度的增大,晶体将成长的大一点而不会增加新的晶体。但是,当溶液的相对过饱和度较大时,构晶离子本身也能形成晶核,这时溶液中同时存在异相成核作用和均相成核作用。若继续加入沉淀剂,将有新的晶核形成，导致形成晶粒数目多、颗粒小的沉淀。

不同的沉淀，形成均相成核作用时所需的相对过饱和度不同。溶液的相对过饱和度越大，均相成核作用越容易发生。图 7-2是形成$BaSO_4$沉淀时溶液的浓度与晶核数目的关系曲线。从图中可以看出，开始沉淀时，若溶液中 $BaSO_4$ 的瞬时浓度小于10^{-2} mol·L^{-1}时，由于溶液中含有大量的不溶微粒，异相成核起主要作用，其晶核数目基本恒定。当 $BaSO_4$ 的瞬时浓度大于10^{-2} mol·L^{-1}时，晶核数目激增，这表明此时发生了均相成核作用。曲线的转折点相对于沉淀反应由异相成核作用转变为既有异相成核作用又有均相成核作用。

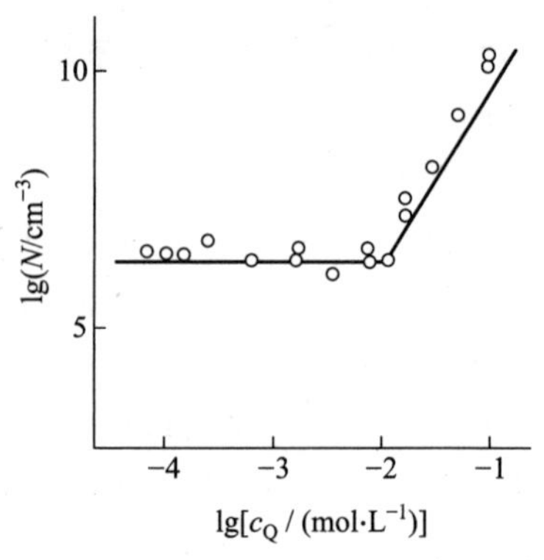

图 7-2　形成 $BaSO_4$沉淀时溶液浓度与晶核数目的关系曲线

由图 7-2 可求得沉淀 $BaSO_4$的临界 c_Q/s，即

$$\frac{c_Q}{s} \approx \frac{10^{-2}}{10^{-5}} = 1\,000$$

临界 c_Q/s 可用来衡量一种沉淀发生均相成核作用的难易程度，其值越大，表明均相成核作用越难发生，即只有在较大的相对过饱和度下才能出现均相成核作用。沉淀的临界 c_Q/s 由其性质决定，某些微溶化合物的临界 c_Q/s 见表 7-1。根据临界 c_Q/s 的大小，可粗略判断沉淀的类型。以 $BaSO_4$ 和 AgCl 为例，二者的溶解度接近，但临界 c_Q/s 不同，前者为 1 000，后者仅为 5。因此，在通常情况下，AgCl 的均相成核作用比较显著，故生成的是晶核数目较多而颗粒较小的凝乳状沉淀，$BaSO_4$则相反，生成的是晶形沉淀。控制相对过饱和度在临界 c_Q/s 以下，沉淀就以异相成核作用为主，常能得到大颗粒沉淀；若超过临界c_Q/s，均相成核作用占优势，导致形成大量的细小微晶。

表 7-1　某些微溶化合物的临界 c_Q/s 和临界晶核半径

微溶化合物	临界 c_Q/s	临界晶核半径/nm
$BaSO_4$	1 000	0.43
$CaC_2O_4 \cdot H_2O$	31	0.58
AgCl	5.5	0.54
$SrSO_4$	39	0.51
$PbSO_4$	28	0.53
$PbCO_3$	106	0.45
$SrCO_3$	30	0.50
CaF_2	21	0.43

7.3.3　晶形沉淀和无定形沉淀的生成

在沉淀形成过程中，晶核形成后，溶液中的构晶离子向晶核表面扩散并沉积在晶核上使其逐渐长大，到一定程度时成为沉淀微粒。这些沉淀微粒有聚集为更大的聚集体的趋势。同时，构晶离子还具有按一定晶格排列形成大晶粒的趋势。前者称为聚集过程，后者称为定向过程。聚集速率主要取决于溶液的相对过饱和度，相对过饱和度越大，聚集速率也越大。定向速率主要取决于物质的性质，极性较强的盐类如 $BaSO_4$、$MgNH_4PO_4$ 等，通常具有较大的定向速率。如果聚集速率小于定向速率，则得到晶形沉淀，反之则得到无定形沉淀。沉淀形成过程如下所示：

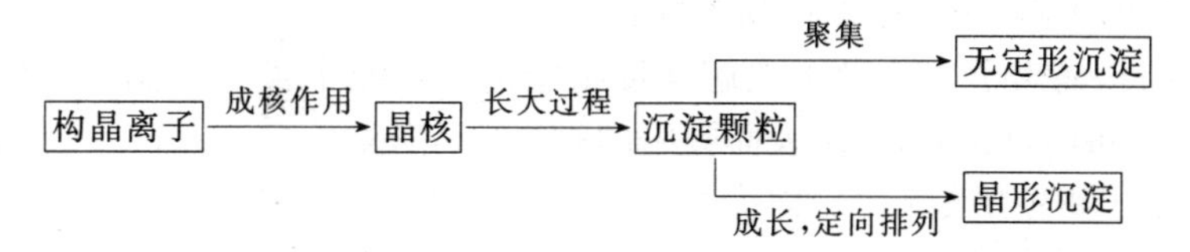

金属水合氧化物沉淀的定向速率与金属离子的价态有关。两价金属离子的水合氧化物沉淀的定向速率一般大于其聚集速率，故常得到晶形沉淀。由于高价金属离子的水合氧化物沉淀的溶解度很小，沉淀时溶液的相对过饱和度较大，存在显著的均相成核作用，形成的沉淀颗粒很小，聚集速率很快，一般得到的是无定形沉淀。

金属硫化物和硅、钨、铌、钽的水合氧化物沉淀一般也是无定形沉淀。

7.4 沉淀的玷污

重量分析中，要求获得纯净的沉淀。但是，由于沉淀是从溶液中析出的，总会在一定程度上夹杂溶液中共存的其他组分。为了保证重量分析的准确度，就必须了解沉淀玷污的原因，找出减少玷污的有效方法，获得尽可能纯净的沉淀。

7.4.1 共沉淀现象

当一种沉淀从溶液中析出时，在该条件下溶液中本来可溶的某些共存组分混杂于沉淀之中同时析出，这种现象称为共沉淀。由于共沉淀而导致的沉淀玷污，是重量分析误差的主要来源之一。

共沉淀现象主要有以下三类。

1. 表面吸附引起的共沉淀

在沉淀中，构晶离子按一定的规律排列，在晶体内部处于电荷平衡状态；但在晶体表面上，离子的电荷则不完全平衡，因而会导致沉淀表面吸附杂质。图 7-3是 AgCl 沉淀表面吸附作用示意图。

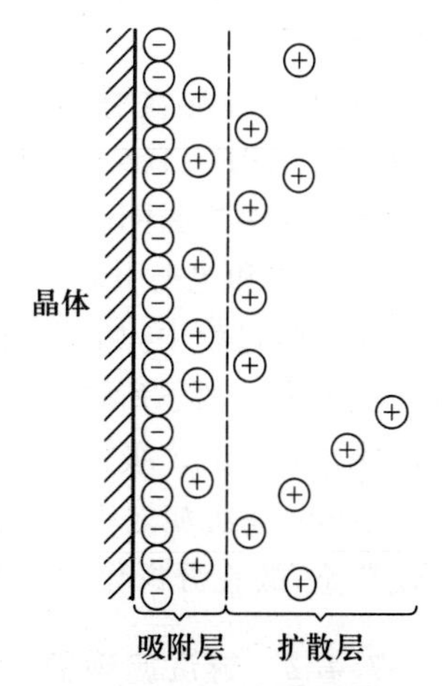

图 7-3 AgCl 沉淀表面吸附作用示意图

由图可知，在 AgCl 沉淀表面，Ag^+ 或 Cl^- 至少有一面未被带相反电荷的离子所包围，静电引力不平衡。由于静电引力作用，使它们具有吸引带相反电荷离子的能力。AgCl 在过量 NaCl 溶液中，沉淀表面上的 Ag^+ 比较强烈地吸引溶液中的 Cl^-，组成吸附层；然后 Cl^- 再通过静电引力，进一步吸附溶液中的 Na^+ 或 H^+ 等阳离子（称为抗衡离子），组成扩散层。这些抗衡离子中，通常有小部分比 Cl^- 吸引强烈，也处在吸附层中。吸附层和扩散层共同组成沉淀表面的双电层，从而使电荷达到平衡。双电层能随沉淀一起沉降，从而玷污沉淀。这种由于沉淀的表面吸附所导致的杂质共沉淀现象叫表面吸附共沉淀。

吸附在沉淀表面第一层上的离子是具有选择性的。通常，由于沉淀剂过量，所以沉淀首先吸附溶液中的构晶离子。

抗衡离子的吸附，一般遵循下列规则：

a. 凡能与构晶离子生成微溶或解离度很小的化合物的离子，优先被吸附。例如，溶液中SO_4^{2-}过量时，$BaSO_4$沉淀表面吸附的是SO_4^{2-}，若溶液中存在Ca^{2+}及Hg^{2+}，则扩散层的抗衡离子将主要是Ca^{2+}，因为$CaSO_4$的溶解度比$HgSO_4$的小。如果Ba^{2+}过量，$BaSO_4$沉淀表面吸附的是Ba^{2+}，若溶液中存在Cl^-及NO_3^-，则扩散层中的抗衡离子将主要是NO_3^-。

b. 离子价态越高，浓度越大，则越易被吸附。

抗衡离子是不太牢固地吸附在沉淀的表面上，故常可被溶液中的其他离子所置换，利用这一性质，可采用洗涤的方法，将沉淀表面上的抗衡离子部分除去。

c. 与沉淀的总表面积有关。同量的沉淀，颗粒越小，比表面越大，与溶液的接触面也越大，吸附的杂质也就越多。无定形沉淀的颗粒很小，比表面特别大，所以表面吸附现象特别严重。

2. 生成混晶或固溶体引起的共沉淀

每种晶形沉淀，都有其一定的晶体结构。如果杂质离子的半径与构晶离子的半径相近，所形成的晶体结构相同，则它们极易生成混晶。混晶是固溶体的一种。在有些混晶中，杂质离子或原子并不位于正常晶格的离子或原子位置上，而是位于晶格的空隙中，这种混晶称为异型混晶。混晶的生成，使沉淀严重不纯。例如，钡或镭的硫酸盐、溴化物和硝酸盐等，都易形成混晶。有时杂质离子与构晶离子的晶体结构不同，但在一定条件下，能够形成一种异型混晶。例如，$MnSO_4 \cdot 5H_2O$与$FeSO_4 \cdot 7H_2O$属于不同的晶系，但可形成异型混晶。

由于生成混晶的选择性比较高，所以要避免也比较困难。因为不论杂质的浓度多么小，只要构晶离子形成沉淀，杂质就一定会在沉淀过程中取代某一构晶离子而进入到沉淀中。

混晶共沉淀在分析化学中有不少实例，如$BaSO_4$和$PbSO_4$；$BaSO_4$和$KMnO_4$；$KClO_4$和KBF_4；$BaCrO_4$和$RaCrO_4$；AgCl和AgBr；$MgNH_4PO_4$和$MgNH_4AsO_4$；$K_2NaCo(NO_2)_6$和$Rb_2NaCo(NO_2)_6$或$Cs_2NaCo(NO_2)_6$等。

3. 吸留和包夹引起的共沉淀

在沉淀过程中，如果沉淀生成太快，则表面吸附的杂质离子来不及离开沉淀表面就被沉积上来的离子所覆盖，这样杂质就被包藏在沉淀内部，引起共沉淀，这种现象称为吸留(occlusion)。吸留引起共沉淀的程度，也符合吸附规律。有时母液也可能被包夹(inclusion)在沉淀之中，引起共沉淀。不过这种现象一般只在可溶性盐的结晶过程中比较严重，故在分析化学中不甚重要。

7.4.2 继沉淀现象

继沉淀(postprecipitation)又称为后沉淀。继沉淀现象是指溶液中某些组分析出沉淀之后，另一种本来难以析出沉淀的组分，在该沉淀表面上继续析出沉淀的现象。这种情况大多发生于该组分的过饱和溶液中。例如，向含0.01 mol·L^{-1} Zn^{2+} 的 0.15 mol·L^{-1} HCl 溶液中通入 H_2S 气体，根据溶度积，此时应有 ZnS 沉淀析出。但由于形成过饱和溶液，所以析出 ZnS 沉淀的速率是非常慢的。当此溶液中有 H_2S 组阳离子并析出沉淀时，则可加速 ZnS 的析出。例如，于上述溶液加入 Cu^{2+}，通入 H_2S 后，首先析出 CuS 沉淀。这时，沉淀中夹杂的 ZnS 量并不显著。但当沉淀放置一段时间后，便不断有 ZnS 在 CuS 的表面析出。这种现象就是继沉淀现象。产生继沉淀现象的原因可能是由于 CuS 沉淀的吸附作用，使其表面上的 S^{2-} 或 HS^- 的浓度比溶液中大得多，对 ZnS 来讲，此处的相对过饱和度显著增大，因而导致沉淀析出。也可能是 CuS 沉淀表面选择性地吸附 S^{2-}，溶液中的 H^+ 作为抗衡离子被 S^{2-} 吸引着，此时溶液中的 Zn^{2+} 与这些 H^+ 发生离子交换作用，使$[Zn^{2+}][S^{2-}]\gg K_{sp}$，从而在 CuS 表面上析出 ZnS 沉淀。

用草酸盐沉淀分离 Ca^{2+} 和 Mg^{2+} 时，也会产生继沉淀现象。CaC_2O_4 沉淀表面有 MgC_2O_4 析出，影响分离效果。特别是经加热、放置后，继沉淀现象更加严重。

继沉淀现象与前述三种共沉淀现象的区别：

a. 继沉淀引入杂质的量，随沉淀在试液中放置时间的增长而增多，而共沉淀引入杂质的量受放置时间影响较小。所以避免或减少继沉淀的主要方法是缩短沉淀与母液共置的时间。

b. 不论杂质是在沉淀之前就存在的，还是沉淀形成后加入的，继沉淀引入杂质的量基本上一致。

c. 温度升高，继沉淀现象有时更为严重。

d. 继沉淀引入杂质的程度，有时比共沉淀严重得多。引入杂质的量可能与被测组分的量相同。

在分析化学中，利用共沉淀的原理，可以将溶液中的痕量组分富集于某一沉淀之中，这就是共沉淀分离法(参见第 9 章相关内容)。

7.4.3 减少沉淀玷污的方法

由于共沉淀及继沉淀现象，使沉淀玷污而不纯净。为了减少玷污、提高沉淀的纯度，可采用下列措施：

a. 选择适当的分析步骤。例如，测定试样中某少量组分的含量时，不要首先沉淀主要组分，以避免由于大量沉淀的析出将少量待测组分混入沉淀中，引起测定误差。

b. 选择合适的沉淀剂。例如，选用有机沉淀剂，常可以减少共沉淀现象。

c. 改变杂质的存在形式。例如，沉淀 $BaSO_4$ 时，将 Fe^{3+} 还原为 Fe^{2+}，或者用 EDTA 将其络合，Fe^{3+} 的共沉淀量可大为减少。

d. 改善沉淀条件。沉淀条件包括溶液浓度、温度、试剂的加入次序和速度、是否陈化等。它们对沉淀纯度的影响如表 7-2 所示。

e. 再沉淀。将已得到的沉淀过滤后溶解，再进行第二次沉淀。由于第二次沉淀时溶液中杂质的含量大大降低，共沉淀或继沉淀现象必然减少。这种方法对于除去吸留和包夹的杂质十分有效。

表 7-2　沉淀条件对沉淀纯度的影响

（+：提高纯度；-：降低纯度；0：影响不大）

沉淀条件	混晶	表面吸附	吸留或包夹	继沉淀
稀释溶液	0	+	+	0
慢沉淀	不定	+	+	-
搅　拌	0	+	+	0
陈　化	不定	+	+	-
加　热	不定	+	+	0
洗涤沉淀	0	+	0	0
再沉淀	+*	+	+	+

* 有时再沉淀无效果，则应选用其他沉淀剂。

有时采用上述措施后，沉淀的纯度仍然达不到重量分析的要求，此时可对沉淀中的杂质进行测定，然后再对重量分析结果进行校正。

在重量分析中，共沉淀或继沉淀现象对分析结果的影响程度随具体情况的不同而不同。例如，用 $BaSO_4$ 重量法测定 Ba^{2+} 时，如果沉淀吸附了 $Fe_2(SO_4)_3$ 等外来杂质，灼烧后不能除去，将引起正误差。如果沉淀中夹有 $BaCl_2$，最后按 $BaSO_4$ 计算，将引起负误差。如果沉淀吸附的是挥发性的盐类，灼烧后能完全除去，则不会引起误差。

7.5　沉淀条件的选择

在重量分析中，为了获得准确的分析结果，要求待测组分沉淀完全，所形成的沉淀纯净、易于过滤和洗涤、溶解损失尽可能小。为此，应根据沉淀的类型选择适宜的沉淀条件，以获得符合重量分析要求的沉淀。

7.5.1　晶形沉淀的沉淀条件

对于晶形沉淀，主要考虑的是如何获得晶形完整、颗粒大的沉淀，以便使沉淀较纯并易于过滤和洗涤，以及尽量减少沉淀的溶解损失。鉴于此，晶形沉淀的沉淀条件为

a. 沉淀应在适当稀的溶液中进行。在稀溶液中进行沉淀，溶液的相对过饱和度较小，均相成核作用不显著，有利于获得比表面小、吸附杂质能力低、便于过滤和洗涤的较为纯净的大颗粒晶形沉淀。但并非溶液越稀越好，否则因沉淀溶解而引起的损失可能超过重量分析的允许范围。

b. 沉淀应在不断搅拌下进行。在不断搅拌下缓慢地加入沉淀剂，可有效防止溶液中“局部过浓”现象的发生，减小过饱和度，有利于获得大颗粒沉淀。

c. 沉淀应在热溶液中进行。在热溶液中进行沉淀时，不仅可增大沉淀的溶解度，降低溶液的相对过饱和度以便获得大的晶粒，而且可减少杂质的吸附量。但是，为了防止沉淀在热溶液中的溶解损失，沉淀应冷却至室温后再进行过滤。

d. 陈化。沉淀作用完成后，使初生成的沉淀与母液一起放置一段时间，这一过程

称为“陈化”。由于在相同条件下，小晶粒的溶解度比大晶粒的大，因此，同一溶液对大晶粒为饱和溶液时，对小晶粒则为不饱和溶液。这样在陈化过程中，小晶粒将溶解，溶解后的构晶离子又会在大晶粒表面析出，使大晶粒变大。陈化过程如图 7-4 所示。

在陈化过程中，还可以使不完整的晶粒转化为较完整的晶粒，亚稳态的沉淀转化为稳定态的沉淀。根据具体情况，通过加热和搅拌的方法可以缩短陈化时间。图 7-5 给出了 $BaSO_4$沉淀的陈化效果。

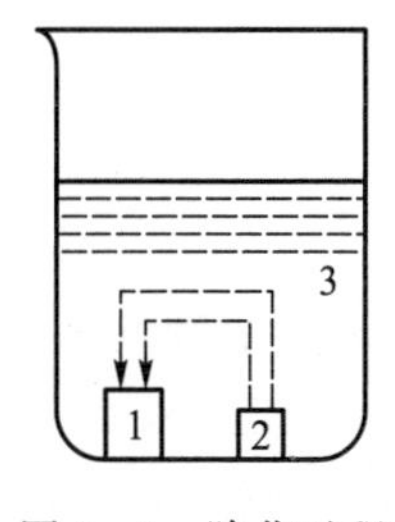

图 7-4　陈化过程

1—大晶粒；2—小晶粒；3—溶液

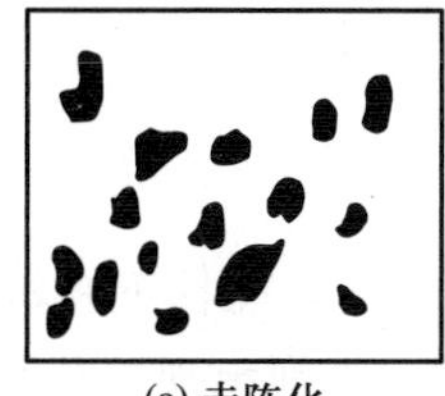

(a) 未陈化

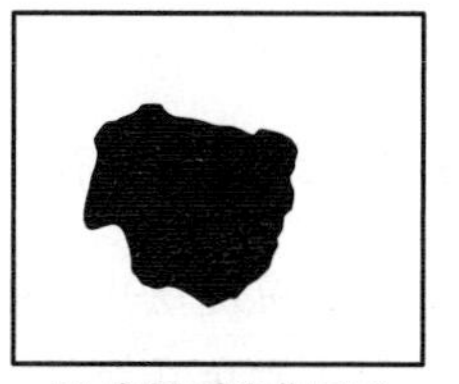

(b) 室温下陈化四天

图 7-5　$BaSO_4$沉淀的陈化效果

陈化过程不仅可获得更大晶粒的沉淀，而且由于小晶粒的溶解，其吸附和吸留的杂质还会释放出来，提高沉淀的纯度。此外，陈化使沉淀的总表面积减小，导致其杂质吸附量减小。但是，对含有混晶杂质的沉淀，陈化不一定能提高纯度；而对伴随有继沉淀的沉淀，陈化会增大杂质的污染量。

陈化过程在室温下一般需要数小时，加热和搅拌可使陈化时间缩短为 1～2 h 或更短。

7.5.2　无定形沉淀的沉淀条件

无定形沉淀如 $Fe_2O_3 \cdot nH_2O$ 及 $Al_2O_3 \cdot nH_2O$ 等，溶解度一般都很小，很难通过减小溶液的相对过饱和度改变其物理性质。由于无定形沉淀的结构疏松、比表面大、吸附杂质多、容易胶溶、含水量大、不易过滤和洗涤，所以对于无定形沉淀，主要是控制合适的条件加快沉淀微粒的凝聚速率及防止胶溶，以获得结构致密、吸附杂质少、较易过滤和洗涤的沉淀。无定形沉淀的沉淀条件为

a. 沉淀应在较浓的溶液中进行，沉淀剂的加入速度可适当快。因为溶液浓度较大时，离子的水化程度变小，得到的沉淀含水量低、体积较小、结构较致密。但在浓溶液中，杂质的浓度也相应提高，增大了杂质被吸附的可能性。为此，在沉淀反应完成后，需要加适量热水并充分搅拌，使大部分吸附在沉淀表面上的杂质转移至溶液中。

b. 沉淀应在热溶液中进行。在热溶液中进行沉淀，不仅可以减小离子的水化程度，有利于得到含水量少、结构致密的沉淀，而且能促进沉淀微粒的凝聚，防止胶体溶液形成。此外，还可以减少沉淀表面对杂质的吸附。

c. 沉淀时应加入大量电解质或某些能引起沉淀微粒凝聚的胶体。加入电解质能中和胶体微粒的电荷，降低其水化程度，有利于胶体微粒的凝聚。应当注意的是，为防止洗涤沉淀时发生胶溶现象，洗涤液中也应加入适量的电解质。通常采用易挥发的铵

盐或稀的强酸作为洗涤液。

有时向溶液中加入某些胶体，可使被测组分沉淀完全。例如，测定 SiO_2时，通常是在强酸性介质中析出硅胶沉淀，但由于硅胶能形成带负电荷的胶体，所以沉淀不完全。如果向溶液中加入带正电荷的动物胶，由于凝聚作用，可使硅胶沉淀完全。

d. 不必陈化。沉淀完毕后，趁热过滤，不要陈化。因为无定形沉淀在放置过程中将逐渐失去水分而聚集得更为紧密，不仅导致已吸附的杂质难以除去，而且给洗涤和过滤带来困难。

此外，沉淀时不断搅拌，对无定形沉淀也是有利的。

7.5.3 均相沉淀法

在一般的沉淀法中，都是在不断搅拌下将沉淀剂缓慢加入试样溶液而获得沉淀。这种方法无法避免在沉淀剂加入瞬间出现的局部过浓现象，而均相沉淀法可以有效地解决这一问题。在均相沉淀法中，沉淀剂是通过化学反应由溶液中缓慢、均匀地产生出来的，这样在形成沉淀时就不会产生局部过浓现象，可使沉淀在整个溶液中缓慢、均匀地形成。只要控制好沉淀剂产生的速率，就能在过饱和度很低的条件下生成沉淀，得到完整的粗大晶体。

例如，用均相沉淀法沉淀 Ca^{2+}时，于含有 Ca^{2+}的酸性溶液中加入 $H_2C_2O_4$，由于酸效应的影响，此时不能形成 CaC_2O_4沉淀。若向溶液中加入尿素，加热至 90℃左右时，尿素发生水解：

$$CO(NH_2)_2+H_2O = CO_2\uparrow+2NH_3$$

水解产生的 NH_3均匀地分布在溶液的各个部分。随着 NH_3的不断产生，溶液的酸度逐渐降低，$C_2O_4^{2-}$ 的浓度逐渐增大，使 CaC_2O_4均匀而缓慢地析出。在沉淀过程中，溶液的相对过饱和度始终较小，故可以得到粗大晶粒的 CaC_2O_4沉淀。

用均相沉淀法得到的沉淀，颗粒较大、表面吸附杂质少，易滤、易洗。用均相沉淀法甚至可以得到晶形的 $Fe_2O_3\cdot nH_2O$、$Al_2O_3\cdot nH_2O$ 等水合氧化物沉淀。应指出的是，用均相沉淀法仍无法避免后沉淀和混晶共沉淀现象。

均相沉淀法中的沉淀剂如 $C_2O_4^{2-}$、PO_4^{3-}、S^{2-} 等，可由相应的有机酯类化合物或其他化合物水解获得。一些均相沉淀法的应用见表 7-3。

表 7-3　一些均相沉淀法的应用

沉淀剂	加入试剂	反　应	被测组分
OH^-	尿素	$CO(NH_2)_2+H_2O = CO_2\uparrow+2NH_3$	Al^{3+}、Fe^{3+}、Th^{4+}等
	六亚甲基四胺	$(CH_2)_6N_4+6H_2O = 6HCHO+4NH_3$	Th^{4+}
$C_2O_4^{2-}$	草酸二甲酯	$(CH_3)_2C_2O_4+2H_2O = 2CH_3OH+H_2C_2O_4$	Ca^{2+}、Th^{4+}、稀土等
	尿素＋草酸盐		Ca^{2+}

续表

沉淀剂	加入试剂	反　　应	被测组分
SO_4^{2-}	氨基磺酸	$NH_2SO_3H+H_2O = NH_4^++H^++SO_4^{2-}$	Ba^{2+}、Sr^{2+}、Pb^{2+} 等
	硫酸二甲酯	$(CH_3)_2SO_4+2H_2O = 2CH_3OH+2H^++SO_4^{2-}$	同上
PO_4^{3-}	磷酸三甲酯	$(CH_3)_3PO_4+3H_2O = 3CH_3OH+H_3PO_4$	Zr^{4+}、Hf^{4+} 等
	尿素＋磷酸盐		Be^{2+}、Mg^{2+}
S^{2-}	硫代乙酰胺	$CH_3CSNH_2+H_2O = CH_3CONH_2+H_2S$	多种硫化物沉淀
CO_3^{2-}	三氯乙酸	$Cl_3CCOOH+2OH^- = CHCl_3+CO_3^{2-}+H_2O$	Ca^{2+} 等
Ba^{2+}	Ba-EDTA	$BaY^{2-}+4H^+ = H_4Y+Ba^{2+}$	SO_4^{2-}
AsO_4^{3-}	亚砷酸盐＋硝酸盐	$AsO_3^{3-}+NO_3^- = AsO_4^{3-}+NO_2^-$	ZrO^{2+}

7.6 有机沉淀剂

前面讨论了用无机沉淀剂进行沉淀时的各种反应条件。但是,无机沉淀剂通常选择性较差,生成的沉淀溶解度较大,吸附的杂质较多,而有机沉淀剂则具有较好的选择性,沉淀的溶解度较小。因此,近年来对有机沉淀剂的研究较为广泛。

7.6.1 有机沉淀剂的特点

有机沉淀剂具有以下优点:

a. 试剂品种繁多,性质不同,某些试剂的选择性很高,便于使用。

b. 沉淀的溶解度小。有机沉淀剂通常都含有较大的疏水基团,生成的沉淀疏水性强,在水中溶解度很小,有利于被测组分定量沉淀。

c. 沉淀吸附杂质少。有机沉淀剂形成的沉淀表面通常不带电荷,吸附杂质离子少;而且沉淀容易过滤、洗涤,纯度较高。

d. 沉淀的摩尔质量大。有机沉淀的称量形式摩尔质量大,被测组分所占质量分数小,称量误差小,有利于提高分析结果的准确度。

e. 有些沉淀组成恒定,烘干后即可恒重,简化了重量分析操作。

但是,有机沉淀剂也存在一些缺点。如试剂在水中的溶解度很小,容易混杂在沉淀中;有些沉淀组成不恒定,仍需通过灼烧转化为称量形式;有些沉淀容易黏附于器壁或漂浮于溶液表面,给操作带来不便。

虽然应用于重量分析中的有机沉淀剂并不多,但由于它克服了无机沉淀剂的某些不足,因此在分析化学中得到了广泛的应用。

7.6.2 有机沉淀剂的分类

根据有机沉淀剂与金属离子形成沉淀的类型,有机沉淀剂可分为生成螯合物的沉淀剂和生成离子缔合物的沉淀剂两种。

1. 生成螯合物的沉淀剂

生成螯合物的沉淀剂至少应含有两种基团。一种是酸性基团,如—OH、—COOH、

$—SH$、$—SO_3H$、$>NOH$ 等，这些基团中的 H^+ 可被金属离子置换；另一种是碱性基团，如$—NH_2$、$—NH—$、$>N—$、$>C—O$、$>C—S$ 等，这些基团具有未共用电子对，可以与金属离子形成配位键，通过酸性基团和碱性基团的共同作用，螯合沉淀剂与金属离子反应生成微溶性的螯合物。此类沉淀剂中较重要的有丁二酮肟、8-羟基喹啉和 *N*-苯甲酰-*N*-苯胲(NBPHA)等。

(1) 丁二酮肟

丁二酮肟的结构式为

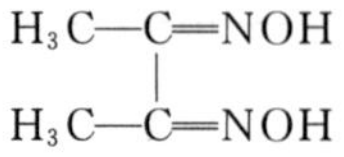

$$\begin{array}{l} H_3C—C{=}NOH \\ \qquad\quad | \\ H_3C—C{=}NOH \end{array}$$

它具有较高的选择性，仅与 Ni^{2+}、Pd^{2+}、Pt^{2+}、Fe^{2+} 等离子形成沉淀。

丁二酮肟在氨性溶液中能与 Ni^{2+} 生成鲜红色的丁二酮肟镍沉淀，其组成恒定，烘干后可直接称量，常用于重量法测镍。Fe^{3+}、Al^{3+}、Cr^{3+} 等金属离子在氨性溶液中能生成氢氧化物沉淀干扰镍的测定，可加入柠檬酸或酒石酸消除它们的干扰。丁二酮肟在水中的溶解度较小，试剂本身易引起共沉淀，可加入适量乙醇增大其溶解度。

(2) 8-羟基喹啉

8-羟基喹啉的结构式为

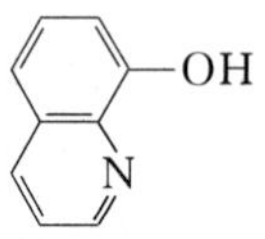

OH
N

它与 Al^{3+} 反应生成 8-羟基喹啉铝(反应式见下)，该螯合物沉淀具有相对分子质量大、水中溶解度很小、不易吸附其他离子、较纯净等特点。

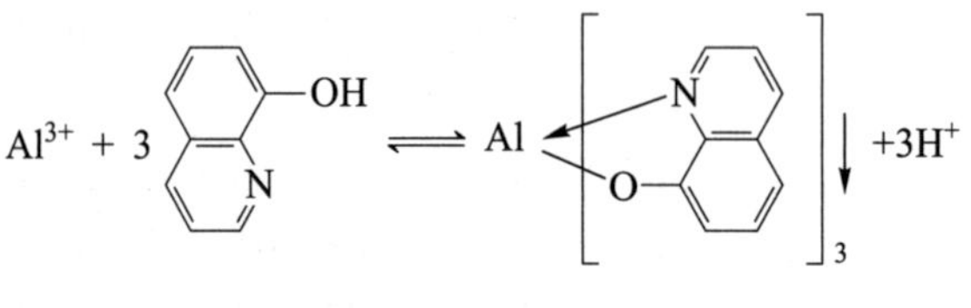

Al^{3+} + 3 (OH, N) ⇌ Al [N, O]$_3$ ↓ $+3H^+$

8-羟基喹啉在弱碱性和弱酸性溶液中，能与很多金属离子形成沉淀。但其选择性可通过控制溶液 pH 和加入掩蔽剂得到提高。例如，Al^{3+} 可以在乙酸溶液中被定量沉淀，而 Mg^{2+} 不沉淀；在酒石酸盐的碱性溶液中，Al^{3+}、Fe^{3+}、Cr^{3+}、Pb^{2+}、Sn^{4+} 等不沉淀，而 Cu^{2+}、Cd^{2+}、Zn^{2+} 和 Mg^{2+} 等离子形成沉淀。

(3) *N*-苯甲酰-*N*-苯胲(NBPHA)

NBPHA 又称钽试剂，其结构式为

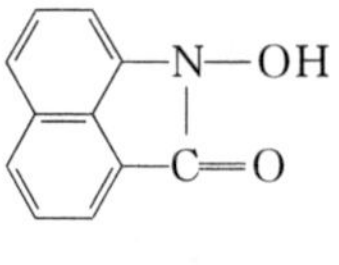

N—OH
C═O

在中性和弱酸性溶液中，NBPHA 可以和很多金属离子形成沉淀。在较强的酸性溶液中，可被沉淀的离子种类较少，同时选用适当的掩蔽剂，可进一步提高 NBPHA 的选择性。例如，在 0.5 $mol\cdot L^{-1}$ H_2SO_4 溶液中，用 EDTA 和 H_2O_2 作掩蔽剂，可在 Ti(Ⅳ)存在下沉淀 Nb(Ⅴ)和 Ta(Ⅴ)；在 pH=1 的 HF 和 H_2SO_4 溶液中，可在Ti(Ⅳ)、Zr(Ⅳ)、Nb(Ⅴ)存在下沉淀 Ta(Ⅴ)。

2. 生成离子缔合物的沉淀剂

有些有机沉淀剂在水溶液中以大体积的阳离子或阴离子形式存在，它们能与带相反电荷的被测离子通过静电引力结合成溶解度很小的离子缔合物沉淀。例如，四苯硼酸钠[$NaB(C_6H_5)_4$]是测定 K^+ 的优良试剂。它们的反应如下：

$$K^+ + B(C_6H_5)_4^- \xlongequal{} KB(C_6H_5)_4$$

该沉淀组成恒定，在 105～120℃烘干可直接以 $KB(C_6H_5)_4$形式称量。它也能与NH_4^+、Rb^+、Cs^+、Tl^+、Ag^+等离子生成缔合物沉淀。干扰离子除 NH_4^+ 外均很少见，而NH_4^+的干扰很容易消除。

生成离子缔合物的沉淀剂还有苦杏仁酸、氯化四苯钾等。苦杏仁酸是沉淀 Zr(Ⅳ)的优良试剂，在酸性溶液中进行沉淀，具有较高的选择性。

7.7 重量分析结果的计算

在重量分析中，如果沉淀的称量形式与被测组分的形式相同，其分析结果的计算公式如下：

$$w_X = \frac{m_X}{m_s} \times 100\% = \frac{m_p}{m_s} \times 100\% \qquad (7-16)$$

式中 m_X 为被测组分的质量(g)，m_s 为试样的质量(g)，m_p 为沉淀称量形式的质量(g)。

如果被测组分的表示形式与沉淀的称量形式不一致，则需要通过换算因数将称量形式的质量换算成被测组分的质量后再按式(7-16)进行计算。

$$w_X = \frac{Fm_p}{m_s} \times 100\% \qquad (7-17)$$

式中 F 为换算因数，是指被测组分的摩尔质量与称量形式的摩尔质量的比值。换算因数可根据有关化学式求得，例如：

被测组分	称量形式	换算因数
Cl^-	AgCl	$M_{Cl^-}/M_{AgCl}=0.2474$
S	$BaSO_4$	$M_S/M_{BaSO_4}=0.1374$
MgO	$Mg_2P_2O_7$	$2M_{MgO}/M_{Mg_2P_2O_7}=0.3662$

例 7.9 计算 a. 以 AgCl 为称量形式测定 Cl^- 的换算因数；b. 以 Fe_2O_3 为称量形式测定 Fe 和 Fe_3O_4 的换算因数。

解 a. 1 Cl^- 相当于 1 AgCl，则

$$F=\frac{M_{Cl^-}}{M_{AgCl}}=\frac{35.45\ g\cdot mol^{-1}}{143.3\ g\cdot mol^{-1}}=0.2474$$

b. 2Fe 相当于 Fe_2O_3，$2Fe_3O_4$ 相当于 $3Fe_2O_3$，则

以 Fe 表示结果：

$$F=\frac{2M_{Fe}}{M_{Fe_2O_3}}=\frac{2\times 55.85\ g\cdot mol^{-1}}{159.7\ g\cdot mol^{-1}}=0.6994$$

以 Fe_3O_4 表示结果：

$$F=\frac{2M_{Fe_3O_4}}{3M_{Fe_2O_3}}=\frac{2\times 231.5\ g\cdot mol^{-1}}{3\times 159.7\ g\cdot mol^{-1}}=0.9664$$

由例 7.9 可知，求换算因数 F 的方法为

a. 以待测组分的摩尔质量作分子，沉淀称量形式的摩尔质量作分母；

b. 由化学计量关系确定分子和分母的系数；

c. 计算 F 的值。

化学性质十分相似的元素，要从它们的混合物中分别测出各个元素的含量通常比较困难。对于复杂试样的分析，一般需要同时使用几种方法。如锆、铪混合氧化物中 ZrO_2 和 HfO_2 的测定，可先用苦杏仁酸重量分析法测定 ZrO_2 和 HfO_2 的总量，然后用 EDTA 络合滴定法测定 ZrO_2 和 HfO_2 的总物质的量，再通过解联立方程求得 ZrO_2 和 HfO_2 的含量。

例 7.10 称取 0.1000 g 不纯的锆、铪混合氧化物，用苦杏仁酸重量分析法测定锆、铪的含量，灼烧后得到 ZrO_2+HfO_2 共 0.0994 g；将沉淀溶解后，移取四分之一体积的溶液，用 0.01000 $mol\cdot L^{-1}$ EDTA 标准溶液滴定，至终点时消耗该 EDTA 标准溶液 20.10 mL。求试样中 ZrO_2 和 HfO_2 的质量分数。

解 设混合氧化物中含 ZrO_2 x g，HfO_2 y g，由题意得

$$\begin{cases} x+y=0.0994 \\ 1000\times\dfrac{x}{123.2}+1000\times\dfrac{y}{210.5}=4\times 0.01000\times 20.10 \end{cases}$$

解得

$$x=0.0986$$

$$y=0.0008$$

$$w_{ZrO_2}=\frac{0.0986\ g}{0.1000\ g}\times 100\%=98.6\%$$

$$w_{HfO_2}=\frac{0.0008\ g}{0.1000\ g}\times 100\%=0.8\%$$

7.8 沉淀滴定法

7.8.1 沉淀滴定法对沉淀反应的要求

以沉淀反应为基础的滴定分析法称为沉淀滴定法。虽然沉淀反应很多,但能用于沉淀滴定的反应并不多,这是因为很多沉淀反应无法满足滴定分析的基本要求。沉淀滴定法对沉淀反应的要求是

a. 沉淀的溶解度要足够小,反应能定量进行;

b. 沉淀的组成恒定;

c. 沉淀反应的速率要快;

d. 有适当的检测终点的方法。

目前,应用较多的是生成微溶性银盐沉淀的沉淀反应,如

$$Ag^{+}+Cl^{-} \rightleftharpoons AgCl$$
$$Ag^{+}+SCN^{-} \rightleftharpoons AgSCN$$

以这类反应为基础的滴定分析法称为银量法。银量法主要用于 Cl^{-}、Br^{-}、I^{-}、Ag^{+} 和 SCN^{-} 等离子的测定。另外一些沉淀反应也可用于沉淀滴定,但重要性不如银量法。

7.8.2 滴定曲线

以滴定过程中溶液中金属离子浓度的负对数(pM)或阴离子的负对数(pX)为纵坐标,以滴入的沉淀剂的量为横坐标绘制的曲线称为沉淀滴定的滴定曲线。pM 或 pX 可由滴定过程中加入的沉淀剂标准溶液的量和形成的沉淀的溶度积求得。现以 0.1000 $mol \cdot L^{-1}$ $AgNO_3$ 标准溶液滴定 20.00 mL 0.1000 $mol \cdot L^{-1}$ NaCl 溶液为例进行讨论。

滴定反应为 $Ag^{+}+Cl^{-} \rightleftharpoons AgCl \qquad K_{sp}=1.8\times10^{-10}$

a. 滴定前,溶液中只含有 NaCl,$[Cl^{-}]=0.1000\ mol \cdot L^{-1}$,pCl=1.00。

b. 滴定开始至化学计量点前,pCl 由溶液中剩余的 Cl^{-} 决定。加入18.00 mL $AgNO_3$ 溶液时:

$$[Cl^{-}]=\frac{2.00\times0.1000}{20.00+18.00}\ mol \cdot L^{-1}=5.3\times10^{-3}\ mol \cdot L^{-1}$$
$$pCl=2.28$$

加入 19.98mL $AgNO_3$ 溶液时,由于此时溶液中剩余的 Cl^{-} 很少,计算$[Cl^{-}]$时应考虑 AgCl 溶解所产生的 Cl^{-},故

$$[Cl^{-}]=\frac{0.02\times0.1000}{20.00+19.98}\ mol \cdot L^{-1}+\frac{1.8\times10^{-10}}{[Cl^{-}]}$$

解得 $$[Cl^-]=5.4\times10^{-5}\ mol\cdot L^{-1}$$

$$pCl=4.27$$

c. 滴定至化学计量点时：

$$[Cl^-]=[Ag^+]=\sqrt{1.8\times10^{-10}}\ mol\cdot L^{-1}=1.3\times10^{-5}\ mol\cdot L^{-1}$$

$$pCl=4.89$$

d. 化学计量点后，pCl 由过量的 Ag^+ 决定，在化学计量点附近时应考虑 AgCl 溶解所产生的 Cl^-。加入 20.02 mL $AgNO_3$ 溶液时：

$$[Ag^+]=\frac{0.02\times0.1000}{20.00+20.02}\ mol\cdot L^{-1}+[Cl^-]=\frac{1.8\times10^{-10}}{[Cl^-]}$$

解得 $$[Cl^-]=3.4\times10^{-6}\ mol\cdot L^{-1}$$

$$pCl=5.47$$

加入 22.00 mL $AgNO_3$ 溶液时：

$$[Ag^+]=\frac{2.00\times0.1000}{20.00+22.00}\ mol\cdot L^{-1}=4.8\times10^{-3}\ mol\cdot L^{-1}$$

$$[Cl^-]=\frac{1.8\times10^{-10}}{4.8\times10^{-3}}\ mol\cdot L^{-1}=3.8\times10^{-8}\ mol\cdot L^{-1}$$

$$pCl=7.42$$

加入不同体积 $AgNO_3$ 溶液时的 pCl 如表 7－4 所示，据此绘出的滴定曲线见图 7－6。

表 7－4　0.1000 mol·L⁻¹ $AgNO_3$ 溶液滴定 20.00 mL 0.1000 mol·L⁻¹ NaCl 溶液

滴入 $AgNO_3$ 溶液的体积/mL	滴定分数 a	pCl	
0.00	0.000	1.00	
5.00	0.250	1.22	
10.00	0.500	1.47	
15.00	0.750	1.85	
18.00	0.900	2.28	
19.80	0.990	3.30	
19.98	0.999	4.27	突跃范围
20.00	1.000	化学计量点 4.89	
20.02	1.001	5.47	
20.20	1.010	6.44	
22.00	1.100	7.42	
25.00	1.250	7.79	
30.00	1.500	8.05	
35.00	1.750	8.18	
40.00	2.000	8.27	

沉淀滴定的突跃范围与反应物的浓度及所生成沉淀的溶解度有关。反应物浓度越大，生成沉淀的溶解度越小，沉淀滴定突跃范围就越大。由图 7－6 可知，当浓度相同时，由于 AgI 的 K_{sp}最小，用 $AgNO_3$滴定 I^-时的突跃范围最大。

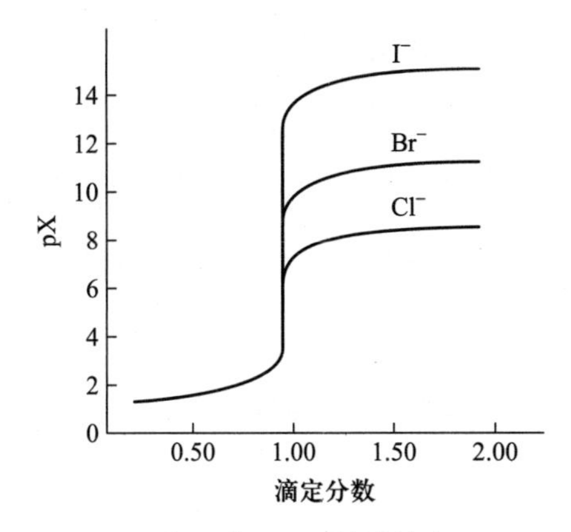

图 7－6　0.1000 mol·L^{-1} $AgNO_3$溶液滴定 0.1000 mol·L^{-1} NaCl、NaBr 和 NaI 溶液的滴定曲线

7.8.3　终点误差[①]

沉淀滴定的反应通式为

$$M^+ + X^- \rightleftharpoons MX\downarrow$$

设在滴定终点与化学计量点时 M 和 X 的分析浓度分别为 c_M^{ep}、c_X^{ep}、c_M^{sp}、c_X^{sp}，其平衡浓度分别为$[M]_{ep}$、$[X]_{ep}$、$[M]_{sp}$、$[X]_{sp}$，根据终点误差的定义则有

$$E_t = \frac{[M]_{ep} - [X]_{ep}}{c_X^{sp}} \times 100\% \qquad (7-18)$$

设滴定终点(ep)与化学计量点(sp)的 pM 之差为 ΔpM，即

$$\Delta pM = pM_{ep} - pM_{sp}$$

由此得

$$[M]_{ep} = [M]_{sp} \cdot 10^{-\Delta pM} \qquad (a)$$

同理得

$$[X]_{ep} = [X]_{sp} \cdot 10^{-\Delta pX} \qquad (b)$$

在化学计量点与终点均有

$$K_{sp,MX} = [M]_{sp}[X]_{sp}, \quad K_{sp,MX} = [M]_{ep}[X]_{ep}$$

---

① 陈兴国，寇宗燕，胡之德.沉淀滴定终点误差的计算公式.大学化学，1991，6(3)：54-56.

则

$$[M]_{sp}[X]_{sp}=[M]_{ep}[X]_{ep}$$

或

$$\frac{[X]_{sp}}{[X]_{ep}}=\frac{[M]_{ep}}{[M]_{sp}}$$

两边取负对数得

$$pX_{ep}-pX_{sp}=-(pM_{ep}-pM_{sp})$$

即

$$\Delta pX=-\Delta pM \qquad (c)$$

又在化学计量点时

$$[M]_{sp}[X]_{sp}=K_{sp,MX}$$

则

$$[M]_{sp}=[X]_{sp}=\sqrt{K_{sp,MX}} \qquad (d)$$

将式(a)、式(b)、式(c)、式(d)代入式(7-18)得

$$\begin{aligned}E_t&=\frac{[M]_{ep}-[X]_{ep}}{c_X^{sp}}\times 100\%=\frac{[M]_{sp}\cdot 10^{-\Delta pM}-[X]_{sp}\cdot 10^{-\Delta pX}}{c_X^{sp}}\times 100\%\\&=\frac{\sqrt{K_{sp,MX}}\cdot 10^{-\Delta pM}-\sqrt{K_{sp,MX}}\cdot 10^{-\Delta pX}}{c_X^{sp}}\times 100\%\\&=\frac{\sqrt{K_{sp,MX}}\cdot 10^{\Delta pX}-\sqrt{K_{sp,MX}}\cdot 10^{-\Delta pX}}{c_X^{sp}}\times 100\%\\&=\frac{10^{\Delta pX}-10^{-\Delta pX}}{\frac{1}{\sqrt{K_{sp,MX}}}c_X^{sp}}\times 100\%\end{aligned} \qquad (7-19)$$

式(7-19)即为以林邦公式表示的计算沉淀滴定法终点误差的公式。由此式可知，终点误差与 $K_{sp,MX}$ 和 ΔpX 有关，$K_{sp,MX}$ 和 ΔpX 越小，误差越小，另外终点误差与 c_X^{sp} 有关，被测离子浓度越大，终点误差越小。在沉淀滴定中，通常采用指示剂来指示终点，因此在选择指示剂时应使 ΔpX 尽可能小以确保滴定的准确性。

ΔpX 计算方法可推导如下：

$$[M]_{ep}=\frac{K_{sp,MIn}}{[In]_{ep}},\quad [X]_{ep}=\frac{K_{sp,MX}}{\frac{K_{sp,MIn}}{[In]_{ep}}}=\frac{K_{sp,MX}[In]_{ep}}{K_{sp,MIn}}$$

或

$$[M]_{ep}=\sqrt{\frac{K_{sp,M_2In}}{[In]_{ep}}},\quad [X]_{ep}=\frac{K_{sp,MX}}{\sqrt{\frac{K_{sp,M_2In}}{[In]_{ep}}}}=\frac{K_{sp,MX}\sqrt{[In]_{ep}}}{\sqrt{K_{sp,M_2In}}}$$

$$[X]_{sp}=\sqrt{K_{sp,MX}}$$

则

$$\Delta pX=p\,\frac{K_{sp,MX}[In]_{ep}}{K_{sp,MIn}}-p\sqrt{K_{sp,MX}} \tag{7-20}$$

或

$$\Delta pX=p\,\frac{K_{sp,MX}\sqrt{[In]_{ep}}}{\sqrt{K_{sp,M_2In}}}-p\sqrt{K_{sp,MX}} \tag{7-21}$$

例 7.11 计算以 0.100 0 $mol\cdot L^{-1}$ $AgNO_3$ 溶液滴定 0.100 0 $mol\cdot L^{-1}$ NaCl 溶液，用 K_2CrO_4 作指示剂的终点误差。已知$[CrO_4^{2-}]_{ep}=5.0\times10^{-3}\ mol\cdot L^{-1}$。

解

$$\Delta pCl=p\,\frac{K_{sp,AgCl}\sqrt{[CrO_4^{2-}]_{ep}}}{\sqrt{K_{sp,Ag_2CrO_4}}}-p\sqrt{K_{sp,AgCl}}$$

$$=-\lg\frac{1.8\times10^{-10}\times\sqrt{5.0\times10^{-3}}}{\sqrt{2.0\times10^{-12}}}+\lg\sqrt{1.8\times10^{-10}}$$

$$=0.17$$

$$E_t=\frac{10^{0.17}-10^{-0.17}}{\frac{1}{\sqrt{1.8\times10^{-10}}}\times0.050\,00}\times100\%=0.02\%$$

此结果与武汉大学等校编写的《分析化学》(第三版，p335)的理论误差(0.02%)完全一致。为使终点明显，要消耗 Ag^+ 的浓度为 $2\times10^{-5}\ mol\cdot L^{-1}$，故总误差为 0.06%。

由上述讨论可知，用林邦公式处理沉淀滴定终点误差具有公式推理严谨、使用方便，公式化学意义明确，指出了减少终点误差应采用的途径等优点。此外，将此公式与酸碱滴定、配位滴定、氧化还原滴定的终点误差公式相比较，可加深对四种滴定方法共性的认识。

7.8.4 常用的沉淀滴定法

1. 莫尔法

用 K_2CrO_4 作指示剂的银量法称为莫尔(Mohr)法。

以 K_2CrO_4 作指示剂，用 $AgNO_3$ 标准溶液滴定中性溶液中的 Cl^- 时，滴定反应和指示剂的反应为

$$Ag^+ + Cl^- \rightleftharpoons \underset{\text{白色}}{AgCl} \qquad K_{sp}=1.8\times10^{-10}$$

$$2Ag^+ + CrO_4^{2-} \rightleftharpoons \underset{\text{砖红色}}{Ag_2CrO_4} \qquad K_{sp}=2.0\times10^{-12}$$

由于 AgCl 的溶解度小于 Ag_2CrO_4 的溶解度，因此在滴定过程中随着 $AgNO_3$ 溶液的加入，首先析出 AgCl 沉淀。当 AgCl 定量沉淀后，过量的 $AgNO_3$ 与 CrO_4^{2-} 生成砖红色的 Ag_2CrO_4 沉淀，借此指示滴定的终点。

指示剂的用量和溶液的酸度是莫尔法中的两个主要问题。

(1) 指示剂的用量

以 K_2CrO_4 作指示剂，用 $AgNO_3$ 标准溶液滴定 Cl^-，在终点时应有

$$[Ag^+][Cl^-]=1.8\times10^{-10}$$

$$[Ag^+]^2[CrO_4^{2-}]=2.0\times10^{-12}$$

$$[Cl^-]=\frac{1.8\times10^{-10}}{\sqrt{2.0\times10^{-12}}}\sqrt{[CrO_4^{2-}]}=1.3\times10^{-4}\sqrt{[CrO_4^{2-}]}$$

这表明在终点时，溶液中的 $[Cl^-]$ 由 $[CrO_4^{2-}]$ 决定。

在化学计量点时：

$$[Ag^+]=[Cl^-]=\sqrt{1.8\times10^{-10}}\ \text{mol}\cdot\text{L}^{-1}=1.3\times10^{-5}\ \text{mol}\cdot\text{L}^{-1}$$

此时要形成 Ag_2CrO_4 所需的最小 CrO_4^{2-} 浓度为

$$[CrO_4^{2-}]=\frac{2.0\times10^{-12}}{(1.3\times10^{-5})^2}\ \text{mol}\cdot\text{L}^{-1}=1.2\times10^{-2}\ \text{mol}\cdot\text{L}^{-1}$$

在实际滴定中，由于 K_2CrO_4 本身显黄色，高浓度的指示剂将严重影响终点的确定。因此，一般要使用比 $1.2\times10^{-2}\ \text{mol}\cdot\text{L}^{-1}$ 浓度更低的指示剂。显然，此时需加入更多的 $AgNO_3$ 才能达到终点。实验证明，实际上应控制 CrO_4^{2-} 的浓度为 $5.0\times10^{-3}\ \text{mol}\cdot\text{L}^{-1}$。

(2) 溶液的酸度

H_2CrO_4 是二元弱酸，$K_{a_2}=3.2\times10^{-7}$，故 Ag_2CrO_4 可溶于酸：

$$Ag_2CrO_4+H^+\rightleftharpoons 2Ag^++HCrO_4^-$$

导致终点过迟出现甚至难以出现，因此滴定不能在强酸性条件下进行。但是若溶液的碱性太强，则发生下述反应：

$$2Ag^++2OH^-\rightleftharpoons 2AgOH$$

$$\hookrightarrow Ag_2O+H_2O$$

使滴定无法进行。通常，莫尔法最适宜的 pH 范围为 6.5～10.5。

当溶液中存在铵盐时，滴定时的 pH 应控制在 6.5～7.2。若溶液的 pH 过高，将导致溶液中 NH_3 的浓度增大，而 NH_3 与 Ag^+ 可生成 $[Ag(NH_3)]^+$ 和 $[Ag(NH_3)_2]^+$，影响反应的定量进行。

凡是能与 Ag^+ 生成沉淀的阴离子如 PO_4^{3-}、AsO_4^{3-}、SO_3^{2-}、S^{2-}、CO_3^{2-}、$C_2O_4^{2-}$ 等，能与 CrO_4^{2-} 生成沉淀的阳离子如 Ba^{2+}、Pb^{2+} 等，以及在中性、弱碱性溶液中易水解的离子如 Fe^{3+}、Al^{3+} 等均干扰滴定，应预先分离。S^{2-} 可在酸性溶液加热除去，SO_3^{2-} 可氧化成 SO_4^{2-}，Ba^{2+} 可加入大量 Na_2SO_4 消除干扰。Cu^{2+}、Co^{2+}、Ni^{2+} 等有色离子影响终点的

观察。

莫尔法适用于 Cl^- 或 Br^- 的测定。若要用此法测定试样中的 Ag^+，则应先在试液中加入一定量过量的 NaCl 标准溶液，然后用 $AgNO_3$ 标准溶液滴定过量的 Cl^-。原则上，此法也可用于 I^- 或 SCN^- 的测定，但由于 AgI 和 AgSCN 沉淀强烈地吸附 I^- 和 SCN^-，此吸附作用即使剧烈摇动也不能消除，导致终点变色不明显，误差较大。因此，本法不适合于 I^- 或 SCN^- 的测定。

2. 福尔哈德法

用 $NH_4[Fe(SO_4)_2]$ 作指示剂的银量法称为福尔哈德(Volhard)法。它可分为直接滴定法和返滴定法。

(1) 原理

直接滴定法是在酸性溶液中用硫氰酸盐标准溶液滴定 Ag^+，反应为

$$Ag^+ + SCN^- \rightleftharpoons \underset{\text{白色}}{AgSCN} \qquad K_{sp} = 1.0 \times 10^{-12}$$

当滴定至化学计量点附近时，稍微过量的 SCN^- 与 $NH_4[Fe(SO_4)_2]$ 中 Fe^{3+} 反应生成红色的 $[FeSCN]^{2+}$ 络合物，从而指示终点：

$$Fe^{3+} + SCN^- \rightleftharpoons \underset{\text{红色}}{[FeSCN]^{2+}} \qquad K = 1.38 \times 10^2$$

滴定过程中不断形成的 AgSCN 沉淀强烈吸附溶液中未被滴定的 Ag^+，使终点提前出现，造成较大的终点误差。为获得准确的分析结果，滴定过程中必须剧烈摇动溶液使被吸附的 Ag^+ 尽量释放出来。

返滴定法测定 Cl^- 时，由于 AgCl 的溶度积(1.8×10^{-10})大于 AgSCN 的溶度积(1.0×10^{-12})，稍过量的 SCN^- 会使 AgCl 沉淀转化为 AgSCN 沉淀：

$$AgCl + SCN^- \rightleftharpoons AgSCN + Cl^-$$

由于转化反应不断进行直至达到平衡，无法得到正确的终点，造成较大的终点误差。为避免此现象，可先将 AgCl 沉淀滤去再进行滴定；或者滴定前在试液中加入硝基苯或 1,2-二氯乙烷等有机溶剂将 AgCl 沉淀表面覆盖，避免其与 SCN^- 接触。

测定溴化物和碘化物时，由于 AgBr 和 AgI 的溶度积均小于 AgSCN 的溶度积，上述转化反应不会发生，终点十分明显。但在滴定碘化物时，为防止 Fe^{3+} 氧化 I^-，指示剂应在加入过量 $AgNO_3$ 溶液且 AgI 沉淀完全析出后再加入。

(2) 滴定条件

指示剂 $NH_4[Fe(SO_4)_2]$ 的用量会影响终点的迟早，从而影响结果的准确度。若指示剂浓度过高，不仅终点提前出现，而且 Fe^{3+} 的深黄色将影响终点的观察。实验证明，溶液中 Fe^{3+} 的最佳浓度为 0.015 $mol \cdot L^{-1}$ 时，终点误差很小，可满足定量分析要求。

福尔哈德法滴定时的 $[H^+]$ 应控制在 0.1～1 $mol \cdot L^{-1}$，这是该方法的最大优点，因为在强酸性溶液中，PO_4^{3-}、AsO_4^{3-}、$C_2O_4^{2-}$ 等弱酸性离子无法与 Ag^+ 形成沉淀，不会干扰测定。若溶液酸度过低，Fe^{3+} 容易水解形成深棕色的 $[Fe(H_2O)_5OH]^{2+}$ 或 $[Fe_2(H_2O)_4(OH)_2]^{4+}$，影响终点的观察。强氧化剂、氮的低价氧化物和汞盐能与

SCN^- 反应，对滴定有干扰，应预先除去。

3. 法扬司法

用吸附指示剂确定终点的银量法称为法扬司(Fajans)法。

(1) 原理

卤化银是一种胶状沉淀，能选择性地吸附溶液中的某些离子，首先是构晶离子。以 AgCl 沉淀为例，若溶液中 Cl^- 过量，则沉淀表面吸附 Cl^-，使胶粒带负电荷。吸附层中的 Cl^- 又疏松地吸附溶液中过量的阳离子(抗衡离子)组成扩散层。如果溶液中 Ag^+ 过量，则沉淀表面吸附 Ag^+，使胶粒带正电荷，而溶液中的阴离子则作为抗衡离子，主要存在于扩散层中。

吸附指示剂是一类有机染料，当它吸附在胶粒表面之后，结构发生变化从而导致颜色变化，这种性质可用来确定沉淀滴定的终点。吸附指示剂可分为酸性染料和碱性染料两类。荧光黄及其衍生物属于酸性染料，它们可解离出指示剂阴离子；甲基紫、罗丹明 6G 等属于碱性染料，可解离出指示剂阳离子。现以荧光黄(HFI)为例讨论吸附指示剂的作用原理。HFI 是一种有机弱酸，可用于 $AgNO_3$ 滴定 Cl^-，它在水溶液中的解离如下：

$$HFI \rightleftharpoons H^+ + FI^- \qquad K_a = 1\times10^{-7}$$

其阴离子 FI^- 为黄绿色。在化学计量点前，AgCl 沉淀表面带负电荷，不会吸附阴离子 FI^-，溶液显黄绿色。在化学计量点后，过量的 Ag^+ 使 AgCl 沉淀表面带正电荷导致其吸附 FI^-。FI^- 被吸附后，结构发生了变化，溶液变为粉红色，从而指示终点的到达。

(2) 滴定条件

a. 从上述吸附指示剂的原理可知，为了使终点变色敏锐，必须使沉淀有较大的表面积和吸附能力。为此，滴定时通常要在溶液中加入糊精和淀粉等胶体保护剂，以防止胶体凝聚。

b. 被滴定溶液的浓度不能太稀，因为浓度太稀时，沉淀很少，不易观察终点。以 HFI 为指示剂，用 $AgNO_3$ 滴定 Cl^- 时，Cl^- 的浓度应大于 $0.05\ mol\cdot L^{-1}$。当滴定 Br^-、I^-、SCN^- 等离子时，灵敏度较高，浓度低至 $0.001\ mol\cdot L^{-1}$ 仍可准确滴定。

c. 由于卤化银对光非常敏感，容易转变为灰黑色，因此应避免在强光下进行滴定。

d. 要在合适的酸度下进行滴定，吸附指示剂的吸附性能要适当。各种指示剂对滴定的酸度要求不同，要根据使用的吸附指示剂控制合适的滴定酸度。如 HFI 的 $K_a = 1.0\times10^{-7}$，若溶液的 pH 小于 7，HFI 主要以分子形式存在，不能被吸附，无法指示终点。其使用的 pH 范围为 7～10。二氯荧光黄的 $K_a \approx 10^{-4}$，使用的 pH 范围为 4～10。曙红(四溴荧光黄)的 $K_a \approx 10^{-2}$，酸性更强，溶液的 pH 低至 2 时，仍可以指示终点。

此外，指示剂的吸附性能要适当，不能太大或太小。吸附性能太大，会导致终点提前出现；反之则导致终点拖后，变色不敏锐。例如，曙红虽然是滴定 Br^-、I^-、SCN^- 等的良好指示剂，但不适用于 Cl^- 的滴定，因为 Cl^- 的吸附性较差，在化学计量点前，就有一部分指示剂的阴离子取代 Cl^- 进入吸附层，导致无法指示终点。应注意，指示剂的性能是否良好需根据实验结果确定。表 7-5 给出了一些重要的吸附指示剂。

表 7-5　一些重要的吸附指示剂

指示剂	被滴定离子	滴定剂	滴定条件
荧光黄	Cl^-	Ag^+	pH 7～10(一般为 7～8)
二氯荧光黄	Cl^-	Ag^+	pH 4～10(一般为 5～8)
曙红	Br^-、I^-、SCN^-	Ag^+	pH 2～10(一般为 3～8)
溴酚甲绿	SCN^-	Ag^+	pH 4～5
甲基紫	Ag^+	Cl^-	酸性溶液
罗丹明 6G	Ag^+	Br^-	酸性溶液
钍试剂	SO_4^{2-}	Ba^{2+}	pH 1.5～3.5
溴酚蓝	Hg_2^{2+}	Cl^-、Br^-	酸性溶液

除上述三种银量法外，还有其他沉淀滴定法，由于它们不如银量法重要，本书不作介绍。

7.8.5　混合离子的沉淀滴定

在沉淀滴定中，两种混合离子能否分别准确进行滴定取决于滴定过程中生成的两种沉淀的溶度积比值的大小。例如，用 $AgNO_3$ 滴定 I^- 和 Cl^- 混合溶液时，首先达到较难溶 AgI 的溶度积析出沉淀，随着 Ag^+ 浓度的升高达到 AgCl 的溶度积析出沉淀，在滴定曲线上出现两个明显的突跃。当 Cl^- 开始沉淀时，I^- 和 Cl^- 浓度的比值为

$$\frac{[I^-]}{[Cl^-]}=\frac{K_{sp,AgI}}{K_{sp,AgCl}}\approx 5\times 10^{-7}$$

即当 I^- 浓度降低至 Cl^- 的千万分之五时，AgCl 沉淀开始析出。因此从理论上讲，I^- 和 Cl^- 可分别准确进行滴定，但由于 I^- 被 AgI 沉淀吸附，会产生一定的误差。若用 $AgNO_3$ 滴定 Br^- 和 Cl^- 的混合溶液时：

$$\frac{[Br^-]}{[Cl^-]}=\frac{K_{sp,AgBr}}{K_{sp,AgCl}}\approx 3\times 10^{-3}$$

由此可知，当 Br^- 浓度降低至 Cl^- 的千分之三时，AgBr 沉淀和 AgCl 沉淀同时析出，无法分别进行滴定，只能滴定它们的总量。

7.9　沉淀法在制备纳米材料中的应用简介[①②]

纳米材料指在三维空间中至少有一维在纳米尺度(1～100 nm)的材料或以它们为结构单元组成的材料。纳米材料结构的特殊性使其具有量子尺寸效应、表面效应、小尺

① 朱红.纳米材料化学及其应用.北京：清华大学出版社，北京交通大学出版社，2009：19-20.

② 孙玉绣，张大伟，金政伟.纳米材料的制备方法及其应用. 北京：中国纺织出版社，2010：73-82.

寸效应和宏观量子隧道效应等特殊效应，这些特殊效应赋予了纳米材料特殊的光、电、磁、力及化学性质，使其在环境保护、信息存储、生物医学、催化和传感等领域具有巨大的应用潜力。

化学液相沉淀法是制备纳米材料重要的常用方法之一，它利用各种溶解在水中的物质反应生成氢氧化物、碳酸盐、硫酸盐和乙酸盐等微溶性化合物，再将其加热分解得到纳米材料。根据沉淀方式可将化学液相沉淀法分为共沉淀法、均相沉淀法、直接沉淀法及络合沉淀法，下面对其进行简单介绍。

7.9.1 共沉淀法

在含多种阳离子的溶液中加入合适的沉淀剂使所有离子以沉淀形式析出的方法称为共沉淀法。它是制备含有两种以上金属元素复合氧化纳米材料的主要方法，因在制备过程中完成了反应及掺杂过程，故得到的纳米材料化学成分均一、粒度小且均匀。共沉淀法又可分为单相共沉淀法和混合物共沉淀法。

1. 单相共沉淀

沉淀物为单一化合物或单相固溶体时，称为单相共沉淀，也称为化合物沉淀法。溶液中的金属离子是以具有与络合比组成相等的化学计量化合物形式沉淀的，因此，当沉淀颗粒的金属元素之比与产物化合物的金属元素之比相等时，沉淀物具有在原子尺度上的组成均匀性。但是，对于由两种以上金属元素组成的化合物，当金属元素之比为简单的整数比时，可以保证组分的均匀性，而当要定量加入微量成分时，常常很难保证组成的均匀性。借助化合物沉淀法分散微量成分以达到原子尺度均匀性，利用形成固溶体的方法可以收到良好的效果。不过，形成固溶体的体系是有限的，再者，固溶体沉淀物的组成与配比组成通常是不一样的，所以通过形成固溶体方法的情况是相当有限的。单相共沉淀法仅对有限的草酸盐沉淀适用。

例如，在Ba、Ti的硝酸盐溶液中加入草酸后即可形成单相化合物 $BaTiO(C_2O_4)_2 \cdot 4H_2O$ 沉淀。经高温(450～750℃)加热分解，经过一系列反应可制得纳米 $BaTiO_3$。

2. 混合物共沉淀

如果沉淀产物为混合物，则称其为混合物共沉淀。为了获得均匀的沉淀，通常是将含有各种阳离子的盐溶液慢慢加入过量的沉淀剂中并进行搅拌，使所有沉淀离子的浓度大大超过沉淀的平衡浓度，尽量使各组分按比例同时形成沉淀。但由于组分之间的沉淀产生的浓度及沉淀速度存在差异，故溶液的原始原子水平的均匀性可能部分地失去，沉淀通常是氢氧化物，但也可以是草酸盐、碳酸盐等。

7.9.2 均相沉淀法

如前所述，均相沉淀法是通过溶液中化学反应使沉淀剂缓慢地生成，可有效克服由外部向溶液中加入沉淀剂造成的局部过浓(不均匀性)现象而导致沉淀不能在整个溶液中均匀析出的缺点，使过饱和度维持在适当范围内，达到控制粒子的成核及生长速率，制得粒度均匀的纳米材料的目的。常用的沉淀剂有尿素和六亚甲基四胺。对于氧化物纳米粉体的制备，常用尿素作沉淀剂，其水溶液在70℃左右分解生成 NH_4OH，起到沉淀剂的作用，得到金属氢氧化物或碱式盐沉淀。

7.9.3 直接沉淀法

直接沉淀法是使溶液中的金属离子直接与 OH^-、$C_2O_4^{2-}$、CO_3^{2-} 等沉淀剂在一定条件下反应形成沉淀，经过滤、洗涤等得到纯净的沉淀，经焙烧得到纳米材料。直接沉淀法具有操作简单易行，对设备、技术要求不太苛刻，不易引入其他杂质，沉淀纯度很高，有良好的化学计量关系，成本较低等优点，但所合成的纳米颗粒粒径分布较宽，分散性较差。

使用不同的沉淀剂可以得到不同的沉淀产物，常见的沉淀剂有 $NH_3 \cdot H_2O$、NaOH、NH_4HCO_3、Na_2CO_3、$(NH_4)_2C_2O_4$ 等。按沉淀剂的不同，直接沉淀法又可分为氢氧化物沉淀法、草酸盐沉淀法、碳酸盐沉淀法、碳酸氢铵沉淀法等。

7.9.4 络合沉淀法

络合沉淀法常用于金属氧化物纳米粒子的制备，其原理是金属离子与柠檬酸、EDTA 等络合剂形成常温稳定的络合物，在适当温度和 pH 下，络合物被破坏，金属离子重新释放出来，与溶液中的 OH^- 及外加沉淀剂作用生成沉淀物，经进一步处理后得到金属氧化物纳米粒子。

该法优点是产率高、处理量大；缺点是工艺较繁复，不利于大规模生产，同时使用络合剂导致成本提高。

除了上述方法外，近年来出现了使用超声技术的超声沉淀法。该方法具有以下优点：

a. 利用频率超声波所产生的"超声空化气泡"爆炸时释放出的巨大能量，产生局部的高温高压环境和具有强烈冲击力的微射流，实现介观均匀混合，从而消除局部浓度不均，提高反应速率，刺激新相的形成。

b. 由于超声波的空化作用对团聚可起到剪切作用，有利于微小颗粒的形成。

c. 对体系性质无特殊要求，只需要有传输能量的液体介质即可，对各种反应介质都有很强的通用性。

近年来还相继出现了一些新的制备纳米材料的方法如固相合成法等。

7－1 氮掺杂碳量子点的固相合成及其在细胞内 Fe^{3+} 成像分析中的应用

思考题

1. 重量分析法中为什么不需要标准溶液、基准物质和标准试样？

2. 什么是固有溶解度 s^0？计算微溶化合物溶解度时，晶形沉淀和无定形沉淀的 s^0 可以忽略吗？

3. 目前能够定量计算的影响沉淀溶解度的因素有哪些？其中哪些效应使沉淀的溶解度增大？

4. 在利用同离子效应减小沉淀的溶解度时，为什么沉淀剂不能过量太多？

5. 试解释下列现象。

a. 当溶液中 KNO_3 的浓度由 0 增加到 $0.10\ mol \cdot L^{-1}$ 时，AgCl 的溶解度增大了 12%，$BaSO_4$ 的溶解度增大了 70%；

b. CaC_2O_4、$CaCO_3$、$MgNH_4PO_4$ 等弱酸盐沉淀应在较低的酸度下进行沉淀，硅酸（$SiO_2 \cdot nH_2O$）、钨酸（$WO_3 \cdot nH_2O$）等弱酸沉淀应在强酸性介质中进行沉淀；

c. $BaSO_4$沉淀要陈化，AgCl、$Al_2O_3 \cdot nH_2O$ 沉淀不要陈化；

d. AgCl 在 KCl 溶液中的溶解度，随 KCl 浓度升高先减小然后逐渐增大；

e. AgCl 和 $BaSO_4$ 的 K_{sp} 相差不大，但通过控制条件可得到 $BaSO_4$ 晶形沉淀，而 AgCl 只能得到无定形沉淀；

f. 用过量 H_2SO_4 沉淀 Ba^{2+} 时，K^+ 引起的共沉淀比 Na^+ 严重(已知离子半径：$r_{K^+}=133$ pm、$r_{Na^+}=95$ pm、$r_{Ba^{2+}}=135$ pm)；

g. ZnS 在 HgS 沉淀表面而不在 $BaSO_4$ 沉淀表面继沉淀。

6. 已知 $M(OH)_3$ 的 $K_{sp}=1.0\times10^{-32}$，某人根据公式 $K_{sp}=[M^{3+}][OH^-]^3$ 求得其溶解度为 4.4×10^{-9} mol·L^{-1}。此计算方法有无错误？为什么？

7. 什么是均相沉淀法？该法可否避免继沉淀和形成混晶对沉淀的玷污？为什么？

8. 用过量 H_2SO_4 沉淀 Ba^{2+} 时，溶液中除构晶离子外还存在 Cl^-、Na^+、K^+、Ca^{2+} 等离子，何种离子将被沉淀优先吸附？为什么？

9. 下列各种情况下可否获得准确的分析结果？若不能，分析结果是偏高还是偏低？为什么？

a. pH=4 时莫尔法滴定 Cl^-；

b. pH=9 的 NH_4Cl 溶液中，用莫尔法滴定 Cl^-；

c. 福尔哈德法测定 Ag^+ 时，终点前未剧烈摇动；

d. 莫尔法滴定 Br^- 时，用 NaCl 标定 $AgNO_3$，未校正指示剂空白；

e. 福尔哈德法滴定 Cl^- 时，加入过量 $AgNO_3$ 溶液后，直接用 NH_4SCN 标准溶液滴定；

f. 法扬司法滴定 Cl^- 时，用曙红作指示剂；

g. 以荧光黄作指示剂，用 $AgNO_3$ 标准溶液滴定浓度约为 2×10^{-3} mol·L^{-1} 的 Cl^-。

10. 研究 $PbSO_4$ 沉淀时，得到下图所示的著名实验曲线，试依据均相成核作用和异相成核作用从理论上对其进行解释。

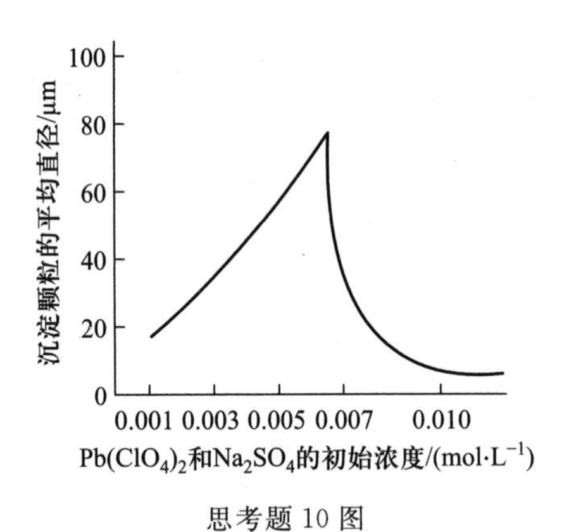

思考题 10 图

习　题

1. 已知 $\beta=\dfrac{[CaSO_4(水)]}{[Ca^{2+}][SO_4^{2-}]}=200$，忽略离子强度的影响，计算 $CaSO_4$ 的固有溶解度，并计算饱和 $CaSO_4$ 溶液中非解离形式 Ca^{2+} 的分数。

(1.8×10^{-3} mol·L^{-1}，37.6%)

2. 计算 $CaCO_3$ 在纯水中的溶解度和平衡时溶液的 pH。

(8.0×10^{-5} mol·L^{-1},9.90)

3. 于 100 mL 含 0.1000 g Ba^{2+} 的溶液中，加入 50 mL 0.010 mol·L^{-1} H_2SO_4 溶液，沉淀完全析出后还有多少克 Ba^{2+} 留在溶液中？如沉淀用 100 mL 纯水或 100 mL 0.010 mol·L^{-1} H_2SO_4 溶液洗涤，假设洗涤时达到了沉淀平衡，问损失 $BaSO_4$ 多少毫克？

(33 mg,0.245 mg,6.2×10^{-4} mg)

4. 考虑盐效应，计算下列微溶化合物的溶解度。

a. $BaSO_4$ 在 0.10 mol·L^{-1} $NaNO_3$ 溶液中；

b. $BaSO_4$ 在 0.10 mol·L^{-1} $Ba(NO_3)_2$ 溶液中。

(a. 2.9×10^{-5} mol·L^{-1},b. 1.9×10^{-8} mol·L^{-1})

5. 考虑酸效应，计算下列微溶化合物的溶解度。

a. PbF_2 在 pH=3.0 的溶液中；

b. $BaCrO_4$ 在 1.0 mol·L^{-1} HCl 溶液中；

c. $PbCrO_4$ 在 0.10 mol·L^{-1} HNO_3 溶液中；

d. CuS 在 pH=0.5 的饱和 H_2S 溶液中（$[H_2S]\approx0.1$ mol·L^{-1}）。

(a. 3.5×10^{-3} mol·L^{-1},b. 5.0×10^{-2} mol·L^{-1},
c. 3.7×10^{-4} mol·L^{-1},d. 6.5×10^{-15} mol·L^{-1})

6. 考虑络合效应，计算下列微溶化合物的溶解度。

a. AgSCN 在 1.0 mol·L^{-1} NH_3 溶液中；

b. $BaSO_4$ 在 pH=10.0 的 0.010 mol·L^{-1} EDTA 溶液中。

(a. 3.3×10^{-3} mol·L^{-1},b. 4.1×10^{-3} mol·L^{-1})

7. 计算 $BaCrO_4$ 在 0.020 mol·L^{-1} $BaCl_2$－0.040 mol·L^{-1} HCl 溶液中的溶解度。

(5.5×10^{-3} mol·L^{-1})

8. 考虑 S^{2-} 的水解，计算下列硫化物在水中的溶解度。

a. MnS(无定形)；

b. Ag_2S。

(a. 6.6×10^{-4} mol·L^{-1},b. 1.1×10^{-14} mol·L^{-1})

9. 将固体 AgBr 和 AgCl 加入 50.0 mL 纯水中，不断搅拌使其达到平衡。计算溶液中 Ag^+ 的浓度。

(1.34×10^{-5} mol·L^{-1})

10. 忽略离子强度和 Ni^{2+} 的氢氧络合物的影响，计算 γ－NiS 在 pH=9.0、$NH_3-NH_4^+$ 总浓度为 0.3 mol·L^{-1} 的缓冲溶液中的溶解度。

(9.03×10^{-9} mol·L^{-1})

11. 推导一元弱酸盐的微溶化合物 MA_2 在下列溶液中溶解度的计算公式。

a. 强酸溶液中；

b. 酸性溶液中和过量沉淀剂 A^- 存在下；

c. 过量 M^{2+} 存在下的酸性溶液中；

d. 在过量络合剂 L 存在下(只形成 ML 络合物)的酸性溶液中。

12. a. 计算[Br^-]=0.10 mol·L^{-1}时 AgBr 沉淀的溶解度；

b. AgBr 沉淀溶解度最小时的[Br^-]。

(a. 1.85×10^{-6} mol·L^{-1}，b. 2.16×10^{-4} mol·L^{-1})

13. 有 0.500 0 g 的纯 KIO_x，将其还原为 I^- 后，用 0.100 0 mol·L^{-1} $AgNO_3$ 溶液滴定，用去 23.36 mL。求该化合物的化学式。

(KIO_3)

14. 计算下列换算因数。

a. 根据 $PbCrO_4$ 测定 Cr_2O_3；

b. 根据 $Mg_2P_2O_7$ 测定 $MgSO_4\cdot7H_2O$；

c. 根据$(NH_4)_3PO_4\cdot12MoO_3$测定 $Ca_3(PO_4)_2$ 和 P_2O_5；

d. 根据 $Al(C_9H_6ON)_3$ 测定 Al_2O_3。

(a. 0.235 1，b. 2.215 0，c. 0.082 65，0.037 82，d. 0.111 0)

15. 称取 0.2500 g 含砷试样，溶解后在弱碱介质中将砷处理为AsO_4^{3-}，然后沉淀为Ag_3AsO_4。将沉淀过滤、洗涤后溶于酸中。以 0.100 0 mol·L^{-1} NH_4SCN 溶液滴定其中的 Ag^+ 至终点，消耗 22.73 mL。计算试样中砷的质量分数。

(22.71%)

16. 称取 0.562 2 g 纯 Fe_2O_3 和 Al_2O_3 混合物，在加热状态下通氢气将 Fe_2O_3 还原为 Fe，此时 Al_2O_3 不改变，冷却后称量该混合物为 0.4582 g。计算该混合物中 Fe、Al 的质量分数。

(43.04%，20.35%)

17. 称取 0.6280 g 含有 NaCl 和 NaBr 的试样，溶解后用 $AgNO_3$ 溶液处理，得到干燥的 AgCl 和 AgBr 沉淀 0.5064 g，另称取相同质量的试样 1 份，用 0.1199 mol·L^{-1} $AgNO_3$ 溶液滴定至终点，消耗 24.82 mL。计算试样中 NaCl 和 NaBr 的质量分数。

(10.97%，29.45%)

18. 称取 0.5805 g 纯 NaCl，溶于水后用 $AgNO_3$ 溶液处理，定量转化后得到 AgCl 沉淀1.4236 g。计算 Na 的相对原子质量。已知 Cl 和 Ag 的相对原子质量分别为 35.453 和107.868。

(22.989)

19. 称取 1.0000 g 含 65.00% Na_2SO_4 和 35.00%另一硫酸盐 MSO_4 的纯混合物，溶解后用 $BaCl_2$ 处理，定量转化为 $BaSO_4$ 1.5368 g。计算 MSO_4 的相对分子质量。

(174.22)

20. 称取 1.0000 g 含硫的纯有机化合物，首先用 Na_2O_2 熔融，使其中的硫定量转化为 Na_2SO_4，将其溶解于水后用 $BaCl_2$ 溶液处理，定量转化为 $BaSO_4$ 1.0890 g。计算：a. 该有机化合物中硫的质量分数；b. 若该有机化合物的摩尔质量为 214.33 g·mol^{-1}，求该有机化合物分子中硫原子的个数。

(a. 14.96%，b. 1)

21. 称取 0.4273 gAgBr 质量分数为 0.6000 的 AgCl 和 AgBr 纯混合物，用氯气处理使其中的 AgBr 转化为 AgCl。试计算用氯气处理后 AgCl 共有多少克。

(0.3666 g)

22. 为了测定长石中 K、Na 的含量，称取 0.5034 g 试样。首先使其中的 K、Na 定量转化为 KCl 和 NaCl 0.1208 g，然后溶解于水，再用 $AgNO_3$ 溶液处理，得到 AgCl 0.2513 g。计算长石中 K_2O 和 Na_2O 的质量分数。

(10.67%，3.79%)

23. 将 3.000 g 煤样燃烧后，其中硫完全氧化为 SO_4^{2-}，用水溶出并加入 0.1000 mol·L^{-1} $BaCl_2$ 溶液 25.00 mL 以沉淀其中的硫酸盐。以玫瑰红酸钠作指示剂，再用 0.05000 mol·L^{-1} Na_2SO_4 溶液回滴过量的 $BaCl_2$，用去 12.31 mL。计算试样中硫的质量分数。

(2.01%)

24. 称取 0.6230 g 某杀虫剂试样，加入碳酸钠熔融后，用热水洗涤剩余物并滤去残渣。加入 HCl 和 $Pb(NO_3)_2$ 溶液将 F^- 以 PbClF 形式沉淀出来。沉淀经过滤、洗涤，溶于 5% HNO_3 溶液中，加入 40.00 mL 0.3000 mol·L^{-1} $AgNO_3$ 溶液沉淀 Cl^-，加入硝基苯将沉淀覆盖。过量的 Ag^+ 用 0.1011 mol·L^{-1} NH_4SCN 溶液回滴，终点时用去 21.83 mL。试计算此试样中 F 和 Na_2SeF_6 的质量分数。

(29.86%，62.60%)

第8章

吸光光度法

基于物质对光的选择性吸收建立的分析方法称为吸光光度法(absorptiometry),又称分光光度法(spectrophotometry)。利用有色溶液对可见光的吸收对微量物质进行测定的方法具有悠久的历史,称为比色分析法。随着分光光度计性能的不断改进和提高,光吸收的测量不仅从可见光区拓展到紫外和红外区,从混合光的吸收拓展到单波长光的吸收,而且使比色法发展为吸光光度法。

吸光光度法包括比色法、可见及紫外吸光光度法(ultraviolet - visible absorptiometry, UV - Vis)、红外光谱法等,本章主要讨论可见光区的吸光光度法。

8.1 光的性质和物质对光的选择性吸收

8.1.1 光的基本性质

光是一种电磁波,既具有波动性,又具有粒子性。根据波长或频率排列,可得到如表 8-1 所示的电磁波波谱表。

表 8-1 电磁波波谱表

光谱名称	波长范围	跃迁类型	辐射源	分析方法
X 射线	0.1～10 nm	K 和 L 层电子	X 射线管	X 射线光谱法
远紫外光	10～200 nm	中层电子	氢、氘、氙灯	真空紫外光度法
近紫外光	200～400 nm	价电子	氢、氘、氙灯	紫外光度法
可见光	400～750 nm	价电子	钨灯	比色及可见光度法
近红外光	0.75～2.5 μm	分子振动	碳化硅热棒	近红外光度法
中红外光	2.5～5.0 μm	分子振动	碳化硅热棒	中红外光度法
远红外光	5.0～1 000 μm	分子振动和转动	碳化硅热棒	远红外光度法
微波	0.1～100 cm	分子转动	电磁波发生器	微波光谱法
无线电波	1～1 000 m			核磁共振波谱法

光的反射、衍射、干涉、折射和散射等都是波动性的表现，其波长 λ、频率 ν 与速度 c 的关系为

$$\lambda\nu = c \tag{8-1}$$

式中 λ 的单位为 cm；ν 的单位为 Hz；c 为光速，在真空中为 $2.997\,92\times10^{10}\ \mathrm{cm\cdot s^{-1}}$，约为 $3\times10^{10}\ \mathrm{cm\cdot s^{-1}}$。

光的粒子性可以用每个光量子具有的能量 E 作为表征。E 与频率和波长之间的关系为

$$E = h\nu = h\,\frac{c}{\lambda} \tag{8-2}$$

式中 E 的单位为 J；h 为普朗克(Planck)常量，等于 $6.626\times10^{-34}\ \mathrm{J\cdot s}$。由式(8-2)可知，波长越长，光量子能量越小；波长越短，光量子能量越大。

8.1.2 物质对光的选择性吸收

1. 吸收光谱的产生

吸收光谱分为原子吸收光谱和分子吸收光谱两类。紫外和可见吸收光谱属于分子吸收光谱。由于分子中除了电子相对于原子核的运动外，还存在核间相对位移引起的振动和转动，因此分子吸收光谱比原子吸收光谱复杂得多。运动的分子具有电子能量(E_e)、振动能量(E_v)和转动能量(E_r)三种能量，它们都是量子化的并对应于一定的能级。它们相应的能态组成了分子能级的精细结构。其特征是任一电子能态都包括一组相应的振动能态，而每一振动能态又包括若干转动能态。图 8-1 是双原子分子的能级示意图。

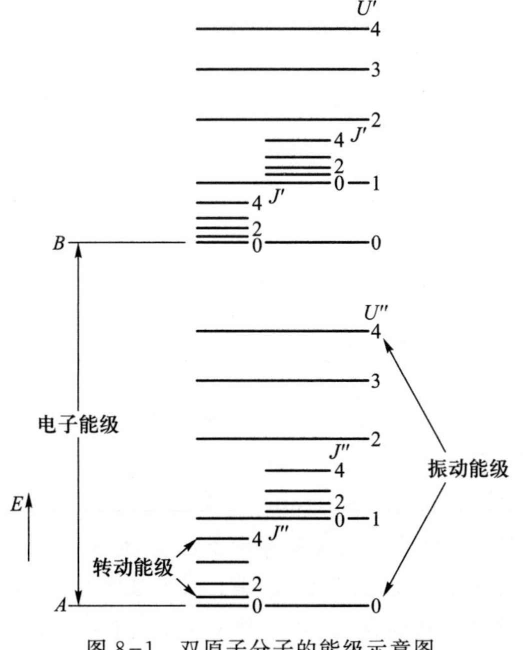

图 8-1 双原子分子的能级示意图

图 8-1 中 A 和 B 表示不同能量的电子能级，在每一电子能级上有许多间距较小的振动能级；在每一振动能级上又有间距更小的转动能级。若用 ΔE_e、ΔE_v、ΔE_r分别表示电子能级、振动能级、转动能级之差，则有 $\Delta E_e > \Delta E_v > \Delta E_r$。当用频率为 ν 的电磁波照射分子且该分子的较高能级与较低能级之差 ΔE 与电磁波的能量 $h\nu$ 相等时，微观上表现为分子由较低的能级跃迁到较高的能级，宏观上则表现为透射光强度的变小。若用一连续辐射的电磁波照射分子，将照射前后光强度的变化转变为电信号并进行记录，即可得到光强度随波长变化的曲线，此曲线即为分子吸收光谱图。电子能级间的能量差 ΔE_e一般为 1～20 eV，由价电子跃迁产生的位于紫外及可见光区域的吸收光谱称为电子光谱。由于在电子能级变化时必然伴随着分子振动和转动能级的变化，所以分子的电子光谱通常比原子的线状光谱复杂得多，呈带状光谱。

2. 物质对光的选择性吸收

理论上讲，具有同一波长的光称为单色光，由不同波长组成的光称为复合光。波长在 200～400 nm 范围的光称为紫外光。人眼能感觉到的光称为可见光，由红、橙、黄、绿、青、蓝、紫等各种色光按一定比例混合而成，其波长范围为 400～750 nm。若两种单色光按一定比例混合可得到白光，则称它们为互补色光。物质的颜色是由于它们对不同波长的光具有选择性吸收而产生的。表 8-2 列出了物质颜色和吸收光颜色的关系。

表 8-2　物质颜色和吸收光颜色的关系

物质颜色	吸收光	
	颜色	λ/nm
黄绿	紫	400～450
黄	蓝	450～480
橙	绿蓝	480～490
红	蓝绿	490～500
紫红	绿	500～560
紫	黄绿	560～580
蓝	黄	580～600
绿蓝	橙	600～650
蓝绿	红	650～750

上述仅粗略地从物质对光的选择性吸收及物质的颜色进行了讨论。若在不同波长下测定某有色物质溶液对光的吸收程度，以波长为横坐标、吸光度为纵坐标作图，得到的曲线称为吸收光谱（absorption spectrum）曲线或光吸收曲线，它能更直观地描述物质对光的选择性吸收情况，吸光度最大处对应的波长称为最大吸收波长，用 λ_{max} 表示。图 8-2 是 $KMnO_4$溶液的吸收光谱图（从下到上浓度逐渐增大），其 λ_{max} = 525 nm。由图可知，浓度不同时，虽然吸光度大小不同，但吸收光谱曲线形状相同，λ_{max}不变。

8.1.3 比色法和吸光光度法的特点

比色法和吸光光度法主要用于试样中微量组分的测定,它们的特点:a. 灵敏度高。常用于试样中质量分数为 $10^{-5}\sim10^{-2}$ 的微量组分的测定,甚至可测定质量分数低至 $10^{-8}\sim10^{-6}$ 的痕量组分。b. 准确度较高。比色法的相对误差一般为 5%~10%,吸光光度法为 2%~5%。c. 应用广泛。几乎所有的无机离子和许多有机化合物都可以直接或间接地用它们进行测定。d. 仪器简单、操作方便、快速。由于新的、灵敏度高、选择性好的显色剂和掩蔽剂的不断出现,常常不经分离就可直接进行比色或吸光光度测定。值得指出的是,纳米材料(探针)的出现使比色法获得了新的应用,本章中将在有关小节进行介绍。

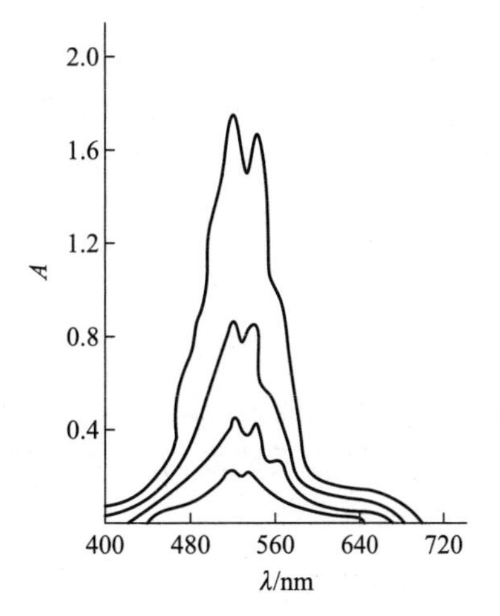

图 8-2 $KMnO_4$ 溶液的吸收光谱图

8.2 光吸收的基本定律

8.2.1 朗伯-比尔定律

朗伯(Lambert J H)和比尔(Beer A)分别于 1760 年和 1852 年研究了光的吸收与溶液层厚度及溶液浓度的定量关系,二者结合称为朗伯-比尔(Lambert-Beer)定律,是光吸收的基本定律。朗伯-比尔定律适用于任何均匀、非散射的固体、液体或气体介质。下面以溶液为例进行讨论。

当一束平行单色光垂直照射一溶液时,一部分被吸收,一部分透过溶液,一部分被器皿表面反射。设入射光强度为 I_0,吸收光强度为 I_a,透过光强度为 I_t,反射光强度为 I_r,则

$$I_0=I_a+I_t+I_r$$

由于入射光垂直照射在溶液表面,故 I_r很小,又因为光度分析中采用同材质、同厚度的吸收池盛装试液和参比溶液,I_r的影响可相互抵消,因此上式可简化为

$$I_0=I_a+I_t$$

透过光强度 I_t与入射光强度 I_0的比值称为透射比或透光率,用 T 表示:

$$T=\frac{I_t}{I_0} \tag{8-3}$$

溶液的透射比越大,表示它对光的吸收越小;反之,透射比越小,表示它对光的吸收越大。如图 8-3 所示,当一束强度为 I_0的平行单色光垂直照射到厚度为 b 的液层时,由

于溶液中吸光质点(分子或离子)的吸收,通过溶液后光的强度减弱为 I。设想将液层分成厚度为无限小(db)的相等薄层,并设其截面积为 S,则每一薄层的体积 dV 为 Sdb。又设此薄层溶液中吸光质点数为 dn,照射到薄层溶液上的光强度为 I_b,光通过薄层溶液后强度减弱 dI,则 dI 与 dn 成正比,也与 I_b 成正比,即

$$-dI=kI_b dn \qquad (8-4)$$

式中负号表示光强度减弱,k 为比例常数。

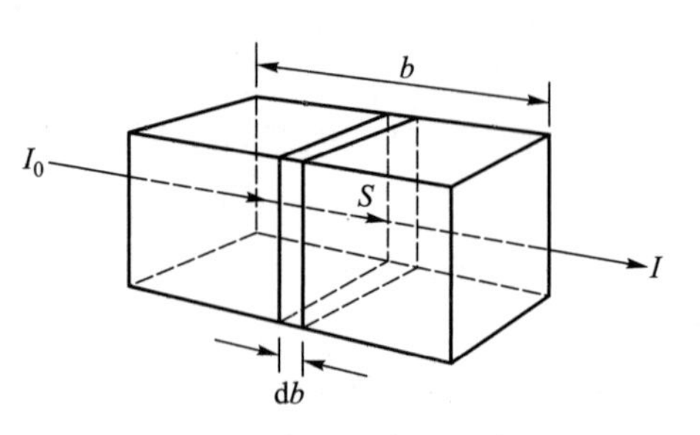

图 8-3 光通过溶液示意图

设吸光物质浓度为 c,则上述薄层溶液中的吸光质点数为

$$dn=k'c\,dV=k'cS\,db \qquad (8-5)$$

式中 k' 与所取浓度、面积及长度的单位有关;S 为光束截面积,对一定仪器而言,为定值。

将式(8-5)代入式(8-4)中,合并常数项可得

$$-dI=k''I_b c\,db \qquad (8-6)$$

式(8-6)积分后得

$$\int_{I_0}^{I} dI=-\int_0^b k''I_b c\,db$$

$$\int_{I_0}^{I} \frac{dI}{I_b}=-\int_0^b k''c\,db$$

$$\ln\frac{I}{I_0}=-k''bc$$

$$\lg\frac{I_0}{I}=\frac{k''}{2.303}bc=Kbc \qquad (8-7)$$

式中 $\lg\frac{I_0}{I}$称为吸光度 A(absorbance),它与溶液透射比的关系为

$$A=\lg\frac{I_0}{I}=\lg\frac{1}{T} \qquad (8-8)$$

由式(8-7)和式(8-8)可得

$$A=Kbc \qquad (8-9)$$

式(8-9)是朗伯-比尔定律的数学表达式。它表明,当一束单色光通过含有吸光物质的溶液后,溶液的吸光度与吸光物质的浓度及吸收层厚度成正比。这是进行定量分析的理论基础。式中比例常数 K 与吸光物质的性质、入射光波长及温度等因素有关。

8.2.2 吸收系数、摩尔吸收系数与桑德尔灵敏度

式(8-9)中的 K 值随 c、b 所采用的单位不同而异。当浓度以 $g\cdot L^{-1}$(质量浓度,符

号为 ρ)、b 以 cm 为单位时，常数 K 以 a 表示，称为吸收系数，单位为 $L\cdot g^{-1}\cdot cm^{-1}$。此时，式(8-9)变为

$$A=ab\rho \tag{8-10}$$

若式(8-9)中 c 以 $mol\cdot L^{-1}$、b 以 cm 为单位时，常数 K 以 ε 表示，称为摩尔吸收系数(molar absorption coefficient)，单位为 $L\cdot mol^{-1}\cdot cm^{-1}$，它表示吸光物质的浓度为 1 $mol\cdot L^{-1}$、液层厚度为 1 cm 时溶液的吸光度。此时，式(8-9)变为

$$A=\varepsilon bc \tag{8-11}$$

显然，我们不能通过直接测定 1 $mol\cdot L^{-1}$溶液的吸光度测量其摩尔吸收系数，只能通过计算求得。

应当指出的是，溶液中吸光物质的浓度常因解离等化学反应而改变，故计算其摩尔吸收系数时，必须知道吸光物质的平衡浓度。在实际工作中，通常不考虑这种情况，而以被测物质的总浓度计，测得的为条件摩尔吸收系数(ε')。

由于 ε 值与入射光波长有关，故表示 ε 时，应指明所用入射光的波长。

a 或 ε 反映吸光物质对光的吸收能力，也反映用吸光光度法测定该吸光物质的灵敏度。例如，用二乙基胺二硫代甲酸钠测定铜时 $\varepsilon^{430}=1.28\times10^4\ L\cdot mol^{-1}\cdot cm^{-1}$，而用双硫腙测定铜时 $\varepsilon^{430}=1.58\times10^5\ L\cdot mol^{-1}\cdot cm^{-1}$。

吸光光度法的灵敏度除了用 ε 表示外，还常用桑德尔(Sandell)灵敏度 S 表示。桑德尔灵敏度是指当仪器的检测极限 $A=0.001$ 时，单位截面积光程内所能检测出的吸光物质的最低含量，其单位为 $\mu g\cdot cm^{-2}$，S 与吸光物质摩尔质量 M 的关系推导如下：

$$A=0.001=\varepsilon cb$$

$$cb=\frac{0.001}{\varepsilon} \tag{8-12}$$

式中 c 的单位为 $mol\cdot L^{-1}$，即$\frac{mol}{1\,000\ cm^3}$；b 的单位为 cm，故 $c\times b$ 为单位横截面积光程内吸光物质的物质的量，即$\frac{mol}{1\,000\ cm^2}$。因此 cb 乘以吸光物质的摩尔质量就是单位横截面积光程内吸光物质的质量，即 S，所以

$$S=\frac{cb}{1\,000}\times M\times10^6=cbM\times10^3\ (\mu g\cdot cm^{-2}) \tag{8-13}$$

将式(8-12)代入式(8-13)整理可得

$$S=\frac{M}{\varepsilon}\ (\mu g\cdot cm^{-2}) \tag{8-14}$$

例 8.1 用三溴偶氮胂作显色剂测定 20.0 μg/25 mL 的 Pd^{2+}溶液，在 $\lambda=625$ nm 处用 1 cm 吸收池测得吸光度为 0.248，求摩尔吸收系数和桑德尔灵敏度。

解 $$c=\frac{20.0\times40\times10^{-6}}{106.42}\ mol\cdot L^{-1}=7.52\times10^{-6}\ mol\cdot L^{-1}$$

$$\varepsilon=\frac{0.248}{7.52\times10^{-6}\ \text{mol}\cdot\text{L}^{-1}\times1\ \text{cm}}=3.30\times10^{4}\ \text{L}\cdot\text{mol}^{-1}\cdot\text{cm}^{-1}$$

$$S=\frac{106.42\ \text{g}\cdot\text{mol}^{-1}}{3.30\times10^{4}\ \text{L}\cdot\text{mol}^{-1}\cdot\text{cm}^{-1}}=0.0032\ \mu\text{g}\cdot\text{cm}^{-2}$$

8.2.3 偏离朗伯-比尔定律的因素

在吸光光度法中，根据朗伯-比尔定律，当吸收池厚度一定时，吸光度与吸光物质的浓度成正比。以吸光度为纵坐标、浓度为横坐标作图应得到一条通过原点的直线（标准曲线）。但在实际工作中，常常出现偏离线性关系的情况，标准曲线会向上或向下弯曲，即产生正偏离或负偏离（图 8-4）。

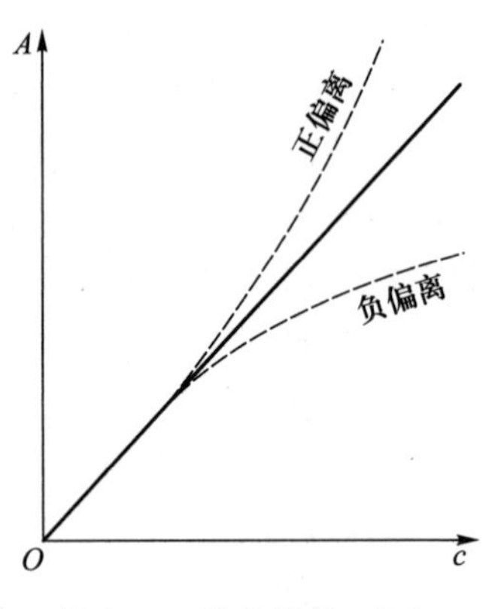

图 8-4 偏离朗伯-比尔定律的情况

虽然导致偏离朗伯-比尔定律的因素较多，既有来自仪器方面的，也有来自化学方面的，可粗略分为物理因素和化学因素两大类。现分别讨论如下。

1. 物理因素

(1) 单色光不纯引起的偏离

严格地讲，朗伯-比尔定律仅适用于入射光为单一波长的光，但真正的单色光很难得到。由于分光光度计单色器所获得的光并不是真正的单色光，就会引起对朗伯-比尔定律的偏离。单色光不纯引起的偏离证明如下。

假定在总强度为 I_0 的入射光束中包含有 λ_1 和 λ_2 两种波长的光，强度分别为 I_{01} 和 I_{02}，它们分别占光束总强度的分数为 f_1 和 f_2，即

$$I_{01}=f_1I_0 \qquad I_{02}=f_2I_0$$

设它们透过光的强度分别为 I_1 和 I_2，则总透过光强度 I 为

$$I=I_1+I_2$$

设两波长相应的摩尔吸收系数分别为 ε_1 和 ε_2，由朗伯-比尔定律的指数表达式 $\frac{I}{I_0}=10^{-\varepsilon bc}$ 可得

$$\begin{aligned}I&=I_{01}10^{-\varepsilon_1bc}+I_{02}10^{-\varepsilon_2bc}\\&=I_0f_110^{-\varepsilon_1bc}+I_0f_210^{-\varepsilon_2bc}\\&=I_0(f_110^{-\varepsilon_1bc}+f_210^{-\varepsilon_2bc})\end{aligned}$$

根据定义

$$A=-\lg\frac{I}{I_0}=-\lg\,(f_1\,10^{-\varepsilon_1bc}+f_2\,10^{-\varepsilon_2bc}) \qquad (8-15)$$

吸光度 A 与浓度 c 的曲线的斜率可通过式(8-15)对浓度 c 微分得到

$$\frac{dA}{dc}=\frac{f_1\varepsilon_1 b\ 10^{-\varepsilon_1 bc}+f_2\varepsilon_2 b\ 10^{-\varepsilon_2 bc}}{f_1\ 10^{-\varepsilon_1 bc}+f_2\ 10^{-\varepsilon_2 bc}} \tag{8-16}$$

当 $\varepsilon_1=\varepsilon_2=\varepsilon$ 时，即入射光为单色光时，式(8-16)变为

$$\frac{dA}{dc}=\varepsilon b$$

在这种情况下标准曲线的斜率为一定值(εb)，即吸光度与吸光物质浓度呈直线关系，符合朗伯-比尔定律。

当 $\varepsilon_1\neq\varepsilon_2$ 时，即入射光是非单色光时，吸光度对浓度的变化率就不再是一个常数，即标准曲线就不再是一条直线而要发生弯曲，弯曲的方向可从吸光度对浓度的二级微商进行判断。若二级微商等于零，则标准曲线仍然为直线；若二级微商小于零，标准曲线就向下弯曲；若二级微商大于零，标准曲线就向上弯曲。为此，将式(8-16)对浓度 c 再微分一次得到

$$\frac{d^2A}{dc^2}=-\frac{2.303f_1f_2b^2\ (\varepsilon_1-\varepsilon_2)^2\ 10^{-(\varepsilon_1+\varepsilon_2)bc}}{(f_1\ 10^{-\varepsilon_1 bc}+f_2\ 10^{-\varepsilon_2 bc})^2} \tag{8-17}$$

由于式(8-17)中 f_1、f_2、ε_1、ε_2、b、c 等均为正值，所以方程式右边恒为负值，故标准曲线在溶液浓度增大时向横轴弯曲导致负偏离；ε_1 和 ε_2 相差越大，曲线弯曲得越厉害。单色光越纯，ε_1 和 ε_2 相差越小，标准曲线的弯曲程度越小或趋于零。

(2) 非平行光或入射光被散射引起的偏离

若入射光未垂直通过吸收池，就会导致吸收溶液的实际光程大于吸收池厚度，但这种影响较小。散射光通常是指仪器内部不通过试液而达检测器及在单色器通带范围以外不被试样吸收的额外光辐射。它主要是由于灰尘反射及光学系统的缺陷引起的。散射光对吸光度的影响如下式所示：

$$A=-\lg\frac{I+I_S}{I_0+I_S}$$

式中 I_S 为散射光强度，它通常随 I_0 的增大而成比例增大。设 f_S 为散射光占入射光的分数，则上式变为

$$A=-\lg\frac{I+f_SI_0}{I_0+f_SI_0}=-\lg\frac{T+f_S}{1+f_S}$$

根据不同 f_S 值计算出的散射光对测得吸光度的影响如图 8-5 所示。由图可知，散射光的影响在高吸光度时尤为显著。在质量较好的紫外-可见分光光度计中，大部分波长区域的散射光通常小于 0.01%，一般散射光的影响可忽略不计。但当波长小于 200 nm 时，散射光将迅速增大。特别当试液的吸光度较大时，

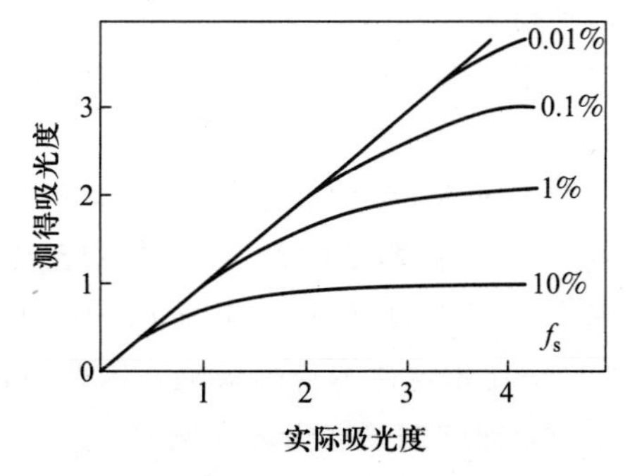

图 8-5　根据不同 f_S 值计算出的散射光对测得吸光度的影响

散射光的影响就不能忽略。

2. 化学因素

(1) 化学变化

某些有色化合物在溶液中会发生解离、缔合、产生互变异构及光化分解、与溶剂反应等现象，导致其吸收光谱曲线的形状、最大吸收波长、吸光度等发生变化，引起对朗伯-比尔定律的偏离。例如，$K_2Cr_2O_7$在水溶液中存在下列平衡：

$$\underset{\text{橙色}}{Cr_2O_7^{2-}} + H_2O \underset{\text{浓缩}}{\overset{\text{稀释}}{\rightleftharpoons}} 2HCrO_4^- \rightleftharpoons 2H^+ + 2\underset{\text{黄色}}{CrO_4^{2-}}$$

当用水稀释 $K_2Cr_2O_7$溶液时，平衡向CrO_4^{2-}方向移动，浓缩时则相反。$Cr_2O_7^{2-}$与CrO_4^{2-}的吸收曲线并不一致(图 8-6)。由图 8-6 可见，如果在 370 nm 或450 nm处测量吸光度绘出的$K_2Cr_2O_7$标准曲线都会产生严重弯曲现象，偏离朗伯-比尔定律。两条吸收曲线相交于 420 nm 处，交点处相应的波长称为等吸收点，此时$Cr_2O_7^{2-}$与CrO_4^{2-}的吸光度相等。很明显，如果在等吸收点波长 420 nm 处测量吸光度，尽管$Cr_2O_7^{2-}$转化为CrO_4^{2-}，也不会发生偏离朗伯-比尔定律的现象。

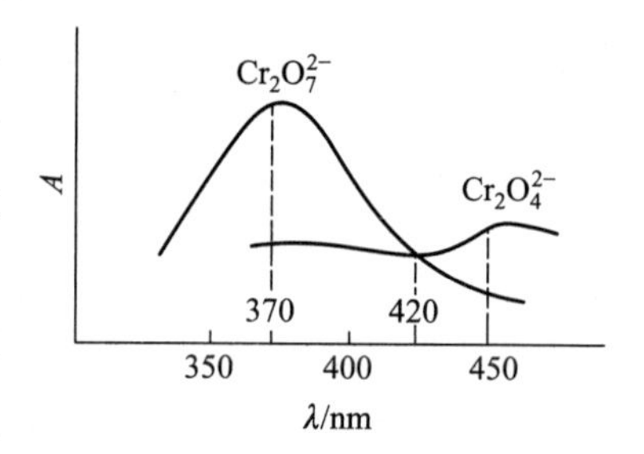

图 8-6　$K_2Cr_2O_7$和 K_2CrO_4 吸收曲线示意图

(2) 酸效应

吸光光度法大多数是将被测组分转变为有色化合物测定其含量的，因此，若被测组分与氧化剂、还原剂、络合剂发生反应，则H^+浓度将会对氧化还原反应的方向、金属离子的水解、有色化合物的形成或分解产生影响，使吸收光谱的形状发生改变，最大吸收波长产生位移，导致对朗伯-比尔定律的偏离。

(3) 溶剂效应

光度分析法中广泛使用各种溶剂，它们吸收光谱的特性随被测组分的物理性质和组成的变化而改变。溶剂还对显色剂发色团的吸收峰强度和吸收波长位置产生不能忽视的影响。例如，碘溶于四氯化碳得到深紫色溶液，溶于乙醇则得到红棕色溶液(图 8-7)。

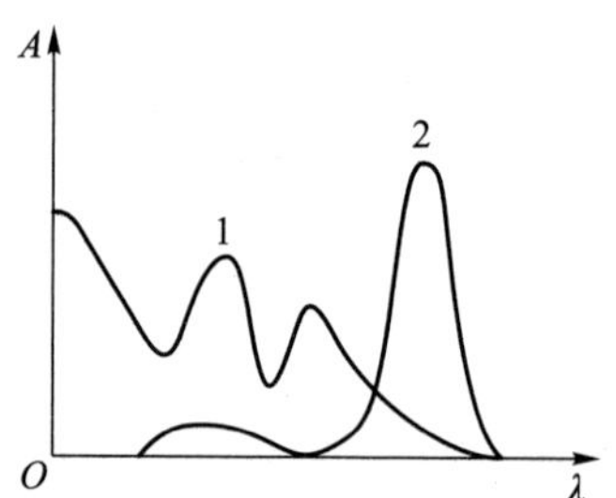

图 8-7　碘在不同溶剂中的吸收光谱

1—I_2在乙醇中；

2—I_2在四氯化碳中

综上所述，偏离朗伯-比尔定律的原因是复杂的，有的源于仪器及试剂，在分析实践中是难以完全消除的，它反映了光度分析实验中的困难，而不是朗伯-比尔定律本身的缺陷。因此，可以把测定体系对定律的偏离称为表观偏离。

8.3 显色反应及其影响因素

8.3.1 显色反应和显色剂

在吸光光度法中，若待测物质本身有较深的颜色，即可直接测定，但大多数待测物质无色或颜色很浅，需首先选用适当的试剂与其反应生成有色化合物才能进行测定。此类反应称为显色反应，所用的试剂称为显色剂。

1. 对显色反应的要求

按显色反应的类型可将其分为氧化还原反应和络合反应两大类，络合反应是最主要的。显色反应一般应满足下列要求：

a. 选择性好。干扰少或干扰易消除。

b. 灵敏度高。吸光光度法常用于微量组分的测定，故一般选择生成摩尔吸收系数高的有色化合物的显色反应。但灵敏度高的反应选择性不一定好。

c. 有色化合物的组成恒定，化学性质要稳定。对于形成不同络合比的络合反应，必须严格控制实验条件，以免引起误差。

d. 如果显色剂有颜色，则要求其与有色化合物之间的颜色差别要大，一般要求两者的吸收峰波长之差 $\Delta\lambda > 60$ nm。

e. 显色反应的条件应易于控制。如果条件要求过于苛刻难以控制，则测定结果的再现性就差。

2. 显色剂

吸光光度法中使用的显色剂分为无机显色剂和有机显色剂两类。现分别介绍如下。

(1) 无机显色剂

多数无机显色剂的灵敏度和选择性不理想，故吸光光度法中应用不多。性能较好且目前仍有使用价值的无机显色剂如表 8-3 所示。

表 8-3 常用的无机显色剂

显色剂	测定元素	酸度	有色化合物组成	颜色	测定波长/nm
硫氰酸盐	Fe(Ⅲ)	0.1～0.8 $mol\cdot L^{-1}$ HNO_3 溶液	$[Fe(SCN)_5]^{2-}$	红	480
	Mo(Ⅵ)	1.5～2 $mol\cdot L^{-1}$ H_2SO_4 溶液	$[MoO(SCN)_5]^{-}$	橙	460
	W(Ⅴ)	1.5～2 $mol\cdot L^{-1}$ H_2SO_4 溶液	$[WO(SCN)_4]^{-}$	黄	405
	Nb(Ⅴ)	3～4 $mol\cdot L^{-1}$ HCl 溶液	$[NbO(SCN)_4]^{-}$	黄	420
钼酸铵	Si	0.15～0.3 $mol\cdot L^{-1}$ H_2SO_4 溶液	$H_2SiO_4\cdot 10MoO_3\cdot Mo_2O_3$	蓝	670～820
	P	0.5 $mol\cdot L^{-1}$ H_2SO_4 溶液	$H_3PO_4\cdot 10MoO_3\cdot Mo_2O_3$	蓝	570～830
	V(Ⅴ)	1 $mol\cdot L^{-1}$ HNO_3 溶液	$P_2O_5\cdot V_2O_5\cdot 22Mo_2O_3\cdot nH_2O$	黄	420
	W	4～6 $mol\cdot L^{-1}$ HCl 溶液	$H_3PO_4\cdot 10WO_3\cdot W_2O_5$	蓝	660

续表

显色剂	测定元素	酸度	有色化合物组成	颜色	测定波长/nm
氨水	Cu(Ⅱ)	浓氨水	$[Co(NH_3)_4]^{2+}$	蓝	620
	Co(Ⅲ)	浓氨水	$[Co(NH_3)_6]^{3+}$	红	500
	Ni(Ⅱ)	浓氨水	$[Ni(NH_3)_6]^{2+}$	紫	580
过氧化氢	Ti(Ⅳ)	1～2 mol·L^{-1} H_2SO_4 溶液	$[TiO(H_2O_2)]^{2+}$	黄	420
	V(Ⅴ)	0.5～3 mol·L^{-1} H_2SO_4 溶液	$[VO(H_2O_2)]^{3+}$	橙红	400～450
	Nb(Ⅴ)	1.8 mol·L^{-1} H_2SO_4 溶液	$Nb_2O_3(SO_4)_2(H_2O_2)_2$	黄	365

(2) 有机显色剂

吸光光度法中应用较多的是有机显色剂。它是分子中含有生色团和助色团并且能够在一定条件下与金属离子生成有色化合物的有机化合物的总称。生色团是某些含不饱和键的基团,如偶氮基、对醌基和羧基等。这些基团中的 π 电子被激发时所需能量较小,波长 200 nm 以上的光即可使其激发,故可以吸收可见光表现出颜色。助色团是某些含有孤对电子的基团,如氨基、羟基和卤代基等。这些基团通过与生色团上的不饱和键相互作用而影响生色团对光的吸收,使颜色加深。

使用有机显色剂可提高显色反应的选择性和灵敏度。有机显色剂种类繁多,现仅简单介绍几种。

① 1,10-邻二氮菲

1,10-邻二氮菲属 NN 型显色剂,结构式为

它是目前测定微量 Fe^{2+} 的较好显色剂。显色前先用还原剂(如盐酸羟胺)将试液中的 Fe^{3+} 还原为 Fe^{2+},然后调节 pH=3～9、加入显色剂使其与 Fe^{2+} 作用生成稳定的 $\lambda_{max}=508$ nm、$\varepsilon=1.1\times10^4$ L·mol^{-1}·cm^{-1} 的橘红色络合物。

② 双硫腙

双硫腙属含 S 显色剂,又称二苯硫腙、打萨腙等,结构式为

它是目前萃取光度法测定 Ag^+、Cu^{2+}、Pb^{2+}、Zn^{2+}、Cd^{2+}、Hg^{2+}、Co^{2+}、Ni^{2+}、Pd^{2+} 等重金属离子的显色剂。通过控制酸度及加入掩蔽剂的方法可以消除重金属离子间的相互干扰、提高方法的选择性。二硫腙测定重金属离子的灵敏度很高,如 Pb^{2+}-双硫腙的 $\lambda_{max}=520$ nm,$\varepsilon=6.6\times10^4$ L·mol^{-1}·cm^{-1}。

③ 磺基水杨酸

磺基水杨酸属 OO 型显色剂,结构式为

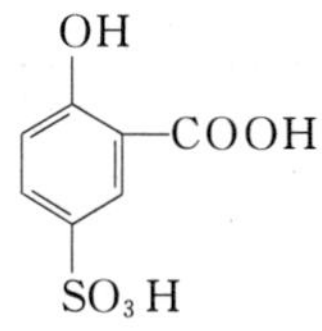

它可与很多高价金属离子生成稳定的络合物，主要用于测定 Fe^{3+}。pH 为 1.8～2.5 时，磺基水杨酸(Ssal)与 Fe^{3+} 生成紫红色的[FeSsal]$^{+}$；pH 为 4～8 时生成褐色的 [Fe(Ssal)$_2$]$^{-}$；pH 为 8～11.5 时生成黄色的[Fe(Ssal)$_3$]$^{3-}$。[Fe(Ssal)]$^{+}$ 的 λ_{max} = 520 nm，$\varepsilon = 1.6 \times 10^3$ L·mol^{-1}·cm^{-1}。

④ 铬天青 S

铬天青 S 属三苯甲烷类显色剂，结构式为

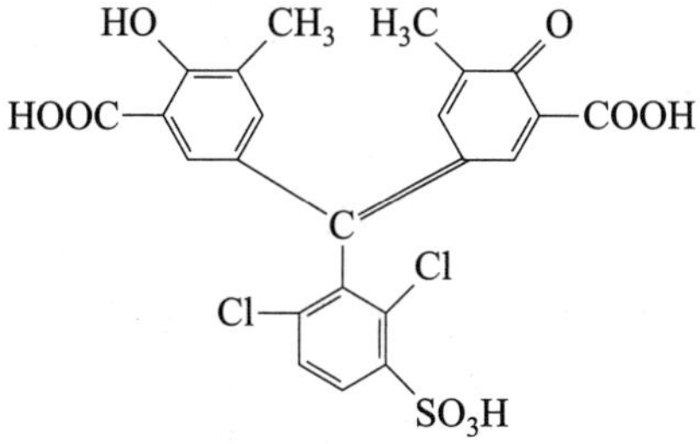

它能与许多金属离子形成蓝紫色的络合物，是测定 Al^{3+} 的良好显色剂，在 pH 为 5～5.8 时，与 Al^{3+} 作用生成稳定的 λ_{max} = 530 nm、$\varepsilon = 5.9 \times 10^4$ L·mol^{-1}·cm^{-1} 的络合物。基于该试剂与 Th(Ⅳ)形成的络合物能被氟分解的性质可通过褪色法间接测定氟。

3. 多元络合物

由三种或三种以上组分形成的络合物称为多元络合物。目前应用较多的是由一种金属离子与两种配体所组成的三元络合物。三元络合物在吸光光度法中应用较为普遍。下面介绍几种重要的三元络合物类型。

(1) 三元混配络合物

金属离子与一种络合剂形成配位数未饱和的，然后再与另一种络合剂结合形成三元混配络合物。例如，V(Ⅴ)、H_2O_2 和吡啶偶氮间苯二酚(PAR)可形成 1∶1∶1 的有色络合物，据此可测定钒，方法的灵敏度高、选择性好。

(2) 离子缔合物

金属离子首先与络合剂生成络阴离子或络阳离子，然后再与带相反电荷的离子生成离子缔合物。作为离子缔合物的阳离子有碱性染料、1,10-邻二氮菲及其衍生物、安替比林及其衍生物、氯化四苯钾(或鏻、锑)等；作为阴离子的有 X^-、SCN^-、ClO_4^-、无机杂多酸和某些酸性染料等。

离子缔合物主要用于萃取光度法。例如，Ag^+ 与 1,10-邻二氮菲形成阳离子，再与溴邻苯三酚红的阴离子形成深蓝色的离子缔合物。用 F^-、H_2O_2、EDTA作掩蔽剂，可测定微量 Ag^+。

(3) 金属离子-络合剂-表面活性剂体系

许多金属离子与显色剂反应时，加入某些表面活性剂，可以形成胶束化合物，它们吸收峰的波长发生红移(向长波方向移动)使测定灵敏度显著提高。目前用于这类反应的表面活性剂有溴化十六烷基吡啶、氯化十四烷基二甲基苄胺、氯化十六烷基三甲基胺、溴化十六烷基三甲基胺、溴化羟基十二烷基三甲基胺、OP 乳化剂等。例如，pH 为 8～9 时，稀土元素、二甲酚橙及溴化十六烷基吡啶反应生成蓝紫色三元络合物，据此可测定痕量稀土元素的总量。

8.3.2 影响络合物吸光度和显色反应的因素

1. 影响光度分析的各种因素的一般表达式

设显色反应为

$$m\mathrm{M}+n\mathrm{R} \rightleftharpoons \mathrm{M}_m\mathrm{R}_n \text{(略去电荷)}$$

有色络合物的稳定常数为

$$K_{稳}=\frac{[\mathrm{M}_m\mathrm{R}_n]}{[\mathrm{M}]^m[\mathrm{R}]^n} \tag{8-18}$$

由于金属离子 M 和显色剂 R 均有副反应，其副反应系数分别为

$$\alpha_{\mathrm{M}}=\frac{[\mathrm{M}']}{[\mathrm{M}]}=1+\beta_1[\mathrm{X}]+\beta_2[\mathrm{X}]^2+\cdots+\beta_n[\mathrm{X}]^n \tag{8-19}$$

式中[X]为共存络合剂的平衡浓度；$\beta_1,\beta_2,\cdots,\beta_n$ 为 M 与 X 所形成的各级络合物的累积稳定常数。

$$\alpha_{\mathrm{R}}=\frac{[\mathrm{R}']}{[\mathrm{R}]} \tag{8-20}$$

仅考虑酸效应，则

$$\alpha_{\mathrm{R(H)}}=1+\frac{[\mathrm{H}^+]}{K_{\mathrm{a}_n}}+\cdots+\frac{[\mathrm{H}^+]^n}{K_{\mathrm{a}_n}\cdots K_{\mathrm{a}_1}} \tag{8-21}$$

将式(8-19)、式(8-20)代入式(8-18)得

$$K_{稳}=\frac{[\mathrm{M}_m\mathrm{R}_n]\alpha_{\mathrm{M}}^m\alpha_{\mathrm{R(H)}}^n}{[\mathrm{M}']^m[\mathrm{R}']^n}$$

$$[\mathrm{M}_m\mathrm{R}_n]=\frac{K_{稳}[\mathrm{M}']^m[\mathrm{R}']^n}{\alpha_{\mathrm{M}}^m\alpha_{\mathrm{R(H)}}^n} \tag{8-22}$$

将式(8-22)代入朗伯-比尔定律得

$$A=\varepsilon bc=\varepsilon b\,\frac{K_{稳}[\mathrm{M}']^m[\mathrm{R}']^n}{\alpha_{\mathrm{M}}^m\alpha_{\mathrm{R(H)}}^n}$$

两边取对数得

$$\lg A=\lg\varepsilon+\lg b+\lg K_{稳}+m\lg[\mathrm{M}']+n\lg[\mathrm{R}']-m\lg\alpha_{\mathrm{M}}-n\lg\alpha_{\mathrm{R(H)}} \tag{8-23}$$

式(8－23)即为影响吸光度的各种因素。由此式可知,有色络合物的 ε、$K_{稳}$ 越大、络合剂的$[R']$越大、液层厚度越大,吸光度 A 越大;α_M、$\alpha_{R(H)}$越大,吸光度 A 越小。应当指出的是,由于吸光光度法主要用于微量组分的测定且有色络合物的稳定常数通常很大,因此$[M']$的影响可忽略不计。

2. 影响显色反应的因素

显色反应能否满足吸光光度法的要求,除了主要与显色剂的性质有关外,还与显色反应的条件有关,合适的反应条件一般是通过实验研究得到的,这些条件包括溶液酸度、显色剂用量、试剂加入顺序、显色时间、显色温度、有机络合物的稳定性及共存干扰离子的影响等。现将影响显色反应的主要因素讨论如下。

(1) 溶液的酸度

酸度对显色反应的影响主要表现在以下几方面。

① 对金属离子存在状态的影响

大部分金属离子都容易水解,当溶液的酸度降低时会形成一系列羟基络离子或多核羟基络离子。当酸度低至一定程度时,可能进一步水解生成碱式或氢氧化物沉淀。这些都严重影响显色反应的完全程度。

② 对显色剂平衡浓度和颜色的影响

显色反应所用的显色剂大多是有机弱酸,金属离子 M 与显色剂 HR 络合生成有色络合物 MR 的反应如下:

$$M + HR \rightleftharpoons MR + H^+$$

由反应式可知溶液酸度的改变必然影响显色剂的平衡浓度并进而影响显色反应的完全程度。显色剂的 K_a 较大时,允许的酸度较高;K_a 很小时,允许的酸度较低。

另外,某些显色剂在不同的酸度下具有不同的颜色,这种现象有时会影响使用显色剂的酸度范围。例如,1－(2－吡啶偶氮)间苯二酚(PAR),当溶液 pH<6 时,它主要以黄色 H_2R 形式存在;当 pH 为 7～12 时,主要以橙色 HR^- 形式存在;pH>13 时,则主要以红色 R^{2-} 形式存在。由于大多数金属离子和 PAR 形成的络合物为红色,所以 PAR 只适宜在酸性或弱碱性溶液中作为显色剂。

③ 对络合物稳定性及组成的影响

溶液的酸度增大时,络合物易被分解:

$$MR + H^+ \rightleftharpoons HR + M$$

$$K_{不稳}=\frac{[HR][M]}{[MR][H^+]}=\frac{[HR][M][R]}{[MR][H^+][R]}$$

$$=\frac{1}{\frac{[H^+][R]}{[HR]}\cdot\frac{[MR]}{[M][R]}}=\frac{1}{K_{HR}K_{MR}}$$

式中 K_{HR}为显色剂 HR 的酸式解离常数。由此式可知,通常情况下若显色剂酸性越强(K_{HR}越大)、过量越多($[HR]$越大),络合物越稳定(K_{MR}越大),溶液的酸度可允许越高。

对于可生成逐级络合物的显色反应，不同酸度下络合物的络合比往往不同，其颜色也不相同。例如，磺基水杨酸与Fe^{3+}的显色反应，溶液pH为1.8～2.5、4～8、8～11.5时，分别生成络合比为1∶1(紫红色)、1∶2(棕褐色)和1∶3(黄色)的络合物，为保证准确度，测定时应严格控制溶液的酸度。

显色反应的适宜酸度一般通过实验确定。具体方法为：固定溶液中被测组分与显色剂的浓度，调节溶液的pH，测定各pH时溶液的吸光度。以pH为横坐标、吸光度为纵坐标，绘制吸光度－pH关系曲线(图8－8)，然后确定适宜的酸度范围。适宜的酸度范围确定后，应用合适的缓冲溶液控制显色反应的酸度。

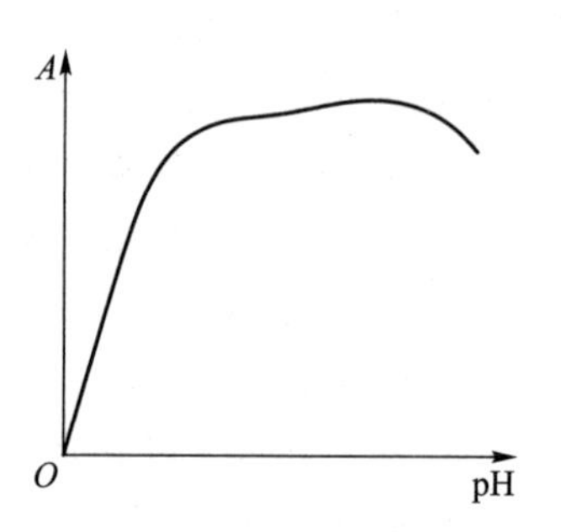

图8－8　吸光度－pH曲线

(2) 显色剂用量

由显色反应 $M+R \rightleftharpoons MR$ 可知，为使显色反应进行完全，通常应加入过量的显色剂。但显色剂的量不是越多越好。对于有些显色反应，显色剂过量太多会引起副反应，不利于测定。在实际工作中，一般依据实验结果绘制吸光度－显色剂用量曲线，然后选择适宜的显色剂用量。

(3) 显色反应时间

有些显色反应瞬间即可完成且有色络合物的颜色很快达到稳定并在较长时间内保持不变；有些显色反应虽然能迅速完成但有色络合物的颜色很快开始褪色；有些显色反应进行缓慢，有色络合物颜色需经历较长时间后才稳定。因此，必须通过实验确定适宜的显色时间及测定时间。方法为配制一份待测试液，从加入显色剂起计时，每隔几分钟测量一次吸光度，绘制吸光度－时间曲线，依据此曲线确定适宜的显色时间及测定时间。需指出的是，通过加热或微波作用可显著加快某些显色反应的速率。

(4) 显色反应温度

大多数显色反应室温下即可进行。但是，有些显色反应必须在较高温度下才能完成。例如，铑与5－Br－PADAP的反应在室温下几乎不发生，在沸水浴中较长时间才可显色完全，在微波作用下10 s左右即可显色完全。

(5) 溶剂

溶剂对显色反应的影响表现在以下三个方面。

a. 有机溶剂常可降低有色化合物的解离度，从而使显色反应灵敏度提高。如在$Fe(SCN)_3$溶液中加入与水混溶的有机溶剂(如丙酮等)以降低其解离度，可提高方法的灵敏度。

b. 有机溶剂还可加快显色反应的速率。如用氯代磺酚S法测定Nb(Ⅴ)时，在水溶液中显色需几小时，加入丙酮后仅需30 min。

c. 有机溶剂可以改变有色络合物的颜色，可能是由于各种溶剂分子的极性和介电常数不同，从而影响到有色络合物的稳定性，改变其复杂的内部状态，或形成不同溶剂化物。如Fe^{3+}－磺基水杨酸、Fe^{3+}－邻苯二酚二磺酸和Co^{2+}－硫氰酸在水中分别为浅蓝色、蓝绿色和无色，在乙醇中则分别为紫色、紫蓝色和蓝色。

3. 干扰物质的影响及其消除方法

试样中存在的干扰物质对被测组分的影响主要有以下几种类型：a. 与显色剂生成有色络合物。如用硅钼蓝法测定钢中硅时，共存的磷也能与钼酸铵生成可被还原为磷钼蓝的杂多酸，使测定结果偏高。b. 干扰物质本身有颜色，如 Co^{2+}（红色）、Cr^{3+}（绿色）、Cu^{2+}（蓝色）等。c. 与显色剂结合成无色络合物，消耗大量的显色剂导致显色反应不完全，造成负干扰。如用水杨酸测铁时，Al^{3+}、Cu^{2+} 等有影响。d. 与被测组分结合成解离度很小的另外一些化合物使显色反应进行不完全或完全不发生。如 F^- 的存在可与 Fe^{3+} 结合为$[FeF_6]^{3-}$，使$Fe(SCN)_3$无法形成，导致无法进行测定。

通常采取下述方法消除由上述原因造成的干扰。

（1）控制溶液酸度

控制显色反应的酸度是消除干扰简便而重要的方法。许多显色反应中存在金属离子与质子间的竞争反应。当溶液酸度较低时，某些干扰离子会水解形成羟基络离子而无法参与显色反应。当溶液酸度较高时，某些干扰的有色化合物会发生分解。实践表明，适当提高显色反应的酸度会使某些光度法的选择性显著改善。

（2）使用掩蔽剂

使用掩蔽剂是提高光度法选择性常用的方法之一。选取原则是掩蔽剂不与待测离子作用且掩蔽剂及其与干扰物质形成的络合物的颜色不干扰待测离子的测定。将使用掩蔽剂和控制显色反应的酸度适当结合，可以获得高的选择性。如在 pH 约为 9 时，用 EDTA 和 H_2O_2作掩蔽剂，用 8-羟基喹啉测定铝的光度法是特效的。

（3）改变干扰离子价态

利用氧化还原反应改变干扰离子的价态可提高某些显色反应的选择性。如用铬天青 S 法测定 Al^{3+}时，Fe^{3+}有干扰，加入抗坏血酸将 Fe^{3+}还原为 Fe^{2+}，即可消除干扰。

（4）利用校正系数

当干扰原因明确且影响程度确定时可使用校正系数扣除其干扰。如用 SCN^- 测定钢中钨时，钒可与 SCN^- 生成蓝色$(NH_4)_2[VO(SCN)_4]$而干扰测定。实验表明，质量分数为 1% 的钒相当于 0.20%钨（随实验条件不同略有变化）。因此，在测得试样中钒的含量后，其干扰就可以从钨的结果中扣除。

（5）利用合适的参比溶液

使用合适的参比溶液可消除显色剂和某些共存离子的干扰。如用铬天青 S 法测定钢中铝时，Ni^{2+}、Co^{2+} 等干扰测定。为此可取一定量试液加入少量 NH_4F，使 Al^{3+} 生成$[AlF_6]^{3-}$络离子而无法显色，然后加入显色剂及其他试剂，以此溶液作为参比溶液，即可消除 Ni^{2+}、Co^{2+} 等对测定的干扰。

（6）选择适当的测定波长

合理地选择测定波长可提高某些光度法的选择性。如在MnO_4^- 的最大吸收波长 525 nm 处测定其含量时，若试液中有$Cr_2O_7^{2-}$ 存在，由于它在 525 nm 处也有一定吸收，故会干扰MnO_4^- 的测定。为此，可在 545 nm 甚至 575 nm 处测定MnO_4^-，虽灵敏度略有降低，但能在很大程度上消除$Cr_2O_7^{2-}$ 的干扰。

(7) 增加显色剂用量

当溶液中存在有消耗显色剂的干扰离子时,适当增加显色剂用量可消除干扰。

(8) 分离

当上述方法均不能消除干扰时,可利用萃取法、蒸馏法、离子交换法等手段预先分离干扰物质。

8.4 吸光度测量误差及测量条件的选择

8.4.1 分光光度计

分光光度计(spectrophotometer)的构造框图如图 8-9 所示。尽管各种光度计构造各异,但都是由光源、单色器、吸收池、检测器和数据处理装置等组成。光源用来提供可覆盖一定波长范围的复合光,复合光经单色器分解为强度为 I_0 的单色光,然后通过盛放在吸收池中的待测吸光物质溶液,一部分光被吸收,强度为 I_t 的透射光照射到检测器上,检测器产生的电流(i)经数据处理装置处理后给出吸光度和其他信息。下面对分光光度计的主要部件进行简单介绍。

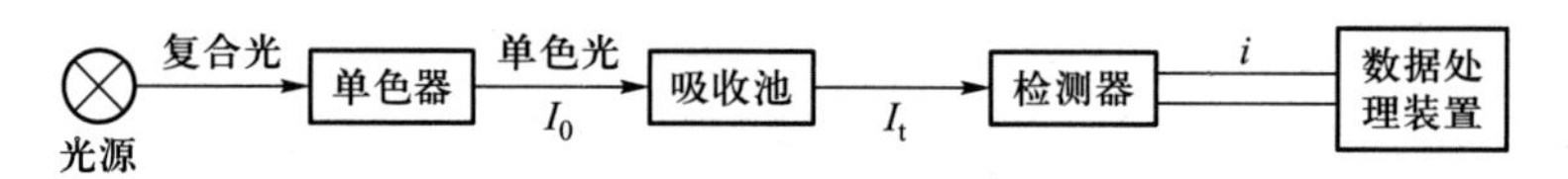

图 8-9　分光光度计的构造框图

1. 光源

通常用 6～12 V 钨灯作可见光区的光源,其发出的连续光谱在 360～800 nm范围内。光源(light source)应该稳定,因此要求电源电压应很稳定。为此,仪器内部常配有稳压器。

2. 单色器

单色器(monochromator)是将光源发出的复合光分解为单色光的装置。常用棱镜或光栅。与棱镜相比,光栅具有适用波长范围宽、色散几乎不随波长改变,以及较好的色散和分辨能力等优点。

3. 吸收池

吸收池(absorption cell)又称比色皿,其作用是盛放试液,由无色透明、耐腐蚀、化学性质相同、厚度相等的玻璃或石英制成,按厚度分为 0.5 cm、1 cm、2 cm、3 cm 和 5 cm。在可见光区使用玻璃吸收池,紫外光区使用石英吸收池。使用吸收池时应注意保持清洁、透明,避免磨损透光面。

为消除吸收池体、溶液中其他组分和溶剂对光反射和吸收产生的误差,测量吸光度时需使用参比溶液。参比溶液与待测溶液应置于尽量一致的吸收池中。单光束分光光度计应先将盛有参比溶液的吸收池放进光路,调节仪器的零点(即调节吸光度为零)。

为自动消除因光源强度波动产生的误差,分光光度计常设计为双光束光路。单色器后某一波长的光束经反射镜分解为强度相等的两束光,一束通过参比池,一束通过试样池，光度计可自动比较两束透射光的强度，并将其比值以 T 或转换为 A 表示。

4. 检测器及数据处理装置

检测器(detector)的作用是将所接收到的光经光电效应转换成电流信号进行测量，故又称光电转换器。分为光电管和光电倍增管两种，其原理请参见有关专著。

与传统分光光度计使用检流计、微安表、数字显示屏将放大的信号以吸光度 A 或透射比 T (transmittance) 显示不同，现代分光光度计的检测装置一般是将光电倍增管输出的电流信号经 A/D 转换，由计算机直接采集数字信号进行处理，从而得到吸光度 A 或透射比 T。

8.4.2 吸光度测量误差

在吸光光度分析中，除了各种化学因素所引起的误差外，光度计测量不准确也是误差的主要来源之一。任何光度计均有一定的测量误差，它们来源于光源不稳定、电位计的非线性、杂散光、单色器谱带过宽、吸收池的透射比不一致、实验条件的偶然变动等。为保证测定结果的准确度，在吸光光度分析中必须考虑这些偶然误差的影响。

吸光度在什么范围内测量误差较小呢？要弄清楚这一问题，首先必须考虑吸光度 A 的测量误差与有色物质浓度 c 的测量误差间的关系。设在测量吸光度 A 时产生的绝对误差为 $\mathrm{d}A$，则测量 A 的相对误差 E_r 为

$$E_r=\frac{\mathrm{d}A}{A}$$

根据朗伯-比尔定律 $A=\varepsilon bc$

当 b 为定值时，两边微分得

$$\mathrm{d}A=\varepsilon b\,\mathrm{d}c$$

式中 $\mathrm{d}c$ 为测量浓度 c 的绝对误差。两式相除得

$$\frac{\mathrm{d}A}{A}=\frac{\mathrm{d}c}{c}$$

由此可见，c 与 A 测量的相对误差完全相等。

A 与 T 的测量误差之间的关系为

$$A=-\lg T=-0.434\ln T$$

$$\mathrm{d}A=-0.434\,\frac{\mathrm{d}T}{T}$$

微分得

$$\frac{\mathrm{d}A}{A}=\frac{\mathrm{d}T}{T\ln T} \qquad (8-24)$$

可见，由于 A 与 T 不是正比关系而是负对数关系，它们的测量相对误差并不相等。于是，由噪声引起的浓度 c 的测定相对误差为

$$E_r=\frac{dc}{c}\times100\%=\frac{dA}{A}\times100\%=\frac{dT}{T\ln T}\times100\%$$

如果 T 的测量绝对误差 $dT=\Delta T=\pm0.01$，则

$$E_r=\frac{\Delta T}{T\ln T}\times100\%=\pm\frac{1}{T\ln T}\%\tag{8-25}$$

由上述讨论可知，浓度 c 的测定相对误差的大小与透射比 T 本身的大小有着复杂的关系。由式(8-25)可计算出不同 T 时的相对误差的绝对值 $|E_r|$，它与 T 的关系如图 8-10所示。由图可知，当 T 很小或很大时，$|E_r|$ 都很大，只有当 T 在 0.15～0.65，或 A 在 0.8～0.2 时，$|E_r|$ 才比较小，约在 4%以下。在实际测定时，为保证较小的测定相对误差，应使吸光度 A 处在 0.2～0.8。

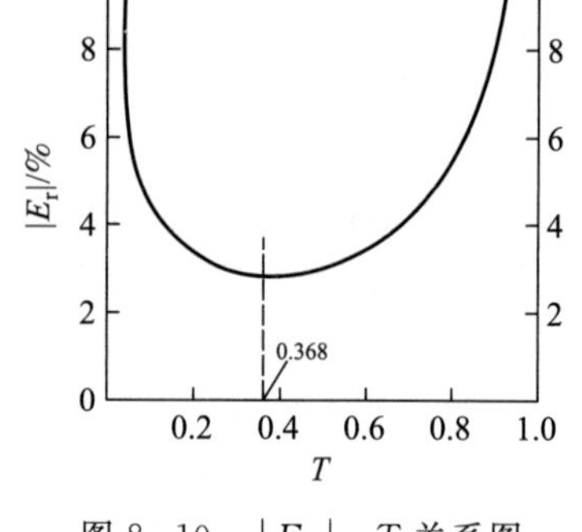

图 8-10　$|E_r|-T$ 关系图

T 为多少时测定相对误差 $|E_r|$ 才最小呢？由式(8-25)可知，欲使 $|E_r|$ 最小，必须使 $T\ln T$ 取最大值，即求使

$$\frac{d(T\ln T)}{dT}=0$$

的 T 值。

$$\frac{d(T\ln T)}{dT}=\ln T+1=0$$

$$\ln T=-1$$

$|E_r|$ 最小时的透射比为

$$T_{min}=e^{-1}=0.368$$

相应的吸光度为

$$A_{min}=-\lg T_{min}=0.434$$

此时

$$|E_r|_{min}=\left|\frac{1}{T_{min}\ln T_{min}}\right|\%=\frac{1}{0.368}\%=2.7\%$$

由此可知，仅由光度计噪声造成的测定相对误差就接近 3%，这表明吸光光度法的准确度确实不如化学分析法。

8.4.3　测量条件的选择

测量条件的选择是指从仪器角度出发，选择适宜的测量条件，以尽量满足测量对准确度和可靠性的要求。

1. 选择合适的测量波长

吸光光度法中一般应选择最大吸收波长 λ_{max} 作为测量波长，原因是在 λ_{max} 处测量不但灵敏度高，而且可减少或消除非单色光引起的对朗伯－比尔定律的偏离。但若在 λ_{max} 处有其他吸光物质的干扰，就应选择其他能避免干扰的入射光波长。如用丁二酮肟光度法测定钢中镍时，丁二酮肟镍的 λ_{max} 为 470 nm（图 8－11），但试样中的铁与掩蔽剂酒石酸钠形成的络合物在此波长下也有一定的吸收，干扰镍的测定。为消除铁的干扰，可选择 520 nm 作为测定波长。由图可知，在 520 nm 下测定镍时虽灵敏度有所降低，但酒石酸铁的吸光度极小，可以忽略，对镍的测定无干扰。

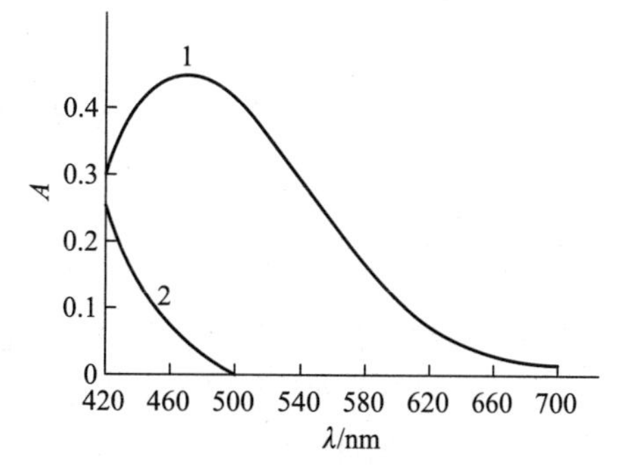

图 8－11　吸收曲线

1—丁二酮肟镍；2—酒石酸铁

2. 控制合适的吸光度范围

在测量中通过控制试液浓度和选择吸收池（比色皿）厚度使待测溶液的吸光度 A 处于 0.2～0.8，以减小测量误差。

3. 选择合适的参比溶液

在测定吸光度时，用来调节吸光度为零的溶液称为参比溶液。选择合适的参比溶液不仅可消除吸收池壁及溶剂对入射光的反射和吸收引起的误差，而且能大大提高光度法的抗干扰能力，拓宽其应用范围。参比溶液可根据下列情况来选择。

a. 当试液及显色剂均无色时，可用蒸馏水作参比溶液。

b. 显色剂无色但试液中存在其他有色离子时，可用不加显色剂的试液作参比溶液。

c. 显色剂有颜色，可选择不加试样溶液的试剂空白作参比溶液。

d. 显色剂和试液均有颜色，可在一份试液中加入适当掩蔽剂将被测组分掩蔽，使其不能与显色剂作用，而显色剂及其他试剂均按试液测定方法加入，用此作参比溶液以消除显色剂和共存组分的干扰。

e. 改变加入试剂的顺序，使被测组分不发生显色反应，用此溶液作参比溶液以消除干扰。

8.4.4　标准曲线的制作

由朗伯－比尔定律可知，吸光度 A 与吸光物质的浓度 c 成正比，这是吸光光度法实现定量分析的基础。从理论上讲，在一定条件下测得试样溶液的吸光度就可通过朗伯－比尔定律计算出待测物的浓度。但为了减少偶然误差，提高测定结果的准确度，通常用标准曲线法进行定量。具体方法为：在选择的实验条件下分别测量一系列不同浓度的标准溶液的吸光度，以标准溶液中被测组分的浓度为横坐标，吸光度为纵坐标作图即可得到一条通过原点的标准曲线（或工作曲线）。然后在相同条件下测量试样溶液的吸光度，由标准曲线就可以确定与之相对应的被测组分的浓度。

在实际工作中，有时标准曲线不通过原点。出现这种情况的可能原因有参比溶液选择不当、吸收池厚度不相等、吸收池放置不当、吸收池透光面不清洁、吸收池材料光学性质不一致、被测组分低浓度时显色不完全等。应针对具体情况进行分析，找出原因，加以避免。

8.5 其他吸光光度法

8.5.1 目视比色法

用眼睛观察、比较溶液颜色深度以确定物质含量的方法称为目视比色法。其优点是仪器简单、操作方便，适用于大批试样的分析。此外，有色化合物浓度与吸光度不符合朗伯-比尔定律时仍可用该法进行测定。其主要缺点是准确度较低，相对误差为5%～20%。因此，该方法仅适用于准确度要求不高的分析或半定量分析。

8.5.2 示差吸光光度法

普通吸光光度法通常仅适用于测定试样中的微量组分。当待测组分浓度过高或过低时，由于吸光度位于准确测量的范围之外，此时即使不偏离朗伯-比尔定律，也会产生很大的测量误差，无法保证结果的准确度。采用示差吸光光度法（differential spectrophotometry）可以有效解决这一问题。目前主要有高浓度示差吸光光度法、低浓度示差吸光光度法和使用两个参比溶液的精密示差吸光光度法。这些方法的基本原理相同，但高浓度示差吸光光度法应用最多。

示差吸光光度法与普通吸光光度法的最大差别在于二者所使用的参比溶液不同。示差吸光光度法是以比待测溶液浓度较低的标准溶液作参比溶液，测量待测溶液的吸光度并据此确定待测溶液的浓度。这样就可显著提高测量结果的准确度。

设用作参比溶液的标准溶液浓度为 c_s，待测试液浓度为 c_x，且 $c_x>c_s$，根据朗伯-比尔定律则有

$$A_s=\varepsilon c_s b \qquad A_x=\varepsilon c_x b$$

$$A_{相对}=\Delta A=A_x-A_s=\varepsilon b(c_x-c_s)=\varepsilon b\Delta c=\varepsilon b c_{相对}$$

由上述可知，两溶液吸光度之差与其浓度之差成正比，这就是示差吸光光度法的基本原理。用 ΔA 对 Δc 作图可得一条工作曲线，据此即可由 ΔA 查得相应的 Δc，则 $c_x=c_s+\Delta c$。

示差光度法能够提高测定结果准确度的原因可通过图 8-12 进行解释。假设在示差光度法中作为参比溶液的标准溶液，在普通光度法中（以空白溶液作参比）其透射比为 10%，而在示差光度法中将其视为 100%（$A=0$），这就意味着仪器透射比标尺扩展了 10 倍。如待测试样的透射比原来为 5%，则用示差光度法测量时将为 50%，这样就位于测量误差最小的区域，从而提高了 Δc 的测量准确度，使 c_x 的准确度也随之提高。一般情况下示差光度法的测量误差小于 0.5%，有时可降至 0.1%左右。

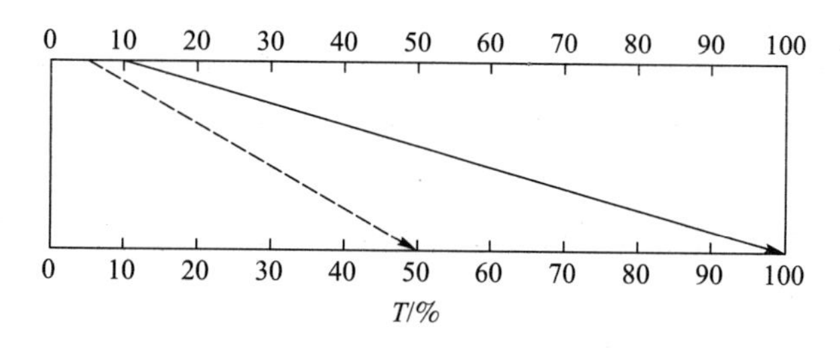

图 8-12　示差光度法标尺扩展原理

8.5.3　双波长吸光光度法

在单波长光度法中，常遇到待测组分的吸收谱带与共存组分吸收谱带重叠，以及在测定波长范围内反射光受到溶剂、胶体、悬浮体等散射或吸收产生的背景对测定的干扰。如果采用双波长光度法，不仅可有效消除这些干扰，还可以提高方法的灵敏度。

1. 双波长吸光光度法的原理

在单波长吸光光度法中，通常采用单或双光束光路，用溶剂或空白溶液作参比调零。在测定中，参比和试样的液池位置、液池常数、溶液组成及浊度等任何差异均会直接导致误差。如图 8-13 所示，双波长吸光光度法仅用一个试样池。从光源发射出的光线分成两束，分别经过两个单色器得到两束波长不同的单色光。借助切光器使这两束光以一定频率交替通过试样池，最后由检测器显示出试液对波长分别为 λ_1 和 λ_2 的光的吸光度差值 ΔA。

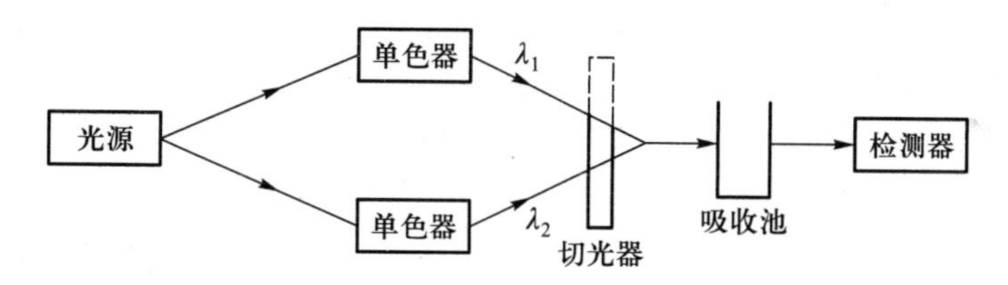

图 8-13　双波长吸光光度法原理示意图

设波长为 λ_1 和 λ_2 的两束单色光的强度相等，则有

$$A_{\lambda_1}=\varepsilon_{\lambda_1}bc+A_{b_1}$$
$$A_{\lambda_2}=\varepsilon_{\lambda_2}bc+A_{b_2}$$

式中 A_{b_1} 和 A_{b_2} 分别为背景对 λ_1 和 λ_2 光波的散射或吸收。如果波长 λ_1 和 λ_2 相距较近，则可认为 $A_{b_1}\approx A_{b_2}$。于是，通过吸收池的两束光强度的信号差为

$$\Delta A=A_{\lambda_1}-A_{\lambda_2}=(\varepsilon_{\lambda_1}-\varepsilon_{\lambda_2})bc$$

可见，ΔA 与吸光物质浓度成正比，这是双波长光度法定量的基本依据。对于谱带有交叠的干扰成分，若能在待测组分测定波长 λ_1 和 λ_2 处选到等吸收值，其干扰也可被消除。

2. 双波长吸光光度法的应用

(1) 单组分的测定

测定单组分时，以络合物吸收峰作为测量波长。参比波长可按下述方法选择：以等吸收点对应的波长(equiabsorption wavelength)作为参比波长；以有色络合物吸收曲线下端的某一波长作为参比波长；以显色剂吸收峰对应的波长作为参比波长。

(2) 两组分共存时的分别测定

当两种组分(或它们与试剂生成的有色物质)的吸收光谱有重叠时，要测定其中一个组分就必须设法消除另一组分的干扰，常用的方法主要有等吸收波长法和系数倍率法。

① 等吸收波长法

在待测组分 A 和干扰组分 B 的吸收光谱上(图 8－14)，选择待测组分 A 的最大吸收波长或其附近的波长作为测定波长 λ_2，在这一波长位置作一垂直于 x 轴的直线，与 B 的吸收曲线相交，由此交点作 x 轴的平行线又与 B 的吸收曲线相交于一点或数点，则可选择与这些交点相对应的波长作为参比波长 λ_1。选择参比波长 λ_1 的原则是应能消除干扰物质的吸收，也就是干扰组分 B 在 λ_1 的吸光度等于它在 λ_2 的吸光度，即 $A_{\lambda_1}^{B}=A_{\lambda_2}^{B}$。如果待测组分的最大吸收波长不能作为测定波长时，也可以选用其吸收曲线上其他合适的波长。

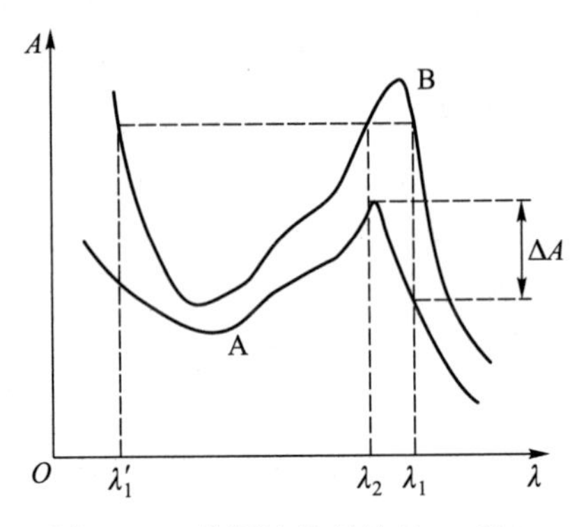

图 8－14　作图法选择波长 λ_1 和 λ_2

② 系数倍率法

应用等吸收波长法的前提是干扰组分在所选定的两个波长处具有相同的吸光度。但当干扰组分的吸收曲线只呈现陡坡而没有吸收峰时(图 8－15)，参比波长的选择就会受到限制，导致无法应用等吸收波长法。此时可采用系数倍率法。设 B 组分在 λ_2 和 λ_1 处的吸光度分别为 $A_{\lambda_2}^{B}$ 和 $A_{\lambda_1}^{B}$，则倍率系数 $K=A_{\lambda_2}^{B}/A_{\lambda_1}^{B}$。使用倍率系数仪将 $A_{\lambda_1}^{B}$ 的值扩大 K 倍则有 $KA_{\lambda_1}^{B}=A_{\lambda_2}^{B}$，此时，$KA_{\lambda_1}^{B}-A_{\lambda_2}^{B}=0$。与等吸收波长法类似，干扰组分 B 的影响可消除。

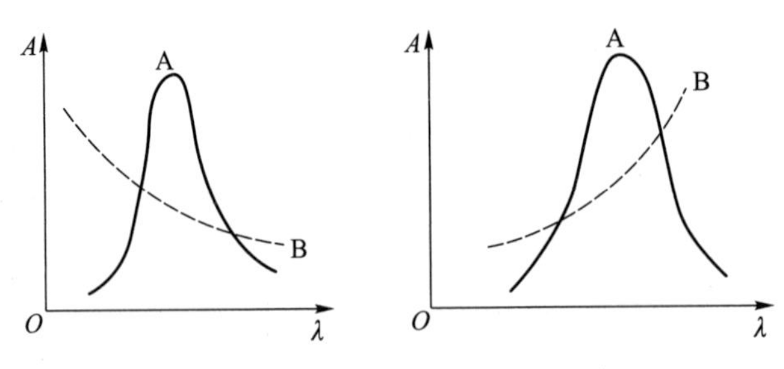

图 8－15　用系数倍率法定量测定

为了消除背景干扰、共存物质谱带交叠对待测组分的影响，除双波长吸光光度法外，人们还建立了有针对性选择测量波长点的方法，如三波长吸光光度法和多波长吸光光度法等。前者采取与双波长相似的方法通过选择三个特色的波长点进行测定达到消除干扰的目的。后者则直接对谱带严重重叠的多组分体系在很多波长下测定吸光度值,然后通过最小二乘法和人工神经网络等化学计量学方法对数据进行处理建立相应的数学模型,然后通过该模型依据吸光度对待测组分的含量进行预测。

8.5.4 导数吸光光度法

在双波长分光光度计上,如果采用两个十分接近的波长 λ_1 和 λ_2 同时进行扫描并保持 $\Delta\lambda$(或 $d\lambda$)不变,即可获得一阶导数光谱。导数光谱(derivative spectrophotometry)即吸光度随波长变化率对波长的曲线。对 n 阶导数而言,导数光谱即 $\frac{d^nA}{d\lambda^n}-\lambda$ 曲线(图 8-16)。由于导数光谱较原吸收光谱谱带窄,减少了谱带交叠的可能性,从而提高了吸收光谱法抗干扰的能力。此外,由于吸收光谱的背景消光都是斜线,其一阶导数为常数,二阶导数为零,故导数光谱法还可以去除背景干扰。

由于吸收光谱曲线经过求导后可以更好地显示各种微小的变化,故导数吸光光度法的显著优点是其分辨率得到了很大的提高。下面进一步加以说明。

① 可分辨两个或两个以上严重重叠的吸收峰

当两个峰的峰高与半宽度的比值不同时,则可认为它们的尖锐程度不同,在导数光谱曲线的正负方向上,各出现两个导数光谱峰,从而很容易辨认出来。当两个完全相同的吸收峰以极小的波长差重叠时,对它们求二次导数后,由于各峰的半宽度为原峰半宽度的一半,则有可能将二者分开。

② 可分辨吸光度随波长急剧上升处所掩盖的弱吸收峰

通常当一个弱吸收峰处于强峰的吸光度急剧上升处时难于检出,但导数光谱可提高分辨能力。一般经过数次求导后可分辨出叠加在强峰肩部的弱峰。

③ 可确定宽阔吸收带的最大吸收波长

在图 8-16 中,曲线(a)是零阶导数光谱,即普通吸收光谱曲线;曲线(b)、(c)、(d)、(e)分别是一至四阶导数光谱曲线。由图可见,随导数阶数的增加,吸收峰的尖锐程度增大,带宽减小,故可准确地确定宽阔吸收带的最大吸收波长。一般而言,导数光谱的分辨率随导数阶数的增加而增大,信噪比随导数阶数的增加而减小。

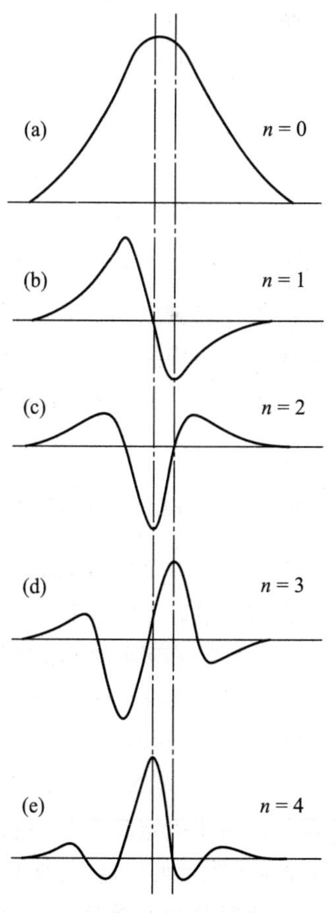

图 8-16 吸收光谱曲线(a)及其一至四阶导数光谱曲线(b—e)

若将式 $A_\lambda=\varepsilon_\lambda bc$ 对波长 λ 进行 n 次求导,由于该式中仅有 A_λ 和 ε_λ 是波长 λ 的函数,故

$$\frac{d^nA_\lambda}{d\lambda^n}=\frac{d^n\varepsilon_\lambda}{d\lambda^n}bc$$

即该式经 n 次求导后，吸光度的导数值仍与吸收物质的浓度成正比，这正是导数光谱用于定量分析的理论基础。

测量导数光谱峰值的方法随具体情况而异。下面通过图 8-17 进行说明。

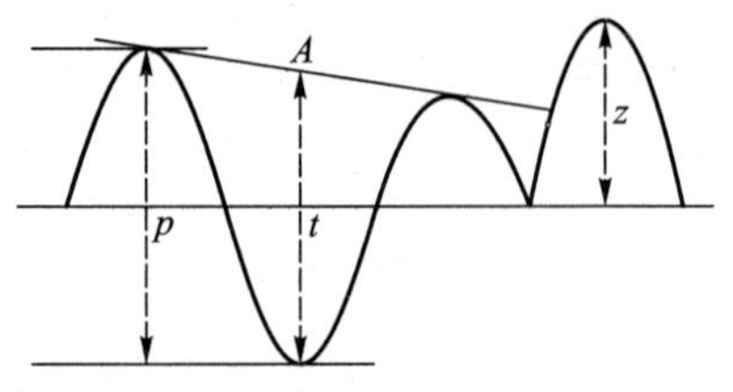

图 8-17　导数光谱峰值的测定方法

① 峰-谷法

若基线平坦，可通过测量两个极值间的距离 p 确定峰值并进行定量分析。这是较常用的方法。若峰、谷之间的波长差较小，即使基线稍有倾斜，此法仍适用。

② 基线法

首先作相邻两峰的公切线，然后从两峰之间的峰谷画一条平行于纵坐标轴的直线，交公切线于 A 点，然后测量 t 的大小进行定量分析。采用此方法，无论基线是否倾斜，只要它是直线，均可测得较准确的数值。

③ 峰-零法

此法是测量峰与基线间的距离，但它仅适用于导数光谱为对称时的情况。

需指出的是，虽然导数光谱具有分辨相互重叠的吸收峰的能力，但有时不一定能完全消除干扰物的影响，因此在进行定量分析时，仍需将测量波长选择在干扰组分影响最小的地方。

8.6　吸光光度法的应用

吸光光度法主要用于数目众多的无机化合物和有机化合物的定性和定量分析。定量测定各种微量金属和非金属是该法对分析化学的主要贡献。此外，吸光光度法在有机化合物的结构鉴定及化学反应的机理研究等方面也起了重要作用。下面仅就多组分同时测定、光度测定、络合物组成测定及酸碱解离常数测定等方面的应用进行简单介绍。

8.6.1　多组分同时测定

吸光度具有加合性，即总吸光度为各个组分吸光度之和，是对试样中多种组分进行同时测定的基础。如试样中含有 X、Y 两种待测组分，在一定条件下将它们转化为有色化合物分别绘制吸收曲线，通常有如图 8-18 所示的三种情况。

a. 两组分互不干扰。在 λ_1、λ_2 处分别测量 X、Y 的吸光度，然后根据各自的工作曲线确定 X、Y 的含量。

b. 组分 Y 对 X 的测定无干扰，但组分 X 对 Y 有干扰。在 λ_1 处测量 X 的吸光度并根据工作曲线确定其含量；在 λ_2 处测量 X 和 Y 的总吸光度并根据吸光度的加和性求 Y 的吸光度，然后再根据 Y 的工作曲线确定其含量。

c. 两组分相互干扰。分别在 λ_1、λ_2 处测量混合物的吸光度 $A_{\lambda_1}^{X+Y}$、$A_{\lambda_2}^{X+Y}$，由吸光度加和性可得

$$A_{\lambda_1}^{X+Y}=\varepsilon_{\lambda_1}^{X}bc_X+\varepsilon_{\lambda_1}^{Y}bc_Y$$
$$A_{\lambda_2}^{X+Y}=\varepsilon_{\lambda_2}^{X}bc_X+\varepsilon_{\lambda_2}^{Y}bc_Y$$

解之可求得 c_X、c_Y。

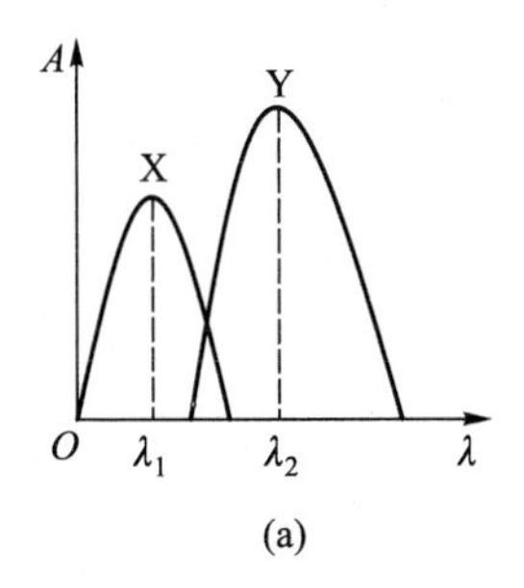

(a)

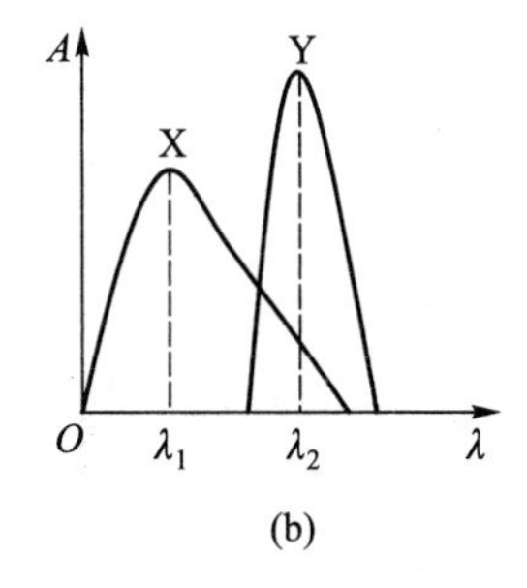

(b)

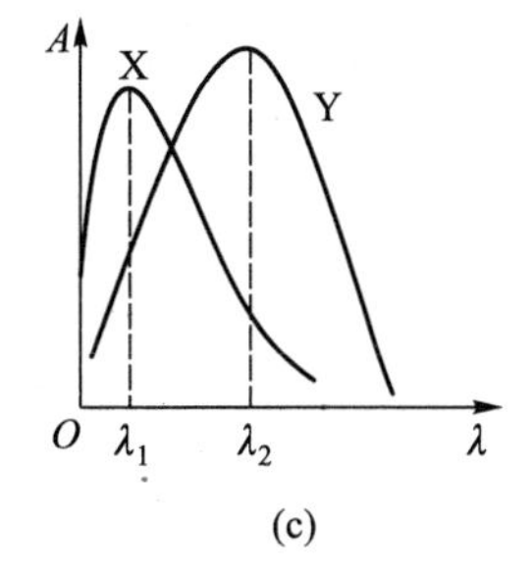

(c)

图 8-18 两组分吸收曲线

8.6.2 光度滴定

依据滴定过程中溶液吸光度的突然变化确定终点的滴定分析法称为光度滴定法。具体实验方法为：以吸光度 A 对滴定剂加入量 V 作图得到光度滴定曲线。通常得到的是一条折线，两线段的交点或其延长线的交点对应的横坐标值即为终点时滴定剂的加入量 V_{ep}。常见的典型光度滴定曲线如图 8-19 所示。

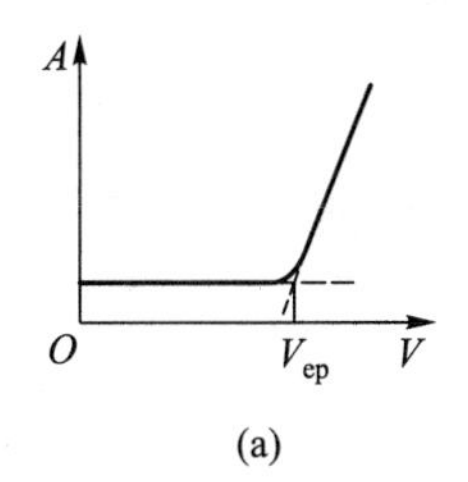

(a)

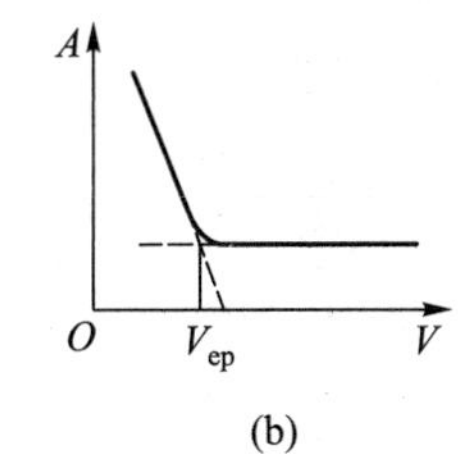

(b)

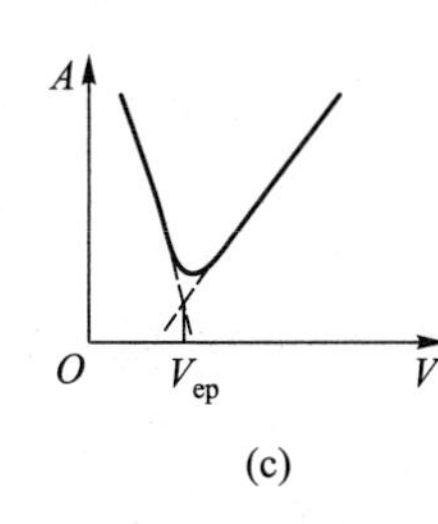

(c)

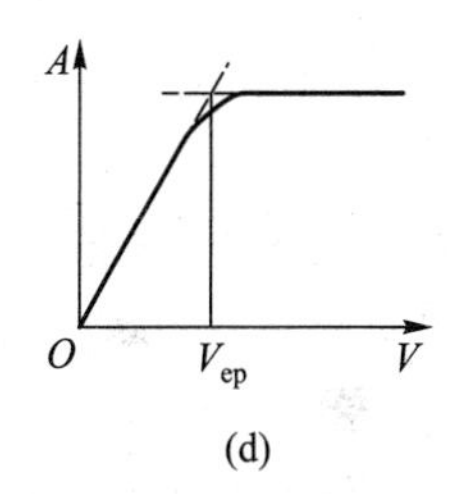

(d)

图 8-19 常见的典型光度滴定曲线

图 8-19 中曲线(a)表示的是滴定剂对所选用的单色光强烈吸收，待测物与产物对所选用的单色光均无吸收时的滴定曲线，如用 $KMnO_4$ 滴定 Fe^{2+} 溶液。曲线(b)表示的是滴定剂与产物对所选用的单色光均无吸收，待测物对所选用的单色光有强烈吸收时的滴定曲线，如用 EDTA 滴定水杨酸铁溶液。曲线(c)表示的是滴定剂与待测物对所选用的单色光均有吸收，产物对所选用的单色光无吸收时的滴定曲线，如用 $KBrO_3$-KBr 在 326 nm 处滴定 Sb^{3+}。曲线(d)表示的是滴定剂与待测物对所选用的单色光均无吸收，产物对所选用的单色光有吸收时的滴定曲线，如用 NaOH 滴定溴苯酚。

对滴定反应进行得不够完全的体系，只要待测物质(离子)与滴定剂分别与吸光度之间具有良好的线性关系，光度滴定法仍能获得满意的结果。此外，底色较深的待测试液也可用光度滴定法进行滴定。

8.6.3 络合物组成和稳定常数的测定

吸光光度法中许多方法是基于形成有色络合物，因此测定有色络合物的组成对研究显色反应的机理、推断络合物的结构是十分重要的。用吸光光度法测定有色络合物组成的方法有摩尔比法（又称饱和法）、连续变化法、斜率比法、平衡移动法等，本节仅介绍前两种。

1. 摩尔比法

此法是固定一种组分（通常是金属离子 M）的浓度，改变络合剂 R 的浓度，得到一系列[R]/[M]比值不同的溶液，并配制相应的试剂空白作参比液，分别测定其吸光度。以吸光度 A 为纵坐标，[R]/[M]为横坐标作图。当络合剂量较小时，金属离子没有完全被络合，随着络合剂量逐渐增加，生成的络合物不断增多。当络合剂增加到一定浓度时，吸光度不再增大，如图 8-20 所示。运用外推法得一交点，从交点向横坐标作垂线，对应的[R]/[M]值就是络合物的络合比。这种方法简便、快速，对于解离度小的络合物，可以得到满意的结果。

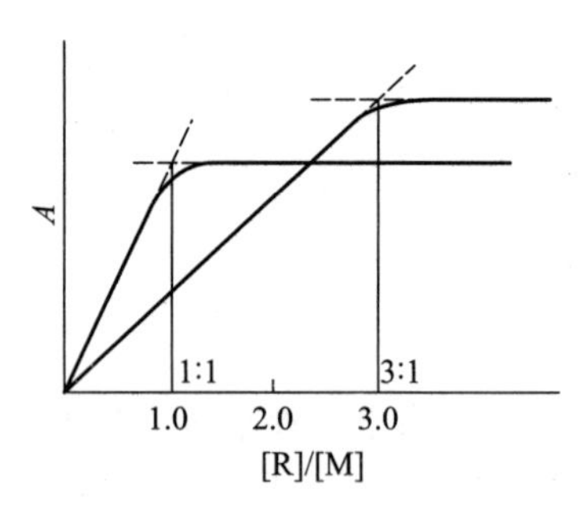

图 8-20 摩尔比法

2. 连续变化法

设 M 为金属离子，R 为显色剂，配制一系列总浓度相等但两者浓度比连续变化的溶液，在有色络合物的最大吸收波长处测量这一系列溶液的吸光度 A。以 A 为纵坐标，[M]/[R]（为方便常用等浓度的 M 和 R 溶液，此时即为体积比）为横坐标作图，得到连续变化法曲线（图 8-21）。曲线转折点对应的[M]/[R]值即为络合物的络合比。络合物很稳定时，曲线转折点敏锐；络合物稳定性较差时，转折点不敏锐，应由两曲线切线的交点确定络合比。

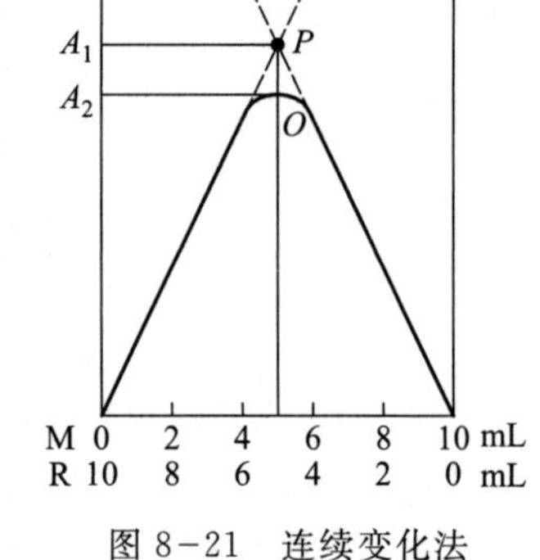

图 8-21 连续变化法

假设金属离子 M 和显色剂 R 发生下述显色反应：

$$a\mathrm{M}+b\mathrm{R} \rightleftharpoons \mathrm{M}_a\mathrm{R}_b$$

M 和 R 以不同比例的量浓度混合，在所得的一系列溶液中，两者的总浓度保持一定，即 $c_\mathrm{M}+c_\mathrm{R}=k$。当反应达到平衡时，设 M 的浓度为 m，R 的浓度为 n，生成络合物的浓度为 y，则该反应的平衡常数为

$$K=\frac{y}{m^a n^b} \tag{8-26}$$

式(8-26)两边取对数得

$$\lg y=a\lg m+b\lg n+\lg K \tag{8-27}$$

将式(8-27)微分得

$$\frac{dy}{y}=a\frac{dm}{m}+b\frac{dn}{n} \tag{8-28}$$

在一系列溶液中，当吸光度达到最大值时，其一阶微商为零，即

$$\frac{dy}{y}=0 \tag{8-29}$$

故有

$$a\frac{dm}{m}+b\frac{dn}{n}=0 \tag{8-30}$$

混合溶液中，M、R 的总浓度分别为

$$c_M=m+ay, c_R=n+by$$

则

$$c_M+c_R=m+ay+n+by=k$$

或

$$(a+b)y=k-m-n \tag{8-31}$$

将式(8-31)微分得

$$(a+b)dy=-dm-dn$$

当 $dy=0$ 时，$dm=-dn$，代入式(8-30)得

$$-a\frac{dn}{m}+b\frac{dn}{n}=0$$

故

$$\frac{m}{n}=\frac{a}{b} \tag{8-32}$$

由式(8-32)可得

$$m=\frac{a}{b}n$$

由此可得

$$\frac{c_M}{c_R}=\frac{m+ay}{n+by}=\frac{\frac{a}{b}n+ay}{n+by}=\frac{\frac{n+by}{b}a}{n+by}=\frac{a}{b}$$

即

$$\frac{c_M}{c_R}=\frac{a}{b} \tag{8-33}$$

由式(8-33)可知，只要在吸光度值最大时求得$\frac{c_M}{c_R}$就可以确定络合物的络合比。需指出的是，连续变化法仅适用于测定只形成一种组成且解离度较小的稳定络合物的络合比。

根据图 8-21 还可以计算在所述条件下络合物的表观稳定常数。组成为1∶1的络

合物，当其全部以 MR 形式存在时，其最大吸光度 A_1 在 P 处，但络合物总会有部分解离导致其浓度降低，即实际测得的最大吸光度 A_2 在 O 处，此时络合物的解离度 α 为

$$\alpha=\frac{A_1-A_2}{A_1} \tag{8-34}$$

络合比为 1∶1 的络合物的稳定常数可由下列平衡式导出：

	M	+ R	$\rightleftharpoons$ MR
初始浓度	c	c	
平衡浓度	$c\alpha$	$c\alpha$	$c-c\alpha$

则

$$K'_{稳}=\frac{[MR']}{[M'][R']}=\frac{1-\alpha}{c\alpha^2} \tag{8-35}$$

故依据式(8-34)和式(8-35)可求出 MR 的表观稳定常数。

8.6.4 弱酸和弱碱解离常数的测定

分析化学中所使用的指示剂或显色剂大多是有机弱酸或有机弱碱，在研究某些新试剂时，均需先测定其解离常数，其测定方法主要有电位法和吸光光度法。由于吸光光度法的灵敏度高，故特别适于测定那些溶解度较小的有色弱酸或弱碱的解离常数。下面讨论一元弱酸解离常数的测定。

设有一元弱酸 HA，其分析浓度为 c_{HA}，在溶液中存在下述解离平衡：

$$HA \rightleftharpoons H^+ + A^-$$

$$K_a=\frac{[H^+][A^-]}{[HA]} \tag{8-36}$$

$$pK_a=pH+\lg\frac{[HA]}{[A^-]}$$

设在某波长下，酸 HA 和碱 A^- 均有吸收，液层厚度为 $b=1$ cm，依据吸光度加合性则有

$$\begin{aligned}A&=A_{HA}+A_{A^-}=\varepsilon_{HA}[HA]+\varepsilon_{A^-}[A^-]\\&=\varepsilon_{HA}[HA]+\varepsilon_{A^-}(c_{HA}-[HA])\\&=\varepsilon_{A^-}c_{HA}+(\varepsilon_{HA}-\varepsilon_{A^-})[HA]\end{aligned}$$

故

$$[HA]=\frac{\varepsilon_{A^-}c_{HA}-A}{\varepsilon_{A^-}-\varepsilon_{HA}} \tag{8-37}$$

$$[A^-]=\frac{A-\varepsilon_{HA}c_{HA}}{\varepsilon_{A^-}-\varepsilon_{HA}} \tag{8-38}$$

将式(8-37)、式(8-38)代入式(8-36)得

$$K_a=[H^+]\frac{A-\varepsilon_{HA}c_{HA}}{\varepsilon_{A^-}c_{HA}-A}$$

式中 $\varepsilon_{HA}c_{HA}$ 和 $\varepsilon_{A^-}c_{HA}$ 分别为弱酸全部以 HA 型体或 A^- 型体存在时的吸光度 A_{HA} 和 A_{A^-}，故有

$$K_a=[H^+]\frac{A-A_{HA}}{A_{A^-}-A}$$

或 $$pK_a=-\lg\frac{A_{HA}-A}{A-A_{A^-}}+pH \tag{8-39}$$

从式(8-39)可知，只要测出 A_{HA}、A_{A^-}、A 和 pH 就可以求出 K_a。解离常数也可用图解法求出，如图 8-22所示。

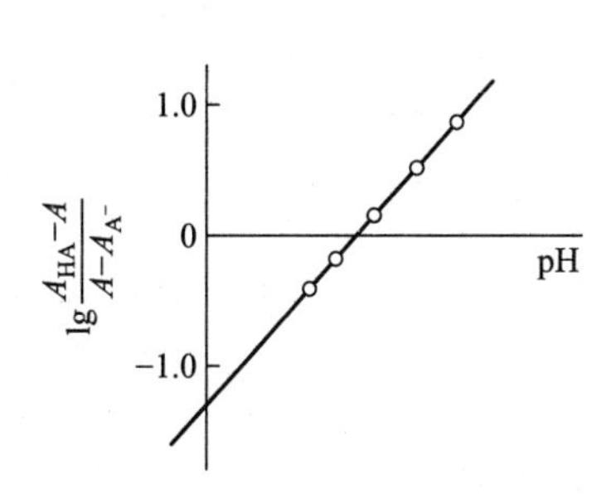

图 8-22 图解法求 pK_a

近年来，吸光光度法在临床检验、食品分析、药物分析等方面的应用越来越广泛，具体请参考相关资料。

8.7 纳米材料在吸光光度法中的应用简介[①]

近几年，纳米材料在吸光光度法中的应用引起了广泛的关注。纳米材料的出现和发展不仅为吸光光度法提供了新的探针材料，而且为其在分析化学特别是生命分析化学中的应用提供了新的契机。

目前已用于吸光光度法的纳米材料包括金、银、氧化铁、碳纳米管、纳米氧化铈及石墨烯等，其中应用较多的是金、银及氧化铁等纳米材料。本节将重点介绍这三种纳米材料在吸光光度法中的应用。

8.7.1 纳米金在吸光光度法中的应用

纳米金具有特殊的光学性质，其胶体溶液颜色与粒径及颗粒间距有关。粒径为 10～50 nm 的纳米金胶体溶液显红色，金纳米颗粒团聚后的聚集体呈紫色或蓝色，基于纳米金的这一性质，通过控制它们的粒径或颗粒间距并结合各种表面改性方法可以设计出多种金纳米探针。

如果目标分析物或生物过程能够直接或间接引起金纳米颗粒团聚(由红变紫或变蓝)或团聚体重新分散(由紫变红)，就能通过溶液颜色或吸光度值的变化进行定性或定量检测。更为重要的是，金纳米颗粒较高的摩尔吸收系数使该方法具有很高的灵敏度，其检测限通常为 $nmol\cdot L^{-1}$ 到 $\mu mol\cdot L^{-1}$。

通过与金纳米颗粒表面受体分子有多个成键位点的交联分子，或利用金纳米颗粒表面修饰的受体分子与供体分子之间的键合作用可以直接诱导纳米金交联聚集。利用

① 任翠领，陈兴国.纳米材料在光度分析中的应用进展.中国无机分析化学，2011，1(1)：32-39.

生物识别过程(如氢键、静电作用、疏水作用、金属配体络合)能够使颗粒克服相互间的斥力[静电和(或)空间斥力]团聚。典型的生物识别过程包括DNA杂交、适配体-靶物质相互作用、抗体-抗原相互作用、链霉素-生物素相互作用、凝集素-糖相互作用和金属-配体配位作用。

基于纳米金的吸光光度法已用于K^+、Ag^+、Ca^{2+}、Pb^{2+}、Cu^{2+}、Hg^{2+}、NO_2^-、亲水性阴离子、含氧负离子、重金属离子、过氧化氢、三聚氰胺、溴化乙啶、多环芳烃、苯二胺异构体、巯基化合物、多巴胺、可卡因、葡萄糖、氨基酸、半胱氨酸、多核苷酸、谷胱甘肽、DNA键合分子、色霉素A、黄曲霉毒素B1、腺苷、癌细胞、沙门氏菌、血小板衍生生长因子、抗体、链霉亲和素、溶菌酶、磷酸酶、酪氨酸激酶、蛋白酶、凝血酶、限制性内切酶、β-内酰胺酶等的测定。

8.7.2 纳米银在吸光光度法中的应用

纳米银具有光学性质稳定、制备简单、生物相容、能与生物分子结合以及抗菌和抗血小板的性质,在生物医学中有很大的应用前景。尽管纳米银的光学性质与纳米金类似,但是纳米银在光度分析中报道比纳米金要少得多。与纳米金相比,相同粒径的纳米银具有更高的摩尔吸收系数,将其用于吸光光度法可提高方法的灵敏度。

与纳米金类似,纳米银在光度分析中的应用也是基于它们的分散和聚集能够使胶体溶液呈现不同的颜色特性,分散的纳米银胶体溶液呈黄色,聚集的纳米银呈淡红色或褐色。

基于纳米银的吸光光度法已用于Hg(Ⅱ)、Cr、Co、水胺硫磷、三聚氰胺、菊酯类农药、DNA序列、组氨酸,以及组氨酸标记的蛋白质、芳香族化合物、色氨酸、半胱氨酸、磷酸酶和蛋白激酶、细胞色素C构型变化和蛋白质等的测定。

8-1 基于Fe_3O_4纳米颗粒检测乳制品中三聚氰胺

8.7.3 纳米氧化铁在吸光光度法中的应用

氧化铁纳米颗粒具有类似过氧化物酶的催化活性,能够催化H_2O_2氧化3,3′,5,5′-四甲基联苯胺、重氮氨基苯和邻苯二胺的反应,产物分别为蓝色、棕色和橙色。利用这些过氧化物酶底物的显色反应对目标物质进行检测是氧化铁纳米颗粒在光度分析研究中应用的主要原理。基于纳米氧化铁的吸光光度法已用于H_2O_2、葡萄糖、三聚氰胺、凝血酶等的测定。

思考题

1. 什么是吸光物质的吸收曲线?绘制吸收曲线的目的是什么?
2. 什么是标准曲线?制作标准曲线的目的是什么?标准曲线不通过原点的原因有哪些?
3. 为什么一般用吸光度对浓度制作标准曲线而不以透射比对浓度制作标准曲线?
4. 吸光光度法中通常如何选择测定波长?
5. 吸光光度法的浓度测量相对误差与光度计的读数误差ΔT、透射比T及浓度c有何关系?
6. 目视比色法的原理是什么?它有何优缺点?

7. 影响显色反应的因素有哪些？

8. 试举例说明控制溶液酸度可显著提高吸光光度法的选择性。

9. 吸光光度法中应如何选择参比溶液？

10. 如何通过实验确定吸光光度法的最佳条件？

11. 分光光度计是由哪些部件组成的？其作用各是什么？

12. 吸光光度法有哪些主要用途？

13. 示差吸光光度法的原理是什么？为什么其准确度比普通吸光光度法高？

14. 试举例说明纳米材料在吸光光度法中的最新应用。

习　题

1. 某试液在一定波长下用 2.0 cm 比色皿测量时，$T=65\%$，若改用 1.0 cm 或 3.0 cm 比色皿在相同波长下测量，T 和 A 等于多少？

(80%，0.095；52%，0.28)

2. 某分光光度计透射比的读数误差 $\Delta T=0.010$，现测定不同浓度的某溶液的吸光度分别为 0.010、0.100、0.200、0.434、0.800 和 1.200，试计算测定的浓度相对误差各为多少。

(−44%，−5.5%，−3.4%，−2.7%，−3.4%，−5.7%)

3. 含量为 20.0 μg/25 mL 的 Pd^{2+} 溶液，用磺胺偶氮氯膦吸光光度法进行测定，在620 nm 处用 1.0 cm 比色皿测得吸光度为 0.430，求 Pd^{2+}－磺胺偶氮氯膦的摩尔吸收系数 ε 和桑德尔灵敏度(灵敏度指数)S。

($5.71\times10^{4}\ L\cdot mol^{-1}\cdot cm^{-1}$，$0.0019\ \mu g\cdot cm^{-2}$)

4. 在 $\lambda=495$ nm 时用 1.0 cm 比色皿测得 $1.0\times10^{-2}\ mol\cdot L^{-1}$ 某显色剂溶液的吸光度为 0.050，在相同条件下测得 $1.0\times10^{-4}\ mol\cdot L^{-1}\ Cu^{2+}+1.0\times10^{-3}\ mol\cdot L^{-1}$ 该显色剂反应平衡后的溶液的吸光度为 0.780。试计算 495 nm 时 Cu^{2+} 与该显色剂络合物的摩尔吸收系数(设该络合物的组成比为1∶1)。

($7.76\times10^{3}\ L\cdot mol^{-1}\cdot cm^{-1}$)

5. 在透射比读数误差为±0.5%的光度计上，用 2.0 cm 比色皿在 510 nm 处测得质量浓度为 0.40 $\mu g\cdot mL^{-1}\ Fe^{2+}$ 溶液的 Fe(Ⅱ)－邻菲咯啉络合物的透射比为 0.60。求该络合物的摩尔吸收系数及此测定的浓度相对误差。

($1.55\times10^{4}\ L\cdot mol^{-1}\cdot cm^{-1}$，±1.6%)

6. 在适宜条件下，PAR 可与 Pb^{2+} 形成 1∶1 络合物，据此可测定 Pb^{2+}。现有一溶液，其 pH＝8.0，$c_{PAR}=5.0\times10^{-4}\ mol\cdot L^{-1}$。问在此条件下可否用光度法测定 Pb^{2+}？已知$\lg K_{Pb-PAR}=10.96$；PAR 的 pK_{a_1}、pK_{a_2}、pK_{a_3} 分别为 3.1、5.6、11.9；pH＝8.0 时，$\lg\alpha_{Pb(OH)_2}=0.5$。

(可)

7. 用 1,10－邻二氮菲光度法($\varepsilon=1.1\times10^{4}\ L\cdot mol^{-1}\cdot cm^{-1}$)测定含铁约为 0.15%的试样中铁的含量。试样溶解后转入 100 mL 容量瓶中，显色后用蒸馏水稀释至刻度。取适量试液于 508 nm 处用 1.0 cm 比色皿测量吸光度。若要求铁的测量误差最小，应称取试样多少克？

(0.15 g)

8. 欲使光度法测定镍时试样测试液的吸光度与试样中镍的质量分数(%)一致，试样溶解后稀释至 100 mL，移取此溶液 10 mL，显色后稀释至 50 mL，用 1.0 cm 比色皿测量吸光度。试计算应称取试样多少克？已知 $\varepsilon=1.3\times10^{4}\ L\cdot mol^{-1}\cdot cm^{-1}$。

(0.23 g)

9. 用双硫腙萃取光度法测定某含铜试样中铜的含量，称取 0.200 g 试样，溶解后稀释至 100 mL，移取此溶液 10 mL，显色完全后稀释至 25 mL，用等体积氯仿萃取一次，设萃取率为 90%，有机相在 Cu－双硫腙络合物最大吸收波长处用 1.0 cm 比色皿测得吸光度为 0.38。若在此波长下该络合物的 $\varepsilon=4.0\times10^{4}\ L\cdot mol^{-1}\cdot cm^{-1}$，试计算该试样中铜的含量。

(0.084%)

10. 在浓度为 $7.12\times10^{-4}\ mol\cdot L^{-1}$ 的一系列 2.00 mL Fe^{2+} 溶液中，分别加入不同体积的 $7.12\times10^{-4}\ mol\cdot L^{-1}$ 1,10－邻二氮菲溶液，显色完全后稀释至25 mL用 1.0 cm 比色皿在510 nm处测得吸光度如下：

1,10－邻二氮菲溶液的体积/mL	2.00	3.00	4.00	5.00	6.00	8.00	10.00	12.00
A	0.240	0.360	0.480	0.593	0.700	0.720	0.720	0.720

求该络合物的组成、解离度 α 和表观稳定常数 $K'_{稳}$。

($[Fe(Phen)_3]^{2+}$，0.027 8，3.26×10^{17})

11. 在显色反应 $Zn^{2+}+2Q^{2-}=[ZnQ_2]^{2-}$ 中，当显色剂 Q 的浓度超过 Zn^{2+} 浓度 40 倍以上时，可以认为 Zn^{2+} 全部形成 $[ZnQ_2]^{2-}$。在选定波长下用 1.0 cm 比色皿测得 $c_{Zn^{2+}}=6.00\times10^{-4}\ mol\cdot L^{-1}$、$c_{Q^{2-}}=4.00\times10^{-2}\ mol\cdot L^{-1}$ 溶液的吸光度为 0.250，在同样条件下测得 $c_{Zn^{2+}}=1.00\times10^{-3}\ mol\cdot L^{-1}$、$c_{Q^{2-}}=2.50\times10^{-3}\ mol\cdot L^{-1}$ 溶液的吸光度为 0.292，求络合物 $[ZnQ_2]^{2-}$ 的稳定常数。

(1.93×10^{6})

12. 铬酸钡的溶解度和溶度积可用二苯胺基脲光度法测定，具体过程如下：加过量 $BaCrO_4$ 于水中并在 30℃水浴中恒温，待达到沉淀－溶解平衡后，移取10 mL上清液于 25 mL 比色管中，在酸性介质中用二苯胺基脲显色并用蒸馏水稀释至刻度，用 1.0 cm 比色皿在540 nm处测得该溶液的吸光度为 0.200。已知质量浓度为 $2.00\ mg\cdot L^{-1}$ 的 5.0 mL 铬标准溶液在同样条件下显色后的吸光度为 0.220，试根据这些数据计算铬酸钡的溶解度和溶度积 K_{sp}。

($1.75\times10^{-5}\ mol\cdot L^{-1}$，$3.06\times10^{-10}$)

13. 为测定有机胺的摩尔质量，常将其转变为 1∶1 的苦味酸胺的加合物。现称取某有机胺加合物 0.025 0 g，溶于乙醇中制成 1 L 溶液，用 1.0 cm 比色皿在其最大吸收波长 380 nm 处测得吸光度为 0.375。求该有机胺的摩尔质量。已知 $M_{苦味酸}=229\ g\cdot mol^{-1}$，$\varepsilon=1.0\times10^{4}\ L\cdot mol^{-1}\cdot cm^{-1}$。

($438\ g\cdot mol^{-1}$)

14. 已知在 510 nm 处钴和镍与某显色剂的络合物的 $\varepsilon_{Co}^{510}=3.50\times10^{4}\ L\cdot mol^{-1}\cdot cm^{-1}$、$\varepsilon_{Ni}^{510}=6.00\times10^{3}\ L\cdot mol^{-1}\cdot cm^{-1}$，在 650 nm 处的 $\varepsilon_{Co}^{650}=1.50\times10^{3}\ L\cdot mol^{-1}\cdot cm^{-1}$、$\varepsilon_{Ni}^{650}=1.80\times10^{4}\ L\cdot mol^{-1}\cdot cm^{-1}$。称取 0.750 g 土壤试样，溶解后配成 100 mL 溶液，取 25.00 mL 并除去干扰元素，然后加入显色剂，显色完全后稀释至 50.00 mL。分别在 510 nm、650 nm 处用 1.0 cm 比色皿测得该溶液的吸光度为 0.450、0.380。试计算该土壤试样中钴和镍的质量分数。

(0.014 7%，0.031 8%)

15. 浓度为 $1.0\times10^{-3}\ mol\cdot L^{-1}$ 的某催眠药物溶液，用 1.0 cm 比色皿在270 nm处测得吸光度为 0.450，在 345 nm 处测得吸光度为 0.010。已经证明此药物在人体内的代谢产物在 270 nm 处无吸收，$1.0\times10^{-4}\ mol\cdot L^{-1}$ 的代谢产物在 345 nm 处测得吸光度为 0.480。现取尿样 10.0 mL，稀释至 100 mL，同样条件下，在 270 nm 处测得吸光度为 0.330，在 345 nm 处测得吸光度为 0.750。计算原尿样中代谢产物的浓度。

（1.55×10^{-3} mol·L^{-1}）

16. 称取 0.0500 g 维生素 C 试样，溶于 100 mL 0.005 moL·L^{-1} H_2SO_4 溶液中，取2.00 mL 稀释至 100 mL，用 1.0 cm 石英比色皿在 245 nm 处测得吸光度为 0.540。已知吸收系数 a=560 L·g^{-1}·cm^{-1}，计算试样中维生素 C 的质量分数。

（9.64%）

17. 用倍增比色法测定水中的微量 I^-，在酸性条件下以氧化剂将 I^- 氧化成 IO_3^-，分解过量的氧化剂后加入过量的 KI，再以 I_2-淀粉加合物比色测定。取 100 mL 水样，在 $NaHCO_3$ 存在下浓缩至 10 mL，经氧化处理后转入 25 mL 容量瓶中显色，测得吸光度为 0.275。将5.0 μg I^- 标准溶液按上述相同方法进行处理后测得吸光度为 0.250，求水样中碘的质量浓度（mg·L^{-1}）。

（0.055 mg·L^{-1}）

18. 称取 0.3995 g 某含铁试样，用盐酸溶解后稀释至 100 mL。取 10 mL 此溶液，加入适量水杨酸（H_2Sal）溶液使 Fe^{3+} 形成络合物$[FeSal_3]^{3-}$，然后将此溶液稀释至 100 mL。用0.01496 mol·L^{-1} EDTA 溶液通过光度滴定法测定铁的含量，反应和实验数据如下：

$$[FeSal_3]^{3-}+H_3Y^-+3H^+\longrightarrow FeY^-+3H_2Sal$$

V_T/mL	20.81	20.93	21.05	21.21	21.34	21.45	21.59
A	0.400	0.358	0.313	0.276	0.235	0.197	0.166
V_T/mL	21.73	21.87	21.98	22.15	22.39	22.65	24.01
A	0.125	0.0847	0.0501	0.0321	0.0323	0.0323	0.0329

试计算该试样中铁的质量分数。

（46.07%）

19. 在 500 nm 处某酸碱指示剂的 ε_{HIn}=150 L·mol^{-1}·cm^{-1}、ε_{In^-}=1200 L·mol^{-1}·cm^{-1}。某溶液中该指示剂的 $c_{HIn}=1.00\times10^{-3}$ mol·L^{-1}，用 1.0 cm 比色皿在 500 nm 处测得 A=0.786。试计算此时的$\frac{[HIn]}{[In^-]}$。

（0.65）

20. 某酸碱指示剂的酸式（HIn）在 610 nm 处有最大吸收，在 450 nm 处稍有吸收。其碱式（In^-）在 450 nm 处有最大吸收，在 610 nm 处稍有吸收。今配制该指示剂 1.2×10^{-3} mol·L^{-1}的溶液，分别在 pH=1.00 和 9.00 的缓冲溶液中，用 1.0 cm 比色皿测量吸光度如下：

pH	1.00	9.00
A_{610}	1.46	0.051
A_{450}	0.070	0.760

现将该指示剂溶液 pH 调至 5.00，在相同条件下测得 A_{610}=0.700，A_{450}=0.311。求指示剂的理论变色点 pH。

（5.10）

21. 采用双硫腙吸光光度法测定某含汞试样中的汞，于 520 nm 处以水作参比，用 1.0 cm 比色皿测得透射比为 10.0%，已知 $\varepsilon=1.0\times10^4$ L·mol^{-1}·cm^{-1}。若改用示差法测定上述溶液，问需用多大浓度的 Hg^{2+} 标准溶液作参比溶液，才能使浓度测量的相对误差最小？

（5.7×10^{-5} mol·L^{-1}）

22. 下图为 X 和 Y 两种吸光物质的吸收曲线，欲采用双波长吸光光度法对它们进行分别测定。试用作图法选择参比波长及测量波长，并说明其理由。

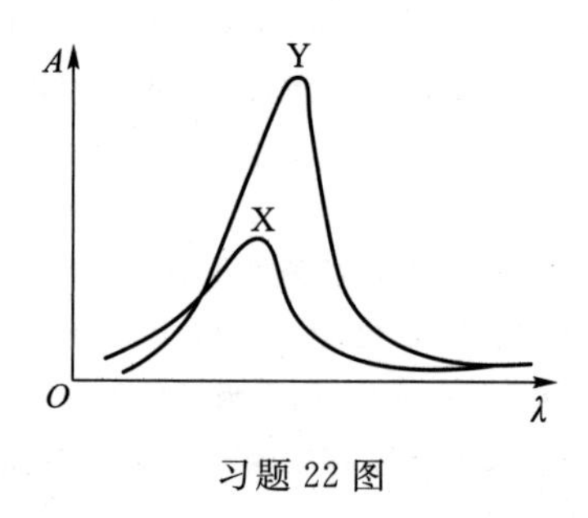

习题 22 图

第 9 章

分析化学中的分离方法和富集技术

9.1 概　　述

物质的分离和富集是分析化学的重要组成部分。现代分析工作越来越多地面临着复杂试样的分离及痕量或超痕量组分的测定，无论采用化学分析法还是仪器分析法，都需经过试样制备—分解—分离富集—测定—数据处理的分析流程，而其中分离富集是非常关键的环节。

分析化学中的分离以定量分析为目的，通过消除干扰组分的影响，提高测定方法的选择性和准确度。富集则是从大量基体物质中将被测组分转移到较小体积的溶液中，以提高分析方法的灵敏度。分离和富集往往又是同时实现的，因此在分析化学中，常把测定之前进行的分离过程称为预富集。

化学分离法多数包含两相的形成和组分在两相间的转移平衡两个过程，因此尽量减少被测组分在分离过程中的损失是非常重要的。一般采用被测组分的回收率(recovery)来衡量分离和富集的效果。被测组分 A 的回收率 R_A 可表示为

$$R_A=\frac{Q_A}{Q_A^0}\times 100\% \tag{9-1}$$

式中 Q_A 为分离后测得的组分 A 的量，Q_A^0 为试样中原来含有的组分 A 的量。

回收率越高，表明被测组分在分离过程中的损失越小，分离效果越好。对回收率的要求随被测组分含量的不同而异。一般情况下，对含量大于 1%的组分，回收率应大于 99.9%；含量在 0.01%～1%的组分，回收率应大于 99%；含量低于 0.01%的组分，回收率可以是 90%～95%，有时甚至更低一些。由于试样中被测组分的真实含量常常并不知道，因此在实际工作中，常采用标准物质加入法来测定回收率。

物质的分离按分离方法的性质可分为物理分离法和化学分离法两大类。物理分离法是依据被分离组分所具有的某些物理性质的差异而建立的分离方法，如离心分离法、电磁分离法、质谱分离法、气体扩散法、热扩散法等。化学分离法则是依据被分离组分所具有的某些化学或物理化学性质的差异而建立的分离方法，如沉淀和共沉淀

法、溶剂萃取法、离子交换法、色谱分离法、蒸馏挥发法、气浮分离法、膜分离法及各种电化学分离法等。本章仅着重讨论在分析化学中常用的一些分离和富集方法的基本原理和应用。

9.2 沉淀分离法和溶剂萃取分离法

沉淀和溶剂萃取是两种最经典的分离和富集方法，使用最简单的分析天平及普通的玻璃器皿即可完成。但由于这两种方法有耗费时间长、分离效果差等缺点，因此逐渐被新型的分离富集技术所取代。目前，这两种方法主要用于常量组分的分离和大批试样的分析，或者在处理复杂试样时与其他方法配合使用。

9.2.1 沉淀分离法

沉淀分离法（precipitation separation）通过沉淀反应使某些组分以固相化合物的形式析出，达到与溶液中其他组分分离的目的。该方法包括常量组分及试样基体沉淀分离和痕量组分及杂质共沉淀分离两大类。

1. 常量组分的沉淀分离

常用的沉淀剂包括无机沉淀剂和有机沉淀剂，可根据被测组分与干扰组分的性质、相对含量及沉淀剂本身对后续测定的影响进行选择。

（1）无机沉淀分离法

无机沉淀剂所形成的沉淀一般是无定形的，共沉淀现象比较严重，不易于过滤和洗涤。大多数金属离子的氢氧化物、硫化物、硫酸盐、碳酸盐、草酸盐、磷酸盐、铬酸盐及卤化物都具有较小的溶度积，因此可进行沉淀分离。例如，Ag^{+}、Ba^{2+}、Ca^{2+}、Pb^{2+}、Ra^{2+}、Sr^{2+}等离子可沉淀为硫酸盐进行分离，Ba^{2+}、Ca^{2+}、Mg^{2+}、Sr^{2+}、Th^{4+}及稀土离子可沉淀为氟化物进行分离。本部分着重讨论应用最为广泛的氢氧化物沉淀分离法和硫化物沉淀分离法。

① 氢氧化物沉淀分离法

金属离子氢氧化物沉淀的形成与溶液的 pH 有密切的关系，故可通过调节溶液的 pH，使不同的金属离子彼此分离。根据溶度积原理，可估算出沉淀开始析出时溶液的 pH。如要沉淀 Fe^{3+}，$Fe(OH)_3$的溶度积为 $K_{sp}=4\times10^{-38}$，若初始浓度 $c_{Fe^{3+}}=0.010\ mol\cdot L^{-1}$，则要求

$$[OH^-]=\sqrt[3]{\frac{K_{sp}}{c_{Fe^{3+}}}}=\sqrt[3]{\frac{4\times10^{-38}}{0.010}}\ mol\cdot L^{-1}=1.6\times10^{-12}\ mol\cdot L^{-1}$$

即沉淀开始析出时溶液的 pH>2.2。应该指出，这种估算所得到的 pH 与实际所需控制的 pH 有一定的出入。实验中，应以估算值为参考，适当提高溶液 pH 以使沉淀更完全。

氢氧化物沉淀剂主要有 NaOH 溶液、氨水、ZnO 悬浮液和有机碱等，其中 NaOH 溶液和氨水对不同金属离子的沉淀分离情况见表 9−1。

表 9-1 NaOH 溶液和 NH_3-NH_4Cl 溶液进行氢氧化物沉淀分离的情况

试剂	定量沉淀的离子	部分沉淀的离子	留在溶液中的离子
NaOH 溶液	Mg^{2+}、Cu^{2+}、Ag^+、Au^+、Cd^{2+}、Hg^{2+}、Ti^{4+}、Zr^{4+}、Hf^{4+}、Th^{4+}、Bi^{3+}、Fe^{3+}、Co^{2+}、Ni^{2+}、Mn^{2+}、稀土离子	Ca^{2+}、Sr^{2+}、Ba^{2+}（以碳酸盐形式沉淀）、Nb(Ⅴ)、Ta(Ⅴ)	AlO_2^-、CrO_2^-、ZnO_2^{2-}、PbO_2^{2-}、SnO_3^{2-}、GeO_3^{2-}、GaO_2^-、BeO_2^{2-}、SiO_3^{2-}、WO_4^{2-}、MoO_4^{2-}、VO_3^- 等
氨水-铵盐缓冲溶液	Al^{3+}、Be^{2+}、Fe^{3+}、Cr^{3+}、Hg^{2+}、Bi^{3+}、Sb^{3+}、Sn^{4+}、Mn^{2+}、Ti^{4+}、Zr^{4+}、Hf^{4+}、Th^{4+}、Nb(Ⅴ)、Ta(Ⅴ)、U(Ⅳ)、稀土离子	Mn^{2+} 和 Fe^{2+}（有氧化剂存在时可定量沉淀）、Pb^{2+}（Fe^{3+}、Al^{3+} 共存时可共沉淀析出）	$[Ag(NH_3)_2]^+$、$[Cd(NH_3)_4]^{2+}$、$[Cu(NH_3)_4]^{2+}$、$[Co(NH_3)_6]^{3+}$、$[Ni(NH_3)_6]^{2+}$、$[Zn(NH_3)_4]^{2+}$、Ca^{2+}、Sr^{2+}、Ba^{2+}、Mg^{2+} 等

a. NaOH 溶液：NaOH 是强碱，可控制溶液 pH≥12.0，使两性元素形成含氧酸阴离子存在于溶液中，而非两性元素形成氢氧化物沉淀析出。由于 NaOH 溶液中往往含有微量CO_3^{2-}，可使部分 Ca^{2+}、Sr^{2+}、Ba^{2+} 形成碳酸盐沉淀。

b. 氨水-铵盐缓冲溶液：该法主要使高价金属离子沉淀而与大部分一、二价金属离子分离，同时 Ag^+、Cd^{2+}、Co^{2+}、Cu^{2+}、Ni^{2+}、Zn^{2+} 等离子因形成氨络离子而留在溶液中。氨水沉淀分离法中常加入 NH_4Cl 等铵盐，主要作用为（ⅰ）控制溶液的 pH 为 8～9，可防止 $Mg(OH)_2$ 等沉淀的形成，也可减少许多两性元素沉淀如 $Al(OH)_3$ 的溶解；（ⅱ）氢氧化物沉淀表面会优先吸附 OH^-，大量 NH_4^+ 作为抗衡离子与共存阳离子竞争，可减少沉淀对其他阳离子的吸附；（ⅲ）铵盐是一种电解质，可促进胶状沉淀的凝聚，所以获得的沉淀易于过滤和洗涤；（ⅳ）氨和铵盐低温就易挥发，氢氧化物可方便地灼烧成其氧化物，以进行称量测定。

c. 碱性氧化物或碳酸盐的悬浮液：金属氧化物（如 ZnO、MgO）和碳酸盐（如 $CaCO_3$、$PbCO_3$）为难溶碱，可调制成悬浮液，用来控制溶液的 pH，使某些金属离子生成氢氧化物沉淀。如将 ZnO 加入酸性溶液中，ZnO 将中和溶液中的酸而溶解，使 pH 逐渐升高；当溶液中碱性较强时，OH^- 与 Zn^{2+} 结合又生成$Zn(OH)_2$。因而只要溶液中有过量的 $Zn(OH)_2$存在，$[Zn^{2+}]$在0.01～1 $mol\cdot L^{-1}$范围内变化，pH 就可控制在 6 左右，使高价金属离子如 Al^{3+}、Cr^{3+}、Fe^{3+} 等沉淀完全。

d. 有机碱：六亚甲基四胺、吡啶、苯胺等有机碱与其共轭酸组成缓冲溶液，也可有效地控制溶液的 pH。如由吡啶及其盐组成缓冲溶液的 pH 为 5～6.5，可定量沉淀 Al^{3+}、Cr^{3+}、Fe^{3+} 等高价离子。用有机碱控制溶液 pH，得到的氢氧化物沉淀颗粒大、表面吸附少、易于过滤和洗涤。

② 硫化物沉淀分离法

H_2S 是最常用的硫化物沉淀剂，如向一氯乙酸缓冲溶液（pH＝2）中通入 H_2S气体

9-1硫化氢系统

至饱和，则使 Zn^{2+} 沉淀为 ZnS 而与 Co^{2+}、Fe^{2+}、Ni^{2+}、Mn^{2+} 分离。也可采用 Na_2S、$(NH_4)_2S$ 和硫代乙酰胺（CH_3CSNH_2）作为沉淀剂。H_2S 是二元弱酸，改变溶液的pH，即可控制溶液中的$[S^{2-}]$，从而有效改变不同硫化物的分离情况。因此，硫化物沉淀法需通过缓冲溶液控制溶液的酸度。在不同酸度下，析出硫化物沉淀的情况见表 9-2。

表 9-2　硫化物完全沉淀的最高盐酸浓度

硫化物	$c_{HCl}/(mol·L^{-1})$	硫化物	$c_{HCl}/(mol·L^{-1})$
As_2S_3	12	PbS	0.35
HgS	7.5	SnS	0.30
CuS	7.0	ZnS	0.02
Sb_2S_3	3.7	CoS	0.001
Bi_2S_3	2.5	NiS	0.001
SnS_2	2.3	FeS	0.0001
CdS	0.7	MnS	0.00008

(2) 有机沉淀分离法

采用有机沉淀剂进行沉淀分离，具有选择性好、灵敏度高、很少产生共沉淀等优点。但该类沉淀剂在水中的溶解度较小，且沉淀物有时易浮在表面或黏附在器皿边，不利于过滤或离心分离。根据形成沉淀反应机理的不同，可将有机沉淀剂分为螯合物沉淀剂、离子缔合物沉淀剂和三元络合物沉淀剂。

① 螯合物沉淀剂

这类有机沉淀剂大多是 HA 或 HA_2 型的有机弱酸，同时含有酸性基团（如—OH、—COOH、—SH 等）和碱性基团（如—NH_2、═NH 、═CO 等），且分子内含有疏水基团。与金属离子反应时，酸性基团会解离，与金属离子形成金属键，碱性基团中带孤对电子的原子以配位键的形式与金属离子结合，从而形成具有环状结构的螯合物。属于此类的沉淀剂有下列几种。

a. 8-羟基喹啉及其衍生物：是最常用的沉淀剂之一，可以与许多二价、三价和少数四价阳离子反应生成沉淀。每种离子与8-羟基喹啉形成的螯合物的溶解度不同，所以开始沉淀和沉淀完全时的 pH 也不同。因此，采用控制溶液 pH 并结合络合掩蔽的方法，可以有效地提高沉淀分离的选择性。

b. 丁二酮肟：在氨性或弱碱性（pH＞5）溶液中，可与 Ni^{2+} 形成红色的螯合物沉淀，也可与 Bi^{3+}、Pt^{2+}、Pd^{2+} 形成沉淀，与其 Co^{2+}、Cu^{2+}、Fe^{2+}、Zn^{2+} 的水溶性络合物分离。

c. 铜铁灵（*N*-亚硝基苯胲的铵盐）和新铜铁灵（萘亚硝基羟胺的铵盐）：两者作用相似，只是后者生成的沉淀更难溶解、体积也更庞大。在稀酸（如0.6～2 mol·L⁻¹ HCl）溶液中，可与 Fe^{3+}、Ga^{3+}、Sn(Ⅳ)、U(Ⅳ)、Ti^{4+}、Zr^{4+}、Ce^{4+}、Nb(Ⅴ)、Ta(Ⅴ)、V(Ⅴ)、W(Ⅵ)等高价离子生成沉淀，使其与 U(Ⅵ)、Al^{3+}、Cr^{3+}、Mn^{2+}、Ni^{2+}、Co^{2+}、Zn^{2+}、

Mg^{2+}、P 等分离。但这两种试剂的选择性不高。

d. 铜试剂(二乙基胺二硫代甲酸钠):能沉淀 Ag^{+}、Cu^{2+}、Cd^{2+}、Co^{2+}、Ni^{2+}、Hg^{2+}、Pb^{2+}、Bi^{3+}、Zn^{2+}、Fe^{3+}、Sb^{3+}、Sn^{4+}、Ti^{3+} 等重金属离子,与稀土、碱土金属离子及 Al^{3+} 分开。

其他有机螯合剂如苯胂酸及其衍生物、苯并三唑、芳香族氨基酸等都是高效的沉淀剂。如对它们的结构进行改造,加入新的功能基团,可以改善其对金属离子的分离效果。

② 离子缔合物沉淀剂

这类有机沉淀剂在溶液中解离形成阳离子或阴离子,可以与带相反电荷的离子结合,生成体积较大、疏水的离子缔合物沉淀。例如,苦杏仁酸(又名苯羟乙酸)能在 pH 1.5~4.5 的 HCl 介质中定量沉淀 Sc^{3+} 而与大多数常见元素分离,其衍生物对溴苦杏仁酸可通过调节酸度使 Zr^{4+} 和 Th^{4+} 分离。四苯基硼化物在水溶液中能解离成阴离子,与 K^{+}、Rb^{+}、Cs^{+} 生成离子缔合物沉淀,其中 $KB(C_6H_5)_4$ 溶度积很小($K_{sp}=2.25\times10^{-8}$),烘干后可直接称量,因此可用重量分析法测定 K^{+}。联苯胺在微酸性溶液中可与 H^{+} 结合成阳离子,用来分离 SO_4^{2-},生成联苯胺硫酸盐沉淀。

③ 三元络合物沉淀剂

金属离子与两种官能团所形成的络合物称为三元络合物。如在 SCN^{-} 存在下,吡啶(C_5H_5N)可与 Cd^{2+}、Co^{2+}、Cu^{2+}、Mn^{2+}、Ni^{2+}、Zn^{2+} 等离子形成三元络合物沉淀 $M(C_5H_5N)_2(SCN)_2$(M 代表金属离子)。

(3) 均相沉淀分离法

均相沉淀法是一种改善沉淀晶形的有效方法。通过改变溶液的条件,使溶液中的构晶离子缓慢、均匀地释放出来,从而在溶液中均匀地发生沉淀反应。在沉淀过程中,沉淀剂的相对过饱和度一直维持在最低状态,从而可获得颗粒较大、结构紧密、纯度较高、易于过滤洗涤的晶形沉淀。可通过以下四种途径进行均相沉淀反应。

① 改变溶液的酸度

尿素水解法常用来改变溶液的酸度。尿素加热后会发生如下分解反应:

$$CO(NH_2)_2+H_2O = CO_2\uparrow+2NH_3$$

反应的速率可通过控制加热速度、共存盐种类及浓度加以调节。将尿素加入试液中,随着温度的升高,尿素会水解生成氨,导致溶液的 pH 缓慢均匀地上升。金属离子如 Al^{3+}、Fe^{3+}、Sn^{4+}、Ti^{4+} 等的氢氧化物沉淀均可通过尿素水解法制得。

有机沉淀剂的浓度大多与 pH 有关,用尿素水解法提高溶液 pH,许多金属离子能以难溶络合物的形式由溶液中均匀地沉淀出来。如沉淀酸性溶液中的 Ca^{2+} 时,向溶液中加入草酸和尿素,此时$[C_2O_4^{2-}]$很小,不会形成沉淀。当加热溶液,随着尿素的水解,溶液 pH 升高,$[C_2O_4^{2-}]$渐渐增大,CaC_2O_4 沉淀会均匀地生成。

② 通过反应直接产生沉淀剂

在试液中加入能产生沉淀剂的试剂,通过反应,逐渐、均匀地生成沉淀剂,使被测组分沉淀。如硫酸二甲酯水解,可用于 Ba^{2+}、Ca^{2+}、Pb^{2+} 等的硫酸盐的均相沉淀。硫脲、硫代乙酰铵等含硫化合物的水解，可均匀生成硫化物沉淀。利用丁二酮与盐酸羟胺合成丁二酮肟，可均相沉淀 Ni^{2+} 和 Pd^{2+}。

③ 逐渐除去溶剂

预先向溶液中加入能溶解被测沉淀且易挥发的有机溶剂，通过加热，逐渐除去有机溶剂，使沉淀均匀析出。如将 8-羟基喹啉溶解在丙酮中，加入含有 Al^{3+} 的 NH_4Ac 溶液中，加热溶液至 70～80 ℃，丙酮逐渐挥发逸出，一段时间后，即有 8-羟基喹啉铝的晶形沉淀析出。

④ 破坏可溶性络合物

用加热方法破坏络合物，或用一种离子从络合物中置换出被测离子，都可以进行均相沉淀。如测定合金钢中的钨时，用浓硝酸(必要时加些高氯酸)溶解试样后，加 H_2O_2、HNO_3，钨会形成过氧钨酸保留在溶液中。在 60 ℃下加热90 min，过氧钨酸逐渐被破坏从而析出钨酸沉淀。又如在 $BaSO_4$ 沉淀分离过程中，利用 Mg-EDTA 络合物的稳定常数较 Ba-EDTA 的大，Mg^{2+} 就可以逐渐将 Ba-EDTA 中的 Ba^{2+} 置换出来，均相生成 $BaSO_4$ 沉淀。

但均相沉淀法操作烦琐、费时，所生成的沉淀往往牢固地黏附于容器壁上难以取下。

2. 微量组分的共沉淀分离富集

重量分析法中，共沉淀现象会降低测定准确度，需尽量避免。而对微量或痕量组分的分离和富集，共沉淀分离法(又称为共沉淀捕集法、载体沉淀法)则是一种有效的方法。这种方法需在被测组分的溶液中，加入一定量的其他组分，生成一种适当的沉淀，使被测组分与之一起共沉淀，从而得到分离和富集。如水中大量的 Ca^{2+} 形成 $CaCO_3$ 沉淀的同时，可将痕量的 Pb^{2+} 共沉淀下来，其中 $CaCO_3$ 称为共沉淀剂、载体或捕集剂。共沉淀分离法要求被测痕量组分的回收率高，且共沉淀剂不干扰被测组分的测定。根据所加入组分的性质，共沉淀可分为无机共沉淀和有机共沉淀两大类。

(1) 无机共沉淀分离法

产生共沉淀的原因有表面吸附、吸留和包夹、生成混晶和固溶体等。因此无机共沉淀可分为以下几类。

① 表面吸附或吸留引起的共沉淀

非晶形沉淀引起的共沉淀大多属于此类。非晶形沉淀的表面积较大，表面吸附量也大，有利于微量组分的富集，而且非晶形沉淀聚集速率很快，容易引起微量组分的吸留和包夹，从而提高富集的效率。$Fe(OH)_3$、$Al(OH)_3$、$MnO(OH)_2$ 等非晶形沉淀都是常用的无机共沉淀剂。如 $Fe(OH)_3$ 在中性或微碱性介质中，是 Bi^{3+}、Cr^{3+}、Ga^{3+}、Ce^{4+}、In^{3+}、Pb^{2+}、Sn^{4+}、Ti^{4+}、V(Ⅴ)等离子的良好捕集剂；$Al(OH)_3$ 可共沉淀富集微量的 Fe^{3+}、Ti^{4+}、Ga^{3+}、Ce^{4+}、In^{3+} 等离子。

硫化物沉淀也是有效的无机共沉淀剂，它还容易发生后沉淀，有利于微量组分的富集。如 PbS、CdS、SnS_2 等可以分离富集微量 Cu^{2+}。

总的来说，被测组分与沉淀剂形成的化合物溶解度越小，共沉淀的富集效率越高。但这类共沉淀剂的选择性不高。

② 生成混晶或固溶体

如两种金属离子具有相近的离子半径和电荷,它们生成的沉淀具有相似的晶格结构,就容易生成混晶而共同析出。由于受晶格的限制,该方法的选择性比较好。如用与 $SrSO_4$ 生成混晶富集食物中的痕量 Pb^{2+} 时,中等含量的 Fe^{3+}、Cd^{2+}、Co^{2+}、Cu^{2+}、Mn^{2+}、Hg^{2+} 和 Ni^{2+} 等都不干扰测定。

③ 形成晶核的共沉淀剂

如果被测组分的含量太少,即使将其转化为难溶物质,也难以沉淀下来。但可以把它作为晶核,使其他组分聚集在该晶核上,待晶核长大后一起沉淀下来。如要沉淀溶液中极微量的 Au^{3+}、Pt^{2+}、Pd^{2+} 等贵金属离子,可向溶液中加入少量 $NaTeO_3$,再加还原剂如 H_2SO_3 或 $SnCl_2$ 等。当贵金属离子被还原为金属微粒(晶核)的同时,$NaTeO_3$ 被还原为游离 Te,以贵金属微粒为核心,Te 聚合在它的表面,使晶核长大,而后一起沉淀出来。

④ 沉淀的转化作用

用一种难溶化合物,使存在于溶液中的微量化合物转化为更难溶的物质,也是一种分离痕量元素的方法。如将含有微量 Cu^{2+} 的溶液通过预先浸有 CdS 的滤纸,Cu^{2+} 就可转化为 CuS 沉积在滤纸上,过量的 CdS 可用 1 $mol \cdot L^{-1}$ HCl 热溶液溶解除去。

(2) 有机共沉淀分离法

有机共沉淀剂的富集效率较高,选择性较好,通过高温灼烧就可以将获得的沉淀中的有机载体除去,从而得到被共沉淀的组分。沉淀机理包括形成金属螯合物、离子缔合物及胶体絮凝等三种。动物胶、辛可宁、单宁等易带正电荷,可以吸附酸性溶液中如 W(Ⅵ)、Mo(Ⅵ)、Nb(Ⅴ)、Ta(Ⅴ)、Si(Ⅳ)的含氧酸根等带负电荷的胶体微粒,利用胶体的絮凝作用进行共沉淀。甲基紫、罗丹明 B、亚甲基蓝和孔雀绿等阳离子有机染料,可以与 Au^{3+}、Bi^{3+}、Zn^{2+}、Cd^{2+}、Hg^{2+}、In^{3+} 等金属的卤素或硫氰酸根的络阴离子形成微溶性的离子缔合物。向水溶液中加入一种溶解度较小的有机载体如酚酞、β-萘酚等,当其析出沉淀时,会将痕量被测组分的络合物共沉淀析出,这些有机载体也称为"固体萃取剂"。如痕量的 Ni^{2+} 与丁二酮肟的络合物不会析出沉淀,但向溶液中加入丁二酮肟二烷酯的乙醇溶液时,随着丁二酮肟二烷酯沉淀的析出,丁二酮肟镍便被共沉淀下来。

9.2.2 溶剂萃取分离法

溶剂萃取分离法(solvent extraction separation)是基于各种物质在不同溶剂中的分配系数不同而进行分离和富集的方法。其中,一种溶剂常常是水,另一种则是与水不互溶的有机溶剂。一些亲水性较小的物质,如 $HgCl_2$、I_2 等,可直接用有机溶剂萃取。而大多数无机化合物具有较强的极性,需先将它们从亲水性转化为疏水性,才能进行萃取。因此,萃取过程的本质就是利用萃取剂将物质由亲水性向疏水性转化。反萃取则相反,用水溶液从有机相中萃取被分离组分。

1. 溶剂萃取的基本参数

常用以下几个特征参数来衡量溶剂萃取体系的好坏。

(1) 分配常数和分配定律

在一定的温度下，萃取体系达到平衡时，被萃取物 A 在两种互不相溶的溶剂中的平衡浓度比为一常数，称为分配常数(distribution constant 或 partition coefficient) K_D，以公式表示为

$$K_D=\frac{[A]_o}{[A]_w} \tag{9-2}$$

式中$[A]_o$、$[A]_w$分别表示溶质 A 在有机相和水相中的平衡浓度。

这个关系称为分配定律(distribution law)，K_D值与被萃取物和溶剂的特性及温度有关。实验发现，分配定律仅适用于接近理想溶液的简单萃取体系，即被萃取物在两相中的存在形式相同、无解离、聚合等副反应，如 CCl_4 萃取 I_2的体系。

(2) 分配比

在实际工作中，被萃取物在两相中常以各种化学形式存在。而通过实验测定得到的往往是被萃取物在每一相中的各种形式的浓度的总和。达到萃取平衡时，被萃取物 A 在有机相中的总浓度$(c_A)_o$与在水相中的总浓度$(c_A)_w$ 的比值，称为分配比(distribution ratio)D：

$$D=\frac{(c_A)_o}{(c_A)_w}=\frac{[A_1]_o+[A_2]_o+\cdots+[A_n]_o}{[A_1]_w+[A_2]_w+\cdots+[A_n]_w} \tag{9-3}$$

式中$[A_1]$,$[A_2]$,…,$[A_n]$分别表示被萃取物 A 不同化学形式的平衡浓度。

当被萃取物在两种溶剂中的化学形式完全相同时，如用 CCl_4 从水溶液中萃取 I_2，I_2 在两相中的分配系数 K_D等于分配比 D。但当水溶液中有 I^- 存在时，因 I_2和 I^- 形成络离子 I_3^-，此时

$$D=\frac{[I_2]_o}{[I_2]_w+[I_3^-]_w}=\frac{[I_2]_o}{[I_2]_w(1+K_{稳}[I^-]_w)}=\frac{K_D}{1+K_{稳}[I^-]_w} \tag{9-4}$$

式中 $K_{稳}$ 是 I_2和 I^- 络合形成 I_3^- 的稳定常数。可见，D 随水溶液中$[I^-]_w$ 的改变而改变，$[I^-]_w$ 越大，D 与 K_D相差越大。只有当$[I^-]_w=0$ 时，$D=K_D$。

显然，分配比能更好地反映被萃取物在两相中的实际分配情况。分配比除与一些常数有关外，还与酸度、萃取剂的种类和浓度、有机溶剂的种类等萃取条件有关。D 值越大，被萃取物进入有机相的总浓度越大。为了使被萃取物绝大部分进入有机相，一般要求 D 应大于 10。

(3) 萃取率

萃取率(percent extraction)用来表示被萃取物质的萃取完全程度，用 E 表示：

$$E=\frac{\text{被萃取物质在有机相中的总质量(g)}}{\text{被萃取物质在两相中的总质量(g)}}\times 100\% \tag{9-5}$$

若已知被萃取物 A 的水溶液体积为 V_w，用来萃取的有机溶剂体积为 V_o，则萃取率为

$$E=\frac{c_o V_o}{c_w V_w + c_o V_o}\times 100\% \tag{9-6}$$

式(9-6)中分子分母同除以 $c_w V_o$，则有

$$E=\frac{D}{D+V_w/V_o}\times 100\% \tag{9-7}$$

式中 V_w/V_o 为相比。可见，萃取率与分配比及相比有关，分配比越大，相比越小(即有机相体积越大)，萃取率越高。

当 $V_w/V_o=1$ 时，有

$$E=\frac{D}{D+1}\times 100\% \tag{9-8}$$

此时，萃取率仅与分配比有关。当 $D=1$ 时，萃取一次的 $E=50\%$；当 $D=10$ 时，萃取一次的 $E=90.9\%$；当 $D>1\,000$ 时，萃取一次的 $E>99.9\%$。即增大分配比，可以有效提高萃取率。但对于分配比较小的萃取体系，一次萃取无法达到分离要求，需采用多次或连续萃取的方法提高萃取率。

如体积为 V_w 的溶液中含有质量为 m_0 的被萃取物 A，用体积为 V_o 的有机溶剂萃取一次后留在水相中的质量为 m_1，则进入有机相中的质量为 m_0-m_1，此时分配比为

$$D=\frac{(c_A)_o}{(c_A)_w}=\frac{(m_0-m_1)/V_o}{m_1/V_w} \tag{9-9}$$

$$m_1=m_0\,\frac{V_w}{DV_o+V_w} \tag{9-10}$$

若用体积为 V_o 的新鲜有机溶剂再萃取一次，剩余在水相中的被萃取物的质量将减至 m_2：

$$m_2=m_1\,\frac{V_w}{DV_o+V_w}=m_0\left(\frac{V_w}{DV_o+V_w}\right)^2 \tag{9-11}$$

以此类推，每次都用体积为 V_o 的新鲜有机溶剂萃取，共萃取 n 次，最后水相中剩余的被萃取物的量将减至 m_n，则有关系：

$$m_n=m_0\left(\frac{V_w}{DV_o+V_w}\right)^n \tag{9-12}$$

经 n 次萃取后，被萃取物转入有机相中的质量为 m_0-m_n，则萃取率为

$$E=\frac{m_0-m_n}{m_0}\times 100\% \tag{9-13}$$

将式(9-12)代入式(9-13)，得到多次萃取的萃取率计算公式：

$$E=\left[1-\left(\frac{V_w}{DV_o+V_w}\right)^n\right]\times 100\% \tag{9-14}$$

例 9.1 用乙醚萃取法除去肉试样中的脂类成分(脂的 $D=2$)。将含有 0.1 g 脂的 1.0 g 肉试样分散在 30 mL 水中,甲用 90 mL 乙醚一次萃取,乙用 90 mL 乙醚分三次萃取,哪个效果更好?

解

$$E_{甲}=\left(1-\frac{30\ \mathrm{mL}}{2\times 90\ \mathrm{mL}+30\ \mathrm{mL}}\right)\times 100\%=85.7\%$$

$$E_{乙}=\left[1-\left(\frac{30\ \mathrm{mL}}{2\times 30\ \mathrm{mL}+30\ \mathrm{mL}}\right)^3\right]\times 100\%=96.3\%$$

显然,同量的萃取剂,分多次萃取的效率比一次萃取的效率高。但增加萃取次数,会增加工作量和延长工作时间,也会增大操作中引入的误差。

2. 重要的溶剂萃取体系

根据萃取反应机理或萃取过程中生成的可萃取物的组成和性质,萃取体系可以分为以下几类。

(1) 螯合萃取体系

螯合萃取是金属阳离子萃取的主要方式,其特点是:a. 萃取剂为有机弱酸,如 HA,它在水相和有机相中都有一定的溶解度,且一般在有机相中的溶解度更大;b. 金属离子在水相中以 M^{n+} 形式存在,或以能解离出 M^{n+} 的络离子形式存在;c. 在水相中,M^{n+} 与 HA 生成中性螯合物 MA_n,该螯合物难溶于水,易溶于有机溶剂,所以能被萃取。如 Ni^{2+} 与丁二酮肟、Hg^{2+} 与双硫腙、Cu^{2+} 与铜试剂等都属于螯合萃取体系。螯合萃取的反应可写成:

$$M^{n+}_{(w)}+n\mathrm{HA}_{(o)}\rightleftharpoons \mathrm{MA}_{n(o)}+n\mathrm{H}^+_{(w)}$$

此反应的平衡常数称为萃取平衡常数,用 K_{ex} 表示:

$$K_{ex}=\frac{[\mathrm{MA}_n]_o[\mathrm{H}^+]^n_w}{[\mathrm{M}^{n+}]_w[\mathrm{HA}]^n_o} \tag{9-15}$$

螯合萃取的总反应由下述几个平衡组成:a. 螯合萃取剂 HA 在两相间的分配平衡,分配常数为 $K_{D(HA)}=\dfrac{[\mathrm{HA}]_o}{[\mathrm{HA}]_w}$;b. 螯合萃取剂 HA 在水相中的解离平衡,解离常数为 $K_{a(HA)}=\dfrac{[\mathrm{H}^+]_w[\mathrm{A}^-]_w}{[\mathrm{HA}]_w}$;c. 被萃取金属离子与螯合萃取剂阴离子 A^- 在水相中的络合平衡,累积稳定常数为 $\beta_{n(MA_n)}=\dfrac{[\mathrm{MA}_n]_w}{[\mathrm{M}^{n+}]_w[\mathrm{A}^-]^n_w}$;d. 螯合物 MA_n 在两相间的分配平衡,分配常数为 $K_{D(MA_n)}=\dfrac{[\mathrm{MA}_n]_o}{[\mathrm{MA}_n]_w}$。将这些平衡关系代入式(9-15),则得

$$K_{ex}=K_{D(MA_n)}\beta_{n(MA_n)}\left[\frac{K_{a(HA)}}{K_{D(HA)}}\right]^n \tag{9-16}$$

当金属离子不与螯合剂生成中间络合物,且水相中不存在能与金属离子反应的其他试剂,以及金属螯合物在水相中 $[\mathrm{MA}_n]_w$ 很小时,则该类萃取体系的分配比为

$$D=\frac{[MA_n]_o}{[M^{n+}]_w}=K_{ex}\left(\frac{[HA]_o}{[H^+]_w}\right)^n \qquad (9-17)$$

可见,金属螯合物的分配比只与有机相中螯合剂的浓度和水相中的$[H^+]$有关,而与被萃取物的浓度无关。因而溶剂萃取既适用于常量组分的分离,也适用于痕量组分的分离。

基于式(9-17),可以从以下几个方面入手,以提高螯合萃取体系的萃取率及选择性。

① 螯合剂和螯合物的性质

螯合物的稳定常数越大,萃取分配比越大。因此,要求:a. 生成的螯合物 MA_n 的稳定常数$\beta_{n(MA_n)}$和在两相中的分配常数 $K_{D(MA_n)}$ 足够大;b. 螯合剂 HA 的解离常数 $K_{a(HA)}$ 较大、在两相中的分配常数 $K_{D(HA)}$ 较小。显然,选择酸性强、较易溶于水的螯合萃取剂有利于金属螯合物的形成,也有利于提高萃取率。

② 水相溶液的酸度

螯合萃取的重要特点在于萃取率受水相溶液酸度的影响很大。酸度会影响萃取剂的解离、络合物的稳定性及金属离子的水解。对于不存在水解副反应的萃取体系,由式(9-17)可见,当 pH 增加一个单位,一价、二价、三价及四价金属离子的分配比 D 将相应地增大 10、10^2、10^3、10^4倍,因此可以通过提高萃取体系的 pH 来有效提高萃取率。而对于容易发生水解等副反应的金属离子,随着 pH 升高,萃取率反而降低。实验中,可根据金属离子的萃取酸度曲线,选择和控制酸度。图 9-1 给出了用双硫腙$-CCl_4$体系萃取几种金属离子的萃取酸度曲线,可见,在一定的 pH 条件下,萃取才能完全。例如,萃取 Zn^{2+}时,适宜的 pH 范围是6.5～10.0,溶液的 pH 若太低,难以生成螯合物,若太高,则形成ZnO_2^{2-},都会降低萃取率。

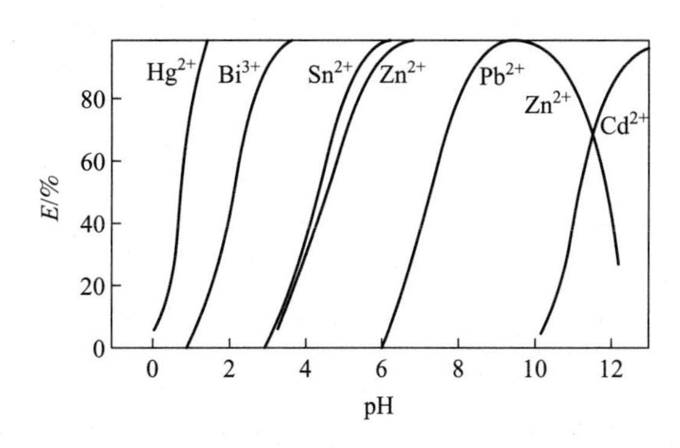

图 9-1　双硫腙$-CCl_4$体系萃取几种金属离子的萃取酸度曲线

③ 螯合剂的浓度

分配比 D 和有机相中螯合剂浓度的 n 次方成正比,显然,可以通过提高螯合剂的浓度来提高萃取率,所以一般螯合剂的浓度总是过量的。但太高浓度的螯合剂将降低水相的 pH,反而降低了萃取率。

④ 萃取溶剂的选择

许多与水不相混溶的有机溶剂如氯仿、四氯化碳、苯、环己烷、甲苯等都常用作螯合萃取的萃取溶剂。有机溶剂不同，式(9-16)中的 $K_{D(MA_n)}$ 和 $K_{D(HA)}$ 都会相应发生变化，从而导致分配比 D 发生变化。一般说来，在其他实验条件相同时，改变溶剂种类使 $K_{D(MA_n)}$ 增大时，$K_{D(HA)}$ 也将增大。因此，萃取一价金属离子时，溶剂的选择对分配比的影响不大。而萃取 $n>1$ 的金属离子时，若选用对螯合剂分配系数较大的溶剂，则会使分配比下降，影响萃取率。例如，β-二酮类螯合剂在几种溶剂中的 $K_{D(HA)}$ 值的大小顺序是 $CHCl_3>C_6H_6>CCl_4>$环己烷，因而它们对金属离子的萃取能力在环己烷中最大，在氯仿中最小。

⑤ 干扰离子的消除

当两种或多种金属离子与螯合剂均形成可萃取的螯合物时，可加入掩蔽剂使其中的一种或多种金属离子形成易溶于水的螯合物而相互分离，这是提高溶剂萃取选择性的重要途径之一。常用的掩蔽剂有 EDTA、酒石酸盐、柠檬酸盐、草酸盐及焦磷酸盐等。如用双硫腙-CCl_4 法测定铅合金中的 Ag^+，将试样分解后，在适宜的酸度下，加入双硫腙和 EDTA。由于 Ag^+ 不能与 EDTA 形成稳定的络合物，它与双硫腙的络合物能被 CCl_4 萃取，而 Pb^{2+} 及其他金属离子与EDTA形成稳定的络合物留在了水溶液中。

(2) 离子缔合萃取体系

带有不同电荷的离子，由于静电引力互相缔合形成不带电荷、易溶于有机溶剂的化合物，称为离子缔合物。通常，离子半径越大、所带电荷越少，越容易形成疏水性的离子缔合物。常见的离子缔合萃取体系有以下两大类。

① 金属络阳离子或络阴离子的离子缔合萃取体系

被萃取的金属阳离子可与大体积的中性碱类螯合剂形成带正电荷的络阳离子，再与适当的阴离子缔合形成疏水性的离子缔合物；或者以无机酸根阴离子的形式，与大体积的有机阳离子缔合，从而被有机溶剂萃取。如 Cu^{2+} 可先与2,9-二甲基-1,10-二氮菲配位形成络阳离子，再与 Cl^- 缔合形成可被 $CHCl_3$ 萃取的离子缔合物。碱性染料类和高分子胺类是常用的有机阳离子，如在 HCl 溶液中，甲基紫阳离子与 $[SbCl_6]^-$ 形成的缔合物可被甲苯萃取分离。

② 溶剂化物萃取体系

一些中性萃取剂通过其配位原子与金属离子键合，可形成溶于有机溶剂的溶剂化合物。如用磷酸三丁酯(TBP)萃取 Fe^{3+} 时，TBP 氧原子上的孤对电子与金属离子形成配位键 $O\rightarrow M$ 而生成中性配合物$FeCl_3\cdot 3TBP$ 被萃取。醚类、醇类、酮类及酯类等含氧的有机溶剂可先经质子化形成𬭩离子，再与金属络阴离子形成疏水性的𬭩盐。如 Fe^{3+} 在 HCl 介质中以水合阴离子$[Fe(H_2O)_2Cl_4]^-$存在，会与乙醚(R_2O)形成的𬭩离子 R_2O^+ 缔合形成𬭩盐 $R_2O\cdot Fe(H_2O)_2Cl_4$ 被萃取。研究表明，含氧有机溶剂形成𬭩盐的能力按以下次序增强：醚类$R_2O<$醇类 $ROH<$酸类 $RCOOH<$酯类 $RCOOR'<$酮类 $RCOR'<$醛类 RCHO。冠状化合物如冠醚和穴醚等也是常用的中性萃取剂，可以选择性地萃取直径与醚环大小相匹配的金属阳离子。

(3) 三元络合萃取体系

通过两种配位剂使被萃取物质形成难溶于水的三元络合物,然后进行萃取。例如,Ag^{+}与1,10-邻二氮菲配位形成络阳离子,再与染料溴邻苯三酚红的阴离子缔合形成三元络合物。又如,Ti^{4+}在酸性溶液中与SCN^{-}络合成黄色的络阴离子$[Ti(SCN)_6]^{2-}$,可与二苯胍阳离子(RH^{+})形成三元离子缔合物$(RH)_2[Ti(SCN)_6]$,从而被萃取分离。另外,常见的协同萃取体系实质上即是两种螯合剂与被萃取离子形成的三元络合萃取体系,如UO_2^{2+}-噻吩甲酰三氟丙酮(HTTA)-三丁基氧化膦(TBPO)萃取体系。

(4) 简单分子萃取体系

被萃取物以其本身的中性分子形式在水相和有机相之间进行分配,不需要另加萃取剂。如CCl_4从水中萃取单质I_2、$CHCl_3$从水中萃取难解离无机化合物$HgCl_2$、煤油从水中萃取中性有机化合物等。这类物质的萃取一般符合"相似相溶"原则。

3. 重要的溶剂萃取方法和装置

实验室中常用的萃取方法可分为单级萃取法和多级萃取法。

(1) 单级萃取法

此方法又称为分批萃取法或间歇萃取法,是应用最广泛的萃取方法。通常用60~125 mL的梨形分液漏斗,经加样、振荡、静置分层等操作,萃取分配比较大的组分。有时还可采用反萃取和洗涤的方法,向得到的有机相中加入新鲜的水溶液,使干扰组分进入水相,而被萃取组分仍留在有机相,以消除干扰组分的影响。

(2) 多级萃取法

此方法用于分配比不高的体系,通过蒸发及更新溶剂使萃取溶剂循环使用,以提高萃取率。按两相接触方式的不同,又可分为:a. 错流萃取法(或称连续萃取法),主要是从烧瓶中不断地蒸发出萃取溶剂,待冷凝下来后,连续地通过被萃取的水溶液,进行重复萃取;b. 逆流萃取法,是将一次萃取后的有机相与新鲜的水相接触进行再次萃取。图9-2所示为Friedrich萃取器,主要用于有机相较水相轻的连续萃取体系(如乙醚萃取无机物质的水溶液)。图中A为烧瓶,内装有机溶剂,当溶剂在A中蒸发后,在冷凝管B中液化,流入细长玻璃漏斗管C中,经细孔玻璃板D分散成细小液滴流入萃取管E中,与E中所装的被萃取物水溶液充分接触而发生萃取作用。

(3) 单滴微萃取

9-2 单滴微萃取应用简介

单滴微萃取(single drop microextraction,SDME)是一种使用极少量有机溶剂和试样水溶液的溶剂萃取方法,具有简单、经济、高效、绿色、快速的优点,最早由Liu和Dasgupta提出。现在,SDME是气相色谱(gas chromatography,GC)或高效液相色谱(high performance liquid chromatography,HPLC)等分析技术试样前处理和痕量组分富集的重要手段。图9-3是单滴微萃取体系示意图,与水不混溶的有机萃取溶剂被吸入微量注射器后,将注射器的针尖置于密闭的试样水溶液中。然后,将一定量有机溶剂推出注射器并使其以液滴悬挂在针尖上,轻微搅拌试样水溶液,使尽快达到萃取平衡。将有机液滴吸回注射器,再直接将萃取液注射(进样)到GC或HPLC等分析仪器中进行分析。

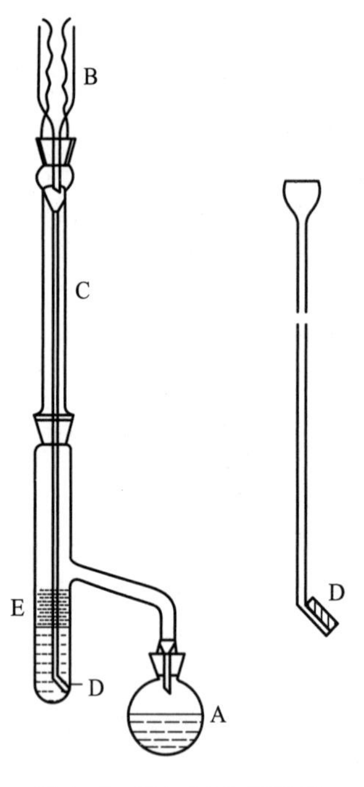

图 9-2　Friedrich 萃取器

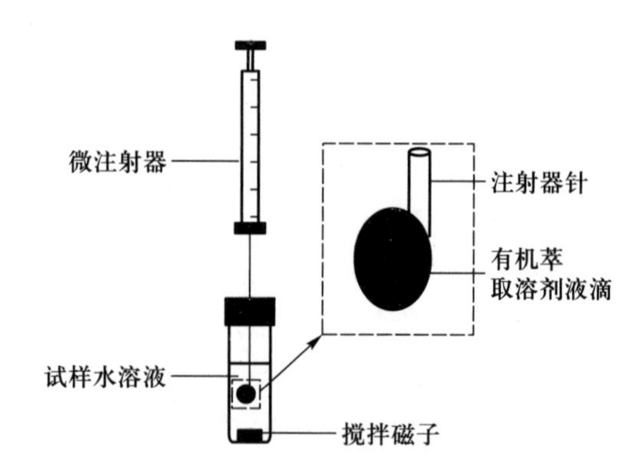

图 9-3　单滴微萃取体系示意图

9.3　浊点萃取分离法

浊点萃取(cloud point extraction,CPE)是 1978 年由 Watanabe 等人首次提出的一种绿色的液-液萃取新技术,又称为胶束媒介萃取(micelle mediated extraction)或液体凝胶萃取。该技术以表面活性剂胶束水溶液的增溶特性和浊点现象为基础,通过改变如温度、盐浓度等操作条件引发相分离,从而实现疏水性物质与亲水性物质的分离。

9.3.1　表面活性剂的基本性质

表面活性剂是由极性部分和非极性部分组成的一种两亲分子,分子的一端是极性的亲水基(通常是离子化的),而另一端是具有碳氢长链的非极性亲油(疏水)基。如十二烷基硫酸钠(SDS),其亲水基是—OSO_3Na,而亲油基是十二烷基。按其在水溶液中能否解离及解离后所带电荷的类型,可将表面活性剂分为阴离子型、阳离子型、两性离子型及非离子型四大类。其中非离子型表面活性剂在水溶液中不会解离,其亲水基主要由含氧基如醚基或羟基构成。

1. 增溶作用

增溶作用(solubilization)是指表面活性剂溶液对于不溶性或微溶性物质的溶解能力突然增加的现象,主要与表面活性剂分子在水溶液中特殊的排列方式(图 9-4)有关。

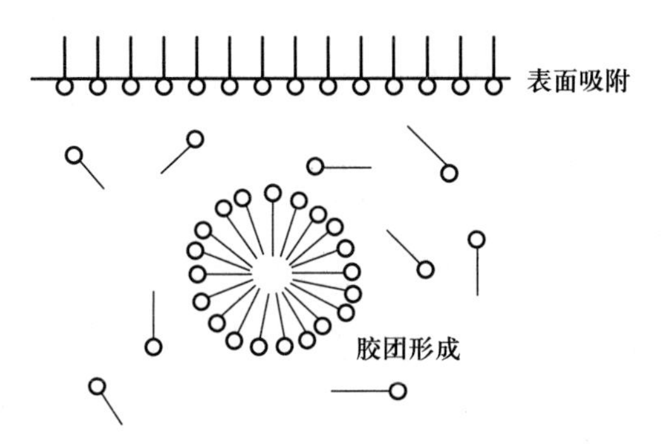

图 9-4　表面活性剂分子在溶液表面和内部的特殊定位和排列方式

在含有低浓度表面活性剂的水溶液中，表面活性剂主要以单分子形式在气-液界面定向排列，亲水基在溶液内，而亲油基则因疏水作用朝向液面之上的气相，这种排列方式称为表面活性剂分子的表面吸附。表面吸附能极大地降低溶液的表面(及界面)张力，从而产生润湿、乳化、起泡、增溶等一系列作用。

当增加表面活性剂含量到一定的浓度时，表面活性剂分子在界面的吸附已达饱和，不得不进入溶液中。此时，亲油基的疏水作用导致表面活性剂单体分子自发地相互缔合，形成亲水基朝向水相、亲油基聚集在中央的球状缔合体，从而均匀分布在水溶液中。这种球状聚集体称为胶束或胶团(micelle)，表面活性剂能形成胶束时的最小浓度称为临界胶束浓度(critical micelle concentration，cmc)。当表面活性剂的浓度大于临界胶束浓度时，不溶性或微溶性物质能够与胶束相的亲油基结合，可溶性物质能够与胶束相的亲水基结合，从而使它们的溶解度显著增加。因此，形成胶束是表面活性剂发挥增溶作用的必要条件。

2. 浊点现象

当改变操作条件时(如升高温度、增大离子强度)，透明的表面活性剂水溶液会变得浑浊，这种现象称为浊点现象(cloud point)，此时的温度称为浊点温度(cloud point temperature)。浑浊的溶液经静置一段时间或离心后，会形成两个透明的液相，一为表面活性剂富集相(仅占总体积的 2%～5%)，一为水相(表面活性剂浓度等于临界胶束浓度)。浊点现象是一种可逆过程，当温度低于浊点温度时，两相消失，重新成为均一溶液。

浊点是聚乙二醇型(也称聚氧乙烯型)非离子型表面活性剂的一个重要特性。聚乙二醇型非离子型表面活性剂是由环氧乙烷与含有活泼氢的化合物进行加成反应的产物，其中的氧乙烯基是亲水基。聚乙二醇的链结构在无水状态时为锯齿形，在水溶液中则呈曲折形(图 9-5)，此时，疏水性的—CH_2—基位于链的内侧，亲水性的氧原子位于外侧，因而很容易与水分子经氢键形成松弛的结合，整个聚乙二醇链就成为一个亲水基。但氢键的键能(29.3 $kJ \cdot mol^{-1}$)较低，这种结合不牢固，当升高温度或溶入盐时，氢键被破坏，致使水分子脱离，胶束聚集数增加，开始时透明的溶液变成浑浊的乳状液。

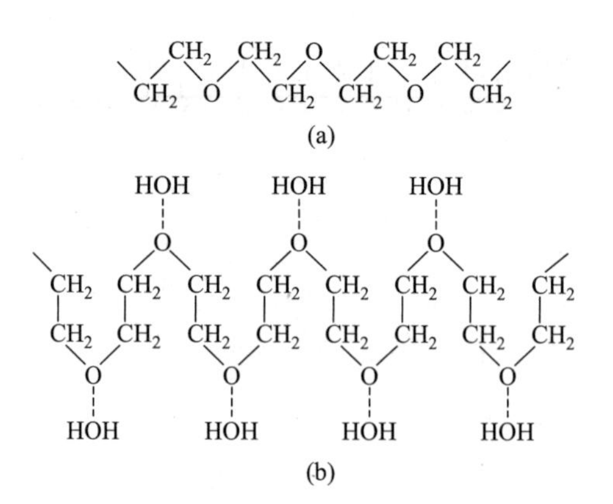

图 9-5　聚乙二醇在无水状态(a)和水溶液(b)中的存在形式

浊点现象并不只限于非离子型表面活性剂，两性离子型表面活性剂也存在浊点现象。在较高浓度的 HCl 存在下，一些阴离子型表面活性剂，如十二烷基硫酸钠(SDS)、十二烷基苯磺酸钠(SDBSA)、十二烷基磺酸钠(SDSA)等，可能发生了阴离子质子化，转化为非离子型表面活化剂，也会产生浊点现象，室温时即产生相分离。向某些阳离子型表面活性剂溶液中加入惰性盐也会形成界限分明的表面活性剂相和水相。

影响聚乙二醇型非离子型表面活性剂浊点温度大小的因素主要有以下几点。

a. 亲水基结构：非离子型表面活性剂中氧乙烯基含量增加，浊点温度升高(见表 9-3)。当氧乙烯基含量相同时，减小表面活性剂相对分子质量、增加乙氧基链长的分布及疏水基支链化、乙氧基移向表面活性剂分子链中央、末端羟基被甲氧基取代、亲水基与疏水基间的醚键被酯键取代等，都会使浊点温度降低。

表 9-3　两种非离子型表面活性剂的浊点温度

	$C_{12}H_{25}O(C_2H_4O)_nH$		$C_9H_{19}C_6H_4O(C_2H_4O)_nH$					
n	9.5	15	8	9	10	11	12	16
浊点温度/ ℃	40	98	30	50	65	75	81	96

b. 疏水基结构：在含有相同数量的氧乙烯基时，疏水基中碳原子数越多，浊点温度越低。疏水基结构对浊点温度的影响还表现在支链、环状及位置等方面。如含有 6 个氧乙烯基的烷基聚乙二醇醚，癸基、十二烷基、十六烷基化合物的浊点温度分别是 60 ℃、48 ℃、32 ℃。同碳数的疏水基的表面活性剂，其浊点温度按如下顺序递减：3 环＞单链＞单环＞1 支链的单环＞3 支链＞2 支链。

c. 浓度：浊点温度是体现表面活性剂分子中亲水基与疏水基比例的一个重要指标，一般随着表面活性剂浓度的增加而增大。常用的测定浊点温度的方法是观察 1% 溶液在加热时由澄清变浑浊的温度。

d. 无机电解质：一般来说，加入碱类和盐类物质，可减弱水分子与氧乙烯基的缔合，有利于水分子的脱离，导致胶束聚集数增加和浊点温度降低(见表 9-4)。但加入盐酸反而使浊点温度升高。

表 9-4 壬基酚聚氧乙烯醚水溶液浊点温度与电解质的关系　单位:℃

氧乙烯数	蒸馏水	3%NaCl	3%Na_2CO_3	3%NaOH	3%HCl	3%H_2SO_4
9	50	45	32	31	60.5	51
15	98	84.5	70	67	>100	96

e. 有机及高分子添加剂:这些物质被增溶后,会影响非离子型表面活性剂的浊点温度。一般来说,低分子烃可使浊点温度下降,高分子烃可使浊点温度上升;而低分子醇使浊点温度上升,高分子醇使浊点温度下降。水溶助剂如尿素、甲基乙酰胺等可显著提高浊点温度。阴离子型表面活性剂如 SDBSA 可与非离子型表面活性剂形成混合胶束,从而使浊点温度升高。

9.3.2 浊点萃取法

1. 浊点萃取法的基本原理

均一的表面活性剂水溶液在一定条件下(如升高温度或加入电解质)因相分离会形成透明的两相:表面活性剂富集相和水相。疏水性物质经与表面活性剂的疏水基相结合被萃取进表面活性剂相,而亲水性物质则被留在水相,这种利用浊点现象使试样中疏水性物质与亲水性物质分离的萃取方法就是浊点萃取法。

常用来表征浊点萃取能力的参数包括富集因子(也称富集倍数)、萃取率(也称萃取回收率)和相体积比。

富集因子 F:

$$F=\frac{c_s}{c_0} \tag{9-18}$$

式中 c_s为表面活性剂富集相中被测物质的浓度,c_0为富集前试样中被测物质的浓度。

萃取率 E:

$$E=\frac{n_s}{n_0} \tag{9-19}$$

式中 n_s为表面活性剂富集相中被测物质的物质的量,n_0为萃取前试样中被测物质的物质的量。

相体积比 β:

$$\beta=\frac{V_w}{V_s} \tag{9-20}$$

式中 V_w为萃取前水溶液的体积,V_s为萃取后表面活性剂富集相的体积。

可见,浊点萃取的富集效果取决于水相与表面活性剂相的体积比。因此,在保证萃取完全的前提下,应尽可能地增大相体积比,以提高萃取率和富集倍数。相体积比一般随着表面活性剂浓度的降低而增大,故可以适当减小表面活性剂的浓度。但若表面活性剂浓度太低,则不利于萃取和相分离。通常所得到的表面活性剂富集相的体积为 100～250 μL。

2. 浊点萃取法的操作过程

浊点萃取法的操作过程相对比较简单,包括以下几个步骤。

a. 制备试样溶液。通过改变实验条件如酸度等,使被测物质以疏水形式存在。对于亲水的金属离子,需加入适量螯合剂,形成疏水性的金属离子螯合物,以进行浊点萃取。

b. 加入表面活性剂溶液。表面活性剂的浓度需高于其临界胶束浓度。搅拌或超声有利于被测物质与表面活性剂胶束相的相互作用。

c. 诱发浊点现象。根据表面活性剂的浊点温度,升温或加入合适的无机电解质,在一定的时间内,使表面活性剂的胶束溶液由澄清变得混浊。

d. 冰浴。使表面活性剂富集相变得黏滞,便于两相分离。

e. 离心分相。利用离心加速表面活性剂富集相和水相的分离。

f. 表面活性剂富集相的后续处理。倾去水相,并加入稀释剂定容至一定的体积,以降低富胶束相的黏度,利于后续的仪器分析。

3. 浊点萃取法的影响因素

(1) 表面活性剂的种类和浓度

应用于浊点萃取的表面活性剂,应满足:a. 有适当的浊点温度。太高或太低的浊点温度都不利于实验操作,而且较高的操作温度也容易引起一些热敏性物质的分解或变质。b. 萃取率高。即单位质量或单位体积的萃取剂能萃取的被测物质的量要大,以减少萃取剂的用量,提高富集倍数。c. 易于和试样溶液分离。d. 无毒或低毒,以保证实验安全。聚乙二醇型非离子型表面活性剂由于在水溶液中受酸、碱、盐的影响较小,稳定性高,最常用于浊点萃取法(见表 9-5)。

表 9-5 浊点萃取法中常用的表面活性剂参数①

表面活性剂		浊点温度/℃	临界胶束浓度/($mmol \cdot L^{-1}$)
脂肪醇聚氧乙烯醚 $C_nH_{2n+1}(OC_2H_4)_mOH(C_nE_m)$	Brij30($C_{12}E_4$)	2~7	0.02~0.06
	Brij35($C_{12}E_{23}$)	>100	0.06
	Brij56($C_{16}E_{10}$)	64~69	0.000 6
对叔辛基苯基聚氧乙烯醚 $(CH_3)_3CCH_2C(CH_3)_2C_6H_4(OC_2H_4)_mOH$ ($t-C_8\phi E_m$)	TritonX-114($t-C_8\phi E_{7-8}$) TritonX-110($t-C_8\phi E_{9-10}$)	64~65	0.17~0.30
正烷基苯基聚氧乙烯醚 $C_9H_{19}C_6H_4(OC_2H_4)_mOH(NPE_m)$	PONPE-7.5($NPE_{7.5}$)	5~20	0.085
	PONPE-10(NPE_{10})	62~65	0.085
两性离子型表面活性剂	$C_9APSO_4^*$	65	4.5
	$C_{10}APSO_4^{**}$	88	
	C_8-lecithin	45	

* C_9APSO_4:$C_9H_{19}(CH_3)_2N^+(CH_2)_3OSO_3^-$。

** $C_{10}APSO_4$:$C_{10}H_{21}(CH_3)_2N^+(CH_2)_3OSO_3^-$。

① 马岳,黄骏雄.浊点萃取在环境化学方面的应用.上海环境科学,2000,19(7):319-324.

表面活性剂的浓度对萃取回收率和富集倍数有重要的影响。一般随着表面活性剂浓度的增加，萃取回收率会相应增大，当达到一定值后，不再增大。但表面活性剂富集相的体积会增大，从而降低了富集倍数。

(2) pH

被测物质与非离子型表面活性剂胶束相结合的主要方式是疏水作用，所以控制pH使被测物质保持疏水性强的分子状态能取得较好的萃取率。但强酸或强碱条件将抑制非离子型表面活性剂胶束的形成。酸度对难解离或非解离物质的影响不大。而对于金属离子，除了溶液的pH，螯合剂的种类和用量也将影响其萃取率。

(3) 无机电解质

无机盐溶于水后，由于离子与离子、离子与偶极子之间存在电性作用，水分子易聚集在离子周围，而表面活性剂胶束周围的自由水分子数量将大大减少，即盐析作用会导致非离子表面活性剂胶束聚集数增大，浊点温度下降。常见阴离子的盐析能力从大到小排序为

$$SO_4^{2-} > F^- > OH^- > Cl^- > Br^- > NO_3^- > I^- > SCN^- > ClO_4^- > BF_4^-$$

而阳离子除少数一价离子(如 Na^+、K^+、NH_4^+ 等)外，其余大都可使浊点温度升高。所以 Na_2SO_4、K_2SO_4 和 $(NH_4)_2SO_4$ 常用来降低浊点温度。

随着无机盐浓度的增加，浊点温度会渐渐降低，萃取回收率会相应增大。但回收率达到最大后，继续增加无机盐的浓度，对回收率基本没有影响。

(4) 萃取温度

萃取温度对于表面活性剂胶束的性质、分相后形成的凝聚相体积和含水量均有较大的影响。温度升高将导致氢键破坏而发生脱水现象，使非离子型表面活性剂富集相的体积减小，从而提高富集倍数和萃取率。但太高的温度对萃取率没有明显提高，甚至会因被测物质的挥发或水解而造成损失。所以，一般选择的萃取温度高于表面活性剂的浊点温度即可。

(5) 平衡时间

浊点萃取中存在表面活性剂胶束/单体和被测物质在水相/胶束相两个平衡作用过程。平衡时间对浊点萃取回收率的影响不太大，但平衡时间太长，会导致浊点萃取向相反方向变化，表面活性剂相逐渐消失。浊点萃取中最常采用的平衡时间为10～20 min。

4. 浊点萃取法的应用

与传统的液-液萃取技术相比，浊点萃取法不需要大量的有机溶剂，萃取速度快、耗时短、操作简便，能够保护被测物质的原有性质(如生物大分子的活性)，同时能够提供较高的富集倍数和萃取率，是一种资源节约型、环境友好型的分离技术。

目前，浊点萃取作为原子吸收光谱法、原子发射光谱法、吸光光度法、荧光光度法、流动注射分析法、气相色谱法、液相色谱法、毛细管电泳法等各种仪器分析法的高性能试样预处理和富集技术，已成功地用于食品、环境、生物、药用植物等试样中金属离子、有机污染物、农药残留、药用成分、生物胺、酶、蛋白质等的分离和富集，而且分离和纯化蛋白质已经可以实现大规模操作。

9.4 微波萃取分离法

微波辅助萃取法(microwave－assisted extraction，MAE)，也称为微波萃取法，于1986年由匈牙利学者Ganzler首次提出，是一种利用微波能量提高溶剂萃取效率的新技术。

9.4.1 微波的基本特性

微波(microwave)是一种频率在300 MHz～300 GHz、波长在1 mm～1 m的电磁波，介于红外线和无线电波之间。微波技术早期仅用于防空雷达，现在在医药、化工、航空、电子等领域都有广泛的应用，其中915 MHz和2 450 MHz是普遍采用的民用微波工作频率。

与其他波段的电磁波相比，微波具有一些独特的性质。

1. 似光性

微波以直线方式传播，并具有反射、折射、衍射等光学特性。

2. 穿透性

当微波辐射至物体表面时，不同物质会呈现出不同的特性：a. 良导体，主要为金属物质，如银、铜、铝等，能够反射微波。良导体常用来传输微波能量。b. 绝缘体，如玻璃、塑料、陶瓷、聚四氟乙烯、聚丙烯等，能够反射和穿透传输微波，对微波的吸收可以忽略不计。绝缘体常用来防止污染物进入微波系统的某些关键部位，也用作微波加热时盛放试样的器皿。c. 有耗介质，如被处理的物料、水和极性溶剂等，性能介于金属和绝缘体之间，能够吸收微波的能量，并可转变为热量。这是微波加热的基础。

3. 热特性

介质经微波辐射后，能迅速达到相当高的温度。与传统的由外及内的传导式加热方式不同，微波加热(图9－6)是一个内部加热过程，是物质在电磁场中由介质损耗而引起的体加热，因此具有加热均匀、热转化率高、加热速度快的优点。

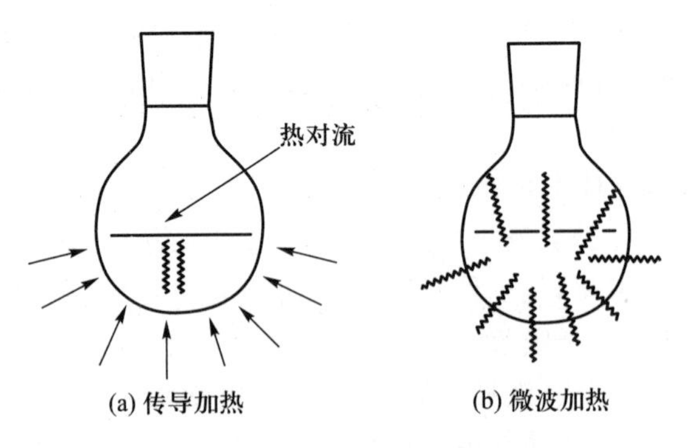

图9－6 传热方式示意图

介质对微波的吸收能力可以用耗散因子$\tan\delta$来描述：$\tan\delta=\varepsilon''/\varepsilon'$，其中$\delta$为耗散角，$\varepsilon'$为介电常数，表示物质被极化的能力或者阻止微波穿透的能力，ε''为介质损耗系数，表示物质将电磁能转换为热能的效率。$\tan\delta$ 越大，介质在一定温度和频率下吸收电磁能并转化为热能的能力越强。极性物质吸收微波的能力远大于非极性物质，如水就是吸收微波的最佳介质。因此，微波具有对物质进行选择性加热的能力。

微波对介质的加热一般用离子传导和偶极子转动两种机制进行解释。离子传导机制认为，在电磁场中，离子移动会产生电流，而介质对离子流的阻碍会产生热效应。偶极子转动机制认为，一端带正电荷、一端带负电荷的偶极子要随着不断变化的高频电场的方向重新排列，就必须克服分子原有的热运动和分子间相互作用的干扰和阻碍，产生类似于摩擦的作用，实现分子水平的“搅拌”，从而产生大量的热，介质的温度也因而随之升高。

4. 非热特性

非热特性也称为微波的生物效应，指微波辐射对生物体组织除了加热作用外还具有的其他特殊的生理影响。医药、食品等领域普遍采用的低温灭菌就是微波非热特性的典型应用。

9.4.2 微波萃取法

微波萃取就是利用物质吸收微波能力的差异使固体或半固体物质的某些区域或萃取体系中的某些组分被选择性加热，从而使被萃取物质从基体或体系中有效地分离出来，进入介电常数较小、微波吸收能力相对较差的萃取溶剂中。

与传统的萃取方法相比较，微波萃取技术具有以下优点：a. 选择性高。极性较高的分子可获得较多的微波能，因而运动速率较快。基于此，可选择性地提取一些极性成分。b. 萃取速度快。微波萃取中，盛放试样的器皿不吸收微波且大都是热的不良导体，因此微波直接作用在试样上。试样中的极性分子在微波场中由于高频极化引起介质热损耗而产生强烈的热效应，克服了传统的传导式加热方法温度上升慢的缺点。c. 加热均匀。若微波场是均匀的，则试样受热也是均匀的。d. 高效。萃取量大，回收率高，可同时对多个试样进行萃取。e. 溶剂用量少，废弃物少，对环境友好，而且微波有利于萃取热不稳定性物质。

1. 微波萃取体系

常见的微波萃取体系有密闭式（高压法）和敞开式（常压法）两种。

（1）密闭式微波萃取体系

密闭式微波萃取常用设备如图 9-7 所示。

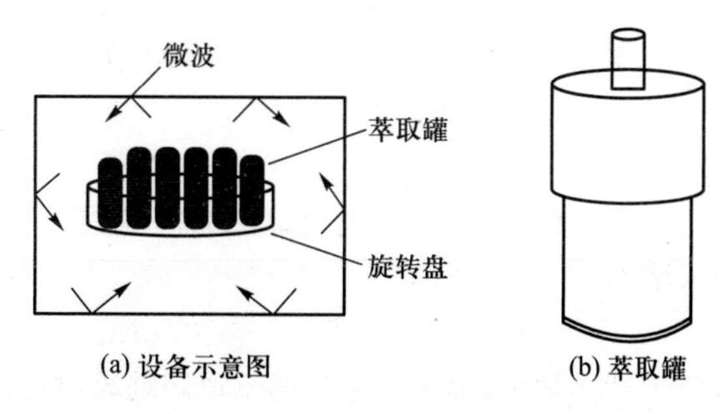

图 9-7 密闭式微波萃取常用设备

使用密闭萃取罐的高压微波萃取法，萃取时间短、试剂消耗少，是应用较多的一种方法。密闭式微波萃取装置一般带有功率选择及控制温度、压力和时间的附件。萃取罐和内置的试样杯（内衬罐）由聚四氟乙烯材料制成，既有良好的密封性能又不吸收微波，且耐高温高压，不与溶剂反应。将试样和萃取溶剂加入试样杯后，密封萃取罐。经微波辐射一定的时间，萃取溶剂被加热挥发，溶剂的挥发使罐内压力增加，而压力的增加又使得萃取溶剂的沸点大大增加，这样就提高了萃取的温度和效率。

（2）敞开式微波萃取体系

这是在敞开容器（即压力恒定）中进行微波萃取的一种方法。如普通的家用微波炉或用微波炉改装成的微波萃取设备，通过调节脉冲间断时间的长短来调节微波输出能量，因设备简单、价格低廉，而在微波萃取的早期研究中使用较广泛。但家用微波炉只能控时，没有控温和控压装置，不能用于密闭容器的萃取，以免发生爆炸。经改装的家用微波炉增加了溶剂回流装置，可以进行除水以外的有机溶剂的常压萃取，如乙醚、氯仿、甲醇等。也有商品化的适用于溶解、萃取和有机合成的全自动聚焦敞开式微波萃取装置（图 9-8），该体系通过非金属结晶体单向波导，分别在各小腔槽进行微波聚焦，直接瞄准试样进行高效辐射，温度可达 500 ℃，而且通过自动快门可独立控制各反应腔所需的功率。

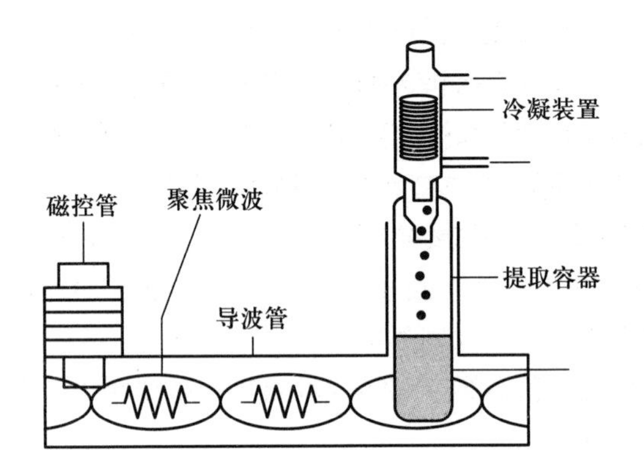

图 9-8　全自动聚焦敞开式微波萃取装置示意图

除了上述密闭式和敞开式的微波萃取体系外，还有连续流动式，它是一种萃取溶剂连续流动而试样随之流动或固定不动的微波萃取体系。

2. 微波萃取的步骤

微波萃取法主要用于萃取固体或半固体试样。高压微波萃取法的一般操作步骤如下。

（1）取样、粉碎、称取

粉碎试样是为了增加表面积，便之和溶剂充分接触，在微波作用下，加快被测物质从基体中的溶出并进入溶剂。

（2）微波萃取

将一定量的试样置于试样杯中，加入一定量的萃取溶剂，再将试样杯置于高压萃取罐内，而后将萃取罐密封放入实验室用微波炉中，设置温度（压力）和时间，进行萃取。

一般而言，含水试样的萃取回收率要高于干燥试样的回收率。因此，对于干燥试样，需先加入 15%左右的水，平衡 10～15 min，再加入萃取溶剂进行后续的操作。使用普通的微波炉进行萃取时，为了防止溶剂沸腾，一般进行间歇式照射，每次照射时间不超过 30 s，然后停止、冷却，再照射，再停止、冷却，反复多次。

(3) 获得目标产物

试样经微波辐射一定的时间后，取出萃取罐，冷却到室温，开罐取出试样杯，通过过滤和(或)离心分离滤去残渣，澄清的溶剂相用于后续测定。

3. 微波萃取的影响因素

影响微波萃取回收率的因素主要包括试样的种类、溶剂的选择和用量、基体的含水量、微波能的影响、辐射时间的长短等。

(1) 萃取溶剂

微波萃取中，对萃取溶剂的要求主要有三点：a. 对目标萃取成分有较强的溶解能力，即符合“相似相溶”原理；b. 具有一定的极性，以利于吸收微波能，进行内部加热；c. 对萃取成分的后续操作干扰较少。

介质吸收微波的能力主要取决于其介电常数、损耗系数、比热容和形状等。溶剂分子的极性越大，介电常数越高，吸收微波的能力越强，在微波照射下温度升高得越多，沸点低的溶剂甚至会出现过热现象(见表 9-6)。而极性较低的溶剂，吸收微波的能力较差，非极性的氯仿等则几乎不吸收微波。

表 9-6　不同介电常数溶剂经微波(560 W、2 450 MHz)辐射 15 s 后升高的温度

有机溶剂	温升/ ℃	沸点/ ℃	相对介电常数
二噁烷	11	101	2.2
三丙胺	10	156	2.4
丙酸	19	141	3.3
氯仿	24	62	4.8
乙酸丁酯	28	102	5.6
乙酸乙酯	29	77	6.0
乙酸	38	118	6.2
正己醇	45	158	13.3
正戊醇	51	137	13.9
2-戊酮	49	102	15.4
正丁醇	56	117	17.8
2-丁酮	41	80	18.5
丙醇	62	97	20.1

对于水溶性成分或极性较大的成分，可用含水溶剂进行萃取。而对于非极性、不稳定或挥发性的成分，应选用对微波透明的非极性溶剂(如正己烷等)作为提取介质。但由于非极性溶剂不能吸收微波能，为了加速萃取过程，常在非极性溶剂中加入一些极性溶剂。如果试样和溶剂均不吸收微波，则微波萃取过程无法进行。

目前，微波萃取中常用的萃取溶剂有甲醇、丙酮、乙酸、二氯甲烷、正己烷、苯等有机溶剂，硝酸、盐酸、氢氟酸、磷酸等无机溶剂，以及己烷－丙酮、二氯甲烷－甲醇、水－甲苯等混合溶剂。水溶性缓冲溶液也可用作萃取剂。

（2）萃取温度

应低于萃取溶剂的沸点。为减少高温的影响，可分次进行微波辐射，冷却至室温后再进行第二次微波萃取，以便在保持最高萃取率的前提下萃取出所需的活性化合物。

（3）萃取时间

与被测试样量、溶剂体积和加热功率有关，一般 10～15 min 即可。开始时，萃取效率随累积萃取时间的延长而提高，但经过一段时间后，萃取效率即达最大而不再增加。

（4）溶液的 pH

溶液的 pH 也会对微波萃取的效率产生一定的影响。针对不同的萃取试样，溶液有一个最佳的用于萃取的酸碱度。

（5）试样中的水分或湿度的影响

水分能有效吸收微波能产生温度差，有利于被萃取物与基体物质有效地分离，所以待处理试样中含水量的多少对萃取回收率的影响很大。对于不含水分的固体或半固体试样，萃取前需加入一定量的水分进行再湿。

（6）基体物质的影响

基体物质对微波萃取结果的影响可能是因为基体物质中含有对微波吸收较强的物质，或是某种物质的存在导致微波加热过程中发生化学反应。

4. 微波萃取法的应用

微波萃取法在天然产物（如中药）有效成分的提取方面已有很多成功的研究和报道，如对植物中黄酮类、苷类、多糖、萜类、挥发油、生物碱、单宁、甾体及有机酸等的提取。由于微波强烈的热效应，细胞内的水等极性物质吸收微波能后产生热量，使细胞内温度迅速上升，水汽化产生压力使细胞膜（壁）破裂，产生微孔或裂纹，从而使细胞内物质更容易溶出。该方法已经试用于葛根、茶叶、银杏等多种中药提取生产线中，无论是萃取速度、萃取效率还是萃取质量均优于传统工艺。

另外，微波萃取法在环境分析、化学分析、石油化工等领域也有成功的应用，如对土壤、沉积物和水中各种污染物的萃取，对聚合物及其添加物进行过程监控和质量控制等。

9.5 离子交换分离法

离子交换（ion exchange，IE）分离法是利用离子交换剂与溶液中的离子之间发生交换反应而进行分离的方法。该方法具有选择性好、分离效率高等优点，可用于大多数离子化合物的分析，尤其适用于性质相近的离子间的分离，还可用于微量组分的富集和高纯物质的制备。离子交换分离法不需要特殊的设备、操作容易、树脂可再生，因此是一种应用广泛和重要的分离富集方法。但其缺点是分离周期长，所以在分析化学中仅用来解决某些比较复杂的分离问题。

9.5.1 离子交换剂的结构、分类和性质

离子交换剂包括具有离子交换能力的所有物质，是离子交换分离法的主体，通常指固体离子交换剂。离子交换剂的种类很多，主要分为无机离子交换剂和有机离子交换剂两大类。无机离子交换剂由天然化合物（黏土、沸石类矿物）和合成化合物（合成沸石、分子筛、水合金属氧化物、多价金属酸性盐类、杂多酸盐等）构成。天然无机离子交换剂在物理和化学性质上不够稳定，应用较少。合成无机离子交换剂在选择性、交换容量和物理性能等方面都有较大改进，而且有良好的抗辐射性，因此在放射性元素的分离和富集方面应用较多。有机离子交换剂则是人工合成的带有离子交换功能基团的高分子化合物，其中应用最为广泛的是离子交换树脂。

1. 离子交换树脂的结构

离子交换树脂主要由两部分组成：一部分是具有立体网状结构的高分子化合物，称为骨架。树脂骨架的化学性质稳定，对酸、碱、有机溶剂、氧化剂、还原剂及其他化学试剂都不起作用；另一部分是连接在骨架上可被交换的活性基团，也称为交换基，如$—SO_3H$、—COOH、$—N(CH_3)_3^+Cl^-$等，它对离子交换树脂的交换性质起着决定性的作用，可与溶液中的离子进行离子交换反应。

离子交换树脂的骨架，最常用的是由苯乙烯与二乙烯苯聚合所得的聚合物。其中二乙烯苯为交联剂，它在树脂内的含量称为交联度。树脂交联度的大小会直接影响骨架结构的紧密程度和孔径大小，如交联度小时，加水后树脂的溶胀度大、网状结构的网眼大、交换反应快，体积大和体积小的离子都容易进入；相反，交联度大时，体积大的离子不容易进入树脂，因而具有一定的选择性。一般树脂的交联度以4%到12%为宜，最常用的是8%。其他如乙烯吡啶系、环氧系、脲醛系、氯乙烯系也可以作为树脂的骨架。在聚合得到粒状的离子交换树脂的骨架后，可经化学反应导入离子交换基，如用浓硫酸或氯磺酸处理苯乙烯-二乙烯苯共聚物可得到磺酸型阳离子交换树脂。图9-9为磺酸型阳离子交换树脂结构示意图，其中波形线条代表树脂的骨架，$—SO_3H$为离子交换基。

2. 离子交换树脂的分类

根据树脂的离子交换基或活性基团进行分类，可分为阳离子交换树脂、阴离子交换树脂、螯合型离子交换树脂和其他特殊离子交换树脂等四大类。

(1) 阳离子交换树脂（cation-exchange resin）

这类树脂的交换基是酸性基团，其H^+可与溶液中的阳离子交换。按照离子交换基酸性的强弱，又可分为强酸型（含磺酸基$—SO_3H$）、弱酸型（含羧基—COOH或酚羟基—OH）和中等酸型（含磷酸基$—PO_3H_2$等）

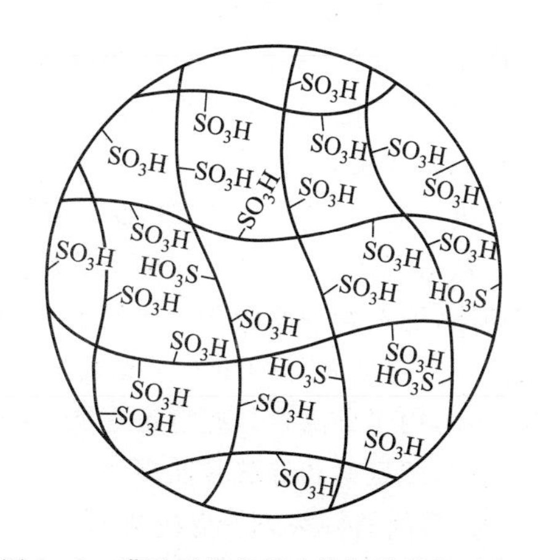

图9-9 磺酸型阳离子交换树脂结构示意图

阳离子交换树脂。

强酸型阳离子交换树脂上的$-SO_3H$，在溶液中能完全解离出H^+。这些H^+可与阳离子如Na^+进行等量交换，具体过程如下：

$$R—SO_3H+Na^+ \rightleftharpoons R—SO_3Na+H^+$$

其中，R代表树脂的骨架。可见，离子交换反应发生后，Na^+保留在树脂上，而H^+则被交换到溶液中。这类树脂在酸性、中性或碱性溶液中都能使用，因此应用广泛。如国产#731和#732树脂、美国的Dowe×50和Amberlite IR-120、英国的Zerolit225都是强酸型阳离子交换树脂。

弱酸型阳离子交换树脂在溶液中的解离行为与弱酸相似，与H^+的亲和力较大，交换能力受溶液酸度的影响，因此应用受到限制。国产#724树脂、美国的Amberlite IRC-50、英国的Zerolit216都是弱酸型阳离子交换树脂(R—COOH型)，主要用于在弱碱溶液中选择性地分离不同强度的有机碱。

(2) 阴离子交换树脂(anion-exchange resin)

这类树脂的离子交换基是碱性基团，仅与溶液中的阴离子进行交换。根据离子交换基碱性的强弱，可分为强碱型和弱碱型两大类。强碱型阴离子交换树脂含有季铵基团[$R—N(CH_3)_3^+Cl^-$，记为R—Cl]，在水溶液中能全部解离，交换容量也不受溶液pH的影响，应用比较广泛。该R—Cl型的阴离子交换树脂经NaOH溶液处理后，则可转变为R—OH型的树脂，转化过程如下：

$$R—N(CH_3)_3^+Cl^-+OH^- \rightleftharpoons R—N(CH_3)_3^+OH^-+Cl^-$$

由于R—Cl型树脂比R—OH型树脂更稳定，所以一般强碱型阴离子交换树脂都处理成R—Cl型出售，如国产#717树脂、美国的Dowe×1×2及英国的ZerlotFF等。

弱碱型阴离子交换树脂含有伯氨基、仲氨基或叔氨基($—NH_2$、—NHR或$—NR_2$)，在水溶液中溶胀后发生水合作用分别形成$R—NH_3^+OH^-$、$R—NH_2(CH_3)^+OH^-$、$R—NH(CH_3)_2^+OH^-$，而其中的OH^-能与其他阴离子发生交换。这类树脂对OH^-的亲和力大，交换容量受溶液酸度影响较大，在分析化学上使用较少。

(3) 螯合型离子交换树脂(chelating resin)

将一些能与金属离子螯合的有机试剂引入树脂骨架中，使树脂具有选择性交换的能力，就形成了螯合型离子交换树脂。这类树脂用于分离时，在树脂上同时进行离子交换反应和螯合反应，从而呈现出高选择性和高稳定性。其稳定性是由于它与金属离子形成了内络盐，其选择性主要取决于树脂中螯合剂基团的结构。几乎常见的螯合剂基团都已被引入树脂骨架中，如亚氨二乙酸型树脂，偶氮、偶氮胂、8-羟基喹啉类树脂，水杨酸树脂，葡萄糖型树脂等。国产#401树脂就是含氨羧基[$—N(CH_2COOH)_2$]的螯合型离子交换树脂，对Cu^{2+}、Co^{2+}、Ni^{2+}有很好的选择性。也可以将某些金属离子引入树脂中，用于分离含某些特定官能团的化合物。如含汞的树脂可分离含有巯基的化合物，如半胱氨酸和谷胱甘肽等。

(4) 其他的特殊离子交换树脂

普通的离子交换树脂对一般元素分离有一定的效果，但交换速率较慢、选择性较差、所需洗脱剂体积较大，应用仪器自动检测时会受到一定的限制。若在树脂的合成过程中引入特殊的活泼基团，就可以解决上述问题。这类树脂主要有大孔树脂、萃淋树脂等。

① 大孔树脂

由苯乙烯、二乙烯苯或甲基丙烯酸酯等聚合而成，通过在合成的过程中加入一定量的致孔剂，如汽油或苯等，经特殊处理后即可得到海绵状的大孔树脂(macroporous resin)。与凝胶型树脂相比，大孔树脂有更多更大的孔(孔径可达 20～120 nm)，还有比表面积较大、交换速率快、机械强度高和抗有机污染等优点，在工业脱色、环境保护等领域得到了广泛应用。

合成的大孔树脂如直接进行功能基反应可转化成为大孔阴、阳离子交换树脂。未经过功能基反应的大孔树脂，不带离子交换基，也称为大孔吸附树脂，按其极性可分为非极性、中性和极性三大类。大孔吸附树脂可以有效地分离具有不同化学性质的各类化合物，其分离原理包括吸附作用和分子筛作用。一般来说，非极性树脂在极性溶剂(如水)中吸附非极性物质，极性树脂在非极性溶剂中吸附极性物质，中性树脂既可在极性溶剂中吸附非极性物质，也可在非极性溶剂中吸附极性物质。

② 萃淋树脂

萃淋树脂(extraction resin)是一种含有液态萃取剂的树脂，是苯乙烯-二乙烯苯为骨架的大孔结构和有机萃取剂的共聚物，兼有离子交换法和溶剂萃取法的优点。萃淋树脂对金属离子的选择性主要取决于所含有的萃取剂，而且由于在合成过程中很好地"固化"萃取剂，因此在使用过程中萃取剂的溶解损失可以忽略不计，具有较大的实用价值，如常用的磷酸三丁酯(TBP)萃淋树脂。

当然，还可以在树脂的合成过程中引入其他活性基团，从而制备具有高选择性的离子交换树脂。如引入冠醚活性结构形成的冠醚树脂对碱金属、碱土金属有特殊的选择性；引入六硝基二苯胺形成的五硝基二苯胺聚苯乙烯型树脂对 K^+、Cs^+、Rb^+、NH_4^+ 具有极高的选择性。

3. 离子交换树脂的性质

(1) 溶胀性

树脂的溶胀性(swelling)会使干树脂在浸入溶液后体积发生膨胀。如将干树脂浸入水中，外界水分子会不断扩散渗入树脂内部的网状结构之中，从而使树脂骨架交联网孔扩大。但是随着水分子的不断渗入，树脂骨架中碳链上碳原子之间的化学键会发生伸长和弯曲形变，从而阻止水分子继续渗入树脂内部。最后，上述两个相反过程达到平衡，这就是树脂溶胀的过程。

树脂的溶胀性主要与树脂骨架的交联度、交换功能基的性质、所交换离子的水合程度等因素有关。一般而言，树脂的交联度越低、含有交换功能基的数目越多、形成的水合离子半径越大，则树脂的溶胀程度也越大。

(2) 交换容量

交换容量(exchange capacity)指一定量离子交换树脂所能提供交换离子的量，通常有总交换容量和有效交换容量两种表示方式。总交换容量(total exchange capacity)

指离子交换树脂所能提供交换离子的总量，这也是树脂能达到的最高交换容量，只与树脂网状结构内所含活性基团的数目有关。有效交换容量(effective exchange capacity)是在一定的工作条件下实际所测得的交换容量，主要影响因素包括溶液的离子强度和pH、树脂粒径大小和孔隙大小、柱床高度、流速等。

交换容量一般以每克干树脂能交换离子的物质的量(mmol)表示。对于阴、阳离子交换树脂，其交换基分别是 OH^- 和 H^+，所以树脂的总交换容量可通过酸碱滴定法测定。以强酸型阳离子交换树脂为例，先用 NaCl 充分置换出 H^+，再用标准浓度的 NaOH 溶液滴定生成的 HCl，就可以计算出树脂的总交换容量。常见离子交换树脂的交换容量为 $3\sim6\ \mathrm{mmol\cdot g^{-1}}$。

9.5.2 离子交换理论和离子交换树脂的亲和力

1. 离子交换理论和选择系数

离子交换树脂在溶液中溶胀后，其交换基所解离出的离子可在树脂网状结构内部的水中自由移动。如果溶液中存在着其他离子，则在树脂和溶液之间可能发生等物质的量的离子交换，并保持两相都呈电中性。这个过程是可逆的，经过一段时间后就能达到平衡。这就是离子交换的基本理论。

把树脂 R—A 浸入含有 B^+ 的溶液中时，会发生如下的阳离子交换反应：

$$A^+_{内}+B^+_{外} \rightleftharpoons A^+_{外}+B^+_{内}$$

其中，内、外分别表示树脂相和溶液相中的可交换离子。交换过程达到平衡时，A^+、B^+ 在两相间的分配情况可由选择系数(selectivity coefficient)E_A^B 表示：

$$E_A^B=\frac{[A^+]_{外}[B^+]_{内}}{[A^+]_{内}[B^+]_{外}} \tag{9-21}$$

选择系数反映了树脂对于 A^+、B^+ 的亲和力的大小。当 $E_A^B>1$ 时，表明树脂对 B^+ 的亲和力大于 A^+，B^+ 会优先结合到树脂上；当 $E_A^B<1$ 时，表明树脂对 B^+ 的亲和力小于 A^+，A^+ 会牢固地结合到树脂上；当 $E_A^B=1$ 时，表明树脂对 A^+、B^+ 的亲和力相等。

2. 离子交换树脂的亲和力

阴、阳离子交换树脂主要靠静电引力吸引离子，因此树脂对离子亲和力的大小，主要取决于水合离子的大小和电荷数的多少。水合离子半径越小，电荷越高，离子极化程度越高，则亲和力越大。实验表明，在常温下，较稀溶液中，离子交换树脂对不同离子的亲和力有如下的规律。

(1) 阳离子交换树脂

对于强酸型阳离子交换树脂，规律如下：

对不同价态的离子，电荷越高，亲和力越大，如

$Na^+<Ca^{2+}<Al^{3+}<Th^{4+}$

对于同价离子，亲和力随水合离子半径减小而增大，如一价阳离子的亲和力顺序为

$Li^+<H^+<Na^+<NH_4^+<K^+<Rb^+<Cs^+<Ag^+<Tl^+$

二价阳离子的亲和力顺序为

$UO_2^{2+} < Mg^{2+} < Zn^{2+} < Co^{2+} < Cu^{2+} < Cd^{2+} < Ni^{2+} < Ca^{2+} < Sr^{2+} < Pb^{2+} < Ba^{2+}$

但稀土元素的亲和力随原子序数增大而减小，这是由于“镧系收缩”现象所致，其原子序数增大，离子半径减小，而水合离子半径增大。故有

$La^{3+} > Ce^{3+} > Pr^{3+} > Nd^{3+} > Sm^{3+} > Eu^{3+} > Gd^{3+} > Tb^{3+} > Dy^{3+} > Y^{3+} > Ho^{3+} > Er^{3+} > Tm^{3+} > Yb^{3+} > Lu^{3+} > Sc^{3+}$

对于弱酸型阳离子交换树脂，H^+ 的亲和力比其他阳离子大，而其他阳离子的亲和力顺序则与强酸型阳离子交换树脂相似。

(2) 阴离子交换树脂

对于强碱型阴离子交换树脂，常见阴离子的亲和力顺序为

$F^- < OH^- < CH_3COO^- < HCOO^- < Cl^- < NO_2^- < CN^- < Br^- < CrO_4^{2-} < NO_3^- < HSO_4^- < I^- < C_2O_4^{2-} < SO_4^{2-} <$ 柠檬酸根

对于弱碱型阴离子交换树脂，常见阴离子的亲和力顺序为

$F^- < Cl^- < Br^- < I^- = CH_3COO^- < MoO_4^{2-} < PO_4^{3-} < AsO_4^{3-} < NO_3^- <$ 酒石酸根 $< CrO_4^{2-} < SO_4^{2-} < OH^-$

以上所述只适用于一般的情况。在高温、高浓度、有络合剂存在的水溶液中，或在非水介质中，离子的亲和力顺序都会发生改变。不同型号的树脂，对各种离子的亲和力顺序有时也略有不同。

9.5.3 离子交换分离操作

1. 离子交换树脂的选择和处理

可根据离子交换树脂和被分离物质的性质，合理选择树脂进行分离。如被分离物质带正电荷，应选择阳离子交换树脂；如带负电荷，应选择阴离子交换树脂。如要测定某种阴离子而受到共存的阳离子的干扰时，可选择强酸型阳离子交换树脂，当试样溶液流过交换柱时，阳离子会被交换到树脂上，而阴离子随洗脱剂流出，进而可以测定阴离子。

商品化的离子交换树脂在使用前，都需经过研磨、过筛、浸泡和净化等处理步骤。研磨和过筛是为了使树脂颗粒变小、变均匀，从而加快达到交换平衡的速度，实现更好的分离。经过筛选后的树脂，可用 HCl 溶液浸泡 1～2 d，以溶解除去树脂中的杂质，然后用水洗至中性。此时，得到的阳离子交换树脂是 H^+ 型的，而阴离子交换树脂是 Cl^- 型的。还可以用类似的方法处理成所需的类型，如用 NaCl 或 NaOH 分别处理成 Na^+ 型或 OH^- 型。

将使用过的树脂进行处理，使其恢复原来性状的过程，称为树脂再生。一般用酸、碱浸泡就可以实现。

2. 装柱

离子交换分离一般进行柱上操作。选择一根粗细如滴定管的柱子作为交换柱，在

柱子的下端填入浸湿的玻璃棉，以防止树脂流失。一般采用湿法装柱，即在柱内先加入一定高度（如柱长的 1/3）的水，再将充分溶胀的树脂置于烧杯中，加入少量的水，边搅拌边倒入垂直固定的交换柱中，树脂就会缓慢沉降从而形成离子交换层。装柱过程中，树脂要一直保持在液面下，且不可产生气泡。最后可以在树脂上层再放一层玻璃棉，以防止加入试样或洗脱剂时扰动树脂。

3. 离子交换过程

将试样溶液缓慢注入交换柱。当试液流经交换柱中的树脂层时，从上到下会一层层地发生离子交换过程。经过一段时间的交换后[图 9-10(a)]，上层树脂被交换，下层树脂还未被交换，中层树脂则是部分被交换，称为“交界层”。试液继续流经交换柱时，被交换了的树脂层越来越厚，交界层逐渐向下移动，直至到达交换柱的底部。在此之前，流出液中应该没有被交换的离子。继续向交换柱加入试液，流出液中会渐渐出现未被交换的离子，即交换过程达到了“始漏点”(break-through point)，此时交换柱的交换容量($mmol \cdot g^{-1}$)称为“始漏量”(break-through capacity)。超过始漏量，被测离子就会从交换柱中流出。由于到达始漏点时，交界层中还有部分树脂未被交换完，因此树脂的始漏量总是小于树脂的总交换容量的。

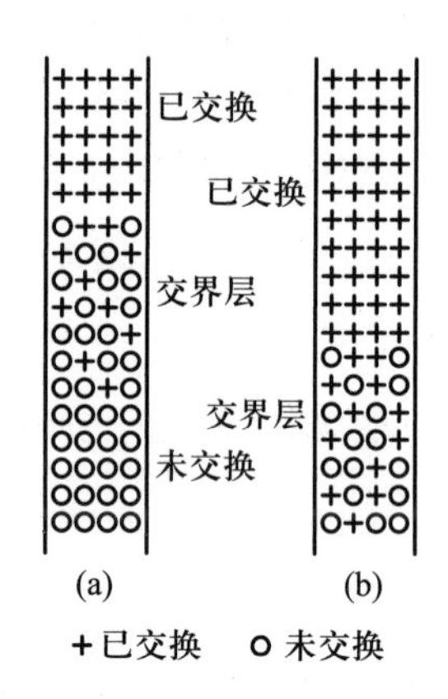

图 9-10　离子交换树脂的交换过程

对一特定的交换柱而言，总交换容量是固定的，而始漏量跟实验条件有很大的关系。为了有效地利用树脂，要求树脂的始漏量越大越好。一般来说，对树脂亲和力大的离子，始漏量大；树脂颗粒越小、溶液的流速越小、温度越高，则交界层越薄，始漏量越大；同样量的树脂，装在细而长的交换柱比装在粗而短的交换柱始漏量大。但是，如果树脂的粒度太细，则流速太慢，影响交换速度。

交换过程完成后，可将洗涤液（水或稀盐酸）加入交换柱，将树脂上残留的试液和树脂交换出来的离子洗掉。

4. 洗脱过程

洗脱（也称淋洗）是将交换到树脂上的离子，用洗脱剂（或淋洗剂）置换下来的过程，是交换过程的逆过程。无机酸、碱、盐类化合物是最常用的洗脱剂，为了改善分离效果，可使用两种酸或盐类化合物的混合溶液作为洗脱剂，也可加入与水相混溶的有机溶剂。如采用阳离子交换树脂将试液中的阳离子交换到柱上后，可用盐酸作为洗脱剂，由于溶液中的 H^+ 浓度较大，树脂最上层的阳离子就会被 H^+ 置换下来，流向柱子下层，并又与未交换的树脂进行交换，如此反复，使交界层逐渐向下推移[图 9-11(a)]。因此，在淋洗的过程中，最初的流出液中没有被交换上去的离子，随着洗脱剂的不断加入，流出液中阳离子的浓度会逐渐增大，达到一个最高浓度后，又逐渐减少，直到流出液中检测不到被测阳离子。以洗脱剂体积为横坐标，流出液中阳离子浓度为纵坐标作图，可得到该离子的洗脱曲线[图 9-11(b)]，也称淋洗曲线。根据洗脱曲线，截取 $V_1 \sim V_2$ 这一段的流出液，从中可以确定被测离子的含量。

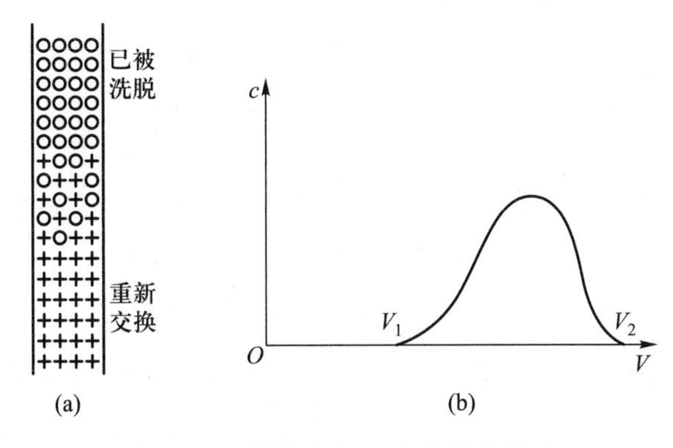

图 9-11　洗脱过程(a)和洗脱曲线(b)

如果有几种离子同时交换到柱上,洗脱过程也就是分离过程。亲和力小的离子向下移动的速度快,先被洗脱下来;亲和力大的离子向下移动的速度慢,后被洗脱下来。

9.5.4　离子交换分离法的应用

1. 痕量组分的富集

离子交换法是富集痕量组分的有效方法。可以将几百升的试样溶液流经离子交换柱,其中的被测痕量组分会被交换到树脂上,然后用较少体积(如几十毫升)的洗脱剂淋洗,可将被测痕量组分富集 $10^3 \sim 10^5$ 数量级。也可以将树脂取出灰化处理,再测定被测组分。例如,测定矿石中痕量 Pt^{4+}、Pd^{2+} 的含量时,可用浓盐酸将其分别处理成络合的阴离子$[PtCl_6]^{2-}$和$[PdCl_4]^{2-}$,试液流经 Cl^- 型强碱型阴离子交换树脂柱,$[PtCl_6]^{2-}$和$[PdCl_4]^{2-}$就会被交换到树脂上。交换完全后,取出树脂,高温灰化,用王水浸提残渣,定容,用吸光光度法测定 Pt^{4+}、Pd^{2+} 的含量即可。

2. 基体干扰元素的去除

用离子交换树脂非常容易去除大量的基体干扰元素。例如,用重量分析法测定 SO_4^{2-},当有大量 Fe^{3+} 存在时,由于产生严重的共沉淀现象,会影响测定的准确度。可将试液的稀酸溶液通过阳离子交换树脂,则 Fe^{3+} 被交换到树脂上,HSO_4^- 进入流出液,从而消除了 Fe^{3+} 的干扰。

3. 性质相似元素的分离

离子交换分离法的高选择性非常适合分离性质相似的元素。以 Li^+、Na^+、K^+ 三种离子的分离为例,将混合试液通过 H^+ 型强酸型阳离子交换树脂柱,三种离子都被树脂吸附。再用 0.1 $mol \cdot L^{-1}$ HCl 溶液淋洗,由于树脂对 Li^+、Na^+、K^+ 三种离子的亲和力大小顺序是 $K^+ > Na^+ > Li^+$,因此 Li^+ 先被洗脱下来,其次是 Na^+,最后是 K^+,洗脱曲线见图 9-12。

4. 生物大分子的分离

根据物质的酸碱度、极性及分子大小的差异,离子交换分离法也广泛用于蛋白质、核苷酸、氨基酸、抗生素等多种物质的分离和纯化。例如,将阴离子交换树脂填充到交换柱中,带负电荷的蛋白质会被吸附,而且由于各种蛋白质所带电荷的种类和数量不

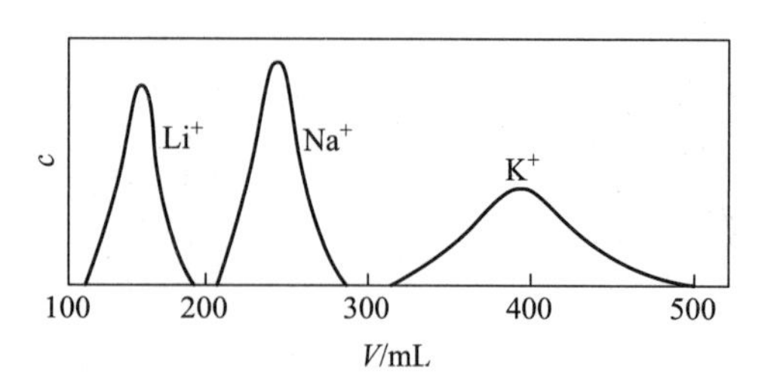

图 9-12　Li^+、Na^+、K^+的洗脱曲线

同，它们在树脂上的亲和力也就不同。然后再用含阴离子（如 Cl^-）的洗脱剂淋洗交换柱，含电荷少的蛋白质首先被洗脱下来，逐渐增加 Cl^- 的浓度，含电荷多的蛋白质也会被洗脱下来。于是各种蛋白质就被分开了。

5. 去离子水的制备

将强酸型阳离子交换树脂处理成 H^+ 型，强碱型阴离子交换树脂处理成 OH^- 型，让自来水依次通过两柱，分别交换除去水中的各种阳离子和阴离子杂质，得到去离子水，该法称为“复柱法”。但由于交换反应是可逆的，因此通过两柱后的水中会残留着微量未被交换掉的离子，制得水的纯度不高。如果将阳离子交换树脂和阴离子交换树脂装在一根交换柱中，制成混合柱，当自来水流过时，离子交换生成的 H^+ 和 OH^- 可以结合生成 H_2O，从而消除了逆反应，该法也称为“混合柱法”。但混合柱树脂的再生比较困难。去离子水的制备过程如下所示：

$$M^+ + R—SO_3H \rightleftharpoons H^+ + R—SO_3M$$

$$H^+ + X^- + R—N(CH_3)_3^+OH^- \longrightarrow R—N(CH_3)_3^+X^- + H_2O$$

9.6　色谱分离法

自 1903 年俄国植物学家 Tswett 提出色谱的概念后，色谱法已成为分析化学的一个重要分支。色谱法（chromatography）又称层析法或色层法，是利用具有不同物理化学性质的物质在不相混溶的两相中分配系数、吸附解吸附或其他性能的不同而进行分离的方法。其中一相为固定相（固体或液体），另一相为流动相（气体或液体），由于各组分受到两相的作用力不同，从而使各组分以不同的速度移动，达到分离的目的。

色谱法是一种包括多种分离类型、检测方法和操作方式的分离分析技术，有多种分类方法。若按固定相的几何形状分类，可分为两大类：一类是固定相装在柱管中，流动相流经柱床使被分离物质分离后依次流出色谱柱的柱色谱法（column chromatography），包括萃取色谱法、气相色谱法和高效液相色谱法；另一类是固定相被涂布于平面载板上，流动相依靠毛细管作用流经固定相，使被分离后的物质保留在固定相上的平面色谱法（planar chromatography），包括纸色谱法、薄层色谱法及薄层电泳法。

本部分仅介绍经典的、化学原理占主导的薄层色谱法、纸色谱法和萃取色谱法（反相分配色谱法），图 9-13 形象地示意了这三种色谱的过程。

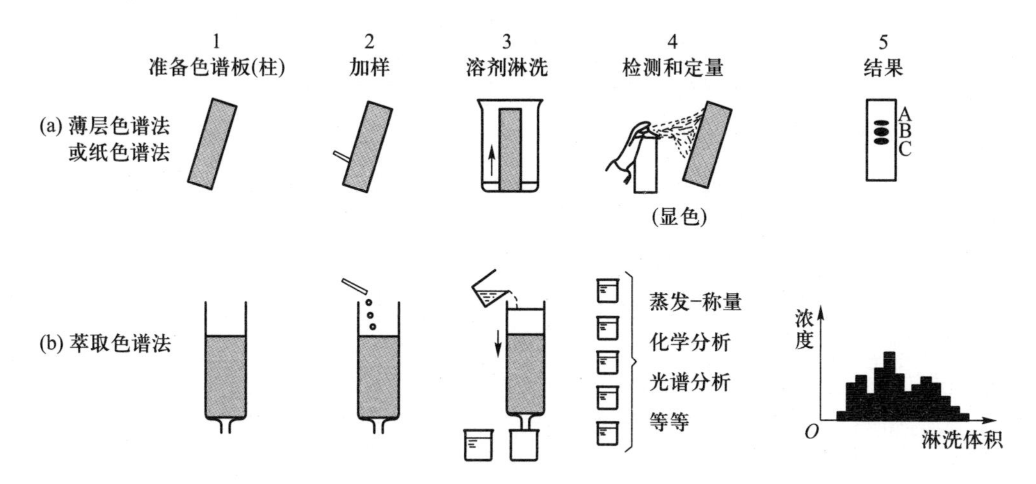

图 9-13 薄层色谱法、纸色谱法和萃取色谱法的过程比较

9.6.1 薄层色谱法和纸色谱法

在平面色谱中,用经过特殊处理的滤纸作固定相的色谱法称为纸色谱法(paper chromatography,PC)。滤纸有较强的亲水性,结合到滤纸上的水分就形成了纸色谱中的固定相。固定相被涂布在载板(玻璃板、铝箔等)上的称为薄层色谱法(thin layer chromatography,TLC)。这两种色谱法的分离原理、操作过程及定性定量方法都十分相似,因此这里主要介绍现在使用较多的薄层色谱法。

1. 分离原理

经典的薄层色谱中,将固定相吸附剂在载板上涂布成均匀的薄层,试样点在薄层的一端,点样后的薄层置于密闭并加有展开剂(流动相)的展开槽中进行展开,流动相借毛细管作用从薄层点样的一端展开到另一端,当遇到试样时,试样就溶解在流动相中并随其上升。在此过程中,吸附能力最弱的组分,最容易溶解,最不容易被吸附,因此随展开剂在薄层中移动的距离最大;而吸附能力最强的组分,在薄层中的移动距离最短。经过一定的时间后,具有不同吸附能力的各组分随流动相上升的距离不一样,从而形成相互分开的斑点并达到分离。

薄层色谱的分离原理随所用的固定相不同而异,采用吸附剂作为固定相的称为吸附薄层色谱(adsorption thin layer chromatography);在惰性薄层上均匀地涂一层液体作为固定液的称为分配薄层色谱(partition thin layer chromatography);采用离子交换剂或凝胶作为铺层材料的称为离子交换薄层色谱(ion-exchange thin layer chromatography)和凝胶薄层色谱(gel thin layer chromatography)。

2. 吸附薄层色谱法的实验技术

吸附薄层色谱法的整个操作过程[图 9-13(a)]包括以下步骤:a. 吸附剂的选择;b. 铺层;c. 点样;d. 展开剂的选择;e. 展开;f. 显色或定位;g. 定性定量分析。铺层时可采用手工、半自动或全自动涂布器进行,以获得厚度均匀的薄层。常用毛细管、微量注射器或微量定量毛细管点样,一般要求试样原点距薄层底边约 1.5 cm、点与点的间距为 1～2 cm、原点直径小于 5 mm。展开需要在密闭的展开槽中进行,可大概分为上行法[图 9-13(a)]、下行法和径向展开法三种方式，其中以上行法用得最多。展开后组分的斑点要求圆而集中、不扩散、不拖尾、无边缘现象(图 9-14)。

(1) 固定相吸附剂的选择

对吸附剂的基本要求包括：有一定的比表面积、机械强度和稳定性好、在流动相中不溶解、不与试样和流动相起化学反应、具有可逆的吸附能力等。常用的固定相吸附剂有硅胶、活性氧化铝、纤维素、聚酰胺等。氧化铝分为碱性、酸性和中性三种，相应用于分离碱性、酸性和中性组分，可以直接铺层，也可以加煅石膏作黏合剂铺层。氧化铝薄层的活度与其含水量有关，含水量高则活度低，含水量低则活度高。铺层用氧化铝一般粒度为 200 目左右。硅胶机械强度较差，必须加入黏合剂铺层使用。含黏合剂的硅胶薄层活化程度与它们的吸附能力成正比。一些化合物的吸附能力大小顺序为

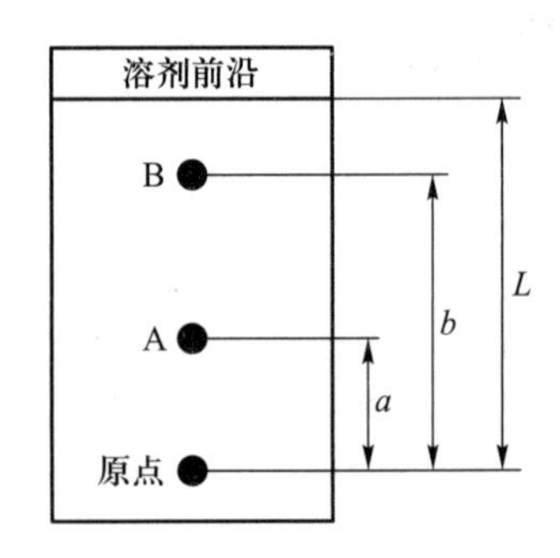

图 9-14 展开后的薄层色谱图

饱和烃＜不饱和烃＜醚＜酯＜醛＜酮＜胺＜羟基化合物＜酸和碱

(2) 流动相的选择

流动相(展开剂)应主要根据试样的性质(如溶解度、酸碱性、极性等)及其分离机理进行选择。对于吸附薄层色谱，应主要考虑流动相的极性，一般来说，极性与其洗脱能力成正比。一些纯溶剂的极性大小顺序为

石油醚＜环己烷＜二硫化碳＜四氯化碳＜苯＜甲苯＜二氯甲烷＜氯仿＜乙醚＜乙酸乙酯＜丙酮＜正丙醇＜乙醇＜甲醇＜吡啶＜酸

实际工作中，流动相可用单一溶剂，也可用混合溶剂，以调整流动相的极性和酸碱性。在吸附薄层色谱中，对于非极性组分的分离，选用吸附活性大的吸附剂和非极性的流动相；对于极性组分的分离，选用吸附活性弱的吸附剂和极性的流动相。

(3) 显色或定位

从展开槽中取出薄层板，用铅笔标记溶剂前沿的位置，并设法确定试样中各组分的斑点位置的过程，简称为显色或定位。如被测组分是有色化合物，在自然光下就可以观察到不同颜色的斑点。如是无色化合物，可采用物理法或化学法显色。物理法常在暗室中采用紫外光照射薄层，通过观察发射的荧光来确定组分位置。化学法需喷洒适当的显色剂使被测组分生成颜色或荧光稳定、轮廓清楚、灵敏度高、选择性强的斑点。

(4) 定性定量分析

混合物试样在薄层板上经展开和适当方法定位后可获得一个或多个斑点，依据斑点的大小、在薄层上的位置及颜色的深浅，并与同一条件下对照标准试样的斑点进行比较，即可获得定性或半定量的分析结果。对斑点进行定量分析可采用间接定量法或直接定量法。间接定量法需先将固定相吸附剂上的斑点刮下，用适当溶剂将斑点定量地洗脱下来，再用合适的方法确定被测组分的含量，也称为洗脱测定法。直接定量法采用分光光度计或荧光光度计直接测定斑点的吸光度或荧光强度，以确定被测组分的含量，

也称为原位薄层扫描法。相比较而言，间接定量法操作烦琐、费时，而直接定量法对仪器有较高的要求。

3. 主要技术参数

（1）比移值

比移值（R_f value）是溶质分子与流动相在色谱分离过程中移动速率的相对值，反映组分与固定相作用力的大小，是色谱过程热力学特性的参数，由下式计算：

$$R_f=\frac{D}{L}=\frac{\text{原点至斑点中心的距离}}{\text{原点至溶剂前沿的距离}} \tag{9-22}$$

式中原点为色谱分离开始前的点样处（图 9-14）。对于组分 A，$R_{f,A}=\frac{a}{L}$；对于组分 B，$R_{f,B}=\frac{b}{L}$。当 R_f 值为 0 时，表示组分留在原点未被展开；R_f 值为 1 时，表示组分随展开剂至前沿，而不被固定相吸附；R_f 一般为 0～1。A 和 B 两组分的 R_f 值相差越大，分离效果越好。

（2）理论塔板数

理论塔板数（theoretical plate number，n）是反映组分在固定相和流动相中动力学特性的色谱技术参数。薄层色谱中，理论塔板数与吸附剂的粒径、均匀度、活度及展开剂的流速和展开方式等因素有关，可表示为

$$n=16\times\left(\frac{D}{W}\right)^2 \tag{9-23}$$

式中 W 为组分斑点的宽度，D 为原点至斑点中心的距离。可见，在组分移动距离相等的情况下，斑点越集中，即 W 越小，理论塔板数就越高。

（3）分离度

分离度（resolution，R）是两个相邻斑点的分离程度，以两个斑点中心距离之差与其平均斑点宽度之比计算，即

$$R=\frac{d}{(W_1+W_2)/2} \tag{9-24}$$

式中 d 为相邻两斑点中心的距离差，W_1、W_2 分别为相邻两斑点的宽度。因此，相邻两斑点之间的距离越大，斑点越集中，分离度就越大，分离效率就越高。当 $R>1.5$ 时，相邻两斑点可达到基线分离。

4. 应用

薄层色谱法主要用于有机物的分析，已在中草药和中成药、生物试样、环境有害物质、食品安全、手性化合物分离等领域有广泛的应用，而在无机物分离中应用较少。如用硅胶 G 薄层（含石膏作为黏合剂），以不同比例的氯仿－甲醇－水为展开剂，可分离西洋参、三七等生药中人参总皂苷和各单体皂苷并测定其含量。用硅胶 G 薄层，以氯仿－正丁醇（4∶1）为展开剂，可测定肉类食品中磺胺类药物的残留量。

9.6.2 萃取色谱法

1. 方法原理

萃取色谱法(extraction chromatography)是20世纪50年代后期发展起来的一种液相分离技术,以涂渍或吸留于多孔、疏水、惰性支持体上的有机萃取剂作为固定相,以无机酸、碱或盐的水溶液作为流动相。由于它与正相分配色谱相反,故又称反相分配色谱。

按照操作方式的不同,萃取色谱法可分为柱色谱、纸色谱和薄层色谱三种,其中以柱色谱应用最广[图9-13(b)]。将吸附了一定量萃取剂的支持体填入柱中,形成色谱柱;把含有被分离组分的试样引入色谱柱中,各组分先集中在柱的上层浓缩;再从柱顶加入流动相,被分离组分逐渐随流动相(水相)向下移动时,将在有机相和水相之间进行萃取—反萃取—萃取连续多次的分配,从而实现试样中各组分的分离,并依据被分离组分的淋洗曲线是否彼此分开判定分离的优劣。在混合物分离过程中,分配比小的元素,在色谱柱上的滞留时间短,将先被淋洗液带出;而分配比大的元素,滞留在柱上的时间长,将后随淋洗液流出。

2. 萃取色谱实验技术

萃取色谱实验中,可调控的实验操作主要包括支持体、固定相和流动相的选择,以及色谱柱的制备和再生技术。

几乎各种有机萃取剂都可作为萃取色谱中的固定相吸附剂,如各种磷类、胺类、含氧的醚和酮类萃取剂、各种螯合萃取剂及混合萃取剂等。一般要求作为固定相的萃取剂能牢固地被支持体所吸附、在流动相(水溶液)中的溶解度较小、有良好的化学稳定性和耐辐射性。如通过化学反应将有机基团以共价键形式结合到支持体上,则称为化学键合固定相(bonded stationary phase)。

支持体的作用是保留固定相吸附剂,因此要求支持体:a. 多孔、孔径分布均匀、比表面积大,能保留较多的萃取剂,并在淋洗过程中不易被流动相带走;b. 有良好的化学惰性,不被有机萃取剂溶解或溶胀,也不被流动相侵蚀;c. 有良好的物理稳定性,耐高压、耐热、耐辐射等。萃取色谱中常用的支持体包括无机吸附剂(如硅藻土、硅胶)、经硅烷化处理的憎水性吸附剂和有机高分子化合物(如聚四氟乙烯)三大类,其中经硅烷化处理的硅藻土、氧化铝和硅胶等都是优良的支持体。

流动相的选择则主要取决于固定相所用的萃取剂及被分离对象的化学性质。由于萃取色谱中的流动相是水相,所以可以方便地调节水溶液的组成和浓度以达到分离的目的。常用不同浓度的无机酸及其相应的盐类溶液作为流动相,如硝酸、盐酸、硫酸及这些酸与无机盐的混合溶液,也采用醋酸和醋酸钠的缓冲溶液,但较少采用无机碱溶液作为流动相。特别是含有某些络合剂的流动相,会使一些组分容易被反萃取而实现分离。

萃取色谱柱的制备包括柱床高度和柱径的选择及装柱方法,前者的要求基本上与离子交换色谱柱相同,按被分离对象的化学性质和数量而定。萃取色谱柱的装柱方法主要如下:先将有机萃取剂溶于过量的挥发性溶剂(如乙醚、丙酮等)中配成溶液,再将一定量干燥、粒度均匀的支持体浸没其中，搅拌、振荡一定的时间后，通过加热等方法除去挥发性溶剂，最后再用干法或湿法装柱。其中，支持体和固定相吸附剂之间的相对比例非常重要，会影响色谱柱的使用寿命，需通过实验仔细确定。而色谱柱的再生处理主要有两种方法：一是将支持体从柱中取出，用有机溶剂将其中的萃取剂洗去，并加热干燥除去残留的有机溶剂，然后重新加萃取剂制备色谱柱；二是直接向柱中加入稍过量的新鲜有机萃取剂，让它缓慢流过支持体，最后用水洗去柱内过量的有机相即可。这两种方法的再生性能基本上相同。

3. 应用

萃取色谱法兼有溶剂萃取的高选择性和色谱分离的高效率双重优点，大大提高了分离效果，被广泛地用于无机和放射化学的分离和分析领域中。典型的应用如对放射性元素的分离测定、稀土元素的分离富集、贵金属分析等。如以二(2－乙基己基)磷酸(HDEHP)为萃取剂、煤油－聚氯乙烯粉为支持体、不同组分的水溶液为流动相，可以很好地用于放射性元素的分离(图 9－15)。

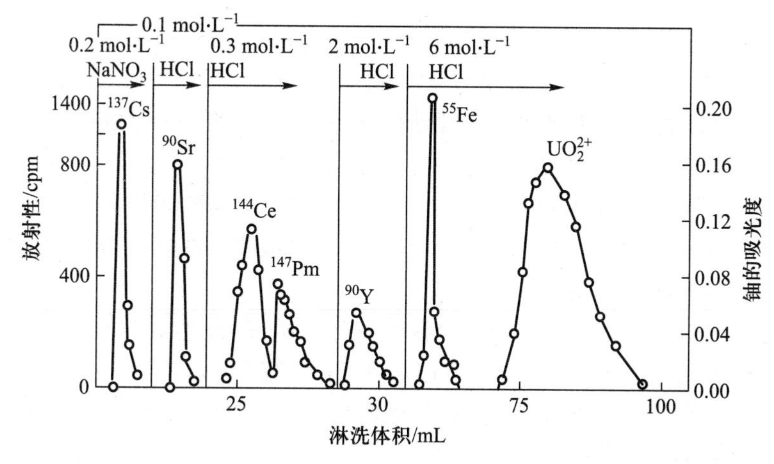

图 9－15 $^{137}Cs-^{90}Sr-^{144}Ce-^{147}Pm-^{90}Y-^{55}Fe-UO_2^{2+}$ 的分离

9.7 气浮分离法

气浮分离法(air flotation separation)是以气泡作分离介质来富集和分离表面活性物质的一种技术。溶液中具有表面活性的离子、分子、胶体、固体颗粒、悬浮微粒等物质，都可被吸附或黏附在从溶液中升起的泡沫表面上，从而与母液分离。对于本身没有表面活性的物质，可加入表面活性剂使其变为有活性的物质，再用此法分离。

9.7.1 气浮分离法的原理、装置与操作

如图 9－16 所示，气浮分离的装置非常简单，组装也非常方便。在进行浮选时，可向气浮池通入表面活性剂溶液，通过微孔玻璃砂芯或塑料筛板送入氮气或空气等气体，使其产生气泡流。一般认为，气泡的气－液界面上存在着定向排列的表面活性剂，其非

极性端(亲油基)指向气泡内部,极性端(亲水基)指向溶液。表面活性剂的极性端可通过物理(如静电引力)或化学作用(如络合反应)与溶液中被分离的离子形成的络离子或沉淀微粒结合,然后被气泡带到气-液界面上。随着气泡的上升,上浮至溶液表面形成稳定的泡沫或浮渣(沉淀+泡沫)层,从而分离出来。根据不同的气浮分离类型,吸附有被测离子的泡沫经过不同的后续处理,就可以方便地测定被测离子的含量。

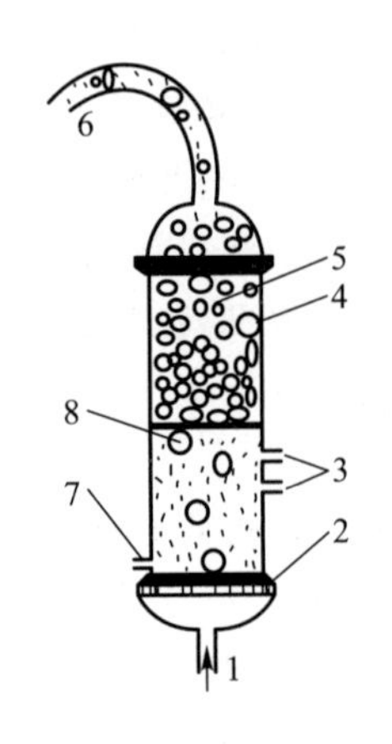

图 9-16 气浮分离装置示意图

1—通气口;2—过滤器;3—试样和试剂导入口;4—气浮池;5—泡沫;6—泡沫导出口;7—排放口;8—气泡

9.7.2 气浮分离法的类型

根据作用机理的不同,气浮分离法主要分为离子浮选分离法、沉淀浮选分离法和溶剂浮选分离法三大类。

1. 离子浮选分离法

将适当的络合剂加入试样溶液中,调至一定酸度,使被分离的离子形成稳定的络离子,再加入与络离子带相反电荷的表面活性剂,经静电作用生成疏水性的离子缔合物,从而使它们附着在小气泡表面而被浮选,这种方法称为离子浮选分离法(ion flotation separation)。若加入的络合剂为螯合显色剂,则与表面活性剂生成有色缔合物,经浮选后溶于适当的有机溶剂即可进行光度测定。离子浮选中,泡沫层一般被收集在盛有消泡剂的接收器中,常用的消泡剂有乙醇、正丁醇等。

大多数金属离子能与 Cl^- 和 SCN^- 形成络合的阴离子,然后与阳离子表面活性剂形成缔合物而被浮选。如在 1.0 $mol \cdot L^{-1}$ HCl 溶液和 0.01 $mol \cdot L^{-1}$ Cl^- 溶液中,$[AuCl_4]^-$ 与加入的阳离子表面活性剂氯化十六烷基三甲基铵(CTAC)形成离子缔合物而被气泡浮选,与试样中的 Hg^{2+}、Cd^{2+}、Zn^{2+} 分离。有些有机试剂可作为络合剂与某些金属元素发生络合反应,形成可溶的带有电荷或电中性的络合物,如加入适当表面活性剂,也可被浮选分离。如在 pH=3.5 的溶液中,U(Ⅵ)可与偶氮胂络合形成阴离子,加入阳离子表面活性剂氯化十四烷基二甲苄基铵(Zeph),缔合后经气泡浮选分离,浮渣用 HNO_3 溶液溶解并灰化,残留物用 HCl 溶液溶解,再经偶氮胂Ⅲ显色后以光度法测定铀。

2. 沉淀浮选分离法

在载体(或称捕集剂)存在下,溶液中被分离的金属离子与某些无机或有机沉淀剂生成共沉淀或胶体,然后加入与沉淀或胶粒带相反电荷的表面活性剂,通入气泡后,沉淀黏附在气泡表面浮升至液面而与母液分离,这种方法称为沉淀浮选分离法(precipitate flotation separation)。该方法特别适用于从大体积极稀溶液中富集痕量金属元素。形成的浮渣可用浮渣采取器或玻璃刮勺等捕集。如果浮渣或沉淀通不过微孔筛板时,通过浮选池下端的出口将母液排放掉即可。

为了能成功地进行沉淀浮选,载体一般选用比气泡直径大得多的大分子絮凝状沉淀。这样可使微小气泡容易进入沉淀剂的孔隙及附着在气－液界面，使其有足够的浮力上浮到溶液表面。氢氧化物沉淀，如 Fe^{3+}、Al^{3+}、In^{3+} 等金属离子的氢氧化物，是常用的共沉淀载体。如测定水中微量的 Cr^{3+}、Mn^{2+}、Fe^{2+}、Co^{2+}、Ni^{2+}、Cu^{2+}、Zn^{2+}、Cd^{2+}、Pb^{2+} 等离子，可先用氨水调节 pH 至 9～9.5，加入载体 Al^{3+}，再加油酸钠的乙醇溶液，通气浮选即可。某些疏水性有机沉淀剂难溶于水，但可溶于水和有机溶剂的混合液中。当其遇到金属离子时，便形成难溶化合物，而有机溶剂遇水也沉淀析出，于是共沉淀捕集微量元素。如在pH 6～8的溶液中，铜试剂与重金属离子 Cd^{2+}、Co^{2+}、Cr^{2+}、Ni^{2+}、Pb^{2+}、Sn^{2+}、Ti(Ⅳ)等形成的沉淀表面呈正电性，能被阴离子表面活性剂十二烷基磺酸钠(SDSA)气浮分离。

3. 溶剂浮选分离法

溶剂浮选分离法(solvent flotation separation)又称浮选萃取法，它是在浮选溶液的表面加上比水轻的有机溶剂。在鼓气过程中，被分离金属离子与某些有机络合剂形成的疏水性螯合物可浮于液面上。若该螯合物能溶于有机相，则形成溶液，静置分层后可直接用于测定。若该螯合物不溶于有机相，则附着于浮选槽壁上，或在水相和有机相之间形成第三相，把下部的水相放掉或弃去水相后再把第三相放出即可。

溶剂浮选可在浮选装置中鼓气浮选，也可以在分液漏斗中振荡浮选。如饮用水中痕量 Cu^{2+} 的测定方法如下：向水样中加入酒石酸和 EDTA，以络合掩蔽干扰离子。调节溶液 pH 为 6～6.4，加入乙二氨基二硫代甲酸钠(Na－DDTC)，使之与 Cu^{2+} 形成螯合物，再加入异戊醇，通气浮选。Cu－DDTC 螯合物沉淀微粒随气泡上升到有机相，溶解于异戊醇中，静置分离溶剂层后，就可以直接在溶剂相中用光度法测定 Cu^{2+}。

9.7.3 影响气浮分离效率的主要因素

对于不同的气浮分离类型，主要影响因素也不一样，共同的因素有溶液的 pH、表面活性剂的链长和浓度、溶液的离子强度、气泡的大小等。此外，上述三种气浮分离法还分别受络合物类型、沉淀性质和有机溶剂种类的影响。

1. 溶液的 pH

酸度对离子缔合物、沉淀微粒及表面活性剂的存在形式和所带电荷的影响很大，从而影响浮选分离效果，因此应综合考虑对各方面的影响从而选择溶液的最佳 pH 范围。如离子浮选分离中，用十二烷基硫酸钠(SDS)浮选分离 Zn^{2+}，在 pH≤8 时，游离 Zn^{2+} 浓度最大；在 pH＝8.5～10 时，不溶的 $Zn(OH)_2$ 是主要的。在形成 $Zn(OH)_2$(固)的 pH 范围内，即使在表面活性剂浓度很低时，分离效率也很高；而在 pH≥10 时，由于生成带负电荷的 $Zn(OH)_3^-$ 和 $Zn(OH)_4^{2-}$，降低了与表面活性剂的亲和力，使分离效率又迅速下降。

2. 表面活性剂的链长和浓度

表面活性剂非极性部分链长增加，会使它在气泡上的吸附增加，从而提高分离效果。一般来说，表面活性剂的烃链越长浮选效果越好，但太长时气泡的稳定性增大，浮选平衡时间增长，反而对浮选不利。烃链太短则表面活性下降，气泡不稳定，降低浮选效率。一般烃链的碳原子数以 14～18 为宜。

表面活性剂所带电荷应与被测离子形成的络离子或沉淀的电荷相反，它的浓度也不宜超过临界胶束浓度，否则表面活性剂会形成胶束而使沉淀溶解。

3. 溶液的离子强度

离子强度太大时，可能由于被测离子和其他共存离子对表面活性剂产生竞争反应，从而对浮选分离不利。

4. 气泡的大小

气泡若太大，不容易形成稳定的泡沫层。采用微孔玻璃砂芯时，气泡直径应控制在 0.1～0.5 mm 为宜，气体流速以 1～2 $mL \cdot cm^{-2} \cdot min^{-1}$ 为宜。另外，为了防止细小气泡的重新聚集，可在浮选池中加入少量的有机溶剂，如甲醇、乙醇、丙酮等。

9.7.4 气浮分离法的应用

气浮分离法具有设备简单、操作容易、分析速度快、回收率高、可实现自动化和连续化的优点，特别适用于溶液中低浓度组分的富集和分离（富集倍数可达 10^4）。浮选获得的泡沫经处理后，可用多种定量分析技术测定被测离子，如紫外－可见吸光光度法、原子吸收光谱法（AAS）、电感耦合等离子体－原子发射光谱法（ICP－AES）、极谱法、阳极溶出伏安法等。

气浮分离技术是目前冶金和选矿中最常用的工艺，已用于海水、河水、岩石、矿石等试样中 Ag、As、Au、Be、Bi、Cd、Co、Cu、Cr、F、Fe、Hf、Hg、In、Ir、Mn、Mo、Ni、Os、P、Pb、Pd、Pt、Rh、Ru、Sc、Se、Sn、Te、Ti、U、V、Zn、Zr 等痕量元素的富集和分离，也已广泛用于贵金属、工业废水和环境监测中痕量元素的富集和分离。

9.8 固相萃取及固相微萃取分离法

溶剂萃取是最常用的试样处理方法，其缺点是所用有机溶剂对环境有不同程度的污染。近年来，一些少用或不用溶剂的方法，如固相萃取和固相微萃取等技术受到普遍的重视和发展，逐渐取代了溶剂萃取技术。

9.8.1 固相萃取

固相萃取（solid phase extraction，SPE）是一种借助于柱色谱分离机理、分离过程建立起来的试样预处理技术，根据试样中不同组分与固相填料的作用力强弱不同，使被测组分与其他组分分离。与液相色谱（HPLC）柱相比，SPE 柱一般开口，柱床较短（$<$7.5 cm），固定相粒径较大（$>$40 μm），因此柱效较低，仅适宜分离保留值相差较大的化合物，主要用于液态试样分析前的净化和富集。

1. 固相萃取的装置

SPE 的装置比较简单，主要有 SPE 柱、SPE 盘、抽气装置等。图 9－17(a)为 SPE 柱，通常采用 1～6 mL 的医用级丙烯管作为柱管，在上下两片聚乙烯筛板之间装填 0.1～2 g 填料作为固定相。HPLC 柱填料都可以作为 SPE 柱填料使用，如 C_{18}、氰基、氨基、苯基、双醇基固定相、活性炭、硅胶、氧化铝、硅酸镁、聚合物、离子交换树脂固定相、排阻色谱填料、亲和色谱填料、分子印迹材料等。其中使用最多的填料是C_{18}，该种填料疏水性强，在水相中对大多数有机物有较强的保留。图 9-17(b)为 SPE 盘，其主体为混有固定相细粒的聚四氟乙烯纤维或玻璃纤维所制成的圆盘，盘厚度约为 1 mm，其中固定相质量占盘体总量的 60%～90%。SPE 盘的结构紧密，在萃取时不会形成沟流渗漏。由于盘的直径大、厚度薄，故允许试液快速通过，适宜于富集水中的痕量污染物。在低流量萃取时，试液和溶剂借助于重力通过 SPE 柱(盘)。为了增大流量，可采用注射器加压或抽滤等方法。但流量不宜过高，否则会降低萃取效率。多管真空萃取装置能同时处理十几只 SPE 柱，流量可随意调节，能大大提高萃取分离的效率。

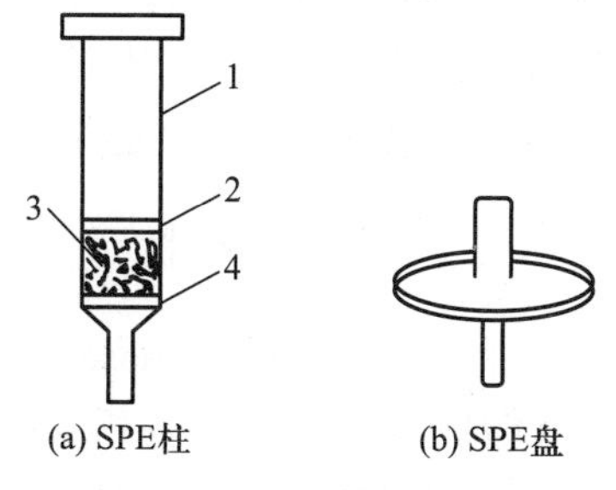

图 9-17　SPE 装置示意图

1—柱管；2—上筛板；

3—固定相；4—下筛板

SPE 有离线和在线两种操作方式。离线操作时，SPE 试样前处理与试样分析分别独立进行，仅为后续的分析提供合适的试样。通过阀切换，SPE 可以与 HPLC、毛细管电泳等技术联用，进行试样的在线净化和富集。

2. 固相萃取方法的建立

SPE 操作包括柱(盘)预处理、加样、干扰物洗脱、被测组分的收集等四个步骤：a. 柱(盘)预处理。首先根据被测组分的性质，选择适宜的固定相填料填入 SPE 柱(盘)，再用适当溶剂通过 SPE 柱(盘)，以除去固定相中的某些杂质，同时使固定相溶剂化，从而提高萃取重现性。b. 加样。使试样液通过 SPE 柱(盘)，被测组分会选择性地保留于固定相之中。通过增加 SPE 柱(盘)中的填料量、选择对被测组分有较强保留的固定相吸附剂、采用弱溶剂稀释试样、减小试样体积等手段，可以防止被测组分的流失。c. 干扰杂质的去除。用适当强度的溶剂将干扰杂质洗脱下来，而被测组分仍然保留在固定相上。可以通过调节清洗溶剂的组成、强度和体积，尽可能多地除去干扰杂质。d. 被测组分的收集。用最小体积的溶剂将固定相中萃取的被测组分完全洗脱下来，并收集待用，同时让保留值更大的杂质仍然被保留在 SPE 柱上。洗脱剂的组成和强度对萃取分离的效果有显著的影响。较强的溶剂能够使被测组分洗脱并收集在一个小体积的溶液中，但有较多的强保留杂质同时被洗脱下来。用较弱的溶剂洗脱时，分析物溶液的体积较大，但含较少的杂质。为了提高分析物的浓度，可以把收集到的分析物溶液用氮气吹干，再溶于小体积的适当溶剂中。

另外，也可以利用 SPE 将干扰严重的杂质保留于固定相中，而让被测组分随试液流出，达到净化试样的目的，但这种做法不能富集被测组分。

一般固相萃取柱可以重复使用 30 余次，有时用一定次数后，需要清洗除去有关杂质。可先用甲醇(5 mL)、再用甲醇-二氯甲烷[50：50(体积比)，10 mL]洗涤，进行柱的再生。

3. 固相萃取的应用

SPE 在环境分析、药物分析、临床检验、食品饮料分析等领域已得到了广泛应用，建立了许多可靠的分析方法。例如，用C_{18}固定相分离富集饮用水或废水中的卤代烃、多环芳烃、联苯胺、杀虫剂、除草剂和其他多种有机污染物；用Al_2O_3-Ag盐固定相消除试样中硫化物的干扰；用改性硅胶固定相净化多种有机磷农药；用 C_{18} 固定相分离富集血液中的农药、吗啡、可待因、杀虫剂、激素和多种药物，等等，并采用色谱及电泳等分析手段对上述预处理富集后的物质进行后继检测。

9.8.2 固相微萃取

固相微萃取(solid phase microextraction，SPME)是 20 世纪 80 年代末发展起来的一项以固相萃取为基础的集萃取富集、解萃进样于一体的新型的试样预处理技术。它采用一个类似于微量注射器的特殊装置，先从试样中萃取分离出被测组分，然后直接向气相色谱或高效液相色谱进样分析。

1. SPME 装置

SPME 装置示意图见图 9-18，主要由推杆、针筒、空心针头、萃取纤维等组成，其操作分为萃取富集和解萃进样两个步骤。a. 萃取过程。将萃取器的不锈钢空心针头插入试样瓶内，然后压下推杆，使萃取纤维从针头内伸出，暴露于试样之中。经过一段时间后，被测组分在试样和萃取涂层之间达成分配平衡。放开推杆，已萃取了被测组分的萃取纤维缩回到起保护作用的空心针头内，拔出空心针头，便完成了萃取过程。萃取纤维通常由熔融的细石英(1 cm×100 μm)拉制而成，其表面涂覆有一层高聚物固定液，如聚甲基硅氧烷、聚丙烯酸酯等。SPME 的萃取方式有直接法和顶空法两种。若将萃取纤维暴露在空气或水中，对其中的有机污染物直接萃取采样，称为直接法。对于固体试样和污染严重的废水，则采用顶空法采样，即将萃取纤维放置于试样上方进行萃取，主要用于各种试样中的挥发性有机污染物的萃取。b. 解萃进样过程。富集在纤维上的被测组分通过进样接口进行解吸。若采用 SPME-GC 联用法，可将已完成萃取的萃取器空心针头插入 GC 汽化室中，压下推杆，伸出萃取纤维，萃取涂层中的被萃组分在汽化室的高温条件下通过热解吸挥发出来，随载气进入色谱柱进行后续分析。若采用 SPME-HPLC 或 SPME-CE 联用法，则需用微量溶剂洗涤萃取纤维，使其中的被萃组分洗脱出来，再直接进行后续的 HPLC 或 CE 分析。

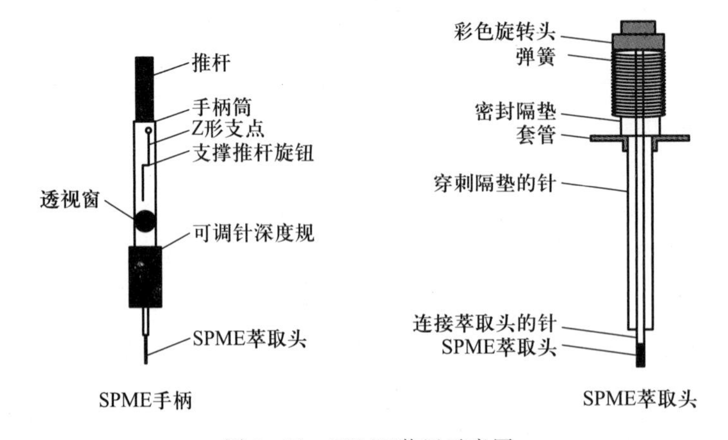

图 9-18 SPME 装置示意图

2. SPME 萃取条件的选择

SPME 操作中，为缩短萃取时间，不一定要达到完全的萃取平衡。但萃取条件必须保持一致，以提高分析的重现性。影响萃取效率的因素很多，包括萃取时间、温度、搅拌速度、溶液 pH，以及萃取纤维长度、固定相厚度、纤维浸入深度等。这些参数都需要通过详细的实验进行优化。

(1) SPME 固定相

根据被测组分的分配系数、极性、沸点等参数选择合适的固定液作萃取涂层，使试样中某一个组分得到最佳萃取，而其他组分受到抑制。常用作固相涂层的物质是聚甲基硅氧烷(PDMS)和聚丙烯酸酯(PA)，PDMS 多用于非极性化合物如挥发性化合物、多环芳烃和芳香烃的富集，而 PA 多用于极性化合物如三嗪和苯酚类。另外，活性炭可用于极低沸点的强亲脂性物质的分析。

(2) 改善萃取效果的方法

a. 选用最佳的萃取纤维长度及涂层厚度。可适当增加萃取纤维的长度和涂层的厚度，但同时应延长萃取时间。b. 加温。尤其在顶空固相微萃取时，适当加温可提高被测组分的挥发度，提高液面上方气体的浓度。一般加温至50～90 ℃即可，太高的温度会使分配系数下降，萃取量反而降低。c. 搅拌。可促进试样均一化和加快物质的扩散速率，缩短萃取时间。d. 加无机盐。在水溶液中加入 NaCl、Na_2SO_4 等盐类，能增强溶液的离子强度，减小有机组分的溶解度，使分配系数提高。e. 调节 pH。萃取酸性或碱性化合物时，通过调节试样的 pH，可改善组分的亲脂性，减小其溶解度，从而大大提高萃取效率。

3. SPME 应用

与溶剂萃取和固相萃取技术相比(相关参数见表 9-7)，固相微萃取技术集采样、萃取、富集、解萃进样于一身，简化了试样预处理过程，并且几乎不消耗溶剂，降低了成本，保护了环境。SPME 的采样速度也很快，一般在 5～20 min 内即可达到分配平衡。目前，SPME 已被广泛地用于环境监测、食品检验、药物检验等领域微量或痕量组分的富集，如对多环芳烃、苯系物、多氯联苯、脂肪酸、酚类、除草剂、杀虫剂、卤代烃和其他烃类的萃取，以及对饮料中的咖啡因、水果中的香味成分、食品中的风味物质、生物体内的有机汞、血液中的药物、血清蛋白、空气中昆虫信息素等的富集等。

9-3 固相微萃取联用技术

表 9-7 溶剂萃取、固相萃取和固相微萃取技术的比较

项目	溶剂萃取	固相萃取	固相微萃取
萃取时间/min	60～180	20～60	5～20
试样体积/mL	50～100	10～50	1～10
所用溶剂体积/mL	50～100	3～10	0
应用范围	难挥发性	难挥发性	挥发性与难挥发性
检测限	$ng \cdot L^{-1}$	$ng \cdot L^{-1}$	$ng \cdot L^{-1}$
相对标准偏差	5～50	7～15	<1～12
费用	高	高	低
操作	麻烦	简便	简便

9.9 超临界流体萃取分离法

超临界流体萃取技术(supercritical fluid extraction,SCFE)是20世纪70年代发展起来的一种新型分离技术,该技术以超临界条件下的流体作为萃取剂,从固体或液体中萃取出特定组分,从而达到分离的目的。由于作为溶剂的气体必须处于高压或高密度条件下使用,因此该技术也称为气体萃取(gas extraction)或者稠密气体萃取(dense-gas extraction)。

9.9.1 超临界流体的性质

超临界流体(supercritical fluid,SCF)是指温度和压力都高于其临界点的流体。图9-19为CO_2的压力-温度-密度($p-t-\rho$)曲线图,表示了与气体、液体、固体区相对应的超临界流体区及各种分离方法应用的领域。图中,三相点表示气、固、液三相共存,而气-液平衡蒸气压曲线在临界点时结束。物质在临界点状态下,气-液界面消失,体系性质均一,不再分为气体和液体。当压力和温度高于临界点(7.38 MPa和31.1 ℃)时,它既不同于液体也不同于气体,这一状态下的CO_2称为CO_2超临界流体。图中的直线表示以CO_2的密度为第三参数时的$p-t$曲线图,可见,在SCF区,压力和温度稍有变化,就会引起密度很大的变化。

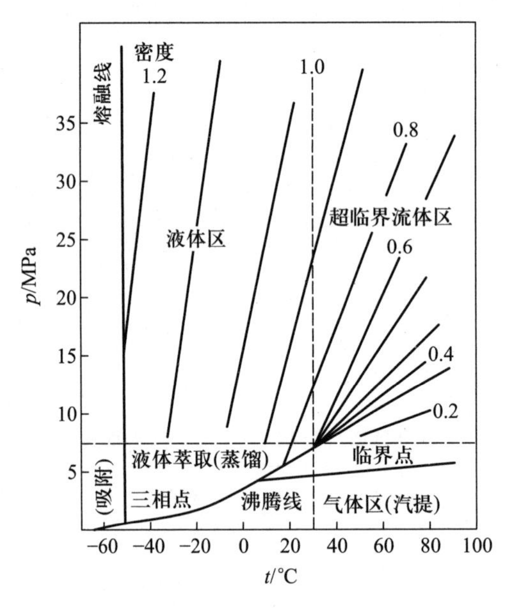

图9-19 CO_2的$p-t-\rho$曲线图

超临界流体的密度与液体接近,黏度与普通气体相近,而扩散能力又比液体大100倍,因此SCF比一般的液体溶剂具有更好的传质性能,尤其适用于对固体试样中的某些成分进行提取。SCF对液体、固体的溶解能力与普通液体相近,远大于按理想气体由组分蒸气压所得到的计算值。如选择与被萃取溶质性质相近的气体(也可以是混合气体)作为萃取气体,可以有效地提高超临界流体萃取方法的效率和选择性。

表 9-8 列出了一些超临界流体萃取剂的临界特性。其中 CO_2 具有无毒、不易燃、不易爆、价廉易得、临界温度接近常温、临界压力较低、溶解能力好等优点,受到普遍的重视,是最常用的超临界萃取剂。CO_2 超临界流体主要用于分离低极性和非极性的化合物,如要萃取极性较大的化合物,一般选用极性的氨或氧化亚氮超临界流体作为萃取剂。

表 9-8 一些超临界流体萃取剂的临界特性

名称	临界温度/℃	临界压力/MPa	临界密度/$(g·cm^{-3})$
乙烷	32.3	4.88	0.203
丙烷	96.8	4.26	0.220
丁烷	152.0	3.80	0.228
乙烯	9.3	5.12	0.227
氨	132.4	11.28	0.236
氧化亚氮	36.4	7.24	0.452
二氧化碳	31.1	7.38	0.460
二氧化硫	157.6	7.88	0.525
水	374.3	22.11	0.326
氯三氟甲烷	28.8	3.90	0.578

9.9.2 超临界流体萃取的原理和影响因素

1. 超临界流体萃取原理

溶质在 SCF 中的溶解度随 SCF 密度的增大而增大,因此在临界点附近,温度和压力的变化会大大改变 SCF 的溶解能力。进行 SCFE 实验时,先使溶质溶解于 SCF 中,再通过改变温度和压力,降低 SCF 的密度,使溶质在 SCF 中的溶解度降低而析出,从而变成气(CO_2)、固(溶质)两相,实现分离。固体被萃物从分离器下部取出,气体萃取剂由压缩机压缩并返回萃取器循环使用。

2. 超临界流体萃取的操作流程

超临界流体萃取过程基本上由萃取和分离两个阶段组成。按分离方法的不同,可分为三种典型流程,分别以萘在 CO_2 中的超临界萃取为例说明(图 9-20)。

(1) 等温法

即变压萃取分离流程。被萃取物质在萃取器中被萃取,经过膨胀阀后,由于压力下降,被萃取物质在 SCF 中的溶解度降低,因而在分离器中被析出。如图9-20中的操作线(a),当操作条件由 E_1(萃取器,30 MPa,55 ℃)变为 S_1(分离器,9 MPa,43 ℃),则萘在 CO_2 中的溶解度由 5.2%降至 0.2%。另一种情况为气-液分离法,将萃取器的操作条件控制在临界点附近,而分离器的操作条件在临界点以下,这时萃取剂由液体变成气体,而萘在 CO_2 气体中的溶解度远低于它在液体中的溶解度,因此被萃取物质也就在

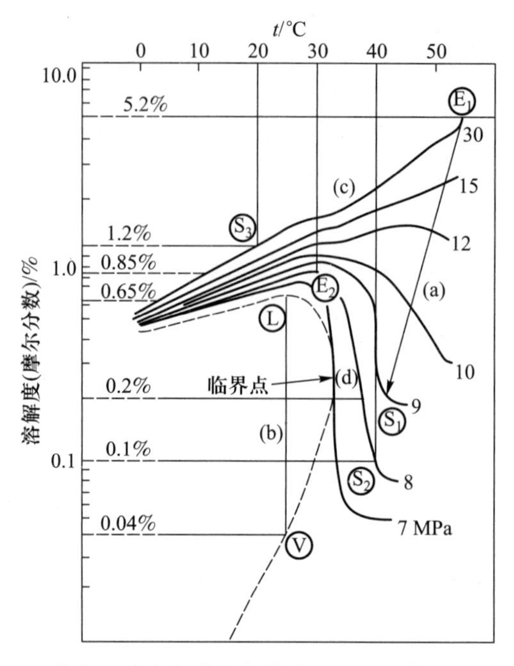

图 9-20　萘在 CO_2 中的溶解度曲线及超临界萃取过程操作线

分离器中析出。如图 9-20 中的操作线(b),操作条件由临界点附近的 L 点(萃取器,液体 CO_2)变为 V 点(分离器,气体 CO_2),也可实现对萘的萃取。

(2) 等压法(变温萃取分离过程)

当压力不太高时,可以在低温下萃取被萃取物质,而在分离器中加热升温,使溶剂与被萃取物质分离。如图 9-20 中的操作线(d),在 E_2(8 MPa,30 ℃)条件下进行萃取,在 S_2(8 MPa,40 ℃)条件下进行解析分离。当操作压力较高时,则在高温下萃取,然后在降温时把溶剂与被萃取物质分离。如图 9-20 中的操作线(c),以 E_1 状态(30 MPa,55 ℃)处萃取槽的萃取相沿等压线冷却至 S_3(30 MPa,20 ℃),也可萃取得到萘。

(3) 吸附法

如在分离器内放置仅吸附被萃取物质的吸附剂,则被萃取物质在分离器内因被吸附而与萃取剂分离。

9.9.3　超临界流体萃取的装置和实验影响因素

1. 超临界流体萃取的分离设备

变压萃取是超临界流体萃取中最简单、最常用的分离模式,其对应的设备组成及流程图见图 9-21。由钢瓶、高压泵及其他附属装置组成超临界流体发生源,其功能是将常温常压下的气体转化为超临界流体。由试样管及附属装置构成超临界流体萃取器,处于超临界流态的萃取剂在此将被萃取的物质从试样基体中溶解出来,并随着流体的流动使含被萃取物的流体与试样基体分开。含有被萃取物的流体通过由喷口及吸收管组成的减压吸附分离器减压降温转化为常温常压态,超临界流态的萃取剂挥发逸出,经压缩机压缩并返回萃取器循环使用，而溶质吸附在吸收管内的多孔填料表面，再用适宜溶剂淋洗吸收管并把溶质收集用于分析。

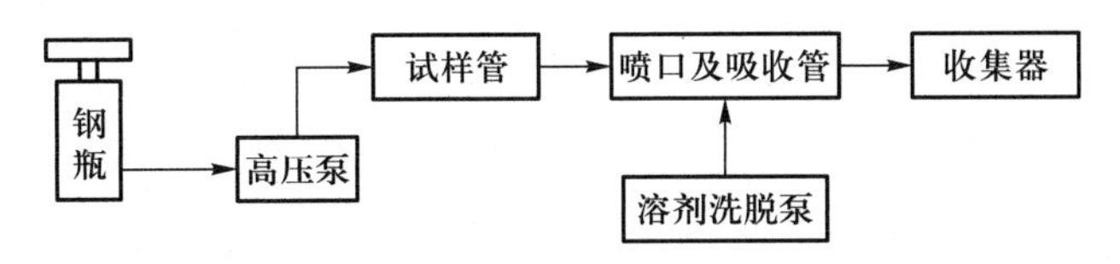

图 9-21　变压萃取分离设备组成及流程图

2. 超临界流体萃取的影响因素

实验中，操作压力和温度、萃取时间及夹带剂的选择是影响超临界流体萃取和分离能力的主要参数。

压力是超临界流体萃取过程的关键因素之一。随着压力的增大，SCF 的密度增大，溶质在 SCF 中的溶解度相应增大(图 9-20)。尤其在临界压力附近，化合物在 SCF 中溶解度的增加值可达到两个数量级以上。这种溶解度与压力的关系构成了超临界流体萃取的基础。只需改变压力，就可以把试样中的不同组分按其在超临界流体中溶解度的大小先后萃取分离出来。如在低压下使溶解度大的物质先被萃取，再增加压力，使难溶物质也逐渐被溶解与基体分离。

温度的变化也会改变超临界流体的萃取能力，主要表现在影响超临界流体的密度和溶质的饱和蒸气压。随着温度的升高，SCF 的密度降低，但溶质的蒸气压会增大，因此溶质在 SCF 中的溶解度会出现最低点。当压力较小时，SCF 密度改变的影响较大，温度升高，溶质在其中的溶解度急剧下降，升温可使溶质从超临界流体萃取剂中析出；当压力较大时，溶质蒸气压的改变占主导作用，萃取率随温度的升高而增大。吸收管和收集器的温度也会影响萃取率，萃取出的溶质溶解和吸附在吸收管内，会放出吸附或溶解热，降低温度有利于提高效率。为此有时在吸收管后附加一个冷阱。

萃取时间的影响取决于被萃取物质在超临界流体中的溶解度和被萃取物质在基体中的传质速率。溶质在 SCF 中溶解度越大，萃取率越高，萃取速度越快，所需时间越短；在基体中的传质速率越大，萃取越完全，效率越高。

在超临界流体中加入少量夹带剂可以改变它对溶质的萃取能力。夹带剂是在纯超临界流体中加入的一种少量的、可以与之混溶的、挥发性介于被分离物质与超临界组分之间的物质，主要用来提高被分离组分在 SCF 中的溶解度和选择性。通常加入量不超过 10%。如在 CO_2 超临界流体中加入极性溶剂如甲醇、异丙醇、尿素等，可改善其对极性化合物的萃取能力，扩大该技术的应用范围。

9.9.4　超临界流体萃取分离法的应用

由于 SCF 可以在常温或者在不太高的温度下选择性地溶解某些相当难挥发的物质，同时由于被萃取物质与萃取剂的分离较容易，故所得的产物无残留毒性，因此很适用于提取热敏性物质及易氧化物质。近 40 年来超临界流体萃取技术已经发展成为一项新的化工分离技术，并被用于石油、医药、食品、香料中许多特定组分的分离(见

表 9-9)。目前,从咖啡豆中提取咖啡因、从食油中分离特定成分、从啤酒花中提取有效成分及从油沙中提取汽油等已经获得工业应用。

表 9-9　超临界流体萃取分离法的应用

医药工业	酶、维生素等的精制 动植物体内药物成分的萃取(如生物碱、生物酚、挥发性芳香植物油) 医药品原料的浓缩、精制、脱溶剂、脂肪类混合物的分离精制(如磷脂、脂肪酸、甘油酯) 酵母、菌体生成物萃取	食品工业	植物油脂的萃取(大豆、棕榈、可可豆、咖啡等) 动物油的萃取(鱼油、肝油等) 食品的脱脂、茶脱咖啡因、啤酒花的萃取 植物色素的萃取 酒精饮料的软化脱色、脱臭
化妆品香料工业	天然香料的萃取 合成香料的分离、精制 化妆品原料的萃取、精制	化学工业	烃类的分离 链烷烃与芳香烃、环烷烃的分离 α-烯烃的分离 正烷烃和异烷烃的分离 有机合成原料的分离(羧酸、酯等) 有机溶剂水溶液的脱水(醇、酮) 恒沸混合物的分离 作为反应的稀释剂(如自聚合反应链烷烃异构化) 高分子化合物的分离
其他	煤中石蜡、杂酚油、焦油的萃取 煤液化油的萃取与脱尘 石油残渣的脱沥青、脱重金属原油或重质油的软化 烟叶的脱尼古丁 用于分析的超临界液相色谱		

9.10　液膜萃取分离法

液膜萃取分离法(liquid membrane extraction)是膜分离法(membrane separation)的一种。膜分离技术兴起于 20 世纪 60 年代,是一项高效、快速、经济、节能的新型分离技术。用天然或人工合成的高分子薄膜,以外界能量和化学位差为驱动力,对两组分或多组分的溶质和溶剂进行分离、提纯和富集的方法,统称为膜分离法。膜具有选择透过性能,可以是固相、液相或气相。膜分离方法的驱动力主要有压力差(如反渗透法、微滤法、超滤法、气体分离法)、电位差(如电渗析法)、浓度差(如透析法、液膜法)、温度差(如膜蒸馏法)及化学反应等。该方法已广泛地用于液-液、气-液及气-气两相分离。

液膜就是悬浮在液体中的很薄的一层乳液微粒,与被它隔开的两种不同的液相(分别称为内相、外相)互不相溶,是两相之间进行物质传递的“桥梁”。液膜萃取技术兼有溶剂萃取法和固相膜分离法的优点,能够在液膜分隔的两相界面上直接进行萃取和反萃取,而且结合了透析过程中可以有效去除基体干扰的长处。与溶剂萃取法相比,液膜具有传质动力大、试剂消耗量少、可以从低浓度侧向高浓度侧传递的优点。而与固相膜相比，液膜较薄，因此传质速率快、选择性好、分离效率高。

按组成不同，液膜可分为油膜和水膜两种（图 9-22）。油膜即油包水型液膜（W/O），可将两种不同的水相隔开，形成“水-油-水”（W/O/W）体系，适用于从无机化合物的水溶液中分离离子。水膜为水包油型液膜（O/W），其内相和外相都是油溶液，形成“油-水-油”（O/W/O）体系，适用于分离有机化合物。

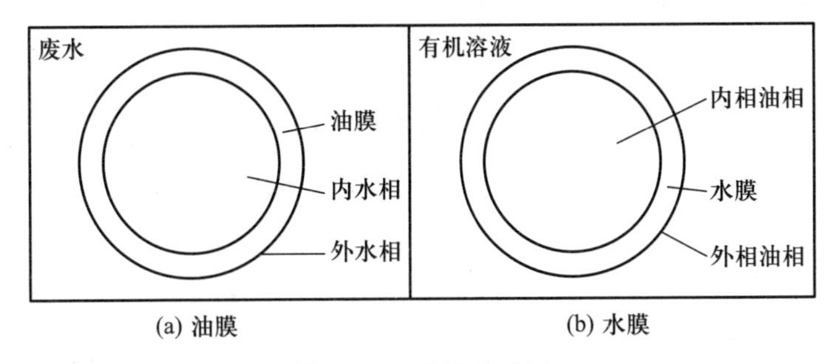

图 9-22　液膜示意图

按形状不同，液膜可分为液滴型、支撑型和乳化型。液滴型液膜是由单一组分的球面薄膜构成的，一般仅限于实验室研究使用。支撑型和乳化型液膜是液膜萃取分离法的基础，现分述如下。

9.10.1　支撑型液膜

支撑型液膜是以膜相溶液（溶剂与萃取剂等）浸渍多孔固体膜或中空纤维而形成的。如由聚四氟乙烯、聚丙烯制成的微孔膜用以支撑有机液膜，滤纸、醋酸纤维素微孔膜和微孔陶瓷可支撑水膜。该液膜无须表面活性剂，因此避免了制乳和破乳的程序。

1. 支撑型液膜萃取的机理与过程

液膜萃取过程是由三个液相（试样液、接受液及液膜）所形成的两个相界面上的传质分离过程，实质上是萃取与反萃取的结合。被分离组分从试样液进入液膜相当于萃取，再从液膜进入接受液（反萃液）相当于反萃取。浸透了与水互不相溶的有机溶剂的多孔薄膜把水溶液分隔成两相——被萃取相和萃取相，其中与流动的试样水溶液系统相连的相为被萃取相，静止不动的相为萃取相。当试样水溶液的被萃取离子流入被萃取相，便与其中加入的某些试剂形成中性分子（处于活化态）。这种中性分子通过扩散溶入并吸附在有机液膜中，再进一步扩散进入萃取相，一旦进入萃取相，中性分子受萃取相中化学条件的影响又分解为离子（处于非活化态）而无法再返回液膜中去。其结果是被萃取相中的物质——离子通过液膜进入萃取相中。图 9-23 给出了液膜法萃取水溶液中的酸根、氨基离子和金属离子的过程示意图。当这些离子流入被萃取相与其中加入的对应试剂，即相应的 H^+、OH^- 及配体作用，分别形成相应的中性分子或络合物进入液膜层，再进一步扩散进入萃取相。当它们进入萃取相时，受萃取相中化学条件的变化，即加入的碱、酸、络合物分解剂的作用，解离为原有的酸根离子、氨基离子、金属离子等，从而使它们不可逆地留在萃取相中。

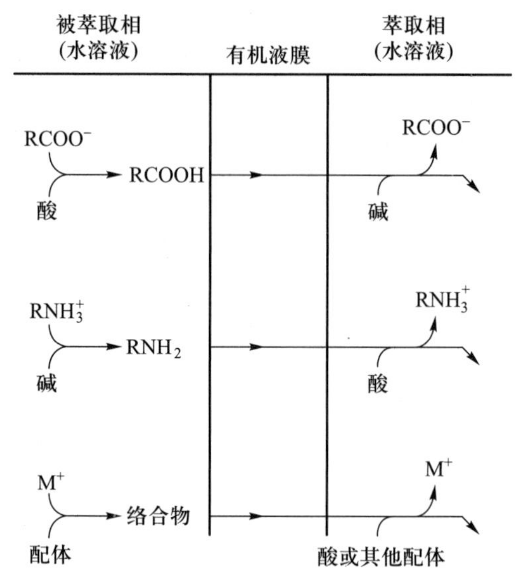

图 9-23　液膜法萃取水溶液中的酸根、氨基离子及金属离子示意图

2. 影响支撑型液膜萃取选择性的因素

在液膜萃取分离中，被分离物质在流动相的水溶液中只有转化为活化态（即中性分子）才能进入液膜，因此提高液膜萃取分离技术的选择性主要取决于如何提高被分离物由非活化态转化为活化态的能力，而不使干扰物质或其他不需要的物质变为活化态。因而影响因素有以下几点。

(1) 酸度与介质

调节溶液的 pH 可以把 pK_a不同的各种物质选择性地萃取出来。以萃取弱酸根离子 A^- 为例（图 9-24），只要把水溶液的 pH 调至酸性即可进行萃取。此时 A^- 和 H^+ 结合成相应酸分子 HA，HA 和溶液中原有的中性分子 N 一起透过液膜进入萃取相，而阳离子 BH^+ 则随水溶液流出。进入萃取相的酸分子若遇到碱性环境，则与周围的 OH^- 作用又释放出 A^-。而中性分子因为自由来往于液膜两侧，随着洗涤过程进入清洗液。

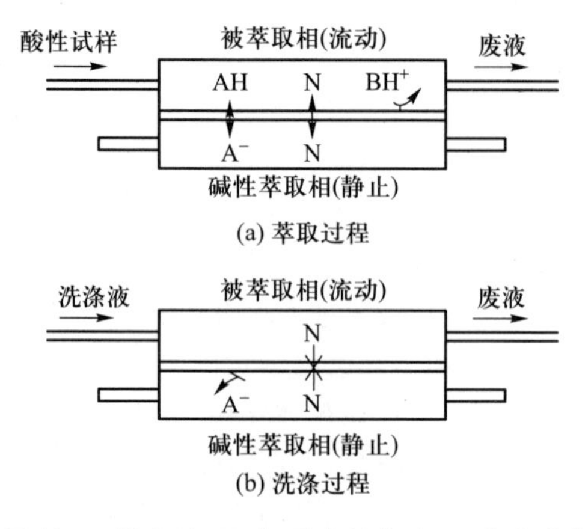

图 9-24　阴离子（A^-）、阳离子（BH^+）及中性分子（N）在液膜中分离的示意图

结果是水溶液中的阴离子 A^- 从被萃取相中选择性地进入了萃取相，而阳离子 BH^+ 与中性分子 N 则被排除在外。同时，适当调节萃取相的 pH，也可以使进入萃取相的中性分子有的解离（失去活化态），有的仍保持分子状态（活化态），从而进一步提高对萃取相中溶质的选择性。对阳离子而言，情形完全相同，只是条件相反。需要强调的是，调节 pH 的目的对于被萃取相和萃取相是不同的，前者是为了使被萃取物质由非活化态变为活化态；而后者则相反，由活化态变为非活化态。

（2）液膜中有机液体的极性

改变液膜中有机液体极性的大小，可以提高对极性不同物质的萃取效率。由于液膜极性的大小直接与被萃取物质在其中的分配系数有关，极性越接近，分配系数越大，因此处于活化态的被萃取物质也越容易扩散进入液膜。否则即使被萃取物质在水相中形成中性分子而处于活化态，由于极性差别很大，仍无法有效地进入有机液膜层，影响萃取效率。

9.10.2 乳化型液膜

乳化型液膜是通过将互不相溶的两相制成的乳状液分散在第三相中而形成的稳定的液膜，不需要支撑体固定。乳状液通常由表面活性剂（作乳化剂）、膜溶剂（水或有机溶剂）和添加剂制成。表面活性剂含有亲水基和疏水基，可定向排列以固定油水分界面而稳定膜形，是液膜的主要成分之一，直接影响着液膜的稳定性、溶胀性能及后续的破乳等。常用作油膜的表面活性剂是 Span80（单油酸山梨糖醇酐）、聚胺，水膜的表面活性剂是 Saponin（皂角苷）。膜溶剂是构成膜的基体，要具有一定的黏度，且不溶于膜内相和外相溶液。水膜以水为膜溶剂，可加入甘油提高黏度，而油膜则常以中性油、煤油等烃类为膜溶剂。添加剂（如聚丁二烯）可以用来维持液膜的稳定性，使得液膜在分离阶段形态完整，在破乳阶段又容易破碎。

1. 乳化型液膜分离原理

乳化型液膜的发展经历了无载体输送的液膜和有载体输送的液膜两个阶段，分离机理也存在一定的差异。

无载体输送的液膜是把表面活性剂加到有机溶剂或水中所形成的液膜，分离机理主要有选择性渗透、化学反应以及萃取和吸附等。分别举例如下：a. 若试样液中有 A 和 B 的混合物，由于它们在液膜中的渗透速度不同，最终 A 透过膜而 B 透不过，使 A 与 B 分离；b. 试样液中被分离物 C 通过膜进入乳滴内，与内相试剂 R 产生化学反应生成 P 而留在乳滴内，使 C 与试样分离；c. 试样液中的被分离物 D 与膜中载体 R_1 产生化学反应生成 P_1，P_1 进入乳滴内又与试剂 R_2 反应生成 P_2，从而使 D 与试样分离；d. 液膜分离也具有萃取和吸附的性质，不仅能把有机化合物萃取和吸附到有机薄膜中，也能吸附各种悬浮的油滴及悬浮固体等。

有载体输送的液膜则是由表面活性剂、膜溶剂和流动载体（萃取剂或络合剂）形成的，其选择性主要取决于所加入的流动载体。如流动载体是具有选择性的萃取剂，则可以实现萃取和反萃取的“内耦合”。流动载体与被分离物质在膜相-试样相（被萃取相）界面处发生正向化学反应（萃取），生成的产物溶于膜相，并在膜内扩散至膜的另一侧，在膜相–接受相(反萃相)界面处，产物与内相试剂发生逆向反应(反萃取)，则被分离物质被反萃进入接受相。而解离出来的自由载体能在其自身浓度梯度的驱使下在膜内向试样相扩散，并在膜相–试样相界面处继续与试样中的被分离物质结合。在整个过程中，流动载体并没有消耗，它仅起到转移被分离物质的作用，被消耗的只是内相中的试剂。流动载体主要有离子型和非离子型两大类，分离机理可相应地分为逆向迁移和同向迁移两种。离子型载体又分为正电性载体和负电性载体。一般适合作溶剂萃取中萃取剂的组分都可以作流动载体，常用的有酸性萃取剂(如羧酸)、碱性萃取剂(如三辛胺)及中性萃取剂(如磷酸三丁酯)。实验表明，非离子型载体比离子型载体效果更好，如冠醚就是一种分离性能优良的流动载体。含流动载体的液膜，具有高的选择性、渗透性和定向性，是液膜发展的主要方向。

2. 乳化液膜的制备及操作

乳化液膜的制备是指将由表面活性剂、膜溶剂、流动载体及其他膜添加剂组成的膜溶液与内相溶液混合，通过剧烈搅拌，制成所需的水包油型(O/W)或油包水型(W/O)乳状液的过程。然后再把这种乳状液加入低速搅拌的试样液中，使乳状液均匀分散在试样液中，形成 O/W/O 或 W/O/W 型的多重乳状液。乳状液滴大小为 0.5～2 mm，而它内部的微滴直径为 1～10 μm。此时微滴内的溶液为内相，乳状液滴外的溶液为外相。以油膜为例，液膜进行分离及富集的一般操作程序如下。

(1) 制备乳状液

根据分离的需要选择液膜的组分，包括表面活性剂、膜溶剂和添加剂及流动载体。常用混合器、胶体磨或超声波乳化器进行乳化。

(2) 液膜萃取

将乳状液与试样液在混合槽中搅拌混合，使乳状液分散在试样液中，形成 W/O/W 型液膜体系，外水相中的目标组分通过液膜进入内水相，并在膜内相溶液中被富集起来。然后通过静置等操作将乳状液与试样液分离。液膜萃取的设备主要有混合澄清槽、转盘塔和搅拌柱等。

(3) 破乳

为了回收使用过的乳状液的内相和有机相，需要将乳状液破碎，分离出膜相(有机相)和内水相，将膜相重新返回制乳，内水相进行回收或处理。破乳的方法有化学法和物理法。化学法是加入某种化学破乳剂或调节 pH 使乳状液破碎；物理法则有加热法、离心法、静电法等。

9.10.3 液膜萃取分离法的应用

液膜萃取分离法具有高效、快速、设备简单、操作方便、易于自动化等优点，因此应用非常广泛。如在化学和石油化工中各种烃类混合物的分离，湿法冶金中稀土元素及铀的富集和回收，农业中包结化肥和农药以进行施肥和撒药，海水和苦咸水的淡化，工业和生活污水中酚类、氰类及重金属离子的去除等。液膜萃取分离法也能有效地用于气体的分离，如利用液膜去除宇宙飞船座舱中的 CO_2 已成功用于宇宙空间技术。

9.11 毛细管电泳及流动注射-毛细管电泳分离法

9.11.1 毛细管电泳

自从 Jorgenson 和 Lukacs 在 1981 年首次报道高效毛细管电泳(high performance capillary electrophoresis,HPCE)的创新性研究以来,这种技术已成为物质分离、测定的一种重要工具,并得到迅速发展,除一维毛细管电泳外,还出现了二维毛细管电泳(2D CE)技术。由于 HPCE 具有高效(理论塔板数高达 $10^7 m^{-1}$ 数量级)、快速(最快可在几秒内完成)、试样用量少(纳升级)、试剂消耗少、对环境污染小、在线检测及自动化程度高等优点,已成功应用于生物、化学、医药、环境保护、食品安全、手性拆分等领域的理论和应用研究。

9-4 二维毛细管电泳

1. 毛细管电泳的分离原理

电泳是指离子或带电粒子在电场的作用下作定向移动的现象。作为一门分离技术,电泳与离心法和色谱法一起成为生物高聚物分离中最有效和最广泛应用的三大方法,在生物化学发展进程中起到了重要作用。其中,在 20 世纪30～40年代,Tiselius 使移动界面电泳成为研究生物大分子的准确方法,成功地分离了人血清中的血清白蛋白和 α-球蛋白、β-球蛋白、γ-球蛋白,并于 1948 年获得诺贝尔化学奖。

高效毛细管电泳是指以高压电场为驱动力、在细内径(25～75 μm)的石英毛细管中、离子或带电粒子基于淌度和(或)分配系数的不同而进行高效、快速分离的一种电泳新技术。一个离子在电场下的移动速率 v 可表示为

$$v=\mu_e E \tag{9-25}$$

式中 μ_e为离子的电泳迁移率(也称电泳淌度,electrophoretic mobility),E 为电场强度。

电泳迁移率是指单位电场下离子的移动速率。对于给定的球形离子、介质和温度,电泳迁移率是一个常数,可表示为

$$\mu_e=\frac{q}{6\pi\eta r} \tag{9-26}$$

式中 q 为离子电荷量,η 为介质黏度,r 为离子半径。

可见,离子在电场中的迁移速率,除了与电场强度和介质特性有关外,还与离子的有效电荷及其大小和形状有关。半径小、电荷高的组分具有大的迁移率,而半径大、电荷低的组分具有小的迁移率。因此,离子的大小和形状,以及其有效电荷的差异,就构成了毛细管电泳分离的基础。

毛细管电泳高效的一个主要原因是电渗流的产生。电渗流(electroosmosis flow,EOF)是由于外加电场对管壁溶液双电层的作用而产生的溶液的整体流动(图 9-25)。对石英毛细管而言,当缓冲溶液 pH>3 时,表面的硅羟基(SiOH)会解离成 SiO^-,使毛细管壁表面带负电荷,而溶液中的阳离子因此会被吸附到表面附近,形成双电层。当在毛细管两端施加电压时,双电层中的阳离子会向阴极移动,由于离子是溶剂化的,所以会带动毛细管中的整体溶液向阴极移动。

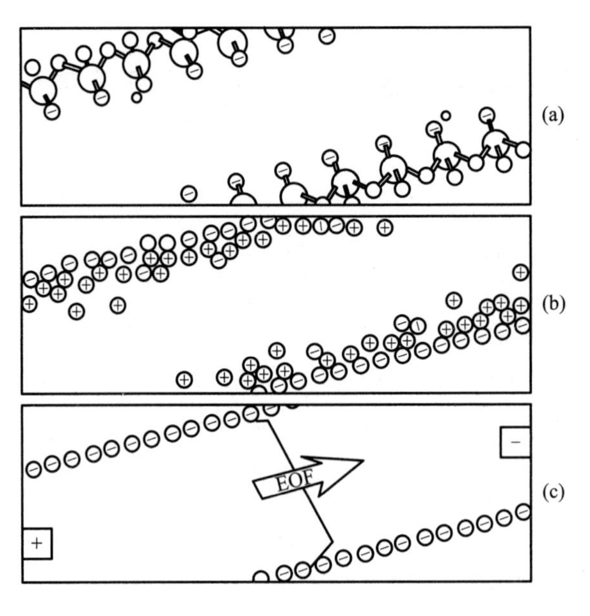

图 9-25　电渗流的产生

(a) 石英表面的负电荷(SiO^-)

(b) 水合阳离子在毛细管壁表面附近的积累

(c) 加电场后向阴极的电渗流

电渗流的大小可以用电渗迁移率 μ_{eo} 表示：

$$\mu_{eo}=\frac{\varepsilon\zeta}{\eta} \tag{9-27}$$

式中 ε 为介质的介电常数，ζ 为双电层的 Zeta 电位。

电渗流是毛细管电泳中的基本操作要素。它的一个重要特性是平流型，因此不会直接引起组分区带的扩散。它的另一个特点是可以使几乎所有的组分不管电荷大小，均向相同的方向(阴极)移动。有效地控制 EOF，对提高分离效率、改善分离度、提高重现性具有非常重要的意义。目前，用来控制 EOF 的方法主要有：a. 改变缓冲溶液的成分和浓度；b. 改变缓冲溶液的 pH；c. 加入添加剂，如甲醇、乙醇、乙腈等有机溶剂；d. 毛细管内壁改性；e. 改变温度；f. 改变外加电场强度。

组分从进样点迁移到检测点所需要的时间称为迁移时间(migration time，t_m，简记为 t)。组分在毛细管中的迁移时间取决于电渗迁移率和组分迁移率的矢量和：

$$t=\frac{l}{v_a}=\frac{lL}{\mu_a U}=\frac{lL}{(\mu_{eo}+\mu_e)U} \tag{9-28}$$

式中 l 为毛细管有效长度，L 为毛细管总长度，v_a 为离子在毛细管中的迁移速率，μ_a 为离子的表观迁移率，U 为施加的电压。

如有两个不同的离子，在电场作用下，迁移到检测器所需要的时间分别为 t_1 和 t_2，按照式(9-28)可计算得两离子的迁移率差值 $\Delta\mu_e$ 为

$$\Delta\mu_{e}=\mu_{e1}-\mu_{e2}=\frac{lL}{U}\left(\frac{1}{t_1}-\frac{1}{t_2}\right) \tag{9-29}$$

显然，$\Delta\mu_{e}$的值越大，两离子的迁移时间相差越大，分离越完全。

2. 毛细管电泳的仪器

典型的毛细管电泳仪原理示意图如图 9-26 所示。毛细管和阴、阳极电解液池内充有相同组分和浓度的背景电解质溶液（缓冲溶液），试样从毛细管的进样端导入，当毛细管两端加上一定的电压后，带电离子便朝与其电荷极性相反的电极方向移动。由于试样组分间的表观迁移率不同，它们的迁移速率不同，因而经过一定的时间后，各组分将按其速率的大小，依次到达检测器而被检出，得到按时间分布的电泳谱图。类似于色谱学，用溶质的迁移时间（t_{m}）进行定性分析，用谱峰的高度（H）或峰面积（A）进行定量分析。HPCE 中，试样的引入方式主要有虹吸、压力和电动进样三种。

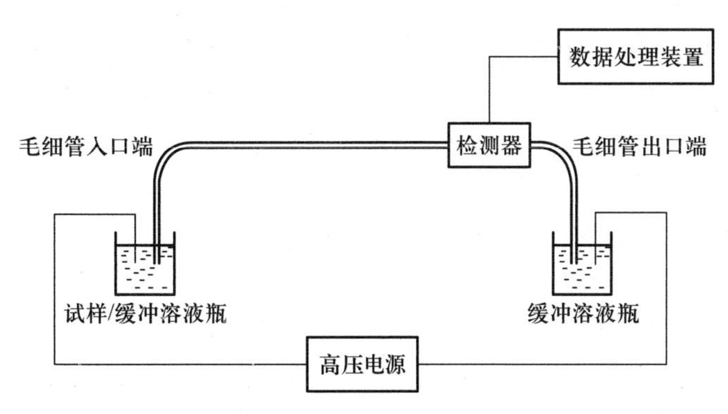

图 9-26　毛细管电泳仪原理示意图

3. 毛细管电泳的分离模式

毛细管电泳技术有多种分离模式。

（1）毛细管区带电泳（capillary zone electrophoresis，CZE）

CZE 也称为自由溶液毛细管电泳，是 HPCE 中最基本也是应用最广泛的一种操作模式。CZE 中，毛细管和阴、阳极电解液池充以相同的缓冲溶液。影响 CZE 分离的主要因素有被分离组分的电荷和体积、缓冲溶液的组成、pH 和浓度、添加剂、施加的电压及毛细管的尺寸等。

（2）毛细管胶束电动色谱（micellar electrokinetic capillary chromatography，MECC）

在 MECC 中存在两相，一相是以胶束形式存在的准固定相，另一相是作为载体的液相（即流动相）。被分离组分的分离是由于它们与胶束相和流动相的相互作用的差异造成，与胶束相作用力强的组分，保留较大，出峰较迟，反之，则较早流出。MECC 将电泳技术与色谱技术相结合，把电泳分离的对象从离子化合物扩展到中性化合物，拓宽了 HPCE 的应用范围。

（3）毛细管凝胶电泳（capillary gel electrophoresis，CGE）

CGE 以凝胶物质作为电泳的支持物，利用凝胶物质的多孔性和分子筛的作用，使通过凝胶的物质按照分子的尺寸大小逐一分离，是分离度极高的一种电泳分离技术。

(4) 毛细管等速电泳(capillary isotachophoresis，CITP)

CITP采用两种不同的缓冲溶液体系，一种是前导电解质，充满整个毛细管柱，另一种是尾随电解质，置于一端的电解质池中，前者的电泳迁移率高于任何试样组分，后者则低于任何试样组分，从而基于电泳迁移率的差异进行带电离子的分离。当加上电压后，电位梯度的扩展使所有离子最终以同一速度迁移。

(5) 毛细管等电聚焦电泳(capillary isoelectric focusing，CIEF)

CIEF利用两性电解质在分离介质中的迁移造成pH梯度，使蛋白质根据其不同的等电点进行分离。具有一定等电点的蛋白质顺着pH梯度迁移到相当于它们等电点的位置，并在该点停下，由此产生一种非常窄的聚集区带，并使不同等电点的蛋白质聚集在不同的位置上。

(6) 毛细管电色谱(capillary electrochromatography，CEC)

向毛细管柱内填充固定相或在其内壁涂上固定相，目标化合物的运动受电渗流、电泳迁移及在流动相和固定相间的分配影响。CEC具有高柱效和高选择性的优点。

(7) 毛细管亲和电泳(affinity capillary electrophoresis，ACE)

在CZE缓冲溶液中加入亲和作用试剂，用于研究生物分子之间的特异性相互作用，ACE具有特异性高、选择性好、可逆等优点。

(8) 毛细管阵列电泳(capillary array electrophoresis)

该模式用一个共焦激光荧光扫描检测系统进行多根毛细管组成的毛细管阵列的检测，实现了HPCE的多道分析。

(9) 微芯片毛细管电泳(microchip electrophoresis)

这是将反应、分离、检测集中在一个芯片上进行的毛细管电泳。

4. 毛细管电泳的检测方式

毛细管电泳仪实现了柱上检测，能直接与紫外、二极管阵列和激光诱导荧光检测方法联用以进行组分的定性和定量分析。也可以通过特制的接口，将毛细管出口端与质谱、电化学等检测器连接。而毛细管入口端也可以与高效液相色谱、流动注射等分析仪器进行联用，以实现微量试样的高自动化分析。

9.11.2 流动注射-毛细管电泳

1. 流动注射分析

1975年丹麦技术大学Ruzicka和Hansen首次提出了流动注射分析(flow injection analysis，FIA)的概念，这是一种基于将液体试样注入无气泡间隔的连续载流中的方法。FIA具有高度精密的时间重现性，能在非平衡状态下高效率地完成试样的在线处理和进样。与常规手工分析相比，FIA完全避免了手动处理有毒试剂和有机溶剂，而且操作简便、进样频率高、试剂和试样消耗少、重现性好，是一种绿色、高自动化的分析方法。

基本的FIA体系(图9-27)包括载流驱动系统(如蠕动泵)、注入阀、反应管道、流通式检测器及信号读出装置。其中，泵把载流和试剂溶液泵入反应管道及检测器；注入阀把试样注入载流中;反应管道用来使试样与载流中的试剂高度混合并发生化学反应;流通式检测器用来连续地记录试样通过流通池而引起的吸光度、电极电位或其他物理量的变化。迄今为止,为了满足实际分析工作的需要,人们已经设计了各种各样的 FIA 流路,包括单道流路(图 9-27)、具有一个汇合点的双流路、试剂预混合的单流路,以及上述流路的混合等。

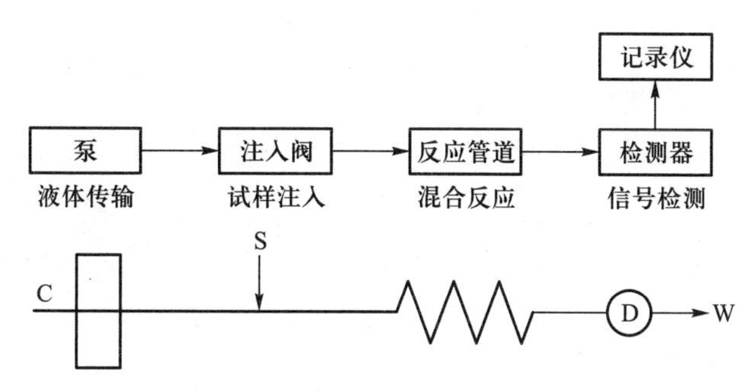

图 9-27 基本的 FIA 装置与功能

除了可以在非平衡状态下实现快速连续进样,FIA 对溶液分析的另一个巨大贡献在于可以在非平衡操作条件下进行目标化合物的分离和富集。FIA 可以将分离、富集过程与测定直接在线连接而使分析方法成为一个整体,整个分析过程在一密闭体系中完成,这样不仅避免了试样在操作容器中的多次转移,从而大大减少了玷污的机会,也使得对一些复杂体系中目标化合物的在线检测成为可能。目前,建立起来的 FIA 在线试样处理方法包括:在线过滤、在线透析、在线气相扩散、在线柱吸附、在线消化及在线反应等。

在 FIA 方法建立过程中,除了需要优化试剂的种类、浓度、反应所需要的温度、酸度等基本条件外,还需要对 FIA 进样体积、反应管道的内径和长度、载流和试剂流速进行优化。FIA 是一种通用的溶液处理技术,可用于 pH 测定、电导测定、吸光光度分析、滴定分析、酶法分析等。

将 FIA 技术与分子光谱、原子光谱、发光分析及电化学分析相联用,不仅可以形成完整的分析体系,而且使得这些传统的检测方法在分析性能方面有显著的提高,甚至有质的飞跃。与色谱、毛细管电泳等分离手段联用后,可大大提高仪器的试样预处理能力和自动化程度。

2. 流动注射-毛细管电泳体系①

一般来说,流动注射-毛细管电泳(FI-CE)体系包括三部分:FI、CE 和专门设计的分流接口。FI 提供精密的进样、有效的试样预处理,而且可以根据实际要求设计专门的流路;CE 提供高效、快速的多组分同时分离和测定。可以说,FI 是 CE 的高级进样器,而 CE 是 FI 的高级分离和检测器。

① Chen X G, Fan LY, Hu Z D. Electrophoresis, 2004, 25(23-24): 3962-3969.

基本的 FI-CE 体系的分流接口可分为竖直接口（方肇伦院士课题组设计）和水平接口（Karlberg 教授课题组设计）（图 9-28）。两种分流接口的死体积都很小，铂电极和分离毛细管都位于它们中间，而且分流机理也是一样的，即当微升量的目标化合物在 FI 载液（也是 CE 缓冲溶液）的带动下经过分流接口中的毛细管尖端时，极微量的试样和缓冲溶液就会电动进入毛细管。

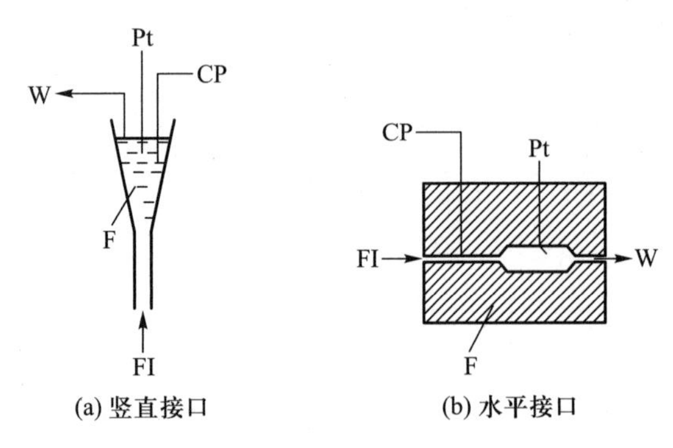

图 9-28　FI-CE 体系基本的分流接口示意图

F—流通池；Pt—铂电极；CP—分离毛细管；W—废液

当 FI 和 CE 通过分流接口联接后，可以在不中断高压、中间不冲洗毛细管的情况下连续不断地电动注入一系列的试样。而在传统的 CE 实验中，当分析完一个试样后，必须中断高压，并分别用蒸馏水、碱（或酸）溶液、缓冲溶液冲洗毛细管。显然，FI-CE 体系大大简化了实验操作。

基本的 FI-CE 体系示意图见图 9-29。除了 CE 基本参数如缓冲溶液浓度和种类、缓冲溶液 pH、表面活性剂及有机添加剂外，FI 参数如载流流速、进样体积也影响 CE 的分离效率和灵敏度。随着 FI 载流流速增大，CE 的分离效率提高，而灵敏度降低；随着 FI 进样体积增加，CE 的分离效率降低，而灵敏度提高。这是由于 FI 载流流速和进样体积决定了试样在分流接口内的停留时间，从而决定了电动进入毛细管的试样量所致。

基于 FI 强大的试样预处理能力，已建立了在线过滤 FI-CE、在线透析FI-CE、在线气相扩散 FI-CE、在线柱吸附 FI-CE、在线衍生 FI-CE 等联用体系。这些体系的共同特点是不仅试样预处理可以独立操作，而且可与 CE 分离同时进行，此外预处理产生的试样废液不会引入毛细管中。与 FI 试样预处理技术联用后，CE 的进样频率不但没有降低，反而比使用传统的进样方式产生的进样频率要高得多。

9-5 其他毛细管电泳联用技术简介

目前，FI-CE 体系已用于手性分离、过程分析、环境分析、药物分析、富蛋白试样的分析等领域，而且结合 FI 泵的灵活性，建立了多种物质的高效富集手段。而将 FI-CE 体系微型化成为芯片大小，会进一步提高 CE 的性能。图 9-30 是编者实验室建立的在线转化和测定中药青蒿中有效成分青蒿素的 FI-CE 体系的电泳谱图，方法准确、灵敏、简单、快速，在 12 min 内即可完成试样的处理和测定，进样频率达到 8 次·h^{-1}，大大节省了人力和时间。

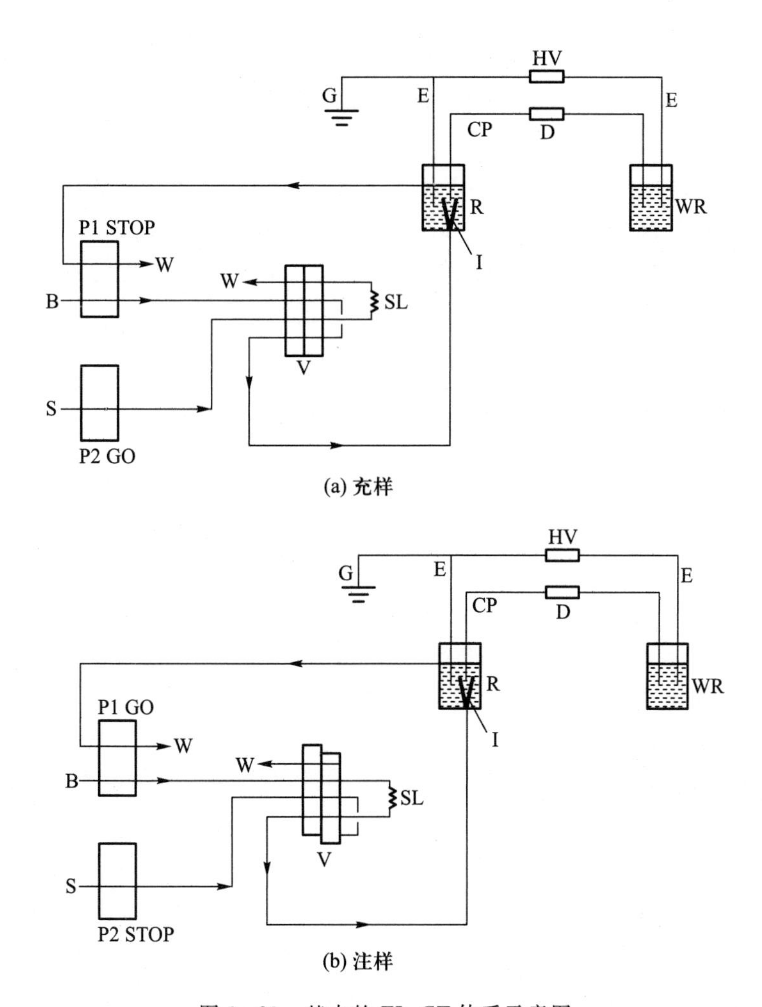

图 9-29 基本的 FI-CE 体系示意图

S—试样；B—缓冲溶液；P1，P2—蠕动泵；V—进样阀；SL—试样环；W—废液；HV—高压电源；E—铂电极；CP—分离毛细管；D—检测窗口；I—锥形接口；R—流通池；WR—废液槽；G—接地电极

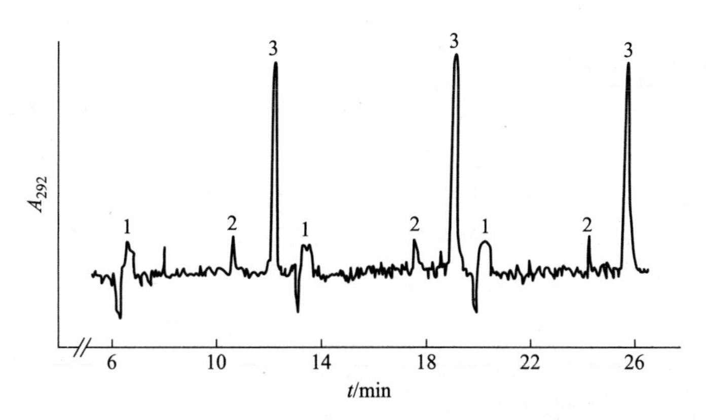

图 9-30 植物青蒿叶中青蒿素的 FI-CE 体系的电泳谱图

1—乙醇峰；2— 未知干扰峰；3— 青蒿素的转化产物峰

9.12 磁分离法

借助于外加磁场的磁力作用，将铁磁性物质与非铁磁性物质或将磁性原子、离子及分子与非磁性原子、离子及分子分开的方法统称为磁分离法(magnetic separation)。磁分离法最早应用于强磁性矿石(磁铁矿)的选矿方面，也称为磁选，已有 100 多年的历史。目前，磁分离法在环境治理、废水处理、垃圾处理及化学工业和食品工业等领域也得到了成功的应用，并且其应用范围还将日益扩大。

9.12.1 磁分离法的原理和装置

原子是有磁性的，由各个电子的运动产生，对应的磁效应用原子磁矩表示。分子也具有磁性，由各个原子磁矩的矢量和表示，称为分子磁矩。因此，由原子或分子组成的物质也具有磁性。物质在不受外磁场作用时，由于分子的热运动使得分子磁矩的取向分散，其矢量和为零，所以不显示磁性。当把物质置于磁场中时，分子磁矩沿外磁场方向取向，形成一个附加磁场，此时矢量和不等于零，从而使物质显示出磁性。这种在外磁场作用下，物体由不显示磁性到显示磁性的物理现象，称为物体磁化。

1. 磁分离法的原理

各种物质磁性的差异是磁分离法的基础。相对磁导率 μ_r 是物理学中衡量物质磁性的一个重要参数，表示为

$$\mu_r=\frac{\mu}{\mu_0}=1+\kappa_0 \tag{9-30}$$

式中 μ 为磁介质的磁导率；μ_0 为真空中的磁导率，其值为 $4\pi\times10^{-7}\,H\cdot m^{-1}$；$\kappa_0$ 为物质的磁化系数或磁化率，是物质的磁化强度与引起物质磁化的外磁场强度的比值。

根据相对磁导率，可将物质分为三大类：a. 铁磁性物质($\mu_r\gg1, \kappa_0\gg0$)，包括 Fe、Co、Ni、Gd 及这些金属的合金和铁氧体($MO\cdot Fe_2O_3$，M 代表二价金属离子)等。这类物质中存在着排列杂乱无章的磁畴，对外不显磁性，在外磁场作用下，所有磁畴与外磁场取向一致，磁场强度随外磁场增大而增加，当增大到某一限度即达磁饱和，再增大外磁场，其磁场强度不再增加。铁磁性物质在较弱的外磁场中就容易被磁化，可直接采用磁分离法进行分离。b. 顺磁性物质($\mu_r>1, \kappa_0>0$)，如 Mn、Cr、Pt、Eu、Os 等。这类物质的原子固有磁矩不为零，在外磁场作用下，原子固有磁矩朝磁场方向排列，产生与外磁场方向一致的附加磁场。顺磁性物质在外磁场强度较弱时不能被明显磁化，可采用高梯度磁分离装置分离。c. 抗磁性物质($\mu_r<1, \kappa_0<0$)，如 Hg、Cu、S、H、Ag、Au、Zn、Pb 等。这类物质的原子固有磁矩为零，在外磁场作用下，由电子运动产生的磁效应与外磁场方向相反，从而使磁场减弱。抗磁性物质必须采用特殊的磁化技术才能进行磁分离。

在磁分离的过程中，磁性颗粒同时受到两种力的作用，一种是磁力 F_m，使其向磁场梯度大的方向运动，可由下式计算：

$$F_m=\mu_0\kappa_0 VHgrad(H) \tag{9-31}$$

式中 V 为物体的体积，H 为磁场强度，$grad(H)$为磁场梯度。

另一种是机械力，包含有颗粒的重力、离心力、惯性力、摩擦力、流体阻力及颗粒与颗粒之间的吸引力和排斥力等，这些机械力的合力$\sum F_{机}$与磁力方向相反，阻止磁性颗粒向磁场梯度大的方向运动。

从式(9-31)可知，磁力 F_m 由磁性颗粒的性质(体积 V 和磁化系数 κ_0)和反映颗粒所处的磁场力 $Hgrad(H)$两部分组成。强磁性颗粒的 κ_0 较大，克服机械力所需要的磁场力 $Hgrad(H)$可以小一些；而对于 κ_0 较小的弱磁性物质，就需要提高磁场强度 H 和磁场梯度 $grad(H)$来实现分离。另外，当 $grad(H)=0$ 时，即使磁场强度再高，作用在磁性颗粒上的磁力也等于 0。因此，只有在非均匀磁场中，不同磁性的颗粒才能实现分离。

由上述可知，进行磁分离必须具备的基本条件包括：

a. 要有一个能够产生足够大的非均匀磁场的设备；

b. 被分离颗粒的磁化系数 κ_0 存在一定的差异；

c. 作用在磁性颗粒上的磁力 F_m 要大于机械力$\sum F_{机}$。

2. 磁分离法的分类和装置

磁分离法的分类方法有很多。按产生磁场方式的不同，磁分离法可分为永磁性分离、电磁性分离和超导电磁性分离三类。常用的永磁磁铁有钕铁硼磁铁、钐钴磁铁和铁氧体磁铁等。超导磁分离与普通电磁性分离的原理基本相同，只是采用的载流导线是用超导材料制成的，允许通过的电流密度高得多。

按分离装置原理的不同，可分为磁凝聚分离、磁盘分离和高梯度磁分离法。磁凝聚分离中的磁场梯度为零，因此磁性颗粒不会被磁体捕集，主要依靠颗粒间的吸引力和颗粒的矫顽力，从而聚集成较大的颗粒。磁盘分离和高梯度磁分离法中的磁场梯度都不为零，而且后者的磁场梯度更高，磁性颗粒会向磁极移动，最终与试样基体分离。

磁分离装置主要有磁凝聚装置、磁盘分离装置、高梯度磁分离装置和超导磁分离装置等。其中，高梯度磁分离装置由于具有高的磁场强度和磁场梯度，能用于矿样、环境及水样中极细(微米级)的弱磁性物质的有效分离。图 9-31 是高梯度磁分离装置的构

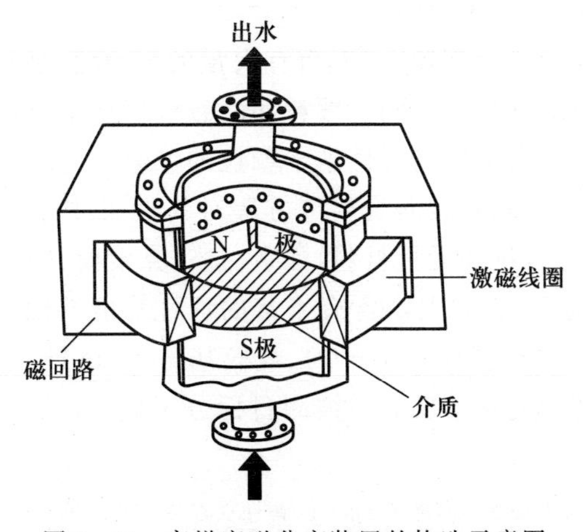

图 9-31　高梯度磁分离装置的构造示意图

造示意图，主要由激磁线圈、过滤筒体、聚磁介质（不锈钢钢毛）、导磁回路外壳、上、下磁极及进、出水管路组成。向激磁线圈通入直流电，过滤筒体内的上、下磁极会产生强的背景磁场，使不锈钢钢毛得到磁化，磁场内的磁力线变得紊乱，造成磁通疏密不均，从而形成很高的磁场梯度，磁性颗粒在磁力的作用下，将克服机械力的合力而被吸附到钢毛表面，与试样分离。

9.12.2 磁种分离法和磁性纳米载体

1. 磁种分离法

磁种分离法（magnetic seed separation）是磁分离法的重要发展方向，简称为磁分离法，是以磁种（磁性载体）作为运载工具，通过物理或化学的方法，对目标物质进行负载、运载和卸载等分离操作，从而实现目标物质的分离和纯化过程。磁种分离法可用于弱磁性、非磁性及抗磁性物质的分离，大大地拓展了磁分离法的应用范围。该方法的一般操作过程为：在一定的化学条件下（pH、分散剂、活性剂等），向目标物质中添加磁种，使目标物质与磁种选择性地结合或黏附，从而使非磁性或抗磁性物质具有磁性，或者使弱磁性物质的磁性变得更强，在外加磁场的作用下，实现磁分离。

选矿时，磁分离法中常用的磁种有以下三大类：

a. 磁铁矿、钛磁铁矿、硅铁、铁屑等的粗粒或细粒颗粒；

b. $MO \cdot Fe_2O_3$ 的磁性铁氧体颗粒，分子式中的 M 是二价金属（如 Fe、Ni、Co 等）离子；

c. 磁流体，即非常微细的磁性颗粒在液体载体中形成的超稳定胶体悬浮液。磁流体载体可以是碳氢化合物、碳氟化合物、水和酯等类似液体。

2. 磁性纳米载体[①]

磁性纳米颗粒（magnetic nanoparticles，MNPs，如 Fe_3O_4 MNPs、$\gamma-Fe_2O_3$ MNPs）的粒径为 1～100 nm，具有特殊的磁性质，如超顺磁性、零矫顽力和较低的居里温度等，而且比饱和磁化强度高、制备工艺简单、价格低廉、吸附容量高、对人体无副作用、可随人体代谢排出体外，是一类性能优异且应用前景良好的磁性载体。

（1）磁性纳米颗粒的表面修饰

纯的磁性纳米颗粒比表面积较大，表面有大量的悬空键，所以颗粒有高化学活性，易于与其他原子结合以达到稳定。同时颗粒间的磁性相互作用和范德华力导致颗粒在水溶液中容易产生聚沉。为了提高磁性纳米颗粒的稳定性、分散性和生物相容性，可加入适当的修饰剂，经共价偶联和表面吸附等方法对其表面进行改性。常用的修饰剂包括表面活性剂、高分子化合物和无机材料，如蛋白质、壳聚糖、聚乙二醇、聚丙烯酸、聚苯胺、硅烷衍生物、环糊精等，它们大都含有丰富的活性功能基团，如羟基（—OH）、羧基（—COOH）、氨基（$—NH_2$）、醛基（—CHO）、酰氨基（$—CONH_2$）等，与磁性颗粒形成的复合磁性载体可通过适当的化学反应与被测目标分子偶联，从而形成满足各种应用需

---

① 官月平，姜波，朱星华，等.生物磁性分离研究进展（Ⅰ）磁性载体制备和表面化学修饰.化工学报，2000，51（sl）：315-319.

要的磁性分离载体。图 9－32 给出了三种常见的磁性纳米颗粒与高分子修饰材料形成的磁性纳米载体类型。

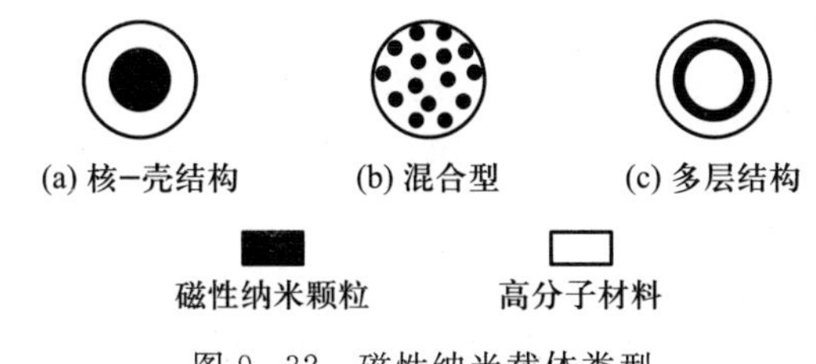

图 9－32　磁性纳米载体类型

磁性纳米颗粒也可以与二氧化硅纳米颗粒（SiO_2 nanoparticles）、量子点（quantum dots）、金纳米颗粒（Au nanoparticles）、碳纳米管（carbon nanotubes）、石墨烯（graphene）等多种先进纳米材料进行组装，得到多功能磁性纳米复合材料，并用作磁性分离的载体。

（2）实验室中常用的磁分离方法

磁分离法因操作简便、耗时短、不需要大型设备，已成为一种重要的试样预处理手段。图 9－33 形象地描述了实验室中常用的磁分离和富集过程。

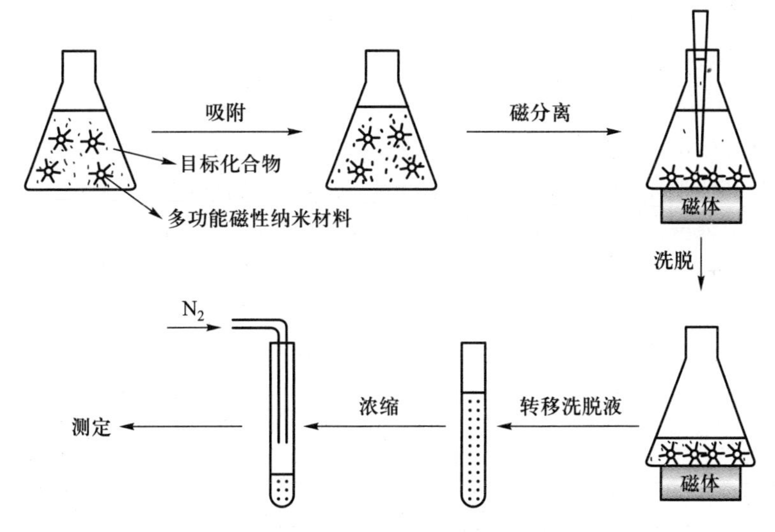

图 9－33　磁分离和富集过程示意图

① 材料合成

根据被测目标化合物，合成多功能磁性纳米材料，使其表面修饰有特定的官能基团，从而可以将目标化合物通过物理或化学吸附负载到磁性材料上。

② 吸附

将合成的磁性纳米材料加入含有微量目标化合物的溶液中，超声分散均匀，在一定的温度下振荡一定的时间，使吸附达到平衡。

③ 磁性分离

在容量器皿的外壁放置永久性磁铁，吸附有目标化合物的磁性纳米材料就会被牢牢地吸附在器皿的底部(或侧壁),溶液也变得澄清。通过倾析法转移上清液,剩余的溶液用滴管轻轻吸出。

④ 洗脱

去掉磁铁,加入一定量的洗脱剂(如乙腈等),再次超声,使磁性纳米材料分散均匀。洗脱剂的加入,削弱了磁性材料上的官能团与目标化合物的结合能力,使得目标化合物可以从材料表面上解吸下来。

⑤ 浓缩

在外加磁场作用下,洗脱液被转移到小试管中,向管中鼓吹 N_2 气,使大部分洗脱溶剂挥发,试样浓缩到一定的体积。

⑥ 测定

根据目标化合物的性质和具体的要求,选择合适的分析方法(如吸光光度法、荧光光度法、色谱法、电泳法等)进行测定。

显然,经过上述的操作后,目标物质由具有较大体积的试样溶液中转移到体积较小的被测试样中,因此磁分离过程同时也是一个富集的过程。

若将磁性纳米颗粒填入柱中,就可以作为磁性分离柱使用。将分离柱置于外加磁场中,含有目标物质的溶液以一定的速率流过分离柱,目标物质就会与磁性纳米颗粒上的活性官能基团相结合,从而与试样基质分离。再用一定的洗脱剂淋洗,目标物质将从分离柱上解吸下来,进行后续的试样测定。

也可以将不锈钢钢毛等聚磁介质填入柱中,作为磁分离柱,用来分离磁性颗粒和非磁性颗粒。图 9-34 描述了磁分离法对细胞的分离过程。预先将细胞溶液与磁性颗粒混合、搅拌、震荡,使结合抗体的磁性颗粒与对抗原标记的细胞相互结合。在外磁场作用下,让混合溶液流过填充有聚磁介质的磁分离柱,结合有细胞的磁性颗粒就会被捕获在磁介质上,然后卸掉磁场,把磁性颗粒冲洗下来即可。该过程使用的磁分离柱类似于高梯度磁分离装置,对于磁性弱、粒径小的磁性颗粒有较高的分离效率。而对于磁性强、粒径大的磁性颗粒,不添加聚磁介质,也会获得有效的分离。

(3) 磁性纳米颗粒在磁分离中的应用

磁性纳米颗粒的一个重要性质是其表面可以修饰多种官能团或分子,在外加磁场的作用下,定向地移向目标位置。这使得磁性纳米颗粒在磁分离中得到了广泛的应用。

① 微量或痕量目标化合物的吸附

功能化的磁性纳米颗粒可以作为吸附剂有效、方便地吸附试样中微量或痕量的目标化合物,从而去除环境、水污染试样中的有害物质,如有机污染物、重金属污染物、染料等。也可以对食品试样中的目标化合物进行分离、富集、检测,提高食品安全。

② 细胞分离

1977 年 Molday 等首次将磁分离法用于细胞分离。他们先用荧光染料标记磁性复合微球,然后与抗体或外源凝集素偶联,

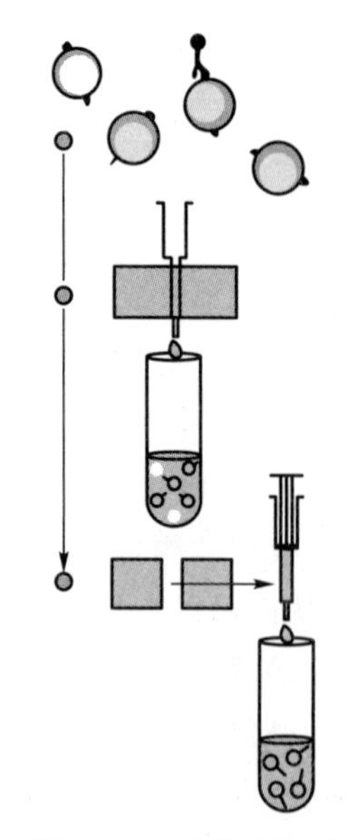

图 9-34　磁分离法对细胞的分离过程

最终实现了血红细胞和B淋巴细胞的选择性磁场分离。

③ 生物大分子的分离纯化

在磁性纳米颗粒表面偶联各种特异性亲和配体，通过亲和吸附、解吸和磁场分离等操作，可以一步从复杂的生物体系中快速分离出纯的目标生物大分子，如蛋白质、核酸、酶及DNA等，具有选择性好、产率高的特点。

④ 靶向药物传输

与目标药物结合的磁性纳米颗粒能借助外加磁场的导向作用，将药物传输到动物体内预定的病变部位，进行可控制释放，既可以减少毒副作用，不杀死正常细胞，又可以降低药物用量，提高药物利用率。该技术也被形象地称为"生物导弹"技术。

⑤ 免疫检测

免疫检测主要利用抗体-抗原特异性可逆结合原理测定免疫活性组分的存在和浓度。在荧光染料或放射性核素标记的磁性分离载体表面偶联上抗体或抗原，在外加磁场的作用下，可以非常方便、快速地对试样中的抗原或抗体进行定性、定量测定。磁性免疫检测技术已经成为免疫分析的重要方法之一。

磁性纳米载体在固定化酶、两相分离等磁分离领域也有一定的应用，随着新的纳米材料的出现及其他学科的发展，其应用领域必将进一步扩大。

思考题

1. 简述定量分析化学中进行分离富集的必要性。如何衡量分离引起的被测组分的损失？对常量和微量组分的回收率又是如何要求的？

2. 氢氧化物沉淀分离法中，常用的有哪几种方法？各自的特点如何？

3. 有机沉淀剂有哪几类？与无机沉淀剂相比，有何优点？

4. 沉淀分离法中，对常量组分和微量组分分离的原理各是什么？

5. 某矿样溶液含有 Fe^{3+}、Al^{3+}、Ca^{2+}、Mg^{2+}、Mn^{2+}、Cr^{3+}、Cu^{2+}、Zn^{2+} 等离子，加入 NH_4Cl 和 $NH_3 \cdot H_2O$ 后，哪些离子以什么形式存在于溶液中？哪些离子以什么形式存在于沉淀中？分离是否完全？

6. 如将上述矿样用 Na_2O_2 熔融，以水浸取，其分离情况又如何？

7. 请为下列试样中的被测组分设计合适的分离法。

a. 镍合金中较大量的镍；

b. 低碳钢中的微量镍；

c. 海水中的痕量 Mn^{2+}。

8. 采用无机沉淀剂，怎样从铜合金的试液中分离出微量 Fe^{3+}？

9. 为什么 ZnO 悬浮液分离法能使溶液的 pH 控制为 6 左右？

10. 用氢氧化物沉淀分离时，常有共沉淀现象，有什么办法可以减少沉淀对其他组分的吸附？

11. 共沉淀富集痕量组分时，对共沉淀剂有什么要求？有机共沉淀剂较无机共沉淀剂有何优点？

12. 萃取分离法中，分配系数和分配比有何不同？萃取率与哪些因素有关？采用什么措施可以提高萃取率？

13. 溶剂萃取体系可分为几类？各自的特点如何？

14. 酸度对螯合萃取有哪些影响？如何选择合适的酸度？

15. 用 $BaSO_4$ 重量分析法测定 SO_4^{2-} 时，大量 Fe^{3+} 会产生共沉淀。试问当分析硫铁矿(FeS_2)中的硫时，如果用 $BaSO_4$ 重量分析法进行测定，有什么办法可以消除 Fe^{3+} 的干扰？

16. 离子交换树脂分几类，各有什么特点？什么是离子交换树脂的交联度、交换容量、始漏量？

17. 简述分析工作中采用离子交换法制备去离子水的原理。另外，去离子水应盛放在什么样的器皿里？

18. 几种色谱分离方法（纸色谱、薄层色谱、萃取色谱）的固定相和分离机理有何异同？

19. 以 Nb 和 Ta 纸色谱分离为例说明展开剂对各组分的作用和展开剂的选择。

20. 如何进行薄层色谱的定量测定？

21. 用气浮分离法富集痕量金属离子有什么优点？为什么要加入表面活性剂？

22. 若用浮选分离法富集水中的痕量 CrO_4^{2-}，可采用哪些途径？

23. 简述固相萃取和固相微萃取分离法的原理、仪器及应用。

24. 浊点萃取、微波萃取、超临界流体萃取及液膜分离法的分离机理有何不同？与传统的溶剂萃取法相比，各有什么优点？

25. 毛细管电泳法的分离原理是什么？流动注射有什么特点？简要说明流动注射-毛细管电泳联用的优势及应用。

26. 简述磁分离法的原理和应用。

习　题

1. 向 0.020 $mol\cdot L^{-1}$ Fe^{2+} 溶液中加入 NaOH，要使 Fe^{2+} 沉淀达 99.99%以上，溶液的 pH 至少应为多少？若溶液中除剩余 Fe^{2+} 外，尚有少量 $FeOH^+$（$\beta=1\times10^4$），溶液的 pH 又至少应为多少？已知 $K_{sp}=8\times10^{-16}$。

（9.30，9.34）

2. 将某纯的二元有机酸 H_2A 制备成纯的钡盐。称取 0.346 0 g 钡盐试样，溶于 100.0 mL 水中，将溶液通过强酸性阳离子交换树脂并用水洗，流出液用 0.099 60 $mol\cdot L^{-1}$ NaOH 溶液滴至终点时消耗 20.20 mL，求有机酸的摩尔质量。

（208.64 $g\cdot mol^{-1}$）

3. 一物质在有机相和水相中的分配比为 20，试通过计算比较下面哪一种情况萃取效果更好。

a. 用 20 mL 有机溶剂萃取 10 mL 水溶液；

b. 用 10 mL 有机溶剂萃取 10 mL 水溶液，接下来再用 10 mL 新鲜的有机溶剂萃取一次。

（97.6%，99.8%，第二种效果更好）

4. 90 mL 水溶液中含 1.00 mmol Br_2，用 30 mL 有机溶剂与之振摇，萃取出 0.80 mmol Br_2 至有机溶剂中，试计算分配比。如每次用 15 mL 新鲜有机溶剂萃取，连续萃取两次，Br_2 的萃取率是多少？

（12，88.9%）

5. 某物质 2.00 mg，用萃取法进行分离，已知其分配比 $D=99$，问用等体积有机溶剂萃取一次后，有多少毫克的该物质被萃取？分出的有机相如果用等体积的水相洗涤一次，问有多少毫克的该物质被反萃取？损失百分之几？

（1.98 mg，0.019 8 mg，1%）

6. 100 mL 含钒 40 μg 的试液，用 10 mL 钽试剂-$CHCl_3$ 溶液萃取，萃取率为 90%，用1 cm比色皿在 530 nm 波长处测得萃取液的吸光度为 0.384，求分配比和摩尔吸收系数。另称取 0.100 g 某含钒试样，溶解后按上述条件萃取，测得萃取液的透射比为 19.0%，求该试样中钒的质量分数。

（90，5.4×10^3 $L\cdot mol^{-1}\cdot cm^{-1}$，0.075%）

7. 在一特定的条件下，铀被等体积的有机溶剂从硝酸水溶液中萃取出 66.2%。计算用等体积新鲜的有机溶剂需萃取几次才能萃取出 99.5%以上的铀？

(5)

8. 一元弱酸 HA 在有机溶剂与水之间的分配系数 $K_D=10$。pH=5 时，用等体积的有机溶剂进行萃取，有一半酸被萃取入有机溶剂相。计算 HA 的解离常数 K_a。

(9×10^{-5})

9. I_2在有机相与水相中的分配比为 8.0。如将 50.0 mL 0.100 $mol\cdot L^{-1}$ I_2水溶液与 100 mL 该有机相振摇，直至达到平衡，则 10.0 mL 有机相需多少毫升 0.060 0$mol\cdot L^{-1}$ $Na_2S_2O_3$溶液才能滴至终点？

(15.7 mL)

10. 100 mL 0.100 0 $mol\cdot L^{-1}$一元弱酸 HA 溶液，用 25.0 mL 乙醚萃取后，取水相25.0 mL，用 0.020 00 $mol\cdot L^{-1}$ NaOH 溶液滴至终点时，消耗 20.00 mL。计算一元弱酸在两相中的分配系数 K_D。

(21.0)

11. 试根据下列反应，推导出螯合物萃取体系的萃取常数 K_{ex}与螯合物的分配系数 $K_{D(MA_n)}$、螯合剂的分配系数 $K_{D(HA)}$、螯合剂的解离常数 $K_{a(HA)}$和螯合物稳定常数 $\beta_{n(MA_n)}$的关系式。

$$M^{n+}_{(w)}+n\,HA_{(o)}\rightleftharpoons MA_{n(o)}+n\,H^{+}_{(w)}$$

$$\beta_{n(MA_n)}=\frac{[MA_n]}{[M^{n+}][A^-]^n}\qquad K_{a(HA)}=\frac{[H^+][A^-]}{[HA]}$$

$$K_{D(MA_n)}=\frac{[MA_n]_o}{[MA_n]_w}\qquad K_{D(HA)}=\frac{[HA]_o}{[HA]_w}$$

$$\left[K_{ex}=K_{D(MA_n)}\cdot\beta_{n(MA_n)}\cdot\left(\frac{K_{a(HA)}}{K_{D(HA)}}\right)^n\right]$$

12. 用某螯合剂 HA 萃取水溶液中的 M^{2+}($K_{萃}=0.010$)。将 10 mL 0.010 $mol\cdot L^{-1}$ HA 溶液与 10 mL 水溶液一起振摇，假设 HA 在水相中的浓度很小，可以忽略不计，又假设$[MA_2]_{H_2O}\ll[M^{2+}]_{H_2O}$，试计算 M^{2+}自水相萃取入有机相的萃取率分别为 75%和 99.9%时的 pH。

(3.2，4.5)

13. 用双硫腙-$CHCl_3$光度法测定铜。称取 0.200 0 g 某含铜试样，溶解后定容为 100 mL，取出 10.0 mL 显色并定容至 25.0 mL，用等体积的 $CHCl_3$萃取一次，有机相在最大吸收波长处以 1 cm 比色皿测得吸光度为 0.380，在该波长下 $\varepsilon=3.8\times10^4\ L\cdot mol^{-1}\cdot cm^{-1}$，若分配比$D=10$，试计算：a.萃取分数 E；b.试样中铜的质量分数。

(90.9%，0.087%)

14. 称取 1.25 g 干燥的阳离子交换树脂于干燥的锥形瓶中，准确加入 100 mL 0.103 5 $mol\cdot L^{-1}$ NaOH 标准溶液，塞好塞子。放置过夜后吸取 25.00 mL 上层溶液，用0.101 0$mol\cdot L^{-1}$ HCl 标准溶液滴定至终点(以酚酞为指示剂)，用去 20.25 mL。计算树脂的交换容量($mmol\cdot g^{-1}$)。

(1.74 $mmol\cdot g^{-1}$)

15. 将 100 mL 水样通过强酸型阳离子交换树脂，流出液用 0.104 2 $mol\cdot L^{-1}$ NaOH 溶液滴定，用去 21.25 mL，若水样中总金属离子含量以钙离子含量表示。求水样中含钙的质量浓度($mg\cdot L^{-1}$)。

($4.4\times10^2\ mg\cdot L^{-1}$)

16. 含 $MgCl_2$和 HCl 的水溶液，取 25.00 mL 用 0.023 76 $mol\cdot L^{-1}$ NaOH 溶液滴定至 pH=7.0，消耗 22.76 mL。另取 10.00 mL 溶液，通过强碱型阴离子交换树脂，收集全部流出液，以 0.023 76$mol\cdot L^{-1}$ HCl 溶液滴定，消耗 21.20 mL。求溶液中 HCl 和 $MgCl_2$的浓度。

(0.021 63 $mol\cdot L^{-1}$，0.025 19 $mol\cdot L^{-1}$)

17. 设一含有 A、B 两组分的混合溶液，已知 $R_{f,A}=0.40$，$R_{f,B}=0.60$，如果纸色谱分析中用的滤纸条长度为 20 cm，则 A、B 两组分分离后的斑点中心相距最大距离是多少？

(4.0 cm)

18. 用薄层色谱法得到间硝基苯胺的 $R_f=0.30$，原点到斑点中心的距离为 7.0 cm。试计算原点到溶剂前沿的距离。

(23.3 cm)

第10章

复杂物质分析

试样的采集(sampling)和制备是指从大批物料中采取原始试样,然后通过合适的方法制备成实验室试样(laboratory sample)的过程。试样的采集和制备是分析工作中首先遇到的重要问题,它们直接决定了试样的代表性和分析结果的可靠性。由于在实际分析工作中所面临的试样(物料)种类繁多、组成各异,所以其采集、处理和分解的方法也各不相同。在实际分析工作中应根据试样的大致组成、各种分解方法的特点选择合适的采集和制备(分解)方法。本章仅对某些常见试样(物料)的采集和处理方法进行简要介绍。

10.1 试样的采集和制备

10.1.1 固体试样的采集和制备

1. 固体试样的采集

在实际分析工作中要分析的固体物料不仅种类繁多、形态各异,如矿石、金属、煤炭、化肥、废渣、建筑材料、土壤等,而且原始物料的数量通常很大。但在实际分析时,只能对几克、几百毫克或更少的试样进行分析,而且其分析结果必须反映整批物料的真实性,这就要求所分析试样的组成必须能代表所有物料的平均组成,即试样必须具有高度的代表性。为了从不均匀物料中取得具有代表性的试样,合理的采样数目是十分重要的,它由下列两个因素决定。

a. 对分析结果准确度的要求:对准确度要求越高,采样数目就应越多。

b. 物料的不均匀性:物料越不均匀,采样数目就应越多。物料的不均匀性既表现在其颗粒的大小上,也表现在颗粒中组分的分散程度上。

由于固体物料的不均匀性,为了保证试样的代表性,必须按照一定方式选取不同的采样点进行采样。常用的采样方法有随机采样、判断采样、系统采样等。随机采样是一种随机选取采样点的方法,其采样点应比较多才能具有高度代表性;判断采样是根据待分析组分的分布等信息有选择性选取采样点,其特点是采样点相对较少;系统采样法是按照一定规则选取采样点的方法,其采样点少于随机采样法。一般而言,采样份数越多，试样的代表性越高，但消耗的人力、物力越多。因此，采样份数应合理，做到既能满足分析结果准确度的要求，又尽可能节省人力和物力。

假设分析结果的误差主要来源于采样过程，则总体平均值的置信区间为

$$\mu=\overline{x}\pm\frac{t\sigma}{\sqrt{n}} \tag{10-1}$$

式中 μ 为整批物料中待测组分的平均含量；$\overline{x}$ 为试样中该组分的平均含量；t 为与测定次数和置信度有关的统计量，其值参见表 3-3；σ 为各个试样单元测定结果的标准偏差；n 为采样单元数。设 $E=\overline{x}-\mu$，由式(10-1)可得出计算采样单元数 n 的公式：

$$n=\left(\frac{t\sigma}{E}\right)^2 \tag{10-2}$$

由式(10-2)可知，E 越小，采样单元数 n 就越大；物料越不均匀，σ 就越大，n 就越大；增加试样的测定次数，t 值变小，n 就变小。

例 10.1 测定某试样中蛋白质的含量时，$\sigma=0.10\%$，若置信水平为 95%时，分析结果允许的误差为 0.13%，试计算测定次数分别为 4 和 10 时的采样单元数。

解 测定次数为 4 时，$t=3.18$，则

$$n=\left(\frac{3.18\times0.10\%}{0.13\%}\right)^2=5.98\approx6$$

测定次数为 10 时，$t=2.26$，则

$$n=\left(\frac{2.26\times0.10\%}{0.13\%}\right)^2=3.02\approx4$$

2. 固体试样的制备

以矿石为例，将所采集的固体原始试样处理成分析试样的过程通常如下：

(1) 破碎和过筛

用机械或人工方法将试样逐步破碎，一般分为粗碎、中碎和细碎等过程。粗碎是指用颚式碎样机将试样粉碎至能通过 4～6 号筛的过程；中碎是指用盘式碎样机把粗碎后的试样磨碎至能通过约 20 号筛的过程；细碎是指用盘式碎样机进一步将中碎得到的试样磨碎(必要时可用研钵研磨)至能通过所要求的筛孔的过程。分析试样要求的粒度与试样的分解难易等因素有关，通常要求通过 100～200 号筛。需指出的是，矿石中的粗颗粒与细颗粒的化学组成常常不同，因此在任何一次过筛时都须将未通过筛孔的粗颗粒进一步破碎使其全部通过为止，以确保所制备的分析试样的代表性。

试样筛一般用细铜合金丝制成，其孔径用筛号(网目)表示，我国现用的标准筛的筛号如表 10-1 所示。

表 10-1 我国现用的标准筛的筛号

筛号(网目)	3	6	10	20	40	60	80	100	120	140	200
筛孔直径/mm	6.72	3.36	2.00	0.83	0.42	0.25	0.177	0.149	0.125	0.105	0.074

(2) 混合和缩分

试样每经一次破碎及充分混匀后，用分样器或人工方法取出其中有代表性的一部分继续进行破碎，这个使试样量逐步减少的过程称为缩分。常用的缩分法为“四分法”(coning and quartering)，如图 10-1 所示。将破碎、混匀后的试样堆成锥形，然后略为压平，通过锥台中心分为四等份，弃去任意相对的两份，将其余相对的两份收集在一起，这样试样便缩减了一半，此过程称为缩分一次。每次缩分时试样的粒度与保留的量之间的关系为

$$Q \geqslant K d^2 \qquad (10-3)$$

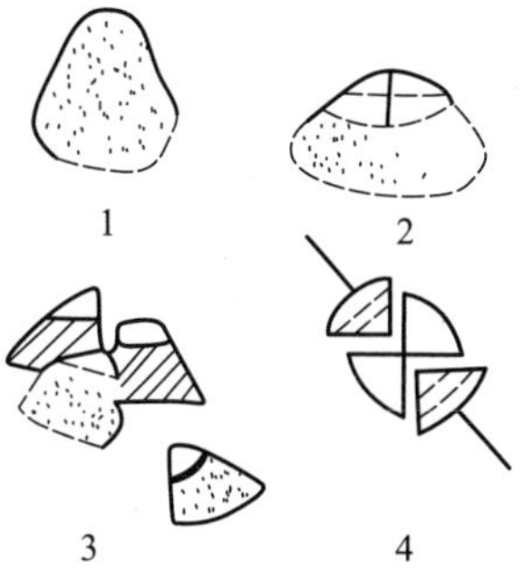

1 2 3 4

图 10-1 四分法示意图

式中 Q 为采集试样的最小质量(kg)；d 为试样中最大颗粒直径(mm)；K 为矿石特性系数，通常为 0.02～1。

例 10.2 有 20 kg 试样，粗碎后最大粒度为 6 mm。若 $K=0.2$，问允许缩分几次？若缩分后，再将其破碎至全部通过 10 号筛，问可以缩分几次？

解 $Kd^2=(0.2\times 6^2)\text{kg}=7.2\ \text{kg}$

缩分一次 $Q'=20\ \text{kg}\times\frac{1}{2}=10\ \text{kg}>Kd^2$

再缩分一次 $Q''=10\ \text{kg}\times\frac{1}{2}=5\ \text{kg}<Kd^2$，因此只能缩分一次。

破碎过 10 号筛后，$d=2.00$ mm，则

$Kd^2=(0.2\times 2.00^2)\text{kg}=0.8\ \text{kg}$

$Q'=10\ \text{kg}\times\frac{1}{2}=5\ \text{kg}>Kd^2$，可以再缩分；

$Q''=5\ \text{kg}\times\frac{1}{2}=2.5\ \text{kg}>Kd^2$，可以再缩分；

$Q'''=2.5\ \text{kg}\times\frac{1}{2}=1.25\ \text{kg}>Kd^2$，可以再缩分；

$Q''''=1.25\ \text{kg}\times\frac{1}{2}=0.625\ \text{kg}<Kd^2$，不能再缩分。

所以可以再缩分三次。

10.1.2 液体试样的采集、保存和处理

1. 液体试样的采集

实际工作中常需对水(含生活用水、工业用水、废水、污水)、饮料、体液和工业溶剂等液体物质进行分析，由于它们一般比较均匀，因此采样单元数可较少些。对于体积较小的物料，一般在搅拌下用瓶子或取样管直接取样。对于装在大容器里的物料，在容器的不同深度取样、混合均匀后即可作为分析试样。对于分装在小容器的物料，应从每个容器里取样并混合均匀作为分析试样。水样的采集应根据具体情况采取不同的方法，

采集水管中或有泵水井中的水样时，取样前应先让水龙头或泵放水 10～15 min，然后用干净的试剂瓶采集水样。在采集江、河、湖、池中的水样时，应根据分析目的和水系的具体情况合理选择采样点，用采样器先在不同深度各采一份水样，然后混合均匀作为分析试样。对于管网中的水样，一般需定时收集 24 h 试样，混合均匀后作为分析试样。

需要特别注意的是，液体物质的采样器为玻璃瓶或塑料瓶，通常情况下二者均可使用。但当欲测定物质为有机物时，宜选用玻璃器皿；欲测定物质为微量的金属元素时，则应选用塑料器皿，否则容器吸附或产生的微量待测组分将影响分析结果的准确度。此外，在采集液体试样时，采样容器必须先洗净，再用欲采集的液体洗涤数次，或预先使之干燥，然后再取样。

2. 液体试样的保存

溶液中发生的物理、化学、生物作用会导致液体试样化学组成的变化，因此除了采集后立即进行分析的情况外，都应采取适当的保存措施以防止或减少存放期间试样的变化。常用的保存措施有控制试样的 pH、加入化学稳定剂、冷藏、冷冻、避光、密封等。采取上述措施的目的在于减缓生物作用、化合物的水解、氧化还原作用和减少组分的挥发。保存期长短与待测物的稳定性和保存方法有关。各类保存剂的应用范围见表 10－2。

表 10－2　各类保存剂的应用范围

保存剂	作用	测定项目
$HgCl_2$	抑制细菌生长	多种形式的氯，多种形式的磷，有机氯农药
HNO_3（pH＜2）	防止金属沉淀	多种金属
H_2SO_4（pH＜2）	抑制细菌生长；与有机碱形成盐类	有机水样（COD、油和油脂，有机碳），氨、胺类
NaOH	与挥发性酸性化合物形成盐类	氰化物，有机酸类
冷冻	抑制细菌生长；减慢化学反应速率	酸度，碱度，有机物；BOD，色，臭，有机磷，有机氯，有机碳等

大多数分析方法均适合于液体试样的分析，因此采集的试样一般不需要处理即可进行测定。

10.1.3　气体试样的采集和处理

气体试样有汽车尾气、工业废气、大气、压缩气体和气溶物等。最简单的气体试样采集方法是用泵将气体充入取样容器中，一定时间后将其封好即可，但在选择容器时应避免其对微量成分的影响。近年来还出现了被动采样装置，主要用于农村边远地区、偏僻地区或缺少电源等动力的地区的气体试样采集。由于气体贮存困难，大多数试样用装有固体吸附剂或过滤器的装置收集。固体吸附剂用于采集试样中的挥发性气体和半挥发性气体，过滤器用于收集气溶胶中的非挥发物质。硅胶、氧化铝、分子筛、有机聚合物和炭均可用作固体吸附剂。用固体吸附剂采样时，使一定量气体通过装有吸附剂颗粒的装置。收集固体颗粒或与其结合的成分为非挥发性物质，使气体试样通过特定的过滤装置，待分析物即被收集在玻璃纤维滤网上。

对于大气试样，根据被测组分在空气中存在的状态(气态、蒸气或气溶胶)、浓度及测定方法的灵敏度，选用直接法或浓缩法取样。对于贮存在贮气柜或槽等大容器内的物料，因上下的密度和均匀性可能不同，应将在上、中、下等不同部位采取的试样混匀后进行分析。

气体试样的化学成分一般比较稳定，不需要采取特殊措施保存。用固体吸附剂采集的试样，可通过加热或萃取后进行分析。其他方法采集的试样通常无须处理即可进行分析。

10.1.4 生物试样的采集和制备

生物试样可分为植物试样和动物试样两类，下面简单介绍它们的采集和制备方法。

1. 植物试样的采集和制备

与一般的无机和有机物料不同，生物的组成随部位和时节的不同有较大差异。因此在采集生物试样时应遵循下列原则。

a. 代表性：选择一定数量的能符合大多数情况的植株作为试样。采集时，不要选择田埂、地边及距离田埂、地边 2 m 以内的植株。

b. 典型性：采样的部位应能反映所要了解的情况，从植株上下部位采集的试样不能随意混合。

c. 适时性：根据研究需要在植物的不同生长发育阶段定期采样。

采样量应满足分析项目的要求，保证试样经分步处理制备后有足够质量，一般要求有 1 kg 干重试样。新鲜试样含水量为 80%～90%，采样量应比干试样多 5～10 倍；水生植物、水果、蔬菜等含水量更高的试样的采样量还应酌情增加。

采集好的试样用清洁水洗净后应立即放在干燥通风处晾干或用鼓风干燥箱烘干。用于鲜样分析的试样应立即进行处理和测试，当天不能处理测试完的鲜样，应暂时保存于冰箱中。测定生物试样中的酚、亚硝酸、有机农药、维生素、氨基酸等易转化、降解或不稳定的物质时，一般应采用新鲜试样进行测定。

若需进行干样分析，应先将风干或烘干的试样粉碎，再依据分析方法的要求，分别通过 40～100 号的金属筛或尼龙筛，混匀后装入广口瓶备用。

测定金属元素含量时，应避免受金属器械和金属筛、玻璃瓶的污染，最好用玛瑙研钵磨碎，经尼龙筛过筛后保存于聚乙烯瓶中。

2. 动物试样的采集和制备

动物的尿液、血液、脑脊液、唾液、胃液、乳液、粪便、毛发、指甲、骨、脏器和呼出的气体等均可作为分析试样。

采集尿液的器具事先需用稀硝酸浸泡洗净、烘干备用。采集血液的容器为硬质玻璃试管，经稀硝酸或稀醋酸洗净后，再用蒸馏水洗净、烘干，用注射器抽适量血样(必要时加入抗凝剂)，放入试管备用。

毛发和指甲采样后用中性洗涤剂处理，经蒸馏水冲洗后，再依次用丙酮、乙醚、酒精或 EDTA 溶液洗涤。动物的组织和脏器的不同部位成分差别较大，一般应先剥去被膜，取纤维组织丰富的部分作为试样，应避免在皮质与髓质接合处取样。

10.2 试样的分解

在一般分析工作中，通常采用湿法分析。因此，若试样为非溶液状态，需先通过适当方法将其转化为溶液，此过程称为试样的分解。在分解试样时应注意：a. 试样分解必须完全；b. 分解过程中待测组分不应挥发损失；c. 不应引入待测组分和干扰物质；d. 应根据试样的组成、待测组分的性质、分析目的和分解方法的特点选择合适的方法。下面简单介绍几种常见的分解方法。

10.2.1 溶解法

溶解法是指用适当的溶剂将试样溶解制成溶液的方法，该方法具有简单、快速的特点。常用的溶剂有水、酸和碱等。碱金属盐类、铵盐、无机硝酸盐及大多数碱土金属盐等都易溶于水。分解不溶于水的无机物通常用酸、碱或混合酸作溶剂。下面将对常用的酸碱溶剂进行简要介绍。

1. 盐酸

盐酸是分解试样的重要强酸之一，它可以溶解铁、钴、镍、铬、锌等金属活泼顺序中位于氢以前的活泼金属，以及多数金属氧化物、氢氧化物、碳酸盐、磷酸盐和多种硫化物。盐酸中的 Cl^- 可以与许多金属离子形成较稳定的配离子，如 $[FeCl_4]^-$、$[SbCl_4]^-$ 等，所以盐酸是这些金属矿石的最佳溶剂。此外，Cl^- 还有弱的还原性，故盐酸也是软锰矿（MnO_2）、铅丹（$2PbO\cdot PbO_2$）、赤铁矿（Fe_2O_3）的良好溶剂。

盐酸和 Br_2 的混合溶液具有强的氧化性，可作为分解大多数硫化矿物的混合溶剂；盐酸和 H_2O_2 可作为溶解钢、铝、钨、铜及其合金的混合溶剂。用盐酸溶解砷、锑、硒、锗的试样时，生成的氯化物加热时易挥发造成损失，应加以注意。

2. 硝酸

硝酸溶样时具有酸性和氧化性两重作用，溶解能力强且速度快。除铂族金属、金和某些稀有金属外，浓硝酸能溶解几乎所有的金属试样及其合金、大多数氧化物、氢氧化物和几乎所有的硫化物；但铝、铬、铁等被氧化后，在其表面形成致密的氧化物薄膜，阻碍金属继续溶解。为了使试样溶解完全，需加入盐酸等非氧化性酸除去氧化物薄膜。例如：

$$2Cr+2HNO_3 \longrightarrow Cr_2O_3+2NO\uparrow+H_2O$$

$$Cr_2O_3+6HCl \longrightarrow 2CrCl_3+3H_2O$$

3. 硫酸

热浓硫酸具有强氧化性。除 Ba、Sr、Ca、Pb 外，其他金属的硫酸盐通常都溶于水，因此，硫酸可作为溶解铁、钴、镍、锌等金属及其合金和铝、铍、锰、钍、钛、铀等矿石的溶剂。硫酸沸点为 338 ℃，可在高温下分解矿石，或用于赶去 HCl、HNO_3、HF 等挥发性酸和水分。加热蒸发过程中应注意在冒出 SO_3 白烟时停止加热，防止难溶于水的焦硫酸盐生成。

浓硫酸又是一种强脱水剂，吸收水分能力极强，可破坏有机物而析出碳，后者在高温下又被氧化为 CO_2：

$$2H_2SO_4+C \xlongequal{} CO_2\uparrow+2SO_2\uparrow+2H_2O$$

因此，试样中含有有机物时，可用浓硫酸除去。

4. 磷酸

磷酸为中强酸，PO_4^{3-} 具有很强的配位能力，能溶解许多其他酸不能溶解的矿石，如铬铁矿、铝矾土、金红石（TiO_2）和很多硅酸盐矿物（高岭土、云母、长石等）。在钢铁分析中，磷酸是溶解含高碳、高铬、高钨等合金钢试样的最佳溶剂，但应注意加热溶解过程中温度应控制在 500～600 ℃、时间应在 5 min 以内，否则将形成难溶性磷酸盐。

5. 高氯酸

高浓度的高氯酸在加热情况下特别是接近沸点时是一种强氧化剂和脱水剂。铬、钨可被氧化成 $H_2Cr_2O_7$ 和 H_2WO_4，所以常用高氯酸分解不锈钢和其他合金、铬矿石、钨铁矿等。矿石中的硅在溶样过程中形成的硅酸可迅速脱水转化成易于过滤的 SiO_2。

应注意的是，使用热高氯酸时应避免与有机物接触，以免引起爆炸。

6. 氢氟酸

氢氟酸虽是较弱的酸，但 F^- 具有强的配位能力。氢氟酸主要用来分解硅酸盐。在分解硅酸盐和含硅化合物时，常与硫酸混合使用。

用氢氟酸分解试样时，应选用铂皿或聚四氟乙烯器皿。后者在 250 ℃以下是稳定的，当温度达 400～450 ℃时，聚四氟乙烯完全解聚产生有毒的全氟异丁烯气体。

氢氟酸对人体有害，使用时需注意安全。

7. 混合酸

与单一酸相比，混合酸具有更强的溶解能力。如 HgS 不溶解于单一酸，但却溶于王水：

$$HgS+2NO_3^-+4H^++4Cl^- \xlongequal{} [HgCl_4]^{2-}+2NO_2\uparrow+2H_2O+S\downarrow$$

其原因是硝酸具有氧化作用，可将 S^{2-} 氧化成 S，盐酸可提供能与 Hg^{2+} 配位的 Cl^- 使 Hg^{2+} 形成稳定的配离子 $[HgCl_4]^{2-}$。王水还能溶解金、铂等贵金属。

常用的混合酸还有 $H_2SO_4+H_3PO_4$、H_2SO_4+HF、$H_2SO_4+HClO_4$、$HCl+HNO_3+HClO_4$ 等。

8. NaOH 和 KOH

NaOH 和 KOH 是碱溶法的主要溶剂。碱溶法常用来溶解铝、锌及其合金和它们的氧化物、氢氧化物等。WO_3、MoO_3、GeO_2 和 V_2O_5 等酸性氧化物可用稀 NaOH 或 KOH 溶液溶解。用 NaOH 和 KOH 分解试样时应使用银、铂或聚四氟乙烯器皿。

低级醇、多元酸、糖类、氨基酸、有机酸的碱金属盐等试样可用水作溶剂。许多有机物不溶于水但溶于有机溶剂，因此可用有机溶剂溶解。例如，酚等有机酸易溶于乙二胺、丁胺等碱性有机溶剂；生物碱等有机碱易溶于甲酸、冰醋酸等酸性有机溶剂。通常依据相似相溶原理选择溶剂，极性有机化合物用甲醇、乙醇等极性有机溶剂溶解；非极性有机化合物用氯仿、四氯化碳、苯、甲苯等非极性溶剂溶解。

10.2.2 熔融法

将试样与固体熔剂混合，在高温下加热使试样的全部组分转化为易溶于水或酸的化合物的分解试样的方法称为熔融法(fusion)。不溶于水、酸、碱的无机试样可采用此方法分解。熔融法虽然分解能力强，但由于加入大量熔剂(一般为试样量的6～12倍)，会带入熔剂本身的离子和其中的杂质。此外，熔融时熔剂对坩埚材料的损坏也会引入杂质。因此，若试样的大部分可溶于酸等溶剂，则应先用酸等溶剂使试样大部分溶解，将酸不溶的部分过滤后用熔融法分解，将熔融物的溶液与溶于酸的溶液合并后制成分析试液。根据熔剂的化学性质，熔融法可分为酸熔法和碱熔法。前者适宜于分解碱性试样，后者适宜于分解酸性试样。常用熔剂及其性质如下。

1. $K_2S_2O_7$或 $KHSO_4$

$K_2S_2O_7$ 的熔点为 419 ℃，$KHSO_4$的熔点为 219 ℃，后者经灼烧生成$K_2S_2O_7$。它们在 300 ℃以上可与碱性或中性氧化物作用生成可溶性硫酸盐。如分解金红石：

$$TiO_2+2K_2S_2O_7 = Ti(SO_4)_2+2K_2SO_4$$

该法常用于分解 Al_2O_3、Cr_2O_3、Fe_3O_4、ZrO_2、钛铁矿、铬矿、中性耐火材料及碱性耐火材料等。

用 $K_2S_2O_7$作熔剂分解试样时，温度不要超过 500 ℃，以防止 SO_3过多、过早地损失掉。熔融物冷却后用水溶解时应加入少量酸，以防止 Ti、Zr 等元素发生水解形成沉淀。

2. 铵盐混合熔剂

铵盐混合熔剂熔解能力强、分解速率快(2～3 min 内试样即可分解完全)。其原理是基于铵盐加热时产生的无水酸在高温时具有很强的溶解能力。一些铵盐的热分解反应如下：

$$NH_4F \xlongequal{\approx 110\ ℃} NH_3\uparrow+HF\uparrow$$

$$(NH_4)_2SO_4 \xlongequal{350\ ℃} 2NH_3\uparrow+H_2SO_4$$

$$5NH_4NO_3 \xlongequal{<190\ ℃} 4N_2\uparrow+9H_2O\uparrow+2HNO_3$$

$$NH_4Cl \xlongequal{330\ ℃} NH_3\uparrow+HCl\uparrow$$

分解不同试样时可以选用不同比例的上述铵盐的化合物。用此法熔样通常采用瓷坩埚，分解硅酸盐试样则采用镍坩埚，在 110～350 ℃下熔融，铵盐的用量为试样的10～15 倍。

3. 氢氟化钾

氢氟化钾为弱酸性熔剂，浸取熔块时 F^- 具有配位作用。熔剂的用量为试样量的8～10 倍，置于铂皿中在低温下熔融。主要用于分解硅酸盐、稀土和钍的矿石。

4. Na_2CO_3或 K_2CO_3

常作为分解硅酸盐和硫酸盐等试样的熔剂。熔融时发生复分解反应使试样的阳离子转变为可溶于酸的碳酸盐或氧化物，阴离子转变为可溶性的钠盐。例如熔融钠长石和重晶石的反应：

$$NaAlSi_3O_8 + 3Na_2CO_3 = NaAlO_2 + 3Na_2SiO_3 + 3CO_2\uparrow$$

$$BaSO_4 + Na_2CO_3 = Na_2SO_4 + BaCO_3$$

Na_2CO_3的熔点为 853 ℃，K_2CO_3的熔点为 890 ℃。熔融时常将二者混合使用，熔点可降低至 712 ℃。为了增强氧化性，应采用 Na_2CO_3与 KNO_3混合熔剂，可使 Cr_2O_3转化为 Na_2CrO_4，MnO_2转化为 Na_2MnO_4。在 Na_2CO_3中加入硫，可使含砷、锑、锡的试样转变为硫代硫酸盐而溶解。如锡石的分解反应：

$$2SnO_2 + 2Na_2CO_3 + 9S = 3SO_2\uparrow + 2Na_2SnS_3 + 2CO_2\uparrow$$

5. Na_2O_2

Na_2O_2是强氧化性、强碱性熔剂。难溶于酸的铁、铬、镍、钼、钨的合金和各种铂合金及铬矿石、钛铁矿、绿柱石、铌-钽矿石、锆英石、电气石等可被 Na_2O_2分解。它的强氧化性可使矿石中的元素转变为高价状态。如铬铁矿的分解反应：

$$2FeO\cdot Cr_2O_3 + 7Na_2O_2 = 2NaFeO_2 + 4Na_2CrO_4 + 2Na_2O$$

为了降低熔融温度，可采用 Na_2O_2与 NaOH 混合熔剂。分解硫化物或砷化物矿石时，为了减缓氧化作用的剧烈程度，可采用 Na_2O_2与 Na_2CO_3混合熔剂。

6. NaOH 或 KOH

NaOH 或 KOH 常作为分解硅酸盐、磷酸盐矿物、钼矿石和耐火材料等的熔剂。用 NaOH 分解黏土的反应如下：

$$Fe_2O_3\cdot 2SiO_2\cdot H_2O + 6NaOH = 2NaFeO_2 + 2Na_2SiO_3 + 4H_2O\uparrow$$

由于其熔点低、熔融速率快、熔块易溶解，因此氢氧化物熔剂在熔融法中得到了广泛应用。

10.2.3 半熔法

在低于熔点的温度下使试样与熔剂发生反应的分解方法称为半熔法(烧结法)，该方法温度较低，虽加热时间较长，但不易损坏坩埚，通常可采用瓷坩埚，不需要贵金属器皿。常用 MgO 或 ZnO 与一定比例的 Na_2CO_3混合物作熔剂分解铁矿及煤中的硫。由于 MgO、ZnO 的熔点高，可预防 Na_2CO_3在灼烧时熔合，而保持松散状态，以便矿石氧化更快、更完全，反应产生的气体容易逸出。

此外，碳酸钠和氯化铵也用作半熔法的熔剂。熔剂与试样混匀后置于铁或镍坩埚内，于 750～800 ℃半熔融。该方法主要用于硅酸盐中 K^+、Na^+的测定。

试样用熔融法或半熔法分解后，熔块经水或酸浸取并进一步按照分析测试的要求制备成分析试液。

10.2.4 干式灰化法

干式灰化法(dry ashing)适用于分解有机物和生物试样,以便测定其中的金属元素、硫及卤素元素的含量。该法是将试样置于马弗炉中于 400～700 ℃加热燃烧分解,燃烧后留下的无机残余物通常用少量浓盐酸或热浓硝酸浸取,然后定量转移至玻璃容器中。为提高灰化效率,在干式灰化过程中可根据需要加入少量的某种氧化性物质(俗称助剂)于试样中。硝酸镁是常用的助剂之一。对于液态或湿的动、植物细胞组织,在灰化分解前应先通过蒸气浴或轻度加热的方法进行干燥。另外,灰化时马弗炉应逐渐加热到所需温度,防止着火或起泡沫。

氧瓶燃烧法是干式灰化普遍采用的方法,此法由 Schgniger 于 1955 年创立。该法最初主要用于卤素和硫的快速测定,后来推广用于测定有机化合物中的非金属和金属元素。操作过程是首先将试样包在定量滤纸内,用铂金片夹牢后放入充满氧气的锥形瓶中进行燃烧,燃烧产物用适当的吸收液吸收。试样中的卤素、硫、磷及金属元素分别形成卤素离子、硫酸根、磷酸根及金属氧化物溶解在吸收液中。氧瓶燃烧法具有试样分解完全、燃烧产物吸收后可直接进行元素分析、试样用量少、操作简便快速等特点。

测定有机化合物中碳、氢元素的试样通常用燃烧法处理。操作过程是将试样置于铂舟内,加适量金属氧化物催化剂,然后让其在氧气流中充分燃烧。此时,碳元素定量转化为 CO_2,氢元素定量转化为 H_2O。将燃烧生成的 CO_2 和 H_2O 分别用预先称量并盛有适当吸收剂的吸收管吸收。通常用烧碱石棉吸收 CO_2,高氯酸镁吸收 H_2O。根据吸收管增加的质量,即可计算出碳和氢的含量。

低温灰化法是干式灰化法的另一种方式,该法利用射频放电产生的强活性氧游离基在低温下对有机物进行分解。低温灰化法一般在低于 100 ℃的温度下进行,以最大限度减少挥发损失。

干式灰化法的优点是所用试剂量少,可以避免外部杂质的引入,操作简单。其缺点是因少数元素挥发及器皿壁黏附金属造成待测组分损失。

10.2.5 湿式灰化法

将试样与硝酸及硫酸的混合物置于凯氏烧瓶中在一定温度下通过煮解处理试样的方法称为湿式灰化法,该法可破坏大部分有机物。在煮解过程中,硝酸被蒸发,最后剩下硫酸,当开始冒出浓厚的 SO_3 白烟时,在烧瓶内进行回流,直到溶液变为透明为止。在消化过程中,硝酸将有机物氧化为二氧化碳、水及其他挥发性产物,余下无机酸盐。使用体积比为 3∶1∶1 的硝酸、高氯酸和硫酸的混合物进行消化效果更好。混合酸能使锌、硒、砷、铜、钴、银、镉、锑、钼、锶、铁等元素定量回收。对于易形成挥发性化合物如砷、汞等的试样,采用蒸馏法分解不仅能避免挥发性损失和产生有害物质,而且能使分解和分离同时完成。

Kjeldahl 定氮法是测定有机化合物中氮含量的重要方法,其原理及过程见本书第 4 章。

10.2.6 微波辅助消解法

除在常温和加热条件下溶解试样外,近年来还提出了微波辅助消解法。微波消解法(microwave digestion)是利用微波的热效应和非热效应使试样分解的。由于这两种作用,试样表层不断被搅动并发生破裂,导致其迅速溶(熔)解。由于微波能是同时直接作用于溶液(或固体)中的每个分子,使溶液(固体)整体快速升温,加热效率高。微波消解通常采用密闭容器,因此可在较高的温度和压力下加热,不仅分解更高效,溶剂用量较少,而且易挥发组分损失大大减小。微波辅助消解可用于有机或生物试样的氧化分解,也可用于难溶无机材料的分解。

10.3 试样分析实例

10.3.1 硅酸盐分析

硅酸盐占地壳质量75%以上,是生产水泥、玻璃、陶瓷等的原料。天然的硅酸盐矿物有石英、云母、滑石、长石和白云石等,它们的主要成分为SiO_2、Fe_2O_3、Al_2O_3、CaO、MgO、TiO_2等。测定这些组分的含量通常采用系统分析法。随着仪器分析方法的发展,硅酸盐的系统分析法既有以重量分析法和滴定分析法为主的化学分析法,也有以吸光光度法和原子吸收法为主的仪器分析法。下面仅给出一种常用的硅酸盐系统分析方案供读者参考,具体操作可参见有关手册。

硅酸盐系统分析方案

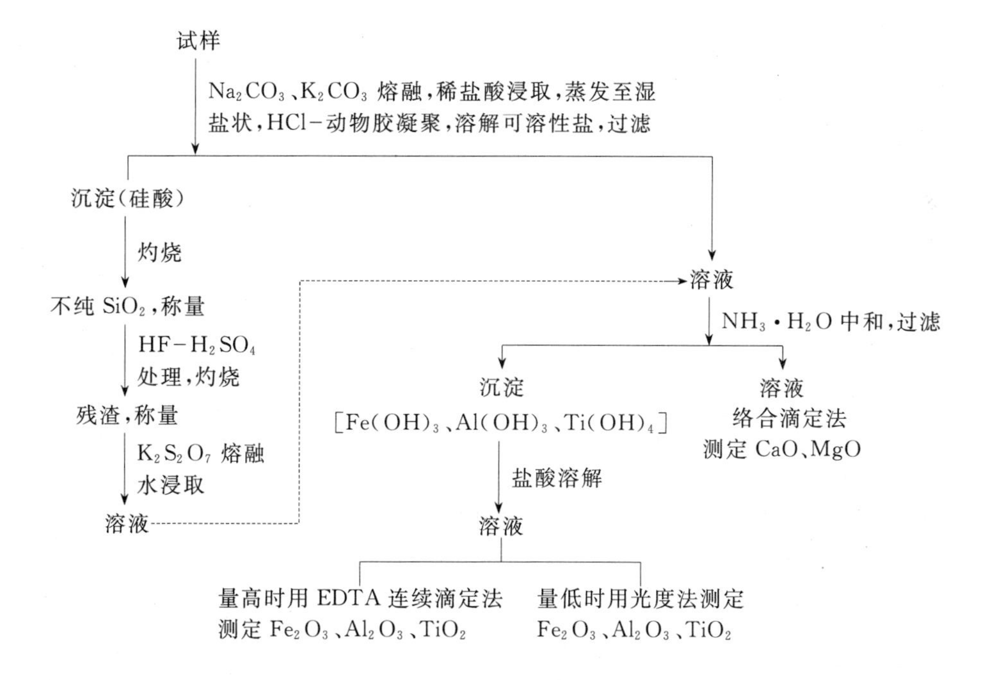

10.3.2 铝合金分析

铝合金中除铝外通常还含有Mg、Mn、Fe、Cu、Zn、Ni、Si等元素;某些铝合金中则含有Pb、Cr、Sn、Bi、Ti等元素。试样经$NaOH+Na_2CO_3+H_2O_2$分解后,Al、Zn、Pb、

Sn、Si 等存在于溶液中(称为溶液甲),Mg、Mn、Fe、Cu、Ni、Cr、Ti、Bi 等存在于残渣中。将残渣用 $HCl+H_2O_2$溶解,加适量水煮沸以除去过量 H_2O_2并稀释至一定体积(称为溶液乙)。几种主要成分的测定方法如下。

1. 铝的测定

在碱溶样过程中,有一部分铝存在于沉淀中,如果不考虑此少量铝,将导致分析结果偏低 1%~2%。而某些试样酸又不能分解完全,故需分别取溶液甲、乙混合后测定铝,但是这样会使试样中的共存元素进入溶液。为了保证测定结果的准确度,必须选用高选择性的方法。一种方法是返滴定法,先用 1,10-邻二氮菲掩蔽 Cu、Ni、Co、Zn、Cd,然后向溶液中加入一定量过量 EDTA 标准溶液并使之与铝反应完全,再以二甲酚橙为指示剂,用铅标准溶液返滴定过量的EDTA。另一种方法是氟化物置换法,即在试液中先加入一定量过量的 EDTA 标准溶液,在 pH 2~5.5 的范围内,加热至 95 ℃左右并恒温数分钟,然后缓慢冷却使 Al^{3+} 及其他金属离子与 EDTA 完全络合,再以二甲酚橙为指示剂,用铅或锌标准溶液滴定至橙红色,消耗的体积数不计,然后向溶液中加入 NaF 或NH_4F置换出 Al-EDTA 中的 EDTA,再用铅或锌标准溶液滴定。

2. 锌的测定

锌可通过溶液甲进行测定。此溶液中可能的共存组分为 Al、Sn、Si、Pb。在 pH=10 的氨性缓冲溶液中,以 PAN 为指示剂,用 EDTA 标准溶液滴定至黄亮色为终点。Al、Sn 可用酒石酸掩蔽,Si 对测定无干扰,Pb 和 Zn 同时被滴定。但是通常含 Zn 的铝合金中不含 Pb,如果含 Pb 可以用二乙基二硫代甲酸钠(DDTC)掩蔽。

3. 铜的测定

铜可通过溶液乙进行测定。溶液中可能含有 Fe、Mn、Mg、Cu、Ni、Cr、Ti、Bi 等。在强酸性溶液中铜与硫脲可形成极稳定的络合物,其条件稳定常数大于Cu-EDTA的条件稳定常数,根据此特性可测定铜。具体操作如下:取两份等量溶液乙,在一份中加入硫脲,另一份不加硫脲,硫脲只与铜发生络合作用,Al 可用 NH_4F 掩蔽。以二甲酚橙为指示剂,为避免铜对二甲酚橙的封闭作用,在两份溶液中均加入一定量过量的 EDTA 标准溶液,然后用锌标准溶液返滴定。加入硫脲的一份,终点时溶液由黄色变为橙色;未加硫脲的一份,终点时溶液由绿色变为紫蓝色或蓝色。由滴定两份试液的体积差和标准溶液的浓度可计算出铜含量。

4. 铁的测定

铁通过溶液乙进行测定,溶液中的共存元素为 Cu、Al、Mn、Mg、Ni、Cr、Bi 等。Fe^{3+}可在 pH 1.5~2.0 时,以磺基水杨酸为指示剂用 EDTA 滴定,Al、Mn、Mg、Cr 等不干扰,Cu^{2+} 含量高于 0.2%、Ni^{2+} 含量高于 1%时应使用 1,10-邻二氮菲进行掩蔽;Bi^{3+} 可与 Fe^{3+} 一起被滴定。如果 Cu^{2+} 含量高于 0.2%或有 Bi^{3+} 共存时,可用锌置换 Cu^{2+}、Bi^{3+},以消除它们对滴定 Fe^{3+} 的干扰。但用锌置换 Cu^{2+}、Bi^{2+} 时 Fe^{3+} 也被还原为 Fe^{2+},因此需用 HNO_3或 H_2O_2将其重新氧化为 Fe^{3+}。

5. 镁的测定

镁通过溶液乙进行测定,溶液中的共存元素为 Fe、Al、Mn、Cu、Ni、Cr、Ti、Bi 等。Mg 可在 pH=10 的氨性缓冲溶液中,以铬黑 T 为指示剂用 EDTA 标准溶液滴定。

Al、Ti用三乙醇胺(TEA)掩蔽,Fe用酒石酸盐和氰化钾溶液掩蔽,Cu、Ni用氰化钾掩蔽。为消除 Mn^{2+} 的干扰,可于 pH=12 时在溶液中加入 TEA 并摇动溶液使空气中的氧将其氧化为 Mn^{3+},进而与 TEA 生成蓝绿色 Mn^{3+}-TEA,再加入 KCN 使其转化为无色的 $[Mn(CN)_6]^{3-}$,然后调节 pH=10 滴定镁。少量的 Bi^{3+}、Cr^{3+} 被水解不干扰测定。

10.3.3 废水样分析

废水试样的分析一般包括温度、颜色、臭、浊度、pH、不溶物、矿化度、电导率等项目的测定。对不同的项目应采用不同的测定方法。现将测定金属元素、有机污染物和非金属无机污染物的方法简要介绍如下。

1. 金属元素的测定

废水中通常金属元素的测定项目有汞、镉、铅、铬、铍、锰、锑、铜等。这里仅介绍水样的预处理及部分金属元素的测定方法。

(1) 水样的预处理

目前,国内外把水样中能通过 0.45 μm 滤膜的部分称为可过滤的金属,它不仅包括金属水合离子、无机和有机络合物,还包括胶体粒子;把不能通过滤膜的部分称为不可过滤(悬浮态)的金属。要分别测定可过滤金属和不可过滤金属,应在取样后尽快用 0.45 μm 微孔滤膜抽滤,滤液收集于经硝酸酸化过的聚乙烯瓶(或桶)中,用酸酸化至 $pH \leqslant 2$。

应根据待测物的性质和所加酸的基体对后续测定方法的影响来选择酸化水样所用的酸。不同的待测组分应采取不同的酸化保存条件。例如,测定汞以 $HNO_3-K_2Cr_2O_7$ 作介质最好;测定六价铬的水样,则不能用硝酸酸化,因为六价铬在酸性介质中不稳定,易与还原性物质反应,而用 NaOH 或氨水调节水样 pH 至 8~10,Cr(Ⅵ)至少可稳定一个月。

为了分解掉水样中对测定有干扰的有机物和悬浮颗粒物,需对水样进行消解,其方法参见本章 10.2 节。

(2) 部分金属元素的测定

① 汞的测定

水样中微量汞可用双硫腙吸光光度法测定。试样在 95 ℃用 $KMnO_4$ 和 $K_2S_4O_8$ 消解后将所含汞定量转化为二价汞,过量的氧化剂用盐酸羟胺还原。在酸性条件下,汞离子与双硫腙形成橙色络合物,用三氯甲烷萃取,再用 NaOH-EDTA 混合液洗去过量的双硫腙,于 485 nm 处以氯仿作参比测量吸光度。在酸性条件下测定汞时,Cu^{2+} 是主要干扰物。在双硫腙洗脱液中加入 1%(质量浓度)EDTA 溶液,可掩蔽不大于 300 μg 的 Cu^{2+}。

② 镉的测定

镉可用原子吸收法或双硫腙吸光光度法测定。双硫腙法是基于 Cd^{2+} 可与双硫腙在碱性介质中形成 Cd^{2+}-二硫腙络合物,用三氯甲烷萃取后于 518 nm 处测量吸光度。

③ 铬的测定

水样中的六价铬可通过吸光光度法测定。此方法是基于在酸性介质中六价铬可与二苯碳酰二肼形成最大吸收波长为 540 nm 的紫红色络合物。六价钼和汞也与该显色剂反应生成有色化合物，但在本光度法的显色条件下 200 $mg \cdot L^{-1}$ 的钼和汞不干扰测定。高于 40 $mg \cdot L^{-1}$ 的钒会干扰测定，但钒与该显色剂的络合物 10 min 后自行褪色。

水样中的总铬可用高锰酸钾氧化－二苯碳酰二肼吸光光度法测定。此方法是基于在酸性溶液中，水样中的三价铬被高锰酸钾氧化成六价铬，六价铬可与二苯碳酰二肼生成紫红色络合物，于 540 nm 处测量吸光度。过量的高锰酸钾用亚硝酸钠分解，过量的亚硝酸钠用尿素分解。

④ 铅的测定

水样中的微量铅可用双硫腙光度法测定。此方法是基于在 pH 8.5～9.5 的氨性柠檬酸－氰化钾的还原性介质中，铅可与双硫腙形成能被三氯甲烷或四氯化碳萃取的淡红色铅－双硫腙络合物，在 510 nm 处测定有机相的吸光度。

2. 有机污染物综合指标的测定

评价废水试样中有机化合物污染情况的综合指标有溶解氧（DO）、化学需氧量（COD）、生化需氧量（BOD）、总有机碳（TOC）和总需氧量（TOD）。现仅介绍溶解氧、化学需氧量和生化需氧量的测定方法。

（1）溶解氧的测定

溶解在水中的分子态氧称为溶解氧。水中的溶解氧常用碘量法或其修正法测定。水样采集到溶解氧瓶中。采集水样时，应注意不要使水样曝气或有气泡残存在采样瓶中，并应立即加入硫酸锰和碱性碘化钾固定剂保存于冷暗处。水中溶解氧可将低价锰氧化成高价锰，生成四价锰的氢氧化物棕色沉淀。测定时加酸，使氢氧化物沉淀溶解并与碘离子反应释放出碘，再以淀粉为指示剂，用 $Na_2S_2O_3$ 标准溶液滴定至蓝色消失，根据消耗的 $Na_2S_2O_3$ 体积计算溶解氧的含量。

水样中通常含有多种氧化性或还原性物质，它们会干扰碘量法的测定，因此需采用修正的碘量法进行测定。例如，水样中含有亚硝酸盐时，会干扰碘量法测定溶解氧，此时可采用叠氮化钠修正法，即在水样中加入叠氮化钠，使水中的亚硝酸盐分解而消除干扰。如果水样中含有 Fe^{3+}，则在水样采集后，用吸管插入液面下加入 1 mL 40% 氟化钾溶液、1 mL 硫酸锰溶液和 2 mL 碱性碘化钾－叠氮化钠溶液，盖好瓶盖、摇匀，以下测定步骤如碘量法所示。

（2）化学需氧量的测定

在一定条件下，用强氧化剂处理水样时所消耗氧化剂的量，称为化学需氧量，以氧的含量（$mg \cdot L^{-1}$）表示。它反映了水中还原性物质（有机物、亚硝酸盐、亚铁盐、硫化物等）污染的程度，常用重铬酸钾法进行测定。其主要步骤为

取适量混合均匀的水样置于配有回流冷凝管的磨口锥形瓶中，准确加入一定量的重铬酸钾标准溶液及硫酸－硫酸银溶液，加热沸腾回流 2 h。冷却后，用水冲洗冷凝管壁，取下锥形瓶。冷却至室温后以试亚铁灵为指示剂，用硫酸亚铁铵标准溶液滴定至溶

液由黄色经黄绿色至红褐色即为终点。同时作空白实验，根据水样和空白试样消耗的硫酸亚铁铵标准溶液的差值，计算水样的化学需氧量。

(3) 生化需氧量的测定

在规定条件下，微生物分解存在于水中的有机物所发生的生物化学过程中所消耗的溶解氧的量称为生化需氧量。完成此生物氧化全过程所需的时间很长，目前国内外普遍规定于(20±1) ℃培养微生物 5 d。分别测定试样培养前后的溶解氧，二者差值称为五日生化需氧量(BOD_5)，以氧的含量($mg \cdot L^{-1}$)表示。测定生化需氧量的水样的取样方法与测定溶解氧的要求相同，但不加固定剂，试样应在 0～4 ℃保存并应在 24 h 内进行测定。

对大多数工业废水，因含较多的微生物，培养前要进行稀释，以保证有充足的溶解氧。稀释所用的水通常需要通入空气进行曝气，使其中的溶解氧接近饱和。为保证微生物生长的需要，稀释水中还应加入一定量的无机营养盐(如碳酸盐，钙、镁和铁盐)和缓冲物质。对于不含和含有少量微生物的工业废水，在测定生化需氧量时应进行接种，即引入能分解废水中有机物的微生物。

3. 非金属无机物的测定

废水中非金属无机物的测定项目主要有氨氮、亚硝酸盐氮、硝酸盐氮、凯氏氮、总磷、氯化物、氟化物、碘化物、氰化物、硫酸盐、硫化物、硼、余氯等。下面仅介绍其中几项的测定方法。

(1) 氨氮的测定

存在于水中的游离氨(NH_3)或铵盐(NH_4^+)中的氮称为氨氮。其来源主要是生活污水、焦化污水、合成氨化肥厂废水及农田排水。

氨氮测定方法之一是纳氏比色法。水中钙、镁、铁等金属离子、硫化物、醛和酮类、有色物及不溶物均干扰测定，应作相应的预处理。对较清洁的水，可采用絮凝沉淀法，即加入适量的硫酸锌于水样中，用氢氧化物使溶液呈碱性，生成氢氧化锌沉淀，再经过滤得到澄清的滤液。对污染严重的废水，则应采用蒸馏法，具体过程如下：先调节水样的 pH 为 6.0～7.4，再加入适量氢氧化镁使之呈微碱性，或加入 pH=9.5 的 $Na_2B_4O_7$-NaOH 缓冲溶液再蒸馏，释出的氨吸收于硼酸溶液中，然后加入碘化汞和碘化钾的碱性溶液，与氨反应生成淡红色胶态化合物，在 410～425 nm 波长范围内进行吸光光度分析。

(2) 氟化物的测定

氟化物广泛存在于自然水体中，有色冶金、钢铁和铝加工、炼焦、玻璃和陶瓷制造、电子、电镀、化肥、农药厂的废水及含氟矿物的废水中常常都存在氟化物。氟含量低的水样可采用吸光光度法测定氟。对污染严重的生活污水和工业废水及含氟硼酸盐的水样均需要通过直接蒸馏法或水汽蒸馏进行预蒸馏。前者效率高，但温度不易控制，消除干扰能力也较差，蒸馏时易发生暴沸；后者温度控制较严格，消除干扰能力强，不易发生暴沸。

在 pH=4.1 的醋酸-醋酸钠缓冲溶液中，氟离子与 3-甲基胺-茜素-二乙酸(氟试剂)和硝酸镧形成蓝色三元络合物，在 620 nm 处可进行吸光光度测定。

(3) 氰化物的测定

氰化物剧毒，在废水中以 HCN、CN^- 和含氰络离子等形式存在，主要污染源是电镀、有机、化工、选矿、炼焦、造气、化肥等工业。

采集水样后，必须立即加入氢氧化钠固定，要求水样的 pH＞12，并贮存于聚乙烯瓶中，存放于暗处，测定须在 24 h 内完成。

若水样中含有大量硫化物时，应先加入碳酸镉或碳酸铅粉末除去硫化物，再加入氢氧化钠固定。否则在碱性条件下，氰离子和硫离子反应形成硫氰根离子干扰测定。

测定前须进行预蒸馏。在 pH＝4 和硝酸锌存在下，蒸馏可得到易释放氰化物的量，包括简单氰化物和在此条件下可生成氰化氢的部分含氰络合物的量；在 pH＜2 和磷酸及 EDTA 存在下，蒸馏则可得到总氰化物的量，包括简单氰化物和绝大部分含氰络合物的量，但不包括钴氰络合物的量。

馏出液用于氰的测定。氰化物浓度高时可用滴定法测定，浓度低时用光度法测定。

思考题

1. 采集和制备生物试样应注意哪些问题？

2. 采集污水样应注意哪些问题？

3. 液体试样应如何保存？

4. 镍币中含有少量铜、银。某人欲测定其中铜、银的含量，将镍币表面擦洁后，直接用稀硝酸溶解部分镍币制备试液。以镍币溶解的量作为试样质量，然后用不同方法测定试液中铜、银的含量并将此结果作为镍币中铜、银的含量。试问这样做是否正确？为什么？

习题

1. 假设某物料各采样单元间的标准偏差的估计值为 0.61%、允许误差为 0.48%，试计算置信水平为 90%、测定 8 次时的采样单元数。

(6)

10-1 二步采样公式

2. 一批物料共 400 捆，各捆间标准偏差的估计值 $\sigma_b = 0.40\%$；各捆中各份试样间的标准偏差的估计值 $\sigma_w = 0.68\%$。若允许误差为 0.50%，置信水平为 90%、测定次数为 6 次，次级单元数为 4，试计算采样单元数。

(5)

3. 从某物料取得的 8 份试样，经分别处理后测得其中 $CaCO_3$ 质量分数分别为 81.65%、81.48%、81.34%、81.40%、80.98%、81.08%、81.17%和 81.24%，求各个采样单元间的标准偏差。如果允许误差为 0.20%，选择置信水平为 95%，试计算采样时的采样单元数。

(0.21%,7)

4. 已知硼矿的 K 值为 0.2，若矿石的最大颗粒直径为 30 mm，问最少应取试样多少千克分析结果才有意义？

(180 kg)

5. 采集铁矿试样 15 kg，经粉碎后矿石的最大颗粒直径为 2 mm，设 K 值为 0.2，问可缩分至多少千克？

(0.938 kg)

6. 某新采土样的分析结果为 H_2O 4.23%、烧失量 16.85%、SiO_2 38.42%、A_2O_3 25.91%、Fe_2O_3 9.12%、CaO 3.24%、MgO 1.21%、K_2O+Na_2O 1.02%。将试样烘干除去水分，计算烘干土样中各成分的质量分数。

（17.59%，40.12%，27.05%，9.52%，3.38%，1.26%，1.07%）

主要参考文献

附　　录

表 1　弱酸及其共轭碱在水中的解离常数(25 ℃, $I=0$)

弱酸	分子式	K_a	pK_a	共轭碱	
				pK_b	K_b
砷酸	H_3AsO_4	$6.3\times10^{-3}(K_{a_1})$	2.20	11.80	$1.6\times10^{-12}(K_{b_3})$
		$1.0\times10^{-7}(K_{a_2})$	7.00	7.00	$1.0\times10^{-7}(K_{b_2})$
		$3.2\times10^{-12}(K_{a_3})$	11.50	2.50	$3.1\times10^{-3}(K_{b_1})$
亚砷酸	$HAsO_2$	6.0×10^{-10}	9.22	4.78	1.7×10^{-5}
硼酸	H_3BO_3	5.8×10^{-10}	9.24	4.76	1.7×10^{-5}
焦硼酸	$H_2B_4O_7$	$1\times10^{-4}(K_{a_1})$	4	10	$1\times10^{-10}(K_{b_2})$
		$1\times10^{-9}(K_{a_2})$	9	5	$1\times10^{-5}(K_{b_1})$
碳酸	H_2CO_3	$4.2\times10^{-7}(K_{a_1})$	6.38	7.62	$2.4\times10^{-8}(K_{b_2})$
	$(CO_2+H_2O)^*$	$5.6\times10^{-11}(K_{a_2})$	10.25	3.75	$1.8\times10^{-4}(K_{b_1})$
氢氰酸	HCN	6.2×10^{-10}	9.21	4.79	1.6×10^{-5}
铬酸	H_2CrO_4	$1.8\times10^{-1}(K_{a_1})$	0.74	13.26	$5.6\times10^{-14}(K_{b_2})$
		$3.2\times10^{-7}(K_{a_2})$	6.50	7.50	$3.1\times10^{-8}(K_{b_1})$
氢氟酸	HF	6.6×10^{-4}	3.18	10.82	1.5×10^{-11}
亚硝酸	HNO_2	5.1×10^{-4}	3.29	10.71	1.2×10^{-11}
过氧化氢	H_2O_2	1.8×10^{-12}	11.75	2.25	5.6×10^{-3}
磷酸	H_3PO_4	$7.6\times10^{-3}(K_{a_1})$	2.12	11.88	$1.3\times10^{-12}(K_{b_3})$
		$6.3\times10^{-8}(K_{a_2})$	7.20	6.80	$1.6\times10^{-7}(K_{b_2})$
		$4.4\times10^{-13}(K_{a_3})$	12.36	1.64	$2.3\times10^{-2}(K_{b_1})$
焦磷酸	$H_4P_2O_7$	$3.0\times10^{-2}(K_{a_1})$	1.52	12.48	$3.3\times10^{-13}(K_{b_4})$
		$4.4\times10^{-3}(K_{a_2})$	2.36	11.64	$2.3\times10^{-12}(K_{b_3})$
		$2.5\times10^{-7}(K_{a_3})$	6.60	7.40	$4.0\times10^{-8}(K_{b_2})$
		$5.6\times10^{-10}(K_{a_4})$	9.25	4.75	$1.8\times10^{-5}(K_{b_1})$
亚磷酸	H_3PO_3	$5.0\times10^{-2}(K_{a_1})$	1.30	12.70	$2.0\times10^{-13}(K_{b_2})$
		$2.5\times10^{-7}(K_{a_2})$	6.60	7.40	$4.0\times10^{-8}(K_{b_1})$

续表

弱酸	分子式	K_a	pK_a	共轭碱	
				pK_b	K_b
氢硫酸	H_2S	$1.3\times10^{-7}(K_{a_1})$	6.88	7.12	$7.7\times10^{-8}(K_{b_2})$
		$7.1\times10^{-15}(K_{a_2})$	14.15	−0.15	$1.41(K_{b_1})$
硫酸	HSO_4^-	$1.0\times10^{-2}(K_{a_2})$	1.99	12.01	$1.0\times10^{-12}(K_{b_1})$
亚硫酸	H_2SO_3	$1.3\times10^{-2}(K_{a_1})$	1.90	12.10	$7.7\times10^{-13}(K_{b_2})$
	(SO_2+H_2O)	$6.3\times10^{-8}(K_{a_2})$	7.20	6.80	$1.6\times10^{-7}(K_{b_1})$
偏硅酸	H_2SiO_3	$1.7\times10^{-10}(K_{a_1})$	9.77	4.23	$5.9\times10^{-5}(K_{b_2})$
		$1.6\times10^{-12}(K_{a_2})$	11.8	2.20	$6.2\times10^{-3}(K_{b_1})$
甲酸	HCOOH	1.8×10^{-4}	3.74	10.26	5.5×10^{-11}
乙酸	CH_3COOH	1.8×10^{-5}	4.74	9.26	5.5×10^{-10}
一氯乙酸	$CH_2ClCOOH$	1.4×10^{-3}	2.86	11.14	6.9×10^{-12}
二氯乙酸	$CHCl_2COOH$	5.0×10^{-2}	1.30	12.70	2.0×10^{-13}
三氯乙酸	CCl_3COOH	0.23	0.64	13.36	4.3×10^{-14}
氨基乙酸盐	$NH_3^+CH_2COOH$	$4.5\times10^{-3}(K_{a_1})$	2.35	11.65	$2.2\times10^{-12}(K_{b_2})$
	$NH_3^+CH_2COO^-$	$2.5\times10^{-10}(K_{a_2})$	9.60	4.40	$4.0\times10^{-5}(K_{b_1})$
乳酸	$CH_3CHOHCOOH$	1.4×10^{-4}	3.86	10.14	7.2×10^{-11}
苯甲酸	C_6H_5COOH	6.2×10^{-5}	4.21	9.79	1.6×10^{-10}
草酸	$H_2C_2O_4$	$5.9\times10^{-2}(K_{a_1})$	1.22	12.78	$1.7\times10^{-13}(K_{b_2})$
		$6.4\times10^{-5}(K_{a_2})$	4.19	9.81	$1.6\times10^{-10}(K_{b_1})$
d-酒石酸	CH(OH)COOH | CH(OH)COOH	$9.1\times10^{-4}(K_{a_1})$	3.04	10.96	$1.1\times10^{-11}(K_{b_2})$
		$4.3\times10^{-5}(K_{a_2})$	4.37	9.63	$2.3\times10^{-10}(K_{b_1})$
邻苯二甲酸	$C_6H_4(COOH)_2$（苯环邻位 —COOH、—COOH）	$1.1\times10^{-3}(K_{a_1})$	2.95	11.05	$9.1\times10^{-12}(K_{b_2})$
		$3.9\times10^{-6}(K_{a_2})$	5.41	8.59	$2.6\times10^{-9}(K_{b_1})$
柠檬酸	CH_2COOH | C(OH)COOH | CH_2COOH	$7.4\times10^{-4}(K_{a_1})$	3.13	10.87	$1.4\times10^{-11}(K_{b_3})$
		$1.7\times10^{-5}(K_{a_2})$	4.76	9.26	$5.9\times10^{-10}(K_{b_2})$
		$4.0\times10^{-7}(K_{a_3})$	6.40	7.60	$2.5\times10^{-8}(K_{b_1})$
苯酚	C_6H_5OH	1.1×10^{-10}	9.95	4.05	9.1×10^{-5}
乙二胺四乙酸	H_6-$EDTA^{2+}$	$0.13(K_{a_1})$	0.9	13.1	$7.7\times10^{-14}(K_{b_6})$
	H_5-$EDTA^+$	$3\times10^{-2}(K_{a_2})$	1.6	12.4	$3.3\times10^{-13}(K_{b_5})$
	H_4-EDTA	$1\times10^{-2}(K_{a_3})$	2.0	12.0	$1\times10^{-12}(K_{b_4})$
	H_3-$EDTA^-$	$2.1\times10^{-3}(K_{a_4})$	2.67	11.33	$4.8\times10^{-12}(K_{b_3})$

续表

弱酸	分子式	K_a	pK_a	共轭碱	
				pK_b	K_b
	H_2-EDTA^{2-}	$6.9\times10^{-7}(K_{a_5})$	6.16	7.84	$1.4\times10^{-8}(K_{b_2})$
	$H-EDTA^{3-}$	$5.5\times10^{-11}(K_{a_6})$	10.26	3.74	$1.8\times10^{-4}(K_{b_1})$
铵根离子	NH_4^+	5.5×10^{-10}	9.26	4.74	1.8×10^{-5}
联氨离子	$NH_3^+NH_3^+$	3.3×10^{-9}	8.48	5.52	3.0×10^{-6}
羟氨离子	NH_3^+OH	1.1×10^{-6}	5.96	8.04	9.1×10^{-9}
甲胺离子	$CH_3NH_3^+$	2.4×10^{-11}	10.62	3.38	4.2×10^{-4}
乙胺离子	$C_2H_5NH_3^+$	1.8×10^{-11}	10.75	3.25	5.6×10^{-4}
二甲胺离子	$(CH_3)_2NH_2^+$	8.5×10^{-11}	10.07	3.93	1.2×10^{-4}
二乙胺离子	$(C_2H_5)_2NH_2^+$	7.8×10^{-12}	11.11	2.89	1.3×10^{-3}
乙醇胺离子	$HOCH_2CH_2NH_3^+$	3.2×10^{-10}	9.50	4.50	3.2×10^{-5}
三乙醇胺离子	$(HOCH_2CH_2)_3NH^+$	1.7×10^{-8}	7.76	6.24	5.8×10^{-7}
六亚甲基四胺离子	$(CH_2)_6N_4H^+$	7.1×10^{-6}	5.15	8.85	1.4×10^{-9}
乙二胺离子	$NH_3^+CH_2CH_2NH_3^+$	$1.4\times10^{-7}(K_{a_1})$	6.85	7.15	$7.1\times10^{-8}(K_{b_2})$
	$NH_2CH_2CH_2NH_3^+$	$1.2\times10^{-10}(K_{a_2})$	9.93	4.07	$8.5\times10^{-5}(K_{b_1})$
吡啶离子	$C_5H_5NH^+$ (吡啶环)	5.9×10^{-6}	5.23	8.77	1.7×10^{-9}

* 如果不计水合 CO_2，H_2CO_3 的 $pK_{a_1}=3.76$。

表 2 氨羧配体类络合物的稳定常数(18～25 ℃，$I=0.1\ mol\cdot L^{-1}$)

金属离子	$\lg K_稳$						
	EDTA	DCyTA	DTPA	EGTA	HEDTA	NTA	
						$\lg\beta_1$	$\lg\beta_2$
Ag^+	7.32			6.88	6.71	5.16	
Al^{3+}	16.3	19.5	18.6	13.9	14.3	11.4	
Ba^{2+}	7.86	8.69	8.87	8.41	6.3	4.82	
Be^{2+}	9.2	11.51				7.11	
Bi^{3+}	27.94	32.3	35.6		22.3	17.5	
Ca^{2+}	10.69	13.20	10.83	10.97	8.3	6.41	
Cd^{2+}	16.46	19.93	19.2	16.7	13.3	9.83	14.61
Co^{2+}	16.31	19.62	19.27	12.39	14.6	10.38	14.39

续表

金属离子	$\lg K_{稳}$						
	EDTA	DCyTA	DTPA	EGTA	HEDTA	NTA	
						$\lg\beta_1$	$\lg\beta_2$
Co^{3+}	36				37.4	6.84	
Cr^{3+}	23.4					6.23	
Cu^{2+}	18.80	22.00	21.55	17.71	17.6	12.96	
Fe^{2+}	14.32	19.0	16.5	11.87	12.3	8.33	
Fe^{3+}	25.1	30.1	28.0	20.5	19.8	15.9	
Ga^{3+}	20.3	23.2	25.54		16.9	13.6	
Hg^{2+}	21.7	25.00	26.70	23.2	20.30	14.6	
In^{3+}	25.0	28.8	29.0		20.2	16.9	
Li^{+}	2.79					2.51	
Mg^{2+}	8.7	11.02	9.30	5.21	7.0	5.41	
Mn^{2+}	13.87	17.48	15.60	12.28	10.9	7.44	
Mo(Ⅴ)	≈28						
Na^{+}	1.66						1.22
Ni^{2+}	18.62	20.3	20.32	13.55	17.3	11.53	16.42
Pb^{2+}	18.04	20.38	18.80	14.71	15.7	11.39	
Pd^{2+}	18.5						
Sc^{3+}	23.1	26.1	24.5	18.2			24.1
Sn^{2+}	22.11						
Sr^{2+}	8.73	10.59	9.77	8.50	6.9	4.98	
Th^{4+}	23.2	25.6	28.78				
TiO^{2+}	17.3						
Tl^{3+}	37.8	38.3				20.9	32.5
U^{4+}	25.8	27.6	7.69				
VO^{2+}	18.8	20.1					
Y^{3+}	18.09	19.85	22.13	17.16	14.78	11.41	20.43
Zn^{2+}	16.50	19.37	18.40	12.7	14.7	10.67	14.29
Zr^{4+}	29.5		35.8			20.8	
稀土元素	16～20	17～22	19		13～16	10～12	

注：EDTA 为乙二胺四乙酸；

DCyTA(或 DCTA，CyDTA)为环己二胺四乙酸；

DTPA 为二乙基三胺五乙酸；

EGTA 为乙二醇二乙醚二胺四乙酸；

HEDTA 为 N-β-羟基乙基乙二胺三乙酸；

NTA 为氨三乙酸。

表 3　络合物的稳定常数(18～25 ℃)

金属离子	$I/(mol \cdot L^{-1})$	n	$\lg\beta_n$
氨络合物			
Ag^{+}	0.5	1,2	3.24,7.05
Cd^{2+}	2	1,…,6	2.65,4.75,6.19,7.12,6.80,5.14
Co^{2+}	2	1,…,6	2.11,3.74,4.79,5.55,5.73,5.11
Co^{3+}	2	1,…,6	6.7,14.0,20.1,25.7,30.8,35.2
Cu^{+}	2	1,2	5.93,10.86
Cu^{2+}	2	1,…,5	4.31,7.98,11.02,13.32,12.86
Ni^{2+}	2	1,…,6	2.80,5.04,6.77,7.96,8.71,8.74
Zn^{2+}	2	1,…,4	2.37,4.81,7.31,9.46
溴络合物			
Ag^{+}	0	1,…,4	4.38,7.33,8.00,8.73
Bi^{3+}	2.3	1,…,6	4.30,5.55,5.89,7.82,—,9.70
Cd^{2+}	3	1,…,4	1.75,2.34,3.32,3.70
Cu^{2+}	0	2	5.89
Hg^{2+}	0.5	1,…,4	9.05,17.32,19.74,21.00
氯络合物			
Ag^{+}	0	1,…,4	3.04,5.04,5.04,5.30
Hg^{2+}	0.5	1,…,4	6.74,13.22,14.07,15.07
Sn^{2+}	0	1,…,4	1.51,2.24,2.03,1.48
Sb^{3+}	4	1,…,6	2.26,3.49,4.18,4.72,4.72,4.11
氰络合物			
Ag^{+}	0	1,…,4	—,21.1,21.7,20.6
Cd^{2+}	3	1,…,4	5.48,10.60,15.23,18.78
Co^{2+}		6	19.09
Cu^{+}	0	1,…,4	—,24.0,28.59,30.3
Fe^{2+}	0	6	35
Fe^{3+}	0	6	42
Hg^{2+}	0	4	41.4
Ni^{2+}	0.1	4	31.3
Zn^{2+}	0.1	4	16.7
氟络合物			
Al^{3+}	0.5	1,…,6	6.13,11.15,15.00,17.75,19.37,19.84
Fe^{3+}	0.5	1,…,6	5.28,9.30,12.06,—,15.77,—
Th^{4+}	0.5	1,2,3	7.65,13.46,17.97
TiO_2^{2+}	3	1,…,4	5.4,9.8,13.7,18.0
ZrO_2^{2+}	2	1,2,3	8.80,16.12,21.94

金属离子	$I/(\mathrm{mol \cdot L^{-1}})$	n	$\lg\beta_n$
碘络合物			
Ag^{+}	0	1,2,3	6.58,11.74,13.68
Bi^{3+}	2	1,…,6	3.63,—,—,14.95,16.80,18.80
Cd^{2+}	0	1,…,4	2.10,3.43,4.49,5.41
Pb^{2+}	0	1,…,4	2.00,3.15,3.92,4.47
Hg^{2+}	0.5	1,…,4	12.87,23.82,27.60,29.83
磷酸络合物			
Ca^{2+}	0.2	CaHL	1.7
Mg^{2+}	0.2	MgHL	1.9
Mn^{2+}	0.2	MnHL	2.6
Fe^{3+}	0.66	FeL	9.35
硫氰酸络合物			
Ag^{+}	2.2	1,…,4	—,7.57,9.08,10.08
Au^{+}	0	1,…,4	—,23,—,42
Co^{2+}	1	1	1.0
Cu^{+}	5	1,…,4	—,11.00,10.90,10.48
Fe^{3+}	0.5	1,2	2.95,3.36
Hg^{2+}	1	1,…,4	—,17.47,—,21.23
硫代硫酸络合物			
Ag^{+}	0	1,2,3	8.82,13.46,14.15
Cu^{+}	0.8	1,2,3	10.35,12.27,13.71
Hg^{2+}	0	1,…,4	—,29.86,32.26,33.61
Pb^{2+}	0	1,3	5.1,6.4
乙酰丙酮络合物			
Al^{3+}	0	1,2,3	8.60,15.5,21.30
Cu^{2+}	0	1,2	8.27,16.34
Fe^{2+}	0	1,2	5.07,8.67
Fe^{3+}	0	1,2,3	11.4,22.1,26.7
Ni^{2+}	0	1,2,3	6.06,10.77,13.09
Zn^{2+}	0	1,2	4.98,8.81
柠檬酸络合物			
Ag^{+}	0	Ag_2HL	7.1
Al^{3+}	0.5	AlHL	7.0
		AlL	20.0
		AlOHL	30.6
Ca^{2+}	0.5	CaH_3L	10.9
		CaH_2L	8.4
		CaHL	3.5

续表

金属离子	$I/(\text{mol}\cdot\text{L}^{-1})$	n	$\lg\beta_n$
Cd^{2+}	0.5	CdH_2L	7.9
		CdHL	4.0
		CdL	11.3
Co^{2+}	0.5	CoH_2L	8.9
		CoHL	4.4
		CoL	12.5
Cu^{2+}	0.5	CuH_3L	12.0
	0	CuHL	6.1
	0.5	CuL	18.0
Fe^{2+}	0.5	FeH_2L	7.3
		FeHL	3.1
		FeL	15.5
Fe^{3+}	0.5	FeH_2L	12.2
		FeHL	10.9
		FeL	25.0
Ni^{2+}	0.5	NiH_2L	9.0
		NiHL	4.8
		NiL	14.3
Pb^{2+}	0.5	PbH_2L	11.2
		PbHL	5.2
		PbL	12.3
Zn^{2+}	0.5	ZnH_2L	8.7
		ZnHL	4.5
		ZnL	11.4
草酸络合物			
Al^{3+}	0	1,2,3	7.26,13.0,16.3
Cd^{2+}	0.5	1,2	2.9,4.7
Co^{2+}	0.5	CoHL	5.5
		CoH_2L	10.6
		1,2,3	4.79,6.7,9.7
Co^{3+}	0	3	≈20
Cu^{2+}	0.5	CuHL	6.25
		1,2	4.5,8.9
Fe^{2+}	0.5～1	1,2,3	2.9,4.52,5.22
Fe^{3+}	0	1,2,3	9.4,16.2,20.2
Mg^{2+}	0.1	1,2	2.76,4.38

续表

金属离子	$I/(\mathrm{mol \cdot L^{-1}})$	n	$\lg\beta_n$
Mn(Ⅲ)	2	1,2,3	9.98,16.57,19.42
Ni^{2+}	0.1	1,2,3	5.3,7.64,8.5
Th(Ⅳ)	0.1	4	24.5
TiO^{2+}	2	1,2	6.6,9.9
Zn^{2+}	0.5	ZnH_2L	5.6
		1,2,3	4.89,7.60,8.15
磺基水杨酸络合物			
Al^{3+}	0.1	1,2,3	13.20,22.83,28.89
Cd^{2+}	0.25	1,2	16.68,29.08
Co^{2+}	0.1	1,2	6.13,9.82
Cr^{3+}	0.1	1	9.56
Cu^{2+}	0.1	1,2	9.52,16.45
Fe^{2+}	0.1～0.5	1,2	5.90,9.90
Fe^{3+}	0.25	1,2,3	14.64,25.18,32.12
Mn^{2+}	0.1	1,2	5.24,8.24
Ni^{2+}	0.1	1,2	6.42,10.24
Zn^{2+}	0.1	1,2	6.05,10.65
酒石酸络合物			
Bi^{3+}	0	3	8.30
Ca^{2+}	0.5	CaHL	4.85
	0	1,2	2.98,9.01
Cd^{2+}	0.5	1	2.8
Cu^{2+}	1	1,…,4	3.2,5.11,4.78,6.51
Fe^{3+}	0	3	7.49
Mg^{2+}	0.5	MgHL	4.65
		1	1.2
Pb^{2+}	0	1,2,3	3.78,—,4.7
Zn^{2+}	0.5	ZnHL	4.5
		1,2	2.4,8.32
乙二胺络合物			
Ag^{+}	0.1	1,2	4.70,7.70
Cd^{2+}	0.5	1,2,3	5.47,10.09,12.09
Co^{2+}	1	1,2,3	5.91,10.64,13.94
Co^{3+}	1	1,2,3	18.70,34.90,48.69
Cu^{+}		2	10.8
Cu^{2+}	1	1,2,3	10.67,20.00,21.0

续表

金属离子	$I/(mol \cdot L^{-1})$	n	$\lg\beta_n$
Fe^{2+}	1.4	1,2,3	4.34,7.65,9.70
Hg^{2+}	0.1	1,2	14.30,23.3
Mn^{2+}	1	1,2,3	2.73,4.79,5.67
Ni^{2+}	1	1,2,3	7.52,13.80,18.06
Zn^{2+}	1	1,2,3	5.77,10.83,14.11
硫脲络合物			
Ag^{+}	0.03	1,2	7.4,13.1
Bi^{3+}		6	11.9
Cu^{+}	0.1	3,4	13,15.4
Hg^{2+}		2,3,4	22.1,24.7,26.8
氢氧基络合物			
Al^{3+}	2	4	33.3
		$[Al_6(OH)_{15}]^{3+}$	163
Bi^{3+}	3	1	12.4
		$[Bi_6(OH)_{12}]^{6+}$	168.3
Cd^{2+}	3	1,…,4	4.3,7.7,10.3,12.0
Co^{2+}	0.1	1,3	5.1,—,10.2
Cr^{3+}	0.1	1,2	10.2,18.3
Fe^{2+}	1	1	4.5
Fe^{3+}	3	1,2	11.0,21.7
		$[Fe_2(OH)_2]^{4+}$	25.1
Hg^{2+}	0.5	2	21.7
Mg^{2+}	0	1	2.6
Mn^{2+}	0.1	1	3.4
Ni^{2+}	0.1	1	4.6
Pb^{2+}	0.3	1,2,3	6.2,10.3,13.3
		$[Pb_2(OH)]^{3+}$	7.6
Sn^{2+}	3	1	10.1
Th^{4+}	1	1	9.7
Ti^{3+}	0.5	1	11.8
TiO^{2+}	1	1	13.7
VO^{2+}	3	1	8.0
Zn^{2+}	0	1,…,4	4.4,10.1,14.2,15.5

注:(1) β_n为络合物的累积稳定常数,即

$\beta_n = K_1 K_2 K_3 \cdots K_n$

$\lg \beta_n = \lg K_1 + \lg K_2 + \lg K_3 + \cdots + \lg K_n$

例如 Ag^+与 NH_3的络合物:$\lg \beta_1 = 3.24$,即 $\lg K_1 = 3.24$;$\lg \beta_2 = 7.05$,即 $\lg K_1 = 3.24$,$\lg K_2 = 3.81$。

(2) 酸式、碱式络合物及多核氢氧基络合物的化学式标明于 n 栏中。

表 4　EDTA 的 $\lg\alpha_{Y(H)}$

pH	$\lg\alpha_{Y(H)}$	pH	$\lg\alpha_{Y(H)}$	pH	$\lg\alpha_{Y(H)}$	pH	$\lg\alpha_{Y(H)}$	pH	$\lg\alpha_{Y(H)}$
0.0	23.64	2.5	11.90	5.0	6.45	7.5	2.78	10.0	0.45
0.1	23.06	2.6	11.62	5.1	6.26	7.6	2.68	10.1	0.39
0.2	22.47	2.7	11.35	5.2	6.07	7.7	2.57	10.2	0.33
0.3	21.89	2.8	11.09	5.3	5.88	7.8	2.47	10.3	0.28
0.4	21.32	2.9	10.84	5.4	5.69	7.9	2.37	10.4	0.24
0.5	20.75	3.0	10.60	5.5	5.51	8.0	2.27	10.5	0.20
0.6	20.18	3.1	10.37	5.6	5.33	8.1	2.17	10.6	0.16
0.7	19.62	3.2	10.14	5.7	5.15	8.2	2.07	10.7	0.13
0.8	19.08	3.3	9.92	5.8	4.98	8.3	1.97	10.8	0.11
0.9	18.54	3.4	9.70	5.9	4.81	8.4	1.87	10.9	0.09
1.0	18.01	3.5	9.48	6.0	4.65	8.5	1.77	11.0	0.07
1.1	17.49	3.6	9.27	6.1	4.49	8.6	1.67	11.1	0.06
1.2	16.98	3.7	9.06	6.2	4.34	8.7	1.57	11.2	0.05
1.3	16.49	3.8	8.85	6.3	4.20	8.8	1.48	11.3	0.04
1.4	16.02	3.9	8.65	6.4	4.06	8.9	1.38	11.4	0.03
1.5	15.55	4.0	8.44	6.5	3.92	9.0	1.28	11.5	0.02
1.6	15.11	4.1	8.24	6.6	3.79	9.1	1.19	11.6	0.02
1.7	14.68	4.2	8.04	6.7	3.67	9.2	1.10	11.7	0.02
1.8	14.27	4.3	7.84	6.8	3.55	9.3	1.01	11.8	0.01
1.9	13.88	4.4	7.64	6.9	3.43	9.4	0.92	11.9	0.01
2.0	13.51	4.5	7.44	7.0	3.32	9.5	0.83	12.0	0.01
2.1	13.16	4.6	7.24	7.1	3.21	9.6	0.75	12.1	0.01
2.2	12.82	4.7	7.04	7.2	3.10	9.7	0.67	12.2	0.005
2.3	12.50	4.8	6.84	7.3	2.99	9.8	0.59	13.0	0.000 8
2.4	12.19	4.9	6.65	7.4	2.88	9.9	0.52	13.9	0.000 1

表 5　一些配体的酸效应系数

配体	pH												
	0	1	2	3	4	5	6	7	8	9	10	11	12
DCTA*	23.77	19.79	15.91	12.54	9.95	7.87	6.07	4.75	3.71	2.70	1.71	0.78	0.18
EGTA	22.96	19.00	15.31	12.48	10.33	8.31	6.31	4.32	2.37	0.78	0.12	0.01	0.00
DTPA	28.06	23.09	18.45	14.61	11.58	9.17	7.10	5.10	3.19	1.64	0.62	0.12	0.01
氨三乙酸	16.80	13.80	10.84	8.24	6.75	5.70	4.70	3.70	2.70	1.71	0.78	0.18	0.02
乙酰丙酮	9.0	8.0	7.0	6.0	5.0	4.0	3.0	2.0	1.04	0.30	0.04	0.00	
草酸盐	5.45	3.62	2.26	1.23	0.41	0.06	0.00						
氰化物	9.21	8.21	7.21	6.21	5.21	4.21	3.21	2.21	1.23	0.42	0.06	0.01	0.00
氟化物	3.18	2.18	1.21	0.40	0.06	0.01	0.00						

* 又称 CDTA 或 CyDTA，为氨羧配体的一种。

表 6　金属离子的 $\lg\alpha_{M(OH)}$

金属离子	I / $mol \cdot L^{-1}$	pH													
		1	2	3	4	5	6	7	8	9	10	11	12	13	14
Ag(Ⅰ)	0.1											0.1	0.5	2.3	5.1
Al(Ⅲ)	2					0.4	1.3	5.3	9.3	13.3	17.3	21.3	25.3	29.3	33.3
Ba(Ⅱ)	0.1													0.1	0.5
Bi(Ⅲ)	3	0.1	0.5	1.4	2.4	3.4	4.4	5.4							
Ca(Ⅱ)	0.1													0.3	1.0
Cd(Ⅱ)	3									0.1	0.5	2.0	4.5	8.1	12.0
Ce(Ⅳ)	1～2	1.2	3.1	5.1	7.1	9.1	11.1	13.1							
Cu(Ⅱ)	0.1								0.2	0.8	1.7	2.7	3.7	4.7	5.7
Fe(Ⅱ)	1									0.1	0.6	1.5	2.5	3.5	4.5
Fe(Ⅲ)	3			0.4	1.8	3.7	5.7	7.7	9.7	11.7	13.7	15.7	17.7	19.7	21.7
Hg(Ⅱ)	0.1			0.5	1.9	3.9	5.9	7.9	9.9	11.9	13.9	15.9	17.9	19.9	21.9
La(Ⅲ)	3										0.3	1.0	1.9	2.9	3.9
Mg(Ⅱ)	0.1											0.1	0.5	1.3	2.3
Ni(Ⅱ)	0.1									0.1	0.7	1.6			
Pb(Ⅱ)	0.1							0.1	0.5	1.4	2.7	4.7	7.4	10.4	13.4
Th(Ⅳ)	1				0.2	0.8	1.7	2.7	3.7	4.7	5.7	6.7	7.7	8.7	9.7
Zn(Ⅱ)	0.1									0.2	2.4	5.4	8.5	11.8	15.5

表 7　校正酸效应、水解效应及生成酸式或碱式络合物效应后 EDTA 络合物的 $\lg K'_{MY}$

金属离子	pH														
	0	1	2	3	4	5	6	7	8	9	10	11	12	13	14
Ag^{+}					0.7	1.7	2.8	3.9	5.0	5.9	6.8	7.1	6.8	5.0	2.2
Al^{3+}			3.0	5.4	7.5	9.6	10.4	8.5	6.6	4.5	2.4				
Ba^{2+}						1.3	3.0	4.4	5.5	6.4	7.3	7.7	7.8	7.7	7.3
Bi^{3+}	1.4	5.3	8.6	10.6	11.8	12.8	13.6	14.0	14.1	14.0	13.9	13.3	12.4	11.4	10.4
Ca^{2+}					2.2	4.1	5.9	7.3	8.4	9.3	10.2	10.6	10.7	10.4	9.7
Cd^{2+}		1.0	3.8	6.0	7.9	9.9	11.7	13.1	14.2	15.0	15.5	14.4	12.0	8.4	4.5
Co^{2+}		1.0	3.7	5.9	7.8	9.7	11.5	12.9	13.9	14.5	14.7	14.1	12.1		
Cu^{2+}		3.4	6.1	8.3	10.2	12.2	14.0	15.4	16.3	16.6	16.6	16.1	15.7	15.6	15.6
Fe^{2+}			1.5	3.7	5.7	7.7	9.5	10.9	12.0	12.8	13.2	12.7	11.8	10.8	9.8
Fe^{3+}	5.1	8.2	11.5	13.9	14.7	14.8	14.6	14.1	13.7	13.6	14.0	14.3	14.4	14.4	14.4
Hg^{2+}	3.5	6.5	9.2	11.1	11.3	11.3	11.1	10.5	9.6	8.8	8.4	7.7	6.8	5.8	4.8
La^{3+}			1.7	4.6	6.8	8.8	10.6	12.0	13.1	14.0	14.6	14.3	13.5	12.5	11.5
Mg^{2+}						2.1	3.9	5.3	6.4	7.3	8.2	8.5	8.2	7.4	
Mn^{2+}			1.4	3.6	5.5	7.4	9.2	10.6	11.7	12.6	13.4	13.4	12.6	11.6	10.6
Ni^{2+}		3.4	6.1	8.2	10.1	12.0	13.8	15.2	16.3	17.1	17.4	16.9			
Pb^{2+}		2.4	5.2	7.4	9.4	11.4	13.2	14.5	15.2	15.2	14.8	13.9	10.6	7.6	4.6
Sr^{2+}						2.0	3.8	5.2	6.3	7.2	8.1	8.5	8.6	8.5	8.0
Th^{4+}	1.8	5.8	9.5	12.4	14.5	15.8	16.7	17.4	18.2	19.1	20.0	20.4	20.5	20.5	20.5
Zn^{2+}		1.1	3.8	6.0	7.9	9.9	11.7	13.1	14.2	14.9	13.6	11.0	8.0	4.7	1.0

表 8　铬黑 T 和二甲酚橙的 $\lg\alpha_{In(H)}$ 及有关常数

（一）铬黑 T

pH	红	$pK_{a_2}=6.3$	蓝	$pK_{a_3}=11.6$		橙
	6.0	7.0	8.0	9.0	10.0	11.0
$\lg\alpha_{In(H)}$	6.0	4.6	3.6	2.6	1.6	0.7
pCa_{ep}（至红）			1.8	2.8	3.8	4.7
pMg_{ep}（至红）	1.0	2.4	3.4	4.4	5.4	6.3
pMn_{ep}（至红）	3.6	5.0	6.2	7.8	9.7	11.5
pZn_{ep}（至红）	6.9	8.3	9.3	10.5	12.2	13.9

对数常数：$\lg K_{CaIn}=5.4$；$\lg K_{MgIn}=7.0$；$\lg K_{MnIn}=9.6$；$\lg K_{ZnIn}=12.9$

$c_{In}=10^{-5}\ mol\cdot L^{-1}$

（二）二甲酚橙

pH		黄		$pK_{a_4}=6.3$				红	
	0	1.0	2.0	3.0	4.0	4.5	5.0	5.5	6.0
$\lg\alpha_{In(H)}$	35.0	30.0	25.1	20.7	17.3	15.7	14.2	12.8	11.3
pBi_{ep}（至红）		4.0	5.4	6.8					
pCd_{ep}（至红）						4.0	4.5	5.0	5.5
pHg_{ep}（至红）							7.4	8.2	9.0
pLa_{ep}（至红）						4.0	4.5	5.0	5.6
pPb_{ep}（至红）				4.2	4.8	6.2	7.0	7.6	8.2
pTh_{ep}（至红）		3.6	4.9	6.3					
pZn_{ep}（至红）						4.1	4.8	5.7	6.5
pZr_{ep}（至红）	7.5								

表 9　标准电极电位（18～25 ℃）

半反应	$E^{\ominus}/V$
$F_2(g)+2H^++2e^- \rightleftharpoons 2HF$	3.06
$O_3+2H^++2e^- \rightleftharpoons O_2+H_2O$	2.07
$S_2O_8^{2-}+2e^- \rightleftharpoons 2SO_4^{2-}$	2.01
$H_2O_2+2H^++2e^- \rightleftharpoons 2H_2O$	1.77
$MnO_4^-+4H^++3e^- \rightleftharpoons MnO_2(s)+2H_2O$	1.695
$PbO_2(s)+SO_4^{2-}+4H^++2e^- \rightleftharpoons PbSO_4(s)+2H_2O$	1.685
$HClO_2+2H^++2e^- \rightleftharpoons HClO+H_2O$	1.64
$HClO+H^++e^- \rightleftharpoons \frac{1}{2}Cl_2+H_2O$	1.63

半反应	$E^{\ominus}/V$
$Ce^{4+}+e^- \rightleftharpoons Ce^{3+}$	1.61
$H_5IO_6+H^++2e^- \rightleftharpoons IO_3^-+3H_2O$	1.60
$HBrO+H^++e^- \rightleftharpoons \frac{1}{2}Br_2+H_2O$	1.59
$BrO_3^-+6H^++5e^- \rightleftharpoons \frac{1}{2}Br_2+3H_2O$	1.52
$MnO_4^-+8H^++5e^- \rightleftharpoons Mn^{2+}+4H_2O$	1.51
$Au(Ⅲ)+3e^- \rightleftharpoons Au$	1.50
$HClO+H^++2e^- \rightleftharpoons Cl^-+H_2O$	1.49
$ClO_3^-+6H^++5e^- \rightleftharpoons \frac{1}{2}Cl_2+3H_2O$	1.47
$PbO_2(s)+4H^++2e^- \rightleftharpoons Pb^{2+}+2H_2O$	1.455
$HIO+H^++e^- \rightleftharpoons \frac{1}{2}I_2+H_2O$	1.45
$ClO_3^-+6H^++6e^- \rightleftharpoons Cl^-+3H_2O$	1.45
$BrO_3^-+6H^++6e^- \rightleftharpoons Br^-+3H_2O$	1.44
$Au(Ⅲ)+2e^- \rightleftharpoons Au(Ⅰ)$	1.41
$Cl_2(g)+2e^- \rightleftharpoons 2Cl^-$	1.359 5
$ClO_4^-+8H^++7e^- \rightleftharpoons \frac{1}{2}Cl_2+4H_2O$	1.34
$Cr_2O_7^{2-}+14H^++6e^- \rightleftharpoons 2Cr^{3+}+7H_2O$	1.33
$MnO_2(s)+4H^++2e^- \rightleftharpoons Mn^{2+}+2H_2O$	1.23
$O_2(g)+4H^++4e^- \rightleftharpoons 2H_2O$	1.229
$IO_3^-+6H^++5e^- \rightleftharpoons \frac{1}{2}I_2+3H_2O$	1.20
$ClO_4^-+2H^++2e^- \rightleftharpoons ClO_3^-+H_2O$	1.19
$Br_2(aq)+2e^- \rightleftharpoons 2Br^-$	1.087
$NO_2+H^++e^- \rightleftharpoons HNO_2$	1.07
$Br_3^-+2e^- \rightleftharpoons 3Br^-$	1.05
$HNO_2+H^++e^- \rightleftharpoons NO(g)+H_2O$	1.00
$VO_2^++2H^++e^- \rightleftharpoons VO^{2+}+H_2O$	1.00
$HIO+H^++2e^- \rightleftharpoons I^-+H_2O$	0.99
$NO_3^-+3H^++2e^- \rightleftharpoons HNO_2+H_2O$	0.94
$ClO^-+H_2O+2e^- \rightleftharpoons Cl^-+2OH^-$	0.89
$H_2O_2+2e^- \rightleftharpoons 2OH^-$	0.88
$Cu^{2+}+I^-+e^- \rightleftharpoons CuI(s)$	0.86
$Hg^{2+}+2e^- \rightleftharpoons Hg$	0.845

续表

半反应	$E^{\ominus}/V$
$NO_3^- + 2H^+ + e^- \rightleftharpoons NO_2 + H_2O$	0.80
$Ag^+ + e^- \rightleftharpoons Ag$	0.799 5
$Hg_2^{2+} + 2e^- \rightleftharpoons 2Hg$	0.793
$Fe^{3+} + e^- \rightleftharpoons Fe^{2+}$	0.771
$BrO^- + H_2O + 2e^- \rightleftharpoons Br^- + 2OH^-$	0.76
$O_2(g) + 2H^+ + 2e^- \rightleftharpoons H_2O_2$	0.682
$AsO_2^- + 2H_2O + 3e^- \rightleftharpoons As + 4OH^-$	0.68
$2HgCl_2 + 2e^- \rightleftharpoons Hg_2Cl_2(s) + 2Cl^-$	0.63
$Hg_2SO_4(s) + 2e^- \rightleftharpoons 2Hg + SO_4^{2-}$	0.615 1
$MnO_4^- + 2H_2O + 3e^- \rightleftharpoons MnO_2(s) + 4OH^-$	0.588
$MnO_4^- + e^- \rightleftharpoons MnO_4^{2-}$	0.564
$H_3AsO_4 + 2H^+ + 2e^- \rightleftharpoons HAsO_2 + 2H_2O$	0.559
$I_3^- + 2e^- \rightleftharpoons 3I^-$	0.545
$I_2(s) + 2e^- \rightleftharpoons 2I^-$	0.534 5
$Mo(\text{VI}) + e^- \rightleftharpoons Mo(\text{V})$	0.53
$Cu^+ + e^- \rightleftharpoons Cu$	0.52
$4SO_2(aq) + 4H^+ + 6e^- \rightleftharpoons S_4O_6^{2-} + 2H_2O$	0.51
$[HgCl_4]^{2-} + 2e^- \rightleftharpoons Hg + 4Cl^-$	0.48
$2SO_2(aq) + 2H^+ + 4e^- \rightleftharpoons S_2O_3^{2-} + H_2O$	0.40
$[Fe(CN)_6]^{3-} + e^- \rightleftharpoons [Fe(CN)_6]^{4-}$	0.36
$Cu^{2+} + 2e^- \rightleftharpoons Cu$	0.337
$VO^{2+} + 2H^+ + e^- \rightleftharpoons V^{3+} + H_2O$	0.337
$BiO^+ + 2H^+ + 3e^- \rightleftharpoons Bi + H_2O$	0.32
$Hg_2Cl_2(s) + 2e^- \rightleftharpoons 2Hg + 2Cl^-$	0.267 6
$HAsO_2 + 3H^+ + 3e^- \rightleftharpoons As + 2H_2O$	0.248
$AgCl(s) + e^- \rightleftharpoons Ag + Cl^-$	0.222 3
$SbO^+ + 2H^+ + 3e^- \rightleftharpoons Sb + H_2O$	0.212
$SO_4^{2-} + 4H^+ + 2e^- \rightleftharpoons SO_2(aq) + H_2O$	0.17
$Cu^{2+} + e^- \rightleftharpoons Cu^+$	0.159
$Sn^{4+} + 2e^- \rightleftharpoons Sn^{2+}$	0.154
$S + 2H^+ + 2e^- \rightleftharpoons H_2S(g)$	0.141

续表

半反应	$E^{\ominus}/V$
$Hg_2Br_2+2e^- \rightleftharpoons 2Hg+2Br^-$	0.139 5
$TiO^{2+}+2H^++e^- \rightleftharpoons Ti^{3+}+H_2O$	0.1
$S_4O_6^{2-}+2e^- \rightleftharpoons 2S_2O_3^{2-}$	0.08
$AgBr(s)+e^- \rightleftharpoons Ag+Br^-$	0.071
$2H^++2e^- \rightleftharpoons H_2$	0.000
$O_2+H_2O+2e^- \rightleftharpoons HO_2^-+OH^-$	−0.067
$TiOCl^++2H^++3Cl^-+e^- \rightleftharpoons TiCl_4^-+H_2O$	−0.09
$Pb^{2+}+2e^- \rightleftharpoons Pb$	−0.126
$Sn^{2+}+2e^- \rightleftharpoons Sn$	−0.136
$AgI(s)+e^- \rightleftharpoons Ag+I^-$	−0.152
$Ni^{2+}+2e^- \rightleftharpoons Ni$	−0.246
$H_3PO_4+2H^++2e^- \rightleftharpoons H_3PO_3+H_2O$	−0.276
$Co^{2+}+2e^- \rightleftharpoons Co$	−0.277
$Tl^++e^- \rightleftharpoons Tl$	−0.336 0
$In^{3+}+3e^- \rightleftharpoons In$	−0.345
$PbSO_4(s)+2e^- \rightleftharpoons Pb+SO_4^{2-}$	−0.355 3
$SeO_3^{2-}+3H_2O+4e^- \rightleftharpoons Se+6OH^-$	−0.336
$As+3H^++3e^- \rightleftharpoons AsH_3$	−0.38
$Se+2H^++2e^- \rightleftharpoons H_2Se$	−0.40
$Cd^{2+}+2e^- \rightleftharpoons Cd$	−0.403
$Cr^{3+}+e^- \rightleftharpoons Cr^{2+}$	−0.41
$Fe^{2+}+2e^- \rightleftharpoons Fe$	−0.440
$S+2e^- \rightleftharpoons S^{2-}$	−0.48
$2CO_2+2H^++2e^- \rightleftharpoons H_2C_2O_4$	−0.49
$H_3PO_3+2H^++2e^- \rightleftharpoons H_3PO_2+H_2O$	−0.50
$Sb+3H^++3e^- \rightleftharpoons SbH_3$	−0.51
$HPbO_2^-+H_2O+2e^- \rightleftharpoons Pb+3OH^-$	−0.54
$Ga^{3+}+3e^- \rightleftharpoons Ga$	−0.56
$TeO_3^{2-}+3H_2O+4e^- \rightleftharpoons Te+6OH^-$	−0.57
$2SO_3^{2-}+3H_2O+4e^- \rightleftharpoons S_2O_3^{2-}+6OH^-$	−0.58
$SO_3^{2-}+3H_2O+4e^- \rightleftharpoons S+6OH^-$	−0.66

续表

半反应	$E^{\ominus}$/V
$AsO_4^{3-}+2H_2O+2e^- \rightleftharpoons AsO_2^-+4OH^-$	−0.67
$Ag_2S(s)+2e^- \rightleftharpoons 2Ag+S^{2-}$	−0.69
$Zn^{2+}+2e^- \rightleftharpoons Zn$	−0.763
$2H_2O+2e^- \rightleftharpoons H_2+2OH^-$	−0.828
$Cr^{2+}+2e^- \rightleftharpoons Cr$	−0.91
$HSnO_2^-+H_2O+2e^- \rightleftharpoons Sn+3OH^-$	−0.91
$Se+2e^- \rightleftharpoons Se^{2-}$	−0.92
$[Sn(OH)_6]^{2-}+2e^- \rightleftharpoons HSnO_2^-+H_2O+3OH^-$	−0.93
$CNO^-+H_2O+2e^- \rightleftharpoons CN^-+2OH^-$	−0.97
$Mn^{2+}+2e^- \rightleftharpoons Mn$	−1.182
$ZnO_2^{2-}+2H_2O+2e^- \rightleftharpoons Zn+4OH^-$	−1.216
$Al^{3+}+3e^- \rightleftharpoons Al$	−1.66
$H_2AlO_3^-+H_2O+3e^- \rightleftharpoons Al+4OH^-$	−2.35
$Mg^{2+}+2e^- \rightleftharpoons Mg$	−2.37
$Na^++e^- \rightleftharpoons Na$	−2.714
$Ca^{2+}+2e^- \rightleftharpoons Ca$	−2.87
$Sr^{2+}+2e^- \rightleftharpoons Sr$	−2.89
$Ba^{2+}+2e^- \rightleftharpoons Ba$	−2.90
$K^++e^- \rightleftharpoons K$	−2.925
$Li^++e^- \rightleftharpoons Li$	−3.042

表 10　某些氧化还原电对的条件电极电位

半反应	$E^{\ominus'}$/V	介质
$Ag(II)+e^- \rightleftharpoons Ag^+$	1.927	$4\ mol\cdot L^{-1}\ HNO_3$
$Ce(IV)+e^- \rightleftharpoons Ce(III)$	1.74	$1\ mol\cdot L^{-1}\ HClO_4$
	1.44	$0.5\ mol\cdot L^{-1}\ H_2SO_4$
	1.28	$1\ mol\cdot L^{-1}\ HCl$
$Co^{3+}+e^- \rightleftharpoons Co^{2+}$	1.84	$3\ mol\cdot L^{-1}\ HNO_3$

续表

半反应	$E^{\ominus'}$/V	介质
$[Co(en)_3]^{3+}+e^- \rightleftharpoons [Co(en)_3]^{2+}$	-0.2	0.1 $mol \cdot L^{-1}$ KNO_3 + 0.1 $mol \cdot L^{-1}$ 乙二胺
$Cr(Ⅲ)+e^- \rightleftharpoons Cr(Ⅱ)$	-0.40	5 $mol \cdot L^{-1}$ HCl
$Cr_2O_7^{2-}+14H^++6e^- \rightleftharpoons 2Cr^{3+}+7H_2O$	1.08	3 $mol \cdot L^{-1}$ HCl
	1.15	4 $mol \cdot L^{-1}$ H_2SO_4
	1.025	1 $mol \cdot L^{-1}$ $HClO_4$
$CrO_4^{2-}+2H_2O+3e^- \rightleftharpoons CrO_2^-+4OH^-$	-0.12	1 $mol \cdot L^{-1}$ NaOH
$Fe(Ⅲ)+e^- \rightleftharpoons Fe^{2+}$	0.767	1 $mol \cdot L^{-1}$ $HClO_4$
	0.71	0.5 $mol \cdot L^{-1}$ HCl
	0.68	1 $mol \cdot L^{-1}$ H_2SO_4
	0.68	1 $mol \cdot L^{-1}$ HCl
	0.46	2 $mol \cdot L^{-1}$ H_3PO_4
	0.51	1 $mol \cdot L^{-1}$ HCl−0.25 $mol \cdot L^{-1}$ H_3PO_4
$[Fe(EDTA)]^-+e^- \rightleftharpoons [Fe(EDTA)]^{2-}$	0.12	0.1 $mol \cdot L^{-1}$ EDTA, pH=4～6
$[Fe(CN)_6]^{3-}+e^- \rightleftharpoons [Fe(CN)_6]^{4-}$	0.56	0.1 $mol \cdot L^{-1}$ HCl
$FeO_4^{2-}+2H_2O+3e^- \rightleftharpoons FeO_2^-+4OH^-$	0.55	10 $mol \cdot L^{-1}$ NaOH
$I_3^-+2e^- \rightleftharpoons 3I^-$	0.544 6	0.5 $mol \cdot L^{-1}$ H_2SO_4
$I_2(aq)+2e^- \rightleftharpoons 2I^-$	0.627 6	0.5 $mol \cdot L^{-1}$ H_2SO_4
$MnO_4^{2-}+8H^++5e^- \rightleftharpoons Mn^{2+}+4H_2O$	1.45	1 $mol \cdot L^{-1}$ $HClO_4$
$[SnCl_6]^{2-}+2e^- \rightleftharpoons [SnCl_4]^{2-}+2Cl^-$	0.14	1 $mol \cdot L^{-1}$ HCl
$Sb(Ⅴ)+2e^- \rightleftharpoons Sb(Ⅲ)$	0.75	3.5 $mol \cdot L^{-1}$ HCl
$[Sb(OH)_6]^-+2e^- \rightleftharpoons SbO_2^-+2OH^-+2H_2O$	-0.428	3 $mol \cdot L^{-1}$ NaOH
$SbO_2^-+2H_2O+3e^- \rightleftharpoons Sb+4OH^-$	-0.675	10 $mol \cdot L^{-1}$ KOH
$Ti(Ⅳ)+e^- \rightleftharpoons Ti(Ⅲ)$	-0.01	0.2 $mol \cdot L^{-1}$ H_2SO_4
	0.12	2 $mol \cdot L^{-1}$ H_2SO_4
	-0.04	1 $mol \cdot L^{-1}$ HCl
	-0.05	1 $mol \cdot L^{-1}$ H_3PO_4
$Pb(Ⅱ)+2e^- \rightleftharpoons Pb$	-0.32	1 $mol \cdot L^{-1}$ NaAc

表 11　微溶化合物的溶度积(18～25 ℃, $I=0$)

微溶化合物	K_{sp}	pK_{sp}	微溶化合物	K_{sp}	pK_{sp}
AgAc	2×10^{-3}	2.7	$CaSO_4$	9.1×10^{-6}	5.04
Ag_3AsO_4	1×10^{-22}	22.0	$CaWO_4$	8.7×10^{-9}	8.06
AgBr	5.0×10^{-13}	12.30	$CdCO_3$	5.2×10^{-12}	11.28
Ag_2CO_3	8.1×10^{-12}	11.09	$Cd_2[Fe(CN)_6]$	3.2×10^{-17}	16.49
AgCl	1.8×10^{-10}	9.75	$Cd(OH)_2$新析出	2.5×10^{-14}	13.60
Ag_2CrO_4	2.0×10^{-12}	11.71	$CdC_2O_4\cdot3H_2O$	9.1×10^{-8}	7.04
AgCN	1.2×10^{-16}	15.92	CdS	8×10^{-27}	26.1
AgOH	2.0×10^{-8}	7.71	$CoCO_3$	1.4×10^{-13}	12.84
AgI	9.3×10^{-17}	16.03	$Co_2[Fe(CN)_6]$	1.8×10^{-15}	14.74
$Ag_2C_2O_4$	3.5×10^{-11}	10.46	$Co(OH)_2$新析出	2×10^{-15}	14.7
Ag_3PO_4	1.4×10^{-16}	15.84	$Co(OH)_3$	2×10^{-44}	43.7
Ag_2SO_4	1.4×10^{-5}	4.84	$Co[Hg(SCN)_4]$	1.5×10^{-6}	5.82
Ag_2S	2×10^{-49}	48.7	α-CoS	4×10^{-21}	20.4
AgSCN	1.0×10^{-12}	12.00	β-CoS	2×10^{-25}	24.7
$Al(OH)_3$无定形	1.3×10^{-33}	32.9	$Co_3(PO_4)_2$	2×10^{-35}	34.7
As_2S_3*	2.1×10^{-22}	21.68	$Cr(OH)_3$	6×10^{-31}	30.2
$BaCO_3$	5.1×10^{-9}	8.29	CuBr	5.2×10^{-9}	8.28
$BaCrO_4$	1.2×10^{-10}	9.93	CuCl	1.7×10^{-7}	6.76
BaF_2	1×10^{-6}	6.0	CuCN	3.2×10^{-20}	19.49
$BaC_2O_4\cdot H_2O$	2.3×10^{-8}	7.64	CuI	1.1×10^{-12}	11.96
$BaSO_4$	1.1×10^{-10}	9.96	CuOH	1×10^{-14}	14.0
$Bi(OH)_3$	4×10^{-31}	30.4	Cu_2S	2×10^{-48}	47.7
BiOOH**	4×10^{-10}	9.4	CuSCN	4.8×10^{-15}	14.32
BiI_3	8.1×10^{-19}	18.09	$CuCO_3$	1.4×10^{-10}	9.86
BiOCl	1.8×10^{-31}	30.75	$Cu(OH)_2$	2.2×10^{-20}	19.66
$BiPO_4$	1.3×10^{-23}	22.89	CuS	6×10^{-36}	35.2
Bi_2S_3	1×10^{-97}	97.0	$FeCO_3$	3.2×10^{-11}	10.50
$CaCO_3$	2.9×10^{-9}	8.54	$Fe(OH)_2$	8×10^{-16}	15.1
CaF_2	2.7×10^{-11}	10.57	FeS	6×10^{-18}	17.2
$CaC_2O_4\cdot H_2O$	2.0×10^{-9}	8.70	$Fe(OH)_3$	4×10^{-38}	37.4
$Ca_3(PO_4)_2$	2.0×10^{-29}	28.70	$FePO_4$	1.3×10^{-22}	21.89

续表

微溶化合物	K_{sp}	pK_{sp}	微溶化合物	K_{sp}	pK_{sp}
Hg_2Br_2***	5.8×10^{-23}	22.24	PbF_2	2.7×10^{-8}	7.57
Hg_2CO_3	8.9×10^{-17}	16.05	$Pb(OH)_2$	1.2×10^{-15}	14.93
Hg_2Cl_2	1.3×10^{-18}	17.88	PbI_2	7.1×10^{-9}	8.15
$Hg_2(OH)_2$	2×10^{-24}	23.7	$PbMoO_4$	1×10^{-13}	13.0
Hg_2I_2	4.5×10^{-29}	28.35	$Pb_3(PO_4)_2$	8.0×10^{-43}	42.10
Hg_2SO_4	7.4×10^{-7}	6.13	$PbSO_4$	1.6×10^{-8}	7.79
Hg_2S	1×10^{-47}	47.0	PbS	8×10^{-28}	27.1
$Hg(OH)_2$	3.0×10^{-26}	25.52	$Pb(OH)_4$	3×10^{-66}	65.5
HgS 红色	4×10^{-53}	52.4	$Sb(OH)_3$	4×10^{-42}	41.4
HgS 黑色	2×10^{-52}	51.7	Sb_2S_3	2×10^{-93}	92.8
$MgNH_4PO_4$	2×10^{-13}	12.7	$Sn(OH)_2$	1.4×10^{-28}	27.85
$MgCO_3$	3.5×10^{-8}	7.46	SnS	1×10^{-25}	25.0
MgF_2	6.4×10^{-9}	8.19	$Sn(OH)_4$	1×10^{-56}	56.0
$Mg(OH)_2$	1.8×10^{-11}	10.74	SnS_2	2×10^{-27}	26.7
$MnCO_3$	1.8×10^{-11}	10.74	$SrCO_3$	1.1×10^{-10}	9.96
$Mn(OH)_2$	1.9×10^{-13}	12.72	$SrCrO_4$	2.2×10^{-5}	4.65
MnS 无定形	2×10^{-10}	9.7	SrF_2	2.4×10^{-9}	8.61
MnS 晶形	2×10^{-13}	12.7	$SrC_2O_4\cdot H_2O$	1.6×10^{-7}	6.80
$NiCO_3$	6.6×10^{-9}	8.18	$Sr_3(PO_4)_2$	4.1×10^{-28}	27.39
$Ni(OH)_2$新析出	2×10^{-15}	14.7	$SrSO_4$	3.2×10^{-7}	6.49
$Ni_3(PO_4)_2$	5×10^{-31}	30.3	$Ti(OH)_3$	1×10^{-40}	40.0
$\alpha-NiS$	3×10^{-19}	18.5	$TiO(OH)_2$****	1×10^{-29}	29.0
$\beta-NiS$	1×10^{-24}	24.0	$ZnCO_3$	1.4×10^{-11}	10.84
$\gamma-NiS$	2×10^{-26}	25.7	$Zn_2[Fe(CN)_6]$	4.1×10^{-16}	15.39
$PbCO_3$	7.4×10^{-14}	13.13	$Zn(OH)_2$	1.2×10^{-17}	16.92
$PbCl_2$	1.6×10^{-5}	4.79	$Zn_3(PO_4)_2$	9.1×10^{-33}	32.04
$PbClF$	2.4×10^{-9}	8.62	ZnS	2×10^{-22}	21.7
$PbCrO_4$	2.8×10^{-13}	12.55			

*为下述反应的平衡常数：

$$As_2S_3+4H_2O \rightleftharpoons 2HAsO_2+3H_2S$$

**BiOOH: $K_{sp}=[BiO^+][OH^-]$

***$(Hg_2)_mX_n$: $K_{sp}=[Hg_2^{2+}]^m[X^{-2m/n}]^n$

****$TiO(OH)_2$: $K_{sp}=[TiO^{2+}][OH^-]^2$

表 12　元素的相对原子质量(2009 年)

元素	符号	相对原子质量	元素	符号	相对原子质量	元素	符号	相对原子质量
银	Ag	107.87	铪	Hf	178.49	铷	Rb	85.468
铝	Al	26.982	汞	Hg	200.59	铼	Re	186.21
氩	Ar	39.948	钬	Ho	164.93	铑	Rh	102.905
砷	As	74.922	碘	I	126.90	钌	Ru	101.07
金	Au	196.97	铟	In	114.82	硫	S	32.066
硼	B	10.811	铱	Ir	192.22	锑	Sb	121.76
钡	Ba	137.33	钾	K	39.098	钪	Sc	44.956
铍	Be	9.0122	氪	Kr	83.798	硒	Se	78.96
铋	Bi	208.98	镧	La	138.905	硅	Si	28.086
溴	Br	79.904	锂	Li	6.941	钐	Sm	150.36
碳	C	12.011	镥	Lu	174.97	锡	Sn	118.71
钙	Ca	40.078	镁	Mg	24.305	锶	Sr	87.62
镉	Cd	112.41	锰	Mn	54.938	钽	Ta	180.95
铈	Ce	140.12	钼	Mo	95.96	铽	Tb	158.925
氯	Cl	35.453	氮	N	14.007	碲	Te	127.60
钴	Co	58.933	钠	Na	22.990	钍	Th	232.04
铬	Cr	51.996	铌	Nb	92.906	钛	Tl	47.867
铯	Cs	132.905	钕	Nd	144.24	铊	Ti	204.38
铜	Cu	63.546	氖	Ne	20.180	铥	Tm	168.93
镝	Dy	162.50	镍	Ni	58.693	铀	U	238.03
铒	Er	167.26	镎	Np	237.05	钒	V	50.942
铕	Eu	151.96	氧	O	15.999	钨	W	183.84
氟	F	18.998	锇	Os	190.23	氙	Xe	131.29
铁	Fe	55.845	磷	P	30.974	钇	Y	88.906
镓	Ga	69.723	铅	Pb	207.2	镱	Yb	173.054
钆	Gd	157.25	钯	Pd	106.42	锌	Zn	65.38
锗	Ge	72.64	镨	Pr	140.91	锆	Zr	91.224
氢	H	1.007 9	铂	Pt	195.08			
氦	He	4.002 6	镭	Ra	226.03			

表 13　常见化合物的摩尔质量

化合物	$M/(g·mol^{-1})$	化合物	$M/(g·mol^{-1})$
Ag_3AsO_4	462.52	AgSCN	165.95
AgBr	187.77	Ag_2CrO_4	331.73
AgCl	143.32	AgI	234.77
AgCN	133.89	$AgNO_3$	169.87

续表

化合物	$M/(g\cdot mol^{-1})$	化合物	$M/(g\cdot mol^{-1})$
$AlCl_3$	133.34	CH_3COONa	82.034
$AlCl_3\cdot 6H_2O$	241.43	$CH_3COONa\cdot 3H_2O$	136.08
$Al(NO_3)_3$	213.00	CH_3COONH_4	77.083
$Al(NO_3)_3\cdot 9H_2O$	375.13	$CoCl_2$	129.84
Al_2O_3	101.96	$CoCl_2\cdot 6H_2O$	237.93
$Al(OH)_3$	78.00	$Co(NO_3)_2$	132.94
$Al_2(SO_4)_3$	342.14	$Co(NO_3)_2\cdot 6H_2O$	291.03
$Al_2(SO_4)_3\cdot 18H_2O$	666.41	CoS	90.99
As_2O_3	197.84	$CoSO_4$	154.99
As_2O_5	229.84	$CoSO_4\cdot 7H_2O$	281.10
As_2S_3	246.02	$Co(NH_2)_2$	60.06
$BaCO_3$	197.34	$CrCl_3$	158.35
BaC_2O_4	225.35	$CrCl_3\cdot 6H_2O$	266.45
$BaCl_2$	208.24	$Cr(NO_3)_3$	238.01
$BaCl_2\cdot 2H_2O$	244.27	Cr_2O_3	151.99
$BaCrO_4$	253.32	$CuCl$	98.999
BaO	153.33	$CuCl_2$	134.45
$Ba(OH)_2$	171.34	$CuCl_2\cdot 2H_2O$	170.48
$BaSO_4$	233.39	$CuSCN$	121.62
$BiCl_3$	315.34	CuI	190.45
$BiOCl$	260.43	$Cu(NO_3)_2$	187.56
CO_2	44.01	$Cu(NO_3)_2\cdot 3H_2O$	241.60
CaO	56.08	CuO	79.545
$CaCO_3$	100.09	Cu_2O	143.09
CaC_2O_4	128.10	CuS	95.61
$CaCl_2$	110.99	$CuSO_4$	159.60
$CaCl_2\cdot 6H_2O$	219.08	$CuSO_4\cdot 5H_2O$	249.68
$Ca(NO_3)_2\cdot 4H_2O$	236.15	$FeCl_2$	126.75
$Ca(OH)_2$	74.09	$FeCl_2\cdot 4H_2O$	198.81
$Ca_3(PO_3)_2$	310.18	$FeCl_3$	162.21
$CaSO_4$	136.14	$FeCl_3\cdot 6H_2O$	270.30
$CdCO_3$	172.42	$FeNH_4(SO_4)_2\cdot 12H_2O$	482.18
$CdCl_2$	183.32	$Fe(NO_3)_3$	241.86
CdS	144.47	$Fe(NO_3)_3\cdot 9H_2O$	404.00
$Ce(SO_4)_2$	332.24	FeO	71.846
$Ce(SO_4)_2\cdot 4H_2O$	404.30	Fe_2O_3	159.69
CH_3COOH	60.052	Fe_3O_4	231.54

续表

化合物	$M/(g\cdot mol^{-1})$	化合物	$M/(g\cdot mol^{-1})$
$Fe(OH)_3$	106.87	Hg_2SO_4	497.24
FeS	87.91	$KAl(SO_4)_2\cdot 12H_2O$	474.38
Fe_2S_3	207.87	KBr	119.00
$FeSO_4$	151.90	$KBrO_3$	167.00
$FeSO_4\cdot 7H_2O$	278.01	KCl	74.551
$FeSO_4(NH_4)_2SO_4\cdot 6H_2O$	392.13	$KClO_3$	122.55
H_3AsO_3	125.94	$KClO_4$	138.55
H_3AsO_4	141.94	KCN	65.116
H_3BO_3	61.83	K_2CO_3	138.21
HBr	80.912	K_2CrO_4	194.19
HCN	27.026	$K_2Cr_2O_7$	294.18
HCOOH	46.026	$K_3Fe(CN)_6$	329.25
H_2CO_3	62.025	$K_4Fe(CN)_6$	368.35
$H_2C_2O_4$	90.035	$KFe(SO_4)_2\cdot 12H_2O$	503.24
$H_2C_2O_4\cdot 2H_2O$	126.07	$KHC_2O_4\cdot H_2O$	146.14
HCl	36.461	$KHC_2O_4\cdot H_2C_2O_4\cdot 2H_2O$	254.19
HF	20.006	$KHC_4H_4O_6$	188.18
HI	127.91	$KHSO_4$	136.16
HIO_3	175.91	KI	166.00
HNO_3	63.013	KIO_3	214.00
HNO_2	47.013	$KIO_3\cdot HIO_3$	389.91
H_2O	18.015	$KMnO_4$	158.03
H_2O_2	34.015	$KNaC_4H_4O_6\cdot 4H_2O$	282.22
H_3PO_4	97.995	KNO_3	101.10
H_2S	34.08	KNO_2	85.104
H_2SO_3	82.07	K_2O	94.196
H_2SO_4	98.07	KOH	56.106
$Hg(CN)_2$	252.63	KSCN	97.18
$HgCl_2$	271.50	K_2SO_4	174.25
Hg_2Cl_2	472.09	$MgCO_3$	84.314
HgI_2	454.40	$MgCl_2$	95.211
$Hg_2(NO_3)_2$	525.19	$MgCl_2\cdot 6H_2O$	203.30
$Hg_2(NO_3)_2\cdot 2H_2O$	561.22	MgC_2O_4	112.33
$Hg(NO_3)_2$	324.60	$Mg(NO_3)_2\cdot 6H_2O$	256.41
HgO	216.59	$MgNH_4PO_4$	137.32
HgS	232.65	MgO	40.304
$HgSO_4$	296.65	$Mg(OH)_2$	58.32

续表

化合物	$M/(g \cdot mol^{-1})$	化合物	$M/(g \cdot mol^{-1})$
$Mg_2P_2O_7$	222.55	NO_2	46.006
$MgSO_4 \cdot 7H_2O$	246.47	NH_3	17.03
$MnCO_3$	114.95	NH_4Cl	53.491
$MnCl_2 \cdot 4H_2O$	197.91	$(NH_4)_2CO_3$	96.086
$Mn(NO_3)_2 \cdot 6H_2O$	287.04	$(NH_4)_2C_2O_4$	124.10
MnO	70.937	$(NH_4)_2C_2O_4 \cdot H_2O$	142.11
MnO_2	86.937	NH_4SCN	76.12
MnS	87.00	NH_4HCO_3	79.055
$MnSO_4$	151.00	$(NH_4)_2MoO_4$	196.01
$MnSO_4 \cdot 4H_2O$	223.06	NH_4NO_3	80.043
Na_3AsO_3	191.89	$(NH_4)_2HPO_4$	132.06
$Na_2B_4O_7$	201.22	$(NH_4)_2S$	68.14
$Na_2B_4O_7 \cdot 10H_2O$	381.37	$(NH_4)_2SO_4$	132.13
$NaBiO_3$	279.97	NH_4VO_3	116.98
$NaCN$	49.007	$NiCl_2 \cdot 6H_2O$	237.69
$NaSCN$	81.07	NiO	74.69
Na_2CO_3	105.99	$Ni(NO_3)_2 \cdot 6H_2O$	290.79
$Na_2CO_3 \cdot 10H_2O$	286.14	NiS	90.75
$Na_2C_2O_4$	134.00	$NiSO_4 \cdot 7H_2O$	280.85
$NaCl$	58.443	P_2O_5	141.94
$NaClO$	74.442	$PbCO_3$	267.20
$NaHCO_3$	84.007	PbC_2O_4	295.22
$Na_2HPO_4 \cdot 12H_2O$	358.14	$PbCl_2$	278.10
$Na_2H_2Y \cdot 2H_2O$	372.24	$PbCrO_4$	323.20
$NaNO_2$	68.995	$Pb(CH_3COO)_2$	325.30
$NaNO_3$	84.995	$Pb(CH_3COO)_2 \cdot 3H_2O$	379.30
Na_2O	61.979	PbI_2	461.00
Na_2O_2	77.978	$Pb(NO_3)_2$	331.20
$NaOH$	39.997	PbO	223.20
Na_3PO_4	163.94	PbO_2	239.20
Na_2S	78.04	$Pb_3(PO_4)_2$	811.54
$Na_2S \cdot 9H_2O$	240.18	PbS	239.30
Na_2SO_3	126.04	$PbSO_4$	303.30
Na_2SO_4	142.04	SO_2	64.06
$Na_2S_2O_3$	158.10	SO_3	80.06
$Na_2S_2O_3 \cdot 5H_2O$	248.17	$SbCl_3$	228.11
NO	30.006	$SbCl_5$	299.02

续表

化合物	$M/(g \cdot mol^{-1})$	化合物	$M/(g \cdot mol^{-1})$
Sb_2O_3	291.50	$Sr(NO_3)_2 \cdot 4H_2O$	283.69
Sb_2S_3	339.68	$SrSO_4$	183.68
SiF_4	104.08	$UO_2(CH_3COO)_2 \cdot 2H_2O$	424.15
SiO_2	60.084	$Zn(CH_3COO)_2$	183.47
$SnCl_2$	189.62	$Zn(CH_3COO)_2 \cdot 2H_2O$	219.50
$SnCl_2 \cdot 2H_2O$	225.65	$ZnCO_3$	125.39
$SnCl_4$	260.52	ZnC_2O_4	153.40
$SnCl_4 \cdot 5H_2O$	350.96	$ZnCl_2$	136.29
SnO_2	150.71	$Zn(NO_3)_2$	189.39
SnS	150.776	$Zn(NO_3)_2 \cdot 6H_2O$	297.48
$SrCO_3$	147.63	ZnO	81.38
SrC_2O_4	175.64	ZnS	97.44
$SrCrO_4$	203.61	$ZnSO_4$	161.44
$Sr(NO_3)_2$	211.63	$ZnSO_4 \cdot 7H_2O$	287.54

郑重声明